# 混凝土工作性调整

主　编　朱效荣　赵志强　梁汝恒

U0224165

中国建材工业出版社

**图书在版编目（CIP）数据**

混凝土工作性调整／朱效荣，赵志强，梁汝恒主编.
—北京：中国建材工业出版社，2016.5
ISBN 978-7-5160-1452-3

Ⅰ.①混… Ⅱ.①朱… ②赵… ③梁… Ⅲ.①混凝
土—性能 Ⅳ.①TU528.01

中国版本图书馆CIP数据核字（2016）第092717号

## 内 容 简 介

《混凝土工作性调整》主要内容分为理论研究、试验研究、外加剂技术、掺合料技术、集料技术、养护技术、施工应用技术、工程应用技术、特种混凝土技术、生产管理技术、经营管理技术、问题分析及其他共13个部分，吸收和选用了国内外有关高性能水泥和高性能混凝土方面专家的论著和报告，针对预拌混凝土生产过程中的各种因素和困难提出了有效的解决方案。

编辑出版该书，旨在培养优秀的混凝土生产技术人才。该书内容全部来自生产一线，有行业前辈的经验，有技术工作者的亲身实践成果，更有来自实践中的经验教训，为预拌混凝土搅拌站的技术工作者提供了技术方面的丰富的实用性指导。

混凝土工作性调整

主　编　朱效荣　赵志强　梁汝恒

出版发行：中国建材工业出版社
地　　址：北京市海淀区三里河路1号
邮　　编：100044
经　　销：全国各地新华书店
印　　刷：北京雁林吉兆印刷有限公司
开　　本：889mm×1194mm　1/16
印　　张：30.25
字　　数：890千字
版　　次：2016年5月第1版
印　　次：2016年5月第1次
定　　价：198.00元

本社网址：www.jccbs.com.cn　　微信公众号：zgjcgycbs
广告经营许可证号：京海工商广字第8293号
本书如出现印装质量问题，由我社网络直销部负责调换。联系电话：(010)88386906

# 编 委 会

# 前　言　（一）

　　为了提高混凝土产品质量，满足高强度、高流态和高耐久混凝土生产应用技术需要，培养优秀的混凝土生产技术人才，特征集和编写了《混凝土工作性调整》一书。本书涵盖了水泥、掺合料、外加剂、砂石集料、配合比设计、试验研究、质量控制、技术管理、经营管理以及特种混凝土的各个环节。参与撰稿的人员包括房建、公路、铁路、港口、码头、水电、核电、隧道和桥梁各个领域，他们为本书的成稿做出了很大的贡献，在此深表感谢！

　　由于本书内容丰富，覆盖面广，为了方便大家阅读，本书将收集的 99 篇论文进行了分类，其中第一部分为理论研究，收集论文 9 篇；第二部分为试验研究，收集论文 6 篇；第三部分为外加剂技术，收集论文 10 篇；第四部分为掺合料技术，收集论文 3 篇；第五部分为集料技术，收集论文 5 篇；第六部分为养护技术，收集论文 11 篇；第七部分为施工应用技术，收集论文 9 篇；第八部分为工程应用技术，收集论文 12 篇；第九部分为特种混凝土技术，收集论文 6 篇；第十部分为生产管理技术，收集论文 7 篇；第十一部分为经营管理技术，收集论文 12 篇；第十二部分为问题分析，收集论文 4 篇；第十三部分为其他，收集论文 5 篇。本书将为广大混凝土从业者提供内容丰富的实用性技术资料。

　　本书的论文主要由朱效荣教授和赵志强高级工程师征集修改。在本书的修改过程中，吸收和选用了国内外有关高性能水泥和高性能混凝土方面专家的论著和报告的部分内容，得到了许多预拌混凝土生产企业、水泥生产企业、建筑施工单位、监理公司及科研院所的大力支持和帮助，在此深表谢意。技术一直在进步，由于时间和实际经验的不足，书中内容仍然需要同行在技术交流的过程中批评指正，各位同行可以到 www.hntkjw.com 留言，发送电子邮件到 bjlgkj@126.com，编者将虚心听取各种意见并改进。

　　本书的编撰依赖于生产应用项目的研究，在这些项目的研究过程中，得到了混凝土第一视频网、混凝土科技网、北京灵感科技发展有限公司、东明源昱建材有限公司等单位的大力支持，特别是湖南省硅酸盐学会混凝土和外加剂专家会委员的支持，在此表示感谢！

# 前　言　（二）

从 20 世纪末我国推广预拌混凝土以来，经过十几年的发展，预拌混凝土销售额已达建材工业的 20％左右，2014 年混凝土与水泥制品产业年销售额超过 1 万亿，达到 1.04 万亿，成为中国建材行业规模最大的产业。2013 年全国预拌混凝土产量达到历史最高，为 16.4 亿立方米，2015 年取得预拌混凝土生产资格的厂家全国达8500 家。

预拌混凝土与传统混凝土相比有着本质的差异，预拌混凝土是一种多组分、大流动性、适应超高距离泵送的具有较高工作性能要求的混凝土。预拌混凝土最主要的三大技术要素为强度、工作性能和耐久性能。强度已经不是难题，通过常规原材料和常规生产工艺已经可以生产 C100 混凝土，而工作性能和耐久性能已成为目前广大混凝土技术人员共同面临的难题。

在实际生产活动中，一线混凝土技术人员最大困惑之一就是混凝土的工作性能调整问题，如坍落度损失大、扩展度损失大、有坍落度没扩展度、拌合物包裹性差、分层离析、泌水泌浆、抓底和可泵性差等常见表象，给混凝土浇筑施工带来难题，给成品混凝土的匀质性、耐久性带来隐患。这些不足之表象涉及方方面面，如多组分材料之间的相容性问题、配合比设计问题、颗粒之间合理填充问题、水化反应问题、运输距离和运输时间问题以及气温湿度问题等。

为什么现场施工人员总是免不了要给混凝土拌合物加水？难道这种加水行为作为混凝土生产方就没有一点责任吗？为什么我们不能在低等级高品质混凝土方面作些努力，或在不过多提高成本前提下提供自密实或半自密实混凝土呢？

要全面掌握混凝土工作性能调整方法，既要有专业的理论知识，又要有丰富的实践经验，而靠单个人来摸索，将是一个漫长的且难以达到系统性要求的过程。

朱效荣教授和赵志强高工征集主编的《混凝土工作性调整》一书，就是针对以上难题撰写的一本具有指导意义的教科书，这是行业一线技术工作者的福音。文章素材全部来自生产一线，有行业前辈的经验总结，有技术工作者的亲身实践成果，更有来自实践中沉重的教训，比较全面地考虑到预拌混凝土生产过程中的各种因素和所要面对的困难并提出了有效的解决方案。

本书的出版，能真正服务并指导一线生产活动，对预拌混凝土搅拌站的技术工作者具有实实在在的学习参考价值，能够让从业者借鉴，让将来从业者少走弯路，实乃行业幸事！

| | |
|---|---|
| 南方新材料科技有限公司技术中心 | 总工　高级工程师 |
| 中国商砼行业企业专家委员会 | 主任委员 |
| 全国混凝土标准化技术委员会 | 委员 |
| 湖南省硅酸盐学会砼和外加剂专业委员会 | 副主任 |
| 长沙市两型住宅产业化 | 专家 |

# 目　录

## 工程应用技术

## 特种混凝土技术

## 生产管理技术

理 论 研 究

# 数值模拟在混凝土工程中的应用研究进展

王模弼[1,2,3]，梁丽敏[1,2,3]，李世华[1,2,3]，田　帅[1,2,3]

（1．云南建工集团有限公司，云南昆明，650501；

2．云南省高性能混凝土工程研究中心，云南昆明，650501；

3．工业产品（预拌混凝土）质量控制和技术评价实验室，云南昆明，650501）

**摘　要**　本文简单阐述了数值模拟方法及其分类，并针对近10年来数值模拟方法在混凝土力学性能、耐久性能以及流变性能研究中的应用和发展进行了回顾，同时论述了数值模拟方法在混凝土工程研究中面临的主要问题。

**关键词**　数值模拟；混凝土；力学性能；耐久性能；流变性能

## The Advance of Numerical Simulation in Concrete Engineering

Wang Mobi[1,2,3], Liang Limin[1,2,3], Li Shihua[1,2,3], Tian Shuai[1,2,3]

（1. Yunnan Construction Engineering Group Co., Ltd, Kunming, 650501, China;

2. Yunnan Engineering Research Center of High Performance Concrete, Kunming, 650501, China;

3. Yunnan Quality Control and Technical Evaluation Laboratory Of Industrial Product (ready mixed concrete), Kunming, 650501, China）

**Abstract**　This paper briefly discusses the numerical simulation and its classification, and gives a general review on the development and application of the numerical simulation in the mechanical properties, durability and rheological properties of concrete over the past ten years. At the same time, discusses the mainly facing problems of numerical simulation in concrete engineering.

**Keywords**　numerical simulation; concrete; mechanical property; durability; rheological property

## 0　引言

通常研究混凝土性能的方法有理论分析、试验研究和数值模拟三种，目前关于混凝土性能的研究大多建立在试验的基础上，但由于试验条件、方法、环境和材料本身的限制，有些试验很难进行，或者离散性很大，或者难以突破时间的限制。数值模拟实际上可以理解为用计算机来做实验，数值模拟替代了大量的实验，节省了大量的人力物力，带来了可观的社会效益和经济效益，它已经在石油化工和机械等行业领域有较多应用，但在混凝土工程中特别是在混凝土流变性能方向尚未有效展开，因此数值模拟已经成为当下研究混凝土性能的热点方向。

## 1　数值模拟方法和分类

随着计算机技术和计算方法的发展，许多复杂的工程问题都可以采用区域离散化的数值计算并

3

借助计算机得到满足工程要求的数值解。常用的离散化方法有有限差分法、有限元法和有限体积法[1~2]。有限差分法（FDM）是数值解法中最经典的方法，但有限差分方法只有当网格极其细密时，离散方程才满足积分守恒，商业软件极少采用。基于有限元方法（FEM）的数值模拟商业软件最多，它们主要面向固体力学和结构力学问题。基于有限体积法（FVM）的商业软件也不少，它们主要面向流体力学和传热传质学问题，有限体积法不仅在数学求解上易于理解，而且有限体积法即使在粗网格情况下，也显示出准确的积分守恒。

就离散方法而言，有限体积法可视作有限元法和有限差分法的中间产物。三者各有所长[3]，有限差分法：直观，理论成熟，精度可选，但是不规则区域处理繁琐，虽然网格生成可以使 FDM 应用于不规则区域，但是对区域的连续性等要求较严。使用 FDM 的好处在于易于编程，易于并行。有限元方法：适合处理复杂区域，精度可选。缺憾在于内存和计算量巨大，并行不如 FDM 和 FVM 直观。有限体积法：适于流体计算，可以应用于不规则网格，适于并行。但是精度基本上只能是二阶了。

## 2 数值模拟在混凝土性能研究中的应用

### 2.1 数值模拟在混凝土力学性能研究中的应用

在混凝土力学性能研究中，很多情况下无法进行试验，如混凝土结构细观特性需要采用扫描电镜等先进的试验设备，只有加载和测试同时开展才能得到较准确的结果，这种试验方法过程复杂，且试验结果较离散。用数值模拟的方法模拟混凝土结构损伤破坏过程有着先天优势[4]。

夏晓舟[5]应用渐变网格剖分方法对随机投放的集料、界面和水泥砂浆进行网格剖分，生成三维随机集料分布的细观有限元数值模型。并利用该模型分别进行了混凝土的单轴拉伸、压缩、劈拉和梁弯曲等数值试验，分析了不同界面参数、不同砂浆损伤参数、不同加载形式对混凝土试件的变形特点、破坏形式以及承载能力的影响，探讨了混凝土宏观力学性能的细观机制。

叶丹燕[6]基于统计理论和 Monte-Carlo 随机抽样原理，分别建立了纤维混凝土随机圆形、椭圆形和凸多边形集料细观模型，提出并验证了纤维混凝土细观模型力学性能数值模拟试验方法，并针对不同粗集料形状的纤维混凝土细观模型利用大型有限元软件 ABAQUS 进行了抗压和抗弯拉强度数值模拟试验。数值模拟试验与试验室试验得到的抗压和抗弯强度的平均值误差较小。

孙立国[7]针对大坝混凝土集料含量高的特点，提出了一种全新的集料生成算法，通过一次性随机投放形成的三角形基集料随机延凸，生成任意形状的随机集料，通过对随机集料模型进行有限元网格划分，并采用大型通用有限元软件 MARC 对东江拱坝三级配混凝土试件的单向轴拉破坏过程进行了全过程数值模拟，数值模拟计算结果与试验结果接近。

朱浮声[8]将混凝土粗集料分档组配，建立了 9 个不同组配比例的混凝土细观数值模型，利用有限元分析系统 MFPA²ᴰ模拟了不同组配比例对混凝土抗压强度的影响情况，并模拟了混凝土在单轴受压状态下的破坏过程。结果显示，分档比例不同，会直接影响混凝土的抗压强度，数值模拟试验与物理试验结果基本吻合。但是其研究的数值模型是以圆形颗粒为基础的，试验结果稳定性有待检验。

宋来忠[9]在二维情形下，基于参数曲线的自由变形技术，将混凝土集料及黏结界面的轮廓线用确定的、形式统一的参数方程予以表示，建立了混凝土随机参数化集料数学模型。该数学模型描述了集料、砂浆与黏结界面组成的二维三相复合结构形式，考虑到细观混凝土三相材料性质的不同，作者针对三相材料使用 MATLAB、AutoCAD 和 ANSYS 软件分别进行了网格的划分建模，并进行了数值加载试验。该方法可较好地满足混凝土动静力学性能细观数值分析的要求。

赵海涛[10]基于细观随机集料模型，构建符合界面厚度要求的混凝土圆柱体细观模型，通过赋予混凝土集料、砂浆和界面的各项力学参数，模拟了混凝土圆柱体在轴拉应力状态下的力学性能，探讨了不同均质程度的混凝土圆柱体抗拉强度变化规律，模拟研究结果与实测混凝土强度误差较小。

## 2.2 数值模拟在混凝土长期及耐久性能研究中的应用

当前，不少学者将数值模拟方法应用到混凝土耐久性研究中，但是对混凝土耐久性研究主要是集中在混凝土裂缝扩展[11~13,17]及氯离子腐蚀两个方面，对其他诸如抗渗透性、抗碳化性能、抗冻性能方面还不够深入。

刘睫[11]结合云南糯扎渡水电站大坝心墙区垫层混凝土施工，应用有限元软件 ANSYS 对整个计算过程进行较为全面的分析和介绍，对大体积混凝土在浇筑后 30d 龄期内的温度场进行模拟，计算混凝土内部及表面温升曲线。在此基础上采用铺设冷水管的温控措施，有效控制了混凝土内部最高温度及内外温差，达到了防止出现温度裂缝的目的，有效提高了混凝土结构的耐久性。

由于有限元是基于无数小单元的近似，在研究对象受到大变形时，需要对网格进行重新划分，并且严重影响计算精度，因此刘杏红[14]结合混凝土热传导问题推导了伽辽金无网格方法控制方程和基本算法步骤，编制了混凝土温度场计算和温度裂缝扩展过程模拟的无网格法程序，并通过具体的算例验证了伽辽金无网格程序的正确性。数值模式试验结果表明无网格法能够有效地模拟混凝土块在温度应力作用下的开裂发展过程。

为了给混凝土结构耐久性研究和寿命预测提供参考，许崇法[15]依据扩散理论和有限元数值模拟，对应力、碳化和酸雨等单一因素和多因素耦合作用下的混凝土构件中性化区域的物质含量分布、pH 值和中性化深度进行了分析。研究结果表明混凝土中性化深度的数值模拟具有一定的可信度。

李春秋[16]在干湿交替下表层混凝土内水分的不同传输机理的基础上，建立了干湿交替下表层混凝土内氯离子传输模型。利用建立的模型和试验测得的基本材料参数进行了数值计算，计算结果同干湿交替试验中实测的氯离子含量分布吻合较好，证明了干湿交替下表层混凝土内氯离子传输模型的正确性和考虑干湿交替过程水分本身传输的重要性。研究表明干湿交替下混凝土内氯离子入侵比永久浸没于氯盐溶液中的混凝土要严重得多。这为解决处于干湿交替环境下的混凝土结构氯离子腐蚀问题提供了理论指导。

唐云清[17]以均质连续介质为假设建立高强混凝土多孔介质徐变数值模型，分析不同双轴应力组合对徐变效应的影响，以获得高强混凝土在双轴应力状态下的徐变发展规律，同时开展高强混凝土双轴徐变试验论证。计算结果和试验结果均表明徐变系数和应力状态密切相关，双轴应力状态下混凝土徐变系数小于单轴应力状态，且竖向应力对徐变系数影响较大。

张晓东[18]采用虚拟裂缝模型模拟混凝土非线性断裂行为，针对二维四边形单元推导了详细的有限元列式。采用 3 种方案对非线性方程系统进行求解，通过对带初始边缘裂纹的单向拉伸混凝土板的数值模拟，对 3 种求解方案的计算结果进行了分析和讨论，3 种计算方案均取得了较好的效果，并且计算过程中无需对网格进行重新划分。

周新刚[19]基于氯离子在混凝土结构中的扩散传输理论，建立了氯离子扩散传输偏微分方程，讨论了边界与初始条件。并建立了氯离子在混凝土中扩散传输的离散方程，编制了计算程序对氯离子在混凝土中的传输进行了模拟。模拟结果表明有限体积法可以很好地模拟氯离子在混凝土中的扩散传输，可以分析计算复杂边界条件下的混凝土内的氯离子分布，并对受氯离子侵蚀混凝土结构的使用寿命进行预测分析。

郭利霞[20]在前人研究基础之上，通过分析混凝土冻融特性，提出了随龄期变化的力学特性模型，并利用三维有限元仿真计算程序，对混凝土施工期可能产生的冻融破坏过程进行数值模拟，计算结果与实际冻胀开裂规律一致，为工程施工过程设计提供理论依据。

## 2.3 数值模拟在混凝土流变性能研究中的应用

众所周知，在泵送混凝土过程中，混凝土料本身、混凝土料与管壁之间的相互作用是一个非常复杂的课题。为解决复杂条件下混凝土的泵送施工问题，有必要采用计算机仿真模拟结合大量试验的方法进行研究。泵送混凝土在国内使用的时间不长，相关的资料和经验总结以及实验研究的成果仍十分有限。尽管对宾汉型流体的数值模拟已经在石油、化工和机械等行业有较多的应用，但在泵送混凝土方面在国内尚未有效开展。

田正宏[21]用卡波姆凝胶配制与流变混凝土浆体流变性能等效的透明浆体，通过可视化物模试验模拟得到流变混凝土集料运动规律。分析了拌合物流动过程形变和振动集料沉降特点及其形成机理，试验结果表明流变混凝土基于等效流变性能的可视化模拟方法可行，并且该方法能直观获取集料沉降运动规律和速度场、位移场等运动形态参数，为深入研究流变混凝土本构关系及颗粒接触模型提供了基础。

段化全[22]采用计算流体力学商业软件 FLOW-3D 对自密实混凝土的工作性能进行研究。将自密实混凝土拌合物看作均匀单一流体，其本构关系采用宾汉姆模型，流变性能由屈服应力和塑性黏度两个参数控制。通过对坍落度试验、L 型仪试验和 U 型箱试验的数值模拟，并且结合相应的试验，考察水胶比、砂率和减水剂三种因素对自密实混凝土的工作性能的影响，数值模拟结果可以与试验结果较好地吻合。

宋军华[23]基于 PFC2D 的自定义接触平台，建立能表征新拌混凝土微观结构的离散元接触模型。并进行了多种工况下的散体堆积实验并与离散元模拟对比。采用离散元分别模拟了坍落度、L 箱流动、V 型箱流动、U 型箱流动等新拌混凝土流变学行为，并与部分实验进行对比，研究结果表明自定义滚动摩擦接触模型能更好地模拟混凝土中粗集料间的相互作用，通过参数调整，离散元能够模拟新拌混凝土的流变学行为，并进而模拟新拌混凝土在管道中的流动特性以及与泵送管道的相互作用规律。

## 3 数值模拟在混凝土工程中应用面临的主要问题

作为一门交叉学科，数值模拟方法的发展受限于数学、物理、计算机等学科的制约，另外，在混凝土工程领域应用数值模拟的研究方法时间还不长，应用相对不成熟，本身还存在一些问题：

（1）数值模拟的主观性问题。数值模拟的对象本身就是主观上基于理论上的假设，是将研究对象通过理论模型进行一定简化形成的"数值混凝土"，通常将其简化为集料、过渡区、水泥石三相复合材料模型，并通过计算机展开"数值混凝土"的研究，并且数值模拟过程中的初始条件及边界条件等都是主观性的。

（2）数值模拟结果可靠性问题。数值模拟方法在模拟分析过程中，对边界条件和混凝土结构的简化，或多或少对分析结果产生影响，而且混凝土结构离散化的形式不同，得到的结果和精度也不同，随机性比较大，可信度降低。

（3）如何建立适合混凝土结构的数理模型，如何选取边界条件及参数以及如何判断模拟结果在科研层面上的可信性，这些还有待于定出一套类似解析解的论证方法。

## 4 小结

本文概括总结了仅 10 年来数值模拟在混凝土性能研究中的发展情况，可以看出数值模拟检验并预测了混凝土结构宏观及微观层次损伤模型，对混凝土科学的发展起了推动作用，但是数值模拟在混凝土流变学特性方面研究还不多也不够深入，相信随着计算机和数值模拟技术的发展，数值模拟在混凝土工程中应用会越来越广泛。

**基金项目：**云南省科技创新强省计划项目（**2015AA022**）。

**参考文献**

[1] Versteeg H K, Malalasekera W. An introduction to computational fluid dynamics-the finite volume method [M]. 2nd ed. England, 9-38：Pearson Prentice Hall, 2007.

[2] 周新刚，李克非，陈肇元. 氯离子在混凝土中扩散传输的有限体积法模拟分析 [J]. 工程力学，2013，30（7）：34-39.

［3］ 王瑞金，张凯，王刚．Fluent 技术基础与应用实例［M］.北京：清华大学出版社，2010.

［4］ KozickiJ，TejchmanJ. Effect of steel fibres on concrete behavior in 2D-and 3D simulations using lattice model ［J］. Archives of Mechanics，2010，62（6）：465-492.

［5］ 夏晓舟，章青，汤书军．混凝土细观损伤破坏过程的数值模拟［J］.河海大学学报（自然科学版），2007，35（3）：319-325.

［6］ 叶丹燕，王浩，王帅，何锐．粗集料形状对纤维混凝土力学性能影响的数值模拟［J］.混凝土，2015（12）：97-101.

［7］ 孙立国，杜成斌，戴春霞．大体积混凝土随机集料数值模拟［J］.河海大学学报（自然科学版），2005，33（3）：291-295.

［8］ 朱浮声，徐爽，唐春安等．混凝土集料级配对抗压强度影响的数值模拟［J］.混凝土，2007（2）：8-10.

［9］ 宋来忠，姜袁，彭刚．混凝土随机参数化集料模型及加载的数值模拟［J］.水利学报，2010，41（10）：1241-1247.

［10］ 赵海涛，王潘绣，岳春伟．基于细观随机模型的混凝土抗拉强度模拟研究［J］.结构工程师，2012，28（4）：40-44.

［11］ 刘睫，陈兵．大体积混凝土水化热温度场数值模拟［J］.混凝土与水泥制品，2010（5）：15-18.

［12］ 贾福杰，赵顺增，刘立等．采用有限元模拟计算混凝土的温升实例［J］.混凝土与水泥制品，2011（5）：17-21.

［13］ Ted Belytschko，Robert Gracie，Giulio Ventura. A review of extended/generalized finite element methods for-material modeling ［J］. Modelling and Simulation in Materials Science and Engineering，2009，17（4）：043001.

［14］ 刘杏红，周创兵，常晓林等．大体积混凝土温度裂缝扩展过程模拟［J］.岩土力学，2010，31（8）：2666-2670.

［15］ 许崇法，曹双寅，范沈龙等．多因素作用下混凝土中性化深度数值模拟［J］.中国公路学报，2014，27（7）：60-67.

［16］ 李春秋，李克非．干湿交替下表层混凝土中氯离子传输：原理、试验和模拟［J］.硅酸盐学报，2010，38（4）：581-589.

［17］ 唐云清，柯敏勇，李霄琳．高强混凝土双轴徐变数值模拟及试验验证［J］.水利水运工程学报，2013，（6）：29-35.

［18］ 张晓东，丁勇，任旭春．混凝土裂纹扩展过程模拟的扩展有限元法研究［J］.工程力学，2013，30（7）：14-21.

［19］ 周新刚，李克非，陈肇元．氯离子在混凝土中扩散传输的有限体积法模拟分析［J］.工程力学，2013，30（7）：34-39.

［20］ 郭利霞，罗国杰，钟凌．水工混凝土结构施工期冻融破坏仿真模拟［J］.农业工程学报，2012，28（18）：82-87.

［21］ 田正宏，李旭航，朱飞鹏等．流变混凝土集料运动模拟试验研究［J/OL］.建筑材料学报，

［22］ 段化垒．自密实混凝土流动性试验的数值模拟［D］.北京：北京交通大学，2011.

［23］ 宋军华．基于离散元法的新拌混凝土流变学及其泵送过程的研究［D］.湖南：湘潭大学，2012.

## 作者简介

王模弼，1987 年生，男，助理工程师，从事水泥混凝土研发工作。地址：云南省昆明市昆明经济技术开发区信息产业基地大冲工业片区 2-3 号；单位：云南建工经开绿色高性能混凝土有限公司；电话：0871-67450060；E-mail：wmb19870202@qq.com。

# 水泥石的孔结构研究进展

邓天明，张凯峰，赵世冉，王　宁，姚　源

（中建西部建设北方有限公司，西安，710016）

**摘　要**　水泥石中的孔对水泥基材料的性能有重要影响。本文综述了水泥石中孔的不同分类方式，按孔在水泥石中所处位置不同，可将孔分为凝胶孔和毛细孔，根据孔径大小可将孔进一步细化。目前对孔结构的研究更多是孔的分类及孔隙率，本文提出了利用全压汞法表征孔径分布及孔形貌。

**关键词**　孔结构；凝胶孔；毛细孔；全压汞法

# Research Progress on Pore Structure of Cement Pastes

Deng Tianming, Zhang Kaifeng , Zhao Shiran , Wang Ning, Yao Yuan

(China West Construction North Co. ，Ltd，Xi'an，710116)

**Abstract**　Pores in cement paste have important influence on the performance of cement-based materials. This paper reviews the different classifications of pores in cement paste. According to different location in the cement paste，pores can be divided into the gel pores and capillary pores，pores can be further refined based on pore size. Currently， research on pore structure focus on porosity and classification of pores. This paper propose using full mercury porosimetry to characterize pore size distribution and pore morphology.

**Keywords**　pore structure；gel pores；capillary pores；full mercury porosimetry

## 1　引言

水泥基材料天生含有孔隙，材料的孔对其自身的许多性质有重要影响，如干燥收缩、强度、徐变、重量、导热性、吸水性、渗透性、耐腐蚀性等[1]。

F. H. Wittmann 在第 7 届国际水泥化学会议上提出孔隙学的概念，孔隙学即研究孔结构的理论。孔结构主要包括以下三方面的内容：（1）孔隙率；（2）孔径分布也称为孔级配；（3）孔几何学。

## 2　孔的分类

由于水泥石孔结构自身的复杂性和测试手段的多样性，不同的研究者对实验结果进行了不同的解释，这导致了对水泥石孔结构不同的分类，下面介绍几种常见的孔的分类。

### 2.1　T. C. Powers 分类

T. C. Powers[2,3]将水泥石中的孔分成两大类：凝胶孔和毛细孔，利用水蒸气等温吸附原理，提出硬化水泥浆体各成分体积的模型，凝胶孔和毛细孔的体积得到估算。其公式由 Hansen[4]总结如下：

$$V_{\text{unreacted cement}}=\frac{0.32\ (1-\alpha)}{w_0/c+0.32} \tag{1}$$

$$V_{gel} = \frac{0.68\alpha}{w_0/c + 0.32} \tag{2}$$

$$V_{capillary\ pores} = \frac{w_0/c - 0.36\alpha}{w_0/c + 0.32} \tag{3}$$

式中：$V_{C\text{-}S\text{-}H\ pores}$ 为凝胶孔的体积；$V_{C\text{-}S\text{-}H\ solid}$ 为 C-S-H 凝胶固体的体积；$V_{capillary\ pores}$ 为毛细孔的体积；$V_{total\ pores}$ 为孔的总体积。

在上述公式中，$\alpha$ 表示水泥的水化程度，$w_0/c$ 表示原始水灰比，$0.32cm^3/g$ 指的是水泥的特定体积，$\alpha$ 前面的系数由 BET 理论和毛细管压力理论确定，此系数是多组水泥试验结果的平均值[3,4]。T. C. Powers 认为凝胶孔体积占凝胶体积的 28%，水泥石孔隙率是凝胶孔和毛细孔孔隙率之和，为此，T. C. Powers 提出了胶空比（$X$）理论，$X$ 表达式如下：

$$X = \frac{V_{gel}}{V_{capillary\ pores} + V_{gel}} \tag{4}$$

式（1）～式（3）中，孔隙率的计算都是以水泥石的体积为基准，为了更好地与其他实验数据进行比较，应当将式（1）～式（3）中等式左边的数据乘以系数 $V/D$，$V$ 指的是水泥石的原始体积，$D$ 指的是不含可蒸发水的水泥石的质量。

## 2.2 近藤连一和大门正机分类

日本学者近藤和大门根据自己的实验数据，综合了 Brunauer、Powers、Mikhaiil、Dubinin、Feldman 等人的观点，1976 年在第六届国际水泥化学会议上提出将水泥石中的孔分为四类[5]。

四类孔的详细划分如下：

(1) 凝胶微晶内孔：孔直径<1.2nm，孔内是层间水，孔径最小，能级最高。

(2) 凝胶微晶间孔：孔直径近似为 1.2～3.2nm，是 Powers 认为的凝胶孔，孔内的水有结构水和不可蒸发水，在 D-干燥下会逸出，孔的结构不同，其能级也不同。

(3) 凝胶粒子间孔（过度孔）：孔直径为 3.2～200nm，影响可逆干缩。

(4) 毛细孔：孔直径>400nm，又称为大孔。

在上述孔分类中，所谓过渡孔的孔径范围 3.2～100nm 的范围太大。不同种类的孔对水泥石的宏观行为有影响，在过渡孔范围内不同孔径的孔影响也不相同。

## 2.3 Mindess 和 Young 分类

Mindess 和 Young[6] 认为有大量孔隙存在于水泥石的 C-S-H 内，孔的孔径分布是连续的，因此毛细孔和凝胶孔之间孔径的划分在很大程度上是主观的。假设更确切地将毛细孔定义为能产生毛细作用（能形成弯液面）的孔，则凝胶孔包含微小的毛细孔。毛细孔体系是个互相连通的网，其中容积水的流动与离子的扩散相对较容易。Mindess 和 Young 结合孔中水的状态，对水泥石的孔作了系统的划分，表 1 给出了他们划分的水泥石孔体系。

从表 1 可以看出，所有孔径范围内的孔对水泥石的性能都有影响，但目前为止没有一种方法能测量全部孔径，同时对实验数据往往也难以解释，对水泥石孔径分布进行确切评价难度较大。

**表 1 水泥石中孔的分类[6]**

| | 孔径（nm） | 描述 | 水的状态 | 对水泥石性能的影响 |
|---|---|---|---|---|
| 毛细孔 | 50～100 | 大毛细孔 | 堆积体积大 | 强度，抗渗性 |
| | 10～50 | 小毛细孔 | 产生中等表面张力 | 强度，抗渗性，高湿度下产生收缩 |
| 凝胶孔 | 2.5～10 | 小凝胶孔 | 产生强表面张力 | 在 50% 的相对湿度以下产生收缩 |
| | 0.5～2.5 | 微孔 | 强吸附水，无弯月面 | 收缩，徐变 |
| | 0.5 以下 | 微孔夹层 | 与连接键有关的结构水 | 收缩，徐变 |

## 2.4 Jennings 分类

因为水泥水化的主要产物 C-S-H 自身的多孔性，水泥石的孔结构更加复杂。目前定义了两种类型的孔：

（1）毛细孔：在水泥水化颗粒之间的尺度较大的孔。（2）凝胶孔：完全包含在 C-S-H 中的更小的孔。Jennings[7]认为在水泥石中凝胶孔和毛细孔在孔径上没有严格的区分。而按照 Mindess 和 Young 的分类，凝胶孔的孔径小于 10nm[6]。在水泥石的孔隙中，小孔对收缩和徐变产生作用[8]，而大孔影响强度和渗透性等性能[9]，如图 1 所示。

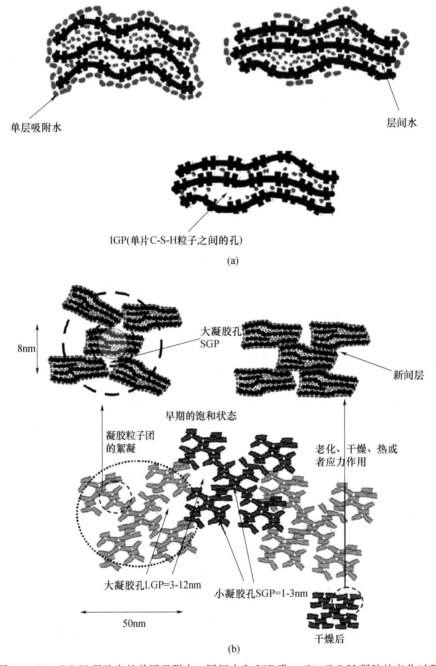

图 1　（a）C-S-H 凝胶中的单层吸附水、层间水和 IGP 孔；（b）C-S-H 凝胶的老化过程

为了对孔隙率进行更深入的认识，Jennings 提出了如下公式[7]：

$$V_{\text{unrecated cement}} = c\ (1-a_{\text{total}})\ \left(\frac{1}{\rho_{\text{cement}}}\right) \tag{5}$$

$$V_{\text{CH}} = c\ (0.189a_1 p_1 + 0.058a_2 p_2) \tag{6}$$

$$V_{\text{AFm}} = c\ (0.849a_3 p_3 + 0.472a_4 p_4) \tag{7}$$

$$V_{\text{C-S-H solid}} = c\ (0.278a_1 p_1 + 0.369a_2 p_2) \tag{8}$$

$$V_{\text{capillary pores}} = (1-c) - c\sum_{i=1}^{4}(a_i p_i \Delta_i) \tag{9}$$

$$V_{\text{C-S-H pores}} = 0.219 V_{\text{C-S-H solid}} \tag{10}$$

$$V_{\text{total pores}} = V_{\text{C-S-H pores}} + V_{\text{capillary pores}} \tag{11}$$

在上述等式中，$\alpha_i$（$i=1$，2，3，4）指的是水泥石中各矿物组成的水化程度，$p_i$（$i=1$，2，3，4）表示水泥石中各矿物成分的质量分数，$\Delta_i$ 表示水泥石中水化产物与参加反应的矿物成分的固体体积变化值，其中1代表 $C_3S$，2代表 $C_2S$，3代表 $C_3A$，4代表 $C_4AF$，$\alpha_i$（i＝total）代表水泥石的水化程度，$c$ 指的是 1g 水泥石中水泥的质量。

通过对实验数据的总结得到表 2 所示数据，据此，Jennings 提出了如下假设：1g 饱和 C-S-H 凝胶的体积是 0.568cm³，1g D-干燥 C-S-H 凝胶的体积是 0.349 cm³，凝胶孔体积不能当做 C-S-H 凝胶体积的一部分，除非凝胶孔中充满水，因此可以推测 C-S-H 凝胶中凝胶孔的体积是 0.219 cm³[7]。由此假设可得到等式（10）。

表 2  C-S-H 凝胶的参数[8,10]

| 化合物 | 平均（当量）化学式 | 密度（g/cm³） | 摩尔质量（g/mol） | 摩尔体积（cm³/mol） |
|---|---|---|---|---|
| C-S-H（饱和） | $C_{3.4}S_2H_8$ | 1.76 | 455 | 259 |
| C-S-H（D-干燥） | $C_{3.4}S_2H_3$ | 2.86 | 365 | 128 |

Jennings 未对水泥石中的孔按孔径进行划分，而是通过水泥成分、水化程度、原始水灰比三者量化了水泥石各主要成分的体积，从而估算出水泥石的孔隙率。以胶体模型 Ⅱ[11~13] 为载体，Jennings 对凝胶孔作了更准确的描述，如图 1 所示。

## 3  结论与展望

前文所述对孔结构的研究，将孔分为毛细孔及凝胶孔，且做了定量分析，并对孔径进行了细化，这对水泥基材料孔结构及性能研究具有很大帮助。但是，孔结构的研究很少涉及孔径分布及孔的形貌。

采用全压汞法将作用压力循环渐进地从最小值增加到最大值，如图 2 所示。在 $n$ 次增压-减压循环中，第 1 次将作用压力增加到 $P_n^{\text{in}}$（加压压力）然后降低到 $P_n^{\text{ex}}$（减压压力），在下次循环中压力再增加到 $P_{n+1}^{\text{in}}$ 又降到 $P_{n+1}^{\text{ex}}$，重复地增压-减压循环直到最大压力。在每次增压-减压循环中，记录下每次汞侵入体积 $V_n^{\text{in}}$ 和退出体积 $V_n^{\text{ex}}$。此时，根据进入和退出接触角的不同，再利用 Washburn 方程就可以计算出侵入压力 $P_n^{\text{in}}$ 和退出压力 $P_n^{\text{ex}}$ 对应孔的直径 $D_n$。当汞从同一表面进入和挤出时，会有不同的接触角，这会导致汞在侵入和退出过程中产生滞后。依次循环下去，由进入和退出接触角与汞侵入和退出一个连续的圆柱孔的压力就可以计算出相应的孔径分布。

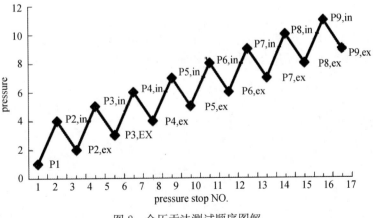

图 2  全压汞法测试顺序图解

根据这样的测试方法，当作用压力增加到 $P_n^{in}$，汞会同时进入直径为 $D_n$ 的咽喉孔和咽喉孔之后的墨水瓶孔（假设有的话）中。然后将作用压力降低到 $P_n^{ex}$，这时只有直径为 $D_n$ 的咽喉孔里的汞出来，而剩余的侵入汞就残留在墨水瓶孔（假设有的话）中。因此，$V_n^{ex}$ 就等于直径为 $D_n$ 的咽喉孔的体积，$V_n^{in} - V_n^{ex}$ 等于相应的墨水瓶孔的体积。如下所示：

$$V_n^{in} = V_n^{ex} \tag{13}$$

$$V_2^{ink} = V_n^{in} - V_n^{ex} \tag{14}$$

在上述等式中，$V_n^{th}$ 是直径为 $D_n$ 的咽喉孔的体积，$V_n^{ink}$ 是相应的墨水瓶孔的体积。

上述方法可以确定出每个孔径中咽喉孔和墨水瓶孔的体积，消除了"可亲性效应"的影响，是目前测量孔径分布及孔形貌最好的压汞技术。但是假如水泥石中还有更复杂的孔隙结构，那么该方法是否还可以获得真实的孔隙结构有待进一步的研究。

## 参考文献

[1] 廉慧珍. 建筑材料物相研究基础 [M]. 北京：清华大学出版社，1996.

[2] Powers T C. Physical Properties of Cement Paste [Z]. 1970.

[3] T. C. Powers. Studies of the Physical Properties of Hardened Portland Cement Paste [Z]. 1947：18.

[4] Hansen T. Physical structure of hardened cement paste. A classical approach [J]. Materials and Structures，1986，19 (6)：423-436.

[5] 大门正机. 近藤连一. 硬化水泥浆的相组成 [Z]. 北京：中国建筑工业出版社，1982.

[6] Mindess, S., Young, J. F.. Concrete [M]. Prentice-Hall, Inc；Englewood Cliffs, NJ, 1981.

[7] P. 库马. 梅塔 保罗. J. M. 蒙特罗. 混凝土微观结构 [M]. 丁建彤覃维祖王栋民，译. 北京：中国电力出版社，2008.

[8] Jennings H M, Tennis P D. Model for the developing microstructure in portland-cement pastes [J]. Journal of the American Ceramic Society，1994，77 (12)：3161-3172.

[9] Garci Juenger M C, Jennings H M. Examining the relationship between the microstructure of calcium silicate hydrate and drying shrinkage of cement pastes [J]. Cement and Concrete Research，2002，32 (2)：289-296.

[10] Taylor H F W. Cement Chemistry [M]. 2nd ed. London：Thomas Telford，1997.

[11] Jennings H M. Refinements to colloid model of C-S-H in cement：CM-II [J]. Cement and Concrete Research，2008，38 (3)：275-289.

[12] Jennings H M. Reply to the discussion by J. J. Beaudoin and R. Alizeadab of the paper "Refinements to colloid model of C - S - H in cement：CM-II" by H. M. Jennings [J]. Cement and Concrete Research，2008，38 (7)：1028-1030.

[13] Vlahinić I, Jennings H M, Thomas J J. A constitutive model for drying of a partially saturated porous material [J]. Mechanics of Materials，2009，41 (3)：319-328.

[14] 朱效荣. 绿色高性能混凝土研究 [M]. 辽宁大学出版社，2005.

## 作者简介

邓天明，男，中建西部建设北方有限公司研发员，主要从事高性能混凝土、固废综合利用研究。地址：西安市长安区王寺西街中建商品混凝土西安有限公司沣渭站；邮编：710016；E-mail：15029353958@163.com。

# 大粉煤灰掺量海工混凝土耐久性探讨

艾红梅，孔靖勋，朱苏峰，卢洪正

（大连理工大学，建筑材料研究所，辽宁大连，116024）

**摘　要**　在我国北方地区海洋环境下，混凝土结构的腐蚀现象十分严重，采用大掺量粉煤灰来取代水泥，能够获得良好的经济效益和环境效应。通过粉煤灰能够增加混凝土密实度进而提高混凝土抗氯离子渗透能力；而且能够减少水泥用量降低水化热，防止大体积混凝土因水化热过大产生温度梯度导致混凝土开裂，使得大体积海工混凝土的耐久性得以提高。针对氯离子渗透，硫酸盐侵蚀，冻融循环等破坏作用，本文主要对大掺量粉煤灰海工混凝土的耐久性以及其优越性能做以探讨。

**关键词**　海工混凝土；大掺量粉煤灰；耐久性

# A Summary on the Durability of Marine Concrete with high Content of Fly-ash

Ai Hongmei，Kong Jingxun，Zhu Sufeng，Lu Hongzheng

(Dalian University of Technology Construction Engineering，
Dalian，Liaoning，116024)

**Abstract**　The phenomenon of concrete structure corrosion is very serious in the marine environment in north of China. Using large proportion of fly ash to replace cement can obtain better economic benefit and environment effect. High fly ash content concrete not only can increase the compactness of concrete，but also can enhance the ability to resist chloride ion permeability. It also can reduce the content of cement and the heat of hydration to prevent mass concrete cracking because of temperature gradient which caused by the high heat of hydration. In this way can improve the durability of Marine concrete. According to the chloride ion penetration，sulphate erosion，freeze-thaw cycle and other damage of concrete, the durability of concrete with high fly ash content and its superior performance were reviewed in this paper.

**Keywords**　marine concrete；high fly ash content；durability

## 0　引言

　　近半个世纪，混凝土结构过早劣化的事例在国内外屡见不鲜。混凝土结构的耐久性已经成为土木工程界亟待解决的重大问题。随着对海洋的开发，沿海或跨海桥梁的兴建，对混凝土结构的耐久性要求越来越高，海工混凝土的配制与施工技术也得到了迅速发展。混凝土是海洋结构最为重要的建筑材料，相比之下，粉煤灰混凝土在海洋环境中具有更为优异的技术指标和经济指标。20 世纪 80 年代后期至今，随着高效减水剂技术的发展和市场上优质粉煤灰的大量供应，使得大掺量粉煤灰混凝土成为一种优质的海工建筑材料。鉴于北方海洋环境下盐分侵蚀，冻融循环造成的破坏较为严重，本文将主要探讨北方海洋环境下大掺量粉煤灰混凝土的服役特点，以及耐久性问题。

# 1 影响海工混凝土破坏的主要因素

由于沿海工程所处环境恶劣，海水中含有大量侵蚀性离子，混凝土的胶凝体会被海水中的盐离子（$Cl^-$、$Mg^{2+}$、$SO_4^{2-}$ 等）破坏，同时混凝土还要受到冻融破坏、风浪冲刷、浪溅区干湿变化等作用，使得混凝土强度降低、钢筋锈蚀、结构可靠性降低[1]。混凝土在海洋环境受到的破坏主要包括以下几个方面。

## 1.1 氯离子侵蚀

在海工混凝土结构耐久性问题中，钢筋锈蚀是核心问题，而在引起锈蚀的因素中，氯离子侵蚀最为显著。氯离子通过混凝土内部孔隙和微裂缝体系从周围环境向混凝土内部迁移，氯离子的传输过程是一个复杂的物理化学过程[2]，涉及许多机理，目前对氯离子侵入混凝土方式的理论主要有以下三种：（1）渗透作用，即氯离子在水压力梯度作用下随水向压力较低的方向移动；（2）毛细管作用，由于毛细管的负压吸收作用而导致氯离子随水吸入后，在湿度梯度作用下与毛细管水一起在混凝土中传输的行为，即盐水向混凝土内部干燥的部分移动；（3）扩散作用，即在浓度梯度的作用下，氯离子从浓度高区域向浓度低的地方移动，即氯离子在混凝土中的的扩散过程，满足 Fick 第二定律[3]；（4）电化学迁移，即氯离子向电位较高的方向移动。

但实际上，氯离子的侵入是几种不同方式的组合，另外还受到氯离子与混凝土材料之间的化学结合、物理粘结、吸附等作用的影响。即使混凝土碳化深度较浅，在氯离子含量较高的情况下钢筋也容易遭受腐蚀。海洋环境下混凝土中钢筋锈蚀的机理与大气环境下混凝土中钢筋锈蚀的机理有所不同。一般大气环境下钢筋锈蚀主要是由混凝土中性化破坏钢筋表面的钝化膜所致；而海洋环境下主要是由于氯离子的侵蚀引起的。水泥水化后在混凝土钢筋表面形成的高碱性（pH＞12.6）致密钝化膜，该钝化膜中包含 Si-O 键，对钢筋起保护作用，这是钢筋不受到破坏的主要原因。然而，钝化膜只有在高碱性环境中才能稳定存在，当 pH＜11.5 时（临界值），钝化膜就开始不稳定；当 pH＜9.88 时，钝化膜生成困难或已经生成的钝化膜逐渐破坏[4]。由于氯离子的穿透力非常强，当氯离子进入混凝土中吸附于局部钝化膜时，使得该处的 pH 值迅速降低，氯离子的局部酸化作用，可使钢筋表面 pH 值降低到 4 以下，从而使钢筋钝化膜破坏。由于钝化膜的破坏，使得部分铁基体外露，与未被破坏的钝化膜之间存在电位差，钝化膜作为阳极，而铁基体成为阳极被侵蚀。此外，由于 $Cl^-$ 与 $Fe^{2+}$ 相遇会生成 $FeCl_2$，使 $Fe^{2+}$ 含量减少，$Cl^-$ 正是发挥了阳极去极化的作用从而加速阳极反应。氯离子的存在也强化了离子通路，降低了阳极，阴极之间的电阻，加速了电化学腐蚀过程。氯离子不仅促成了钢筋表面的腐蚀电池，而且加速了电池作用的过程。粉煤灰的掺入对于改善混凝土抗氯离子侵蚀性能皆有明显效果；且水化中后期，火山灰效应的发挥逐渐超过水胶比对强度的影响成为混凝土抗氯盐性能的主导因素[5]。

## 1.2 硫酸盐侵蚀

作为混凝土耐久性的一个主要方面，硫酸盐侵蚀的实质是环境水中的硫酸盐离子进入混凝土内部，与水泥石中一些固相组分发生化学反应，生成一些难溶的盐类矿物而引起。这些难溶的盐类矿物一方面可形成钙矾石、石膏等膨胀性产物而引起膨胀、开裂、剥落和解体；另一方面也可使硬化水泥石中 CH 和 C-S-H 等组分溶出或分解，导致水泥基材料强度和粘结性能损失。

一般把硫酸盐侵蚀分为物理侵蚀和化学侵蚀两大类：

（1）化学侵蚀：由于水泥的水化产物主要由水化硅酸钙（C-S-H），氢氧化钙（CH），水化铝酸钙（C-A-H），钙矾石（AFT）和单硫型水化硫铝酸钙（AFm）在硫酸盐环境中不能够稳定存在，会与硫酸盐反应生成石膏，钙矾石，硅胶，碳硫硅钙石等物质。生成的石膏和钙矾石等物质填充混凝土孔隙，持续生成引起的膨胀加速了裂缝的形成和扩展，造成混凝土的开裂，降低混凝土的耐久性[6,7]。

（2）物理侵蚀：无水硫酸盐晶体转换成含水硫酸盐晶体过程中固相增长，根据 S. Sahu 总结的固相体积变化理论[8]可知，在无水硫酸钠晶体（$Na_2SO_4$）转换成十水硫酸钠（$Na_2SO_4 \cdot 10H_2O$）晶体的过程中晶体体积增长315%，同样能够造成体积膨胀，破坏混凝土结构。

## 1.3 冻融破坏

冻融破坏是我国北方地区水工建筑遭受的主要病害。在冰冻过程中有几种不同过程影响浆体行为，这些过程一般为结冰产生的水压力、冰冻点附近毛细孔水中的溶液浓度提高、C-S-H吸附水的解吸以及冰的隔离而产生的渗透压。一般认为，冻融破坏主要是在某一结冰温度下，水结冰产生体积膨胀，过冷水发生迁移，引起压应力，当压力超过混凝土能承受的应力时，混凝土内部孔隙及微裂缝逐渐增大、扩展并互相连通，使混凝土强度逐渐降低，造成破坏。目前提出的混凝土冻融破坏机理有五六种，即水的离析成层理论、静水压理论、渗透压理论、充水系数理论、临界饱水值理论和孔结构理论[9]，其中公认程度较高的，仍是由美国学者 T. C. Powers 提出的静水压假说和渗透压假说。

T. C. Powers 提出的静水压指出，当冰在毛细管形成时，所伴随的体积增加引起剩余水被压缩，毛细管有膨胀的趋势，同时周围的材料会受到压力的作用。叠加临近的毛细管的压力，则将引起浆体超过抗拉强度并发生破裂。静水压假说成功解释了混凝土冻融破坏过程中的很多现象，但却不能解释另外一些很重要的现象，如混凝土不仅会被水的冻结所破坏，还会被一些冻结过程中体积并不膨胀的有机液体如苯；三氯甲烷的冻结所破坏，基于此 Powers 和 Helmuth 提出了渗透压假说[10]。渗透压假说认为，由于混凝土孔溶液中含有大量离子，大孔中的部分溶液先结冰后，未冻溶液中离子浓度相对升高，与周围较小孔隙中的溶液之间形成浓度差，导致小孔隙中的溶液向部分冻结的孔隙移动。

## 2 粉煤灰掺量对混凝土性能的影响

虽然粉煤灰作为混凝土掺合料可以改善混凝土性能，但由于粉煤灰的火山灰活性是潜在的，因此从混凝土性能角度来看粉煤灰是有最佳掺量的。从目前的研究和使用情况来看，粉煤灰混凝土的粉煤灰掺量根据混凝土性能与成本的要就不同分为以下三个范围：

（1）掺量小于20%。在此掺量范围内，其目的主要是用以改善混凝土性能。粉煤灰在这一掺量范围内作用较明显，而不会引起混凝土早期强度过低等一系列破坏。这一掺量范围内对混凝土成本有所降低，但幅度小，其主要目的还是为了改善混凝土的工作性。

（2）掺量在20%～40%范围。粉煤灰在这一范围内，既可以改善混凝土的绝大部分性能，也可以显著降低混凝土成本。但是，在这一掺量范围内，粉煤灰在改善混凝土性能的同时，混凝土早期强度会下降，混凝土抗碳化性能、抗冻性能都有所降低。

（3）掺量在40%以上。这时主要以降低混凝土成本为目的，以及减少水泥用量防止大体积混凝土水化热过高使混凝土开裂。在满足一些性能要求的前提下，混凝土成本可降低30%左右。这一掺量范围内的粉煤灰混凝土通常用于一些特殊混凝土工程，如海工混凝土，碾压混凝土，通常用于水库大坝和道路建设。

由于燃煤发电厂煤的不完全燃烧等因素，使得不同品质的粉煤灰中也存在着不同的碳含量，作为吸附材料的碳是影响混凝土中外加剂的一个重要因素。在北方海洋环境下混凝土配制过程中，为了满足施工工作性和耐久性要求，混凝土外加剂是必不可少的。当混凝土中粉煤灰掺量较少时，我们可以忽略其对混凝土外加剂性能的影响，当混凝土中粉煤灰掺量大时，我们必须要考虑大掺量粉煤灰对外加剂吸附性能的影响，进而确定一个适宜的外加剂的掺量范围和粉煤灰掺量。

## 3 大掺量粉煤灰对海工混凝土性能的影响

由于北方海洋环境十分恶劣，对混凝土的破坏严重。根据混凝土劣化的主导因素和作用机理，海工混凝土耐久性问题研究主要集中在氯离子渗透，硫酸盐侵蚀，冻融作用等方面，所以对海工混凝土进行抗渗，抗冻，抗盐害的设计尤为重要。粉煤灰大掺量取代水泥用量，能够降低大体积混凝土内部水化热过大产生温度梯度，减少开裂；而且降低孔隙率并能改善水泥水化产物分布的均匀性，使水泥石结构比较致密，从而提高混凝土的耐久性，现被广泛应用于海工大体积混凝土工程中[11]。但粉煤灰与混凝土中 Ca（OH）$_2$反应降低混凝土的碱性，对钢筋的防锈有不利影响。

### 3.1 粉煤灰的减水效应

混凝土拌合物中有很多水，这是引起混凝土诸多问题的重要原因。由于粉煤灰颗粒能够吸附在带负电的水泥颗粒表面，阻止水泥浆絮凝结构的形成，将水泥颗粒有效分散，释放出大量的水，使得更少的用水量达到相同的和易性。硅酸盐水泥和粉煤灰颗粒大多数处于 $1\sim45\mu m$ 之间，能有效填充集料间的空隙，由于密度较低，粉煤灰比硅酸盐水泥能更有效地的填充砂浆和混凝土的空隙，提高混凝土密实度，减少拌合混凝土的用水量[12]。

### 3.2 粉煤灰对混凝土强度的影响

随粉煤灰掺量增加，混凝土早期强度有所降低，但后期强度增加。与水泥石相比，在混凝土拌合物中胶凝材料与集料的所形成的界面过渡区器强度较低，是混凝土微裂纹产生并最终导致其破坏的薄弱部位。当掺入粉煤灰后，粉煤灰中的活性 $SiO_2$ 和 $Al_2O_3$ 可以与水泥水化生成的 Ca（OH）$_2$反应生成 C-S-H 凝胶[13,14]。C-S-H 凝胶的产生不仅减少了 Ca（OH）$_2$在集料表面的结晶与定向生长，而且改善了过渡区结构，提高了过渡区的强度，这也是混凝土强度得以提高的主要原因。

### 3.3 粉煤灰对混凝土干燥收缩的影响

混凝土的干燥收缩也是影响混凝土强度的一个重要原因，主要是由于水化物的毛细孔、胶凝孔等孔隙脱水引起的。由于粉煤灰水泥浆体中的水化生成物比纯水泥浆体大大减少；而且，粉煤灰使混凝土中的孔隙细化，孔隙内水分的蒸气压增大，其微细颗粒还可以阻塞水分流动蒸发的通道，从而减少水分的蒸发，从而使粉煤灰混凝土的干缩降低[15,16]。混凝土中掺加粉煤灰时，随着粉煤灰的掺量增加，混凝土的裂缝开始出现时间延长，裂缝的最大宽度和裂缝的最大长度均呈现下降的趋势，混凝土表面裂缝的单位面积，开裂总面积逐渐降低，提高了混凝土早期抗裂性能[17]。

### 3.4 粉煤灰对混凝土徐变的影响

徐变能使建筑物混凝土的内部应力及变形不断发生重新分布，并能使建筑物中局部应力集中现象得到缓和，其对混凝土的抗裂性能的提高是有利的。徐变对水工大体积混凝土的温度应力的缓解也起着有利作用，特别是当温度的变化较小时，由于温度变形的一部分被徐变所抵消，从而可减轻温度变形的破坏作用。随着粉煤灰掺量的增加混凝土的徐变也会变大，缓解了大体积混凝土应力集中的现象，提高混凝土耐久性。

## 4 提高海工混凝土耐久性措施

### 4.1 减水剂和引气剂

掺加粉煤灰的混凝土，早期粉煤灰的水化反应缓慢，对水泥石的结构没有改善，降低了水泥石对应力的抵抗能力；在寒冷地区，这对混凝土的抗冻性有不利影响。需加引气剂改善其抗冻性能且抗渗性能提高。在混凝土中使用引气剂是提高混凝土抗冻性能的最为快捷有效的途径。引气剂是一种能使混凝土在搅拌过程中引入大量均匀分布、稳定而封闭的微小气泡，改善了混凝土内部的孔结构，使混凝土内部具有足够的含气量，从而改善其和易性与耐久性的外加剂，极大地提高了混凝土的抗冻性能。但是掺引气剂易导致气泡尺寸偏大，影响混凝土强度。这就需要调整引气剂与粉煤灰的配比，使得二者的掺量达到一个最佳值，满足强度的同时又能够达到一个较为理想的抗冻融能力[18]。

高效减水剂减水率一般在 20% 以上，能有效减少拌合水用量，通过降低水胶比，减少硬化混凝土孔隙，提高混凝土密实度，并能改善混凝土界面过渡区结晶水化合物取向，改善界面过渡区结构，提高混凝土耐久性。其分散作用还可促使气泡保持均匀分布，因此，掺高效减水剂能降低硬化混凝土的孔隙率，改善孔隙结构及分布状况[19]，从而抵消因引气剂导致的气泡尺寸过大产生的负面影响。由于聚羧酸高效减水剂能够提有效的提高混凝土的拌合物性能、抗压强度以及抗氯盐侵蚀性能，现在海工工程中应用较为广泛[20]。

### 4.2 矿物掺合料

矿物掺合料在掺有减水剂的情况下，能增加新拌混凝土的流动性、黏聚性、保水性、改善混凝土的可泵性，并能提高硬化混凝土的强度和耐久性。常用的矿物掺合料主要是具有活性的粉煤灰、硅灰以及矿渣。粉煤灰通过其形态效应在混凝土施工过程中减少水泥用量并能提高混凝土的工作性。此外，粉煤灰填充效应改善混凝土的微观结构从而改善抗冻性提高耐久性。随着粉煤灰混凝土技术的深入研究和发展，粉煤灰混凝土的耐久性研究已越来越多地引起人们的关注。

### 4.3 混凝土密实度

制作混凝土时，通过控制水胶比，加强养护和保证施工质量等措施，提高混凝土的密实度非常重要。混凝土密实度的增加，降低了混凝土的孔隙率，减少了混凝土的宏观和微观缺陷，减少了氯离子渗入混凝土的通道，从根本上提高了混凝土抵抗氯离子渗透的能力。台湾学者黄兆龙[21]的紧密堆积理论采用数学手段对粉煤灰，水泥，集料掺量进行曲线拟合，通过研究正填、逆填两种顺序不同的致密配比模式在达到最低空隙率、获得基本相近的最大单位重，为完成更为经济合理的混凝土致密配合比设计提供了依据。

提高海工混凝土耐久性的措施远不止以上的方法，本文只是针对对海工混凝土破坏较为严重的几种侵蚀提出了一些必要的解决办法。例如，采用高强度的特种水泥，高强度的集料从而提高混凝土的强度。掺加硅灰，矿渣这些掺和料对混凝土的性能具有物理和化学改善作用，有效增加混凝土的密实度、增强抵抗侵蚀的能力。提高混凝土保护层厚度；浪溅区和潮汐区混凝土表面涂层防护；阴极保护技术；采用特种钢筋等方法都能提高海工混凝土的耐久性[22]。

## 5 大掺量粉煤灰海工混凝土展望

海洋环境中的混凝土构件受破坏程度往往比大气环境更严重。由于大掺量粉煤灰混凝土水化热低，后期强度增长大，经济环保等优势正逐步被应用于大体积的建设之中。但耐久性是一个非常复杂的工程问题，尤其是粉煤灰掺量大的混凝土，虽然在这方面进行了许多研究，但仍有许多不完善的地方有待解决。这里将对海工粉煤灰混凝土耐久性的发展方向提出一些看法。

（1）海工结构在投入实际生活使用时，遭受的不是氯离子渗透或冻融破坏等的单一破坏，而是所有劣化因素的共同作用，这是实验室条件所不能模拟测试的。

（2）结构在使用过程中处于受力状态，因此，处于单项，双项或多项应力状态下时，像氯离子扩散系数，冻融循环次数等一系列指标尚需要进一步研究。

（3）通过减小水胶比，掺加矿物掺合料及外加剂的方法都能改善海工混凝土的耐久性，延长其结构使用年限，但采取这些措施对混凝土耐久性寿命影响的定量分析还需要进一步的研究，由此产生的经济因素也决定了这些措施在工程中能否得到应用。

（4）还需要对大掺量粉煤灰混凝土的配合比进行优化、混凝土的配制及施工工艺还需要进一步研究。大掺量粉煤灰混凝土的后期强度发展较普通混凝土大，因此有必要对大掺量粉煤灰混凝土的长期力学性能进行研究，以便为实际工程提供技术支持与指导。

**参考文献**

[1] 元成方，牛荻涛. 海洋大气环境下粉煤灰混凝土耐久性研究 [J]. 硅酸盐通报，2012，31（1）：1-6.

[2] Basheer, L., J. Kropp and D. J. Cleland, Assessment of the durability of concrete from its permeation properties [J]. Construction and Building Materials，2001. 15（2-3）：93-103.

[3]　Glass, G. K. and N. R. Buenfeld, The presentation of the chloride threshold level for corrosion of steel in concrete [J]. Corrosion Science, 1997. 39 (5): 1001-1013.

[4]　孙丛涛. 基于氯离子侵蚀的混凝土耐久性与寿命预测研究 [D]. 西安建筑科技大学, 2011.

[5]　冯庆革等. 不同水胶比下粉煤灰混凝土抗氯盐及碳化腐蚀性能研究 [J]. 混凝土, 2011 (9): 44-46. [6]. Neville, A., The confused world of sulfate attack on concrete [J]. Cement and Concrete Research, 2004. 34 (8): 1275-1296.

[7]　曹健. 轴压荷载下干湿循环—硫酸盐侵蚀耦合作用混凝土长期性能 [D]. 北京交通大学, 2013.

[8]　Thaulow Niels, Sahu Sadananda. Mechanism of concrete deterioration due to salt crystallization [J], Materials Characterization, 2004: 123-128.

[9]　张士萍, 邓敏, 唐明述. 混凝土冻融循环破坏研究进展 [J]. 材料科学与工程学报, 2008. 26 (6): 990-994.

[10]　Power T. C, Helmuth R A. Theory of volume change in hardened porland cement paste during freezing. Proceedings [J], Highway research board, 1953, 32: 285-297.

[11]　Wang, S. and L. Baxter, Comprehensive study of biomass fly ash in concrete: Strength, microscopy, kinetics and durability [J]. Fuel Processing Technology, 2007, 88 (11 - 12): 1165-1170.

[12]　Wang, S., et al., Durability of biomass fly ash concrete: Freezing and thawing and rapid chloride permeability tests [J]. Fuel, 2008. 87 (3): 359-364.

[13]　肖卓豪, 朱立刚, 尹志军. 利用低铝高烧失量粉煤灰制备微晶玻璃的研究 [J]. 硅酸盐通报, 2011, 30 (6): 1376-1380.

[14]　陈剑毅, 胡明玉, 肖烨. 复杂环境下矿物掺合料混凝土的耐久性研究 [J]. 硅酸盐通报, 2011, 30 (3): 639-644.

[15]　Zheng J, Du X, Yan W. Experiment Study on Capillary Absorption of Fly Ash Concrete at Different Curing Ages [J]. Adv. Mater. Res, 2012, 450-451: 78-81.

[16]　Atis C. High-volume fly ash concrete with high strength and low drying shrinkage [J]. Mater. Civil. Eng. 2003, 15 (2): 153-156.

[17]　张西玲, 姚爱玲. 矿渣掺量和细度对矿渣胶凝材料收缩性能的影响 [J]. 硅酸盐通报, 2010, 29 (6): 1338-1342.

[18]　杨钱荣. 掺粉煤灰和引气剂混凝土渗透性与强度的关系 [J]. 建筑材料学报, 2004 (4): 457-461.

[19]　Khayat, K. H., Viscosity-enhancing admixtures for cement-based materials—An overview [J]. Cement and Concrete Composites, 1998. 20 (2 - 3): 171-188.

[20]　王成启, 张悦然. 聚羧酸系高效减水剂对海工自密实高性能混凝土性能的影响 [J]. 混凝土与水泥制品, 2012 (4): 7-10.

[21]　黄兆龙, 湛渊源. 粉煤灰的物理和化学性质 [J]. 粉煤灰综合利用, 2003, 4: 3-8.

[22]　刘建国. 海洋浪花飞溅区钢铁腐蚀过程和修复技术研究 [D]. 中国科学院研究生院 (海洋研究所), 2010: 2-3.

**作者简介**

孔靖勋, 1989 年生, 男, 大连理工大学硕士研究生。地址: 辽宁省大连市高新技术产业园区凌工路 2 号, 大连理工大学, 综合实验一号楼 219 室; 邮编: 116024; 电话: 15040565090; E-mail: 466526014@qq. com。

# 混凝土泵送剂的复配

朱效荣[1]，赵志强[2]，薄　超[3]，王世彬[1]

（1. 北京城建集团有限公司，北京，100049；

2. 混凝土第一视频网，北京，100044；

3. 山东华舜混凝土有限公司，山东济南，250000）

**摘　要**　本文介绍了混凝土外加剂的复配方法及计算公式，为有志于学习和进行外加剂复配技术的企业技术人员提供一种简单实用应用性技术。

**关键词**　适应性；泵送剂；复配；成本

## 1　技术背景

泵送是当代混凝土运输的一种有效手段，可以改善工作条件，节约劳力，提高施工效率，尤其适用于工地狭窄和有障碍物的施工现场，以及大体混凝土结构和高层建筑。用泵送浇筑的混凝土数量在我国占很大的比例，商品混凝土在大中城市泵送率达 60％ 以上，有的甚至更高。泵送混凝土要求混凝土有较大的流动性，并在较长时间内保持这种性能，即坍落度损失小，黏性较好，混凝土不离析，不泌水，要做到这一点，仅靠调整混凝土配比是不够的，必须依靠混凝土外加剂，尤其是混凝土泵送剂。单一组分的外加剂很难满足泵送混凝土对外加剂性能的要求，因此配制多功能的泵送剂是必不可少的。复配泵送剂所使用的原材料工作原理如下：

### 1.1　减水组分

普通减水剂、高效减水剂和高性能减水剂都可作为泵送剂的减水组分，视工程对混凝土泵送剂减水率的要求而定。必要时也可将几种减水剂复合使用。有些高效减水剂本身就具有控制混凝土坍落度损失的功能，可以优先选用。

### 1.2　缓凝组分

在配制泵送剂的组成中，某些减水剂虽然能降低混凝土水胶比，但混凝土坍落度损失较快，不利于泵送，在泵送剂中掺入适量组成的缓凝剂，可以控制混凝土坍落度损失，有利于泵送，在炎热的天气时就更为重要。一般来说，缓凝高效减水剂就是在各种高效减水剂中加入适量的缓凝等组分，使其符合标准以及工程的要求。各种高效减水剂，在正常掺量时，对水泥混凝土的凝结时间无明显影响，有时在超掺量使用时，对混凝土的凝结和硬化时间也会有较多的延长，起到缓凝高效减水剂的作用。

### 1.3　润滑组分

润滑组分可在输送管壁形成润滑薄膜，减少混凝土的输送阻力，以降低泵送压力。

### 1.4　引气组分

在泵送混凝土中适量地加入引气剂，可防止离析和泌水。引气剂引入大量小的稳定气泡，对拌合物起到类似轴承滚珠的作用，这些气泡使得砂粒运动更加自由，可增加拌合物的可塑性。气泡还可以对砂粒级配起到补充作用，即减少砂子间断级配的影响。

### 1.5　增稠组分

按照在混凝土中的作用，增稠组分可分为以下几类：

（1）天然和合成的水溶性有机聚合物

这些外加剂可以提高拌合水的黏度，该类物质有纤维素酯、环氧乙烷、藻酸盐、角叉胶、聚丙烯酰胺、羟乙基聚合物和聚乙烯醇等。

（2）吸附在水泥颗粒表面的水溶性有机絮凝剂

它们由于促进粒子间的相互吸附而提高黏度，该类物质包括带羧基的苯乙烯共聚物，合成的多元电解质和天然水溶胶。

（3）各种有机物质

它们能提高粒子间的相互吸附力，并同时在水泥浆体中提供了补充的超细粒子，该类材料包括石蜡乳液、聚丙烯乳液以及其他聚合物。

（4）比表面积大的无机材料

这类材料能提高混凝土拌合物的保水能力，包括细硅藻土、硅灰、石棉粉和其他纤维材料。

（5）无机材料

这类材料对砂浆体提供了补充的细颗粒，该类物质包括粉煤灰、高岭土、硅藻土、未处理或煅烧的火山灰材料及各种石粉等。

## 2 泵送剂复配考虑的因素

配制流态混凝土、商品混凝土、泵送混凝土和高性能混凝土时，为了满足施工工艺要求必须控制新拌混凝土的坍落度损失，主要控制初始坍落度和入泵前的坍落度，坍落度损失快时不能满足施工工艺的要求。如果初始坍落度较大（>200mm），同时要求坍落度不损失，这样会使混凝土凝结较慢、拌合物长时间保持大流动状态容易造成泌水和离析或使表面产生干缩裂缝。因此，对于流态混凝土是根据施工工艺的要求控制坍落度损失，而不是坍落度不损失或损失越慢越好。因为对于泵送现场和浇筑工艺以坍落度为150～180mm更有利。现将不同类型的混凝土所要求的初始坍落度见表1。

表1 各种混凝土所要求的坍落度

| 混凝土类型 | 大流动混凝土 | 泵送混凝土 | 流态混凝土 | 高性能混凝土 | 自密实混凝土 |
|---|---|---|---|---|---|
| 初始坍落度（mm） | 150～180 | 180～200 | 200～220 | 220～240 | 240～260 |

影响流态混凝土坍落度损失的因素包括：水泥的矿物组成；游离水分的含量；混合材和矿物细掺料的品种和掺量；混凝土的配合比和强度等级；环境因素的影响。

### 2.1 水泥的成分的影响

水泥矿物组成、含碱量、混合材品种和掺量、石膏的形式和掺量、水泥粒子的形貌、颗粒分布和比表面积等都会影响坍落度损失的速度。其基本规律是：

（1）含 $C_3A$ 高（大于8%）、碱含量高（大于1%）、比表面高的水泥使坍落度损失速度加快。

（2）掺硬石膏作调凝剂的水泥、或在水泥粉磨过程中使部分二水石膏转变成半水石膏或无水石膏以及三氧化硫含量不足时，使坍落度损失难以控制或损失较快。

（3）水泥中含活性大或需水量比大的混合材使坍落度损失较快，反之则损失较小（如石灰石粉、矿渣及粉煤灰等）。

（4）水泥的形貌、颗粒组成及分布不合理（指磨机类型和粉磨工艺）使坍落度损失较快。

（5）出厂温度较高的水泥（指散装水泥）使坍落度损失较快。

### 2.2 游离水分的含量的影响

水泥浆体中存在结合水、吸附水和游离水，游离水的存在使浆体具有一定的流动性。这三种水分的比例在水泥水化过程中是变化的。水泥加水后、$C_3A$ 开始水化、消耗大量水分产生化学结合水。随着初期水化进行产生大量凝胶，使分散体的比表面积大大增加，由于表面吸附作用产生大量吸附水（凝胶水）。结合水和吸附水的产生使游离水减少、浆体的流动性逐渐降低产生流动性经时损失。通过复合泵送剂产生分散作用和控制水化过程可以使结合水和吸附水量减少、而游离水相应增多，因此能减少流动度损失。

### 2.3 掺合料的影响

掺合料对流态混凝土坍落度损失的影响主要在三个方面：

（1）掺合料的需水量比应小于100%，否则坍落度损失较快；

（2）掺合料的活性适中，活性大时使坍落度损失较快；

（3）掺合料的细度应适中，比表面太大使混凝土用水量增大、坍落度损失加快。

（4）掺合料的$SO_3$含量较低时配制的混凝土拌合物损失大。

### 2.4 砂率的影响

在配制流态混凝土时合适的砂率能保证好的工作性和强度，必须按石子空隙率计算得到最佳砂率。而传统配合比设计方法认为砂率越低强度越高，显然不能满足流态混凝土对工作性的要求。另外、实验证明砂率低时流态混凝土保水性差，容易产生泌水、离析和板结。砂率高时坍落度损失较快，不能满足工作性要求。

各种因素对砂率的影响：

（1）砂率随着石子空隙率的增加而增大；

（2）砂率随着浆体体积增加而减小；

（3）砂率随着石子最大粒径的增大而减小。

### 2.5 环境温度的影响

温度影响水泥水化和硬化速度，随着温度增高水泥水化和硬化速度加快。因此环境影响流态混凝土的坍落度损失速度。其表现为：

（1）气温低于10℃时流态混凝土坍落度损失较慢或几乎不损失；

（2）气温在15～25℃时，由于气温变化大使坍落度损失难以控制；

（3）气温在30℃以上时，水泥的凝结时间并不进一步加快，同时气温变化范围小，因此坍落度损失反而容易控制。

### 2.6 延缓坍落度损失的方法

（1）增加高性能减水剂掺量、提高初始坍落度；

（2）调整复合泵送剂中缓凝组分的组成和剂量；

（3）采用木质素减水剂配制泵送剂时其掺量不得超过0.15%，并且同时掺稳泡剂；

（4）采用高效缓凝引气减水时应同时掺稳泡剂；

（5）发现欠硫化现象时应补充可溶性$SO_3$；

（6）能延迟水化诱导期的早强剂也能控制坍落度损失；

（7）调整出合理砂率可延缓坍落度损失。

以上延缓坍落度损失的方法可单独使用或复合使用，但是首先是复合泵送剂的等效减水系数和等效缓凝系数必须满足流态混凝土的工作性要求。

## 3 泵送剂的配方设计

商品混凝土应用的复合泵送剂不同于一般的高效减水剂，它在满足大的初始坍落度要求时，还能控制坍落度损失，减小泌水和离析。因为商品混凝土首先必须有好的工作性，否则不能进行正常施工。通常复合泵送剂的主要成分应包括高效减水剂、缓凝剂、引气剂、稳定剂等。

复合泵送剂的组成和掺量取决于胶凝材料的组成和混凝土配合比。在相同原材料构成系列（C20～C60）流态混凝土时，因为用水量的变化较大，所以复合泵送剂掺量变化范围也较大。但是、对于一定的混凝土体系所要求的缓凝组分的成分和剂量是相对固定的。这样、在变化的掺量与相对固定的缓凝组分之间产生了矛盾。外加剂生产厂为了满足工程应用的要求需频繁调整外加剂配方是为了解决这种矛盾。复合泵送剂配方设计是针对一定的混凝土体系的，能较好地解决这种"变化与固定"的矛盾，得到适应性好的复合泵送剂配方。

## 3.1 原材料相关的技术参数

泵送剂配方设计参数是由商品混凝土的原材料性质、配合比、施工工艺和环境温度等确定的。

### 3.1.1 水泥的技术参数

复配的混凝土泵送剂检测均以水泥为基准，因此我们主要考虑水泥的标准稠度用水量 $W_0$、$C_3A$ 和 $SO_3$，外加剂的检验以标准稠度的水泥浆作为基础。

### 3.1.2 减水剂的技术参数

复配的混凝土泵送剂的减水剂主要考虑减水率和掺量，其中临界掺量和饱和掺量及其对应的减水率是必检的项目，采用一元复配时利用这两个参数控制减水率，采用多元复配时利用饱和掺量控制混凝土外加剂的性能和价格，因此减水剂的检验以临界掺量、饱和掺量及其对应的减水率作为基础。

### 3.1.3 缓凝剂的技术参数

缓凝剂主要考虑等效缓凝和凝结时间差的问题，当环境温度变化时，为保证混凝土拌合物初凝控制在 6~8h，终凝控制在 7~9h，以掺 0.001% 的葡萄糖酸钠正比例与温度（℃）进行掺量控制，温度与掺量之间实现等效缓凝。常用的缓凝成分包括葡萄糖酸钠、柠檬酸钠、蔗糖和三乙醇胺，检测重点时有效成分含量。

### 3.1.4 早强防冻成分的技术参数

早强防冻剂主要考虑早强和防冻的问题，当环境温度降低时，为预防混凝土拌合物在凝固前受冻加入早强防冻剂。常用的早强成分包括甲（乙）酸钠、甲（乙）酸钙、二乙二醇和三乙醇胺，检测重点时有效成分含量。

## 3.2 泵送剂配方设计

### 3.2.1 一元复配

（1）复配的方法

一元复配的主体是利用一种高效减水剂和缓凝剂复配泵送剂，必要时适量掺加引气剂，主要考虑减水剂的临界掺量 $c_{10}$ 和饱和掺量 $c_{11}$ 以及推荐掺量 $c$，减水剂的临界掺量减水率 $n_{10}$ 和饱和掺量减水率 $n_{11}$ 以及推荐掺量下的减水率 $n$，缓凝剂主要考虑等效缓凝系数和环境温度，检测外加剂用的水泥主要考虑标准稠度用水量 $W_0$、$C_3A$ 和 $SO_3$。则每吨泵送剂中各种原材料的用量为：

减水剂的用量 $M1 = 1000 \times (c_{10} + ((n - n_{10}) \times (c_{11} - c_{10}) / (n_{11} - n_{10}))) / c$ （kg）

缓凝剂的用量 $M2 = 1000 \times (t \times 0.001) / c$ （kg）

引气剂的用量 $M3 = (1-3) / c$ （kg）

溶剂水的用量 $M4 = 1000 - M1 - M2 - M3$ （kg）

是否缺硫 $\Delta SO_3 = C_3A/3 - SO_3$

**泵送剂一元复配计算表格**

复配原材料参数

| 序号 | 减水剂 | | 缓凝剂 | | 引气剂 | | 水泥 | | 备注 |
|---|---|---|---|---|---|---|---|---|---|
| 1 | 名称 | 萘系 | 名称 | 葡萄糖酸钠 | 名称 | 皂苷 | 品种 | 硅酸盐水泥 | |
| 2 | 临界掺量（%） | $c_{10}$ | 环境温度 | $T$ | 引气量（%） | 3 | 需水量 | $W_0$ | |
| 3 | 临界减水率（%） | $n_{10}$ | 等效缓凝系数 | 0.001 | 推荐用量（kg） | 1-3 | $SO_3$ | 2.4 | |
| 4 | 饱和掺量（%） | $c_{11}$ | 有效含量% | 96 | 有效含量（%） | 90 | $C_3A$ | 8 | |
| 5 | 饱和减水率（%） | $n_{11}$ | 包装 kg/袋 | 50 | 包装（kg/袋） | 50 | 出厂时间 | 3 天 | |
| 6 | 单价（元） | 5300 | 单价（元） | 5400 | 单价（元） | 7500 | 单价（元） | 340 | |

泵送剂配方（1000kg）

| 1 | 技术要求：推荐掺量％为 $c$；减水率％为 $n$。 | | | | 检测用材料用量 | | | | |
|---|---|---|---|---|---|---|---|---|---|
| 2 | 减水剂 | 缓凝剂 | 引气剂 | 水 | $SO_3$（％） | 水泥（g） | 泵送剂（g） | 水（g） | 初始/1h 坍落度 |
| 3 | $M1$（kg） | $M2$（kg） | $M3$（kg） | $M4$（kg） | 2.5 | 600 | $6c$ | $6(W_0+2)$ | 220/200（mm） |
| 4 | 检测结果 | $T_0$ | 240mm | $T_{1h}$ | 200mm | $D_0$ | 240mm | $D_{1h}$ | 200mm |
| 5 | 是否缺硫 | $\Delta SO_3 = C_3A/3 - SO_3$ | | | | | | | |

（2）复配实例

水泥的标准稠度用水量为 29，$SO_3$ 为 2，$C_3A$ 为 7，减水剂的临界掺量 $c_1$ 为 0.5％，饱和掺量 $c_2$ 为 0.75％，推荐掺量 $c$ 为 2％，缓凝成分使用葡萄糖酸钠，环境温度 25℃。

减水剂的用量 $M1 = 1000 \times (0.5 + ((20-15) \times (0.75-0.5)/(25-15)))/2 = 312.5$kg

缓凝剂的用量 $M2 = 1000 \times 25 \times 0.001/2 = 12.5$kg

引气剂的用量 $M3 = (1-3)/2 = (0.05-1.5)$ kg

溶剂水的用量 $M4 = 1000 - 312.5 - 12.5 - 1.5 = 678.5$kg

是否缺硫：$\Delta SO_3 = C_3A/3 - SO_3 = 7/3 - 2 = 0.33$

### 3.2.2 二元复配

（1）复配方法

二元复配是利用一种高效减水剂、一种普通减水剂和缓凝剂复配泵送剂，主要考虑高效减水剂和普通减水剂的饱和掺量 $c_{21}$、$c_{22}$ 以及推荐掺量 $c$，检测外加剂用的水泥的标准稠度用水量 $W_0$、$C_3A$ 和 $SO_3$。则每吨泵送剂中各种原材料的用量为：

高效减水剂的用量 $M1 = (1000 \times c_{21})/2c$

普通减水剂的用量 $M2 = (1000 \times c_{22})/2c$

缓凝剂的用量 $M3 = 1000 \times (t \times 0.001)/c$

引气剂的用量 $M4 = (1-3)/c$（kg）

溶剂水的用量 $M5 = 1000 - M1 - M2 - M3 - M4$

是否缺硫：$\Delta SO_3 = C_3A/3 - SO_3$

复配原材料参数

| 序号 | 高效减水剂 | | 普通减水剂 | | 缓凝剂 | | 引气剂 | | 水泥 | | 备注 |
|---|---|---|---|---|---|---|---|---|---|---|---|
| 1 | 名称 | 萘系 | 名称 | 木质素 | 名称 | 葡萄糖酸钠 | 名称 | 皂苷 | 品种 | 硅酸盐水泥 | |
| 2 | 临界掺量（％） | $c_{10}$ | 临界掺量（％） | $c_{20}$ | 环境温度 | $T$ | 引气量（％） | 3 | 需水量 | $W_0$ | |
| 3 | 临界减水率（％） | $n_{20}$ | 临界减水率（％） | $n_{20}$ | 等效缓凝系数 | 0.001 | 推荐用量（kg） | 1~3 | $SO_3$ | $m$ | |
| 4 | 饱和掺量（％） | $c_{21}$ | 饱和掺量（％） | $c_{22}$ | 有效含量（％） | 96 | 有效含量（％） | 90 | 出厂时间 | 3 天 | |
| 5 | 饱和减水率（％） | $n_{21}$ | 饱和减水率（％） | $n_{22}$ | 包装（kg/袋） | 50 | 包装（kg/袋） | 50 | 包装 | 散装 | |
| 6 | 单价（元） | 5300 | 单价（元） | 5400 | | | 单价（元） | 7500 | 单价（元） | 340 | |

泵送剂配方（1000kg）

| 1 | 技术要求：推荐掺量％为 $c$；减水率％为 $n$。 | | | | 检测用材料用量 | | | | |
|---|---|---|---|---|---|---|---|---|---|
| 2 | 萘系减水剂 | 木质素 | 缓凝剂 | 引气剂 | 水 | $SO_3$ | 成本元 | 水泥（g） | 泵送剂（g） | 水（g） | 初始/1h 扩展度 |
| 3 | $M1$ | $M2$ | $M3$ | $M4$ | $M5$ | 2.5 | | 600 | 12 | $6(W_0+2)$ | 220/200（mm） |
| 4 | 检测结果 | $T_0$ | 240mm | $T_{1h}$ | 200mm | $D_0$ | 240mm | $D_{1h}$ | 200mm | |
| 5 | 是否缺硫 | $\Delta SO_3 = C_3A/3 - SO_3$ | | | | | | | | |

（2）复配实例

例如：水泥的标准稠度用水量为 27，$SO_3$ 为 2.3，$C_3A$ 为 7，高效减水剂的临界掺量 $c_{11}$ 为 0.5%，饱和掺量 $c_{21}$ 为 0.75%，普通减水剂的临界掺量 $c_{12}$ 为 0.2%，饱和掺量 $c_{22}$ 为 0.3%，推荐掺量 $c$ 为 2%，缓凝成分使用葡萄糖酸钠，环境温度 25 摄氏度。

高效减水剂的用量 $M1 = (1000 \times 0.75)/2 \times 2 = 187.5.5 kg$

普通减水剂的用量 $M2 = (1000 \times 0.3)/2 \times 2 = 75 kg$

缓凝剂的用量 $M3 = 1000 \times 25 \times 0.01/2 = 12.5 kg$

引气剂的用量 $M4 = (1-3)/2 = (0.05-1.5) kg$

溶剂水的用量 $M5 = 1000 - 187.5 - 75 - 12.5 - 1.5 = 723.5 kg$

是否缺硫：$\Delta SO_3 = C_3A/3 - SO_3 = 7/3 - 2.3 = 0.03$

### 3.2.3 三元复配

（1）复配方法

三元复配是利用两种高效减水剂和一种普通减水剂复配泵送剂，主要考虑两种高效减水剂和普通减水剂的饱和掺量 $c_{31}$、$c_{32}$、$c_{33}$ 以及推荐掺量 $c$，检测外加剂用的水泥的标准稠度用水量 $W_0$、$C_3A$ 和 $SO_3$。则每吨泵送剂中各种原材料的用量为：

高效减水剂 1 的用量 $M1 = (1000 \times 饱和掺量 c_{31})/推荐掺量 3c$

高效减水剂 2 的用量 $M2 = (1000 \times 饱和掺量 c_{32})/推荐掺量 3c$

普通减水剂的用量 $M3 = (1000 \times 饱和掺量 c_{33})/推荐掺量 3c$

缓凝剂的用量 $M4 = 1000 \times (施工现场温度 t \times 0.001)/推荐掺量 c$

引气剂的用量 $M5 = (1-3)/推荐掺量 c (kg)$

溶剂水的用量 $M6 = 1000 - M1 - M2 - M3 - M4 - M5$

是否缺硫：$\Delta SO_3 = C_3A/3 - SO_3$

复配原材料参数

| 序号 | 高效减水剂 | | 高效减水剂 | | 普通减水剂 | | 缓凝剂 | | 引气剂 | | 水泥 | | 备注 |
|---|---|---|---|---|---|---|---|---|---|---|---|---|---|
| 1 | 名称 | 萘系 | 名称 | 脂肪族 | 名称 | 木质素 | 名称 | 葡萄糖钠 | 名称 | 皂苷 | 品种 | 硅酸盐水泥 | |
| 2 | 临界掺量（%） | $c_{10}$ | 临界掺量（%） | $c_{20}$ | 临界掺量（%） | $c_{30}$ | 环境温度 | $t$ | 引气量（%） | 3 | 需水量 | $W_0$ | |
| 3 | 临界减水率（%） | $n_{10}$ | 临界减水率（%） | $n_{20}$ | 临界减水率（%） | $n_{30}$ | 等效缓凝系数 | 0.001 | 推荐用量（kg） | 1-3 | $SO_3$ | $m$ | |
| 4 | 饱和掺量（%） | $c_{31}$ | 饱和掺量（%） | $c_{32}$ | 饱和掺量（%） | $c_{33}$ | 有效含量（%） | 96 | 有效含量（%） | 90 | 出厂时间 | 3 天 | |
| 5 | 饱和减水率 | $n_{31}$ | 饱和减水率 | $n_{32}$ | 饱和减水率 | $n_{33}$ | 包装（kg/袋） | 50 | 包装（kg/袋） | 50 | 包装 | 散装 | |
| 6 | 单价（元） | 5300 | 单价（元） | 5400 | 单价（元） | 3000 | | | 单价（元） | 7500 | 单价（元） | 340 | |

泵送剂配方（1000kg）

| 1 | 技术要求：推荐掺量%为 $c$；减水率%为 $n$。 | | | | | | 检测用材料用量 | | | | |
|---|---|---|---|---|---|---|---|---|---|---|---|
| 2 | 萘系减水剂 | 萘系减水剂 | 木质素 | 缓凝剂 | 引气剂 | 水 | $SO_3$ | 水泥（g） | 泵送剂（g） | 水（g） | 初始/1h 扩展度 |
| 3 | $M1$ | $M2$ | $M3$ | $M4$ | $M5$ | $M6$ | 2.5 | 600 | 12 | $6(W_0+2)$ | 220/200（mm） |
| 4 | 检测结果 | $T_0$ | 240mm | $T_{1h}$ | 200mm | | $D_0$ | 240mm | $D_{1h}$ | 200mm | |
| 5 | 是否缺硫 | $\Delta SO_3 = C_3A/3 - SO_3$ | | | | | | | | | |

（2）复配实例

例如：水泥的标准稠度用水量为 30，$SO_3$ 为 3，$C_3A$ 为 7，高效减水剂 1 的临界掺量 $c_{11}$ 为 0.5%，饱和掺量 $c_{21}$ 为 0.75%；高效减水剂 2 的临界掺量 $c_{12}$ 为 0.4%，饱和掺量 $c_{22}$ 为 0.6%；普通减水剂的临界掺量 $c_{13}$ 为 0.2%，饱和掺量 $c_{23}$ 为 0.3%，推荐掺量 $c$ 为 2%，缓凝成分使用葡萄糖酸钠，环境温度 25℃。

高效减水剂 1 的用量 $M1＝$（1000×0.75）/3×2＝125.5kg

高效减水剂 2 的用量 $M2＝$（1000×0.6）/3×2＝100kg

普通减水剂的用量 $M3＝$（1000×0.3）/3×2＝50kg

缓凝剂的用量 $M4＝1000×25×0.001/2＝12.5kg$

引气剂的用量 $M5＝$（1－3）/2＝（0.05－1.5）kg

溶剂水的用量 $M6＝1000－125－100－50－12.5－1.5＝711kg$

是否缺硫：$\Delta SO_3＝C_3A/3－SO_3＝7/3－3＝－0.7$

## 3.3 计算结果与复配试验结果

| 项目 | 水泥（g） | 水（g） | 泵送剂（g） | 初始流动度（mm） | 1h 流动度（mm） |
|---|---|---|---|---|---|
| 一元复配产品 | 600 | 186 | 12 | 235 | 210 |
| 二元复配产品 | 600 | 174 | 12 | 225 | 215 |
| 三元复配产品 | 600 | 196 | 12 | 235 | 230 |

由以上试验验证表明，根据减水剂、缓凝剂和引气剂的技术参数，结合水泥的需水性能，能够精确设计计算混凝土泵送剂的配方。泵送剂配方设计方法可用于缓凝减水剂、缓凝高效减水剂、超缓凝高效减水剂、高效泵送剂、高效引气减水剂等的配方计算，并且可用于外加剂系列产品的配方设计。泵送剂配方设计的研究、开发和应用经过十多年的实践，取得了良好的技术经济效益。

# 4 泵送剂对水泥的适应性

采用以上技术复配的泵送剂大多数条件下使用效果良好，但有时也会出现适应性不好的情况，现将生产过程中常见的几种情况介绍如下。

## 4.1 高效减水剂对水泥的适应性

高效减水剂对水泥的适应性是通过坍落度损失程度判断的。高效减水剂在低水胶比的混凝土中一个突出的问题是不同程度上存在坍落度损失快：而在另一些情况下，水泥和水接触后，在开始 60～90min 内，大坍落度仍能保持，没有离析和泌水现象。前者，外加剂和水泥是不适应的，后者是适应的。适应性取决于水泥矿物 $CA_3$、可溶 $SO_3$ 和碱含量。

（1）适应性好，外加剂与水泥充分兼容，$CA_3$ 与高可溶 $SO_3$ 的比例控制在 3∶1 左右；碱含量 0.4%左右。

（2）适应性稍差（兼容稍差）：中等可溶性硫酸盐和碱含量的水泥；$CA_3$ 与高可溶 $SO_3$ 的比例在 2∶1 左右

（3）不适应（不兼容）：可溶性硫酸盐少和低碱水泥。$CA_3$ 与高可溶 $SO_3$ 的比例小于 2∶1，最佳可溶性碱量为 0.4%～0.6%。

解决泵送剂对水泥适应性问题必须针对不同的胶凝材料采用相应的复合泵送剂组成体系，复合泵送剂配方设计的优点就在如此。

## 4.2 坍落度损失与"欠硫化"现象的关系

有些硅酸盐水泥配制流态混凝土时，用调整泵送剂中缓凝剂的掺量和品种的方法不能控制坍落度损失，即使缓凝组分超剂量掺用坍落度损失仍然较快，我们将此种情况称为"欠硫化"现象。产生"欠硫化"现象的原因是由于水泥中可溶性 $SO_3$ 的含量不足，或外部因素使石膏溶解度降低，破

坏了 $SO_3$ 与 $C_3A$ 和碱含量的平衡，使水泥凝结较快，浆体很快失去流动性。产生这种"欠硫化"现象的原因是：

(1) 泵送剂降低了石膏的溶解度，使 $SO_3$ 不足；

(2) 最佳石膏量是铝酸三钙的一半，掺加掺合料使 $SO_3$ 总量减小；

(3) 掺含碱量高的外加剂改变了石膏与 $C_3A$ 的平衡。

(4) 二水石膏脱水变为半水石膏，由于半水石膏吸水引起的假凝现象．

采用高浓萘系高效减水剂配制泵送剂，使坍落度损失加快，而改用低浓萘系高效减水剂配制的泵送剂，坍落度损失减小。因为低浓萘系高效减水剂中硫酸钠含量高（20％左右），补充 $SO_3$ 的不足。另外，泵送剂中增加石膏溶解度或代替石膏作用的辅助剂，也可以减小坍落度损失。因此为了避免欠硫化现象的产生，泵送剂应由高效减水剂、缓凝剂和辅助剂组成。在泵送剂复配过程中，我们控制胶凝材料中 $CA_3$ 与 $SO_3$ 的比例控制在 3：1 左右。例如在水泥中含有 $SO_3$ 2.3％时，检验外加剂与水泥的适应性很好，在配制混凝土时，水泥用量 240kg，矿渣粉 100kg，粉煤灰 60kg，由于矿渣粉和粉煤灰中含有大量的 $Al_2O_3$ 但是 $SO_3$ 含量很小，因此配制混凝土的胶凝材料总 $SO_3$ 降低，由水泥中的 2.3％降为复合胶凝材料的 1.38％，这时石膏的缓凝作用由于 $SO_3$ 浓度过低而无法发挥，在混凝土配制过程中表现为坍落度损失很大。为了解决这一问题我们应该采取的措施是在 100kg 矿渣粉和 60kg 粉煤灰中加入与 2.3％的 $SO_3$ 对应的石膏 6.26kg，这样就有效解决了由于欠缺 $SO_3$ 导致的混凝土坍落度损失问题。如果混凝土坍落度损失过大是由于半水石膏吸水引起的假凝产生的，则处理这一问题的方法是利用柠檬酸钠作为缓凝成分掺入混凝土解决坍落度损失问题。

### 4.3 三乙醇胺的作用

在泵送剂中三乙醇胺的作用是早强、降低黏聚性和延长水化诱导期。由图 2 中的铝酸盐水泥水化放热曲线可以看出掺三乙醇胺使初水化减慢、峰值降低，因此能降低拌合物的流动度损失。

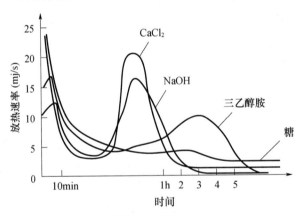

图 1  铝酸盐水泥水化放热曲线

图 3 表明，由于三乙醇胺促进钙矾石（AFt）的形成使 $C_3A$ 的水化受到阻碍，因此延长水泥水化诱导期，使流动度损失减慢。相反、含碱量增加使石膏溶解度减小，生成 Aft 量减少，使 $C_3A$ 的水化加速、流动度损失增加。

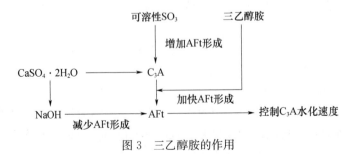

图 3  三乙醇胺的作用

**4.4 外加剂、对水泥早期水化放热过程的影响**

掺外加剂能控制水泥早期水化过程（预诱导期和诱导期），使诱导期延长，这样就能减小坍落度损失。根据这一观点能延长水化诱导期的不仅是缓凝剂，而且可以是早强剂和特殊高分子化合物。

影响泵送剂对水泥适应性的因素比较复杂，同一配方的泵送剂在不同胶凝材料体系中可以得到相反的结果。我国水泥的成分和品种变化复杂，因此必须针对胶凝材料的变化建立相应的泵送剂配方体系才能解决水泥适应问题。

# 5 结论

本文介绍的外加剂复配方法配制的泵送剂用于混凝土生产，泵送混凝土有较大的流动性，并在较长时间内保持这种性能，即坍落度损失小，黏性较好，混凝土不离析，不泌水，同时可以改善工作条件，节约劳力，提高施工效率，尤其适用于工地狭窄和有障碍物的施工现场，以及大体混凝土结构和高层建筑。解决了新手学习的难题，稳定了混凝土外加剂的产品质量，对外加剂复配厂降低成本提供了一条行之有效的方法。

# 抗冲耐磨混凝土的力学性能研究

王维红[1,2]，孟云芳[2]，莫立锋[3]

（1. 银川能源学院 建筑工程技术专业教学团队，宁夏银川，750001；

2. 宁夏大学，宁夏银川，750021；

3. 宁夏回族自治区建筑工程质量监督检验站，宁夏银川，750021）

**摘　要**　本文以复合生态纤维混凝土、聚丙烯纤维混凝土和钢纤维混凝土的力学性能为主要研究对象，研究了不同种类纤维对混凝土的抗压强度及劈裂抗拉强度的影响，并与基准混凝土进行了对比。结果表明：纤维降低了混凝土的抗压强度且掺 $0.9 \text{ kg/m}^3$ 聚丙烯纤维混凝土降低幅度最大。但对混凝土劈拉强度有显著地提高作用且以复合生态纤维提高幅度最大。

**关键词**　混凝土；复合生态纤维；聚丙烯纤维；钢纤维

# Study on the Mechanics Performance of Abrasion Resistant Concrete

Wang Weihong[1,2], Meng Yunfang[2], Mo Lifeng[3]

（1. College of Energy Resources of Yinchuan the Teaching Team of Architectural Engineering Technology Profession, Yinchuan, 750001;

2. Ningxia university, Yinchuan, 750021;

3. Ningxia Supervision&Testing Station of Building Quality Engineering, Yinchuan, 750021）

**Abstract**　The paper takes the mechanism of compound ecological fiber concrete polypropylene fiber concrete and steel fiber concrete as main research subject, studying experimentally the influence on the concrete's compressive strength and splitting tensile stress by the different kind of fiber and these properties of concrete with basic concrete was also compared. The result show that the fiber can reduce the compressive strength and the concrete with $0.9 \text{ kg/m}^3$ Polypropylene fiber reduce the maximum, But can significantly improve splitting tensile stress and compound ecological fiber increase most.

**Keywords**　concrete; compound ecological fiber; polypropylene fiber; steel fiber

## 0　引言

纤维因种类不同，使用性能不同，在混凝土中的应用也不同，纤维在混凝土中的主要作用是阻止同原生缝的进一步扩展并延缓新裂缝的出现，纤维可以提高混凝土的抗裂性能，抗冲耐磨性能[1~3]，对于复合生态纤维混凝土、聚丙烯纤维混凝土和钢纤维混凝土性能研究也有报道，但对于这三种纤维混凝土在同条件下的力学性能对比研究尚不多。

本试验通过对复合生态纤维、聚丙烯纤维和钢纤维配置的混凝土的和易性，力学性能进行对比，研究分析了不同种类纤维对混凝土性能的影响。

# 1 原材料

（1）水泥：P·O42.5R 级水泥，各项性能指标符合《普通硅酸盐水泥》（GB175—2007）标准中的规定。

（2）粉煤灰：采用宁夏银川热电厂生产的Ⅰ级粉煤灰。

（3）粗集料：碎石，大石（5～25mm）、中石（9.5～20mm）、小石（4.75～16mm），大、中、小石比例为 8∶4∶1。掺配后得到的石子的物理力学性能指标见表 1。

表 1 粗集料物理力学性能

| 检测项目 | 最大粒径 | 表观密度 (kg/m³) | 堆积密度 (kg/m³) | 空隙率 (%) | 含泥量 (%) | 压碎指标 (%) | 针片颗粒含量 (%) |
|---|---|---|---|---|---|---|---|
| 测量值 | 20 | 2684 | 1470 | 45.2 | 0.12 | 7.8 | 10.3 |

（4）细集料：宁夏镇北堡产的人工水洗山砂，细度模数为 2.78，中砂，表观密度为 2735kg/m³，含水率为 1.96%

（5）橡胶集料：60 目橡胶粉，橡胶粉的堆积密度为 0.375g/cm³。

（6）减水剂：NF 型萘系减水剂。

（7）纤维

① 钢纤维：采用天津资利金属线材厂生产的波浪剪切型钢纤维，其性能指标见表 2。

表 2 钢纤维性能指标

| 项 目 | 长度（mm） | 等小直径（mm） | 长径比 | 抗拉强度（MPa） |
|---|---|---|---|---|
| | 35 | 0.7 | 50 | 650 |

② 聚丙烯纤维：采用山东泰安同伴工程塑料有限公司生产的束状单丝状聚丙烯纤维，其性能指标见表 3。

表 3 聚丙烯纤维性能指标

| 材料指标 | 长度（mm） | 纤维直径（μm） | 密度（g/cm³） | 燃点（℃） | 弹性模量（GPa） | 抗拉强度（N/mm²） |
|---|---|---|---|---|---|---|
| 指标数值 | 1.9 | 33 | 0.91 | 590 | >2.5 | 530 |

③ 复合生态纤维

本试验采用上海罗洋新材料科技有限公司产品博凯超纤维（UltraFiber 500），主要性能指标见表 4。

表 4 博凯超纤维（UltraFiber 500）性能指标

| 材料指标 | 长度（mm） | 旦尼尔 (g/9000m) | 纤维直径 (μm) | 密度 (g/cm³) | 比表面积 (cm²/g) | 弹性模量 (N/mm²) | 抗拉强度 (N/mm²) |
|---|---|---|---|---|---|---|---|
| 指标数值 | 1.9～2.3 | 2.0～3.0 | 14～17 | 1.1 | 25000 | 8500 | 600～900 |

# 2 试验方法

本试验混凝土设计强度等级为 C60，通过正交试验测定的结果，得出复合生态纤维混凝土、聚丙烯纤维混凝土和钢纤维混凝土的最优配合比，并安排一组基准配合比及配比与优选组相同但不外掺纤维的高性能混凝土共五组，配合比见表 5。

抗压强度和劈裂抗拉强度试模均采用 100mm×100mm×100mm 的立方体试模成型；试验依据《普通混凝土力学性能试验方法标准》（GB/T 50081—2002）进行，试验配合比见表 5。

表 5　试验配合比

| 试验号 | 水胶比 | 粉煤灰（%） | 橡胶粉（%） | 纤维（kg/m³） |
|---|---|---|---|---|
| J（基准） | | 0 | 0 | 0 |
| F | | 20 | 2 | 0 |
| T | 0.32 | 20 | 2 | 0.6 |
| X | | 20 | 2 | 0.9 |
| G | | 20 | 2 | 70 |

注：J：基准混凝土；F：不加纤维的高性能混凝土；T：复合生态纤维混凝土；X：聚丙烯纤维混凝土；G：钢纤维混凝土。

## 3　试验结果与分析

根据上述配合比及试验方法将试件制作成型，标准养护 7d、28d、56d，分别测得混凝土的抗压强度和劈裂抗拉强度，测定结果见表 6。

表 6　优选组工作性和强度对比试验结果

| 试验号 | 坍落度（mm） | 抗压强度 | | | 劈拉强度 | | | 7d 拉压比（%） | 黏聚性 |
|---|---|---|---|---|---|---|---|---|---|
| | | 7d 抗压强度（MPa） | 28d 抗压强度（MPa） | 56d 抗压强度（MPa） | 7d 劈拉强度（MPa） | 28d 劈拉强度（MPa） | 56d 劈拉强度（MPa） | | |
| J | 55 | 48.2 | 62.6 | 69.7 | 2.11 | 2.78 | 3.12 | 4.38 | 优 |
| F | 190 | 44.3 | 55.8 | 63.5 | 2.02 | 2.62 | 3.01 | 4.56 | 稍泌水 |
| T | 185 | 39.7 | 53.1 | 57.4 | 2.21 | 3.08 | 3.34 | 5.57 | 优 |
| X | 150 | 37.9 | 51.8 | 55.2 | 2.19 | 3.06 | 3.27 | 5.78 | 优 |
| G | 140 | 43.3 | 57.6 | 62.1 | 2.15 | 2.94 | 3.18 | 4.97 | 优 |

（1）由图 1 可见，F 组与 J 组相比，混凝土拌合物的坍落度增大了很多，说明适当比例的矿物掺合料可以很好地改善混凝土拌合物的和易性。T 组、X 组、G 组与 J 组相比，即纤维混凝土比基准混凝土的流动性增大，但与 F 组相比，流动性减小，说明纤维的掺入可使混凝土的坍落度减小，但都可获得良好的黏聚性和保水性。试验结果显示，复合生态纤维对混凝土的坍落度影响很小，聚丙烯纤维和钢纤维对坍落度的影响较大。

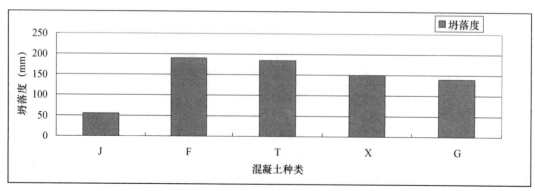

图 1　坍落度对比

（2）由图 2 可见：五组混凝土的抗压强度，前期增长速率均高于后期增长速率，7d 和 56d 强度大小顺序均为 J＞F＞G＞T＞X、28d 强度大小顺序为 J＞G＞F＞T＞X，可以看出，无论前期还是后期强度，较基准混凝土而言，其他四组混凝土的强度都是降低的，7d 早期的抗压强度，F 组与 J 组相比抗压强度降低了 8.1％，T、X 和 G 组混凝土与 F 组相比，抗压强度分别降低了 10.4％、14.4％和 2.3％；对于 28d 的抗压强度，F 组较 J 组基准混凝土抗压强度降低了 10.9％，T、X 和 G 组混凝土与 F 组相比，抗压强度分别降低了 4.8％、7.2％和增加了 3.2％；龄期 56d 抗压强度，F 组较 J 组基准混凝土的抗压强度降低了 8.9％，T、X 和 G 组混凝土与 F 组相比，抗压强度分别降低了 9.6％、13.1％和 2.2％。

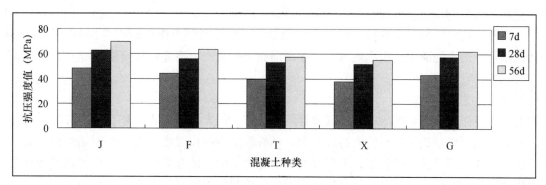

图 2　抗压强度对比

（3）图 3 表明：F 组混凝土的 7d、28d 和 56d 的劈拉强度与 J 组基准混凝土相比分别降低了 4.3％、5.8％和 3.5％，与 F 组相比，T、X 和 G 组的 7d 劈拉强度分别提高了 9.4％、8.4％和 6.4％，28d 劈拉强度分别提高了 17.6％、16.8％和 12.2％，56d 的劈拉强度分别提高了 11.1％、8.6％和 5.6％，说明纤维对混凝土劈拉强度有显著地提高作用，且 28d 劈拉强度增长幅度最大，其中复合生态纤维对混凝土劈拉强度影响最大。

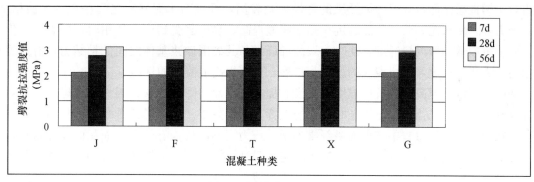

图 3　劈裂抗拉强度对比

## 4　机理分析

### 4.1　粉煤灰对混凝土性能的影响

在混凝土中掺入粉煤灰，混凝土的和易性得到很大改善，这主要是因为粉煤灰的粒子是表面光滑的球状玻璃体，粒度细、内比表面积小。在用水量不变的情况下，可显著提高混凝土的流动性。本次试验采用粉煤灰等量取代水泥，从试验结果可以看出 F 组的坍落度远大于 J 组的，这也正符合上述的解释。

在常温下，粉煤灰的水化速度较水泥慢，所以混凝土的早期强度得不到补偿，从试验结果可以看出 F 组的 7d 强度较 J 组的 7d 强度低很多，可随着龄期的增长，水化作用的进行，粉煤灰所含的活性成分 $SiO_2$ 和 $Al_2O_3$ 与水泥水化生成 $Ca(OH)_2$ 的反应，生成大量的 C-S-H 胶凝材料，填充料混凝土的孔隙，密实度得到提高，减少了 $Ca(OH)_2$ 晶体的含量，大大改善了界面区的微结构。混凝土的 28d 强度可证实这一点，F 组的 28d 强度较 7d 强度增长迅速，与 J 组的 28d 强度相差很小，可见粉煤灰对混凝土的后期强度提高显著。

## 4.2 橡胶粉对混凝土性能的影响

在混凝土中掺入橡胶粉，可降低混凝土的坍落度，这是因为橡胶粉的表面比较粗糙，在混凝土拌制过程中起到保水的作用，橡胶粉对混凝土的抗压强度、劈裂抗拉强度都有较大的负面影响，尤其是抗压强度。这主要是因为橡胶粉是一种惰性材料，掺入到混凝土中，不参与混凝土中的任何化学反应，与水泥的粘结强度较差，且橡胶粉与集料相比，强度大大降低，在混凝土受力过程中，橡胶粉不能担当骨架的作用。橡胶粉的加入，使混凝土的含气量增大，增加了混凝土的空隙率，降低了混凝土的密实度[4]。另外橡胶粉与砂浆之间的界面，在受到外力作用时也是混凝土的薄弱环节，橡胶粉越细，混凝土的薄弱面积也就越大。在薄弱面上较易产生裂缝，从而使混凝土的强度下降。

## 4.3 纤维对混凝土强度的影响

（1）复合生态纤维

复合生态纤维与聚丙烯纤维都属于低弹性模量纤维，两者对比而言，复合生态纤维的弹性模量较高，它独特的纤维空腔结构和巨大的比表面，粘着强度和抗拉强度性能比聚丙烯纤维更高，乱向分布的微细纤维互相搭接，钝化了原生裂缝尖端的应力集中，使介质内应力场更加连续和均匀，阻止了原生缝的进一步扩展。加上，复合生态纤维单位重量纤维数量的庞大，纤维间距更加紧密，使复合生态纤维的阻裂能力更加显著，提高了混凝土的抗拉强度。从试验结果来看，纤维的掺入，显著提高了混凝土的劈拉强度，其中复合生态纤维混凝土的劈拉强度最高，说明复合生态纤维对混凝土的增强、阻裂效果最为显著，对提高抗冲耐磨性能起到很好的效果。

（2）聚丙烯纤维

在混凝土中掺入聚丙烯纤维，对混凝土的抗压强度影响不显著，聚丙烯纤维的直径较小、比表面积大，掺加到水泥砂浆后，聚丙烯纤维以较大数量均匀分布在混凝土中，呈现三维乱向分布状态。相对于塑性浆体而言，聚丙烯纤维的弹性模量较高，纤维与水泥砂浆之间存在着界面粘结力、机械啮合力等，使水泥砂浆硬化后的抗拉强度明显提高。当砂浆受到应力作用时，微裂纹产生的垂直应力分量可以遇到聚丙烯纤维，此时，聚丙烯纤维与其周围砂浆基体之间的粘结力，有效缓解裂纹尖端的应力集中程度，阻止裂纹的进一步扩展，显著提高混凝土的性能。

但聚丙烯纤维对混凝土的抗压强度不但没有提高，反而略降低。这是因为聚丙烯纤维相对于基体而言，其强度较低，当混凝土受压时，不能发挥其增强效果。聚丙烯纤维是柔性材料，没有刚度和硬度，在混凝土受压过程中，聚丙烯纤维不承受压力，不能成为有效受压面积的支撑部位，从而降低了混凝土的抗压强度。从试验结果表中也可以看到，掺加聚丙烯纤维的 X 组混凝土，与对照组 F 混凝土相比，聚丙烯纤维混凝土 X 组的抗压强度降低了 13.1%。

（3）钢纤维对混凝土强度的影响

混凝土中会形成很多的毛细孔，由于混凝土表面水分蒸发比内部要快，毛细孔中的水分也会由内向外迁移散发，这种失水趋势会对孔壁产生一种拉应力，这种拉应力会在混凝土内部产生微裂缝，如在混凝土中掺入钢纤维，钢纤维会使失水面积减少，水分迁移较为困难，毛细孔张力有所降低，同时依靠钢纤维与混凝土基体的粘结力、机械啮合力等，材料抵抗开裂的抗拉强度有所增加，减少了混凝土裂缝的形成，如若裂缝进一步扩展，必定遇到钢纤维的阻挡，这也增大了裂缝扩展能量的消耗，从而提高混凝土的抗裂性能。

但由于钢纤维是憎水材料，钢纤维与基体界面的水胶比较基体的要高，结晶水化物 $Ca(OH)_2$ 和钙矾石就越容易生成，且尺寸越大，导致硬化混凝土中钢纤维与基体界面处 $Ca(OH)_2$ 晶体和钙矾石晶体富集，由于晶体疏松的结构和较弱的粘结力削弱了钢纤维与基体的界面结合力，使得钢纤维应有的增强、增韧和阻裂作用没有得到充分发挥。

从试验结果表中可以看到，掺加钢纤维的 G 组混凝土，与对照组 F 混凝土相比，钢纤维混凝土 G 组的 28d 抗压强度还略显增大，56d 抗压强度仍是降低的，但降低程度较小，达 2.2%，对于抗压强度而言，在三种纤维混凝土中，钢纤维混凝土的抗压强度是最高的。

## 5 结论

（1）从以上分析可看出，掺入 20％粉煤灰和掺量为 2％的橡胶粉的叠加作用，混凝土的后期强度仍低于基准混凝土，复合生态纤维混凝土、聚丙烯纤维混凝土和钢纤维混凝土的 7d、28 和 56d 龄期的抗压强度较 F 组混凝土的抗压强度，总体来讲还是降低的趋势，说明混凝土中掺入纤维，不能使混凝土的抗压强度增加，反而降低，从试验结果来看，掺 70kg/m³ 钢纤维的混凝土抗压强度降低幅度最小，掺 0.9 kg/m³ 聚丙烯纤维混凝土降低幅度最大。

（2）纤维对混凝土劈拉强度有显著地提高作用，且 28d 劈拉强度增长幅度最大，试验结果显示，复合生态纤维混凝土、聚丙烯纤维混凝土和钢纤维混凝土的 28d 劈拉强度分别提高了 17.6％、16.8％和 12.2％，以复合生态纤维提高幅度最大。

**参考文献**

［1］ 韩嵘，赵顺波，曲福来．钢纤维混凝土抗拉性能试验研究［J］．土木工程学报，2006．
［2］ 谢祥明，余青山，胡磊．聚丙烯纤维改善混凝土抗冲磨性能的试验研究［J］．重庆建筑大学学报，2008．
［3］ 黄功学，赵军，高丹盈．聚丙烯纤维混凝土抗拉性能试验研究［J］．灌溉排水学报，2009．
［4］ 刘春生，朱涵，李志国，橡胶集料混凝土抗压细观数值模拟［J］．低温建筑技术，2006，2：1-3．

**作者简介**

王维红，1989 年生，女，硕士，银川能源学院助教，主要从事水工建筑材料研究。

# 碳纤维增强混凝土导电行为研究

白　燕，潘继姮

（辽宁城市建设职业技术学院，辽宁沈阳，110122）

**摘　要**　研究了碳纤维增强混凝土导电行为，讨论了碳纤维掺量和试件龄期对导电性能的影响以及试件在三点弯曲负荷过程中材料电阻变化规律。结果表明，通过提高碳纤维的含量，可以明显提高材料的导电性能；在三点弯曲负荷下，碳纤维增强混凝土电阻变化与受载过程有着很好的对应关系，能够作为本征机敏材料，反映试件受载时的应力应变关系。

**关键词**　碳纤维；水泥基复合材料；电导率；机敏性

# Studies on the Conductive Behavior of Carbon Fiber Reinforced Concrete

Bai Yan　Pan Jiheng

（Liaoning Technical College of Construction，Shenyang，110122）

**Abstract**　Conductive behavior of carbon fiber reinforced concrete was measured. The influence of fiber volume fraction and the age of specimen on the electrical conductivity and the change of electrical resistance under three-point-bending test were also discussed. It was found that the electrical conductivity can be increased by increasing the fiber volume fraction and the change of electrical resistance reflected to process of loading，which provide an important guide for the manufacture of conductive and intrinsically smart carbon fiber composite.

**Keywords**　carbon fiber；cement composite；electrical conductivity；smart behavior

## 0　前言

传统的水泥基材料，由于脆性大和功能单一，已不能适应于日新月异的多功能工程需要和新技术发展与应用，而且水泥基结构的突然断裂可引发灾难性的事故。因此，对作为传统结构材料的水泥混凝土进行改性，研究和开发坚韧、具有感知能力的机敏水泥基材料，使其成为功能、结构一体化材料，是当前材料科学发展的趋势。

普通水泥基复合材料在干燥条件下是一种低抗拉强度、高电阻率的惰性材料，而碳纤维是一种高强度、高弹模且导电性能良好的材料。在水泥基材料中掺入适量碳纤维不仅可以明显提高强度和韧性；而且其物理性能尤其是电学性能也有了明显改善。碳纤维水泥基材料导电性能日渐引起研究者的重视[1~4]。

鉴于碳纤维水泥基材料具有良好的导电特性，它可以作为传感器并以电信号输出的形式反映自身受力状况和内部损伤程度。影响碳纤维水泥基复合材料导电性能的主要因素有纤维长度和纤维的体积掺量，本文采用直接测量法研究不同体积碳纤维掺量水泥基复合材料的导电行为，并在三点弯曲负荷下，对其荷载－挠度与电阻率的变化进行了研究，探讨了导电性能的研究意义。

# 1 试验

## 1.1 原材料与样品制备

本试验选用 PAN 基高强碳纤维，其性能指标见表 1。碳纤维的长度依据实验自行人工短切，其长度分别为 1mm、5mm、10mm 和 15mm。普通硅酸盐水泥和掺加水泥用量 15％的硅灰作为制备试样的胶凝材料。采用 ISO 标准砂和甲基纤维素作为分散剂。

表 1 碳纤维的性能

| 直径（μm） | 密度（g/cm3） | 抗拉强度（GPa） | 杨氏模量（GPa） | 极限拉伸比（％） | 碳含量（wc%） | 电阻率（Ω·cm） |
|---|---|---|---|---|---|---|
| 7±0.2 | 1.78 | >3.0 | 220～240 | 1.25～1.60 | >95 | $10^{-2}$～$10^{-3}$ |

试样制备是在实验室中进行。首先称取 30％的水，将甲基纤维素分散于其中，同时用玻璃棒搅拌，静置 20min 左右确保甲基纤维素完全溶解，随后将碳纤维加入溶液中，并不断搅拌。将剩下的 70％的水加入搅拌锅中，分次加入硅灰、水泥和标准砂，最后将分散有碳纤维的溶液加入搅拌，一共需搅拌 3min 左右。搅拌完毕，将拌合料装入各自的试模中，进行高频振动成型，并按规定尺寸预埋不锈钢电极。试样脱模后，送入标准养护室中进行养护。

## 1.2 电阻测试

### 1.2.1 基本理论

通常，固体材料电阻测试是通过直流电直接进行测试。依据欧姆定律：

$$R = \frac{V}{I} \tag{1}$$

式中：$I$ 为通过试件的电流；$V$ 为测试试件两端的电压降。

则试件的电阻率为：

$$\rho = R\frac{A}{L} \quad \Omega m \tag{2}$$

式中：$R$ 为测得的试件电阻值；$A$ 为电流通过的截面面积，$m^2$；$L$ 为测试试件段的长度（m）。本实验所采用的试件尺寸如图 1 所示。

尽管有不少研究者采用直接测试方法研究水泥基材料的电阻率，但水泥基体存在的离子在电极上会发生反应产生极化，用此方法很难获得水泥基材料真实的电阻率。

### 1.2.2 极化作用

普通水泥基材料主要由离子在水泥基体的孔隙中的溶液中移动进行导电[6]。由此，引起在电极上发生化学反应，产生的氧气和氢气在电极附近形成一层薄膜。这层薄膜产生了极化电势，通常称为反电势（back emf）。而产生的极化电势与电流方向相反，造成给定电压下的电流减小：

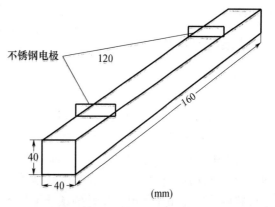

图 1 样品尺寸及电阻测试示意图

$$I = \frac{V - V_p}{R} \tag{3}$$

式中：$V_p$ 为极化电势。

这样，如果采用直流电进行测试，不能简单地认为电压与电流的比值就是试样的电阻。

### 1.2.3 选用交流电

为了避免极化现象，一方面在试样测试前，对其进行干燥处理；另一方面，可采用交流电。研究表明[5]：在通交流电的过程中，极化并非避免了，而是以另一种方式出现。极化可以理解为一个电容与电阻进行串联或并联的方式进行，但无论是并联还是串联，对于在交流电下，方程（1）可以写为：

$$Z=\frac{V}{A} \qquad (4)$$

式中：$Z$ 为整个体系的阻抗。阻抗 $Z$ 由体系在交流电下的电阻（$R$）和电容（$C$）决定，以电容与电阻并联方式为例：

$$Z=\frac{R}{\sqrt{(1+w^2C^2R^2)}} \qquad (5)$$

式中：$w=2\pi f$；$f$ 为交流电的频率，Hz；$C$ 为电容。

从式（5）可见，当交流电频率逐渐增大时，电容的影响渐渐减小，这样在高频下，体系的阻抗就接近于试样的电阻。因此，采用交流电能够较真实地测出试样的电阻。

本研究中采用的交流阻抗设备是由 EG&G Princeton Applied Research Co. 制造的 273 型恒电位仪/恒电流仪和 5210 型锁相放大器组成的测量系统，测量频率范围 100KHz～0.01Hz，交流振幅为 5mV，每数量级频率区间测点数目为 5。

### 1.2.4 交流电频率的选择

式（5）表明测试电阻与交流频率有很大关系。图 2 给出了典型的阻抗与频率的变化关系，图中所示的电阻值都进行了归一化，即所测的阻抗值都除以初试的阻抗值，本研究中选用频率为 0.01Hz 时所测的阻抗值。通常，随着频率的增加，测得体系的阻抗值减小。从图中可见，对于碳纤维水泥基材料，当频率达到某一值时，其阻抗值趋于一个常数，而没有掺加碳纤维的普通砂浆仍继续下降，但下降的幅度很小。在本研究中，所有试样电阻值的获取都是在交流电频率为 100kHz 下所测得的体系阻抗中的实部。

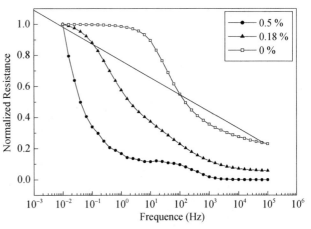

图 2　体系电阻随交流电频率变化归一变化

## 2　结果与讨论

### 2.1　电导率与纤维掺量及试件龄期的关系

材料电导率与纤维掺量（体积分数 $V_f$）的关系如图 3 所示，当 $V_f$ 高于某一临界值（$V_f=0.5\%$）时，试件电导率迅速增大，对于不同龄期的试件均有类似的结果。此种现象可以用隧道模型解释[5]，即电子通过在分散在基体中的导电材料形成网络，并通过隧道效应连通网络间的绝缘间隔而进行传导。水泥基碳纤维复合材料的导电是由于导电性良好的碳纤维均匀分散在绝缘的水泥基体中，碳原子结构中的 π 电子可以在纤维的大 π 体系中离域，并且穿透被水泥基体隔开的非常临近的两根纤维间的势垒，从一根纤维跃迁至另一根纤维，形成隧道导电效应。当碳纤维体积含量较少时，分散在基体中的纤维间距大，其势能部足以为 π 电子所克服，不能形成隧道效应，故此电阻率较大。只有当碳纤维体积含

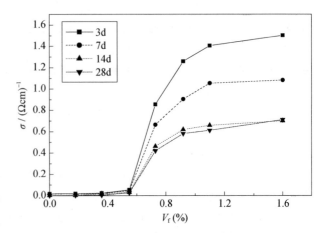

图 3　电导率与碳纤维掺量及龄期变化

量达到一定含量时，才能形成隧道效应，使得水泥基这种绝缘材料成为导体。

从图3中同时发现，不同龄期对应的试件电导率有明显的差异，这主要与水泥的水化过程相关。在早期，由于水泥处于水化阶段，存在着大量水化离子，在基体中起着导电作用，因此试件在3天时的电导率明显高于28天和14天，而试件14天和28天的电导率很接近，因为此阶段主要依靠碳纤维的导电。由此可见，碳纤维水泥基材料的导电率与试件的龄期等因素有关。

**2.2 三点弯曲负荷下碳纤维水泥基材料的机敏性**

三点弯曲梁是研究水泥基材料断裂特性常用的一种试件形式。图4是碳纤维体积掺量分别为0%、0.18%、0.50%和1.10%的水泥基材料在三点弯曲负荷下对应的电阻变化与荷载-挠度曲线对应关系，图中，不同碳纤维体积掺量水泥基材料电阻相对变化与荷载-挠度曲线有着不同的对应关系。

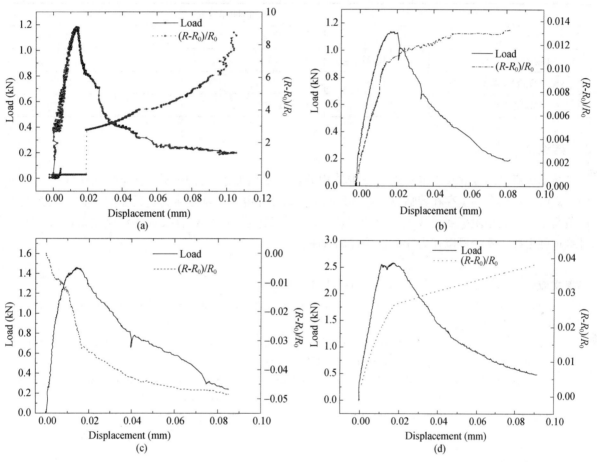

图4 三点弯曲负荷下试件相对电阻变化与荷载-挠度曲线对应关系
(a) $V_f=0\%$；(b) $V_f=0.18\%$；(c) $V_f=0.50\%$；(D) $V_f=1.1\%$

研究结果表明：

（1）在碳纤维体积掺量为0.50%左右时，相对电阻的变化随荷载的增大而减小，当荷载达到峰值荷载时，其变化幅度减小，且随荷载-挠度曲线下降而渐进平缓。此现象可以理解为：当碳纤维体积掺量达到0.50%左右，其处于临界态，但并未形成渗流网络，当受到外界作用力时，纤维间的间隔势垒减小，同时水泥基体由于外界作用力的增大而产生破坏，使得彼此临近的纤维增大接触的机会，产生渗流结构，引起电阻降低；而当变形继续增大，由于渗流结构已经形成，其变化幅度减小最终平缓。

（2）当碳纤维体积含量较少（$V_f=0.18\%$）或较多（$V_f=1.1\%$）时，其相对电阻变化与荷载-挠度曲线有着很好的对应关系。在荷载-挠度曲线上升段，相对电阻变化随荷载的增大而增大；在下降段，其增大的幅度渐进平缓。因为纤维含量太少，分散在基体中的纤维间距大，不仅电阻率大，受力后势垒虽有减小，但基体受力后产生的裂缝足以抵消其对电阻的影响，故电阻随挠度的增大而增大；纤维掺量过多，基体中的纤维已有相当程度的搭接，此时试件主要以沿纤维网络通道传导为主，当基体受力后，引起纤维的拉断或产生裂缝，从而导致电阻率的增大。

（3）未掺加碳纤维的试件，在荷载-挠度曲线上升段，其电阻基本未发生变化；而在试件出现明显裂缝时，其电阻突然增大。

（4）不同碳纤维体积掺量的试件对受载的敏感性不同，以试件出现可见裂缝时的电阻相对变化为例，即电阻相对变化幅度减小，见表2。当 $V_f$ 处于非临界态时，$V_f$ 较高时，其对受载较为敏感；而 $V_f$ 接近临界值时，其对受载最为敏感。

表 2 不同碳纤维体积掺量试件对受载敏感性

| 性能 | 碳纤维体积掺量（%） | | | |
| --- | --- | --- | --- | --- |
| | 0 | 0.18 | 0.50 | 1.1 |
| 极限荷载值（KN） | 1.17 | 1.18 | 1.45 | 2.52 |
| 出现可见裂缝荷载值（KN） | 1.05 | 1.098 | 1.40 | 2.50 |
| 相对电阻变化 | 2.8000 | 0.0105 | −0.0325 | 0.0267 |

## 3　结论

短切碳纤维增强混凝土电导率与纤维体积分数的变化关系可以用隧道效应模型解释。在材料中，碳纤维的体积掺量存在着临界值，其是制备机敏和导电水泥基复合材料的重要参数。在三点弯曲负荷下，材料电阻率随受载过程而变化，与试件荷载-挠度曲线有着很好的对应关系，这表明碳纤维增强混凝土本身可以作为探头，具有机敏性。

**参考文献**

[1] X. Fu，D. D. L. Chung，Self-monitoring of fatigue damage in carbon fiber reinforced cement [J]．Cem Concr Res，1996，26（1）：15-19．

[2] Chen Puwei，D. D. L. Chung，Carbon fiber reinforced concrete for smart structure capable of non-destructive flaw detection [J]．Smart Material Structure，1993，（2）：22．

[3] Norio Muto，Hiroaki Yanagida et，Preventing fatal fractures in carbon-fiber-glass-fiber-reinforced plastic composites by monitoring change in electrical resistance [J]．J. Am. Ceram. Soc.，，1995，76（4）：319-323．

[4] 吴科如，张东，张雄，姚武．混凝土材料的变革和发展 [J]．建筑材料学报，2000，3（1）：14-18．

[5] Sichel E K. The physics of electrically conducting composites，New York：Marcel Dekker，1976：70．

**作者简介**

白燕，辽宁城市建设职业技术学院，副教授、高级工程师。潘继姮，辽宁城市建设职业技术学院，助理工程师。地址：沈阳市沈北新区虎石台开发区蒲硕路 88 号；邮编：110122；E-mail：13998215660@163.com。

# 均匀变化温度场中均匀干燥时钢材热膨胀系数
# 对抗裂圆环的影响

顾丽华[1]，张承志[2]

（1. 河南大学土木建筑学院，河南开封，475004；

2. 河南大学材料与结构研究所，河南开封，475004）

**摘　要**　本文利用弹性力学方法，根据弹性力学的基本方程和对抗裂圆环在均匀变化温度场中均匀干燥时的理论分析，推导出抗裂圆环的径向应力分布、环向应力、位移分布、径向应变分布及环向应变分布表达式。通过对这些分布表达式的分析可知：在均匀变化温度场中发生均匀干燥时，钢材热膨胀系数对水泥基材料抗裂圆环的各种分布均有影响；钢材热膨胀系数对各种分布的影响受温度变化和干缩变形的共同制约。

**关键词**　抗裂圆环；均匀变化温度场；均匀干燥；干缩变形；钢材热膨胀系数

# Steel's Heat Expansion Coefficient's Influence on
# Breaking Ring in Uniform Temperature Field
# During a Homogeneously Drying Process

Gu Lihua[1]，Zhang Chengzhi[2]

（1. School of Civil Engineering and Architecture，Henan University，475000；

2. Material and Structure Research Institute，Henan University，475000）

**Abstract**　In this paper，elastic mechanics method has been used，according to three equations of elasticity and the theoretical analysis of the breaking ring in uniform temperature field during a homogeneously drying process，the distribution of the radial stress and circumferential stress，radial displacement，radial strain and circumferential strain are given. Through the study found：in uniform temperature field，during a homogeneously drying process，steel's heat expansion coefficient has influence on the strained condition of cement-based material ring's distributions；its influence on distributions depends on the comprehensive result of temperature variation and dry shrinkage variation.

**Keywords**　breaking ring；uniform temperature field；homogeneously drying process；deformation of shrinkage；steel's heat expansion coefficient

## 0　引言

混凝土的抗裂性能[1]已经引起了人们的高度重视。防止混凝土结构物的开裂，提高混凝土材料自身的抗裂性是现代水泥混凝土工程技术中的一项重大课题。在大量研究工作的基础上，提出了各种评定混凝土抗裂性能的方法，包括：平板式约束收缩试验方法、圆环约束收缩试验方法[2~6]、单轴约束收缩试验方法（开裂架试验法）等。在这些试验方法中，圆环约束收缩试验方法有着更加重要的地位，我国《混凝土结构耐久性设计与施工指南》和《建筑工程裂缝机理与防治指南》推荐了圆环开裂试验的建议方法。但是，这种方法主要用于评定混凝土在干缩变形方面的抗裂性能。

王爱勤[5]等人运用弹性力学[7]方法从理论上分析了混凝土产生干缩变形时抗裂圆环中的应力分布，对圆环约束收缩试验方法有了更进一步地认识。中国水利水电第三工程局有限公司[2]将这一方法应用于评定混凝土在温度变化时的抗裂性能。而水工构筑物大多数为大体积混凝土构筑物，虽其开裂主要归因于温度应力，但是引起混凝土开裂原因是多方面的，需要综合考虑，如温度、湿度和干缩变形[8]、材料本身性能等。本文在已有研究的基础上，综合考虑干燥和温度变化[9]两个因素对混凝土抗裂性能的影响，利用弹性力学方法，研究得出温度均匀变化和均匀干燥变形同时作用情况下，约束圆环中的应力、应变和位移分布规律；同时因钢材热膨胀系数是影响各分布的一个重要因素，故本文将着重讨论这一因素对抗裂圆环的应力、位移及应变分布的影响。

## 1 理论推导

本文中采用的抗裂圆环规格为：内径 305mm，外径 425mm，高度 100mm，实心钢芯直径 305mm。对于圆柱体的抗裂圆环，将其看作是一个轴对称的弹性体，采用柱坐标可使分析更为简便。根据弹性力学知识，对抗裂圆环中的应力、应变和位移分布，可列出平衡微分方程：

$$\frac{d\sigma_\rho}{d\rho}+\frac{\sigma_\rho-\sigma_\varphi}{\rho}+F_\rho=0 \tag{1}$$

几何方程：

$$\left\{\begin{array}{l} \varepsilon_\rho=\dfrac{\partial u_\rho}{\partial\rho} \\ \varepsilon_\varphi=\dfrac{u_\rho}{\rho} \end{array}\right\} \tag{2}$$

物理方程：

$$\left\{\begin{array}{l} \varepsilon_\rho=\dfrac{1}{E}(\sigma_\rho-\nu\sigma_\varphi) \\ \varepsilon_\varphi=\dfrac{1}{E}(\sigma_\varphi-\nu\sigma_\rho) \end{array}\right\} \tag{3}$$

在同时考虑温度应变和干缩应变时，应变应由三部分叠加而成：
（1）由于温度即自由热膨胀引起的应变；
（2）由于干缩变形引起的应变；
（3）由于弹性体内各部分之间的相互约束引起的应变。
因此有公式：

$$\left\{\begin{array}{l} \varepsilon_\rho=\dfrac{1}{E}(\sigma_\rho-\nu\sigma_\varphi)+\alpha T+\varepsilon_s \\ \varepsilon_\varphi=\dfrac{1}{E}(\sigma_\varphi-\nu\sigma_\rho)+\alpha T+\varepsilon_s \end{array}\right\} \tag{4}$$

式中：$\sigma_\rho$，$\sigma_\varphi$，$u_\rho$，$\varepsilon_\rho$，$\varepsilon_\varphi$ 为径向应力，环向应力，径向位移，径向应变和环向应变；$F_\rho$ 为体力（对于约束圆环，$F_\rho=0$）；$E$，$\alpha$，$\nu$ 为弹性模量，热膨胀系数和泊松比；$T$——温度变化值，℃；$\varepsilon_s$ 为干缩变形。
将式（4）进行变换可得：

$$\left\{\begin{array}{l} \sigma_\rho=\dfrac{E}{1-\nu^2}(\varepsilon_\rho+\nu\varepsilon_\varphi)-\dfrac{E}{1-\nu}(\alpha T+\varepsilon_s) \\ \sigma_\varphi=\dfrac{E}{1-\nu^2}(\varepsilon_\varphi+\nu\varepsilon_\rho)-\dfrac{E}{1-\nu}(\alpha T+\varepsilon_s) \end{array}\right\} \tag{5}$$

边界条件为：
在钢芯与水泥基材料圆环的接触面，即：当 $\rho=r$ 时，$u_{\rho s}=u_{\rho c}$，$\sigma_{\rho s}=\sigma_{\rho c}$；

$\sigma_{\rho s}$，$u_{\rho s}$，$\sigma_{\rho c}$，$u_{\rho c}$ 分别为钢芯的径向应力和位移、水泥基材料的径向应力和位移。

在水泥基材料圆环外侧，即：当 $\rho=R$ 时，$\sigma_{\rho c}=0$。

在稳定温度场中均匀干缩变形情况下，$T=$常数，$\varepsilon_s=$常数，而钢材不发生干缩变形，即 $\varepsilon_{ss}=0$。

根据边界条件联立式（1）和式（5），解微分方程得：

钢芯的位移、应变和应力：

$$u_{\rho s}=\frac{\dfrac{E_c}{1-\nu_c}\left(1-\dfrac{R^2}{r^2}\right)}{\dfrac{E_c}{1-\nu_c}\left(1-\dfrac{R^2}{r^2}\right)-\dfrac{E_s}{1-\nu_s}\left(\dfrac{1+\nu_c}{1-\nu_c}\dfrac{R^2}{r^2}+1\right)}\rho\varepsilon_{c_s}+\frac{\dfrac{E_c}{1-\nu_c}\left(1-\dfrac{R^2}{r^2}\right)\alpha_c-\dfrac{E_s}{1-\nu_s}\left(\dfrac{1+\nu_c}{1-\nu_c}\dfrac{R^2}{r^2}+1\right)\alpha_s}{\dfrac{E_c}{1-\nu_c}\left(1-\dfrac{R^2}{r^2}\right)-\dfrac{E_s}{1-\nu_s}\left(\dfrac{1+\nu_c}{1-\nu_c}\dfrac{R^2}{r^2}+1\right)}\rho T \quad (6)$$

$$\varepsilon_{\rho s}=\varepsilon_{\varphi s}=\frac{\dfrac{E_c}{1-\nu_c}\left(1-\dfrac{R^2}{r^2}\right)}{\dfrac{E_c}{1-\nu_c}\left(1-\dfrac{R^2}{r^2}\right)-\dfrac{E_s}{1-\nu_s}\left(\dfrac{1+\nu_c}{1-\nu_c}\dfrac{R^2}{r^2}+1\right)}\varepsilon_{cs}+\frac{\dfrac{E_c}{1-\nu_c}\left(1-\dfrac{R^2}{r^2}\right)\alpha_c-\dfrac{E_s}{1-\nu_s}\left(\dfrac{1+\nu_c}{1-v_c}\dfrac{R^2}{r^2}+1\right)\alpha_s}{\dfrac{E_c}{1-\nu_c}\left(1-\dfrac{R^2}{r^2}\right)-\dfrac{E_s}{1-\nu_s}\left(\dfrac{1+\nu_c}{1-\nu_c}\dfrac{R^2}{r^2}+1\right)}T \quad (7)$$

$$\sigma_{\rho s}=\sigma_{\varphi s}=\frac{\dfrac{E_s}{1-\nu_s}\dfrac{E_c}{1-\nu_c}\left(1-\dfrac{R^2}{r^2}\right)}{\dfrac{E_c}{1-\nu_c}\left(1-\dfrac{R^2}{r^2}\right)-\dfrac{E_s}{1-\nu_s}\left(\dfrac{1+\nu_c}{1-\nu_c}\dfrac{R^2}{r^2}+1\right)}\varepsilon_{cs}+\frac{\dfrac{E_s}{1-\nu_s}\dfrac{E_c}{1-\nu_c}\left(1-\dfrac{R^2}{r^2}\right)(\alpha_c-\alpha_s)}{\dfrac{E_c}{1-\nu_c}\left(1-\dfrac{R^2}{r^2}\right)-\dfrac{E_s}{1-\nu_s}\left(\dfrac{1+\nu_c}{1-\nu_c}\dfrac{R^2}{r^2}+1\right)}T \quad (8)$$

水泥基材料圆环的位移、应变和应力：

$$u_{\rho c}=\frac{\dfrac{E_c}{1-\nu_c}\left(1-\dfrac{R^2}{r^2}\right)-\dfrac{E_s}{1-\nu_s}\dfrac{1+\nu_c}{1-\nu_c}\left(\dfrac{R^2}{r^2}-\dfrac{R^2}{\rho^2}\right)}{\dfrac{E_c}{1-\nu_c}\left(1-\dfrac{R^2}{r^2}\right)-\dfrac{E_s}{1-\nu_s}\left(\dfrac{1+\nu_c}{1-\nu_c}\dfrac{R^2}{r^2}+1\right)}\rho\varepsilon_{cs}$$

$$+\frac{\dfrac{E_c}{1-\nu_c}\left(1-\dfrac{R^2}{r^2}\right)\alpha_c-\dfrac{E_s}{1-\nu_s}\dfrac{1+\nu_c}{1-\nu_c}\left(\dfrac{R^2}{r^2}-\dfrac{R^2}{\rho^2}\right)\alpha_c-\dfrac{E_s}{1-\nu_s}\left(1+\dfrac{1+\nu_c}{1-\nu_c}\dfrac{R^2}{\rho^2}\right)\alpha_s}{\dfrac{E_c}{1-\nu_c}\left(1-\dfrac{R^2}{r^2}\right)-\dfrac{E_s}{1-\nu_s}\left(\dfrac{1+\nu_c}{1-\nu_c}\dfrac{R^2}{r^2}+1\right)}\rho T \quad (9)$$

$$\left\{\begin{aligned}
\varepsilon_{\rho c}&=\frac{\dfrac{E_c}{1-\nu_c}\left(1-\dfrac{R^2}{r^2}\right)-\dfrac{E_s}{1-\nu_s}\dfrac{1+\nu_c}{1-\nu_c}\left(\dfrac{R^2}{r^2}+\dfrac{R^2}{\rho^2}\right)}{\dfrac{E_c}{1-\nu_c}\left(1-\dfrac{R^2}{r^2}\right)-\dfrac{E_s}{1-\nu_s}\left(\dfrac{1+\nu_c}{1-\nu_c}\dfrac{R^2}{r^2}+1\right)}\varepsilon_{cs}\\
&+\frac{\dfrac{E_c}{1-\nu_c}\left(1-\dfrac{R^2}{r^2}\right)\alpha_c-\dfrac{E_s}{1-\nu_s}\dfrac{1+\nu_c}{1-\nu_c}\left(\dfrac{R^2}{r^2}+\dfrac{R^2}{\rho^2}\right)\alpha_c-\dfrac{E_s}{1-\nu_s}\left(1-\dfrac{1+\nu_c}{1-\nu_c}\dfrac{R^2}{\rho^2}\right)\alpha_s}{\dfrac{E_c}{1-\nu_c}\left(1-\dfrac{R^2}{r^2}\right)-\dfrac{E_s}{1-\nu_s}\left(\dfrac{1+\nu_c}{1-\nu_c}\dfrac{R^2}{r^2}+1\right)}T\\
\varepsilon_{\varphi c}&=\frac{\dfrac{E_c}{1-\nu_c}\left(1-\dfrac{R^2}{r^2}\right)-\dfrac{E_s}{1-\nu_s}\dfrac{1+\nu_c}{1-\nu_c}\left(\dfrac{R^2}{r^2}-\dfrac{R^2}{\rho^2}\right)}{\dfrac{E_c}{1-\nu_c}\left(1-\dfrac{R^2}{r^2}\right)-\dfrac{E_s}{1-\nu_s}\left(\dfrac{1+\nu_c}{1-\nu_c}\dfrac{R^2}{r^2}+1\right)}\varepsilon_{cs}\\
&+\frac{\dfrac{E_c}{1-\nu_c}\left(1-\dfrac{R^2}{r^2}\right)\alpha_c-\dfrac{E_s}{1-\nu_s}\dfrac{1+\nu_c}{1-\nu_c}\left(\dfrac{R^2}{r^2}-\dfrac{R^2}{\rho^2}\right)\alpha_c-\dfrac{E_s}{1-\nu_s}\left(1+\dfrac{1+\nu_c}{1-\nu_c}\dfrac{R^2}{\rho^2}\right)\alpha_s}{\dfrac{E_c}{1-\nu_c}\left(1-\dfrac{R^2}{r^2}\right)-\dfrac{E_s}{1-\nu_s}\left(\dfrac{1+\nu_c}{1-\nu_c}\dfrac{R^2}{r^2}+1\right)}T
\end{aligned}\right. \quad (10)$$

$$\left\{\begin{aligned}
\sigma_{\rho c}&=\frac{\dfrac{E_s}{1-\nu_s}\dfrac{E_c}{1-\nu_c}\left(1-\dfrac{R^2}{\rho^2}\right)}{\dfrac{E_c}{1-\nu_c}\left(1-\dfrac{R^2}{r^2}\right)-\dfrac{E_s}{1-\nu_s}\left(\dfrac{1+\nu_c}{1-\nu_c}\dfrac{R^2}{r^2}+1\right)}\varepsilon_{cs}+\frac{\dfrac{E_s}{1-\nu_s}\dfrac{E_c}{1-\nu_c}\left(1-\dfrac{R^2}{\rho^2}\right)(\alpha_c-\alpha_s)}{\dfrac{E_c}{1-\nu_c}\left(1-\dfrac{R^2}{r^2}\right)-\dfrac{E_s}{1-\nu_s}\left(\dfrac{1+\nu_c}{1-\nu_c}\dfrac{R^2}{r^2}+1\right)}T\\
\sigma_{\varphi c}&=\frac{\dfrac{E_s}{1-\nu_s}\dfrac{E_c}{1-\nu_c}\left(1+\dfrac{R^2}{\rho^2}\right)}{\dfrac{E_c}{1-\nu_c}\left(1-\dfrac{R^2}{r^2}\right)-\dfrac{E_s}{1-\nu_s}\left(\dfrac{1+\nu_c}{1-\nu_c}\dfrac{R^2}{r^2}+1\right)}\varepsilon_{cs}+\frac{\dfrac{E_s}{1-\nu_s}\dfrac{E_c}{1-\nu_c}\left(1+\dfrac{R^2}{\rho^2}\right)(\alpha_c-\alpha_s)}{\dfrac{E_c}{1-\nu_c}\left(1-\dfrac{R^2}{r^2}\right)-\dfrac{E_s}{1-\nu_s}\left(\dfrac{1+\nu_c}{1-\nu_c}\dfrac{R^2}{r^2}+1\right)}T
\end{aligned}\right. \quad (11)$$

式中：$\sigma_{\rho s}$，$\sigma_{\varphi s}$，$u_{\rho s}$，$\varepsilon_{\rho s}$，$\varepsilon_{\varphi s}$ 为钢芯的径向应力、环向应力、径向位移、径向应变和环向应变；$E_s$，

$\alpha_s$，$\nu_s$ 为钢材的弹性模量（MPa）、热膨胀系数、泊松比；$\sigma_{\rho c}$，$\sigma_{\varphi c}$，$u_{\rho c}$，$\varepsilon_{\rho c}$，$\varepsilon_{\varphi c}$ 为水泥基材料圆环的径向应力、环向应力、径向位移、径向应变和环向应变；$E_c$，$\alpha_c$，$\nu_c$，$\varepsilon_{cs}$ 为水泥基材料的弹性模量（MPa）、热膨胀系数、泊松比和干缩变形；$R$，$r$，$\rho$——水泥基材料圆环的外径、内径和计算半径，mm。

## 2  干缩变形、温度变形与钢材热膨胀系数的相互作用

取 $E_c = 2 \times 10^4$ MPa，$E_s = 2 \times 10^5$ MPa，$\alpha_c = 10 \times 10^{-6}$/℃，$R = 212.5$ mm，$r = 152.5$ mm，$\nu_c = \nu_s = 0.2$。图中实心图标表示降温，空心图标表示升温，温度变化幅度为 15℃。钢材热膨胀系数单位：$10^{-6}$/℃。

图 1～图 5 给出干缩变形较大（$\varepsilon_{cs} = 5 \times 10^{-4}$）时，干缩变形、温度变形与钢材热膨胀系数相互作用对各种分布的影响。从图中可以看出，当干缩变形较大时，无论升温还是降温，也无论钢材热膨胀系数的大小，水泥基材料圆环始终处于径向受压环向受拉状态。钢材热膨胀系数变化对各种分布的影响不太显著。

图 6～图 10 给出干缩变形较小（$\varepsilon_{cs} = 5 \times 10^{-5}$）时，干缩变形、温度变形与钢材热膨胀系数相互作用对各种分布的影响。从图中可以看出，当干缩变形较小且温度变化一定时，钢材热膨胀系数的变化对各种分布将产生显著影响。在升温过程中，若钢材热膨胀系数小于水泥热膨胀系数，钢芯处于受拉状态，水泥基材料圆环处于径向受拉环向受压状态；钢材热膨胀系数等于水泥热膨胀系数，钢芯处于受压状态，水泥基材料圆环处于径向受压环向受拉状态。在降温过程中，钢芯处于受压状态，而水泥基材料圆环始终处于径向受压环向受拉的状态。

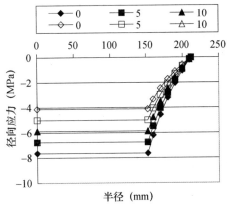

图 1  干燥变形较大时钢材热膨胀系数
对径向应力的影响

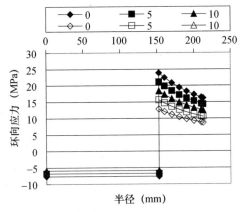

图 2  干燥变形较大时钢材热膨胀系数
对环向应力的影响

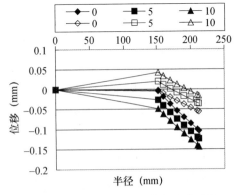

图 3  干燥变形较大时钢材热膨胀系数
对位移的影响

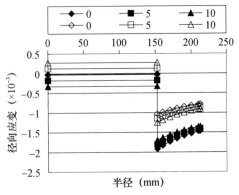

图 4  干燥变形较大时钢材热膨胀系数
对径向应变的影响

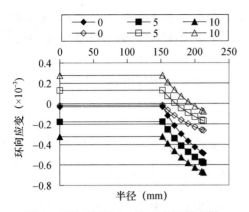

图 5　干燥变形较大时钢材热膨胀系数
对环向应变的影响

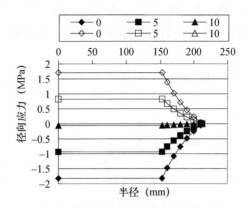

图 6　干燥变形较小时钢材热膨胀系数
对径向应力的影响

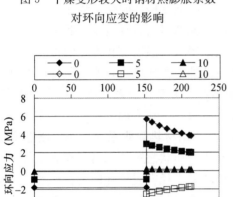

图 7　干燥变形较小时钢材热膨胀系数
对环向应力的影响

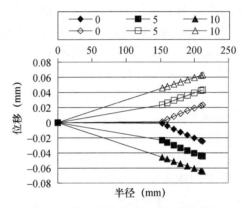

图 8　干燥变形较小时钢材热膨胀系数
对位移的影响

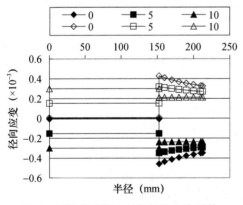

图 9　干燥变形较小时钢材热膨胀系数
对径向应变的影响

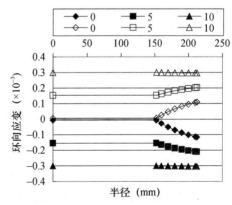

图 10　干燥变形较小时钢材热膨胀系数
对环向应变的影响

## 3　分析与讨论

从式（6）到式（10）可知：在干燥和变温同时发生时，降温过程中，钢芯总处于受压状态，而水泥基材料圆环则处于径向受压环向受拉状态，作用力大小为干缩与温变作用之和；升温过程中，干缩与温变作用则相互抵消，其作用力形式取决于两者的相对强弱。

从热膨胀系数的角度分析，因钢材热膨胀系数和水泥基材料的热膨胀系数不同，故在相同的温度变化条件下，钢材与水泥基材料的温度变形不同。一般而言，钢材热膨胀系数小于水泥基材料热膨胀系数。随着钢材热膨胀系数的逐步增大，二者热膨胀系数差异逐渐减小，由温度变化而引起的温度变形差异也将逐步变小，直至二者热膨胀系数相等，由温度变化引起的温度变形差异完全消失。

从干缩变形的角度分析，只有水泥基材料能产生干缩变形，而钢材不会产生干缩变形。当水泥基材料产生干缩变形时，钢芯将约束水泥基材料的收缩。因此，钢芯处于受压状态，而水泥基材料圆环处于径向受压环向受拉状态。

从温度变形的角度分析，钢材和水泥基材料都会发生温度变形。但由于钢材的热膨胀系数通常小于水泥基材料的热膨胀系数，因而在温度变化时，钢材的温度变形小于水泥基材料的温度变形。在升温过程中，产生的温度变形是膨胀。由于钢材的膨胀小于水泥基材料的膨胀，钢芯处于受拉状态，而水泥基材料圆环处于径向受拉环向受压状态。但在降温过程中，产生的温度变形是收缩。在这种情况下，钢芯处于受压状态，而水泥基材料圆环则处于径向受压环向受拉状态。

当干燥与变温一定，钢材热膨胀系数变化时，钢芯和水泥基材料圆环的受力状态则是三者综合作用的结果。从上述分析可知，随着钢材热膨胀系数的逐渐增大，温度变化产生的作用力逐渐减弱直至消失。在降温过程中，因干缩与温变作用叠加，故钢芯处于受压状态，水泥基材料圆环处于径向受压环向受拉状态。随着钢材热膨胀系数的增大，钢芯与水泥基材料圆环所受作用力逐渐减小，而钢芯受压、水泥基材料圆环径向受压环向受拉的状态并未改变。在升温过程中，干缩与温变作用相互抵消，作用力的形式取决于钢材热膨胀系数的大小。若钢材热膨胀系数较小，则温变作用较强，钢芯处于受拉状态，水泥基材料圆环处于径向受拉环向受压状态；若钢材热膨胀系数较大，则干缩作用较强，此时钢芯处于受压状态，而水泥基材料圆环处于径向受压环向受拉状态。当钢材热膨胀与水泥基材料热膨胀系数相同时，无论升温过程还是降温过程，温度变化均无作用，而仅有干缩作用。此时钢芯处于受压状态，而水泥浆材料圆环处于径向受压环向受拉状态。

图1～图5是干缩变形较大时的情况。在这种情况下，干缩作用占主导地位。因此无论钢材热膨胀系数如何变化，降温过程还是升温过程，钢芯总是处于受压状态，水泥基材料圆环也总是处于径向受压环向受拉状态。

图6～图10是干缩变形较小时的情况。在这种情况下，由于干缩变形较小，在升温过程中，随着钢材热膨胀系数的增大，温度变形逐渐被干缩变形产生的应力所抵消，从而表现出钢芯从受拉状态逐渐转换为受压状态，而水泥基材料圆环从径向受拉环向受压状态转换为径向受压环向受拉状态。但在降温过程中，无论钢材热膨胀系数大小，钢芯总处于受压状态，水泥基材料圆环总处于径向受压环向受拉状态。所不同的是钢材热膨胀系数越大，作用力越小，最小值为干缩变形产生的作用力。因此，对于钢材热膨胀系数较小的钢芯，尽管干缩变形产生的应力不大，但在水泥基材料圆环中仍存在较大的应力，可能导致水泥基材料开裂；而钢材热膨胀较大的钢芯，在水泥基材料圆环中仅有干缩变形产生的较小应力，水泥基材料则不易开裂。

从上述分析可以看出，由于在升温过程中温度应力与干缩应力相互抵消，而在降温过程中温度应力与干缩应力相互叠加。从抗裂性能评定的角度看，应该采取降温过程。另外，由于钢芯的热膨胀系数越小，所产生的温度应力越大，因此，在选择钢芯材料时，钢材的热膨胀系数应尽可能地小一些。

## 4　结论

本文通过研究在均匀变化温度场中均匀干燥时钢材热膨胀系数对抗裂圆环位移分布、应变分布和应力分布的影响，得出如下结论：

（1）钢材热膨胀系数对抗裂圆环各种分布的影响，受温度变化和干缩变形的共同制约。

（2）水泥基材料干缩变形较大时，钢材热膨胀系数对圆环受力大小影响显著，而对受力状态影响不太显著；水泥基材料干缩变形较小时，钢材热膨胀系数对圆环受力状态和受力大小影响均较显著。

（3）钢材热膨胀系数越小，水泥基材料圆环中所受应力越大，材料越容易开裂；相反的，钢材热膨胀系数越大，水泥基材料圆环中所受应力越小，材料越不易开裂。因此在实际工程中，可选择热膨胀系数较大的钢材，防止水泥基材料的较早开裂。

## 参考文献

[1]　黄国兴，惠荣炎．混凝土徐变与收缩 [M]．北京：中国电力出版社，2012.

[2]　焦凯，郭小安，陈文耀．一种混凝土约束圆环抗裂试验装置及试验方法：中国，CN201210331275.4 [P]，2012-11-28.

[3]　何真，李宗津，李文莱．一种椭圆形环约束开裂自动检测试验装置：中国，CN2583673 [P]，2003-10-29.

[4]　吴俊华．水泥净浆组合圆环试验的研究 [D]．天津：天津大学，2010.

[5]　王爱勤，张承志，陈文耀．抗裂圆环的干缩应力分析Ⅰ：均匀干燥时的理论分析 [J]．混凝土与水泥制品，2014（1）：5-8.

[6]　池远东，金南国，金贤玉等．混凝土环收缩开裂试验研究及理论预测 [J]．混凝土与水泥制品，2006（2）：1-4.

[7]　吴家龙．弹性力学 [M]．北京：高等教育出版社，2011.

[8]　高小健．环境温、湿度对水泥基材料干燥收缩的影响 [J]．混凝土，2005（12）：35-38.

[9]　朱伯芳．大体积混凝土温度应力与温度控制 [M]．北京：中国水利水电出版社，2012.

## 作者简介

顾丽华，1977 年生，女，讲师。单位：河南大学土木建筑学院；E-mail：gulihua888@126.com。

# 装配式建筑纵向钢筋套筒连接用灌浆料的研究进展

赵世冉，张凯峰，姚　源，邓天明，耿　飞，刘　磊

（中建西部建设北方有限公司，陕西西安，710116）

**摘　要**　纵向钢筋套筒连接是装配式建筑施工的关键技术，本文综述了套筒灌浆料的研究进展，提出了灌浆料的研究方向。认为胶凝材料和矿物掺和料种类、细集料粒径和级配、减水剂、膨胀剂、消泡剂种类和掺量等因素都将对灌浆料的性能产生影响。对灌浆料的研究不仅要从原材料入手，也要注重生产配方、施工工艺和耐久性能等方面的研究。

**关键词**　胶凝材料；矿物掺和料；细集料；外加剂

# Research Progress of the Grouting Material for the Connection of the Longitudinal Steel Bar in the Prefabricated construction

Zhao Shiran，Zhang Kaifeng，Yao Yuan，Deng Tianming，Geng Fei，Liu Lei

（China West Construction North Group Co.，Ltd，shanxi，Xian，710116）

**Abstract**　The connection of the longitudinal steel bar sleeve is the key technology of the assembly building construction. This paper summarizes the research status of sleeve grouting material，and puts forward the research direction of grouting material. It is considered that the factors will influence the performance of grouting material. Such as the type of the cementitious materials and the mineral admixtures，the size and gradation of the fine material particles，the types and dosages of reducing agent，expansive agent and defoaming agent. The research of grouting material is not only to consider the raw materials，but also need to consider the formula，technology and the durability.

**Keywords**　cementitious materials；mineral admixtures；fine material particles；admixture

　　近年来，随着建筑工业化相关政策及行业规范的陆续推出，装配式混凝土结构在我国迎来了发展的机遇期。与传统现浇混凝土结构相比，采用预制装配式混凝土结构，不仅可以缩短工期，提高建筑质量，还可以降低人工成本，节省资源、能源，减少污染等，因此在未来城市建筑领域中将具有广阔的发展前景。装配式混凝土结构应用的关键技术除了预制构件的设计制作以外，还有构件的安装和连接。目前，工程上常用的纵向钢筋连接方式是采用套筒灌浆连接，其原理是用水泥基灌浆材料将钢筋和套筒牢固地连接在一起。

　　水泥基灌浆材料是以水泥等胶凝材料为基料，加入适量的细集料及少量的外加剂和其他材料组成的干混料。经加水拌合后具有流动性大、快硬、高强等性能，填充于套筒和带肋钢筋间隙中，形成钢筋灌浆连接接头。灌浆料性能的优劣直接影响着构件的安全性能，研究各组分对灌浆料性能的影响，解决灌浆料大流动性与高强度之间的矛盾对于提高装配式建筑安全性能具有重要意义。

## 1 胶凝材料种类对灌浆料性能影响的研究

目前，水泥基灌浆料用的胶凝材料主要有高性能硅酸盐类水泥、硫铝酸盐类水泥以及硅酸盐水泥与硫铝酸盐水泥（或铝酸盐水泥）复合使用。采用高性能硅酸盐类水泥为主要胶凝材料，同时加入膨胀组分来补偿水泥水化硬化过程中产生的收缩。该类灌浆料成本较低，配制简单，应用最为广泛。但是，由于我国膨胀剂产品质量良莠不齐，膨胀组分自身性能的不足或与水泥品种的不适应而容易造成灌浆料产品质量的波动，因此需要通过反复试验及技术调整，寻求最佳配方。王飞[1]等将硅酸盐水泥熟料、适量石膏以及 MgO 膨胀剂混合粉末至一定细度后，以粉状料与高强度集料混合制备高强灌浆料进行施工，工程应用表明，此种灌浆料可自动流平性能良好，且 1d 强度即可达到后期锚固力的 90% 以上。

当采用硫铝酸盐类水泥为主要胶凝材料时，由于硫铝酸盐类水泥自身的膨胀性能，不需要另外加入膨胀组分。该类灌浆料凝结时间短，早期强度高，膨胀性能可靠，但生产成本较高，目前主要用于客运专线盆式橡胶支座的灌浆以及水泥混凝土路面的快速修补等工程。杨和平[2]采用硫铝酸盐水泥、超细惰性粉末、超细活性粉末、减水剂、增稠剂、优质天然河砂制备灌浆料进行实验研究，结果表明该种灌浆料具有早强、高强、微膨胀、自流平、免振捣、耐久性好（抗冻融）、耐磨损、保塑性好等特性。并且不受环境温度影响，适用于冬季施工，后期不会产生收缩。

当采用硅酸盐水泥与硫铝酸盐水泥（或铝酸盐水泥）复合为主要胶凝材料制备灌浆料时，可利用石膏等控制钙矾石生成的数量来改善复合体系的力学性能及膨胀性能。然而此种灌浆料由于原料成分复杂，配合比需要经常调整。国内有一定的研究应用，但文献不多。谢琦等[3]采用硫铝酸盐水泥与普通硅酸盐水泥复合研制出高性能无收缩水泥基灌浆料，经试验检测性能良好。

## 2 矿物掺和料种类对灌浆料性能影响的研究

矿物掺合料是高性能水泥基材料不可缺少的组分，已有研究表明，利用矿物掺合料取代部分水泥，可以有效改善水泥基灌浆材料的工作性能以及硬化水泥浆体的各项性能。矿物掺合料的改善效果与其粒径分布、颗粒形貌、亲水性等物理形态密切相关。元强等人[4]对粉煤灰的研究表明，粉煤灰的掺入可以有效降低水泥基灌浆材料的自收缩率，改善砂浆的流动性，虽然降低了砂浆的早期强度，但对后期强度发展基本没有影响。Mirza J 等[5]研究得出，在水泥基灌浆材料中掺入粉煤灰能降低其流动时间，提高灌浆料的稳定性，降低干燥收缩，并且后期强度与纯水泥灌浆料接近。王晓飞等人[6]对矿渣的研究表明，磨细矿渣可以改善超细水泥浆体的可灌性、抗渗性、耐腐蚀性，并且掺量为 30% 时能降低其收缩率。而黄玉娟等人[7]对硅灰的研究表明，硅灰掺量对灌浆料流动性有较大影响，当硅灰掺量≤6% 时，硅灰的滚珠和填充效应起主要作用，灌浆料的流动性增大；当硅灰掺量＞6% 时，过多的硅灰发生团聚，导致灌浆料浆体流动性下降。龙广成等人[8]采用复掺硅灰和矿渣的方法，优选集料级配，配制出了具有高流动性、高抗压强度、低收缩以及优异的耐久性能的灌浆材料。

## 3 细集料类型对灌浆料性能影响的研究

细集料作为砂浆的重要组成部分，其粗细程度及颗粒级配影响着浆体的和易性、密实度和强度。水泥基砂浆材料中通常采用级配良好的天然砂和石英砂。刘娟红等人[9]的研究认为，水泥基灌浆材料的自收缩率随着砂掺量的增加而减小。冷达等人[10]的研究结论为，随着砂的细度模数增大，灌浆料的流动性和强度都随之增大，但其保水性和黏聚性有所下降。王爱军[11]提出，钢筋套筒连接用灌浆料中细集料的最大粒径应严格控制，要小于接头内钢筋和套筒的间隙。于超等人[12]认为通过大量的试验认为，采用粒径范围为 0.6～1.18mm 石英砂的灌浆料能获得较好的流动性和较高的强度，胶砂比在 1∶1.0～1∶0.6 时砂浆性能稳定。

## 4 外加剂种类对灌浆料性能影响的研究

### 4.1 减水剂对灌浆料性能的影响

高效减水剂是保证低水胶比灌浆材料具有高流动性的关键。目前常用的聚羧酸减水剂具有与不同种类的水泥相容性好、掺量低、减水率高、保坍性好等优点，是制备高流动性灌浆材料的重要组成材料。但是，如果聚羧酸减水剂掺量过高时，常常会造成浆体泌水以及分层离析等问题，甚至有可能造成严重的工程事故，因此应选择合适的减水剂并通过试验确定其最佳掺量。贺奎等[13]以 P·O 42.5 水泥为基础制备灌浆料的试验表明，聚羧酸减水剂对用水量非常敏感，用水量稍大时，易造成灌浆料泌水，选用萘系减水剂时掺量在 8～8.5g 之间较合适，砂浆黏聚性能好且不泌水，选用聚羧酸减水剂时掺量在 1.6g 附近进行调整，可使灌浆料工作性能良好。

### 4.2 膨胀剂对灌浆料性能的影响

对于水泥基灌浆材料，膨胀性能是一个十分重要的指标，因此膨胀剂是水泥基灌浆料另一重要的外加剂。水泥基灌浆材料在施工早期 1～3h 内会产生较大的塑性收缩，可能导致空鼓，严重影响其使用性能。并且，随着龄期的增长，水泥基浆体不断进行自水化反应，此过程会引起自收缩和干燥收缩等，容易引起硬化浆体结构开裂。因此，水泥基灌浆材料中需要掺入早期和后期膨胀组分来补偿浆体在硬化前后的收缩。目前，我国市场上在 1～3h 内能够产生膨胀的塑性膨胀剂品种还不是很多，主要有中国建筑科学研究院开发的 ZYG-S 塑性膨胀剂、唐山北极熊研发的 CSA 塑性膨胀剂、北京荣泰兴科技的 EEA-101 塑性膨胀剂等。其基本作用机理是塑性膨胀剂中的发气组分与水泥水化产物 $Ca(OH)_2$ 发生反应，逐步释放气体，从而使灌浆料在早期塑性阶段产生微膨胀。浆体硬化后期的膨胀剂常采用硫铝酸钙类、硫铝酸钙一氧化钙类、氧化钙类三种。冯竞竞等[14]研究不同种类的膨胀剂对水泥基材料膨胀性能的影响，结果表明：硫铝酸钙一氧化钙类膨胀剂较硫铝酸钙类膨胀剂具有早期膨胀量大、膨胀速度快的特点，更适用于配制高强度等级的补偿收缩混凝土；石帅等[15]研究 M90 膨胀剂（MEA）对水泥基材料干燥收缩补偿作用，结果表明：MEA 能很好地补偿超细水泥浆体的收缩，可作为补偿超细水泥收缩的新型膨胀剂。

### 4.3 消泡剂对灌浆料性能的影响

在高强高流动的水泥基灌浆料研究过程中，由于其常采用低水胶比、掺加高效减水剂和超细矿物掺合料等，往往使得浆体较为黏稠，不利于浆体气泡的排出，这样易导致浆体结构不密实，最后影响浆体强度的发展以及材料的耐久性能。因此，在水泥基灌浆料制备中常常加入消泡剂。目前，常用的消泡剂种类主要为有机硅类、聚醚改性聚硅氧烷类，聚醚类等。张琳等[16]研究了消泡剂在水泥基自流平砂浆中的应用，指出消泡剂可以使自流平砂浆流动度增大，改善砂浆硬化后的表观状态，增大砂浆的湿密度，从而使自流平砂浆硬化后的抗压抗折强度等级显著提高。刘小兵[17]的研究表明，有机硅消泡剂能有效消除砂浆有害的气泡，改善砂浆的流动性和强度。

## 5 结语

灌浆料的性能不仅影响着装配式建筑的施工质量，也影响着建筑结构的使用安全。如何解决灌浆料大流动性与高强度之间的矛盾是灌浆料研究需解决的重要问题。从目前研究现状来看，高性能硅酸盐类水泥复掺矿物掺和料，结合合理级配的细集料和外加剂是解决这一问题的关键。

对灌浆料的研究不仅要注重原材料的优选，也要注重灌浆料生产配方、施工工艺和耐久性能等方面的研究。从生产配方来看，各原材料的比例可以通过优化试验进行合理调配，生产上精确计量就可以满足要求。从施工工艺上说，应加强研究环境温度、风速、现场搅拌方式等外界因素对灌浆料性能的影响，为现场施工提供参考。而从耐久性能方面来说，则要加强对灌浆料的抗冻性能、对钢筋的侵蚀作用的研究。目前，国内市场上的灌浆料产品质量参差不齐，与国外先进技术还有一定的差距，加强灌浆料成套技术研究，对于装配式建筑的发展具有重要意义。

**参考文献**

[1]　王飞，董江波 . HF 高强灌浆料的研制和应用 [J]. 建材技术与应用，2005，(35)：5-6.

[2]　杨和平 . HF 高强灌浆料的研制和应用 [J]. 中国新技术新产品，2015，(4)：117.

[3]　谢琦，沈中林，张雄 . 高性能无收缩水泥基灌浆料的研制 [J]. 上海建材，2008，(1)：21-22.

[4]　元强，邓德华，张文恩 . 粉煤灰掺量、水胶比对砂浆流动度和强度的影响 [J]. 科学研究，2005，7 (3)：6-9.

[5]　Mirza J，Mirza M S，Roy V et al. Basic rheological and mechanical properties of high-volume flyash grouts [J]. Construction and Building Materials，2002，16 (6)：353-363.

[6]　王晓飞，申爱琴，李新伟 . 磨细矿渣对灌浆材料早期性能的影响 [J]. 建筑材料学报，2006，9 (3)：361-365.

[7]　黄玉娟，侯书恩，靳洪允，等 . 添加矿粉对灌浆材料流动性影响 [J]. 非金属矿，2010，33 (2)：31-53.

[8]　龙广成，孙振平 . 新型高性能水泥基灌浆材料的研究 [J]. 新型建筑材料，2005 (3)：32-34.

[9]　刘娟红，宋少民 . 高性能水泥基灌浆材料自收缩性能研究 [J]. 武汉理工大学学报，2006，28 (3)：36-38.

[10]　冷达，张雄，沈中林，等 . 水泥基灌浆材料主要成分对其新拌及硬化性能的影响 [J]. 混凝土与水泥制品，2008，(5)：12-16.

[11]　王爱军 . 钢筋灌浆直螺纹连接技术及应用 [J]. 建筑机械化，2010，19 (2)：21-25.

[12]　于超 . 钢筋套筒连接用灌浆料的制备及性能研究 [D]. 南京：东南大学 .2014.

[13]　贺奎，王万金，常保全，等 . ANG-Ⅱ新型高强无收缩灌浆料的研究及应用 [J]. 建筑技术，2008，39 (6)：462-464.

[14]　冯竞竞，苗苗，阎培渝 . 补偿收缩复合胶凝材料的水化与膨胀性能 [J]. 建筑材料学报，2012，15 (4)：439-444.

[15]　石帅，邓敏，莫立武 . 掺 MgO 超细水泥的膨胀性能及其水化程度 [J]. 南京工业大学学报（自然科学版），2012，34 (2)：73-77.

[16]　张琳，朱海霞，吴兆毅 . 消泡剂在水泥基自流平砂浆中的应用研究 [J]. 新型建筑材料，2009 (8)：9-11.

[17]　刘小兵 . 水泥基无收缩灌浆砂浆的配制及性能研究 [D]. 重庆：重庆大学，2010.

# 混凝土离析分形特征研究

冯　闯，袁启涛，李　磊，张艺莹

（中建西部北方公司天津分公司，天津，300450）

**摘　要**　混凝土离析是建筑施工过程中一个严重的问题，级配离析往往导致混凝土拌合物不满足施工质量的要求，使得混合料的密度、孔隙率、刚度、抗拉强度、疲劳寿命等指标与设计值有一定差异，进而导致建筑物更快出现松散、裂缝、疲劳等常见破坏。混凝土从原材料选择、级配设计直至成型，在诸多体积和性能形态方面都表现出统计自相似性，因此可以借助于分形理论对混合料级配离析进行定量分析。

本文对混凝土拌合物的集料级配特征具有的分形特征进行挖掘，发现不同分形维数与拌合物离析程度之间的关系，并在试验研究和理论分析的基础上提出了矿料级配的分形评价模式。通过实验室内模拟不同离析程度的混凝土，从而对混凝土的集料级配进行分形分析。

**关键词**　离析混凝土；分形；集料级配；分形维数

**Abstract**　Segregation of fresh concrete in the construction process is a serious problem. Gradation segregation often leads to concrete mixture does not meet the requirements of construction quality, makes the mixture density, porosity, stiffness, tensile strength, fatigue life and other indicators have some differences with the design value. Leading to faster and loose structure, cracks, fatigue and other common damage.

Concrete from raw material selection, grading design to prototyping, in many volume and performance areas have shown a form of statistical self-similarity. Therefore, the fractal theory can be used for the quantitative analysis in the gradational segregation. In this paper, aggregate gradation characteristics of mixture concrete of the fractal characteristics of a mining, found that the fractal dimension value of the different mixture the relationship between the segregation, and on the based of the experimental study and theoretical analysis, proposed aggregate gradation evaluation of the fractal model. By the simulating of different degrees of segregation of concrete in the laboratory, to have an fractal analysis in the concrete aggregate gradation.

**Keywords**　segregation of concrete; fractal; aggregate gradation; fractal dimension

## 0　前言

混凝土离析将影响混凝土的泵送施工性能，影响混凝土结构表观效果，使混凝土强度大幅度下降。混凝土的匀质性差，致使混凝土各部位的收缩不一致，易产生混凝土收缩裂缝，极大地降低了混凝土抗渗、抗冻等混凝土的耐久性能。

分形几何学为描述复杂问题提供了一个得力的方法，分形的核心是自相似性，分形的特征量是分维数。目前分形几何学已广泛应用于自然科学、社会科学的各个领域。研究表明，分维值是一个描述复杂问题的定量参数，能够起到连接材料微观结构与宏观性能之间的桥梁作用，可以成为指导材料设计的定量指标。

混凝土宏观性能所呈现出的不确定性、不规则性、模糊性、非线性，是其微观结构复杂性的反映。目前人们对混凝土微观性与宏观性的关系尚未完全研究清楚，混凝土作为具有复杂微观结构的多级多层次的复合材料体系,尤其是集料的级配具有突出的自相似性,完全可以利用分形几何学进行研究[1]。

# 1 试验

## 1.1 原材料选择

**1.1.1** 水泥:选用冀东 P·O42.5 普通硅酸盐水泥,要求其水泥强度、安定性、凝结时间、烧失量、三氧化硫含量等各项指标检测全部合格,符合《硅酸盐水泥、普通硅酸盐水泥》(GB 175—2007) 规定。

**1.1.2** 粉煤灰:选用麦迪文治 Ⅱ 级粉煤,其细度、烧失量、需水比等各项指标均满足公司内控指标要求,并且优于市场上其他品牌粉煤灰,满足工程使用要求。

**1.1.3** 矿粉:选用典实矿粉厂生产的 S95 级矿粉,其性能指标符合《混凝土用矿物掺合料应用技术规程》(DB 29-129—2010) 的规定。

**1.1.4** 碎石:选用三河 5～25mm 连续级配碎石,其含泥量、泥块含量、压碎指标、碱活性等各项指标,符合《建筑用卵石、碎石》(GB/T 14685—2011) 规定。

**1.1.5** 河砂:选用新乐河砂,各项指标符合《建筑用砂》(GB/T 14684—2011) 规定。

**1.1.6** 减水剂:选用中建聚羧酸型减水剂,其各项性能指标符合《混凝土外加剂》、《混凝土外加剂应用技术规范》规定。

**1.1.7** 拌合水:天津地区地下水,各项指标满足建筑用水标准。

## 1.2 试验方法

通过试验配制出离析混凝土,通过添加减水剂,以及改变胶凝材料的种类(用一定量的粉煤灰和矿粉取代水泥),从而配制出不同离析度的混凝土。每组实验把离析的混凝土按垂直方向分成三层,分别测出每层混凝土中粗集料的数量、质量,获得数据。

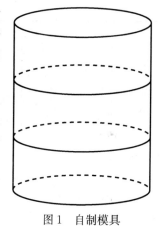

获得的数据用集料分形公式进行分析,对混凝土拌合物的集料级配特征具有的分形特征进行挖掘,分析每层分形维数与拌合物离析程度之间的关系,并在理论分析的基础上分析粗集料级配对混凝土离析程度的影响,分析离析混凝土的分形特征。

试验模具(图1)是自制的,每层模具尺寸:直径 160mm,高度为 100mm。

图1 自制模具

## 1.3 试验步骤

试验步骤见表1。

表1 试验步骤

| 试验组数 | 试验步骤 |
|---|---|
| 一 | 试配一配合比的基准离析混凝土(做空白实验) |
| 二 | 在一组中配合比的基础上,保证坍落度不变,加入一定比例的减水剂 |
| 三 | 在二组中配合比的基础上,另外用一定比例的矿粉取代水泥,其他量不变 |
| 四 | 在二组中配合比的基础上,另外用一定比例的粉煤灰取代水泥,其他量不变 |
| 五 | 在二组中配合比的基础上,另外用一定比例的粉煤灰和矿粉取代水泥,其他量不变 |

## 1.4 试验数据收集

将搅拌锅拌制好的新拌混凝土放入自制模具(图1)中,每层模具尺寸为直径 160mm,高度为 100mm。然后取出每一层(图2)的新拌混凝土倒入 5mm 塞子中进行冲洗,冲走砂子和胶凝材料,再将塞子上的石子倒入石子塞(图3)中进行塞分,最后数出每层塞中石子的数量,称出每层塞中石子的质量。

图 2　每层取料

图 3　石子塞

## 2　试验结果分析

### 2.1　空白试验

空白试验数据见表 2。

**表 2　空白试验数据**

| 项　　目 | | 20mm 以上 | 16mm 以上 | 10mm 以上 | 5mm 以上 |
|---|---|---|---|---|---|
| 上层 | 个数（个） | 30 | 48 | 186 | 452 |
| | 质量（kg） | 0.388 | 0.255 | 0.210 | 0.185 |
| 中层 | 个数（个） | 54 | 67 | 389 | 669 |
| | 质量（kg） | 0.635 | 0.326 | 0.482 | 0.322 |
| 下层 | 个数（个） | 73 | 90 | 521 | 910 |
| | 质量（kg） | 0.987 | 0.545 | 0.632 | 0.400 |

数据处理结果见表 3。

**表 3　空白试验数据处理结果**

| 上层 | 5mm | 10mm | 16mm | 24.5mm |
|---|---|---|---|---|
| $\lg x$ | 0.7 | 1 | 1.2 | 1.4 |
| $\lg (m(x)/m_0)$ | $\lg (0.185/1.038)=-0.75$ | $\lg (0.395/1.038)=-0.42$ | $\lg (0.650/1.038)=-0.20$ | $\lg (1)=0$ |
| 中层 | 5mm | 10mm | 16mm | 24.5mm |
| $\lg x$ | 0.7 | 1 | 1.2 | 1.4 |
| $\lg (m(x)/m_0)$ | $\lg (0.322/1.765)=-0.74$ | $\lg (0.804/1.765)=-0.34$ | $\lg (1.130/1.765)=-0.19$ | $\lg (1)=0$ |
| 下层 | 5mm | 10mm | 16mm | 24.5mm |
| $\lg x$ | 0.7 | 1 | 1.2 | 1.4 |
| $\lg (m(x)/m_0)$ | $\lg (0.400/2.564)=-0.81$ | $\lg (1.032/2.564)=-0.40$ | $\lg (1.577/2.564)=-0.21$ | $\lg (1)=0$ |

空白试验的混凝土上层的 $\lg (m(x)/m_0)$ 与 $\lg x$ 关系如图 4 所示，由图 4 可求出上层的分维值 $D=1.83$（$D=3-b$，$b=1.05$）。

空白试验的混凝土中层的 lg（m（$x$）/$m_0$）与 lg$x$ 关系如图 5 所示，由图 5 可求出中层的分维值 $D$=2.05（$D$=3－$b$，$b$=0.95）。

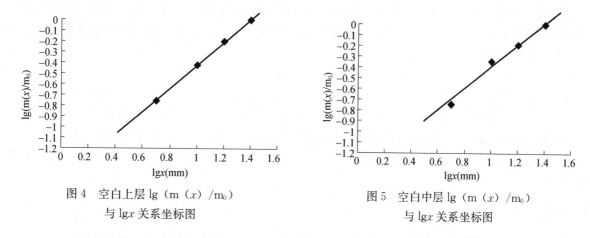

图 4　空白上层 lg（m（$x$）/$m_0$）　　　　　　　图 5　空白中层 lg（m（$x$）/$m_0$）
与 lg$x$ 关系坐标图　　　　　　　　　　　　与 lg$x$ 关系坐标图

空白试验的混凝土下层的 lg（m（$x$）/$m_0$）与 lg$x$ 关系如图 6 所示，由图 6 可求出下层的分维值 $D$=2.11（$D$=3－$b$，$b$=0.89）。

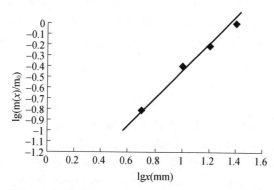

图 6　空白下层 lg（m（$x$）/$m_0$）与 lg$x$ 关系坐标图

分维数 $D$ 在 2～3 之间，集料颗粒分布具有较明显自相似的特征，是统计意义上的分形。它定量刻画了此种集料粒度分布的复杂程度，$D$ 愈接近于 3，则该颗粒体系愈能紧密地填充 3 维空间，级配愈好。因此，调整级配集料的分维数 $D$（例如，适当调整该体系中某种或某几种颗粒粒度的数量）完全有可能达到优化级配集料的目的。

由图 4 算出的上层分维值 $D$=1.83，由图 5 算出的中层分维值 $D$=2.05，图 6 算出的下层分维值 $D$=2.11，三层的分形维数差别较大，该新拌混凝土离析现象比较严重。因此，上、中、下三层的分形维数，可以反映出新拌混凝土的离析程度。

**2.2　只加减水剂试验**

上层的分维值 $D$=2.05，中层的分维值 $D$=1.59，下层的分维值 $D$=1.72，中层、下层算出的分维值 $D$ 不在 2～3 之间，集料颗粒分布不具有较明显的自相似的特征，而且三层的分形维数差距挺大，该新拌混凝土离析比较严重。因此，只加减水剂引起的混凝土离析，其上、中、下三层的集料颗粒分布不均，体系集料级配不好，应适当调整该体系中某种或某几种颗粒粒度的数量。

**2.3　加减水剂并用 20％矿粉取代水泥试验**

上层的分维值 $D$=2.05，中层的分维值 $D$=2.28，下层的分维值 $D$=2.08，算出的分维值 $D$ 在 2～3 之间，集料颗粒分布具有自相似的特征，属于统计意义上的分形。虽然该新拌混凝土的上、中、下三层分形维数有一定差距，但是上、下两层的分形维数比较接近。因此，加入一定量的矿粉对抑制混凝土的离析产生一定的效果。

**2.4　加减水剂并用 20％粉煤灰取代水泥试验**

上层的分维值 $D=2.05$，中层的分维值 $D=2.10$，下层的分维值 $D=2.12$，算出的分维值 $D$ 在 $2\sim3$ 之间，集料颗粒分布具有自相似的特征，属于统计意义上的分形。上、中、下层的分形维数比较接近，三层级配集料粒度分布的自相似性比较好，因此，加入一定量的粉煤灰对抑制混凝土的离析产生较好的效果。

**2.5　加减水剂并用 10％粉煤灰和 10％矿粉取代水泥试验**

上层的分维值 $D=2.10$，中层的分维值 $D=2.05$，下层的分维值 $D=2.06$，算出的分维值 $D$ 在 $2\sim3$ 之间，集料颗粒分布具有自相似的特征，属于统计意义上的分形。新拌混凝土上、中、下层的分形维数比较接近，三层级配集料粒度分布的自相似性比较好，底层分形维数与顶层分形维数可以反映出新拌混凝土离析程度。因此，加入一定量的矿粉和粉煤灰对抑制混凝土的离析产生较好的效果。

## 3　结论

通过本实验的数据得出了：矿物掺和料（尤其粉煤灰）有利于降低混凝土的离析程度；每层新拌混凝土的粗集料级配相差越小、每层粗集料的分形维数越接近，混凝土离析程度越低。用分形理论研究离析混凝土的集料颗粒分布，其分形维数可以反映出新拌混凝土离析程度。

对混凝土这一多相多层次复合材料内在规律的探索是非常有价值的，这一材料的不确定性、不规则性、模糊性以及材料微观结构与宏观性能之间的内在规律，采用分形科学的新理论、新方法进行深入研究，将为混凝土材料科学注入新的活力。

**参考文献**

[1]　唐明.关于混凝土集料分形级配问题 [J].混凝土，1996（1）：3-4.
[2]　唐明.混凝土材料分形特征及应用研究 [J].混凝土，2003：1-4.
[3]　梁国柱.影响泵送混凝土离析的因素及应对措施 [J].广东建材，2006，1.
[4]　夏春，刘浩吾.混凝土细集料级配的分形特征研究 [J].四川大学水电学院，2002.
[5]　梁国柱.影响泵送混凝土离析的因素及应对措施 [J].广东建材，2006，1.
[6]　杨瑞华，许志鸿.沥青混合料分形级配理论 [J].同济大学学报，2008，36（12）：1642-1646.
[7]　夏春、刘浩吾.混凝土细集料级配的分形研究.四川大学水电学院，2002.

# 试 验 研 究

# 超缓凝混凝土的配合比试验研究及设计方法

李世华[1,2,3]，李章建[1,2,3]，赵志强[4]，王模弼[1,2,3]，何　云[1,2,3]，田　帅[1,2,3]

（1. 云南建工集团有限公司，云南昆明，650501；

2. 云南省高性能混凝土工程研究中心，云南昆明，650501；

3. 云南省工业产品（预拌混凝土）质量控制与技术评价实验室，云南昆明，650501；

4. 混凝土第一视频网，北京，100044）

**摘　要**　超缓凝混凝土（ultra-retardation concrete，简记为 URC）是一种对混凝土凝结时间有特殊要求的新型混凝土。试验结合超缓凝混凝土的工程实际应用情况，以 URC10、URC20、URC30 及 URC40 四个强度等级为研究对象，研究确定了不同初凝时间范围下超缓凝混凝土的抗压强度比系数，并采用抗压强度比系数合理降低水胶比及大掺量矿物掺合料的配合比设计思路成功配制出了初凝时间不小于 60h，终凝时间不大于 120h，初终凝时间差不大于 20h，28d 强度不低于设计强度等级的超缓凝混凝土。

**关键词**　超缓凝混凝土；配合比；设计方法；凝结时间；抗压强度比

# Experimental Research on Ultra-retardation Concrete Mix Proportion and Design Method

Li Shihua[1,2,3]，Li Zhangjian[1,2,3]，Zhao Zhiqiang[4]，Wang Mobi[1,2,3]，He Yun[1,2,3]，Tian Shuai[1,2,3]

（1. Yunnan Construction Engineering Group Co. ，Ltd，Kunming，650501；

2. Yunnan Engineering Research Center of High Performance Concrete，Kunming，650501；

3. Yunnan Quality Control and Technical Evaluation Laboratory of Industrial Product（ready mixed concrete），Kunming，650501）

**Abstract**　Ultra-retardation concrete（URC）was a new type of concrete which could meet the special requirements of setting time. By taking URC10，URC20，URC30 and URC40 concrete as the research object，experiment combined with engineering practice application and URC compressive strength ratio was researched and identified under a range of different URC setting time. URC was mixed successfully with high mineral admixture and lower water-binder ratio regulatingscientifically and reasonably by compressive strength ratio，which the initial setting time was more than 60h，the final setting time was less than 120h，the difference of initial and final setting time was less than 20h，and the compressive strength of 28 days was not less than design strength grade.

**Keywords**　ultra-retardation concrete；mix proportion；design method；setting time；compressive strength ratio

## 1 引言

超缓凝混凝土是一种为了满足特殊施工要求而专门配制的初凝时间达到 $60\sim80$h，28d 强度不低于设计强度等级的新型混凝土[1]。在地铁、车站等深基坑围护结构的钻孔咬合桩，要求后续施工的钻孔桩在施钻时，能同时对已浇筑完毕的钻孔桩桩身混凝土进行适量的钻削，使钻孔桩相互咬合连成一个整体而提高挡水的能力[2~5]。为实现这一特殊施工要求，通常需增加缓凝剂掺量来增大水泥水化需克服的能垒，从而延缓混凝土的凝结和抑制混凝土早期强度的发展，但同时也对混凝土后期强度发展有一定的影响。

超缓凝混凝土的凝结时间与抗压强度之间存在一定对应关系，本课题组前期研究表明：初凝时间小于 60h 时，28d 强度降幅在 5%左右；初凝时间大于 60h 且终凝时间小于 120h 时，28d 强度降幅低于 15%；终凝时间大于 120h 时，28d 强度降幅达 20%以上[6]。因此，采用合理的技术手段解决超缓凝混凝土超长凝结时间的施工要求与混凝土抗压强度发展要求之间的矛盾关系对科学合理的配制和应用超缓凝混凝土具有重要作用。本文结合超缓凝混凝土工程应用情况，以 URC10、URC20、URC30 及 URC40 四个强度等级为研究对象，通过试验研究不同初凝时间范围下超缓凝混凝土的抗压强度比系数，并采用抗压强度比系数合理降低水胶比及大掺量矿物掺合料的配合比设计思路对配合比进行试验验证，提出一种科学合理的超缓凝混凝土配合比设计方法。

## 2 原材料及试验方法

### 2.1 试验原材料

（1）水泥：云南国资水泥红河有限公司生产的 P·O 42.5 级水泥，其物理力学性能见表 1。

**表 1 水泥的物理力学性能**

| 比表面积 (m²·kg⁻¹) | 80μm 筛筛余 (%) | 标稠用水量 (%) | 密度 (g·cm⁻³) | 凝结时间（min） | | 抗折强度（MPa） | | | 抗压强度（MPa） | | |
|---|---|---|---|---|---|---|---|---|---|---|---|
| | | | | 初凝 | 终凝 | 3d | 7d | 28d | 3d | 7d | 28d |
| 356 | 3.7 | 26.0 | 3.15 | 220 | 275 | 6.4 | 7.1 | 8.5 | 27.2 | 36.5 | 48.0 |

（2）矿物掺合料：云南恒阳实业有限公司粉煤灰分公司生产的Ⅱ级粉煤灰及玉溪三和新型建材技术有限公司生产的 S75 矿粉，其性能指标分别见表 2 及表 3。

**表 2 Ⅱ级粉煤灰的性能指标**

| 细度（%） | 比表面积 (m²·kg⁻¹) | 需水量比 (%) | 烧失量 (%) | 含水量 (%) | 三氧化硫 (%) | 密度 (g·cm⁻³) | 活性指数（%） | |
|---|---|---|---|---|---|---|---|---|
| | | | | | | | 7d | 28d |
| 14.0 | 315 | 100.2 | 2.36 | 0.15 | 2.66 | 2.45 | 62 | 71 |

**表 3 S75 矿粉的性能指标**

| 细度（%） | 比表面积 (m²·kg⁻¹) | 流动度比 (%) | 烧失量 (%) | 含水量 (%) | 三氧化硫 (%) | 密度 (g·cm⁻³) | 活性指数（%） | |
|---|---|---|---|---|---|---|---|---|
| | | | | | | | 7d | 28d |
| 1.9 | 420 | 97.6 | 1.30 | 0.15 | 1.44 | 2.75 | 59 | 81 |

（3）集料：细集料根据机制砂和山砂的级配情况按 8：2 的比例调配成Ⅱ区中砂，细度模数为 2.8，表观密度 2.68g/cm³，MB 值为 1.1，石粉含量为 8.2%；粗集料为粒径 5~31.5mm 连续级配碎石，压碎值 9.2%，含泥量 0.82%，泥块含量 0.15%，针片状颗粒含量 1.7%。

（4）外加剂：高效减水剂采用萘系高效减水剂，减水率 18%，推荐掺量 2.5%~3.0%，固含量 30%；缓凝剂采用工业葡萄糖酸钠。

（5）水：昆明市饮用自来水。

**2.2 试验方法**

（1）混凝土拌合物工作性能和凝结时间测定

参照《普通混凝土拌合物性能测试方法》（GB/T 50080—2002）。采用贯入阻力法测定从混凝土拌合物中用 5mm 标准筛筛出的砂浆凝结时间，贯入阻力达到 3.5MPa 时为初凝时间，达到 28MPa 时为终凝时间。凝结时间测试过程中环境温度始终保持（20±2）℃，凝结时间测定从水泥与水接触瞬间开始计时，且应根据拌合物性能，确定测针试验时间，以后每隔 3h～4h 测试一次，临近初终凝时每隔 1h～2h 测试一次。

（2）混凝土抗压强度测定

参照《普通混凝土力学性能试验方法标准》GB/T 50081－2002 进行。混凝土立方体抗压强度试件应在试件成型后立即用不透水的薄膜覆盖表面，且应在温度为（20±5）℃的环境中带模养护至终凝后 24h 内拆模。拆模后应立即放入温度（20±2）℃、相对湿度为 95％以上的标准养护室中养护，达规定龄期进行抗压强度测试。

# 3 配合比设计思路

## 3.1 配合比设计要求

（1）超缓凝混凝土的凝结时间需满足初凝时间不小于 60h，终凝时间不大于 120h，初终凝时间差不大于 20h 的要求。超缓凝混凝土的凝结时间应根据设计要求、环境温度、运输距离、停放时间来合理调控以满足施工要求，且实际凝结时间与设计要求的允许偏差值为±10％。

（2）超缓凝混凝土到浇筑工作面的坍落度宜控制在 180～200mm。考虑混凝土在运输工程中的坍落度经时损失，应根据实际情况控制混凝土出厂坍落度较浇筑现场坍落度大 10～30mm。

（3）超缓凝混凝土的 3d 强度不大于 3MPa，28d 强度满足设计要求。

## 3.2 配合比设计原则

超缓凝混凝土的配合比设计难点是解决凝结时间与抗压强度发展之间矛盾。因此，超缓凝混凝土的配合比设计主要遵循以下原则：一是采用提高矿物掺合料掺量且不宜采用纯水泥，延长混凝土凝结时间和保证混凝土拌合物性能满足施工要求；其次是提高试配强度，降低水胶比，保证混凝土后期强度满足设计要求。

（1）超缓凝混凝土凝结时间的科学调控。采用公司自有发明专利技术"基于葡萄糖酸钠缓凝剂的超缓凝混凝土凝结时间调控方法"（ZL 201410667513.8），从养护温度及缓凝剂掺量与凝结时间的关系出发，确定超缓凝混凝土的缓凝剂掺量来科学合理的控制超缓凝混凝土的凝结时间满足设计要求。

（2）超缓凝混凝土抗压强度的科学调控。根据超缓凝混凝土初凝时间与抗压强度比的定量关系，在用水量不变的情况下，降低水胶比，增加胶凝材料总量，保证 28d 强度满足试配强度要求。超缓凝混凝土的试配强度及水胶比可分别按公式（1）和公式（2）确定：

$$f_{cu,0} \geqslant f_{cu,k} + 1.645\sigma \tag{1}$$

式中：$f_{cu,0}$ 为超缓凝混凝土的试配强度，MPa；$f_{cu,k}$ 为超缓凝混凝土立方体抗压强度标准值，MPa；$\sigma$ 为超缓凝混凝土强度标准差，MPa。

$$W/B = \frac{\alpha_a f_b}{f_{cu,0}/k + \alpha_a \alpha_b f_b} \tag{2}$$

式中：$k$ 为标准养护条件下，同一配合比超缓凝混凝土与普通混凝土 28d 抗压强度之比；$f_b$ 为胶凝材料 28d 胶砂抗压强度实测值，MPa；$\alpha_a$、$\alpha_b$ 为回归系数。

# 4 试验结果与讨论

## 4.1 超缓凝混凝土抗压强度比的确定

课题组前期采用不同的缓凝剂单掺、复掺配制了不同凝结时间范围的超缓凝混凝土，对 7d 及

28d抗压强度比进行统计分析，结果见表4。前期研究未考虑掺合料的影响，仅采用纯水泥配方进行研究，且仅针对同一等级的混凝土进行研究，试验结果不能对其他等级的超缓凝混凝土进行科学指导。因此，课题组在前期研究的基础上，考虑矿物掺合料的影响，通过缓凝剂掺量控制超缓凝混凝土的初凝时间在60～100h范围，针对URC10、URC20、URC30及URC40四个不同强度等级的超缓凝混凝土进行研究，混凝土的配合比见表5，凝结时间及抗压强度试验结果见表6。

表4　前期试验28d抗压强度比试验结果[6]

| 凝结时间 | 组数 | 7d抗压强度比 | | | 28d抗压强度比 | | |
|---|---|---|---|---|---|---|---|
| | | 最大值 | 最大值 | 最小值 | 平均值 | 最小值 | 平均值 |
| 初凝时间＜60h | 7 | 106% | 77% | 90% | 102% | 87% | 94% |
| 初凝时间＞60h，终凝时间＜120h | 8 | 94% | 60% | 72% | 100% | 82% | 90% |
| 终凝时间＞120h | 5 | 65% | 11% | 39% | 88% | 75% | 80% |

表5　超缓凝混凝土与普通混凝土的配合比

| 编号 | 设计初凝时间（h） | 水（kg） | 水泥（kg） | 粉煤灰（kg） | 矿粉（kg） | 砂（kg） | 石（kg） | 砂率（%） | 水胶比 | 高效减水剂（%） | 缓凝剂（%） |
|---|---|---|---|---|---|---|---|---|---|---|---|
| C10 | — | 195 | 87 | 116 | 87 | 860 | 1050 | 45 | 0.67 | 2.6 | 0 |
| URC10A | 60～80 | 195 | 87 | 116 | 87 | 860 | 1050 | 45 | 0.67 | 2.6 | 0.265 |
| URC10B | 80～100 | 195 | 87 | 116 | 87 | 860 | 1050 | 45 | 0.67 | 2.6 | 0.290 |
| C20 | — | 190 | 176 | 106 | 71 | 799 | 1059 | 43 | 0.54 | 2.8 | 0 |
| URC20A | 60～80 | 190 | 176 | 106 | 71 | 799 | 1059 | 43 | 0.54 | 2.8 | 0.270 |
| URC20B | 80～100 | 190 | 176 | 106 | 71 | 799 | 1059 | 43 | 0.54 | 2.8 | 0.295 |
| C30 | — | 185 | 251 | 84 | 84 | 736 | 1060 | 41 | 0.44 | 2.9 | 0 |
| URC30A | 60～80 | 185 | 251 | 84 | 84 | 736 | 1060 | 41 | 0.44 | 2.9 | 0.280 |
| URC30B | 80～100 | 185 | 251 | 84 | 84 | 736 | 1060 | 41 | 0.44 | 2.9 | 0.300 |
| C40 | — | 180 | 341 | 68 | 45 | 689 | 1077 | 39 | 0.40 | 3.0 | 0 |
| URC40A | 60～80 | 180 | 341 | 68 | 45 | 689 | 1077 | 39 | 0.40 | 3.0 | 0.295 |
| URC40B | 80～100 | 180 | 341 | 68 | 45 | 689 | 1077 | 39 | 0.40 | 3.0 | 0.315 |

注：高效减水剂及缓凝剂掺量均为总胶凝材料质量的百分比。

表6　超缓凝混凝土与普通混凝土的凝结时间及抗压强度试验结果

| 编号 | 凝结时间（h） | | | 抗压强度（MPa） | | | 抗压强度比（%） | | |
|---|---|---|---|---|---|---|---|---|---|
| | 初凝 | 终凝 | 凝结时间差 | 7d | 28d | 60d | 7d | 28d | 60d |
| C10 | 14.4 | 19.3 | 4.9 | 11.2 | 18.6 | 21.8 | 100 | 100 | 100 |
| URC10A | 69.6 | 78.7 | 9.1 | 6.9 | 17 | 20.2 | 62 | 91 | 93 |
| URC10B | 92 | 102.6 | 10.6 | 6.1 | 16.2 | 19.6 | 54 | 87 | 90 |
| C20 | 10.4 | 13.3 | 2.9 | 18 | 28.9 | 35 | 100 | 100 | 100 |
| URC20A | 72.8 | 85.1 | 12.3 | 15.1 | 26.7 | 33.6 | 84 | 93 | 96 |
| URC20B | 90.6 | 104.2 | 13.6 | 12.6 | 24.5 | 30.7 | 70 | 85 | 88 |
| C30 | 9.2 | 11.4 | 2.2 | 25.5 | 38.7 | 47.2 | 100 | 100 | 100 |
| URC30A | 73 | 86.9 | 13.9 | 20.6 | 36.4 | 44.4 | 81 | 94 | 94 |
| URC30B | 89.4 | 104.3 | 14.9 | 17.5 | 33.5 | 43.2 | 69 | 87 | 92 |
| C40 | 8.1 | 10.2 | 2.1 | 42.3 | 52.4 | 60.9 | 100 | 100 | 100 |
| URC40A | 75.6 | 87 | 11.4 | 35 | 47 | 58.8 | 83 | 90 | 97 |
| URC40B | 93.5 | 106.7 | 13.2 | 30.1 | 44.6 | 56.3 | 71 | 85 | 92 |

由表 6 可知，强度等级的变化对超缓凝混凝土与同等级普通混凝土的 28d 及 60d 抗压强度比的影响较小，7d 抗压强度比的波动较大。初凝时间在 60～80h 范围时，URC10～URC40 混凝土的 7d 强度为同等级普通混凝土的 60%～80%，平均值为 77.5%；28d 强度为同等级普通混凝土的 90%～94%，平均值为 92%；60d 强度为同等级普通混凝土的 93%～96%，平均值为 94.8%。初凝时间在 80h～100h 范围时，URC10～URC40 混凝土的 7d 强度为同等级普通混凝土的 54%～71%，平均值为 66.1%；28d 强度为同等级普通混凝土的 85%～87%，平均值为 85.9%；60d 强度为同等级普通混凝土的 88%～92%，平均值为 90.4%。

## 4.2 超缓凝混凝土的配合比设计与验证

超缓凝混凝土以 28d 抗压强度作为评定和验收依据时，根据 URC10～URC40 混凝土的 28d 抗压强度比试验结果，初凝时间在 60～80h 时，抗压强度比按 0.90 取值；初凝时间在 80～100h 时，抗压强度比按 0.85 取值。采用抗压强度比系数合理降低水胶比，计算调整 URC10～URC40 四个强度等级混凝土的配合比，并与普通混凝土进行对比分析，验证配合比设计的科学性和经济可行性。

按超缓凝混凝土的配合比设计思路，计算确定了 URC10～URC40 超缓凝混凝土的验证配合比，配合比及试验结果分别见表 7 和表 8。

表 7 URC10～URC40 超缓凝混凝土的验证配合比

| 编号 | 设计初凝时间 (h) | 水 (kg) | 水泥 (kg) | 粉煤灰 (kg) | 矿粉 (kg) | 砂 (kg) | 石 (kg) | 砂率 (%) | 水胶比 | 高效减水剂 (%) | 缓凝剂 (%) |
|---|---|---|---|---|---|---|---|---|---|---|---|
| C10 | — | 195 | 87 | 116 | 87 | 860 | 1050 | 45 | 0.67 | 2.6 | 0 |
| URC10AY | 60～80 | 195 | 96 | 126 | 96 | 847 | 1035 | 45 | 0.61 | 2.6 | 0.270 |
| URC10BY | 80～100 | 195 | 100 | 134 | 100 | 839 | 1026 | 45 | 0.58 | 2.6 | 0.295 |
| C20 | — | 190 | 176 | 106 | 71 | 799 | 1059 | 43 | 0.54 | 2.8 | 0 |
| URC20AY | 60～80 | 190 | 194 | 116 | 78 | 783 | 1039 | 43 | 0.49 | 2.8 | 0.275 |
| URC20BY | 80～100 | 190 | 204 | 123 | 82 | 775 | 1027 | 43 | 0.47 | 2.8 | 0.300 |
| C30 | — | 185 | 251 | 84 | 84 | 736 | 1060 | 41 | 0.44 | 2.9 | 0 |
| URC30AY | 60～80 | 185 | 277 | 92 | 92 | 736 | 1060 | 41 | 0.40 | 2.9 | 0.285 |
| URC30BY | 80～100 | 185 | 292 | 97 | 97 | 709 | 1020 | 41 | 0.38 | 2.9 | 0.305 |
| C40 | — | 180 | 341 | 68 | 45 | 689 | 1077 | 39 | 0.40 | 3.0 | 0 |
| URC40AY | 60～80 | 180 | 375 | 75 | 50 | 671 | 1049 | 39 | 0.36 | 3.0 | 0.300 |
| URC40BY | 80～100 | 185 | 396 | 79 | 53 | 660 | 1032 | 39 | 0.34 | 3.0 | 0.320 |

注：1. 高效减水剂及缓凝剂掺量均为总胶凝材料质量的百分比；2. 编号 A 代表超缓凝混凝土设计初凝时间为 60～80h，B 代表超缓凝混凝土设计初凝时间为 80～100h。

表 8 URC10～URC40 超缓凝混凝土的配合比验证试验结果

| 编号 | 凝结时间 (h) | | | 坍落度 (mm) | | 抗压强度 (MPa) | | | 抗压强度比 (%) | | |
|---|---|---|---|---|---|---|---|---|---|---|---|
| | 初凝 | 终凝 | 凝结时间差 | 初始 | 1h | 3d | 7d | 28d | 7d | 28d | 60d |
| C10 | 14.4 | 19.3 | 4.9 | 185 | 155 | 11.2 | 18.6 | 21.8 | 100% | 100% | 100% |
| URC10AY | 71.3 | 79.0 | 7.7 | 185 | 170 | 8.7 | 19.2 | 22.5 | 78% | 103% | 103% |
| URC10BY | 89.6 | 98.7 | 9.1 | 190 | 180 | 7.7 | 18.9 | 21.6 | 69% | 102% | 99% |
| C20 | 10.4 | 13.3 | 2.9 | 195 | 170 | 18 | 28.9 | 35 | 100% | 100% | 100% |
| URC20AY | 74.9 | 88.6 | 13.7 | 195 | 185 | 13.4 | 29.7 | 35.9 | 74% | 103% | 103% |
| URC20BY | 92.8 | 100.1 | 7.3 | 200 | 180 | 12.9 | 29.3 | 35.7 | 72% | 101% | 102% |
| C30 | 9.2 | 11.4 | 2.2 | 190 | 180 | 25.5 | 38.7 | 47.2 | 100% | 100% | 100% |
| URC30AY | 72.7 | 87.1 | 14.4 | 200 | 190 | 21.3 | 39.6 | 48 | 84% | 102% | 102% |

续表

| 编号 | 凝结时间（h） | | | 坍落度（mm） | | 抗压强度（MPa） | | | 抗压强度比（%） | | |
|---|---|---|---|---|---|---|---|---|---|---|---|
| | 初凝 | 终凝 | 凝结时间差 | 初始 | 1h | 3d | 7d | 28d | 7d | 28d | 60d |
| URC30BY | 93 | 106.9 | 13.9 | 210 | 195 | 19.7 | 38.5 | 48.2 | 77% | 99% | 102% |
| C40 | 8.1 | 10.2 | 2.1 | 205 | 185 | 42.3 | 52.4 | 60.9 | 100% | 100% | 100% |
| URC40AY | 72.6 | 83.3 | 10.7 | 210 | 195 | 34.1 | 54.3 | 62.8 | 81% | 104% | 103% |
| URC40BY | 85.6 | 97 | 11.4 | 220 | 205 | 32 | 51.4 | 60.6 | 76% | 98% | 100% |

由表 8 可知，URC10～URC40 超缓凝混凝土流动性能优于同等级普通混凝土，1h 坍落度经时损失为 10～15mm，较普通混凝土降低 5～10mm。采用抗压强度比对超缓凝混凝土配合比进行合理调整后，初凝时间在 60～80h 之间的 URC10～URC40 超缓凝混凝土 7d 强度为同等级普通混凝土的 74%～84%，平均值为 79%；28d 强度为同等级普通混凝土的 102%～104%，平均值为 103%；60d 强度为同等级普通混凝土的 102%～103%，平均值为 103%。初凝时间在 80h～100h 之间的 URC10～URC40 超缓凝混凝土 7d 强度为同等级普通混凝土的 69%～77%，平均值为 74%；28d 强度为同等级普通混凝土的 98%～102%，平均值为 100%；60d 强度为同等级普通混凝土的 99%～102%，平均值为 101%。可见，经配合比试验验证，采用抗压强度比系数合理降低超缓凝混凝土水胶比的 URC10～URC40 混凝土 28d 强度及 60d 强度可以达到同等级普通混凝土强度。采用该配合比设计思路可以成功配制出了初凝时间不小于 60h，终凝时间不大于 120h，初终凝时间差不大于 20h，28d 强度不低于设计强度等级的超缓凝混凝土。

## 5 结论

（1）超缓凝混凝土以 28d 抗压强度作为评定和验收依据时，初凝时间在 60～80h 范围内，抗压强度比可按 0.90 取值；初凝时间在 80～100h 范围内，抗压强度比可按 0.85 取值。

（2）通过配合比试验验证，采用抗压强度比系数合理降低水胶比及大掺量矿物掺合料的配合比设计思路可以配制出了初凝时间不小于 60h，终凝时间不大于 120h，初终凝时间差不大于 20h，28d 强度不低于设计强度等级的超缓凝混凝土。

**基金项目：**昆明市科技计划重点项目（2012-02-09-A-G-02-0002）。

**参考文献**

[1] 刘勇，李世华，李章建，梁丽敏，等．超缓凝混凝土的耐久性研究 [J]．建材发展导向，2014，12（12）：57-63．

[2] 孙乃聪．钻孔咬合桩施工工艺以及在西安地区应用前景 [D]．长安：长安大学，2010．

[3] 徐辉，李克亮，邢有红，等．混凝土超缓凝剂在钻孔咬合桩施工中的研究与应用 [J]．建筑科学，2008，24（7）：48-57．

[4] 陈清志．深圳地铁工程钻孔咬合桩超缓凝混凝土的配制与应用 [J]．混凝土与水泥制品，2002，（2）：21-23．

[5] 刘勇，李世华，李章建，梁丽敏，等．超缓凝大掺量矿物掺合料混凝土的配制及在钻孔咬合桩中的应用 [J]．建筑施工，2014，36（11）：1298-1300．

[6] 李世华，闫能雷，梁丽敏，王模弼，等．缓凝剂对混凝土拌合物性能及抗压强度的影响 [C]．预拌混凝土实用技术—2015CCPA 预拌混凝土分会年会暨第二届绿色混凝土发展高峰论坛论文集，2015：145-152．

**作者简介**

李世华，1986 年生，男，硕士，工程师，主要从事混凝土技术研发和技术管理工作。地址：昆明经济技术开发区信息产业基地林溪路 188 号云南建工发展大厦；邮编：650501；电话：18787010386；E-mail：493580749@qq.com。

# 水工混凝土配合比管理体系优化研究

隗　收

（中国水利水电第十二工程局有限公司，浙江杭州，310004）

**摘　要**　针对水利水电工程施工项目混凝土配合比在设计与应用中存在的管理问题，建立混凝土配合比设计要素的 CPI 模型，创设"配额比"指标分析混凝土配合比经济性影响因素，总结配合比的三类优化设计措施，辨析混凝土的三类生产质控要素，提出混凝土配合比的"前调"、"中调"与"后调"三期优化理念，明确质量控制流程中的控制端与处理终端部门职能分配，建立混凝土配合比"121"服务制度，以 PDCA 循环法构建混凝土动态优化生产质量控制体系。

**关键词**　混凝土；配合比；经济分析；质量控制；动态管理；体系；优化

## 1　概述

我公司作为大型水利水电工程施工企业，在混凝土配合比管理方面，多年来一直存在以下问题：施工项目分散、偏远，其大型普通混凝土配合比设计和特种（特殊要求、特殊工艺、特殊材料）混凝土配合比设计由项目部委托总部中心实验室完成后，不便统一管理，混凝土生产质量控制工作中缺乏配合比设计人员的参与，在工程发生原材料、生产工艺和施工环境条件的显著变化时，混凝土配合比得不到经济合理、针对性强的优化调整，致使混凝土性能不符合设计要求、不满足施工要求，或生产质量不稳定、生产成本不经济的情况时有发生。

为提升混凝土配合比动态管理水平，特开展历时 11 个月的专项研究，对公司承建的 13 个大型水利水电工程施工项目组织了跟踪调查和量化研究，着重以 PDCA 循环法构建混凝土质量控制体系、优化管理流程、提高控制水平。

## 2　样本分析

### 2.1　代表性分析

对采集的 187 组混凝土配合比分类统计可知，样本数据群组具典型的水工混凝土特征：强度等级以 C20、C25、C30 为主，坍落度多低于 100mm，多数混凝土有耐久性要求，少数混凝土设计龄期为 90d。原材料的使用也符合当前水工混凝土生产的主流情况：绝大多数混凝土使用了 42.5 水泥和外加剂，近半数混凝土未掺加粉煤灰，集料以二级配为主，有少量四级配。可见所采集的数据整体具有很强的代表性。

### 2.2　经济性分析

传统观念中单纯以水泥用量衡量混凝土配合比经济性的做法存在着片面性，尤其在混凝土配合比向多材料组分、多因素水平和多性能要求发展的今天。为实现长期稳定地直观评价配合比经济性，研究采用了以"配额比"为指标的评价方法：以工程实际发生的混凝土原材料进场单价、实际采用的工程施工配合比材料用量，计算"施工配合比原材料成本"；以相同的原材料单价与同强度等级、同集料级配的相关预算定额混凝土配合比材料用量，计算"定额配合比原材料成本"；再以两项成本的比值 Pe 作为配额比，实现横向和纵向的经济比较。对比可见，影响水工混凝土配合比经济性的常见因素，按其影响幅度从大到小排列为：集料级配、坍落度、粉煤灰掺量、减水剂掺量及效果。

## 3 设计环节管理提升

### 3.1 设计要素

混凝土配合比的设计优化综合措施，需全盘考虑现场施工要求，并在基本流程的基础上增加混凝土原材料成本核算。在调研中，我们根据设计因素的相互关系和影响程度，绘制了混凝土配合比设计要素的示意图（图1）：

在此"CPI环图"中，外圈C环（Condition，条件）涵盖了施工项目在委托混凝土配合比设计时应当明确的条件因素，中圈P环（Property，性能）是配合比设计者结合委托条件、规范要求和原材料检验结果予以确定的设计过程要素，内圈I环（Index，指标）则是混凝土配合比设计的三大基本指标：水胶比、用水量、砂率。混凝土配合比优化工作在P环展开，对C环的影响是可能涉及建议改变施工项目的施工方法和采购计划，而一般不涉及变更设计方案；所有的优化措施将综合体现于I环核心要素。

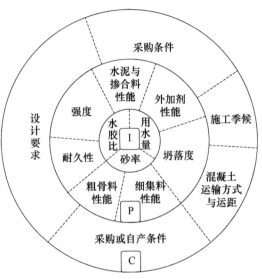

图1 混凝土配合比设计要素示意图

### 3.2 优化措施

参考前述经济性对比，根据水利水电工程施工现场实际情况量化分析，提出提高混凝土配合比经济性的最有效措施：

① 在施工条件（钢筋间距、混凝土运输与入仓方式、粗集料采购或自产条件）允许的前提下，选用较大粒径和连续级配的集料。

② 在施工条件（混凝土运输方式与运距、混凝土入仓方式与振捣条件、施工季候条件）允许的前提下，选用较小的坍落度值。

③ 掺加Ⅱ级及以上粉煤灰并在规范允许范围内提高掺量。

④ 选用性价比高的减水剂并合理控制掺量。

以上四项措施是经济目标与质量目标完美统一和有机结合的混凝土配合比优化手段，组合应用能取得良好的经济效益和技术效果，在混凝土配合比初始设计阶段和优化调整阶段均作为原则性措施，我们称之为Ⅰ类优化措施。

此外，将可用于克服现场混凝土生产与施工困难的应对性措施划分为Ⅱ类优化措施，例如：粉煤灰代砂，可解决河砂严重偏粗及人工砂石粉含量过低问题；提高砂率，在减水剂中适当增加引气组分，可缓解集料粒形不佳和颗粒表面特征不良带来的拌合物流动性不佳；提高粉煤灰掺量，控制混凝土总碱含量，可部分应对集料的碱活性潜在危害；萘系减水剂机内后掺和聚羧酸减水剂车内后掺，能减少粉料对减水剂的吸附量，对于坍落度损失过快有一定改善作用。

颠覆性措施称为Ⅲ类优化措施，要求更换原材料品种乃至混凝土搅拌设备，以及调整施工工艺。

要结合实验数据分析根本原因，才能综合运用优化设计措施，切实满足现场要求。

## 4 应用环节管理提升

### 4.1 质控体系

此前，我公司水电施工项目沿袭着传统的混凝土生产质量控制模式，即以项目部为主体的单向委托和单方质控模式，其工作流程如图2所示。

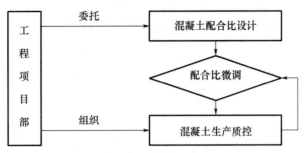

图 2　传统质控体系工作流程图

根据调研情况和公司管理提升工作要求，提出一套优化质控体系模型并试行，强调项目部的信息反馈职能和实验室的"一对一"跟踪服务职能（"121"服务，即一个混凝土配合比设计人员，对应服务一个施工项目，实施主动的信息采集与技术指导）。混凝土配合比优化工作在此体系中被分为"前调"、"中调"和"后调"：

前调：开盘前配合比优化，着重于配合比设计值的现场流变性能复核，可以消除因现场混凝土原材料与配合比设计所用原材料存在性能差异造成的配合比不适用问题，在开盘前由项目部完成。

中调：鉴定与早期推定优化，以混凝土开盘鉴定情况为依据，采用科学的早期推定方法做出配合比优化调整，防止混凝土强度出现较大偏差，由项目部和中心实验室合作完成。

后调：混凝土性能评价后配合比优化，着重考量硬化混凝土的力学性能、耐久性能及经济性，对配合比做出针对性综合优化调整，主要由公司中心实验室完成，有条件的项目部可自行完成。

动态优化质控体系工作流程如图 3 所示。

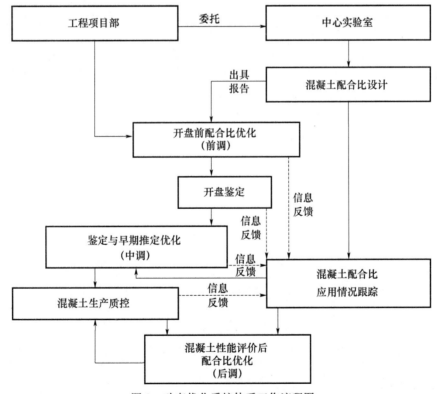

图 3　动态优化质控体系工作流程图

## 4.2　质控要素

调研发现，对于混凝土质控的主控指标：抗压强度和坍落度，造成波动的因素主要包括：

| A 因素—质量保证性因素 | B 因素—质量控制性因素 | C 因素—操作规范性因素 |
|---|---|---|
| ① 水泥品质 | ① 温度 | ① 取样 |
| ② 粉煤灰品质 | ② 混凝土含气量 | ② 试验 |
| ③ 外加剂品质、掺量及效果 | ③ 施工时间延误 | — |
| ④ 砂含泥量（石粉含量） | ④ 砂细度模数 | — |
| ⑤ 石子颗粒强度 | ⑤ 石子级配 | — |
| | ⑥ 砂石含水率 | — |

对于 A 因素，我们将其归入质量保证（QA）的工作范畴，需在混凝土生产前实施质量控制，其控制端为质量管理部，不合格品的处理终端为物资供应部；对于 B 因素，则完全属于质量控制（QC）环节，需要在生产过程中根据因素的变化情况对混凝土配合比做出动态调整，其控制端为项目试验室，处理终端为混凝土拌合站；对于 C 因素，需满足其操作的规范性，其控制端为质量管理部，处理终端为现场试验室。

## 5 结语

通过推行动态优化质控体系和"121"服务制度，综合运用三类优化设计措施和有效控制三类生产质控因素，更明确地划分混凝土生产质量控制的部门职能并科学制定协作机制，我公司施工项目混凝土配合比管理水平得以显著提高。

# 胶凝材料级配效应综述

周溪泉，修晓明，殷艳春，何　畔，韩　宇

（中建商品混凝土沈阳有限公司，沈阳市，110000）

**摘　要**　混凝土是一种高度无序、多相、多孔的非均质材料。在水泥凝胶体凝结硬化过程中，由于收缩、泌水等原因，胶凝体内部不可避免会形成一些空隙、微裂缝等结构缺陷，使混凝土的强度、耐久性等性能降低。为了提高水泥基材料的结构密实性，长期以来研究人员十分注意粗细集料的颗粒级配，使集料的粗细颗粒合理搭配，互相填充，达到孔隙率最小的目的。但是人们往往忽视围观范围的粉体，即胶凝材料颗粒的级配问题[1]。本文通过向通用硅酸盐水泥中掺入不同种类的掺合料取代部分水泥及不同种类掺合料按不同比例混合后取代部分水泥为依据，进一步探讨矿物掺合料颗粒分布，理顺和阐明胶凝材料最佳颗粒级配对强度的影响，从而为配制高性能混凝土、优化混凝土配合比提供一些理论根据。该研究成果将指导混凝土和易性改善，节约单方水泥用量和掺合料利用方面具有指导意义。

**关键词**　掺合料级配效应；混合掺合料；高性能混凝土

## 0　引言

　　早在 20 世纪 40 年代末，就有学者提出水泥颗粒在 $0\sim30\mu m$ 之间颗粒对强度其主要作用，其中 $0\sim10\mu m$ 部分提供早期强度，$10\sim30\mu m$ 部分提供后期强度。20 世纪 80 年代末，由 S. Tsivilis 等一些学者就提出了水泥颗粒级配对其强度的影响及水泥最佳颗粒级配的理论，即为颗粒分布越窄水泥强度越高，对混凝土影响也相似。到了 20 世纪 90 年代初，由 Fuller 和 Thompson 提出的理想筛析曲线，简称 Fuller 曲线，它提出了最早的最佳堆积密度的颗粒分布。后来 Fuller 曲线又由 A. Hummel 和 K. Wesche 等科学这优化，原因是早期 Fuller 曲线没有考虑颗粒形状和表面特性。而进入新世纪以来，随着对混凝土耐久性的高度重视和高性能混凝土的迅猛发展，这一理论更加深入和系统的被学者研究，并延伸到混凝土密实性和耐久性，等问题。

　　而在近几年，国内外大量学者都明确提出，混凝土强度和耐久性主要取决于基体特性与基体和集料间的胶结特性。而基体和集料间的胶结特性又取决于基体特性，即有效的水灰比、水泥及掺合料的反应活性、颗粒形状和颗粒分布。所以本文通过对比不同细度的粉煤灰、矿渣粉矿物掺合料，以不同比例掺配后形成的粉体颗粒级配及水泥胶砂试件的强度，探讨在胶凝材料颗粒级配逐渐趋向于紧密堆积时，对水泥凝胶体的微观结构以及胶砂试件强度的影响，从而来推述其对混凝土强度的影响，拓宽配合比设计思路，优化混凝土配合比。

## 1　胶凝材料紧密堆积理论

　　粉料的颗粒分布是不均匀的，不同粉料的颗粒分布曲线也是不同的，水泥颗粒集中分布在 $3\sim32\mu m$ 之间，粉煤灰颗粒集中分布在 $5\sim20\mu m$ 之间，矿粉集中分布在 $1\sim10\mu m$ 之间。

　　根据 Andreasen 方程：

$$U_{(D)} = 100\ (D/D_L)^n$$

式中：$U_{(D)}$ 为与粒径 $D$ 对应的颗粒的筛下量；$D_L$ 为体系中最大颗粒的粒径；$D$ 为与 $D_L$ 对应的颗粒

尺寸；$n$ 为分布模数。

可以计算出最大粒径为150um的粉体达到最紧密堆积时，各级粒径颗粒的百分比，见表1[2]。

**表1 水泥紧密堆积时颗粒分布状态**

| 粒径 μm | <1 | <2 | <4 | <8 | <10 | <20 | <64 | <100 | <150 |
|---|---|---|---|---|---|---|---|---|---|
| 紧密堆积水泥 | 18.82 | 23.71 | 29.88 | 37.64 | 40.55 | 51.09 | 75.28 | 87.36 | 100 |

根据水泥紧密堆积颗粒分布状态，单一水泥是不满足紧密堆积要求的。根据现有材料颗粒粒级分布，见表2，向水泥中掺入一定量的矿物掺合料进行复配并验收其复配后胶砂强度值。分析当胶凝材料趋于紧密堆积状态时，是否出现附加效应，即颗粒达到紧密堆积时可改善胶凝材料间的填充性，提高龄期强度。

**表2 粉料颗粒粒级分布**

| 粒径 μm | <1 | <2 | <4 | <8 | <10 | <20 | <64 | <100 | <150 |
|---|---|---|---|---|---|---|---|---|---|
| 水泥 | 0.82 | 5.30 | 16.21 | 28.75 | 34.46 | 51.20 | 91.35 | 100 | 100 |
| 粉煤灰 | 0.01 | 1.01 | 4.36 | 33.95 | 36.78 | 74.56 | 82.34 | 99.67 | 100 |
| 矿粉1 | 10.60 | 27.64 | 43.23 | 63.56 | 67.70 | 73.44 | 94.51 | 100 | — |
| 矿粉2 | 10.54 | 26.87 | 40.64 | 61.87 | 65.40 | 73.56 | 93.63 | 100 | — |

## 2 原材料及试验方法

### 2.1 试验采用原材料

#### 2.1.1 水泥

所用水泥为亚泰集团辽宁交通水泥有限公司生产的 P•O42.5 级普通硅酸盐水泥，其 0.080mm 筛余为 1.1%，比表面积为 336m²/kg。

#### 2.1.2 砂

所用砂为厦门艾思欧标准砂有限公司生产的中国 ISO 标准砂。

#### 2.1.3 粉煤灰

所用粉煤灰为沈阳热电厂生产的 II 级 F 类粉煤灰，其 0.045mm 筛余为 16.8%，比表面积为 440m²/kg，密度为 2.52g/cm³。

#### 2.1.4 矿粉

所用矿粉1是本溪永星生产的 S95 级矿粉，其比表面积为 596m²/kg，密度为 2.87g/cm³；

所用矿粉2是沈阳金石盾生产的 S95 级矿粉，其比表面积为 543m²/kg，密度为 2.92g/cm³。

### 2.2 试验方法

依照现行 GB/T 17671 水泥胶砂强度检验方法（ISO 法）规定试验。

## 3 试验结果及分析

### 3.1 胶砂强度对比试验

试验一次性选取材料样品，依照现行 GB/T 17671 水泥胶砂强度检验方法（ISO 法）规定，对同一材料进行平行试验，终取其均值为代表值，观察数据规律进行总结。

试验思路：根据掺入矿物掺合料不同取代量及粉煤灰、矿粉按不同比例复合取代部分水泥进行胶砂强度对比分析。

试验选用的胶砂配比，见表3。根据所选粉体材料颗粒粒级分布，胶凝材料复配后颗粒粒径分布值，见表4。

表 3 胶砂配比

| 胶砂种类 | 对比水泥（g） | 粉煤灰（g） | 矿粉 1（g） | 矿粉 2（g） | C/FA/SL |
|---|---|---|---|---|---|
| 对比胶砂 | 450 | — | — | — | 10/0/0 |
| 试验胶砂 1 | 405 | 45 | — | — | 9/1/0 |
| 试验胶砂 2 | 360 | 90 | — | — | 8/2/0 |
| 试验胶砂 3 | 315 | 135 | — | — | 7/3/0 |
| 试验胶砂 4 | 270 | 180 | — | — | 6/4/0 |
| 试验胶砂 5 | 405 | — | 45 | — | 9/0/1 |
| 试验胶砂 6 | 360 | — | 90 | — | 8/0/2 |
| 试验胶砂 7 | 315 | — | 135 | — | 7/0/3 |
| 试验胶砂 8 | 270 | — | 180 | — | 6/0/4 |
| 试验胶砂 9 | 225 | — | 225 | — | 5/0/5 |
| 试验胶砂 10 | 180 | — | 270 | — | 4/0/6 |
| 试验胶砂 11 | 405 | — | — | 45 | 9/0/1 |
| 试验胶砂 12 | 360 | — | — | 90 | 8/0/2 |
| 试验胶砂 13 | 315 | — | — | 135 | 7/0/3 |
| 试验胶砂 14 | 270 | — | — | 180 | 6/0/4 |
| 试验胶砂 15 | 225 | — | — | 225 | 5/0/5 |
| 试验胶砂 16 | 180 | — | — | 270 | 4/0/6 |
| 试验胶砂 17 | 225 | 180 | 45 | — | 5/4/1 |
| 试验胶砂 18 | 225 | 135 | 90 | — | 5/3/2 |
| 试验胶砂 19 | 225 | 90 | 135 | — | 5/2/3 |
| 试验胶砂 20 | 225 | 45 | 180 | — | 5/1/4 |
| 试验胶砂 21 | 225 | 180 | — | 45 | 5/4/1 |
| 试验胶砂 22 | 225 | 135 | — | 90 | 5/3/2 |
| 试验胶砂 23 | 225 | 90 | — | 135 | 5/2/3 |
| 试验胶砂 24 | 225 | 45 | — | 180 | 5/1/4 |
| 试验胶砂 25 | 315 | 108 | 27 | — | 7/2.4/0.6 |
| 试验胶砂 26 | 315 | 81 | 54 | — | 7/1.8/1.2 |
| 试验胶砂 27 | 315 | 54 | 81 | — | 7/1.2/1.8 |
| 试验胶砂 28 | 315 | 27 | 108 | — | 7/0.6/2.4 |
| 试验胶砂 29 | 315 | 108 | — | 27 | 7/2.4/0.6 |
| 试验胶砂 30 | 315 | 81 | — | 54 | 7/1.8/1.2 |
| 试验胶砂 31 | 315 | 54 | — | 81 | 7/1.2/1.8 |
| 试验胶砂 32 | 315 | 27 | — | 108 | 7/0.6/2.4 |

表 4 不同配比粉料颗粒粒径分布

| 粒级 | <1 | <2 | <4 | <8 | <10 | <20 | <64 | <100 | <150 |
|---|---|---|---|---|---|---|---|---|---|
| 紧密堆积 | 18.82 | 23.71 | 29.88 | 37.64 | 40.55 | 51.09 | 75.28 | 87.36 | 100 |
| 试验 1 | 0.74 | 4.87 | 15.03 | 29.27 | 34.69 | 53.54 | 90.45 | 99.97 | 100 |
| 试验 2 | 0.66 | 4.44 | 13.84 | 29.79 | 34.92 | 55.87 | 89.55 | 99.93 | 100 |
| 试验 3 | 0.58 | 4.01 | 12.66 | 30.31 | 35.16 | 58.21 | 88.65 | 99.90 | 100 |
| 试验 4 | 0.50 | 3.58 | 11.47 | 30.83 | 35.39 | 60.54 | 87.75 | 99.87 | 100 |
| 试验 5 | 1.80 | 7.53 | 18.91 | 32.23 | 37.78 | 53.42 | 91.67 | 100 | 100 |
| 试验 6 | 2.78 | 9.77 | 21.61 | 35.71 | 41.11 | 55.65 | 91.98 | 100 | 100 |

| 粒级 | <1 | <2 | <4 | <8 | <10 | <20 | <64 | <100 | <150 |
|---|---|---|---|---|---|---|---|---|---|
| 试验7 | 3.75 | 12.00 | 24.32 | 39.19 | 44.43 | 57.87 | 92.30 | 100 | 100 |
| 试验8 | 4.73 | 14.24 | 27.02 | 42.67 | 47.76 | 60.10 | 92.61 | 100 | 100 |
| 试验9 | 5.71 | 16.47 | 29.72 | 46.16 | 51.08 | 62.32 | 92.93 | 100 | 100 |
| 试验10 | 6.69 | 18.70 | 32.42 | 49.64 | 54.40 | 64.54 | 93.25 | 100 | 100 |
| 试验11 | 1.79 | 7.46 | 18.65 | 32.06 | 37.55 | 53.44 | 91.58 | 100 | 100 |
| 试验12 | 2.76 | 9.61 | 21.10 | 35.37 | 40.65 | 55.67 | 91.81 | 100 | 100 |
| 试验13 | 3.74 | 11.77 | 23.54 | 38.69 | 43.74 | 57.91 | 92.03 | 100 | 100 |
| 试验14 | 4.71 | 13.93 | 25.98 | 42.00 | 46.84 | 60.14 | 92.26 | 100 | 100 |
| 试验15 | 5.68 | 16.09 | 28.43 | 45.31 | 49.93 | 73.56 | 92.49 | 100 | 100 |
| 试验16 | 6.65 | 18.24 | 30.87 | 48.62 | 53.02 | 64.62 | 92.72 | 100 | 100 |
| 试验17 | 1.47 | 5.82 | 14.17 | 34.31 | 38.71 | 62.77 | 88.06 | 99.87 | 100 |
| 试验18 | 2.53 | 8.48 | 18.06 | 37.27 | 41.80 | 62.66 | 91.13 | 99.90 | 100 |
| 试验19 | 3.59 | 11.14 | 21.95 | 40.23 | 44.90 | 62.54 | 90.50 | 99.93 | 100 |
| 试验20 | 4.65 | 13.81 | 25.83 | 43.19 | 47.99 | 62.43 | 91.71 | 99.97 | 100 |
| 试验21 | 1.47 | 5.74 | 13.91 | 34.14 | 38.48 | 62.78 | 87.97 | 99.87 | 100 |
| 试验22 | 2.52 | 8.33 | 17.54 | 36.93 | 41.34 | 62.68 | 43.43 | 99.90 | 100 |
| 试验23 | 3.57 | 10.91 | 21.17 | 39.73 | 44.21 | 62.58 | 90.23 | 99.93 | 100 |
| 试验24 | 4.63 | 13.50 | 24.80 | 42.52 | 47.07 | 62.48 | 91.36 | 99.97 | 100 |
| 试验25 | 1.21 | 5.61 | 14.99 | 32.09 | 37.01 | 58.14 | 89.38 | 99.92 | 100 |
| 试验26 | 1.85 | 7.21 | 17.32 | 33.86 | 38.87 | 58.07 | 90.11 | 99.94 | 100 |
| 试验27 | 2.48 | 8.81 | 19.65 | 35.64 | 40.72 | 58.01 | 90.84 | 99.96 | 100 |
| 试验28 | 3.12 | 7.40 | 21.98 | 37.42 | 42.58 | 57.94 | 91.57 | 99.98 | 100 |
| 试验29 | 1.21 | 5.56 | 14.83 | 31.99 | 36.87 | 58.15 | 89.32 | 99.92 | 100 |
| 试验30 | 1.84 | 7.12 | 17.01 | 33.66 | 38.59 | 58.09 | 90.00 | 99.94 | 100 |
| 试验31 | 2.47 | 8.67 | 19.19 | 35.34 | 40.31 | 58.03 | 90.68 | 99.96 | 100 |
| 试验32 | 3.10 | 10.22 | 21.36 | 37.01 | 42.02 | 57.97 | 91.36 | 99.98 | 100 |

实验均按照现行 GB/T 17671 水泥胶砂强度检验方法（ISO法）中规定试验，水灰比采用 0.5，胶砂比为 1:3，通过标养 7d、28d 后测定其强度，并观察硬化后胶凝体内部结构。

试验数据采用 DKZ-5000 型电动抗折试验机与 JYW-300 型全自动恒应力试验机提取抗折和抗压数据。

### 3.2 试验过程数据

#### 3.2.1 单掺粉煤灰试验

单掺粉煤灰，即矿物掺合料为粉煤灰，其按一定比例取代部分水泥。本文选取粉煤灰取代率分别为 10%、20%、30%、40%四组配比与水泥胶砂空白试验对比，进行多次平行胶砂试验，并检验其强度值，各组配比终取其均值作为代表值，见表5。

#### 表5 掺入粉煤灰胶砂强度值

| 试验编号 | 7d强度（MPa） | | 28d强度（MPa） | |
|---|---|---|---|---|
| | 抗折 | 抗压 | 抗折 | 抗压 |
| 对比胶砂 | 6.8 | 39.9 | 8.6 | 56.7 |
| 试验胶砂1 | 5.9 | 27.8 | 7.8 | 45.7 |
| 试验胶砂2 | 5.8 | 29.6 | 8.0 | 48.6 |
| 试验胶砂3 | 5.3 | 25.5 | 6.8 | 43.9 |
| 试验胶砂4 | 4.8 | 23.6 | 6.2 | 34.3 |

通过试验代表值推出以下规律，如图1所示，掺入不同比例粉煤灰对抗折强度的影响；图2为掺入不同比例粉煤灰对抗压强度的影响。

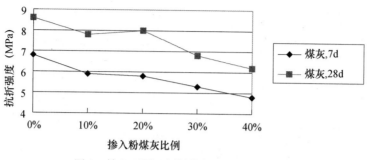

图1　掺入不同比例粉煤灰对抗折强度影响

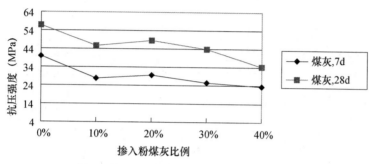

图2　掺入不同比例粉煤灰对抗压强度影响

### 3.2.2　单掺矿粉试验

单掺矿粉，即矿物掺合料为矿粉，用其按一定比例取代部分水泥。本文选取矿粉两种，取代率分别为10%、20%、30%、40%、50%、60%共12组配比与水泥胶砂空白试验对比，进行多次平行胶砂试验，并检验其强度值，各组配比终取其均值作为代表值，见表6。

**表6　掺入矿粉胶砂强度值**

| 试验编号 | 7d强度（MPa） | | 28d强度（MPa） | |
| --- | --- | --- | --- | --- |
| | 抗折 | 抗压 | 抗折 | 抗压 |
| 对比胶砂 | 6.8 | 39.9 | 8.6 | 56.7 |
| 试验胶砂5 | 6.8 | 37.6 | 8.7 | 57.8 |
| 试验胶砂6 | 6.8 | 36.1 | 9.0 | 58.2 |
| 试验胶砂7 | 7.0 | 34.6 | 9.3 | 56.3 |
| 试验胶砂8 | 7.1 | 30.5 | 9.6 | 55.4 |
| 试验胶砂9 | 7.1 | 28.5 | 9.7 | 54.2 |
| 试验胶砂10 | 6.8 | 24.7 | 9.2 | 50.8 |
| 试验胶砂11 | 6.3 | 36.9 | 8.7 | 56.9 |
| 试验胶砂12 | 6.2 | 35.3 | 8.8 | 57.1 |
| 试验胶砂13 | 6.0 | 33.2 | 9.3 | 57.9 |
| 试验胶砂14 | 6.0 | 30.6 | 9.6 | 55.7 |
| 试验胶砂15 | 6.1 | 28.2 | 9.6 | 54.8 |
| 试验胶砂16 | 5.8 | 23.1 | 9.0 | 49.6 |

通过试验代表值推出以下规律，如图3所示，掺入不同比例矿粉对抗折强度的影响；图4为掺入不同比例矿粉对抗压强度的影响。

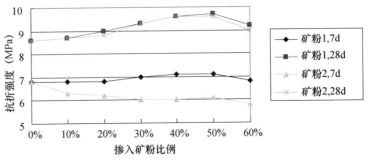

图3 掺入不同比例矿粉对抗折强度影响

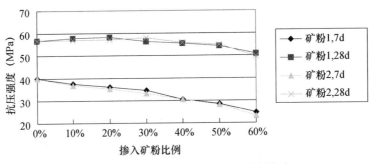

图4 掺入不同比例矿粉对抗压强度影响

### 3.2.3 复合掺合料50％试验

复合掺合料，即粉煤灰、矿粉复合，其总量为总胶凝材的50％。其中粉煤灰与矿粉比例分别为8：2、6：4、4：6、2：8、0：10共10配比，进行多次平行胶砂试验，并检验其强度值，各组配比终其均值作为代表值，见表7。不同掺量对抗折强度及抗压强度影响分别如图5和图6所示。

表7 掺入复合混合材1胶砂强度值

| 试验编号 | 7d强度（MPa） | | 28d强度（MPa） | |
|---|---|---|---|---|
| | 抗折 | 抗压 | 抗折 | 抗压 |
| 对比胶砂 | 6.8 | 39.9 | 8.6 | 56.7 |
| 试验胶砂17 | 4.2 | 18.2 | 6.8 | 36.9 |
| 试验胶砂18 | 4.6 | 21.4 | 7.4 | 42.5 |
| 试验胶砂19 | 5.4 | 25.2 | 8.1 | 48.2 |
| 试验胶砂20 | 6.2 | 28.7 | 9.3 | 53.9 |
| 试验胶砂9 | 7.0 | 28.5 | 9.7 | 54.2 |
| 试验胶砂21 | 4.1 | 17.6 | 6.7 | 35.9 |
| 试验胶砂22 | 4.6 | 22.0 | 7.6 | 43.6 |
| 试验胶砂23 | 5.5 | 24.8 | 8.2 | 46.8 |
| 试验胶砂24 | 6.0 | 28.9 | 9.4 | 52.9 |
| 试验胶砂15 | 6.1 | 28.2 | 9.6 | 54.8 |

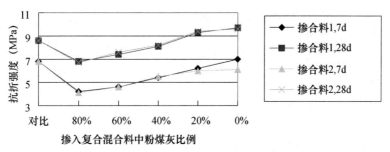

图 5　掺入以不同比例复合总量为 50% 的复合掺合料对抗折强度影响

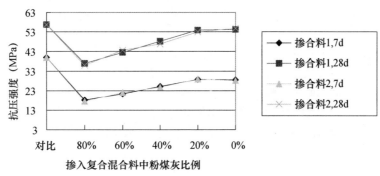

图 6　掺入以不同比例复合总量为 50% 的复合掺合料对抗压强度影响

### 3.2.4　复合掺合料 30% 试验

复合掺合料，即粉煤灰、矿粉复合，其总量为比例 30%。其中粉煤灰与矿粉比例分别为 10:0、8:2、6:4、4:6、2:8、0:10 共 12 组配比，进行多次平行胶砂试验，并检验其强度值，各组配比终其均值作为代表值，见表 8。

表 8　掺入复合混合材 2 胶砂强度值

| 试验编号 | 7d 强度（MPa） | | 28d 强度（MPa） | |
|---|---|---|---|---|
| | 抗折 | 抗压 | 抗折 | 抗压 |
| 对比胶砂 | 6.8 | 39.9 | 8.6 | 56.7 |
| 试验胶砂 3 | 5.3 | 25.5 | 6.8 | 43.9 |
| 试验胶砂 25 | 6.5 | 33.2 | 8.0 | 56.8 |
| 试验胶砂 26 | 6.1 | 30.9 | 7.6 | 51.2 |
| 试验胶砂 27 | 5.9 | 29.5 | 7.9 | 53.8 |
| 试验胶砂 28 | 5.5 | 27.4 | 8.6 | 56.2 |
| 试验胶砂 7 | 7.0 | 34.6 | 9.3 | 56.3 |
| 试验胶砂 3 | 5.3 | 25.5 | 6.8 | 43.9 |
| 试验胶砂 29 | 6.3 | 32.6 | 7.2 | 55.7 |
| 试验胶砂 30 | 6.0 | 30.3 | 7.5 | 52.1 |
| 试验胶砂 31 | 5.6 | 28.6 | 8.1 | 53.6 |
| 试验胶砂 32 | 5.4 | 27.9 | 8.8 | 55.8 |
| 试验胶砂 13 | 6.0 | 33.2 | 9.3 | 57.9 |

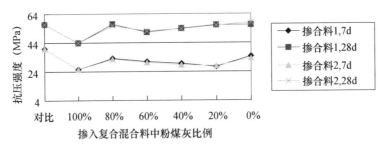

图 7 掺入以不同比例复合总量为 30％的复合掺合料对抗折强度影响

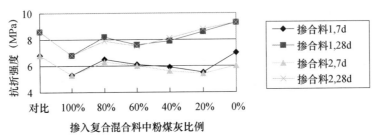

图 8 掺入以不同比例复合总量为 30％的复合掺合料对抗压强度影响

### 3.3 试验结果分析

通过交叉对比分析，当粉料颗粒趋于紧密堆积状态时，其性能能够得到提高，如单掺矿粉试验 5～16 的数据统计，就满足这一理论。

并且通过微观结构发现，单掺粉煤灰矿物掺合料试验 2，28d 水化后的 SEM 照片成絮状，如图 9 所示，图中能够观察到空隙的存在。与其同粉煤灰掺量试验 19 的 SEM 照片，如图 10 所示，对比，其微观结构不够密实，28d 水化活性相对较低，同时试验 19 相对试验 2 更趋向与紧密堆积状态。而当胶凝体系趋向最紧密堆积状态靠近时，如图 11 所示，试验 6 胶砂水化 28d SEM 照片，图 12 为试验 32 胶砂水化 28d SEM 照片，图中可以观察到其水化后结构已经相当密实，并且强度代表值在全部数据中也是较为突出的。

图 9 试验 2 水化 28d SEM 照片

图 10 试验 19 胶砂水化 28d SEM 照片

图 11 试验 6 胶砂水化 28d SEM 照片

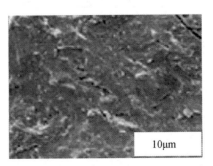

图 12 试验 32 胶砂水化 28d SEM 照片

但并不是无限趋向于最紧密堆积，便产生更多的颗粒级配效应，如掺入复合掺合料50％试验17～24的数据统计，恰恰相反当颗粒级配趋于紧密堆积状态时，强度反而偏低。而掺入复合掺合料30％试验25～32的数据统计就趋向于颗粒级配效应理论。说明不一定是极限颗粒级配就一定出现高的水化活性，其根据复合胶凝材料的种类不同会对颗粒紧密堆积效应产生影响，使其不满足期望值。

显然在整个胶凝体系性能分析上，当胶凝体系颗粒级配趋向于最紧密堆积状态时，有利于胶凝体系性能提高，但单一考虑胶凝体系中粉体颗粒最佳紧密堆积状态并不完善。胶凝体系材料各体系间在水化过程伴随着体积的膨胀和收缩，粉煤灰、矿粉28d火山灰反应程度等其他因素，都将对胶凝体系产生影响。所以本文提出在胶凝材料应用、研发过程中应当建立不同材料的最佳颗粒级配体系，而不是一味趋向建立最紧密堆积体系。

# 4 展望

目前我国在水泥等混凝土用粉体材料生产工艺上仍存在欠缺，各大生产、加工企业盲目最求利润，通过颗粒细化增加水化活性降低成本。但并没有深入研究水泥颗粒与矿物掺合料间的相互填充机理，本文以为，应进一步对复合水泥拌制浆体结构、水化产物结构，生产混凝土辅助胶凝材料与浆体界面结构等方面进行研究，建立水泥基材与矿物掺合料最佳堆积公式及评价体系。通过胶凝材料体系最佳颗粒级配，指导混凝土配合比优化设计，打造混凝土市场的双赢局面。

而针对不可再生资源的逐渐减少，国家已经出台多部相关政策，以减少不可再生资源的使用，增加废物利用。如尾矿石、炉渣替代碎石，石屑、机制砂（人工砂）替代河砂，工业废水循环利用等等，特别实在高性能、高强度混凝土的中的应用是未来工作的重中之重。

**参考文献**

[1] 蒲心诚，王勇威.高效活性矿物掺料与混凝土的高性能化 [J]. 混凝土，2002 (2)，3-6.
[2] 李滢，杨静.胶凝材料颗粒级配对水泥凝胶体结构及强度影响 [J]. CNKI，2004 (03)：0001-0004.
[3] 程宝军，亓维利，张新胜.颗粒级配对水泥基材料性能达的影响综述 [J]. 商品混凝土，2012，06.
[4] 王湛，李庚英.双掺活性掺合料对高强混凝土性能的影响 [J]. 混凝土，2001 (6)：15-18.
[5] 赵东镐.适于配置高性能混凝土的硅酸盐水泥及其胶凝材料的最佳颗粒级配 [J]. 水泥，2007 (3)：1-5.
[6] 乔龄山.水泥的最佳颗粒分布及其评价方法 [J]. 水泥，2001 (8)：1-5.

# C30 高性能混凝土的配制与研究

李文龙，刘天云，张凯峰，邓天明，耿　飞，徐　力

（中建西部建设北方有限公司，陕西西安，710116）

**摘　要**　以粉煤灰、矿渣粉复掺掺量，粉煤灰、矿渣粉复掺比例，混凝土含气量为指标，考察其对高性能混凝土影响。结果表明：当粉煤灰、矿渣粉复掺掺量为 50％，粉煤灰、矿渣粉复掺比例为 4∶1，混凝土含气量为 5％时，混凝土工作性能、力学性能及经济性达到最佳状态。

**关键词**　高性能混凝土；矿物掺和料；含气量；主材成本；水化机理

# Preparation and Research of C30 High Performance Concrete

Li Wenlong, Liu Tianyun, Zhang Kaifeng, Deng Tianming, Geng Fei, Xu Li

(China West Construction North Group Co., Ltd, China, Xi'an, 710016, China)

**Abstract**　With dosage of fly ash, slag powder mixed, proportion of fly ash, slag powder mixed, air content of concrete as indicators, examined its impact in the high performance concrete. The results show that when the dosage of fly ash, slag powder mixed with 50％, the ratio of fly ash, slag powder mixed for 4∶1, air content of concrete is 5％, concrete working performance, mechanical properties and economical efficiency achieve the best state.

**Keywords**　high performance concrete; mineral admixture; air content; advocate material cost; hydration mechanism

## 0　概述

　　高性能混凝土是一种新型的高技术混凝土，是在大幅度提高混凝土性能的基础上，采用现代混凝土技术[1~3]，选用优质材料，除了水泥、水、集料以外，必须掺加足够数量的掺合料与高效外加剂，具有高耐久性、高工作性、满足工程需要的力学性能、体积稳定性以及经济合理性。

　　建筑结构对混凝土材料性能的要求是高性能混凝土产生的根本原因，而高性能混凝土应用的环保节能效应，则使其推广不仅成为一种可能、也成为一种需要。作为高性能混凝土重要组成部分的外加剂和掺合料[4~6]，不但合理利用了工业废液、废料，而且大大降低了水泥和水的用量，同时获得性能卓越的混凝土，其社会和经济意义显而易见。因此，混凝土的高性能化[7]成为混凝土材料发展的必然趋势。

　　目前国内外大量研究与生产应用的高性能混凝土均属于高强混凝土，基本都在 C60 及以上。而事实上，在我国大约 90％以上属于 C20～C40 强度等级的普通混凝土，如何使这些混凝土获得高性能、提高使用寿命[8~10]，对节省资源和资金均有重大意义，同时也可以减少由于混凝土及钢筋混凝土[11]过早毁坏而带来的环境污染。

# 1 原材料及试验方法

## 1.1 试验原材料

采用声威 P·O 42.5 级普通硅酸盐水泥，具体指标见表 1。

**表 1 水泥技术性能指标**

| 项目 | 凝结时间（min） | | 抗折强度（MPa） | | 抗压强度（MPa） | | 安定性 | 标准稠度 |
| | 初凝 | 终凝 | 3d | 28d | 3d | 28d | 雷氏夹法 | 用水量（%） |
|---|---|---|---|---|---|---|---|---|
| 试验数据 | 140 | 175 | 6.6 | 8.0 | 35.3 | 50.5 | 合格 | 27 |

采用渭河电厂的 Ⅱ 级粉煤灰，烧失量 4.6%、需水量比 102%、细度 22.7%；采用西安德龙 S95 级矿粉，28d 活性 98%、比表面积 460 m²/kg、净浆流动度 104%；西安渭河水砂，细度模数 2.2、含泥量 3.6%、泥块含量 1.0%；西安渭河（5～31.5）mm 连续级配卵石，含泥量 3.9%、泥块含量 0.9%；高效聚羧酸减水剂，固含量 10.6%、减水率 23%；采用普通地下水。

## 1.2 试验方法

按照"原材料性能检测-混凝土配合比设计-试配验证- 配合比数据库"的工作思路，分析粉煤灰、矿渣粉复掺掺量，不同矿渣粉、粉煤灰复掺比例，含气量对混凝土工作性能、力学性能及经济性能的影响。

# 2 配合比设计

结合以往工程经验并参照相关技术规程，采用质量法进行混凝土配合比设计，本次配合比设计标准差采用当地某搅拌站近三个月生产 C30 产品标准差 4.00 MPa；水泥 28d 强度采用该搅拌站近 3 月水泥 28d 强度平均值 50.7 MPa；为满足高性能混凝土工作性能要求，将坍落度设计为（200±20）mm。具体配合比见表 2～表 4。

**表 2 不同粉煤灰、矿渣粉复掺掺量混凝土配合比编号**

| 编号 | 胶材总量（kg/m³） | 掺和料百分比（%） | 砂（kg/m³） | 卵石（kg/m³） | 水（kg/m³） | 外加剂（kg/m³） |
|---|---|---|---|---|---|---|
| 1 | 343 | 30% | 710 | 1 180 | 164 | 6.8 |
| 2 | 343 | 40% | 710 | 1 180 | 164 | 6.8 |
| 3 | 343 | 50% | 740 | 1 150 | 164 | 6.0 |

**表 3 不同粉煤灰、矿渣粉复掺比例混凝土配合比编号**

| 编号 | 胶材总量（kg/m³） | 粉煤灰百分比（%） | 矿粉百分比（%） | 砂（kg/m³） | 卵石（kg/m³） | 水（kg/m³） | 外加剂（kg/m³） |
|---|---|---|---|---|---|---|---|
| 4 | 350 | 40 | 10 | 700 | 1 185 | 164 | 7.7 |
| 5 | 345 | 30 | 20 | 710 | 1 180 | 164 | 8.4 |
| 6 | 340 | 20 | 30 | 750 | 1 150 | 164 | 6.4 |
| 7 | 340 | 10 | 40 | 750 | 1 150 | 164 | 6.4 |
| 8 | 350 | 0 | 50 | 700 | 1 175 | 164 | 7.2 |

**表 4 不同含气量混凝土配合比编号**

| 编号 | 胶材总量（kg/m³） | 粉煤灰百分比（%） | 矿粉百分比（%） | 砂（kg/m³） | 卵石（kg/m³） | 水（kg/m³） | 外加剂（kg/m³） |
|---|---|---|---|---|---|---|---|
| 9 | 340 | 20 | 20 | 750 | 1 150 | 164 | 6.7 |

## 3 结果与讨论

### 3.1 不同粉煤灰、矿渣粉复掺掺量对于混凝土性能影响

如图1~图2所示，在水胶比一定的情况下，随着粉煤灰、矿渣粉复掺掺量增加，混凝土7d、28d强度呈逐渐降低，富余系数逐步降低，但强度都能够达到设计要求；随着复掺掺量的增加，混凝土单方成本逐步下降的同时，混凝土工作性逐步提高。

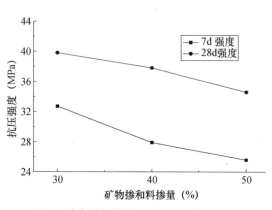

图1 掺合料复掺掺量对力学性能的影响

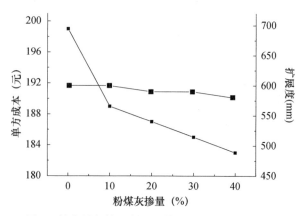

图2 掺合料复掺掺量对工作性能、经济性的影响

粉煤灰及矿渣粉等量取代水泥后，使得水泥用量降低，水泥水化生成物减少，导致混凝土内部存在较大的孔隙和较多敞开的毛细孔，结构密实性变差，进而混凝土强度降低。

掺用粉煤灰能够增大混凝土浆体体积，使得大量的浆体填充在集料间的孔隙，包裹并润滑集料颗粒，提高黏聚性和可塑性；球状玻璃颗粒可以减少浆体集料间的界面摩擦，在集料的接触点起到滚动轴承作用，提高和易性；矿粉的颗粒比水泥细，填充水泥颗粒间的空隙，达到进一步密实，使水泥颗粒间的自由水得以释放，从而提高了混凝土的流动性。粉煤灰提高新拌混凝土的和易性以改善由于矿粉的掺入所导致的混凝土粘聚性提高，泌水增大的趋势，使新拌混凝土得到最佳的流动性和粘聚性的组合，实现粉煤灰和矿粉的"工作互补效应"。

### 3.2 不同矿渣粉、粉煤灰复掺比例对于混凝土性能影响

从图3~图4可以看出，当水胶比大致相同、掺和料复掺掺量为50%时，逐步提高粉煤灰比例、降低矿渣粉比例，混凝土强度小幅下降但满足设计要求，混凝土工作性基本维持在较高水平，单方主材成本得到大幅下降；其中当粉煤灰掺量占比40%、矿粉掺量占比10%时，各项指标为最佳，单方成本183.2元、坍落度扩展度分别为220mm/580mm、28d抗压强度36.8 MPa。

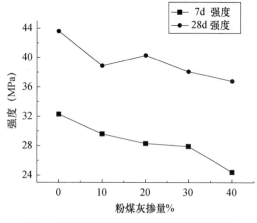
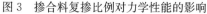

图3 掺合料复掺比例对力学性能的影响

图4 掺合料复掺比例对工作性能、经济性的影响

粉煤灰和矿渣复合使用时，首先水泥水化产生大量 Ca（OH）$_2$，在 Ca（OH）$_2$的作用下，矿粉立即水化生成大量的低密度水化硅酸钙、钙矾石。这些具有大比表面积的水化产物聚集在粉煤灰颗粒周围，起着晶核的作用，从而加速粉煤灰的水化反应。其次，由于矿粉的碱度远大于粉煤灰，矿粉水化时，将提高胶凝材料体系中的碱度，粉煤灰的玻璃相就会被破坏，粉煤灰的水化反应速度提高。随着粉煤灰的快速反应，大量的晶核被消耗，同时浆体体系中的碱度也迅速降低，这又会加快矿粉的水化速度。粉煤灰和矿粉在混凝土中的复合应用，不仅可以利用矿粉的晶核作用，还可以提高混凝土的碱度，激发粉煤灰的活性，充分发挥两者"强度互补效应"，当粉煤灰掺量 20％，矿粉掺量 30％时，混凝土强度在下降的趋势中略有提高，"强度互补效应"尤为明显。

### 3.3 含气量对混凝土性能的影响

从图 5 可以看出，随着含气量的增加，混凝土 7d、28d 强度主体成下降趋势，工作性逐步提高。当含气量在 3％～6％之间，混凝土强度满足设计要求的同时，混凝土整体状态松软，包裹性及黏聚性得到大幅提高，其中倒坍落度时间均在 3s 以内、T500 时间均在 8s 以内。

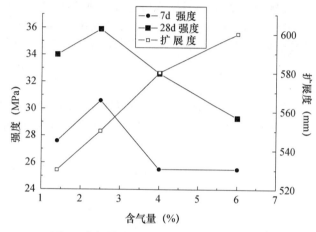

图 5　含气量对力学性能、工作性能的影响

当含气量在 1.4％～2.5％区间提升时，生成的气泡占用或夺取了未来聚集在界面区的水分，使界面结构改善，水泥浆中水灰比的降低，增强了抗压强度；当含气量在 2.5％～6％区间提升时，浆体中气泡过多会导致部分被挤到界面区，使气泡在界面区富集进而在集料周围形成类似蜂窝状结构，降低水泥石的密实度，导致混凝土强度下降。

混凝土中引入大量均匀分布、相互独立的类球形微小气泡能够增加水泥浆体体积、提高浆体黏度，在混凝土中起到滚珠效应、减少集料间摩擦、增强润滑作用，从而使混凝土的工作性得到改善。增加的气泡使得混凝土的内聚力和均匀性都在增加，气泡黏着固体颗粒可以减小其下沉的趋势，同时也减小水的流动性进而降低混凝土的泌水和离析。观察分析本次试验数据，混凝土含气量每增加 1％，混凝土坍落扩展度提高约 20mm。

## 4　结语

本试验以粉煤灰、矿渣粉复掺掺量，粉煤灰、矿渣粉复掺比例，混凝土含气量为指标，考察其对 C30 高性能混凝土影响。分析得出结论如下：

（1）当粉煤灰掺量为 40％、矿渣粉掺量为 10％、含气量为 4％时，可成功配制 C30 高性能混凝土。其 28d 抗压强度为 33MPa、扩展度 580mm、主材成本在 183 元。

（2）掺和料复掺用量从 30％上升到 50％过程中，混凝土力学性能降低但满足设计要求、工作性能提高、主材成本降低；粉煤灰掺量从 10％提高至 40％中，混凝土力学性能降低但满足设计要求、扩展度为 580mm，主材成本得到大幅下降。

（3）当含气量在 3%～5%区间时、混凝土强度满足设计要求，随着含气量的增加，混凝土工作性呈现上升趋势，混凝土整体状态松软，包裹性及粘聚性可以得到大幅提高。

**参考文献**

[1] 陈笑生．双掺粉煤灰和矿粉的高性能混凝土力学性能研究 [J]．广东建材，2012，8：4-6.

[2] 林旭健．混凝土的高性能化与可持续发展 [J]．福州大学学报，2000，(14) 2：47-49.

[3] 刘磊．低强度混凝土的高性能化研究 [J]．建筑与工程，2010，3：651-666.

[4] JGJ 55—2011《普通混凝土配合比设计规程》

[5] 苏青，许晓东，杜泽，等．矿粉掺量对混凝土性能的影响 [J]．混凝土与水泥制品，2011，(180) 4：22-24.

[6] 王宇，刘福战．粉煤灰、矿粉双掺技术在高性能混凝土中的应用研究 [J]．粉煤灰综合利用，2010，6：35-39.

[7] 朱效荣．绿色高性能混凝土 [M]．辽宁大学出版社，2005.

[8] 钟桂珍．关于在混凝土配制中掺入矿粉及粉煤灰的探讨 [J]．山西建筑，2008，34 (21)：139-140.

[9] 池召坤，赵贤，蔡其全．混凝土中粉煤灰、矿粉的应用 [J]．工业建筑，2010，40：785-789.

[10] 刘贺，付智．含气量对混凝土性能影响的试验研究 [J]．公路交通科技，2009，26 (7)：38-43.

[11] 李党义．含气量对混凝土的影响利弊 [J]．建筑工程，2011，6：213-215.

**作者简介**

李文龙，1988 年生，男，助理工程师，研究方向：主要从事高性能混凝土研究。地址：陕西省西安市长安区王寺西街中建西部建设北方有限公司沣渭站；电话：18792648406；E-mail：591215003@qq.com。

# 石屑全代砂高性能混凝土配合比简易设计法

周启源，蒋雪琴，谭世霖

（中国铁建港航局集团有限公司，广东珠海，519000）

**摘　要**　根据混凝土配合比简易设计法，设计石屑高性能混凝土配合比，并通过实验对配合比设计思路进行验证，提出采用该方法配制石屑高性能混凝土应注意的问题，研究结果对石屑混凝土的应用有较好的指导意义。

**关键词**　石屑高性能混凝土　配合比设计　石屑与碎石空隙率　浆体富余系数

## 1　前言

石屑是石场在生产碎石时产生的一种附属品，目前只用于基础垫层或平整场地等用途。但石屑的颗粒级配和物理性质与河砂接近，能够起到作为细集料填充粗集料空隙的作用，是一种非常适用于代替河砂配制混凝土的材料。在国内，有部分学者研究过石屑代替河砂配制混凝土的可行性，且证明是可行的，但对于石屑混凝土的配制方法研究较少，石屑高性能混凝土的配制方法研究更为罕见。由于石屑较河砂颗粒要粗、棱角性较多，导致用石屑配制混凝土时砂率的确定有别于河砂。又由于石屑中含有小于 0.075mm 的石粉颗粒含量一般都超过 10%，而河砂中小于 0.075mm 的粉状颗粒含量一般都小于 5%，这样也导致用石屑配制混凝土时用水量确定有别于河砂。因此，采用普通混凝土配合比设计规范来设计石屑混凝土配合比并不适用。

为探索适用于石屑全代砂高性能混凝土的配合比设计法，本文尝试采用混凝土配合比简易设计法配制石屑高性能混凝土，并通过实验对设计思路进行验证，实验证明该方法是可行的。采用该方法配制的石屑高性能混凝土和易性好，混凝土密实度高，混凝土抗压强度和耐久性能均表现良好。

## 2　石屑全代砂高性能混凝土简易配合比设计法

吴中伟院士[1]提出的简易配合比设计法，遵循绝对体积设计原理，以试拌调整法为主。核心思路是确定石屑与碎石最小空隙率，即混凝土中的粗细集料为一体系，水和水泥为另一体系。根据二者的互补关系，在充分考虑工作性能的基础上，确定合理的水泥浆富余系数。通过确定最小集料空隙率（即最佳砂率），最小水泥浆量等参数，配制出符合性能要求而又经济合理的混凝土[2]。配合比具体设计步骤如下：

第一步确定石屑高性能混凝土性能指标。高性能混凝土首先要有高工作性能，坍落度指标能达到 180mm 以上，而且还要具有高耐久性能。

第二步测定石屑与碎石混合空隙率，确定最佳砂率。采用紧密堆积密度的试验方法，检测不同砂率下石屑与碎石的混合容重，根据容重计算出混合料的空隙率，空隙率最小的即为石屑与碎石最佳掺合比例，对应砂率确定为最佳砂率。

第三步确定胶凝材料浆量。根据上一步得出的集料最小空隙率，采用水泥浆填充集料空隙，再加入合理的富余浆量，作为混凝土用浆量。富余系数取决于原材料性能及工作性能要求，如外加剂的品种和掺量对浆体富余系数影响较大，要通过试拌来确定。

第四步计算各组分材料用量。根据浆体体积、水胶比、砂率及原材密度等参数，通过配合比体积计算法，算出 1m³ 混凝土各组分材料用量。

## 3 实验验证

### 3.1 实验原材料

水泥：英德龙山水泥有限公司，"海螺牌"P·Ⅱ42.5R硅酸盐水泥，水泥28d强度为46.2MPa，水泥密度3090kg/m³。

粉煤灰：河源发电厂，Ⅱ级粉煤灰，烧失量2.0%，需水量比87%，密度2260kg/m³。

矿渣：广东韶钢嘉羊新型材料有限公司，规格种类为S95型，流动力比102mm，烧失量1.0%，密度2860kg/m³。

碎石：中山市合力石场，小碎石规格5~16mm，大碎石规格16~31.5mm，鄂式破碎，小石和大石以8：2比例掺配组成5~31.5mm连续级配，密度测定为2670kg/m³。

石屑：中山市合力石场，石屑颗粒级配为Ⅱ级，细度模数2.88，石粉含量13.2%，密度2630kg/m³。

减水剂：深圳五山建材实业有限公司，萘系缓凝高效减剂，水剂，固含量30.5%，减水率>18%。

水：自来水。

石屑和碎石的颗粒分析，见表1和2。

表1 石屑颗粒级配

| 筛孔尺寸（mm） | 9.50 | 4.75 | 2.36 | 1.18 | 0.60 | 0.30 | 0.15 | 0.075 | 盘底 |
|---|---|---|---|---|---|---|---|---|---|
| 累计筛余（%） | 0 | 16.5 | 43.0 | 53.0 | 67.6 | 75.4 | 84.0 | 89.8 | 100 |

表2 碎石颗粒级配

| 筛孔尺寸（mm） | 31.5 | 26.5 | 19.0 | 16.0 | 9.5 | 4.75 | 2.36 | 盘底 |
|---|---|---|---|---|---|---|---|---|
| 累计筛余（%） | 0.0 | 5.5 | 43.8 | 57.4 | 86.5 | 99.6 | 99.8 | 100 |

### 3.2 配合比设计

本次试验设计的石屑高性能混凝土配合比，强度等级设定为C40、C45和C50，坍落度设定为180~200mm，扩展度要求达到450mm以上，抗氯离子渗透电通量要求在1500库仑以下，抗水渗透性能要求不小于P12级。对每个配合比进行试拌，并检测混凝土容重、坍落度、扩展度、和易性和抗压强度，以及抗氯离子渗透性能与抗水渗透性能。

（1）确定水胶比

根据水泥强度，按照普通混凝土配合比设计规程计算水胶比，C40、C45和C50混凝土对应的水胶比分别是0.40、0.37和0.34。

（2）确定最佳砂率

先确定石屑与碎石混合料的最小空隙率。采用石屑填充碎石，检测石屑与碎石混合料（体积为10L）的紧密容重，砂率从36%开始，逐步增加，直到出现最大容重的拐点为止。再根据最大容重计算的空隙率，即为最小空隙率，对应砂率为最佳砂率。不同砂率对应的混合空隙率见表3。

表3 不同砂率对应的混合空隙率

| 砂率（%） | 36 | 38 | 40 | 42 | 44 | 46 |
|---|---|---|---|---|---|---|
| 两次平均混合料容重（kg/m³） | 1917 | 1963 | 1986 | 2011 | 2022 | 2006 |
| 空隙率（%） | 27.7 | 25.9 | 25.1 | 24.1 | 23.7 | 24.3 |

由表3可见，砂率为44%时混合料容重最大，容重为2022 kg/m³，根据石屑与碎石混合后的表观密度2650 kg/m³，计算出石屑与碎石混合的最小空隙率$\alpha=23.7\%$，对应最佳砂率即为44%。

（3）确定配合比材料用量

根据上一步得出的最小空隙率$\alpha$，浆体富余系数经试拌确定为10%，则浆体体积＝$\alpha$＋10%＝33.7%，即每立方米混凝土胶凝材料用量为337L/m³。

以0.4水胶比为例计算配合比。为了提高石屑混凝土的耐久性能，采用矿渣等量替代水泥20％，粉煤灰等量替代水泥10％，水泥实际用量为70％。水泥表观密度3.09 g/cm³，矿粉表观密度为2.86 g/cm³，粉煤灰表观密度为2.26 g/cm³。

胶凝材料重量/浆体积＝1/（0.7/3.09＋0.2/2.86＋0.1/2.26＋0.4）＝1.35。即1L浆体积用1.35kg胶凝材料。则胶凝材料总重＝337L×1.35＝455kg/m³。

水泥＝455×70％＝318.5kg　　　粉煤灰＝455×10％＝45.5kg

矿渣＝455×20％＝91.0kg　　　水＝455×0.4＝182kg

砂石集料总重量＝（1000－337）×2.65＝1757kg。其中，石屑1757×44％＝773kg，石1757×56％＝984kg。所有材料总重量为2394kg。

（4）石屑高性能混凝土配合比

按以上计算步骤，通过变化配合比参数，见表4，计算出3个强度等级的石屑高性能混凝土配合比，见表4。

表4　混凝土配合比设计表

| 编号 | 水胶比 | 材料用量（kg/m³） | | | | | | | |
|---|---|---|---|---|---|---|---|---|---|
| | | 水泥 | 粉煤灰 | 矿渣 | 小石 | 大石 | 石屑 | 水 | 减水剂 |
| HPC-40 | 0.40 | 318.5 | 45.5 | 91.0 | 787 | 197 | 773 | 180 | 8.19 |
| HPC-45 | 0.37 | 331.8 | 47.4 | 94.8 | 787 | 197 | 773 | 175 | 9.48 |
| HPC-50 | 0.34 | 346.5 | 49.5 | 99.0 | 787 | 197 | 773 | 168 | 11.38 |

### 3.3　实验结果与分析

（1）混凝土工作性能及强度检测

按简易设计法设计的配合比拌制石屑高性能混凝土，检测混凝土工作性能及抗压强度，试验检测结果见表5，混凝土抗压强度发展趋势如图1所示。

表5　混凝土工作性能及抗压强度实验结果

| 编号 | 坍落度（mm） | 扩展度（mm） | 和易性 | 容重（kg/m³） | 抗压强度（MPa） | | |
|---|---|---|---|---|---|---|---|
| | | | | | 7天 | 28天 | 56天 |
| HPC-40 | 200 | 550 | 好 | 2390 | 40.3 | 51.8 | 54.7 |
| HPC-45 | 190 | 500 | 好 | 2420 | 45.7 | 52.2 | 57.0 |
| HPC-50 | 200 | 520 | 好 | 2440 | 46.0 | 55.2 | 63.6 |

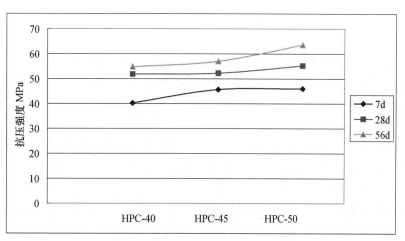

图1　混凝土抗压强度发展曲线图

由表 5 和图 1 可见，3 个强度等级的石屑高性能混凝土，工作性能（包括坍落度、扩展度、和易性等）指标均满足实验设计要求。石屑高性能混凝土由于掺入了矿渣和粉煤灰，因此用 56d 龄期抗压强度进行评定，3 个强度等级的石屑高性能混凝土 56d 抗压强度均满足配制强度要求，强度发展曲线基本呈线性增长。

（2）混凝土耐久性能检测

抗渗透性能是高性能混凝土耐久性的重要指标，抗渗透性能包括抗氯离子渗透性能和抗水渗透性能。抗氯离子渗透性能通过电通量试验检测，抗水渗透性能采用抗水渗透仪检测，抗渗透级别根据《混凝土耐久性检验评定标准》（JGJ/T 193—2009）[3]进行评价。具体试验结果见表 6 和表 7。

表 6　抗氯离子渗透电通量实验结果

| 编　号 | 电通量（库仑） | | 抗渗透级别 |
| --- | --- | --- | --- |
| | 28d | 56d | |
| HPC-40 | 1232 | 600 | Q-Ⅲ |
| HPC-45 | 1056 | 522 | Q-Ⅲ |
| HPC-50 | 925 | 486 | Q-Ⅳ |

注：根据《混凝土耐久性检验评定标准》，抗氯离子渗透性能等级的测量龄期为 28d。

表 7　抗水渗透实验结果

| 编　号 | 水压力（MPa） | 试件透水情况 | 抗水渗透级别 |
| --- | --- | --- | --- |
| HPC-40 | 1.5 | 无 | ＞P12 级 |
| HPC-45 | 1.5 | 无 | ＞P12 级 |
| HPC-50 | 1.5 | 无 | ＞P12 级 |

由表 6 可见，3 个强度等级的混凝土试件 28d 电通量均低于 1300 库仑，抗氯离子渗透效果都较好，均满足设计低于 1500 库仑的要求。混凝土的 56d 电通量比 28d 电通量有大幅度降低，均接近于 500 库仑，表明随龄期的增长，混凝土的抗氯离子渗透性能还会进一步提高。

由表 7 可见，3 个强度等级的混凝土试件在水压力加到 1.5MPa 时，试件均未出现透水，抗水渗透级别均达到 P12 级以上，抗水渗透性能非常好，满足设计要求。

石屑高性能混凝土的抗渗透性能好，分析其原因：第一是简易设计法通过对粗细集料进行紧密堆积，从而确定石屑与碎石的最佳比例，使集料间的空隙率达到最小，提高了混凝土的密实性；第二是胶凝材料中掺入了矿渣和粉煤灰两种矿物微粉，矿物微粉的颗粒极细，能有效填充混凝土中的空隙，提高混凝土的抗渗透性能。

## 4　结论与建议

以上实验结果表明，采用混凝土配合比简易设计法，配制出的石屑高性能混凝土，其工作性能和抗压强度均满足设计要求，混凝土的抗渗透性能也表现良好。实验证明，采用简易设计法设计石屑高性能混凝土配合比是可行的。

石屑与碎石混合空隙率是确定胶凝材用量的最重要指标，混合空隙率越大，所用的胶凝材就越多，因此应优先选用级配良好的石屑配制混凝土。砂率过大会使用水量增大，间接导致胶凝材料和减水剂用量增加，不利于混凝土的经济性。因此，当最佳砂率超过 45％ 时，建议取 45％ 作为最佳砂率。

浆体富余系数是影响混凝土工作性能和强度的重要指标，需要通过试拌来确定。由于石屑的棱角性偏多，影响和易性与流动性，其浆体富余系数一般在 8％～12％ 左右，可以先从 8％ 进行试拌，再逐步增大。

**参考文献**

［1］　吴中伟．混凝土配合比简易设计法［J］．土木工程学报，1955．

［2］　杨荣俊．高性能混凝土（HPC）配合比简易设计法［C］．吴中伟院士从事科教工作六十年学术讨论会论文集，2004．

［3］　中国建筑科学研究院．《混凝土耐久性检验评定标准》（JGJ/T 193－2009）［S］．中国建筑工业出版社，2009．

**作者简介**

周启源，男，1977年10月生，籍贯：广东；职称：工程师；单位：中国铁建港航局集团有限公司；地址：广东省广州市番禺区南村镇兴南大道118号2号楼2楼水运室；电话：13580403626/020-84564078；邮编：511442。

# C20超缓凝大掺量矿物掺合料混凝土的配制及在钻孔咬合桩中的应用

李世华[1]，赵　彦[1]，赵志强[2]，梁丽敏[1]，陈华民[1]，曹　蓉[1]

（1. 云南建工集团有限公司，云南昆明，650011；

2. 混凝土第一视频网，北京，100044）

**摘　要**　根据云南地区的原材料特性，采用Ⅱ级粉煤灰和S75矿粉复掺等量取代50％水泥成功配制出了满足施工要求的C20超缓凝大掺量矿物掺合料混凝土。试验和施工应用表明：C20超缓凝大掺量矿物掺合料混凝土具有较好的工作性能，易于施工操作；初凝时间较长，很好地满足了钻孔咬合桩施工工艺的要求；混凝土的3d强度低于3MPa，28d抗压强度满足设计要求，保证了混凝土的质量要求。同时，严格控制混凝土的生产及施工质量，加强施工组织管理，可以保证施工任务顺利完成和合理降低生产成本。

**关键词**　超缓凝混凝土；矿物掺合料；钻孔咬合桩；质量控制

## 1　工程概况

昆明市轨道交通3号线是由国家发展与改革委员会以发改基础［2009］1598号批准建设，是昆明主城内东西方向的骨干线。线路起点位于主城西部石咀火车站，沿春雨路、人民西路、东风西路、南屏街、东风东路至规划太平路，终点位于主城东部白沙河站。线路全长19.544km，地下线长14.824km，高架线长4.72km。共设车站19座，其中地下站16座，高架站3座，在石咀设车辆段，放马桥设停车场。昆明轨道交通3号线二期线路起于石咀，止于西山公园，全长4km，其中地下线1.1km，高架线2.9km；共设地下车站1座，高架车站2座，建成后与3号线一期贯通运营。

昆明轨道交通3号线塘子巷站3、4号出入口一期及二期工程由中铁十二局集团有限公司负责承建施工，主体结构深基坑开挖采用钻孔咬合桩作为围护结构。桩径1000mm，相邻两桩咬合量250mm，桩长5～18m。咬合桩分为A桩和B桩，A桩为C20超缓凝水下素混凝土桩，B桩为C30水下钢筋混凝土桩，C20水下超缓凝混凝土方量约2685.4m³。塘子巷站的地基土层特征情况是上部土层大致稳定，下部土层变化较大。土质主要是素填土、河底淤泥层、粉质黏土、黏土等。

## 2　超缓凝混凝土的关键技术

超缓凝混凝土不仅要求混凝土早期有较长的凝结时间，而且要求混凝土必须有足够的后期强度。超缓凝混凝土的设计和质量控制在钻孔咬合桩施工中起重要作用，尤其是缓凝时间和坍落度的控制对钻孔咬合桩施工至关重要[1~3]。目前，超缓凝混凝土的初凝时间和坍落度较难控制。

（1）超缓凝混凝土的初凝时间。A桩的初凝时间是影响B桩咬合成功的关键。A桩的初凝时间由单桩成桩时间来确定，与地质条件、桩长、桩径和钻机能力等有关。首先应根据具体工程情况进行试桩，确定单桩成桩所需时间$t$，然后按式$T=3t+K$确定超缓凝混凝土的初凝时间。式中：$T$为超缓凝混凝土的初凝时间；$K$为安全储备时间，一般取1.5$t$；$t$为单桩成桩所需时间。

（2）超缓凝混凝土的坍落度。水下灌注超缓凝混凝土的坍落度不宜超过180～200mm，以满足水下混凝土灌注和防止B桩在成孔过程中发生A桩混凝土向B桩内"管涌"。考虑混凝土在运输工程中的坍落度经时损失，应根据实际情况控制混凝土出厂坍落度在200～220mm。

（3）超缓凝混凝土的抗压强度。早期强度较低，后期强度要求发展迅速，是超缓凝混凝土强度的主要特点。应用于钻孔咬合桩的超缓凝混凝土要求 3d 强度不大于 3MPa，28d 强度满足设计要求。

## 3 超缓凝混凝土的原材料质量要求

原材料的质量波动对超缓凝混凝土的质量影响较为突出，因此保证超缓凝混凝土原材料的稳定性及优选满足质量技术要求的原材料对超缓凝混凝土的质量控制具有重要作用。

（1）水泥。配制超缓凝混凝土宜优先选用质量稳定的普通硅酸盐水泥，严禁采用快硬硅酸盐水泥、铝酸盐水泥和快硬硫铝酸盐水泥等快硬型水泥。水泥的质量应符合《通用硅酸盐水泥》（GB 175）的规定。采用质量稳定的普通硅酸盐水泥并掺加较高质量的矿物掺合料配制超缓凝混凝土更具有技术和经济的合理性。

（2）矿物掺合料。超缓凝混凝土中可掺入大量的矿物掺合料，有利于改善超缓凝混凝土技术性能，如延长凝结时间、降低水化热等。粉煤灰、粒化高炉矿渣粉是超缓凝混凝土最常用的矿物掺合料，粉煤灰应选用Ⅰ、Ⅱ级灰，粒化高炉矿渣粉应选用 S75、S95 和 S105 级矿粉，其质量应分别符合《用于水泥和混凝土中的粉煤灰》（GB/T 1596）和《用于水泥和混凝土中的粒化高炉矿渣粉》（GB/T 18046）的规定。

（3）集料。集料的颗粒级配及泥石粉含量对超缓凝混凝土的性能具有一定的影响，集料的比表面积较大和泥石粉含量较高时，超缓凝混凝土的凝结时间缩短。粗集料宜优先选用粒径 5～25mm 的碎石，并连续级配，泥石粉含量不大于 1%，不宜选用粒径大于 31.5mm 的粗集料。细集料宜选用级配良好的Ⅱ区中砂，采用天然河砂时，含泥量不大于 3%；采用机制砂时，石粉含量不应超过 15%。粗、细集料的其他技术指标应符合《普通混凝土用砂、石质量及检验方法标准》（JGJ 52）和《人工砂混凝土应用技术规程》（JGJ/T 241）的规定。

（4）超缓凝剂及减水剂。缓凝剂的质量对超缓凝混凝土的质量具有关键性的影响。配制超缓凝混凝土宜优先选用超缓凝高效减水剂，也可选择超缓凝剂与高效减水剂相容性较好的组分进行复配。复配时，缓凝剂的掺量应根据缓凝剂的品种来选择。外加剂的选用时应考虑与水泥成分间的相容性。超缓凝剂及减水剂的质量还应符合《混凝土外加剂》（GB 8076）和《混凝土外加剂应用技术规范》（GB 50119）的规定。

## 4 混凝土的配制及性能

### 4.1 原材料

1）水泥：云南国资水泥红河有限公司生产的 P·O 42.5 级水泥，其物理力学性能见表 1。

表 1　水泥的物理力学性能

| 比表面积（m² · kg⁻¹） | 80μm 筛筛余（%） | 凝结时间（min） | | 抗折强度（MPa） | | 抗压强度（MPa） | |
|---|---|---|---|---|---|---|---|
| | | 初凝 | 终凝 | 3d | 28d | 3d | 28d |
| 375 | 3.5 | 214 | 259 | 5.4 | 8.2 | 26.7 | 51.3 |

2）矿物掺合料：①Ⅱ级粉煤灰，取自云南恒阳实业有限公司，密度为 2.26g/cm³，比表面积为 327.9m²/kg，45μm 筛余为 16.3%，烧失量为 2.31%，需水量比为 98.3%，SO₃ 含量为 0.35%，7d 活性指数 62.3%，28d 活性指数 78.5%。②S75 矿粉，取自玉溪三和新型建材技术有限公司，密度为 2.91g/cm³，比表面积 368.1m²/kg，7d 活性指数 59.0%，28d 活性指数 81.0%。

3）集料：细集料由水洗人工砂和水洗山砂按 1∶3 的比例复配，细度模数 3.0，Ⅱ区中砂，含泥量 2.1%，压碎指标值 16.2%；粗集料是粒径为 5～25mm 连续级配的碎石，压碎值 9.2%，含泥量 0.82%，泥块含量 0.15%，针片状颗粒含量 1.7%。

4）缓凝高效减水剂：采用云南建工集团有限公司商品混凝土部自行研制的 JG-C 型萘系缓凝高效减水剂，有效葡萄糖酸钠含量为 21%，减水率为 18%。

5）水：昆明市自来水。

## 4.2 配合比的确定

根据《普通混凝土配合比设计规程》（JGJ 55—2011）设计原则，综合考虑云南地区的原材料特性，C20 水下超缓凝大掺量矿物掺合料混凝土的配合比参数按以下范围选取：水胶比控制在 0.45～0.50 范围，胶凝材料总量控制在 360～400kg/m³，砂率控制在 39%～43% 范围，粉煤灰与矿粉复合等量取代 40%～50% 水泥，JG-C 缓凝高效减水剂的掺量为胶凝材料总量的 2.6%～3.2%。

经过实验室大量试配和生产试配，根据混凝土的流动性能、凝结性能、抗压强度试验结果及配合比的经济性优选确定最终配合比，最终确定初凝时间为 60～80h 的 C20 水下超缓凝大掺量矿物掺合料混凝土生产配合比。具体生产配合比见表 2。

**表 2　C20 水下超缓凝大掺量矿物掺合料混凝土生产配合比**

| 配合比（kg·m⁻³） | | | | | | JG-C（%） | 砂率 | 水灰比 |
|---|---|---|---|---|---|---|---|---|
| 水泥 | 粉煤灰 | 矿粉 | 砂 | 石 | 水 | | | |
| 190 | 100 | 90 | 755 | 1080 | 185 | 3.0 | 41.1 | 0.49 |

## 4.3 混凝土的性能

选取生产搅拌站的 200 组 C20 水下超缓凝大掺量矿物掺合料混凝土代表性试样进行工作性能、凝结性能和抗压强度统计分析，统计结果见表 3。

**表 3　混凝土的工作性能、凝结性能和抗压强度统计值**

| 工作性能 | | 凝结时间（h） | | 抗压强度（MPa） | |
|---|---|---|---|---|---|
| 坍落度/mm | 扩展度/mm | 初凝 | 终凝 | 3d | 28d |
| 180～220 <br>（170～200#） | 440～490 <br>（400～455#） | 60～90 <br>（73.2*） | 72～10 5（89.4*） | 0～2.6 <br>（1.3*） | 24.5～29.0 <br>（26.2*） |

注：# 表示混凝土现场工作性抽检结果；* 表示为 200 组数据统计平均值。

由表 3 可知：（1）C20 超缓凝大掺量矿物掺合料混凝土的工作性能较好，混凝土拌合物具有良好的黏聚性和保水性，现场易于施工操作。混凝土出厂坍落度在 180～220mm，扩展度在 440～490mm，施工现场抽检坍落度为 170～200mm，扩展度为 400～455mm。

（2）C20 超缓凝大掺量矿物掺合料混凝土的凝结时间较长，很好地满足了钻孔咬合桩施工工艺的要求。混凝土的初凝时间为 60～90h，平均初凝时间为 73.2h；终凝时间为 72～105h，平均终凝时间 89.4h。（3）C20 超缓凝大掺量矿物掺合料混凝土的早期强度得到显著抑制，后期强度发展迅速。混凝土的 3d 强度低于 3MPa，平均强度为 1.3MPa；28d 抗压强度为 24.5～28.7MPa，平均强度 26.5MPa，达到设计强度等级的 132.5%，28d 强度满足设计要求。

# 5　混凝土生产及施工质量控制

超缓凝混凝土的质量是钻孔咬合桩施工工艺成功的前提，混凝土凝结时间、和易性及各龄期强度中一项出现意外，均会严重影响施工正常进行和工程质量，因此，对混凝土生产质量控制及现场施工组织的要求较高。总结超缓凝混凝土近一年多的生产质量控制经验及现场施工情况，在超缓凝混凝土生产及施工中应特别注意以下几个问题。

（1）在生产前应落实原材料准备及原材料性能检测，并应使各类材料的质量保持相对稳定，特别是 JG-C 缓凝剂、掺合料和水泥的质量必须严格控制。

（2）应根据生产站实际材料情况进行生产试配，确定最终配合比，并保证生产原材料与试配材料保持一致。当原材料发生变化时，应提前按混凝土配合比进行试拌验证，混凝土性能符合要求方可生产。

（3）生产中应采取可靠措施防止材料误用，主要材料应专罐专用，运输时专车运送。

（4）生产前和生产过程中，应保证 JG-C 缓凝高效减水剂的缓凝成分充分溶解和搅拌均匀，并保证生产过程中不与其他外加剂混用。生产时应严格控制 JG-C 超缓凝外加剂的掺量，调整比例±0.2％，保证超缓凝混凝土初凝时间在 60h 以上，且不影响后期强度的发展。

（4）超缓凝混凝土出厂时，必须严格检测其工作性，每桩混凝土应进行取样监测混凝土的凝结时间，并取样成型相应龄期强度试件。

（5）超缓凝混凝土运抵工地后，施工方应仔细核查混凝土类别和等级，防止普通混凝土与超缓凝混凝土误用以及强度等级不符，同时施工方应在监理方的陪同下进行取样监测凝结时间，并取样成型相应龄期强度试件。

（6）混凝土凝结时间监测试件及强度检验试件制作后须以保鲜膜或塑料纸覆盖，强度检验试件应在试件终凝后 12h 左右方可拆模，并应注意保护试块，防止试块在搬运及养护过程受损。

（7）A 桩混凝土浇筑完毕后待 B 桩混凝土钻孔浇筑完成后应进行填土养护。

## 6　结论

（1）超缓凝混凝土的配合比设计关键是严格控制原材料品质、控制混凝土的初凝时间、坍落度及抗压强度，使其满足钻孔咬合桩施工工艺的要求和质量要求。

（2）根据云南地区的原材料特性，采用Ⅱ级粉煤灰和 S75 矿粉复掺等量取代 50％水泥成功配制出了满足施工要求的 C20 超缓凝大掺量矿物掺合料混凝土。C20 超缓凝大掺量矿物掺合料混凝土具有较好的工作性能，易于施工操作；初凝时间较长，很好地满足了钻孔咬合桩施工工艺的要求；混凝土的 3d 强度低于 3MPa，28 天抗压强度满足设计要求，保证了混凝土的质量要求。

（3）从工程实践应用来看，只要合理地进行配合比优化，严格控制混凝土的生产及施工质量，加强施工组织管理，可以保证施工任务顺利完成和合理降低生产成本，最终得到施工方的好评。

**参考文献**

[1]　王亚强. 超缓凝混凝土在深钻孔咬合桩中的配合比设计及应用 [J]. 浙江建筑，2006，23（11）：40-42.
[2]　徐辉，李克亮，邢有红，等. 混凝土超缓凝剂在钻孔咬合桩施工中的研究与应用 [J]. 建筑科学，2008，24（7）：48-57.
[3]　陈清志. 深圳地铁工程钻孔咬合桩超缓凝混凝土的配制与应用 [J]. 混凝土与水泥制品，2002，（2）：21-23.

**作者简介**

李世华，1986 年生，男，云南建工集团有限公司，硕士，助理工程师。地址：云南省昆明市经济技术开发区大冲工业片区 II-3 号；邮编：650021；电话：18787010386；E-mail：lsh20050840116@163.com。

# 外加剂技术

# 新型聚羧酸保坍剂的制备及混凝土性能研究

贺海量[1,2]，闵亚红[1,2]，赵志强[3]，吴振军[1]，严 杰[2]，袁剑涛[2]，蔡炳煌[2]

（1. 湖南大学 化学化工学院，湖南长沙，410082；

2. 湖南铭煌科技发展有限公司，湖南长沙，410082；

3. 混凝土第一视频网，北京，100044）

**摘 要** 针对混凝土坍落度损失较快的问题，研制了一种新型聚羧酸保坍剂。通过与其他公司聚羧酸保坍剂的净浆流动度对比试验表明：该新型聚羧酸保坍剂 PC-103 具有明显的高坍落度保持能力，并且在 2h 左右分散效果达到最大约 280mm；并且与普通聚羧酸减水剂复配后效果明显优于单掺，其混凝土性能较好，有良好的适应性。

**关键词** 聚羧酸；保坍剂；适应性；复配

## 0 引言

随着我国经济的快速发展和建筑水平的提高，对混凝土质量的要求越来越高。聚羧酸减水剂作为一种新型高性能减水剂，因其掺量低、减水率高、新拌混凝土流动性及保坍性好、低收缩、增强潜力大、环境友好等一系列突出性能，已广泛应用于市政、铁路、公路、港口、桥梁、水电等领域[1-3]。但是，由于国内水泥品种众多且水泥品质波动很大、混凝土砂石品质较差等众多原因。例如，含泥量和含石粉量很高以及某些机制砂品质很差等。采用通用型聚羧酸减水剂所配置的混凝土也会出现一些问题，而其中坍落度经时损失过大是最常见的主要问题[4]。尤其是长时间长距离运输时，就会导致混凝土坍落度损失很快，这不但影响施工，还会极大的影响混凝土的性能及质量，由此在一定程度上制约了聚羧酸减水剂的推广。

国内解决以上问题的主要方法主要有以下三种：（1）复配缓凝剂；（2）二次或者多次添加减水剂；（3）提高初始流动性，甚至离析，以保证工地的泵送性能。虽然上述三种方法某种程度上能够解决坍落度损失问题，但是各自都存在一定的局限性，并不能从根本上解决坍落度损失的问题[5]。因此，需要采用反应性高分子使减水剂缓慢释放是解决混凝土坍落度损失问题的有效方法。但目前，国内母液产品单一，主要以高减水型和普通保坍型聚羧酸母液为主，而普通保坍型聚羧酸，是在高减水型聚羧酸的基础上发展而来，混凝土初始有较大的流动度，但经时仍有一定的损失，对于长时间长距离运输或对坍落度有特殊要求的工程，仍不能满足。为此，迫切需要一种控制混凝土坍落度损失的聚羧酸减水剂，从根本是解决 1～2h 甚至更长时间的坍损问题，拓宽外加剂品种满足不同工程的要求。

本文研制了一种新型聚羧酸保坍剂，并探讨了该新型聚羧酸保坍剂在混凝土中的应用性能。

## 1 试验

### 1.1 试验原料与仪器

甲基烯丙基聚氧乙烯醚大单体（上海东大化学，TPEG，分子量 2400～3000）；丙烯酸（AA），分析纯；过硫酸铵，分析纯；链转移剂，分析纯；抗坏血酸（VC），分析纯；丙烯酸羟乙酯（HEA），分析纯；碱液；去离子水。

水泥，P·O 42.5R 级水泥；粉煤灰，株洲电厂；矿粉，湘潭华新矿粉 S95. 细集料，坪塘机制砂；粗集料，望城碎石；普通聚羧酸减水剂，采用自制减水剂（PC-101），减水率达 25％以上。

JJ-1 电动搅拌器；HL-2B 恒流泵；DK-98-Ⅱ水浴锅，电子天平；四口烧瓶；NJ-160 水泥净浆搅拌机；实验室混凝土搅拌机；压力试验机。

## 1.2 合成工艺

在带有搅拌器和温度计的四口烧瓶中加入一定量的去离子水和聚醚，搅拌至 TPEG 全部溶解，再加入过硫酸铵搅拌，然后依次滴加 AA 与 HEA 的混合溶液，滴加 VC 和链转移剂的混合溶液，两种溶液匀速滴加 3~3.5h 滴完，然后继续搅拌 1h。反应结束后，加入液碱，调节 PH 值至 6~8，即得新型聚羧酸保坍剂。

## 1.3 水泥净浆流动度测试

水泥净浆流动度参照《混凝土外加剂均质性试验方法》（GB/T 8077—2012）中的水泥净浆流动度的相关标准进行测试，水灰比为 0.29，减水剂掺量为 0.16%。

## 1.4 混凝土测试

混凝土性能测定按照《混凝土外加剂》（GB/T 8076—2008）、《混凝土外加剂应用技术规范》（GB 50119）、《普通混凝土拌合物性能测试方法标准》（GB/T 50080—2002）及《混凝土泵送剂》（JC 473—2001）进行实验。

# 2 检测结果与讨论

## 2.1 水泥净浆流动度测试

选取市场上 3 个不同厂家生产的 3 种聚羧酸保坍剂产品，分别编号 A、B 和 C，与我们研制的新型聚羧酸保坍剂 PC-103 进行对比试验，保坍剂的固含量均为 40%。水泥为海螺 P·O 42.5R。实验结果见表 1。

表 1 净浆流动度测试结果

| 样品编号 | 水泥净浆流动度（mm） | | | | | |
|---|---|---|---|---|---|---|
| | 初始 | 0.5h | 1h | 1.5h | 2h | 2.5h |
| A | 150 | 220 | 260 | 255 | 235 | 200 |
| B | 120 | 190 | 210 | 235 | 240 | 230 |
| C | 180 | 210 | 235 | 250 | 230 | 215 |
| PC-103 | 110 | 220 | 270 | 275 | 285 | 265 |

实验结果表明，我们研发的新型聚羧酸保坍剂 PC-103，虽然初始净浆流动度小一些，但之后开始逐渐增长，2h 能达到 285mm，缓释分散效果在 2h 左右达到最大。新型聚羧酸保坍剂 PC-103 初始净浆流动度不大，是因为初期保坍剂分子只有少量吸附在水泥颗粒上，但随着不饱和酯的不断缓慢水解释放羧基，净浆流动度不断增大，进而表现出较好的缓释分散效果。

## 2.2 水泥适应性测试

一般认为，通过水泥净浆流动度试验来考察外加剂与水泥的适应性。因此，本文主要对三种不同水泥厂家的水泥进行水泥净浆流动度测试，通过水泥净浆流动度的经时损失来判断新型聚羧酸保坍剂 PC-103 对水泥的适应性。水泥分别选自长沙市场上常用的海螺、中材和华新三种水泥。实验结果见表 2。

表 2 水泥适应性测试结果

| 水泥品牌 | 水泥净浆流动度（mm） | | | | |
|---|---|---|---|---|---|
| | 初始 | 0.5h | 1h | 1.5h | 2h |
| 海螺 | 110 | 220 | 270 | 275 | 285 |
| 中材 | 120 | 230 | 275 | 280 | 285 |
| 华新 | 100 | 210 | 250 | 260 | 275 |

由表 2 可知，用我们自己研发的新型聚羧酸保坍剂 PC-103 初始净浆流动度均较小，在 110mm 左右，随着时间的延长，净浆流动度不断增大，在 2h 达到最大 280mm 左右。其中用华新水泥稍微差一点，在误差范围内。整体来说，新型聚羧酸保坍剂 PC-103 对这 3 种水泥具有较好的适应性。

## 2.3 混凝土测试结果

为了更全面的评定新型聚羧酸保坍剂 PC-103 的性能，对该保坍剂进行混凝土性能研究，主要包括：混凝土的坍落度、扩展度和抗压强度测试试验，并与市场上 3 个不同厂家生产的聚羧酸保坍剂产品的混凝土性能进行对比，最后评定聚羧酸保坍剂的性能。试验中用 C30 混凝土，混凝土的配合比如表 3。

**表 3　C30 混凝土配合比**

| 水泥<br>（kg/m³） | Ⅱ级粉煤灰<br>（kg/m³） | S95 矿粉<br>（kg/m³） | 机制砂<br>（kg/m³） | 1-3 碎石<br>（kg/m³） | 水<br>（kg/m³） |
|---|---|---|---|---|---|
| 260 | 60 | 40 | 980 | 880 | 170 |

### 2.3.1 单掺保坍剂混凝土工作性能

选用不同水泥对 3 个不同厂家生产的聚羧酸保坍剂产品和新型聚羧酸保坍剂 PC-103 进行混凝土性能对比。水泥为长沙市场上常用的海螺水泥、中材水泥和华新水泥，均为 P·O42.5R，掺量为凝胶材料的 2.0％。混凝土性能结果见表 4。

**表 4　不同聚羧酸保坍剂用不同水泥配制的混凝土性能**

| 水泥品种 | 外加剂品种 | 坍落度/扩展度（mm） | | | | 抗压强度（MPa） | | | |
|---|---|---|---|---|---|---|---|---|---|
| | | 初始 | 1h | 2h | 3h | 3d | 7d | 14d | 28d |
| 海螺 | A | — | 205/550 | 190/460 | — | 20.3 | 30.5 | 39.9 | 43.8 |
| | B | — | 170/420 | 200/540 | 190/520 | 21.6 | 30.4 | 39.5 | 44.1 |
| | C | — | 190/520 | 190/540 | — | 21.6 | 29.3 | 39.8 | 43.4 |
| | PC-103 | — | 210/560 | 220/580 | 210/560 | 20.1 | 29.9 | 39.9 | 45.2 |
| 中材 | A | — | 210/560 | 200/480 | 180/420 | 21.2 | 34.4 | 40.1 | 44.9 |
| | B | — | 180/440 | 210/560 | 200/550 | 21.9 | 32.9 | 40.6 | 44.9 |
| | C | — | 200/540 | 200/560 | 170/420 | 21.8 | 35.1 | 40.1 | 44.8 |
| | PC-103 | — | 220/580 | 225/600 | 220/580 | 19.9 | 33.8 | 41.2 | 45.9 |
| 华新 | A | — | 200/540 | 190/450 | — | 21.6 | 32.9 | 40.1 | 46.2 |
| | B | — | 170/- | 200/520 | 185/500 | 20.1 | 33.3 | 40.6 | 44.9 |
| | C | — | 190/510 | 190/530 | — | 20.9 | 34.1 | 40.2 | 44.8 |
| | PC-103 | — | 200/550 | 210/560 | 210/550 | 20.0 | 33.0 | 40.1 | 46.2 |

从表 4 可以看出，新型聚羧酸保坍剂 PC-103 具有明显的缓释保坍性能和良好的适应性，其缓释保坍效果明显优于市场上 3 个不同厂家生产的聚羧酸保坍剂产品。并且，三种水泥配置的混凝土粘聚性、和易性均较好，强度也较好。

### 2.3.2 复配使用的混凝土工作性能

由于新型聚羧酸保坍剂 PC-103 早期流动度小，后期缓慢释放，一般和减水剂复配使用。本实验选择用湖南铭煌科技发展有限公司自行研制的聚羧酸减水剂 PC-101（淡黄色液体，固含 40％，减水率可达 25％以上）与新型聚羧酸保坍剂 PC-103 复配，使其早期流动性和保坍性能也好。根据混凝土初始坍落度和扩展度相同或相似，按照不同的比例复配，复配浓度为 10％，水泥为长沙市场上常用的海螺水泥、中材水泥和华新水泥，均为 P·O 42.5R，混凝土配合比同上表 3，掺量为凝胶材料的 2.0％。混凝土性能测试结果见表 5～表 7。

表5 复配产品用于海螺水泥混凝土性能测试结果

| 外加剂样品 | 坍落度/扩展度（mm） | | | | 抗压强度（MPa） | | | |
|---|---|---|---|---|---|---|---|---|
| | 初始 | 1h | 2h | 3h | 3d | 7d | 14d | 28d |
| 101：103＝5：0 | 220/550 | 200/480 | 170/400 | — | 21.6 | 35.0 | 41.9 | 45.2 |
| 101：103＝4.7：1 | 215/540 | 210/520 | 190/450 | 160/400 | 21.0 | 34.2 | 41.4 | 45.1 |
| 101：103＝4.4：2 | 220/560 | 220/550 | 210/500 | 190/460 | 21.0 | 34.3 | 41.2 | 45.1 |
| 101：103＝4.1：3 | 225/560 | 225/580 | 220/580 | 215/570 | 20.0 | 33.4 | 39.6 | 44.6 |
| 101：103＝3.8：4 | 225/570 | 230/590 | 230/595 | 220/600 | 20.3 | 34.0 | 39.9 | 46.3 |
| 101：103＝3.5：5 | 220/570 | 240/610 | 235/620 | 235/600 | 19.7 | 30.8 | 39.9 | 46.6 |

表6 复配产品用于中材水泥混凝土性能测试结果

| 外加剂样品 | 坍落度/扩展度（mm） | | | | 抗压强度（MPa） | | | |
|---|---|---|---|---|---|---|---|---|
| | 初始 | 1h | 2h | 3h | 3d | 7d | 14d | 28d |
| 101：103＝5：0 | 230/600 | 200/490 | 170/420 | — | 22.0 | 33.8 | 41.7 | 45.0 |
| 101：103＝4.7：1 | 225/580 | 220/560 | 200/520 | 180/460 | 21.8 | 33.3 | 41.1 | 45.6 |
| 101：103＝4.4：2 | 225/590 | 220/590 | 210/540 | 200/500 | 20.9 | 34.0 | 41.6 | 45.5 |
| 101：103＝4.1：3 | 230/600 | 230/590 | 220/570 | 215/560 | 20.8 | 33.8 | 40.2 | 45.5 |
| 101：103＝3.8：4 | 230/600 | 235/610 | 235/610 | 230/600 | 19.8 | 33.2 | 40.0 | 46.1 |
| 101：103＝3.5：5 | 225/610 | 240/610 | 240/620 | 240/600 | 20.0 | 33.3 | 40.2 | 46.1 |

表7 复配产品用于华新水泥混凝土性能测试结果

| 外加剂样品 | 坍落度/扩展度（mm） | | | | 抗压强度（MPa） | | | |
|---|---|---|---|---|---|---|---|---|
| | 初始 | 1h | 2h | 3h | 3d | 7d | 14d | 28d |
| 101：103＝5：0 | 210/540 | 190/420 | 150/— | — | 20.9 | 34.3 | 42.1 | 44.9 |
| 101：103＝4.7：1 | 215/550 | 200/500 | 180/430 | — | 21.2 | 34.5 | 41.8 | 45.5 |
| 101：103＝4.4：2 | 210/545 | 210/530 | 200/500 | 180/430 | 20.1 | 34.6 | 41.6 | 45.5 |
| 101：103＝4.1：3 | 210/550 | 210/550 | 205/540 | 195/500 | 20.5 | 34.0 | 40.9 | 44.9 |
| 101：103＝3.8：4 | 220/560 | 215/560 | 220/570 | 210/570 | 19.3 | 33.1 | 40.9 | 45.5 |
| 101：103＝3.5：5 | 215/560 | 220/570 | 220/590 | 220/580 | 20.0 | 33.2 | 40.5 | 45.8 |

由表5、表6和表7中的试验结果可以看出，当聚羧酸减水剂PC-101单独使用时，混凝土损失较大，2h后流动性很小；复配新型聚羧酸保坍剂PC-103后，在复配比例为4.7：1到3.5：5之间（即达到混凝土初始坍落度和扩展度相同或者相近）时，混凝土的黏聚性和初始流动度基本不受影响，2h内混凝土坍落度保持性良好，这主要由于新型聚羧酸保坍剂PC-103有缓释的特性，混凝土浆体中的有效减水剂分子会不断地补充已吸附并水化物覆盖了减水剂分子，使拌合物坍落度得以保持。随着新型聚羧酸保坍剂PC-103比例的不断提高，保坍性能稍有提高，但初始流动性也有所降低，这是因为混凝土拌合物初始的流动性主要由普通聚羧酸减水剂PC-101提供，而后期的流动度则由新型聚羧酸保坍剂PC-103提供。随着新型聚羧酸保坍剂PC-103掺量的增加，聚羧酸减水剂PC-101的作用减小，使流动性变小，新型聚羧酸保坍剂PC-103有较好的保坍型，从而改善了混凝土的后期流动性能。

## 3 结论

通过对新型聚羧酸保坍剂PC-103进行水泥净浆流动度、水泥适应性、混凝土应用性能的研究，可以得出以下结论：

（1）通过与其他同类聚羧酸保坍剂的净浆流动度对比，新型聚羧酸保坍剂 PC-103 具有明显的缓释效果，缓释分散效果在 2h 左右达到最大约 280mm。说明该保坍剂可以明显提高水泥的流动度，保坍效果较好。

（2）新型聚羧酸保坍剂 PC-103 与长沙市市销的大部分水泥适应性良好，其中该保坍剂与海螺水泥和中材水泥的适应性稍优于华新水泥。

（3）新型聚羧酸保坍剂 PC-103 与聚羧酸减水剂 PC-101 复配使用后，效果更好。不仅保证了混凝土的早期流动度，而且可以减少后期混凝土的经时损失，提高混凝土的抗压强度。

## 参考文献

[1]　黎凡，邓俊强. 聚羧酸减水剂的发展现状与技术难点浅谈 [J]. 广东建材，2015，12.
[2]　王子明. 聚羧酸系高性能减水剂—制备、性能与应用 [M]. 中国建筑工业出版社，2009.
[3]　孙正平，杨辉. 国内聚羧酸系减水剂的研究进展及展望 [J]. 混凝土世界，2013，3：31-35.
[4]　卞荣兵，缪昌文. 聚羧酸高效保坍剂的研制与应用 [J]. 混凝土世界，1999，07（19）：36-38.
[5]　盛喜忧，王万金，等. 缓释型聚羧酸系高性能减水剂的研发与应用 [J]. 混凝土，2012，6：68-70.

## 作者简介

贺海量，男，湖南大学化学化工学院，工学博士。长期从事混凝土和外加剂的研究与实践工作。地址：湖南省长沙市岳麓区湖南大学民主村 6 栋；邮编：410082；邮箱：775983450@qq.com。

# 聚羧酸减水剂的合成及应用性能研究

刘行宇，刘　磊，刘彦辉，陈　虎，刘博博

（中建西部建设北方有限公司，陕西西安，710116）

**摘　要**　以丙烯酸（AA）、甲基烯丙基磺酸钠（SMAS）和甲基烯丙醇聚氧乙烯醚（HPEG）为单体，根据自由基共聚反应机理制备了水溶性共聚物聚羧酸减水剂。探讨了不同反应条件对减水剂分散性能的影响，通过水泥净浆流动度对其应用性能进行检测，得到的最佳合成条件为：AA 与 HPEG 的摩尔比为 4：1，引发剂用量为单体质量的 2%，反应温度为 60℃。所制聚羧酸减水剂对水泥净浆具有良好的分散作用。

**关键词**　聚羧酸减水剂；合成；应用性能

# Preparation and Performance of Polycarboxylate Superplasticizer for Concrete

Liu Xingyu，Liu Lei，Liu Yanhui，Chen Hu，Liu Bobo

(China West Construction North Co.，Ltd，Shanxi Xi'an，710116)

**Abstract**　Through radical copolymerization, the polycarboxylate superplasticizer was synthesized with acrylic acid（AA）, sodium methylallyl sulfonate（SMAS）and polyoxyethylene methyl allyl ether（HPEG）. The effect of different reaction conditions on the dispersing property of copolymer has been investigated. The application performance was analysized by fluidity of cement paste. The results show that the optimum condition of synthesis is as follow：the molar ratio of AA and HPEG 4：1, the dosage of initiator 2.2%, the reaction temperature 60℃. The polycarboxylate superplasticizer had a better dispersion property on cement paste.

**Keywords**　polycarboxylate superplasticizer；synthesis；application performance

## 0　前言

聚羧酸减水剂作为第三代高性能减水剂具有掺量低、减水率高、混凝土坍落度损失小、强度高等优良性能，而且生产过程中对人体无危害，对环境无污染，属于绿色环保型材料[1~2]。聚羧酸减水剂的作用机理主要有静电排斥作用、空间位阻作用和水化膜润滑作用三种[3~5]。正是因为聚羧酸减水剂的优良性能，使得其在我国的应用越来越广泛[6]。本论文通过自由基共聚机理制备一种高性能聚羧酸减水剂，并对其应用性能进行检测。

## 1　实验部分

### 1.1　实验原料

丙烯酸、过硫酸铵、氢氧化钠为市售分析纯，甲基丙烯磺酸钠为天津市巴斯夫化工有限公司工业品，甲基烯丙醇聚氧乙烯醚为辽宁奥克化学股份有限公司工业品。

## 1.2 合成方法

在装有搅拌器和恒压滴液漏斗的三口烧瓶中，依次加入甲基烯丙醇聚氧乙烯醚、甲基丙烯磺酸钠和一定量的去离子水，搅拌溶解，升至一定温度后，分别滴加引发剂过硫酸铵和丙烯酸单体水溶液，在 2~3h 内滴完。滴加完毕后保温反应 2h，降温至室温，用 30%NaOH 溶液调节 pH 值为 6~7。得到浅黄色聚羧酸减水剂溶液。

## 1.3 水泥净浆流动度检测

净浆流动度按照国标《混凝土外加剂匀质性试验方法》（GB/T 8077—2012）来测定，首先，将玻璃板水平放置于桌子上，用湿布将玻璃板、截锥圆模、搅拌锅以及搅拌器擦湿，但表面不带水渍，将截锥圆模放置于玻璃板中央并用湿布覆盖；其次称取 300g 水泥于搅拌锅中，加入一定量的聚羧酸减水剂和 87g 水，立即将搅拌锅装到搅拌机上进行搅拌（慢速搅拌 120s，停 15s，快速搅拌 120s）；最后将搅拌好的净浆迅速倒入截锥圆模中，用刮刀刮平，将截锥圆模垂直提起，让水泥净浆在玻璃板上自由淌开，同时开启秒表计时，待水泥净浆在玻璃板上流动至 30s，量取流淌部分相互垂直的两个方向最大直径并记录，平行测量三次，取其平均值来作为水泥净浆流动度。分别测量初始、30min、60min、90min 以及 120min 时的水泥净浆流动度。

## 2 结果与讨论

### 2.1 影响因素

#### 2.1.1 酸醚比对聚羧酸减水剂分散性的影响

丙烯酸与甲基烯丙醇聚氧乙烯醚的摩尔比是影响聚羧酸减水剂分散性的重要因素，本论文通过水泥净浆流动度的大小来反映聚羧酸减水剂的分散性能。在其他条件不变的情况下，改变酸醚比，考察其对聚羧酸减水剂性能的影响，结果如图 1 所示。

由图 1 可知，当丙烯酸与甲基烯丙醇聚氧乙烯醚的摩尔比低于 4:1 时，提高酸醚比，水泥净浆流动度逐渐增大，聚羧酸减水剂的分散性能增加；当酸醚比大于 4:1 时，增加酸醚比，水泥净浆流动度下降，聚羧酸减水剂的分散性能降低。增加丙烯酸用量，减水剂中 $COO^-$ 含量增大，聚羧酸减水剂静电排斥能力增强；增加甲基烯丙醇聚氧乙烯醚用量，聚羧酸减水剂中侧链密度增大，减水剂的空间位阻能力增强。然而聚羧酸减水剂的分散机理是通过静电斥力和空间位阻共同作用的，因此，合适的酸醚比才能使聚羧酸减水剂的分散能力发挥到最佳，从研究可得本论文所制聚羧酸减水剂最佳酸醚比为：4:1。

#### 2.1.2 引发剂用量对聚羧酸减水剂分散性的影响

控制其他条件恒定，改变引发剂 $(NH_4)_2S_2O_8$ 的用量（以单体质量计），考察引发剂用量对聚羧酸减水剂分散性能的影响，结果如图 2 所示。

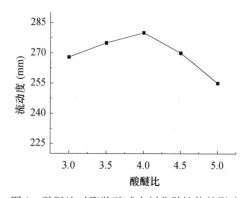

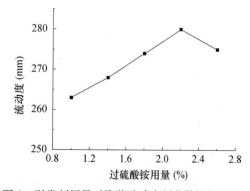

图 1  酸醚比对聚羧酸减水剂分散性能的影响　　图 2  引发剂用量对聚羧酸减水剂分散性能的影响

由图 2 可知，随着引发剂用量增大，产生活性自由基的速度加快，单体转化率随之升高，水泥净浆流动度增加，聚羧酸减水剂的分散性能提高；但随着引发剂用量继续增大，体系中形成的活性中心也继续增加，单体聚合速度加快，使得链段的增长受到抑制，合成的减水剂不能充分发挥其空间位阻效应，反而使水泥净浆流动度下降，聚羧酸减水剂的分散性能降低。因此，最佳引发剂用量为单体质量的2.2%。

**2.1.3 反应温度对聚羧酸减水剂分散性的影响**

固定其他条件不变，改变反应温度，考察其对聚羧酸减水剂分散性能的影响，结果如图3所示。

由图3可知，温度从55℃升至60℃，水泥净浆流动度增大，聚羧酸减水剂的分散性能增强；而温度从60℃升至75℃，流动度反而降低，减水剂分散性能减弱。可见反应温度过低或过高对聚羧酸减水剂的分散性能都是不利的。原因是当引发剂用量一定，反应温度过低时，反应不够剧烈，产生的活性自由基速度缓慢，单体转化率较低，制得的聚羧酸减水剂分散性能较弱，水泥净浆的黏度较大，流动度相应较小；反应温度过高时，引发剂受热分解速度加快，活性自由基的生成速度随之加快，

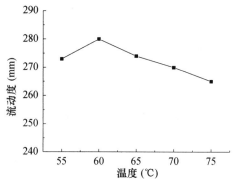

图3 反应温度对聚羧酸减水剂
分散性能的影响

聚合速度进而也增加，高分子链段的增长受到抑制，从而不能充分发挥其空间位阻效应，也会使水泥净浆黏度增大，流动度降低[7]。因此，最佳聚合反应温度为60℃。

**2.2 分散性能**

通过水泥净浆流动度检测用最佳工艺所制聚羧酸减水剂的分散性能，其中聚羧酸减水剂的掺量为水泥质量的0.2%，水泥净浆流动度随时间的变化曲线如图4所示。

由图4可知，添加聚羧酸减水剂后，水泥5min净浆流动度可达到280mm，30min没有损失，2min损失不到15mm，说明所制聚羧酸减水剂对水泥浆体具有良好的分散与减水性能，并具备优良的保持性。

# 3 结论

（1）通过自由基共聚机理，以过硫酸铵为引发剂制备了聚羧酸减水剂，最佳合成条件为：AA与HPEG的摩尔比为4:1，引发剂用量为单体质量的2%，反应温度为60℃。

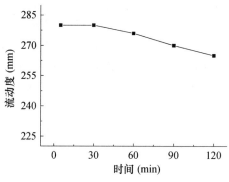

图4 时间对净浆流动度的影响

（2）所制聚羧酸减水剂对水泥浆体具有良好的分散与减水性能，并具备优良的保持性。

**参考文献**

[1] Yoshioka K，Tazawa E I，Kawai K，et al. Adsorption characteristics of superplasticizers on cement component minerals [J]. Cement & Concrete Research，2002，32（10）：1507-1513.

[2] Shun L I，Wen Z. Dispersibility and air entraining performance of polycarboxylate-typewater reducers [J]. Journal of the Chinese ceramic society，2009.37（4）：616-621.

[3] 莫祥银，景颖杰，邓敏，许仲梓，唐明述. 聚羧酸盐系高性能减水剂研究进展及评述 [J]. 混凝土，2009（3）：60-63.

[4] 卫爱民，韩德丰. 聚羧酸系混凝土高效减水剂的作用机理及合成工艺现状 [J]. 混凝土，2008，（8）：69-72.

[5] 付玫. 减水剂品种和作用机理 [J]. 江西建材，2009（106）：13-14.

[6] 王子明，李慧群. 聚羧酸系减水剂研究与应用新进展 [J]. 混凝土世界，2012（8）：50-56.

[7] 李付萱，沈一丁，王海花. 甲基丙烯酸/衣康酸/烯丙基磺酸盐超分子分散剂的合成与性能表征 [J]. 高分子材料科学与工程，2008，24（1）：155-158.

# 硝酸钠对混凝土强度的影响

刘行宇，刘　磊，刘彦辉，陈　虎，魏　飞

（中建西部建设北方有限公司，陕西西安，710116）

**摘　要**　针对低温环境对混凝土造成不良影响，研究了硝酸钠在不同温度下对混凝土强度的影响。结果表明，将聚羧酸减水剂与硝酸钠复配使用，在－5℃和－10℃下都能使混凝土强度大幅度提高，其中硝酸钠的最佳掺量为胶凝材料的 0.27%。

**关键词**　混凝土；硝酸钠；强度

# Effect of Sodium Nitrate on the Strength of Concrete

Liu Xingyu，Liu Lei，Liu Yanhui，Chen Hu，Wei Fei

（China West Construction North Co.，Ltd，Shaanxi Xi'an，710116）

**Abstract**　In view of the negative effect of the cold environment for the concrete，the effect of sodium nitrate on the strength of concrete was studied at different temperatures. The results show that the strength of concrete was observably improved in －5℃ and －10℃while adding polycarboxylate superplasticizer and sodium nitrate together. The The best dosage of sodium nitrate is 0.27% of cementitious material.

**Keywords**　concrete；sodium nitrate；strength

## 0　前言

混凝土在冬季施工中，由于气温低，水泥水化作用减弱，新浇筑的混凝土强度低，极易出现各种混凝土病害，影响建筑工程的质量，在气温降低到一定程度时，混凝土强度甚至会发生不增长，给混凝土施工带来一系列的问题[1~2]。目前冬季施工一般采用在混凝土中添加早强剂来缓解低温对混凝土造成的不良影响，早强剂大体分为无机盐早强剂和有机物早强剂，其中无机盐早强剂主要包括：氯化盐，碳酸盐，硝酸盐，硫代硫酸盐，硅酸盐，铝酸盐等，有机类早强剂主要有：三乙醇胺，二乙醇胺，甲酸钙，乙酸钙，尿素，草酸等[3~4]。本论文主要研究无机早强剂 $NaNO_3$ 对混凝土性能的影响。

## 1　实验部分

### 1.1　实验原料

所用硝酸钠为分析纯，减水剂为自制质量分数为 40% 的聚羧酸减水剂液体，水泥为声威 P·O 42.5 水泥。

### 1.2　实验仪器

混凝土试验用搅拌机为无锡建仪仪器机械有限公司 HJW60 型搅拌机。

### 1.3　混凝土强度检测

根据国标《混凝土强度检验评定标准》（GB/T 50107—2010）对混凝土强度进行检测。

## 2 结果与讨论

混凝土配合比见表1。

表1 混凝土配合比

| 水泥 C | 粉煤灰 FA | 矿粉 K | 砂 S | 石 G | 水 W | PC |
|---|---|---|---|---|---|---|
| 215 | 85 | 45 | 703 | 1193 | 155 | 0.22% |

**2.1 硝酸钠在−5℃下对混凝土强度的影响**

将不同质量的硝酸钠与聚羧酸减水剂复配使用，按照表1配合比制备混凝土并装入试模，放置于温度为−5℃冰柜中冷冻，7天后取出拆模，继续在标准养护条件下养护28天，分别对冷冻7天和冷冻后继续标准养护28天的试块强度进行检测，结果如图1所示。

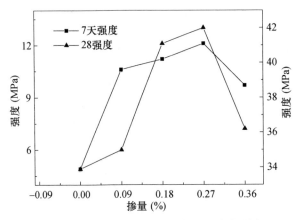

图1 不同掺量 NaNO₃ 对混凝土强度的影响

由图1可知，聚羧酸减水剂与 NaNO₃ 复配使用后，对混凝土强度提升非常明显，当不添加 NaNO₃ 时，混凝土冷冻7天后强度为4.9MPa，冷冻后继续标养28天的强度为33.9MPa。随着 NaNO₃ 掺量逐渐增大，混凝土强度相应提升，当 NaNO₃ 掺量为胶凝材料的0.27%，混凝土冷冻7天后强度提升到12.1MPa，28天的强度提升到42MPa。继续增大 NaNO₃ 掺量，混凝土强度反而下降，因此 NaNO₃ 的最佳掺量为胶凝材料的0.27%。

**2.2 硝酸钠在−10℃下对混凝土强度的影响**

将不同质量的硝酸钠与聚羧酸减水剂复配使用，按照表1配合比制备混凝土并装入试模，放置于温度为−10℃冰柜中冷冻，7天后取出拆模，继续在标准养护条件下养护28天，分别对冷冻7天和冷冻后继续标准养护28天的试块强度进行检测，结果如图2所示。

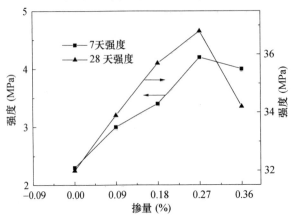

图2 不同掺量 NaNO₃ 对混凝土强度的影响

由图 2 可得，硝酸钠在－10℃下对混凝土强度的影响与在－5℃下趋势相近。聚羧酸减水剂与 $NaNO_3$ 复配使用后，对混凝土强度显著提升，当不添加 $NaNO_3$ 时，混凝土冷冻 7 天后强度为 2.3MPa，冷冻后继续标养 28 天的强度为 32MPa。随着 $NaNO_3$ 掺量逐渐增大，混凝土强度相应提升，当 $NaNO_3$ 掺量为胶凝材料的 0.27% 时，混凝土强度最高，冷冻 7 天后强度为 4.2MPa，冷冻后标养 28 天的强度为 36.8MPa。继续增大 $NaNO_3$ 掺量，混凝土强度反而下降，因此在－10℃下 $NaNO_3$ 的最佳掺量同样为胶凝材料的 0.27%。

## 3 结语

在－5℃和－10℃条件下，通过聚羧酸减水剂与硝酸钠的复配使用，明显提高了混凝的抗压强度，其中硝酸钠的最佳掺量为胶凝材料质量的 0.27%。

**参考文献**

[1] 张楠，李景芳，张志明，等．超低温环境混凝土研究与应用综述 [J]．混凝土，2012 (12)：27-29.
[2] 刘超．混凝土低温受力性能试验研究 [D]．清华大学，2011.
[3] 姜梅芬，吕宪俊．混凝土早强剂的研究与应用进展 [J]．硅酸盐通报，2014 (10)：2527-2533.
[4] 吴蓬，吕宪俊，梁志强，等．混凝土早强剂的作用机理及应用现状 [J]．金属矿山，2014 (12)：20-25.

# 超早强极低水胶比水泥基材料的研究现状

简险峰，陈　雷，黄天勇，王栋民

（中国矿业大学，北京，100083）

**摘　要**　水泥基材料高强化主要可以从选用优质原材料、增加密实性以及增加水泥颗粒之间及与集料之间的结合三个方面着手采取措施。本文阐述了高强水泥基材料的制备和性能，并对其机理研究概况进行了综述。

**关键词**　水泥基材料；超早强；低水胶比

# A Summary of Cement-based Materials Research with Ultra-early-strength and Low Water-cement Ratio

Jian Xianfeng，Chen lei，Huang Tianyong，Wang dongmin

(China University of Mining& Technology，Beijing，100083)

**Abstract**　Reinforced cement-based materials mainly from the use of high quality raw materials，increasing the compactness and the degree of combination between cement particles and the aggregate. This paper describes the preparation and performance of high-strength cement-based materials，and the mechanism of profiles were reviewed.

**Keywords**　cement-based materials；super early strength；low water gel ratio

## 1　引言

近年来，水泥基材料的研究与应用都取得了长足的进展。现代水泥基材料在力学性能、耐久性能方面都有大幅度地提高，甚至具有一些功能性，水泥基材料出现了不同分支，高强水泥基材料是其中重要的一个分支。水泥基材料本是一种多孔材料，但是随着化学外加剂和矿物掺合料特别是超细矿物掺合料以及压制成型等技术在水泥基材料制备中的应用，水泥基材料变得更加密实，与此同时也获得了更高的强度，在此基础上出现了多种高强水泥基材料。20 世纪 60、70 年代以来，出现了 HSC、DSP、MDF、RPC 等新型高强水泥基材料，这些新型水泥基材料的出现为水泥基材料的发展增添了新的活力。

## 2　超早强极低水胶比水泥基材料

### 2.1　制备与性能

20 世纪 60、70 年代，随着高效减水剂的迅速发展和广泛应用以及水泥生产工艺改进带来水泥质量的提高，使得混凝土强度大大提高，随之出现了高强混凝土（HSC）。不同国家对高强混凝土的定义不完全一样，德国和法国标准中规定 C60～C65 以上等级的混凝土为高强混凝土，日本和英国标准中规定强度等级在 C80 以上的混凝土为高强混凝土，而挪威标准中的高强混凝土强度等级达 C105[1]，我国一般认为 C50～C60 以上强度等级的混凝土是高强混凝土。高性能混凝土（HPC）是

20 世纪 90 年代发展起来的一种水泥基材料，一般认为高性能混凝土应具备的特征是高强度、优良的工作性能和耐久性能。高强和高性能混凝土从定义到具备特征以及制备工艺均非常相似，通常不加严格区分。

高强/高性能混凝土的制备思路是选用优质的原材料（高标号水泥、活性掺合料、优质集料等），使用高效减水剂降低混凝土的水胶比，添加活性矿物掺合料提高混凝土的填充密实度和改善水化产物的形态，有时还加入纤维增强或与钢管进行复合来提高混凝土的强度和韧性。国内外的研究者按照这个思路制备出了强度达到 100－240MPa 的高强/高性能混凝土[2~3]。与普通混凝土相比，高强/高性能混凝土除了具有较高的抗折抗压强度外，还具有较高的抗劈拉强度、与钢筋的粘结强度，抗渗性、抗冻性、抗化学侵蚀、抗碳化以及耐磨性等也非常优异。由于高强/超高强混凝土具有优异的力学性能和耐久性能，在建设中使用高强/高性能混凝土不仅能够减少建筑的体积，还能提高建构筑物的寿命，降低其维护和修补成本，具有较好的经济性[4]，在国内外广泛应用于水利、交通、建筑等重大工程中。

超细粒子密实填充的水泥材料（DSP）是丹麦 Aalborg 波特兰水泥混凝土实验室的 Bache 等在 20 世纪 70 年代末首先研制出来的一种水泥基高强材料。Bache 等[5~6]用 70%～80% 的水泥和 20%～30% 活性硅灰（平均粒径 0.1～0.2$\mu$m），加入 1%～4% 的超塑化剂将 $w/b$ 降至 0.13～0.16，制备出抗压强度高达 120～260MPa，抗折强度高达 150 MPa 的 DSP 材料。后来研究者在 DSP 材料中逐渐加入了超硬细集料、纤维、矿渣、超细粉煤灰等[7~9]，$w/b$ 范围逐渐扩大至 0.12～0.22，抗压强度也达到了 300MPa 以上。DSP 的制备主要是从降低水泥基材料孔隙率提高材料密实性出发，使用超细粉末填充水泥颗粒之间的空隙（图 1），加入高效减水剂降低水胶比，制得的 DSP 材料孔隙率非常低。研究表明[10]，DSP 材料的孔隙率小于 3 ×10$^{-2}$ cm$^3$/g，且其中大部分孔均是小于 25nm 的微孔，水泥浆体非常密实。

水泥 ——
超细粒子 ——

(a) 硅酸盐水泥浆　　　　　　(b) 含高效减水剂水泥浆　　　　　　(c) 添加硅粉的水泥浆

图 1　DSP 模型

DSP 具有非常高的强度，优异的抗渗耐侵蚀等性能，而且比其他工程材料成型更加方便，因而在其发明之初便申请了很多应用性的专利，且在 20 世纪 80 年代由丹麦的 Densit A /S 和美国的 El-borg 制造公司将其推向了市场[11]。该材料最早用作恶劣环境中混凝土的保护层，后来又用来代替铸石、橡胶和钢材作为内衬材料，以及用作更复杂的工程材料如制作螺栓、冲压模具等零件。DSP 材料存在的最大问题是高脆性，其中大量未水化的水泥颗粒也成为其潜在的威胁。

无宏观缺陷水泥（MDF）是 20 世纪 80 年代初，英国帝国化学公司和牛津大学 Birchall 和 Howard 等[12]将普通水泥与少量的水、甘油以及一些水溶性的聚合物经高效剪切搅拌后压制成型，得到一种抗压强度达到 200MPa、抗折强度达到 60～70MPa 的新型水泥基材料，这种材料内部基本上消除了宏观缺陷，因而被称为无宏观缺陷水泥（MDF）。随后很多研究者都对 MDF 开展了研究，并且利用铝酸盐水泥、硫铝酸盐水泥成功地制备了 MDF[13~14]，且效果较硅酸盐水泥更好，特别是铝酸盐水泥。在研究过程中还加入了偶联剂等有机物对 MDF 进行改性，MDF 的强度也达到了 300MPa 以上。MDF 水泥基材料采用低水胶比和压制成型工艺，具有非常高的密实性，空隙率也非常低，小于 $6 \times 10^{-3} \mathrm{cm}^3/\mathrm{g}$，且孔径小于 25 nm 的微孔占总孔隙率的 80％以上，孔径在 200 nm 以上的大孔几乎没有[15]。由于 MDF 制备过程中水胶比非常小（通常为 $0.08 \sim 0.20$），水泥粒子水化程度较小，未水化颗粒表面包裹着一层水化产物，水化产物之间相互胶合并与有机聚合物交联成整体。基于上述原因，MDF 材料具有很高的强度以及较高的韧性、低抗渗性、良好的抗溶剂性和抗酸碱腐蚀性能。在后来的研究中，人们发现 MDF 不仅具有很好的力学性能，还具有很好的介电性能、电磁屏蔽性能、吸音减震性能、抗冲击性能等，MDF 用来作为发电机发动机等的底座、音响、电磁屏蔽材料（加入铁粉）、防弹材料等[16~18]。MDF 材料也存在着一些缺点，即抗水能力较差，收缩较大以及制备工艺较复杂[19]，这些缺点限制了 MDF 材料的大规模应用。

20 世纪 90 年代初，法国的 Bouygues 科技公司以 Richard 为首的研究组首先研制活性粉末混凝土（RPC)[20]，这种水泥基材料具有高强高韧性等突出的优点，很快便成为混凝土界研究的新热点。RPC 的抗压强度可达 $200 \sim 800 \mathrm{MPa}$，断裂能可达 $40 \mathrm{kJ} \cdot \mathrm{m}^{-2}$。为了使 RPC 具有超高的强度和优异的韧性，Pierre Richard 等提出了 RPC 的 5 个基本原则[21]：

(1) 为了提高材料的均质性避免用粗集料；

(2) 通过优选级配和压制成型来提高材料的密实度；

(3) 通过高温养护来改善材料的微观结构；

(4) 加入微细钢纤维来提高材料的韧性；

(5) 保持搅拌合浇筑过程与现有的习惯一致。

用来配置 RPC 的材料主要有水泥、硅灰、石英砂、石英粉、高效减水剂以及微细钢纤维，有时还加入粉煤灰、矿渣等。为了获得高强度，RPC 中的水泥用量比普通水泥混凝土要高，何峰等[22]认为 RPC 中水泥用量宜在 $800 \mathrm{kg}/\mathrm{m}^3$，硅灰用量一般为水泥用量的 $15％ \sim 30％$，石英粉为水泥用量的 20％左右，石英砂一般为胶凝材料总量的 $0.8 \sim 1.2$ 倍，微细钢纤维的量一般为体积的 $1.5％ \sim 3.0％$，并且随着各原材料产地和质量的不同而有所不同。RPC 的水胶比也非常低，通常在 0.14 到 0.22 之间。RPC 分为两种，RPC200 和 RPC800。RPC200 的制备程序通常是先将水泥、硅灰、石英粉和石英砂混合均匀，然后加入钢纤维搅拌均匀，加入一半溶解了高效减水剂的水进行搅拌，最后加入另外一半水搅拌均匀。将拌合物浇筑到模具中，振实，标准条件下养护 $14 \sim 24 \mathrm{h}$ 脱模，然后在 90℃下水养或蒸养。RPC800 的制备程序与 RPC200 相似，在成型时或者是凝结后压实并挤出多余的水分，并且脱模后在 $250 \sim 400℃$ 下进行高温养护。

由于 RPC 的制备工艺中需要高温养护，因而 RPC 不能直接在现场施工，其使用形式主要是预制构件。1997 年在加拿大的魁北克建起了世界上第一座 RPC 步行桥 Sherbrooke 步行桥[23]，后来又在悉尼用 RPC 建起了第一座普通公路桥[24]，RPC 还在韩国、日本等步行桥的建设中得到了应用，值得一提的是 RPC 在我国青藏铁路中的铁路桥人行道系统中进行了应用[25]。RPC 除了应用于桥梁外，还用于压力管道、核废料储存容器等预制件的制作中，还可以用作修补和翻新材料[26~27]。

除了上述高强水泥基材料外，近几十年中出现的高强水泥基材料还有碱激发胶凝材料，聚合物浸渍混凝土，化学结合陶瓷等。

**2.2 研究存在问题**

超高性能混凝土的研究与发展已有几起几落，如 MDF 材料、DSP 材料，尽管其强度极高，但终因其组成复杂、制备难度极大，难以向工程或生产中转化，尤其是耐水性差，后期性能衰减幅度太大，导致这类材料始终停留在实验室研究阶段。因此，MDF 和 DSP 要实现向工程应用转化，始终是混凝土科学家们多年来无法解决的难题。RPC 的成功制备与广泛运用，掀起了对超高性能混凝土的新一轮研究热点，但其必须在水泥初凝和终凝这段时间需经行一段时间的持续性压力的成型工艺成为一个技术上的难点。

# 3 结语

优质原材料是制备高强水泥基材料的基础，增加所制备材料的密实性和增加水泥颗粒之间以及与集料之间的结合力是制备高强水泥基材料的重要手段，水泥基材料高强化的具体途径有：

（1）选取优质高胶凝性水泥、高活性矿物掺合料、优质高强集料；

（2）选用优质高效减水剂，尽量降低水胶比；

（3）合理控制原材料颗粒级配与形状，粗集料、细集料、水泥（平均粒径 20 — 30$\mu m$）、超细矿渣/粉煤灰（平均粒径 3～6mm）、硅灰（平均粒径 0.1～026$\mu m$）搭配，增加浆体的堆积密实性；

（4）压力成型，使浆体更加密实，消除因不密实造成的较大缺陷；

（5）热养护或使用激发剂，促进水泥以及活性掺合料的水化，增加水化产物，使之产生高强。

## 参考文献

[1] 屈志中.国内外超高强混凝土的应用与发展［J］.建筑技术，1996，23（1）：39-41.

[2] Zia P，Ahmad S，Laming M. High. performance concretes a state of art report［EB/OL］.2008，10

[3] 蒲心诚.超高强高性能混凝土［M］.重庆：重庆大学出版社，2004.

[4] Webb J. High-strength concrete：Economics，design and ductility［J］. Concrete hibernation，1993：27-32.

[5] Bache H H. Densified cement/Ultra-fine partiche-based materials［A］. Presented at the second International Conference on Super plasticizers in Concrete［C］. Ottawa，Ontario，Canada 1981，10-12.

[6] Bache H H. The new strong cements：their use in structure［J］. Phys. Technol.，1988，19：43250.

[7] Lu P，Sun G K，Young J F. Phase composition of hydrated DSP cement paste［J］. J. Am. Ceram. Soc.，1993，76（4）：100321007.

[8] Lu P，Young J F. Slag2 Portland cement based DSP paste［J］. J. Am. Ceram. Soc.，1993，76（5）：132921331.

[9] 潘国耀，毛若卿，水中和，等.用超细粉煤灰配置 DSP 材料的研制［J］.武汉工业大学学报，1997，17（4）：427.

[10] 柯劲松.DSP 材料的水化特性与高强机理探讨［J］.中国建材科技，1996，5（4）：21224.

[11] Hjorth L. Development and application of high2density cement2based materials［J］. Phil. Trans. R. Lond.，1983，A310，1672173.

[12] Birchall J D，Howard A J，Kendall K. Flexural strength and porosity of cements［J］. Nature，1981，289：3882390.

[13] 柯劲松.MDF 水泥材料的制备与应用［J］.中国建材，1995，10：26227.

[14] 柯劲松，黄从运.MDF 水泥制备工艺条件研究［J］.上海建材，1995，5：19221.

[15] Huang C Y，Yuan R Z，Long S Z. The pore structure and hydration performance of sulfoaluminate MDF cement［J］. Journal of Wuhan University of Technology-Mater. Sci. Ed，19（1）：83285.

[16] DrabikM，Mojumdar S C，Slade R C T. Prospects of novelmaro-defect-free cements for the new millennium［J］. Ceramics -Silikaty，2002，46：68273.

[17] 李北星，张文生.MDF 水泥基复合材料的性能与应用［J］.中国建材科技，2000，1：37241.

[18] 司志明.MDF 水泥复合材料的研究和发展［J］.山东建材学院学报，1994，8，（4）：81283.

[19] Donatello S，TyrerM，Cheeseman C R. Recent developments in macro-defect-free（MDF）cements［J］. Construction and Building Materials，2008（ in press）.

[20] Lee N P，Chrisholm D S. Study report：reactive powder concrete［R］. Branz，2006.

[21] Richard P，CheyrezyM. Composition of reactive powder concretes［J］. Cem. Conc. Res.，1995，25（7）：150121511.

[22] 何峰，黄政宇.活性粉末混凝土原材料及配合比设计参数的选择［J］.新型建筑材料，2007，3：74277.

[23] Blais P Y，Couture M. Precast，prestressed pedestrian bridge-world's first reactive powder concrete structure［J］. PCI journal，1999，44：60-71.

[24] Cavill B，Chirgwin G. The world's first RPC road bridge at Shepherds Gully Creed［A］，

NSW. CIA 21st Biennial conference [C]. Brisbane，2003，7

[25] JiW Y，AnM Z，Yan G P，et al. Study on reactive powder concrete used in the sidewalk system of the Qinghai2Tibet railway bridge [A]. International Workshop on Sustainable Development and Concrete Technology [C]. Beijing，2004，5

[26] Ming G L，et al. A preliminary study of reactive powder concrete as a new repairmaterial [J]. Construction and Building Materials，2007，21：182-189.

[27] Liu C T. Highly flowable reactive powdermortar as a repairmaterial [J]. Construction and Building Materials，2008，22：104321050.

**作者简介**

简险峰，中国矿业大学（北京）研究生院在读研究生。地址：北京市海淀区中国矿业大学（北京）宝源公寓A1栋；邮编：100083；电话：15652849056；E-mail：jianxianfeng@126.com。

# 聚羧酸减水剂的研究进展与发展趋势

刘　磊[1,2]，张光华[2]，张凯峰[1]，刘行宇[1]

（1. 中建西部建设北方有限公司，陕西西安，710116；

2. 陕西科技大学，陕西西安，710021）

**摘　要**　介绍了聚羧酸系高效减水剂的研究进展、分子结构和作用机理，简要概述了聚羧酸的合成方法，讨论了聚羧酸系减水剂主要存在的问题，同时提出了今后的研究方向。

**关键词**　聚羧酸减水剂；研究进展；作用机理；发展趋势

# The Research Progress and Development Trend of Polycarboxylate Superplasticizer

Liu Lei[1,2]，Zhang Guanghua[2]，Zhang Kaifeng[1]，Liu Xingyu[1]

（1. China West Construction North CO. ，LTD，Shaanxi Xi'an，710116；

2. Shaanxi University of Science & Technology，Shaanxi Xi'an，710021）

**Abstract**　The research progress, molecular structure and action mechanism of the polycarboxylate superplasticizer were introduced in detail. The synthesis method of the polycarboxylate superplasticizer was briefly analysized. Some urgent problems to be solved were discussed and the development tendencies have been put forward as well.

**Keywords**　polycarboxylate superplasticizer; research progress; action mechanism; development tendency

## 0　引言

混凝土是当今世界用量最大、用途最广的工程材料之一，近些年来，随着建筑、路桥以及市政基础设施工程的快速发展，全世界混凝土的年均产量已经超过六十亿立方米[1~2]。减水剂作为混凝土中使用量最大、用途最广的外加剂，能够显著减少混凝土拌合用水量、提高混凝土和易性并保证混凝土的后期强度和耐久性能，因此，自从减水剂推广应用以来，其一直备受业界研究与工程人员的广泛重视[3~6]。

## 1　聚羧酸减水剂的发展背景

减水剂的发展主要分为三个阶段。

（1）第一代普通减水剂，代表减水剂为木质素、硬脂酸皂、松香酸钠等。第一代减水剂由于掺量大而且减水率较低逐渐被第二代减水剂所代替，但为了降低成本，有些地方仍然将其与其他减水剂复配使用[7]。

（2）第二代减水剂，代表减水剂为三聚氯氰系减水剂、萘系减水剂、氨基磺酸系减水剂以及脂肪族系减水剂。添加三聚氰胺减水剂的混凝土早期强度发展较快，引气性小，相容性好；萘系减水剂与三聚氰胺系减水性能相近，但掺入后混凝土坍落度损失较大，并且存在生产污染；氨基磺酸系减水剂是甲醛、苯酚和氨基芳基磺酸盐发生缩合反应的产物，其减水性能和萘系相比较优，但生产成本高，且危害环境，不能得以广泛使用；脂肪族磺酸盐减水剂虽然生产工艺简单、分散效果好并且无污染，但掺入后混凝土的外观不佳，其应用也十分有限[8~9]。随着市场对混凝土各方面性能的更高要求，第二代减水剂也难以满足市场需求。

（3）第三代减水剂，代表减水剂为聚羧酸系高性能减水剂，聚羧酸减水剂最早是由日本触媒公司研制出来，20世纪90年代工业生产。20世纪80年代德国和美国也相继开始对聚羧酸减水剂进行研究，我国对聚羧酸减水剂的研究起步较晚，大概从20世纪90年代中后期由国内有实力的高校、研究单位进行研发。聚羧酸减水剂不仅掺量低、减水率高，而且能大幅度提高混凝土的强度，特别适合当代泵送施工要求，聚羧酸减水剂还属于绿色环保、无毒无害型减水剂，适合社会可持续发展。因此聚羧酸减水剂得到了广泛的使用，是我国大型建设不可缺少的混凝土外加剂[10]。

## 2 聚羧酸减水剂的结构特征

目前市场主流的聚羧酸减水剂主要为聚酯类聚羧酸减水剂和聚醚类聚羧酸减水剂，主要是通过乙烯基类小分子羧酸单体、乙烯基类小分子磺酸盐单体以及乙烯基类大单体通过自由基共聚合成。其中乙烯基小分子羧酸单体主要为丙烯酸、甲基丙烯酸、马来酸酐等，小分子磺酸盐单体主要包括烯丙基磺酸钠、乙烯基磺酸钠、甲基烯丙基磺酸钠等，乙烯基类大单体主要包括异戊烯基聚氧乙烯醚（TPEG）、甲基烯丙基聚氧乙烯醚（HPEG）、甲氧基聚乙二醇甲基丙烯酸酯（MPEGMA）等。聚羧酸减水剂分子构型是以羧酸基团 $COO^-$ 和磺酸基团 $SO_3^-$ 为主链，聚酯或聚醚为侧链的梳状分子结构，结构式如图1和图2所示。

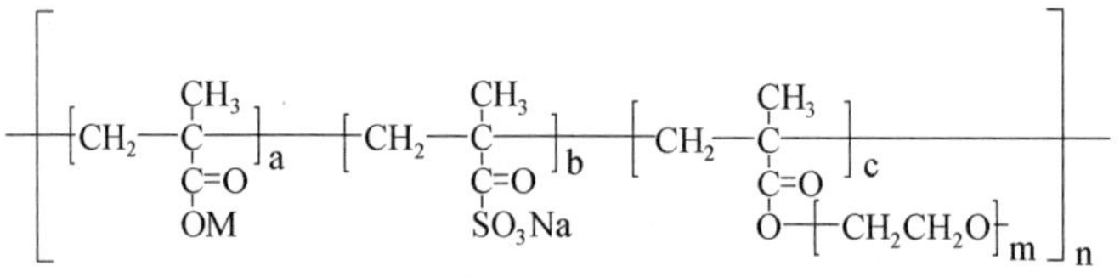

图1 脂类聚羧酸减水剂结构式

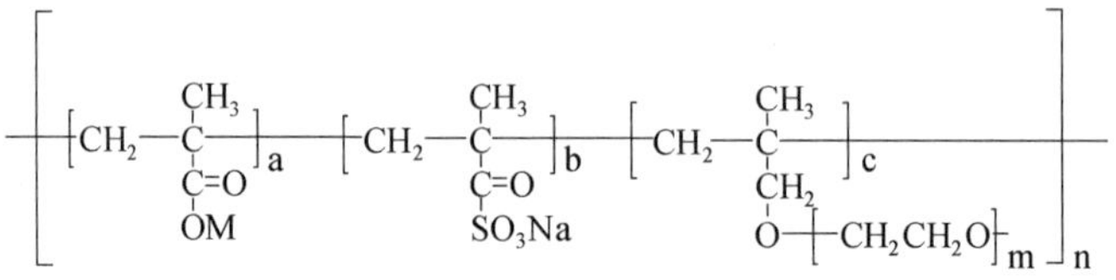

图2 醚类聚羧酸减水剂结构式

## 3 聚羧酸减水剂的作用机理

现阶段关于聚羧酸系减水剂对水泥浆体的分散机理主要有静电排斥作用、空间位阻作用和水化膜润滑作用三种[11~13]。

### 3.1 静电斥力作用

静电斥力理论又叫做双电层理论，如图3所示，主要是 $COO^-$ 和 $SO_3^-$ 等阴离子基团通过吸附锚固在水泥颗粒表面，使水泥表面带有相同的电荷而形成双电层，当水泥颗粒相互靠近时，颗粒因同性电荷而相互排斥，阻止水泥颗粒相互靠近，增大水泥与水的接触面积，使得水泥更加充分地得到水化，提高水泥浆料的流动性。

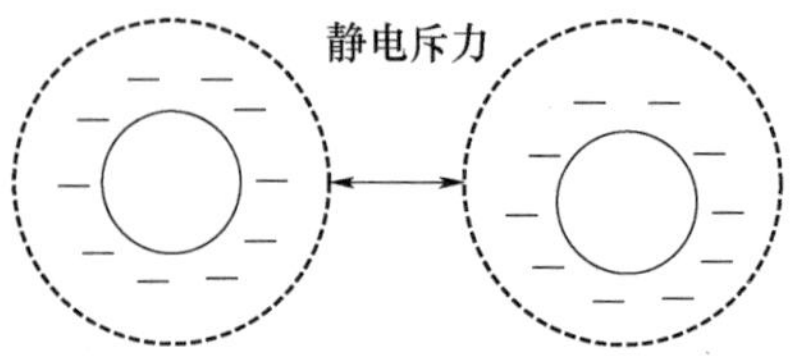

图3 静电斥力作用

### 3.2 空间位阻作用

聚羧酸减水剂空间位阻理论如图4所示，聚羧酸减水剂主链吸附在水泥颗粒上后，其侧链在水溶液中伸展开来，当水泥颗粒相互靠近时，由于其长侧链的位阻作用，使得颗粒与颗粒很难接触到一起，从而对水泥颗粒起到很好地分散作用。

### 3.3 水化膜润滑作用

聚羧酸减水剂由于分子结构中存在 COOH、OH、$SO_3H$ 等基团具有亲水性，由于极性基团的亲水作用，可使水泥颗粒表面形成一层具有一定机械强度的溶剂化水膜。水化膜的形成可破坏水泥颗粒的絮凝结构，释放包

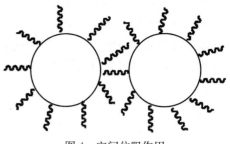

图 4　空间位阻作用

裹于其中的拌合水，使水泥颗粒充分分散，并提高了水泥颗粒表面的润湿性，同时对水泥颗粒及集料颗粒的相对运动具有润滑作用，所以在宏观上表现为新拌混凝土流动性增大，和易性良好。

## 4　聚羧酸减水剂的合成方法

对于聚羧酸减水剂的合成，分子结构的设计是至关重要的，其中包括分子中主链基团、侧链密度以及侧链长度等。合成方法主要包括原位聚合接枝法、先聚合后功能化法和单体直接共聚法。

### 4.1　原位聚合接枝法

以聚醚作为不饱和单体聚合反应的介质，使主链聚合以及侧链的引入同时进行，工艺简单，而且所合成的减水剂分子质量能得到一定的控制，但这种方法涉及的酯化反应为可逆反应，在水溶液中进行导致接枝率比较低，已经逐渐被淘汰[14]。

### 4.2　先聚合后功能化法

这种方法主要是先合成减水剂主链，再以其他方法将侧链引入进行功能化，此方法操作难度较大，减水剂分子结构不灵活且单体间相容性不好，使得这种方法的使用得到了较大的限制[15]。

### 4.3　单体直接共聚法

这种方法是先制备出活性大单体，然后在水溶液中将小单体和大单体在引发剂的引发下进行共聚反应。随着大单体的合成工艺日益成熟且种类越来越多，这种合成方法已经是现阶段聚羧酸减水剂合成的最常用方法[16]。

## 5　聚羧酸减水剂存在的问题

聚羧酸减水剂作为高性能减水剂，其诸多的优良性能使其在混凝土行业应用广泛，但在实际施工应用中它也存在一些的问题。近些年来，聚羧酸减水剂与混凝土原材料的相容性问题越来越突出，其中包括减水剂与掺合料、硫酸盐、石膏的溶解度、水泥细度、水泥碱含量以及集料表面的泥土等均存在相容性问题[17~19]。聚羧酸减水剂的结构也同样影响其与混凝土的适应性，其中砂石对聚羧酸减水剂的影响是不容忽视的，尤其是含泥量较高的砂石对减水剂的影响更为明显。泥土对聚羧酸减水剂具有强烈的吸附作用，当砂石中黏土含量较高时，大量聚羧酸减水剂被泥土所吸附，和水泥颗粒发生作用的有效减水剂含量大幅度降低，混凝土流动性急剧下降，坍落度损失很快，可运输的时间大为缩短，难以保证混凝土的运输、泵送和施工要求。其次，当集料砂石中黏土含量较多时，会降低水泥与集料之间的粘结强度，从而导致混凝土抗压、收缩、抗折、耐磨等性质受到不利影响，泥块和泥团还有可能聚集在一起在混凝土中形成薄弱区，使得混凝土强度降低[20~22]。泥土一般都存在膨胀性能，当泥土掺入混凝土后由于其膨胀性在混凝土结构中产生应力，增大混凝土开裂的风险。

## 6　聚羧酸减水剂的发展趋势

### 6.1　制备工艺的改进

聚羧酸减水剂分子结构与分子质量是可以调节控制的，因此可通过调节羧基与醚基或羧基与酯

基的比例，或者在减水剂主链上引入如氨基、磺酸基、磷酸基等功能性基团对分子结构进行调整，通过调节分子质量、主链和侧链比例与长度，增加聚羧酸减水剂分散性能，并提高其适应性；其次聚羧酸减水剂大多采用自由基聚合工艺制备，反应温度在 $60\sim80℃$，合成过程中需要加热，不仅工艺复杂，而且加热需要燃烧煤炭，还会耗能源，并带来环境污染问题，因此，通过氧化还原体系在常温下合成聚羧酸减水剂是以后的发展方向；除此之外，粉剂聚羧酸减水剂由于运输和使用都比液态聚羧酸减水剂更加方便，因此粉体聚羧酸减水剂产品也将是以后的发展趋势。

## 6.2 功能性聚羧酸减水剂研究

随着混凝土行业的发展与混凝土原材料的变化，根据不同季节、不同施工条件以及不同的原材料对聚羧酸减水剂性能的要求也越来越严格。为了更好地满足市场需求，系统地开发具有特殊功能聚羧酸系列产品是以后发展的重点。随着混凝土原材料的不断恶化，混凝土坍落度保持性越来受到重视，因此具有保坍功能的聚羧酸减水剂是未来重点发展的一种产品；聚羧酸减水剂具有掺量低、减水率高、保坍性好等优点，但在冬季低温环境下，由于其会延缓水泥水化，使得混凝土早期强度发展缓慢，从而限制了聚羧酸减水剂在某些建筑工程中的应用，因此，未来建筑行业迫切需要具有较高早期强度的聚羧酸减水剂，这是未来又一重点发展的产品；随着建筑规模的不断扩大，天然砂石的不断被开采与使用，性能优良、质量稳定的砂石的越来越少，大量的砂石中均不同程度的带有泥土，泥土掺入到混凝土后严重影响混凝土的和易性和耐久性能，因此具有抗泥性能的聚羧酸减水剂是现在市场急需的，也是未来发展的重点趋势。

# 7 结语

随着聚羧酸系减水剂的作用机理研究日益深入，合成工艺日趋成熟，聚羧酸系减水剂将会在建筑、路桥、隧道、港口码头、水电大坝以及市政工程广泛应用，具有广阔的发展前景，将进一步朝着标准化、生态化、多功能化方向发展。

**参考文献**

［1］ 张秀芝，杨永清，裴梅山. 高效减水剂的应用于发展［J］. 济南大学学报，2004，18（2）：139-144.

［2］ 王林. 粘土矿物对聚羧酸减水剂性能的影响及机理研究［D］. 北京：中国矿业大学，2014.

［3］ Al-Amoudi O S B, Abiola T O, Maslehuddin M. Effect of superplasticizer on plastic shrinkage of plain and silica fume cement concretes［J］. Construction & Building Materials, 2006, 20（9）：642-647.

［4］ Yoshioka K, Tazawa E I, Kawai K, et al. Adsorption characteristics of superplasticizers on cement component minerals［J］. Cement & Concrete Research, 2002, 32（10）：1507-1513.

［5］ Lei L, Reese J D, Plank J, et al. Synthesis, Characterization and Dispersing Performance of a Novel Cycloaliphatic Superplasticizer［C］// 10th CANMET/ACI Conference on Superplasticizers and Other Chemical Admixtures in Concrete（Proceedings）. 2012：11-27.

［6］ Li Shun, Wen Ziyun, Dispersibility and air entraining performance of polycarboxylate-type water reducers［J］. Journal of the Chinese ceramic society, 2009, 37（4）：616-621.

［7］ 何世华. 混凝土高性能减水剂的发展现状与展望［J］. 福建建材，2013，03：13-14.

［8］ Pei M, Wang D, Hu X, et al. Synthesis of sodium sulfanilate-phenol-formaldehyde condensate and its application as a superplasticizer in concrete［J］. Cement & Concrete Research, 2000, 30（30）：1841-1845.

［9］ Kim B G, Jiang S, Jolicoeur C, et al. The adsorption behavior of PNS superplasticizer and its relation to fluidity of cement paste［J］. Cement & Concrete Research, 2000, 30（6）：887-893.

［10］ 荀武举，吴长龙，辛德胜，等. 聚羧酸系高性能减水剂的研究现状与展望［J］. 当代化工，2011，40（2）：184-185.

［11］ 卫爱民，韩德丰. 聚羧酸系混凝土高效减水剂的作用机理及合成工艺现状［J］. 混凝土，2008，（8）：69-72.

［12］ 付玫. 减水剂品种和作用机理［J］. 江西建材，2009（106）：13-14.

[13] 莫祥银，景颖杰，邓敏，许仲梓，唐明述．聚羧酸盐系高性能减水剂研究进展及评述 [J]．混凝土，2009 (3)：60-63.

[14] 张瑞艳．聚羧酸系高效减水剂的合成及作用机理研究 [D]．北京：北京工业大学，2005.

[15] 王国建，马治平，封皓．后醇化法制备聚羧酸盐系高效减水剂的研究 [J]．新型建筑材料，2006，04：45-50.

[16] 王子明．聚羧酸系高性能减水剂的制备、性能与应用 [M]．北京：中国建筑工业出版社，2009，97-123.

[17] 李崇智，冯乃谦．梳形聚羧酸系减水剂与水泥的相容性研究 [J]．建筑材学报，2004，7 (3)：252-260.

[18] 王子明．商品砂浆用化学外加剂 [C] // 首届全国商品砂浆学术会议论文集．2005.

[19] Yamada K，Ogawa S，Hanehara S. Controlling of the adsorption and dispersing force of polycarboxylate-type superplasticizer by sulfate ion concentration in aqueous phase [J]. Cement & Concrete Research，2001，31 (3)：375-383.

[20] Tregger N A，Pakula M E，Shah S P. Influence of clays on the rheology of cement pastes [J]. Cement & Concrete Research，2010，40 (3)：384-391.

[21] 孔凡敏，孙晓明，杨励刚，等．砂含泥量对掺聚羧酸高性能减水剂混凝土的技术经济指标影响 [J]．混凝土，2011，256 (2)：95-97，112.

[22] 沈焱，王香港，周建军．混凝土中砂石泥含量对减水剂性能的影响 [J]．建材技术与应用，2011，12：9-11.

# 一种早强型聚羧酸高性能减水剂的合成和砂浆早强性能的试验研究

傅凌，张娟

（中建西部建设股份有限公司北方公司，天津，300450）

**摘 要** 在保持 TPEG 摩尔量一定的条件下，通过正交法研究丙烯酸（AA）、丙烯酰胺（AM）、2-丙烯酰胺-2-甲基丙磺酸（AMPS）、甲基丙烯磺酸钠（MAS）在不同的摩尔比时进行多元共聚。该早强型聚羧酸系减水剂具有早强、无氯、无硫酸盐、低碱含量的特点。并对其水泥砂浆的早期强度进行试验研究，得出 MAS 和 AM 用量变化时其早强效果变化较大。

**关键词** 早强；聚羧酸；高性能减水剂；

# Synthesize and Experimental Study on the Early Strength of Mortar Performance on a Kind of Early-type of High-performance Polycarboxylate Water-reducing Agent

Fu Ling，Zhang Juan

（China West Construction Group Co.，Ltd，Tianjin，300450）

**Abstract** In keeping the TPEG Moore quantity under certain conditions，Research by orthogonal method AA，AM，AMPS and MAS in different mole ratio of multivariate copolymerization. This new early-type of high-performance polycarboxylate superplasticizer has many characters，for example，high early strength，chloride free，sulfate free，Low alkali content and so on. It studies the early strength of cement mortar，MAS and AM dosage changes in its early strength effect change is larger.

**Keywords** early strength；polycarboxylate；high performance water-reducing agent

## 0 前言

随着我国社会经济的高速发展以及各地城市化率的不断提高，各地对混凝土的需求量节节高涨。聚羧酸减水剂以其环保无污染、高减水率、坍损小等优良性能已在国内得到广泛运用。目前国内普通聚羧酸的生产研究水平以达国外发达国家水平，但长期以来一直缺乏早强型聚羧酸减水剂的研究。目前市面上常用外掺早强剂或者减水剂厂家通过复配早强剂而得到早强减水剂。早强剂按其化学成分划分可分为无机盐类、有机类和复合型早强剂。目前这些常用早强剂并无减水率，且常用早强剂含有 $Cl^-$，容易引起钢筋锈蚀从而限制了其使用范围。早强型聚羧酸减水剂是根据聚羧酸减水剂的分子结构可设计性，引入具有早强效果的官能团进行聚合，进而得到既具有早强效果又具有减水作用的高性能减水剂。本文通过调整单体的不同比例进行聚合，研究了早强型聚羧酸高性能减水剂的最优合成方法，并通过混凝土试验对其早强性能进行检验。

# 1 合成实验原材料及砂浆实验方法

## 1.1 减水剂合成原材料

合成仪器：恒温水浴锅、四口烧瓶、恒流泵、聚四氟乙烯搅拌桨、温度计。合成原材料厂家及级别见表1。

表1 合成原材料

| 原材料 | 相对分子量 | 生产厂家 | 级别 |
|---|---|---|---|
| TPEG | 2400 | 辽宁科隆 | 工业级 |
| 丙烯酸（AA） | 72.09 | 北京东方石化 | 工业级 |
| 丙烯酰胺（AM） | 71.08 | 国药集团 | 分析纯 |
| 2-丙烯酰胺-2-甲基丙磺酸（AMPS） | 207.24 | 国药集团 | 分析纯 |
| 甲基丙烯酸钠 | 158.15 | 苏州康捷化工 | 工业级 |
| 过硫酸铵（APS） | 228.20 | 上海优耐德 | 工业级 |
| 氢氧化钠 | 40.01 | 天津碱厂 | 工业级 |

## 1.2 砂浆试验材料及方法

### 1.2.1 水泥性能

砂浆试验用砂为购自厦门艾思欧标准砂有限公司生产的标准砂。水泥为冀东P·O 42.5水泥，其主要化学成分见表2。

表2 水泥的主要化学成分（%）

| $SO_3$ | $SiO_2$ | $Fe_2O_3$ | $Al_2O_3$ | CaO | MgO | $K_2O$ | $Na_2O$ | $R_2O$ | 烧失量 |
|---|---|---|---|---|---|---|---|---|---|
| 2.10 | 26.63 | 2.43 | 5.33 | 54.09 | 3.17 | 0.72 | 0.22 | 0.60 | 3.11 |

### 1.2.2 水泥净浆流动度的测定

净浆流动度的测定按照《混凝土外加剂匀质性试验方法》（GB 8077—2000）中规定，水泥称取300g，40%含固减水剂1.5g（折固后掺量为0.2%），水86.1g。

### 1.2.3 胶砂强度的测定

胶砂强度的测定按照《水泥胶砂强度试验》（GB/T 17671—1999）中规定，水泥称取450g，标准砂1350g，40%含固减水剂2.48g（折固后掺量为0.22%），水185g。

# 2 聚合试验方法和正交试验的设计

## 2.1 聚合试验方法

在恒温水浴锅中架设四口烧瓶，加入适量的去离子水和异戊烯醇聚氧乙烯醚（TPEG），氮气保护搅拌并升温至60℃，加入引发剂开始恒速滴加AA、AM、AMPS、MAS以及分子量调节剂，控制在3h滴加完成并保温2h。冷却降温至室温后加入液碱调节pH至6～8左右得到即为合成早强型聚羧酸减水剂产品。聚合试验正交设计见表3。

表3 减水剂合成配比正交实验表

| 编号 | AA（mol） | AM（mol） | AMPS（mol） | MAS（mol） | 净浆流动度（mm） |
|---|---|---|---|---|---|
| 1 | 0.13 | 0.038 | 0.038 | 0.022 | 240 |
| 2 | 0.13 | 0.05 | 0.05 | 0.033 | 250 |
| 3 | 0.13 | 0.064 | 0.064 | 0.044 | 260 |
| 4 | 0.15 | 0.038 | 0.05 | 0.044 | 250 |
| 5 | 0.15 | 0.05 | 0.064 | 0.022 | 255 |
| 6 | 0.15 | 0.064 | 0.038 | 0.033 | 245 |
| 7 | 0.17 | 0.038 | 0.064 | 0.033 | 260 |
| 8 | 0.17 | 0.05 | 0.038 | 0.044 | 240 |
| 9 | 0.17 | 0.064 | 0.05 | 0.022 | 240 |

## 3 结果与讨论

由表4数据分析可以得出，比较以上四个因素对减水剂1d强度影响，水泥胶砂试块1d抗压强度最优配方为A2B2C2D2，即AA0.13mol，AM为0.05mol，AMPS为0.05mol，MAS为0.022mol时的配方。由极差分析可得知影响其1d抗压强度性能因素由大到小为MAS>AM>AA>AMPS。

**表4 减水剂合成配比正交实验1d抗压强度结果**

|  | AA | AM | AMPS | MAS | 1d抗压强度 |
|---|---|---|---|---|---|
| 1 | 1 | 1 | 1 | 1 | 17.8 |
| 2 | 1 | 2 | 2 | 2 | 21.3 |
| 3 | 1 | 3 | 3 | 3 | 17.0 |
| 4 | 2 | 1 | 2 | 3 | 18.6 |
| 5 | 2 | 2 | 3 | 1 | 20.5 |
| 6 | 2 | 3 | 1 | 2 | 19.8 |
| 7 | 3 | 1 | 3 | 2 | 18.0 |
| 8 | 3 | 2 | 1 | 3 | 17.6 |
| 9 | 3 | 3 | 2 | 1 | 18.9 |
| 均值1 | 18.700 | 18.133 | 18.400 | 19.067 | |
| 均值2 | 19.633 | 19.800 | 19.600 | 19.700 | |
| 均值3 | 18.167 | 18.567 | 18.500 | 17.733 | |
| 极差 | 1.466 | 1.667 | 1.200 | 1.967 | |
| 最优组合 | A2B2C2D2 | | | | |
| 影响因素 | D>B>A>C | | | | |

由表5数据分析可以得出，比较以上四个因素对减水剂3d强度影响，水泥胶砂试块3d抗压强度最优配方为A3B2C3D2。即AA0.17mol，AM为0.05mol，AMPS为0.064mol，MAS为0.022mol时的配方。由极差分析可得知影响其3d抗压强度性能因素由大到小为MAS>AM>AA>AMPS。

**表5 减水剂合成配比正交实验R3抗压强度结果**

|  | AA | AM | AMPS | MAS | 3d抗压强度 |
|---|---|---|---|---|---|
| 1 | 1 | 1 | 1 | 1 | 36.1 |
| 2 | 1 | 2 | 2 | 2 | 40.6 |
| 3 | 1 | 3 | 3 | 3 | 36.0 |
| 4 | 2 | 1 | 2 | 3 | 35.6 |
| 5 | 2 | 2 | 3 | 1 | 40.0 |
| 6 | 2 | 3 | 1 | 2 | 39.9 |
| 7 | 3 | 1 | 3 | 2 | 40.7 |
| 8 | 3 | 2 | 1 | 3 | 37.7 |
| 9 | 3 | 3 | 2 | 1 | 39.7 |
| 均值1 | 37.567 | 37.467 | 37.900 | 38.600 | |
| 均值2 | 38.500 | 39.433 | 38.663 | 40.400 | |
| 均值3 | 39.367 | 38.533 | 38.900 | 36.433 | |
| 极差 | 1.800 | 1.966 | 1.000 | 3.967 | |
| 最优组合 | A3B2C3D2 | | | | |
| 影响因素 | D>B>A>C | | | | |

由表6数据分析可以得出，比较以上四个因素对减水剂7d强度影响，水泥胶砂试块7d抗压强度最优配方为A3B2C3D2。即AA0.17mol，AM为0.05mol，AMPS为0.064mol，MAS为

0.022mol 时的配方。由极差分析可得知影响其 3d 抗压强度性能因素由大到小为 MAS＞AM＞AMPS＞AA。

表6 减水剂合成配比正交实验 R7 抗压强度结果

| | AA | AM | AMPS | MAS | R7 抗压强度 |
|---|---|---|---|---|---|
| 1 | 1 | 1 | 1 | 1 | 52.6 |
| 2 | 1 | 2 | 2 | 2 | 46.5 |
| 3 | 1 | 3 | 3 | 3 | 49.9 |
| 4 | 2 | 1 | 2 | 3 | 47.2 |
| 5 | 2 | 2 | 3 | 1 | 44.6 |
| 6 | 2 | 3 | 1 | 2 | 48.9 |
| 7 | 3 | 1 | 3 | 2 | 48.4 |
| 8 | 3 | 2 | 1 | 3 | 47.8 |
| 9 | 3 | 3 | 2 | 1 | 46.8 |
| 均值1 | 47.867 | 46.300 | 47.233 | 48.233 | |
| 均值2 | 47.300 | 48.533 | 47.933 | 48.700 | |
| 均值3 | 47.967 | 48.300 | 47.967 | 46.200 | |
| 极差 | 0.667 | 2.233 | 0.734 | 2.500 | |
| 最优组合 | A3B2C3D2 | | | | |
| 影响因素 | D＞B＞C＞A | | | | |

综上所得，三种强度统计均表示对减水剂早期强度影响较大的因素为 MAS＞AM。其余两种原材料 AMPS 和 AA 的比较中，AMPS 只有在 7d 强度影响大于 AA，所以对早期强度影响因素大小最终评价为 MAS＞AM＞AA＞AMPS，且 AA 与 AMPS 相差不大。由于 1d 要求拆模即可，故在评定时 3d 强度相比 1d 强度和 7d 强度更为重要。综合考虑认为最优方案为 A3B2C3D2。

## 4 结语

采用水溶液聚合，通过正交试验设计所得，在 AA，AM，AMPS，MAS 共同作为小单体进行共聚合成聚羧酸减水剂时。其对早强效果的影响大小为 MAS＞AM＞AA＞AMPS。磺酸基和氨基对聚羧酸减水剂的早强效果均有不同程度的贡献。

**参考文献**

[1] 张力冉，王栋民，刘治华，石晶，郝兵，昂源，张伟利. 早强型聚羧酸减水剂的分子设计与性能研究 [J] 新型建筑材料，2012（3）：73-77.
[2] 张新民，李国云等. 早强快凝型聚羧酸减水剂的合成和应用 [J]. 混凝土，2009，(4)：87-89.

# 木质素纤维增强干混砂浆的制备与性能表征

李亚辉，钱元弟，雷团结，陈　贺

（马鞍山十七冶工程科技有限责任公司，马鞍山，243000）

**摘　要**　在普通干混砂浆中掺加木质素纤维，获得 ECC 型干混砂浆，研究其物理力学性能、热学性能以及收缩性能等。结果表明：加入占胶凝材料质量 0.3% 的木质素纤维，能显著改善干混砂浆硬化后的力学性能，尤其是抗折强度；随着木质素纤维掺入量的增加，硬化砂浆试样的导热系数逐渐降低。

**关键词**　木质素纤维；干混砂浆；物理力学性能

# Preparation and Characterization of ECC type Dry Mixed Mortar Enhanced by Lignin Fiber

Li Yahui[1]，Qian Yuandi，Lei tuanjie，Chen he

（Ma'anshan MCC17 Engineering Science & Technology Co.，Ltd，

Ma'anshan，243000）

**Abstract**　The high-performance dry mixed mortar （DMM） specimens are obtained after mixing the lignin fibers （LF） into ordinary DMM. The properties of the resulting DMM specimens are characterized systematically，which include the physical and mechanical properties，thermal properties and shrinkage properties. It is found that the mechanical properties of the hardened DMM specimens are significant improved by adding LF at the amount of 0.3% of the mass of their cementitious material，especially the improvement of their flexural properties. With the increase of incorporation of LF，the thermal conductivity of the hardened mortar specimens decrease.

**Keywords**　lignin fiber；dry mixed mortar；physical and mechanical properties

## 0　引言

目前国家正在大力推进住宅产业化进程，住宅产业化可以大幅度提高建筑体的建设速度和施工质量，我国主要借鉴欧洲的 PC 技术和日本的 SI 技术[1]。住宅产业化要求建筑施工所需的各种构件都要在专门的工厂预先加工好，然后运输到施工现场进行组装，因此构件之间的连接就成了住宅产业化建筑建设的关键技术之一，其中各种形式的连接砂浆则是 PC 构件组装的主要连接材料。PC 构件是在工厂按照标准尺寸加工，质量能够得到有效控制，因此住宅产业化建筑的连接部分就成了控制其质量好坏的瓶颈环节[2]。

众所周知，砂浆同普通混凝土一样，属于脆性材料，存在拉压比低、干缩变形大、抗渗性、抗裂性、耐腐蚀性差、不具保温性能等缺点，将其直接应用于 PC 件连接时，会给住宅产业化建筑带来结构安全方面的隐患[3]。ECC 材料中，通过将聚乙烯醇（PVA）等短纤维在材料中乱向分布，可使 ECC 材料的力学性能明显提高，收缩率显著下降，并且具有较强的抗裂和抗震性[4]。若将

ECC 材料增强原理运用于连接砂浆，则 PC 构件连接质量将会显著提高。

# 1 试验原材料与方法

## 1.1 原材料

"海螺牌" 42.5 R 级普通硅酸盐水泥，基本性能见表 1；粉煤灰，安徽马鞍山第二发电厂排出的 I 级干灰，基本性能见表 2；烘干砂，细度模数为 2.68，堆积密度 1550 kg/m³，表观密度 2430 kg/m³，含泥量为 0.7%（质量分数），级配为连续级配；短纤维，木质素纤维，纤维长度 3～8 mm，纤维直径 5 μm；羧丙基甲基纤维素（HPMC），黏度 150 000 mPa·s；自来水。

**表 1　水泥的基本性能指标**

| $w$（细度（80 μm））（%） | 密度（g/cm³） | 比表面积（m²/kg） | 抗折强度（MPa） | | 抗压强度（MPa） | |
|---|---|---|---|---|---|---|
| | | | 3d | 28d | 3d | 28d |
| 2.5 | 3.13 | 375 | 5.4 | 9.1 | 23.5 | 48.6 |

**表 2　粉煤灰的基本性能指标**

| 细度（45μm）（%） | 需水量比（%） | 密度（g/cm³） | 烧失量（%） | 三氧化硫（%） | 含水量（%） |
|---|---|---|---|---|---|
| 8.5 | 92.4 | 2.27 | 3.51 | 2.9 | 0.9 |

## 1.2 试样的制备与表征

本试验采用的干混砂浆的灰砂比（胶凝材料与砂质量之比）为 1:3，水灰比为 0.5；干混砂浆中粉煤灰替代水泥量为 20%，HPMC 为外掺，掺加量为胶凝材料质量的 0.5%，所制备试样的配比中，木质素纤维掺入量占胶凝材料质量分数（$\varphi$）分别为 0%（A1），0.07%（A2），0.13%（A3），0.20%（A4），0.26%（A5）。不同组分砂浆试样的配比见表 3。

**表 3　不同砂浆试样的配比**

| 编号 | 砂（g） | 水泥（g） | 纤维（%） | 粉煤灰（g） | 膨胀珍珠岩（%） | HPMC（g） | 水（g） |
|---|---|---|---|---|---|---|---|
| B1 | 1350 | 360 | 0 | 90 | 0 | 2.25 | 225 |
| B2 | 1350 | 360 | 0.07 | 90 | 0 | 2.25 | 225 |
| B3 | 1350 | 360 | 0.13 | 90 | 0 | 2.25 | 225 |
| B4 | 1350 | 360 | 0.20 | 90 | 0 | 2.25 | 225 |
| B5 | 1350 | 360 | 0.26 | 90 | 0 | 2.25 | 225 |

按表 3 中的配比分别称取粉煤灰、水泥、HPMC 和木质素纤维，先搅拌 2min，再加入干砂搅拌 2min 后制成干混砂浆样品。在水泥胶砂搅拌机中将上述干混砂浆样品加水搅拌，加水量为 225 g，搅拌 3 min，得到湿砂浆样品，将其填充到成型模具，24 h 后进行试样脱模、养护，并测试试样的 28 d 抗折强度、抗压强度等。试验中的成型模具为 40mm×40mm×160mm 三联试模，试样养护温度为（20±2）℃。硬化砂浆试样的干燥收缩率按照《建筑砂浆基本性能试验方法》（JGJ/T 70—2009）中要求进行测试；使用杭州大华仪器制造有限公司生产的 YBF-3 型导热系数测定仪测定硬化砂浆试样的导热系数，测试方法为稳态法，试样尺寸为 $\phi$13.5 cm ×4 cm。用 SEM 方法观察 28 d 龄期的硬化砂浆样品微结构形貌（JSM-6490LV，日本电子公司）。

# 2 结果与讨论

## 2.1 力学性能

图 1 为硬化砂浆试样 28 d 抗压强度随木质素纤维含量（$\varphi$）变化的关系。从图 1 中可以看出，对于与普通干混砂浆试样（$\varphi=0$）相比，含有木质素纤维的硬化砂浆试样的抗压强度随着木质素纤

维含量的增加而增大，并且在木质素纤维含量为 0.26% 时，硬化砂浆试样的抗压强度达到最大值 25.3 MPa，增加了约 12%，即适量木质素纤维可明显的提高硬化砂浆试样的抗压强度。

图 2 为硬化砂浆试样的 28 d 抗折强度随木质素纤维含量（$\varphi$）变化的关系。从图中可以看出，与普通干混砂浆试样（$\varphi=0$）相比，含有木质素纤维的硬化砂浆试样的抗折强度也随着木质素纤维含量的增加而增大，并且在木质素纤维含量为 0.26% 时，硬化砂浆试样的抗折强度达到最大值 7.5 MPa。增加了约 24%。说明了木质素纤维能够大幅度提高硬化砂浆试样的抗折强度。虽然随着木质素纤维含量的增加，硬化砂浆试样的抗压强度和抗折强度都是上升的，但是其抗折强度上升的幅度要更大一些，即随着木质素纤维含量的增加，硬化砂浆试样的折压比逐渐增加，脆性逐渐降低，韧性逐渐增强。

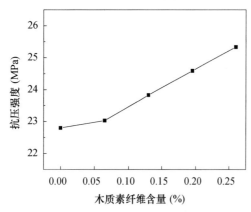

图 1　木质素纤维含量变化对硬化砂浆试样
28d 抗压强度的影响

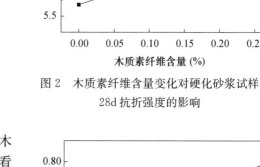

图 2　木质素纤维含量变化对硬化砂浆试样
28d 抗折强度的影响

图 3 为硬化砂浆试样的 28 d 拉伸粘接强度随木质素纤维含量（$\varphi=0$）变化的关系。从图中可以看出，与普通干混砂浆试样（$\varphi=0$）相比，含有木质素纤维的硬化砂浆试样的拉伸粘接强度也随木质素纤维含量的增加而增大，并且在木质素纤维含量为 0.26% 时达到最大值 0.8MPa。

产生这种影响的原因是木质素纤维的增强作用[5]，木质素纤维在硬化砂浆试体中呈三维乱向分布，能够形成网络状结构，支撑并防止集料的沉降，在试体受到力的作用时，木质素纤维在硬化砂浆试样内部形成"微细筋"，能承受一定量的载荷，延缓砂浆试体中裂缝的开展速度，在拔出和拉断过程中消耗大量的能量，并且能够阻止硬化砂浆试体

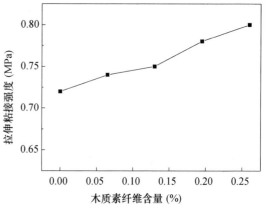

图 3　木质素纤维含量变化对硬化砂浆试样
28d 拉伸粘结强度的影响规律

中的微裂纹的产生与扩展，因此能够在一定程度上提高试体的物理力学性能。

## 2.2　干缩率和吸水率

图 4 所示为木质素纤维量变化对硬化砂浆试样收缩率的影响规律。从图中可以看出，与普通干混砂浆试样（$\varphi=0$）相比，含有木质素纤维的硬化砂浆试样的干燥收缩率随着木质素纤维含量的增加而有了明显的降低，在木质素纤维含量为 0.26% 时，硬化砂浆试样的收缩率降低了 0.02%。其原因主要是木质素纤维在硬化砂浆试体中，被胶凝材料的水化产物所包裹，水化产物沿着木质素纤维生长，通过木质素纤维与胶凝材料的水化产物之间的粘结力来控制砂浆的收缩，承受砂浆收缩时产生的拉应力。所以使用木质素纤维可以有效地控制干混砂浆的收缩性能。

图 5 所示为木质素纤维量变化对硬化干混砂浆试样吸水率的影响规律。从图中可以看出，与普通干混砂浆试样（$\varphi=0$）相比，含有木质素纤维的硬化干混砂浆试样的吸水率略有增加，在木质素纤维含量为 0.26% 时，硬化砂浆试样的吸水率为 9.6%，增加了 2.2%。因为木质素纤维本身易吸水，又均匀分布在砂浆试样的各个部位，所以易于从试体外部吸收水分，但是本试验中的纤维掺入量较少，故含有木质素纤维的硬化砂浆试样的吸水率会较普通干混砂浆试样略有增加。砂浆试体吸水率增加易于导致体积的膨胀，对其力学性能产生不良影响。

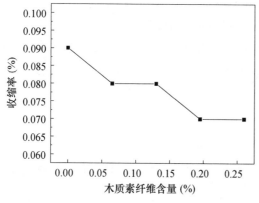

图 4　膨胀珍珠岩含量变化对硬化
砂浆试样 28d 收缩率的影响

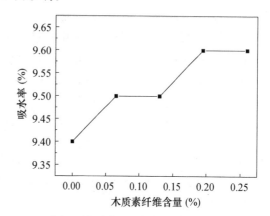

图 5　木质素纤维含量变化对硬化
砂浆试样吸水率的影响

## 2.3　导热性能

导热系数是衡量砂浆保温性能的最重要的指标。图 6 所示为硬化砂浆试样的导热系数随木质素纤维含量（$\varphi$）变化的关系。从图中可以看出，与普通干混砂浆试样（$\varphi=0$）相比，含有木质素纤维的硬化干混砂浆试样的导热系数随着木质素纤维含量的增加而有所降低，在木质素纤维含量 $\varphi=0.26\%$ 时，导热系数下降了 6%。因为木质素纤维的导热系数很小[6]，且其能在干混砂浆试体中形成杂乱分布的热阻，但是由于本试验中所掺加的木质素纤维的量较小，所以试体的导热系数仅有小幅度的降低。

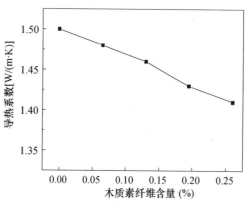

图 6　木质素纤维含量变化对硬化砂浆
试样导热系数的影响

## 2.4　微观形貌

图 7 所示为木质素纤维含量 $\varphi=0.26\%$ 时硬化砂浆试样截面的 SEM 照片。从图中可以看出，水泥水化产物沿着纤维表面生长，该水化产物（主要由氢氧化钙晶体与水化硅酸钙凝胶组成）增加了纤维与基体之间的摩擦力，即纤维可将水化产物绑固为一体，起到防止界面处裂纹产生与扩展的作用，从而能提高硬化砂浆样品的力学性能。

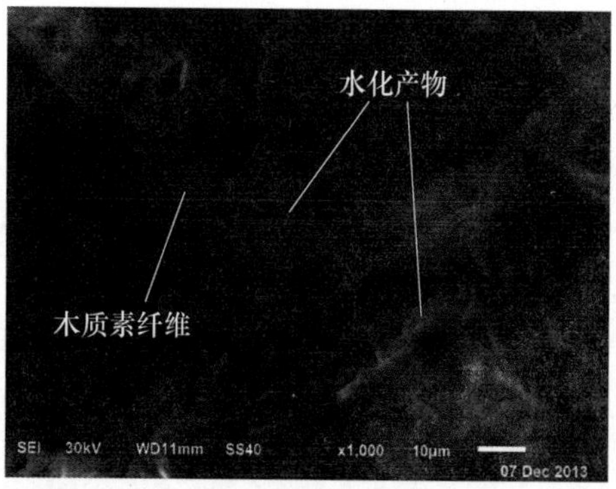

## 3　结论

在普通干混砂浆中掺加木质素纤维，制备出 ECC 型干混砂浆样品，系统地研究了它们的物理力学性能、导热系数、吸水率、收缩率和保水性等性能，得出如下结论：

图 7　$\varphi=5\%$ 的硬化砂浆试样截面的 SEM 照片

（1）与普通干混砂浆（$\varphi=0$）相比，掺入少量木质素纤维（$\varphi \leqslant 0.26\%$）的干混砂浆，其硬化试样的力学强度随着木质素纤维含量的增加而有了明显的提高。

（2）由于木质素纤维具有较小的导热系数，所以掺加木质素纤维的硬化砂浆试样的导热系数也随着木质素纤维含量的增加而有所降低，但是由于试验中的木质素纤维掺入量较少，所以对导热系数的降低有限。

（3）与普通干混砂浆（$\varphi=0$）相比，掺入少量木质素纤维（$\varphi \leqslant 0.26\%$）的硬化砂浆试样，其收缩率随着木质素纤维含量的增加而降低，在木质素纤维含量为0.26%时收缩率降低到了0.07%；但是随着木质素纤维含量的增加，硬化砂浆试样的吸水率却有略微的增加。

（4）与普通干混砂浆（$\varphi=0$）相比，掺入少量木质素纤维（$\varphi \leqslant 0.26\%$）的硬化砂浆试样保水率的变化不大，在木质素纤维含量为0.26%时，干混砂浆试样的保水率仅仅增加了0.2%。

**项目来源：** 住房和城乡建设部科技示范工程项目（2014-S2-002）。

**参考文献**

[1]  周波，房桂琴.CSI住宅产业化研究及其应用前景［C］//第十九届华东六省一市建筑施工技术交流会论文集.杭州，2011：236-239.

[2]  陈建伟，苏幼坡.预制装配式剪力墙结构及其连接技术［J］.世界地震工程，2013，29（1）：38-48.

[3]  陈建伟，苏幼坡，陈海彬，等.带边框预制装配式剪力墙关键技术研究进展［J］.河北联合大学学报，2013，35（3）：96-101.

[4]  LI Victor C.高延性纤维增强水泥基复合材料的研究进展及应用［J］.硅酸盐学报，2007，35（4）：351-356.

[5]  沈荣熹.胶凝材料学［M］.北京：中国建材工业出版社，1985，201-203.

[6]  林金春.木材弦向导温系数的理论研究［J］，西南林学院学报，2009，29（2）：82-85.

**作者简介**

李亚辉，1987年生，男，硕士，研究方向：住宅产业化连接材料研究；电话：13155357265；E-mail：lia280@126.com。

# 常温合成聚羧酸减水剂工艺的理论研究

王　浩，张晓春，逄建军，张力冉，王栋民

（中国矿业大学（北京），化学与环境工程学院，北京，100083）

**摘　要**　常温合成聚羧酸减水剂不仅可以有效降低生产能耗和成本，而且还能简化生产操作流程。本文介绍了自由基聚合机理，通过聚合机理推导其反应动力学，并结合反应动力学重点探讨了引发作用和引发剂。最终确定，在常温下合成聚羧酸减水剂需要采用氧化还原引发体系，增加引发剂和单体浓度，延长反应时间等措施。

**关键词**　聚羧酸减水剂；常温；自由基聚合；反应动力学

# Theoretical Investigation of Polycarboxylate Superplasticizers' Synthetic Technology at Ambient Temperature

Wang hao，Zhang xiaochun，Pang jianjun，Zhang liran，Wang dongmin

(China University of Mining and Technology (Beijing)，School of chemical and Environmental Engineering，Beijing，100083)

**Abstract**　Synthetizing polycarboxylate superplasticizer at ambient temperature not only can reduce production energy consumption and the cost，but also simplify the operation process. In this passage，author introduces the mechanism of the free radical polymerization，and refers its reaction kinetics according to the mechanism，and mainly discusses the initiation effect and initiators combining with reaction kinetics. Finally the author makes the conclusions that：we should synthetize the polycarboxylatesuperplasticizerat ambient temperature by using redox initial system，increasing the initiators' and monomers' concentration as well as prolonging the reaction time etc.

**Keywords**　polycarboxylate superplasticizer；ambient temperature；free radical polymerization；reaction kinetics

## 1　引言

聚羧酸减水剂作为第三代混凝土减水剂，与前几代混凝土减水剂相比，它有着减水率高，坍落度保持好，生产过程无污染等优点[1,2]。通常，聚羧酸减水剂的合成温度为50～70℃。对于大釜生产的聚羧酸减水剂产品，反应温度直接影响了产品的质量，所以在生产过程中需着重调整釜内温度。但这样做不仅增加了工作人员的操作难度，而且与常温相比，较高的温度还增加了能耗，提高了生产成本，使得产品的竞争力降低。因此，低温（常温）合成聚羧酸减水剂的工艺被提上日程。然而，由于反应温度的降低，使得反应速率、聚合度以及分子结构等发生了改变，对聚羧酸减水剂的性能影响较大。目前常温合成工艺尚处于研究阶段，有着十分广阔的研究和应用前景。

本文介绍了自由基聚合反应机理，通过反应机理推导其反应动力学，并结合反应动力学重点介绍引发作用和引发剂。以上述理论为基础来确定常温合成聚羧酸减水剂的思路。

## 2 自由基聚合反应机理

### 2.1 链引发

第一步反应是引发剂 I 均裂，产生一对初级自由基 R·。反应见式（1），第二步是初级自由基和单体 M 加成，形成单体自由基 RM·，见式（2）。

$$I \xrightarrow{k_d} 2R \cdot \quad (\Delta H > 0) \tag{1}$$

$$R \cdot + M \xrightarrow{k_1} RM \cdot \quad (\Delta H < 0) \tag{2}$$

其中，引发剂分解是吸热反应，所吸收的热量等于均裂时所需的键能。反应的活化能较高，约 125kJ/mol，反应速率小。若使用高活性引发剂或氧化还原引发体系，能使反应的活化能降低，分解速率相应提高。由于它是聚合反应中速度最慢的一步，所以为控制步骤。

第二步初级自由基和单体加成反应是打开 π 键、重新杂化、生成 σ 键的过程，是放热反应，活化能较低，约为 21～34kJ/mol，反应的速率比第一步快。

### 2.2 链增长

链增长是放热反应，它所需的活化能较低，约为 21～34kJ/mol。具体反应见式（3）。

$$RM \cdot + M \xrightarrow{k_p} RM_2 \cdot$$
$$RM_2 \cdot + M \xrightarrow{k_p} RM_3 \cdot$$
$$\cdots\cdots$$
$$RM_n \cdot + M \xrightarrow{k_p} RM_{n+1} \cdot \tag{3}$$

### 2.3 链终止

链终止包括偶合终止和歧化终止。其中两大分子链自由基末端的孤电子相互成共价键，形成饱和大分子的反应称为偶合终止，见式（4）。

一个链自由基夺取另一个链自由基上的 β 氢原子而终止，称为歧化终止。最终将形成两个聚合物分子。夺得氢原子的大分子端基饱和，失去氢原子的则不饱和，见式（5）。

$$M_m \cdot + M_n \cdot \xrightarrow{k_{tc}} M_{(m+n)} \tag{4}$$

$$M_m \cdot + M_n \cdot \xrightarrow{k_{td}} M_m + M_n \tag{5}$$

### 2.4 链转移

在自由基聚合反应过程中，链自由基可能从单体、引发剂、溶剂或大分子上夺取一个原子而终止，这些失去原子的分子则变为自由基，继续增长。这种把活性种转移给另一分子使反应继续下去，而原来活性种本身却终止的反应称为链转移反应。链转移主要分为：向单体转移、向引发剂转移、向溶剂转移以及向大分子转移。其中，向单体转移不会影响自由基活性，但会影响到聚合物的聚合度。而向引发剂转移会降低引发速率，不仅使聚合度降低，还会使引发剂效率下降。当向大分子转移时，会使得大分子主链上连有支链。

### 2.5 聚合反应速率通式

通常在研究和推导聚合反应速率时有三个假定[3]，结合自由基聚合机理可以得到聚合反应速率通式，见式（6）。

$$R = k_p \left(\frac{fk_d}{k_t}\right)^{1/2} [I]^{1/2} [M] \tag{6}$$

其中，$k_p$ 为链增长速率常数，$f$ 为引发效率，$k_d$ 为链引发速率常数，$k_t$ 为链终止速率常数，$[M]$、$[I]$ 分别为单体和引发剂浓度。

通过反应速率通式不难得出：聚合反应速率与单体浓度、引发剂浓度以及反应温度等因素有关。在其他因素不变的条件下，随着引发剂浓度的增加，总聚合反应速率增加；若在常温下聚合，由于温度的降低，使得聚合反应速率减小，所以通过增加引发剂浓度或用量以及延长总反应时间来补偿减小的反应速率。但是，如果反应初期引发剂的浓度过高，会导致副产物的增多，甚至使单体产生交联作用，所以还需控制引发剂用量在一合适的范围。

## 3 引发作用

判断引发剂活性的指标常用分解速率常数 $k_d$ 或半衰期 $t_{1/2}$ 以及分解活化能 $E_d$ 表示。半衰期的定义为引发剂分解至起始浓度一半的时间，它与分解速率常数 $k_d$ 关系见式（7）。

$$t_{1/2}=\frac{\ln 2}{k_d}=\frac{0.693}{k_d} \tag{7}$$

而分解速率常数 $k_d$ 与分解活化能、分解温度等因素有关，具体关系见式（8）。

$$k_d=\frac{1}{t}\ln\frac{[I]}{[I_0]} \tag{8}$$

式中，$A_d$ 为引发剂分解的频率因子；$E_d$ 为分解活化能；R 为气体常数。通过式 8 可以得出：分解速率常数与分解活化能以及温度有关，即分解活化能越小、温度越高，分解速率常数越大，在其他条件不变时，分解速率越大。对于分解速率常数与温度的关系有一个经验公式，见式（9）[4]。

$$k_d=1.13\times10^{16}\,e^{(-32000/RT)} \tag{9}$$

## 4 水溶性引发剂种类

### 4.1 无机过氧化物

（1）过氧化氢是最简单的过氧化物，其中一个或两个氢原子被取代，可以衍生出许多过氧化氢物和过氧化物。过氧化氢均裂的结果，形成两个氢氧自由基。

$$HO\text{-}OH \longrightarrow 2HO\cdot$$

其分解的活化能较高，约为 220kJ/mol，须在较高温度下方能分解。所以一般不单独用作为引发剂，主要用于氧化还原引发体系中。

（2）过硫酸盐也是常用的无机过氧化物，例如过硫酸钾（$K_2S_2O_8$）和过硫酸铵 $(NH_4)_2S_2O_8$。他们属于水溶性引发剂，其中过硫酸钾的结构式如图 1 所示[5]。

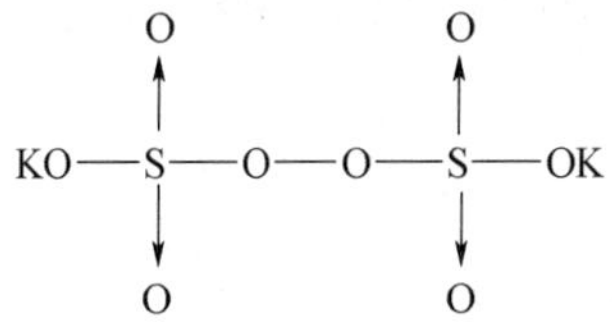

过硫酸盐在水溶液中按一级反应分解成过硫酸根自由基，然后进一步引发单体。

图 1 过硫酸钾的化学结构式

$$S_2O_8^- \longrightarrow 2HSO_4^-\cdot$$

在碱性、中性和弱酸性溶液中，过硫酸盐分解均呈一级反应。其中在酸性溶液中分解的速率常数随离子强度增加而降低。在离子强度恒定不变条件下，pH 对 $K_2S_2O_8$ 一级分解速率常数的影响如图 2 所示[6]。

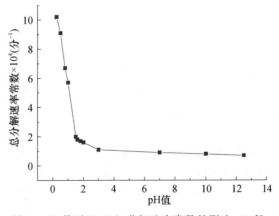

图 2 pH 值对 $K_2S_2O_8$ 分解速率常数的影响，50℃

从图 2 可得：当 pH>3 时，pH 对对分解速率常数 $k_d$ 影响不大；当 pH<3 时，$k_d$ 则随 pH 的降低而迅速增高。所以在过硫酸铵引发体系中，随着酸的加入，可以有效提高引发剂的分解速率。

## 4.2 氧化还原引发体系

过氧类引发剂加入少量还原剂，组成氧化-还原体系，通过电子转移反应，生成自由基中间产物而引发聚合。氧化还原引发体系的活化能较低，可使引发剂分解速率和聚合速率大大提高，并使诱导期缩短，在较短的时间内，就可以得到较高的转化率和较高的分子量。聚合可在室温或更低的温度下进行。表 1 所示为氧化还原引发体系分解活化能。

**表 1　氧化还原引发体系分解活化能**

| 过氧化物 | $E_d$（kJ/mol） | 加入 $Fe^{2+}$ 构成氧化还原体系 $E_d$（kJ/mol） |
|---|---|---|
| 过氧化氢 | 217 | 39.4 |
| 过硫酸盐 | 140 | 50.6 |

通过表 1 中可以看出：一元引发体系中活化能是氧化还原引发体系的 3～4 倍，构成氧化还原引发体系可使活化能大大降低。所以在低温（常温）聚合时，需采用氧化还原体系引发。

对于水溶性引发体系的氧化剂有过氧化氢、过硫酸盐等，还原剂则有亚铁盐、亚硫酸钠、连二亚硫酸钠、亚硫酸氢钠、硫代硫酸钠等。氧化剂和还原剂的不同组合，就形成多种多样的氧化还原引发体系。

## 4.3 过硫酸盐-脂肪胺体系

这类引发体系主要用于含水介质中的聚合反应。研究发现能与过硫酸盐匹配的脂肪胺，可以是开链的伯、仲、叔三种胺，也可以是环状的脂肪仲、叔胺，或各种多元胺[7～10]。其中活性最高的是N，N，N′，N′-四甲基乙二胺（TMEDA）。过硫酸盐-TMEDA 体系能在室温引发丙烯酰胺等聚合，用于制备聚丙烯酰胺水凝胶，或聚（N-异丙基丙烯酰胺）温度敏感性水凝胶。

# 5　引发剂的选择和用量

引发剂的选择，首先根据聚合实施方法，从溶解度角度确定引发剂类型。本体聚合、悬浮聚合、有机溶液聚合选用偶氮类和过氧类等油溶性有机引发剂。乳液聚合和水溶液聚合则选用过硫酸盐类的水溶性引发剂。其次，根据聚合温度选择半衰期适当的引发剂，使聚合时间适中。

如果引发剂活性过低，则分解速度过低，需要延长聚合时间或提高反应温度。相反，若引发剂活性过高，半衰期过短，虽然可以提高反应速率，但短时间会放出大量聚合热，温度往往不易控制，甚至引起爆聚。另一方面，引发剂还可能过早分解完毕，在低转化率阶段就停止聚合。根据经验，可以根据氯乙烯聚合时间约等于半衰期三倍的规则，来选用引发剂[11]。引发剂一般只引发聚合，与生成聚合物的结构无关。引发剂残基接在大分子链末端，所占的比例虽小，但在考虑毒性、大分子端基的反应活性等情况时应加以注意。

# 6　小结

根据聚合反应速率通式可知：聚合反应速率与链引发速率常数、链增长速率常数、引发效率以及单体和引发剂的浓度成正比，与链终止速率常数成反比。其中，链引发速率常数受温度影响最大，而且单体和引发剂浓度较好调整，故常温合成聚羧酸减水剂主要考虑链引发速率常数以及单体和引发剂浓度对合成产物的影响。

通过理论分析可得：若采用常温合成聚羧酸减水剂工艺，反应体系需采用氧化还原引发体系；若以过硫酸盐类物质作为引发剂，可以通过降低底料 pH 来增加引发剂的分解速率；适当增加引发剂、单体浓度以及反应时间，可以使反应产物接近高温聚合时产物的性能。结合上述结论可进行常温聚羧酸减水剂的合成研究。

**参考文献**

[1]　孙振平，黄雄荣. 烯丙基聚乙二醇系聚羧酸减水剂的研究 [J]. 建筑材料学报，2009，12（4）：407-412

[2]　翁荔丹，黄雪红. 聚羧酸减水剂对水泥水化过程的影响 [J]. 福建师范大学学报（自然科学版），2007，23（1）：54-57

[3]　潘祖仁，高分子化学 [M]. 北京：化学工业出版社，2010：82-84.

[4]　F. C. Baines，J. H. Grezlak，A. V. Tobolsky. Decomposition of peroxycarbamates and their initiation of vinyl polymerization [J]. Journal of Polymer Science，1969，7（12）：3297-3312.

[5]　王子明. 混凝土高效减水剂 [M]. 北京：化学工业出版社，2011：257-262.

[6]　I. M. Kolthoff，I. K. Miller. The Chemistry of Persulfate. I. The Kinetics and Mechanism of the Decomposition of the Persulfate Ion in Aqueous Medium [J]. Journal of the American Chemical Society，1951，73（7）：3055－3059.

[7]　X. D Feng，X. Q. Guo，K. Y. Qiu. Studies on the initiation mechanism of persulfate/aliphatic secondary amine system in vinyl polymerization [J]. Polym Bull，1987，18（1）：19-26.

[8]　Feng X D，Guo X Q，Qiu K Y. Study of the initiation mechanism of the vinyl polymerization with the system persulfate/N，N，N'，N' - tetramethylethylenediamine [J]. Makromol Chem，1988，189（1）：77-83.

[9]　Guo X Q，Qiu K Y. feng X D. Studies on the kinetics and initiation mechanism of acrylamide polymerization using persulfate/aliphatic diamine systems as initiator [J]. Makromol Chem，1990，191（3）：577-587.

[10]　郭新秋，丘坤元，冯新德. 过硫酸盐和脂肪二元叔胺体系引发烯类聚合的反应与机理的研究 [J]. 中国科学（B辑），1989，（1-12）：1134-1142.

[11]　潘祖仁，于在璋. 自由基聚合 [M]. 北京：化学工业出版社，1983：100-101.

**作者简介**

　　王浩，男，1990 年生，北京人，在读硕士研究生，主要从事聚羧酸减水剂结构设计与优化方面的研究。地址：100083 中国矿业大学（北京）化学与环境工程学院；电话：15101142462；E-mail：wanghaocumtb@126.com。

# 高强混凝土灌浆料的配制及其性能研究

王宏炜

（中建西部建设股份有限公司北方公司，天津，300450）

**摘　要**　超早强水泥基灌浆料适合于混凝土构件及建筑的快速修补、设备基础二次灌浆等领域，也可用于客运专线盆式橡胶支座的灌注、跨海大桥简支箱梁支座及支座锚栓孔的灌注等，具有广阔的应用前景。本课题分别选用硫铝酸盐水泥和普通水泥作为灌浆料胶凝材料，粗砂和细砂作为复合集料，结合使用聚羧酸高效减水剂。同时，由于在机械搅拌过程中会引入很多微小气泡，因此部分实验中加入了磷酸二丁酯作为消泡剂。要求灌浆料具有良好的工作性，再根据流动度测试和标准的强度测试方法来判断灌浆料的性能，通过利用不同胶砂比进行实验测取数据得出最优胶砂比。利用正交试验，采用规定的搅拌合测试方法，通过分析各因素的影响大小，得到了最佳的胶砂比、粗砂与细砂比以及减水剂掺量，配制出了初始流动 340mm、30min 后流动度 310mm 的优良工作性，3d 强度达到 90MPa 的早强灌浆料。

**关键词**　灌浆料；复合水泥体系；流动度；早期强度

# Study on Preparation and Properties of High Strength Concrete Grouting Material

Wang Hongwei

(China West Construction Group Co. ，Ltd，Tianjin，300450)

**Abstract**　The ultra-early-strength cement-based grouting materialsuitable for concrete structures and buildings fast repair，equipment，basic and secondary grouting field can also be used for the perfusion of passenger green pot rubber bearing cross-sea bridge simply supported box girder bearings and bearing of the anchor holes perfusion，with a broad view of the application. This topic is selected sulfur aluminate cement and ordinary Portland cement as a cementitious material，sand and fine sand of the grouting material as a composite aggregate，combined with polycarboxylate superplasticizer. The same time，will introduce a lot of tiny air bubbles in the process of mechanical stirring，so part of the experiment in phosphate dibutyl a calcium as a defoaming agent. Grouting material has a good working，according to the test of fluidity and strength of the standard test methods to determine the performance of the grouting material to obtain the optimum ratio of experimentally measured data fetch mortar than through the use of different mortar. Using orthogonal experiment，the provisions of mixing and testing methods，by analyzing the size of the factors，the best mortar，sand and fine sand ratio and superplasticizer dosage，The initial flow is formulated in 340mm，excellent fluidity of 310mm after 30min，3d strength of 90MPa the early strength grout.

**Keywords**　grouting material；composite cement system；fluidity；early strength

## 0 引言

灌浆料是一种以无机或有机胶凝材料为基材,在低水灰比的基础上加入细集料和一些外加剂(调凝剂、塑化剂、膨胀剂等)配制出来的砂浆。它不仅具有很大的流动度,而且早期强度高,并伴有早期微膨胀的性质[1~4]。装配式建筑方式和传统建造方式相比,通过内外墙板等产品在工厂内进行产业化生产现场拼装,施工现场采用机械安装,大幅减少了现场工人的劳动强度及工人数量,并且受气候因素影响较小,能大幅提高施工速度,缩短建设周期。预制构件在工厂采用机械化生产,产品质量更容易控制,施工精度也更高,是住宅建设发展的必然趋势和途径[5~6]。

本试验旨在研制出一种具有大流动性超早强的灌注砂浆,这种砂浆能够利用自身的重力迅速的混凝土块缝隙当中,将集料包裹,并在其中硬化凝结,短时间内产生强度,恢复完整的结构。本试验设计的灌浆料施工时间超短,使用条件要求也不高,即便是在大风、潮湿或是其他恶劣的天气里均可施工,施工程序简单,可大大节省施工时间,并保证施工质量[7~8]。过去曾采用环氧树脂砂浆灌浆料,不但有毒会对人体造成伤害,而且价格昂贵,不能被人们广泛接受,只能用于极其重要的建筑物的修补,而该水泥基灌浆料的成本相对很低,能够普遍用于混凝土制品的维修及各种灌注工艺中,具有现实意义[9~10]。

## 1 试验原材料和方法

### 1.1 试验原材料

水泥采用某水泥厂生产的 42.5 级快硬硫铝酸盐水泥和 42.5 级普通硅酸盐水泥。两种水泥的化学成分见表 1 所示,物理性质见表 2。

表 1 两种水泥的化学成分(%)

| 水泥 | SiO$_2$ | Al$_2$O$_3$ | Fe$_2$O$_3$ | CaO | MgO | Na$_2$O | K$_2$O | SO$_3$ | f-CaO |
|---|---|---|---|---|---|---|---|---|---|
| 硫铝酸盐水泥 | 10.8 | 28.93 | 3.72 | 45.2 | 1.46 | — | — | 8.87 | — |
| 普通水泥 | 19.8 | 4.71 | 2.911 | 60.5 | 1.42 | 0.2 | 1.2 | 3.1 | 0.86 |

表 2 两种水泥物理性质

| 品种 | 标准稠度用水(%) | 凝结时间(min) | | 抗压强度(MPa) | | 抗折强度(MPa) | |
|---|---|---|---|---|---|---|---|
| | | 初凝 | 终凝 | 3d | 28d | 3d | 28d |
| 普通水泥 | 28 | 190 | 310 | 21.6 | 47.0 | 4.5 | 7.1 |
| 硫铝酸盐水泥 | 24 | 48 | 80 | 43.1 | 71.1 | 7.0 | 9.2 |

细集料采用普通河砂与精选细砂,两种砂源全部经过仔细的清洗,去除泥土等杂质,自然风干后使用。经过测试细砂细度模数 1.1 和普通河砂细度模数为 2.6,砂极配均良好。减水剂为天津某公司生产的聚羧酸高性能减水剂,含固量 40.54%,减水率 30%。

### 1.2 试验方法

#### 1.2.1 复合水泥体系的实验设计

本实验根据研究目标综合考虑到胶凝材料中两种水泥独自的物理特性,采用硫铝酸盐水泥和普通硅酸盐水泥不同比例互掺的复合体系,希望可以通过实验可以明显获取不同比例掺和对灌浆料的工作性、力学性能等主要参数的影响规律。掺和比例见表 3。

表 3 复合胶凝材料的配制比例

| 序号 | 复合胶凝材料(%) | |
|---|---|---|
| | 普通硅酸盐水泥 | 硫铝酸盐水泥 |
| 1 | 0 | 100 |
| 2 | 20 | 80 |
| 3 | 40 | 60 |
| 4 | 60 | 40 |

**1.2.2　灌浆料胶砂比的实验设计**

众所周知，灌浆料存在收缩的风险，集料具有良好的级配可以抵抗收缩和改善力学性能。本部分实验采用河砂，选取了三组胶砂比，分别是 1:1、1:1.2、1:1.5，希望在试验中可以明显得到胶砂比变化对灌浆料的工作性、力学性能等主要参数的影响规律。

**1.2.3　正交试验**

在本章的试验中，保持水胶比保持在 0.27 不变，通过正交优化实验设计方法，确定不同胶砂比，不同减水剂用量，粗细集料不同比例对灌浆料的工作性、力学性能等主要参数的影响规律，以获得最佳配合比。正交试验的因素水平表见表 4。

**表 4　正交试验的因素水平表**

|  | 胶砂比 A | 粗砂与细砂比 B | 减水剂含量 C |
|---|---|---|---|
| 1 | 1:1.4 | 3:1 | 2‰ |
| 2 | 1:1.2 | 2:1 | 3‰ |
| 3 | 1:1.0 | 1:1 | 4‰ |

采用表 5 配合比制备灌浆料进行流动性能测试和力学性能测试，其中流动性能分别测试初期及留置 30min 后数据，力学性能测试按照水泥胶砂强度检验方法（GB/T 17671—1999）进行，分别测取 1d、3d、28d 的抗折、抗压强度。

**表 5　正交试验设计试验配合比**

| 编号 | A | B | C | 水泥 | 粗砂 | 细砂 | 水 | 减水剂 |
|---|---|---|---|---|---|---|---|---|
| 1 | 1 | 1 | 1 | 833 | 875 | 292 | 225 | 1.67 |
| 2 | 1 | 2 | 2 | 833 | 778 | 389 | 225 | 2.50 |
| 3 | 1 | 3 | 3 | 833 | 584 | 583 | 225 | 3.33 |
| 4 | 2 | 2 | 1 | 909 | 727 | 364 | 245 | 1.82 |
| 5 | 2 | 3 | 2 | 909 | 546 | 545 | 245 | 2.73 |
| 6 | 2 | 1 | 3 | 909 | 818 | 273 | 245 | 3.64 |
| 7 | 3 | 3 | 1 | 1000 | 500 | 500 | 270 | 2.00 |
| 8 | 3 | 1 | 2 | 1000 | 750 | 250 | 270 | 3.00 |
| 9 | 3 | 2 | 3 | 1000 | 667 | 333 | 270 | 4.00 |

## 2　实验结果分析

**2.1　复合水泥体系灌浆料对其性能的影响**

**2.1.1　复合水泥体系对水泥灌浆料流动度的影响**

按照试验方法 1.2.1 得出实验数据如图 1 所示。

从图 1 中可以看出，随着普通硅酸盐水泥掺量的提高，初始流动度逐渐降低，而 30min 后期流动度未因复合比例的调整而变化，流动度损失值在逐渐降低。根据 2008 年发布的《水泥基灌浆材料应用技术规范》中提到 II 类灌浆料在最大尺寸粒径≤4.75 的时候，其初始流动度不低于 340mm，30min 后不低于 310mm，所以以上四种水泥复合体系都是满足要求的，总体而言不同的水泥复合情况对灌浆料的流动度影响不大。

**2.1.2　复合水泥体系对灌浆料力学性能的影响**

按照试验方法 1.2.2 得出实验数据如图 2 和图 3 所示。

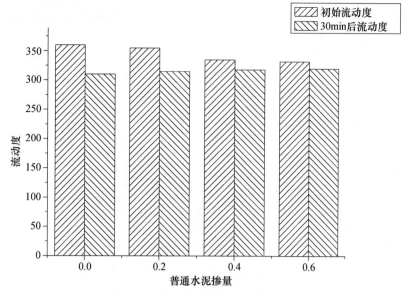

图 1　不同复合比例情况下的流动度

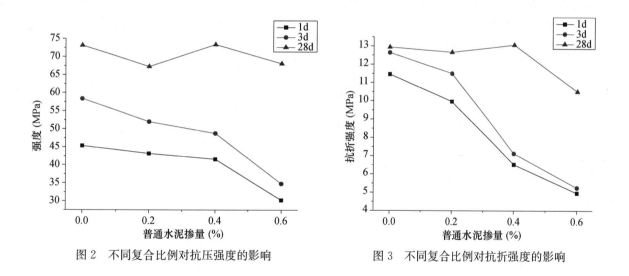

图 2　不同复合比例对抗压强度的影响　　　　图 3　不同复合比例对抗折强度的影响

　　如图实验结果可以得出，随着普通硅酸盐水泥用量的提升，灌浆料 1d、3d 早期强度产生大幅度下滑，但 28d 强度影响不大，这主要是由于普通硅酸盐水泥的后期强度会继续拥有较大的增加能力，但是因为灌浆料需要具备较高的早期强度，而且在抗折中显示出掺量过大会导致抗折强度很低，综合考虑两图可以选择是 0%～20% 之间进行取代，保证后期强度不降低的条件下并且充分保证了灌浆料的早期强度。

## 2.2　灌浆料胶砂比对其性能的影响

### 2.2.1　胶砂比对灌浆料流动度的影响

　　本实验参照的是 GB/T 50448—2008 附录 A 进行的流动性测试实验。不同胶砂比下的灌浆料流动度柱状图如图 4 所示。

　　随着胶砂比的减少，由于胶凝材料减少和集料的增加，所以流动度呈现下降趋势，且因集料比表面积的增大，需水量就会增加，出现流动度损失增加。

　　通过图 5 和图 6 可得出，由于集料在结构中起到骨架的作用，强度的一部分来自集料，所以第二组分相对第一组，集料增加提高了前期力学性能，但是由于水灰比的因素，在砂的含量增加的时

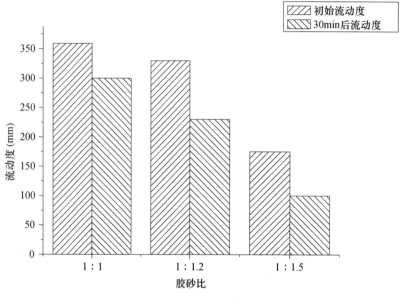

图4　不同胶砂比下的灌浆料流动度柱状

候，相同水灰比条件下，水量不足，使得水泥水化不均匀，对整个体系的力学性能产生负面的影响，通过比较可以得出结论，在胶砂比为 1∶1 和 1∶1.2 之间的情况下，灌浆料不仅能拥有较好的流动性，而且力学性能也很好。

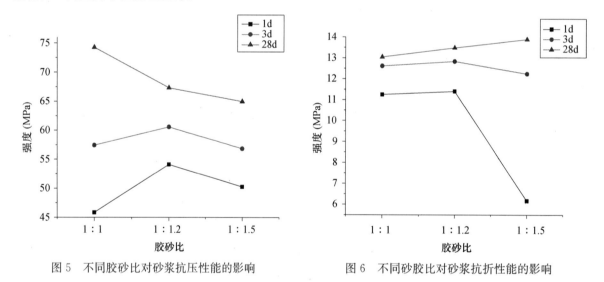

图5　不同胶砂比对砂浆抗压性能的影响　　　　图6　不同砂胶比对砂浆抗折性能的影响

## 2.3　正交设计实验及分析

### 2.3.1　正交试验流动性分析

通过图7可以看出30min后灌浆料的流动度都会有不同程度的损失，其中第5、6组分的损失比较大，但是依然符合国家标准，第一组分所得到的实验结果小于国家标准，对1、2、3还有4、5、6以及7、8、9组分分别对比，可得出在胶砂比一定的情况下，流动度随着减水剂含量的增加而增加，这是因为减水剂增加后，能够更好地达到水泥充分的水化，打开水泥存在的一些絮凝结构，并且减少与集料之间的缺陷，使得整个体系更加均匀，灌浆料的和易性增加，从而流动性变好。同样，对1、4、7和2、5、8以及3、6、9组分分别对比，发现在减水剂掺量一定的条件下，流动度随着胶砂比的增加而增加，这是由于胶砂比增加，使得整个体系中水泥含量增加，集料含量减少，所以流动度必然呈现增加的趋势。

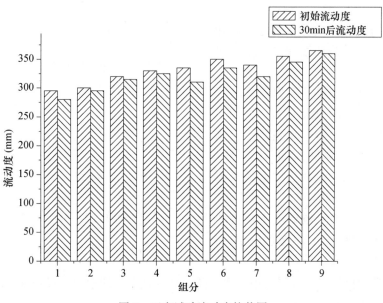

图 7　正交试验流动度柱状图

### 2.3.2　1d 正交设计实验强度分析

1d 强度是超早强材料的重要指标，根据 2008 年发布的《水泥基灌浆材料应用技术规范》中提到Ⅱ类灌浆料一天抗压强度不得低于 20MPa。一天抗压强度分析，对于一天试件的抗压强度实验结果及计算见表 6，各因素的趋势如图 8 所示。

表 6　1d 抗压强度实验结果分析表

| | A | B | C | 实验结果 |
|---|---|---|---|---|
| 1 | 1 | 1 | 1 | 36.13 |
| 2 | 1 | 2 | 2 | 38.56 |
| 3 | 1 | 3 | 3 | 40.93 |
| 4 | 2 | 2 | 1 | 49.05 |
| 5 | 2 | 3 | 2 | 49.37 |
| 6 | 2 | 1 | 3 | 49.15 |
| 7 | 3 | 3 | 1 | 39.46 |
| 8 | 3 | 1 | 2 | 46.26 |
| 9 | 3 | 2 | 3 | 48.34 |
| K1 | 115.61 | 131.54 | 124.64 | |
| K2 | 141.57 | 133.95 | 132.19 | |
| K3 | 134.07 | 127.47 | 136.42 | |
| k1 | 38.57 | 43.87 | 41.55 | |
| k2 | 47.19 | 44.65 | 44.06 | |
| k3 | 44.69 | 42.49 | 45.47 | |
| | 8.65 | 2.16 | 3.93 | |
| | A2 | B2 | C3 | |

（1）极差分析

根据表 6 1d 抗压强度实验结果分析表和图 8 1d 抗压强度因素效应曲线图可以得出以下的结论：

① 从表中最终计算的结果可以看出最优的配比为 A2B2C3，并不在表格所做的九组实验中，可以推断实验所做出最高强度将大于 49.37MPa，达到了很高的早期强度。

② 每个影响因素中，胶砂比因素的影响效果最大，参照图 8 可见当水胶比为 1∶1.2 的时候强度影响最好，而且胶砂比影响的跳跃性很大，1∶1.2 的明显强于其余两组情况，说明胶砂比选取在 1∶1.2 比较好。

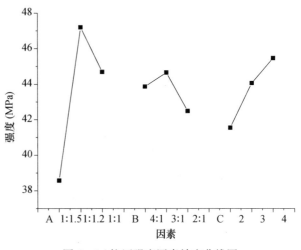

图 8　1d 抗压强度因素效应曲线图

③ 粗砂和细砂的比例影响效果最小，而且随着减水剂含量的增加，对强度的影响逐渐增加。

**2.3.3　3 天的抗压强度分析**

3d 强度是超早强材料的重要指标，根据 2008 年发布的《水泥基灌浆材料应用技术规范》中提到 II 类灌浆料一天抗压强度不得低于 40MPa。一天抗压强度分析，对于三天试件的抗压强度实验结果及计算见表 7，各因素的趋势图 9 所示。

表 7　3d 抗压强度实验结果分析表

| | | | | |
|---|---|---|---|---|
| 1 | 1 | 1 | 1 | 51.94 |
| 2 | 1 | 2 | 2 | 53.58 |
| 3 | 1 | 3 | 3 | 55.99 |
| 4 | 2 | 2 | 1 | 55.71 |
| 5 | 2 | 3 | 2 | 63.58 |
| 6 | 2 | 1 | 3 | 58.51 |
| 7 | 3 | 3 | 1 | 51.59 |
| 8 | 3 | 1 | 2 | 60.44 |
| 9 | 3 | 2 | 3 | 61.80 |
| K1 | 161.5 | 170.89 | 159.23 | |
| K2 | 177.80 | 171.08 | 177.60 | |
| K3 | 173.83 | 171.16 | 176.30 | |
| k1 | 53.84 | 56.96 | 53.08 | |
| K2 | 59.27 | 57.03 | 59.20 | |
| K3 | 57.94 | 57.05 | 58.77 | |
| | 5.43 | 0.0875 | 6.125 | |
| | A3 | B1 | C3 | |

（1）极差分析

根据表 7 3d 抗压强度实验结果分析表和图 9 3d 抗压强度因素效应曲线图可以得出以下的结论：

① 从表中最终计算的结果可以看出最优的配比为 A2B3C2，就是在所做试验中的第五组实验，达到了满足标准的 63.58MPa，达到了很高的早期强度，九组实验中最低的强度也到了 51.94MPa，均达到了标准值。

② 每个影响因素中，减水剂含量的因素的影响效果最大，参照图 9 可见当减水剂为 3‰ 的时候强度影响最好，而且减水剂含量影响的跳跃性很大，3‰ 的明显强于其余两组情况，说明减水剂选取在 3‰ 比较好。

③ 与 1d 测试结果相似，胶砂比对强度的影响也很大，而且在水胶比为 1：1.2 的时候强度影响最好，而且胶砂比影响的跳跃性很大，1：1.2 的明显强于其余两组情况，说明胶砂比选取在 1：1.2 比较好。

④ 粗砂和细砂的比例影响效果十分小，参照图 9 可知，而且影响十分稳定，相对于其他两个因素而言，可以把粗砂和细砂的影响视为无影响。

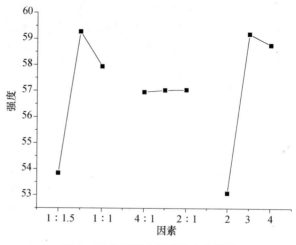

图 9　3d 抗压强度因素效应曲线图

### 2.3.4　28d 抗压强度分析

极差分析：

根据表 8 28d 抗压强度实验结果分析表和图 10 28d 抗压强度因素效应曲线图可以得出以下的结论：

**表 8　28d 抗压强度测试表**

| 1 | 1 | 1 | 1 | 76.6 |
|---|---|---|---|---|
| 2 | 1 | 2 | 2 | 71.4 |
| 3 | 1 | 3 | 3 | 73.1 |
| 4 | 2 | 2 | 1 | 73.4 |
| 5 | 2 | 3 | 2 | 80.9 |
| 6 | 2 | 1 | 3 | 86.9 |
| 7 | 3 | 3 | 1 | 81.8 |
| 8 | 3 | 1 | 2 | 98.1 |
| 9 | 3 | 2 | 3 | 98.9 |
| K1 | 221.1 | 261.6 | 231.8 | |
| K2 | 241.2 | 243.7 | 250.4 | |
| K3 | 278.8 | 235.8 | 258.9 | |
| k1 | 73.7 | 87.2 | 77.1 | |
| K2 | 80.4 | 81.2 | 83.46 | |
| K3 | 92.9 | 78.6 | 94.0 | |
| | 19.2 | 8.6 | 16.9 | |
| | A3 | B1 | C3 | |

① 从表中最终计算的结果可以看出最优的配比为 A3B1C3，改组实验并没有出现在上述的九组试样中，九组实验中最低的强度也达到了 71.4MPa，后期强度并不是很高，没有达到预期的目标。

② 每个影响因素中，胶沙比的因素的影响效果最大，参照图 10 可见当胶沙比为 1：1 时强度最好，其次是减水剂的含量，当减水剂为 4‰ 的时候强度影响最好，而且胶沙比和减水剂含量影响的跳跃性很大，粗砂和细砂的比例影响依然很小。

③ 粗砂和细砂的比例影响效果十分小，参照图10可知，而且影响十分稳定，相对于其他两个因素而言，可以把粗砂和细砂的影响视为无影响。

通过图11可知，相比较而言，1d、3d、28d强度走势基本相同，后期强度虽然没有出现倒缩，但是增加不是太多，第6-9组增加幅度相比较较大。

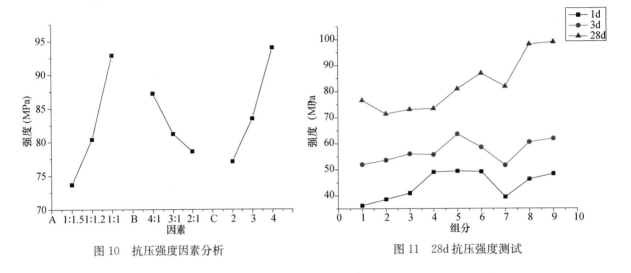

图10　抗压强度因素分析　　　　　　图11　28d抗压强度测试

## 3　结论

（1）在胶凝材料复合体系中，随着普通硅酸盐水泥的掺量增加，试块的早期强度呈下降的趋势，虽然在28d掺入60％的试块测试中可以很高，但是因为灌浆料需要具备较高的早期强度，选择是0％～20％之间进行取代，保证后期强度不降低的条件下并且充分保证了灌浆料的早期强度。

（2）在胶砂比试验中，所制备的灌浆料流动度会随着胶砂比的降低而逐渐减小。当胶砂比为1∶1.5时，流动度不能达到标准，无法正常施工，胶砂比为1∶1.2组强度比较高，所以综合考虑选择在胶砂比为1∶1和1∶1.2之间的情况下，灌浆料不仅能拥有较好的流动性，而且力学性能也很好。

（3）通过对复合而成对胶砂比，胶砂比、粗细砂比例和减水剂含量所进行的正交试验，确定了最优的实验方案，即胶砂比为1∶1.2，减水剂含量为3‰的配比。由于粗砂和细砂比例影响较小，可视为无影响。

**参考文献**

[1]　周常林，刘朋．水泥基高强无收缩灌浆料性能及其在设备基础灌浆中的应用［J］．广东建材．2010，12（28）：3-4.

[2]　曹瑞军，梅冬，原建安．水泥混凝土路面的快速修补材料的研制［J］．江苏科技．1998：1-3.

[3]　陈富银，游宝坤．无收缩超早强灌浆剂的性能及其应用［J］．中国建筑材料科学研究院学报，1991，2.

[4]　吴为群，殷宝，诸磊．高强灌浆材料［J］．天津建筑科技，2000，2.

[5]　孙翔，康杰．SK高强无收缩灌浆料的研制与应用［J］．建筑技术开发，2003，1.

[6]　杭美艳，赵俊梅．高强灌浆材料性能试验分析［J］.《工程力学》增刊，2001.

[7]　朱效荣．绿色高性能混凝土．辽宁大学出版社．2005.

[8]　刁桂芝．硅酸盐水泥与铝酸钙水泥复合性能和水化机理研究［D］．硕士学位论文．中国建筑材料科学研究院，2005.

[9]　吴笑梅，樊粤明，文梓云．水泥与外加剂相容性之流变学研究．九届全国水泥和混凝土化学及应用技术年会论文汇编，华南理工大学出版社，2005：360-368.

[10]　陈建奎．混凝土外加剂原理与应用．北京：中国计划出版社，1997：43-55.

# 高强高模聚乙烯醇（PVA）纤维水泥产品制备工艺及应用

李　良，姜　维，郑艳红

（内蒙古双欣环保材料股份有限公司，内蒙古包头，014000）

**摘　要**　介绍了内蒙古双欣环保材料股份有限公司生产高强高模聚乙烯醇纤维的工艺流程，化学反应以及纤维的微观结构图，同时详细介绍了国内外生产高强高模聚乙烯醇（PVA）纤维水泥的工艺方法，阐述了其特点；针对国内外的相关的应用案例，归纳提出了我国PVA特纤水泥的发展建议。

**关键词**　聚乙烯醇纤维水泥；高强高模

## 0　前言

20世纪80年代初以来，石棉有害人体健康的问题受到高度重视，国际上一直致力于研发和推广非石棉纤维水泥制品。目前绝大多数欧盟国家以及美国、日本与澳大利亚等国已经禁止生产和使用石棉水泥制品，取而代之的是非石棉纤维水泥制品。一些发展中国家如中国、巴西等也在积极从事非石棉纤维水泥制品的研发与应用推广，特别是近年来东南亚地区的越南、泰国等国家的纤维水泥制品的发展更为活跃。韩国也在积极从中国寻找能够生产出口非石棉纤维水泥制品的企业与伙伴。国内越来越多的企业也逐步从石棉水泥制品转向非石棉纤维水泥制品，其中一些企业已经在大量生产和出口非石棉纤维水泥产品。

目前关于石棉的安全使用问题在国内以及俄罗斯仍然有不同的观点，但纵观国际上的发展趋势，从石棉水泥制品最终走向非石棉纤维水泥制品的方向已不可逆转。起初，业界用高强高模聚乙烯醇（PVA）纤维和改性聚丙烯腈纤维来代替石棉。但是改性聚丙烯腈纤维的强度（7～8CN/dtex）和杨氏模量（140～180CN/dtex）低于特种纤维强度（10～14CN/dtex）和杨氏模量（240～330CN/dtex），因此，改性聚丙烯腈的用途受到限制。瑞士埃特尼特公司根据长期试验研究及生产实践证明：PVA纤维是最理想的石棉替代纤维。

内蒙古双欣环保材料股份有限公司是目前国际上为数不多的几家能工业化生产高强高模聚乙烯醇纤维的厂家，公司产品已经出口到北美，南美，欧洲，澳洲以及东南亚30多个国家和地区，深受下游厂家的青睐。公司正在投入大量人力物力研发满足各种领域需求的特种高强高模聚乙烯醇纤维。目前内蒙古双欣环保股份有限公司生产的建筑领域常用的PVA纤维的具体指标参数见表1。SX4型号为长度4mm的PVA纤维，SX6型号为长度6mm的PVA纤维，SX8型号为长度8mm的PVA纤维。

表1　高强高模聚乙烯醇（PVA）纤维性能指标

| 型号 | 线密度 | 拉伸强度 | 模量 | 伸长率 | 溶解度 |
| --- | --- | --- | --- | --- | --- |
| | dtex | Cn/dtex | Cn/dtex | （%） | （%） |
| SX4 | 2.16 | 12.49 | 315.16 | 6.49 | 0.66 |
| SX6 | 2.22 | 12.74 | 313.65 | 6.57 | 0.59 |
| SX8 | 2.16 | 12.49 | 315.16 | 6.49 | 0.66 |

## 1 高强高模聚乙烯醇（PVA）纤维

游离态的乙烯醇极不稳定，不能单独存在，所以要获得具有实用价值的聚乙烯醇，通常以醋酸乙烯为单体进行聚合，进而醇解或水解制成聚乙烯醇。内蒙古双欣环保材料股份有限公司是采用电石制乙炔和醋酸为原料，在200℃左右，常压下以气相通到以活性碳等为载体的催化剂醋酸锌上反应制得醋酸乙烯。具体的工艺流程如下化学方程式所示：

乙炔和醋酸反应：

$$HC\equiv CH + DH_3COOH \longrightarrow H_2C = \underset{\underset{OCOCH_3}{|}}{CH}$$

醋酸乙烯聚合反应：

$$nH_2C = \underset{\underset{OCOCH_3}{|}}{CH} \longrightarrow \underset{\underset{OCOCH_3}{|}}{+CH_2 - CH+_n} + 89kJ/mol$$

主要副反应为：

$$H_2C = \underset{\underset{OCOCH_3}{|}}{CH} + CH_3OH \longrightarrow CH_3COOCH_3 + CH_3CHO$$

$$H_2C = \underset{\underset{OCOCH_3}{|}}{CH} + H_2O \longrightarrow CH_3COOH + CH_3CHO$$

聚醋酸乙烯醇醇解反应：

$$\underset{\underset{OCOCH_3}{|}}{+CH_2 = CH+_n} + nCH_3OH \xrightarrow{NaOH} \underset{\underset{OH}{|}}{+CH_2 = CH+_n} + nCH_3COOCH_3$$

$$\underset{\underset{OCOCH_3}{|}}{+CH_2 = CH+_n} + nNaOH \longrightarrow \underset{\underset{OH}{|}}{+CH_2 = CH+_n} + nCH_3COONa$$

高强高模聚乙烯醇纤维单元晶胞结构示意图：

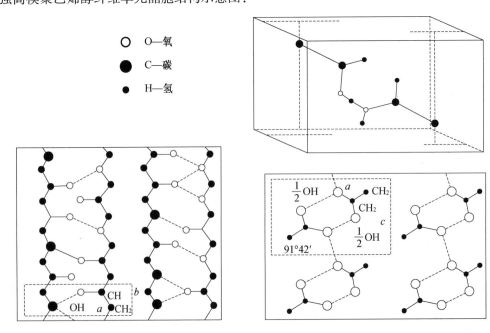

高强高模聚乙烯醇微观扫描电镜图：

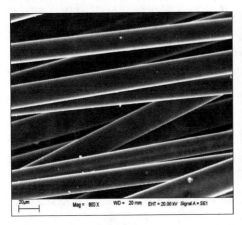 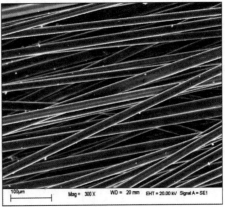

高强高模聚乙烯醇和基料结合的微观图：

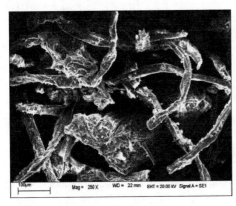 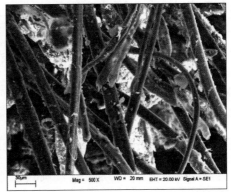

## 2 高强高模聚乙烯醇（PVA）纤维水泥制品工艺

根据制造工艺的特点，高强高模聚乙烯醇纤维水泥制品的生产可以分为以下几种：

（1）抄取法生产工艺（Hatschek process）：以原先生产石棉水泥制品的湿法工艺为基础，加以改造用来生产非石棉纤维水泥制品。抄取法目前仍然是国际上用得最多的工艺。

（2）流浆法（flow-on process）：采取这一技术路线的主要优点在于可降低投资费用。在中国的广东地区有些企业采用该方法生产非石棉纤维水泥制品。

（3）挤出法（Extruding process）：以原先生产某些石棉水泥制品的挤出法工艺（extrusion process）为基础，进行适当改进而形成的。该生产方法在拌合料中掺有高分子增塑剂，以满足拌合料挤出成型时的可塑性要求。而此种增塑剂在原材料成本中占很高的份额，目前在国际上只有少数企业采用此法制造非石棉纤维水泥制品。在国内，北新建材目前也采用此种工艺生产纤维水泥制品。

（4）干法/半干法（dryprocess and semi-dry-process）：此种方法为日本某企业独创，目前国际上只有该企业采用此种工艺。其工艺特点是，所用水泥、纤维及其他掺和料等原材料采用干混或在很少水量的情况下进行搅拌，然后采用压力成型的方法生产产品，整个过程中的用水量以水泥水化所需要的理论水量为基础，用水量很少，故称为干法或半干法生产。该法生产的产品性能质量高，在日本有很高的市场份额。

## 3 高强高模聚乙烯醇（PVA）纤维水泥产品的特点

高强高弹模聚乙烯醇（PVA）纤维的弹性模量仅次于钢纤维、玻璃纤维、碳纤维和超高分子聚乙烯纤维,其抗拉强度可与钢纤维、玻璃纤维、碳纤维、超高分子聚乙烯纤维和对位芳香聚酰胺纤维媲美,PVA纤维的价格低、密度小、粘结力高、分散性好、易于搅拌;与其他合成纤维相比,PVA纤维亲水性好、弹性模量高,并且具有高比表面积,与水泥相容性好,增强效果明显。另外,其耐光性和耐碱性也好,具有优良的化学稳定性。随着人们对高强度PVA纤维的不断开发,其应用越来越受到重视,尤其是在水泥方面,充分体现了其良好的应用前景。高强高模PVA纤维可用于增强水泥,主要由于:(1)抗拉强度和模量高;(2)与波特兰水泥有良好的化学相容性;(3)亲水性好,使PVA能均一分散在水泥基质中;(4)高强度PVA纤维与水泥基质间具有良好的界面键合力,原因如下:a、该纤维的非环形和不规则截面有助于扩大PVA与水泥基质成键面;b、PVA纤维的分子结构中的—C—OH基团可与水泥水化物中的—OH基团形成牢固的氢桥。

同时以高强高模聚乙烯醇(PVA)纤维为补强纤维制成的水泥制品和建筑材料有以下优点:

(1)机械性能良好,可提高建筑材料的韧性和抗冲击强度。建筑材料的挠曲强度可提高200%,弯曲强度可从195kg/cm² 提高到225kg/cm²,抗弹性疲劳也可提高,且可防止龟裂。

(2)耐酸碱性好,适用于各种等级的水泥。

(3)分散性好,建筑材料表面可长时间保持光滑且无剥落现象。

(4)水泥板、水泥砖的弯曲温度和耐寒性可提高50%。

(5)操作条件明显改善。

(6)PVA用量仅为石棉的五分之一,因此制品的单位重量可减少。

(7)混凝土的透气性低,可阻止补强铁条的腐蚀,因此混凝土不易风化,不易受气候影响。

## 4 高强高模聚乙烯醇纤维水泥制品的主要应用

在各种强度等级的水泥里添加一定比例的高强高模聚乙烯醇纤维称之为高强高模聚乙烯醇纤维水泥,其可用于:(1)修建高标准机场跑道、高等级公路、停机坪、大跨度桥梁、曲形屋顶屋面、高层建筑的转换大梁、柱、楼板,江河堤坝、港口码头、矿井隧道、涵洞、储水池、游泳池等大体积混凝土浇筑。(2)可用于生产各种水泥制品,如各种屋顶、彩瓦、装饰墙板、轻质隔墙板、地板、地砖、室内吊顶、大口径下水管道、水管及水管接头、城市雕塑、大棚支架、防火板、通风道、井圈井盖。(3)生产商品干混砂浆,如抹面抗裂砂浆等。

### 4.1 高强高模聚乙烯醇纤维水泥外墙装饰挂板

纤维水泥板部分产品图:

用水泥纤维装饰外墙挂板施工的实物样板图：

高强高模聚乙烯醇纤维水泥外墙装饰挂板具有以下几个方面的特点：（1）耐气候性——能长久保持美观。（2）隔声性——隔离噪声。（3）隔热性——良好的保温性能。（4）安全性——所有产品均不含石棉。（5）耐久性——能保持稳定的强度。（6）阻燃性——防火等级 A1。（7）耐震性——干挂式材料安全性。从环保、节能、安全性的观点来看，今后干式施工高强高模聚乙烯醇纤维水泥干挂板产品的需求量必定会日益增长。更值得骄傲的是纤维水泥挂板产品都具有奇特的自洁功能，墙板表面的光触媒纳米涂层防护层具有比黏附物更强的亲水性，黏附物与外墙表面之间始终隔有一层水分子薄膜，能防止煤烟废气等疏水性物质直接黏附在墙板上。而且，纤维水泥外墙干挂板只要遇到雨水（或水浇）就能使黏附物与雨水一起被冲洗掉。纤维板在日本有使用 40 年以上的见证，真正实现了与建筑物同寿命。纤维水泥板板安装简单，对龙骨的要求是钢龙骨或木龙骨即可，只要求单向龙骨，壁厚要求 1.6～2.3 之间，这样大大节省了 3/4 的耗钢量，为企业节省成本，提高效率。

## 4.2 高强度高弹性模量聚乙烯醇纤维水泥基复合材料

PVA-ECC（polyvinyl alcohol-engineered cementitious composites）即高强度高弹性模量聚乙烯醇纤维水泥基复合材料。PVA-ECC 通常是以水泥或者以水泥加填料，或在上面的基础上再掺加小粒径细集料作为基体，用 PVA 纤维做增强材料。国内外的研究表明，PVA-ECC 的重要特点是以低掺量的 PVA 纤维实现超高韧性，其拉应变值大于 3％，且多缝开裂，裂缝宽度小于 3mm，具有较高的抗裂性能，PVA-ECC 还具有耐高温、耐磨、耐疲劳及对环境无污染等特点。

随着交通荷载的不断增加、外界环境的不断变化（冻融循环等）和氯离子侵蚀等原因，各国道路和桥梁都面临着耐久性问题，以及维修和重建所带来的巨大经济损失。PVA-ECC 的试验和应用表明，该新材料的耐磨性、变形性能和耐久性的性能可以有效缓解普通混凝土的缺欠。PVA-ECC 应用领域相当的广泛，例如油气管道的保护层，灌溉渠道的修补，超高层建筑的抗剪结构，填充墙，梁-柱连接构件等。

PVA-ECC 在斜拉桥桥面上的应用图：

ECC施工完毕　　　　　　　　　　　　　建成后

**4.3 高强高模聚乙烯醇纤维抗裂改性砂浆**

泡沫混凝土具有保温隔热、隔声、轻质等优点，现已经广泛应用到建筑隔墙领域。但施工质量的好坏将直接影响到泡沫混凝土建材的整体形象，在工程实际应用中，有的施工单位在施工过程中暴露出施工工艺与之不相适应，以对待传统材料的方式来对待泡沫混凝土砌块，致使房屋使用期间出现装饰面掉皮、墙体开裂、空鼓等质量通病（主要是由于泡沫混凝土"墨水瓶"式气孔结构的特点），从而使人们在建筑工程中使用泡沫混凝土砌块时心有余悸，影响其应用效果；高强高模聚乙烯醇纤维抗裂改性砂浆能够有效地解决泡沫混凝土砌块墙面开裂、空鼓、起壳等问题。PVA 纤维掺入抹面砂浆中，增加了摸面砂浆的稠度，抑制了胶凝材料中较重颗粒的下沉运动。PVA 纤维可以在塑性抹面砂浆中形成网状结构，当集料颗粒下沉时，纤维形成的网状结构可以对其起到牵扯的作用。PVA 纤维是一种具有柔性的合成纤维，PVA 纤维的掺入不仅提高了 PVA 纤维抹面砂浆中基体的黏性与稠度，阻碍集料的下沉，而且由于它良好的亲水性，与胶凝材料的粘结力强，当集料的下沉引起浆体的流动时，贯穿其中的无数 PVA 纤维与浆体的互相牵扯，抑制了浆体的流动性，限制了置于其中的集料的运动。

## 5 高强高模聚乙烯醇抗裂改性抹面砂浆施工图

## 6 结论

高强高模聚乙烯醇（PVA）纤维可以代替石棉制造无石棉纤维水泥板、瓦、管材。但目前国内就高强高模聚乙烯醇纤维应用的研究还是停留在比较低的水平上，内蒙古双欣环保材料股份有限公司着眼国外一流的聚乙烯醇纤维研究技术水平，加大投入，通过与国内一些高校和国外研究单位通力合作，正在迎头追赶。高强高模聚乙烯醇（PVA）纤维替代致癌物石棉，性能优越，符合国家相关产业政策，属于鼓励类项目。但目前国内高强高模聚乙烯醇（PVA）纤维主要用于出口，国内市场需求量比较有限，需要进一步的开拓和挖掘，加大相关政策扶持力度，进一步促进高强高模聚乙烯醇（PVA）纤维产业的持续良性发展。

**参考文献**

[1] 沈荣熹，崔琪，李青海．新型纤维增强水泥基复合材料［M］．北京：中国建材工业出版社，2004．
[2] 李良，王广涛，姜维．水泥制品用高强高模聚乙烯醇纤维国内外现状［J］．维纶通讯 2014，1：1-7．
[3] 邓宗才．高性能合成纤维混凝土［M］．北京：科学出版社，2003．
[4] 王海波，孙诗兵，林波．聚乙烯醇纤维对砂浆阻裂性能的影响［J］．建筑技术，2005，36（4）：293-294．
[5] 胡康宁．掺 PVA 纤维的抗裂改性水泥的性能与应用研究［J］．混凝土技术，2011，8：15-19．
[6] 李良．我国部分建筑墙体材料现状及其发展前景．混凝土世界，2010，8，16-19．
[7] 李良．泡沫混凝土防水和防渗研究［J］．砖瓦，2010，7．
[8] 李良．泡沫混凝土墙板的制备和应用研究［J］．墙材革新与建筑节能，2010，10

# 掺合料技术

# 石灰石粉作掺合料对混凝土工作性能及强度的影响

黄 荣[1]，赵志强[2]

（1. 重庆源亿混凝土有限公司，重庆云阳，404500；

2. 混凝土第一视频网，北京，100044）

**摘 要** 鉴于目前常用矿物掺合料短缺现象，用石灰石粉作为混凝土掺合料具有十分重要的意义，本文对石灰石粉作为掺合料对混凝土工作性能、力学性能与长期耐久性能进行了分析。

**关键词** 石灰石粉；掺和料；工作性能；混凝土

## 0 前言

目前，矿物掺合料已成为了现代混凝土中必不可少的组分，人们已普遍认同常用矿物掺合料（矿粉、粉煤灰、硅灰等）应用于混凝土中可以对混凝土性能起到明显改善作用。通过掺入粉煤灰、矿粉等矿物掺合料可以有效提高混凝土工作性。高性能混凝土的发展，粉煤灰和矿粉等常用掺合料的大量使用，导致了市场上粉煤灰、矿粉等矿物掺合料运输成本加大，供应日趋紧张。造成目前矿物掺合料严重短缺的现象，使用石灰石粉做混凝土掺合料，具有如下意义：有效解决我国常用掺合料资源短缺的问题，使供需矛盾得到缓解。重庆当地石灰石资源丰富、质优价廉，这将从根本上解决掺合料短缺的情况，也可以充分保证地域环境的可持续发展，充分利用当地资源，推动我国建材工业向前发展。

## 1 试验用原材料

（1）水泥：华新水泥（秭归）有限公司生产的 P·O42.5，其比表面积为 $364m^2/kg$，28d 抗压强度为 47.3MPa。

（2）减水剂：重庆紫光合盛建材有限公司的 HPWR－R 减水剂，其减水率为 26.7%，含气量为 2.7%，28d 抗压强度比为 141%。

（3）粉煤灰：重庆开县白鹤电厂的 F 类 II 级灰，其细度为 17.6%，需水量比为 101%。

（4）石灰石粉：重庆市和恒建材有限公司的磨细石灰石粉，其碳酸钙含量为 95%，比表面积为 $368m^2/kg$，28d 活性指数为 73%。

（5）细集料：机制砂与特细砂互掺的混合中砂，细度模数为 2.5，含泥量为 1.2%，表观密度为 $2690kg/m^3$。

（6）粗集料：破碎卵石 5～25mm 连续级配，含泥量为 0.3%，压碎指标值为 4.7%，表观密度为 $2690kg/m^3$。

（7）拌合用水为生活用水。

## 2 试验配合比

本试验通过掺加不同比例的石灰石粉和粉煤灰后对混凝土工作性能和强度的影响。用于工作性研究的混凝土配合比见表 1。基准试样组 1 不掺加石灰石粉，只掺加粉煤灰。试验试样组 2～5 组中矿物掺和料石灰石粉掺量逐渐增加，其余参数均和基准配合比中的相同，减水剂掺量为 2%。

表 1　试验配合比

| 试验序号 | 水泥 (kg) | 煤灰 (kg) | 石灰石粉 (kg) | 水 (kg) | 砂 (kg) | 石子 (kg) | 减水剂 (kg) | 砂率 (%) | 水胶比 | 减水剂掺量 (%) |
|---|---|---|---|---|---|---|---|---|---|---|
| 组 1 | 260 | 90 | 0 | 170 | 765 | 1100 | 7.00 | 41% | 0.49 | 2.0% |
| 组 2 | 260 | 67.5 | 22.5 | 170 | 765 | 1100 | 7.00 | 41% | 0.49 | 2.0% |
| 组 3 | 260 | 45 | 45 | 170 | 765 | 1100 | 7.00 | 41% | 0.49 | 2.0% |
| 组 4 | 260 | 22.5 | 67.5 | 170 | 765 | 1100 | 7.00 | 41% | 0.49 | 2.0% |
| 组 5 | 260 | 0 | 90 | 170 | 765 | 1100 | 7.00 | 41% | 0.49 | 2.0% |

## 3　试验结果分析（表 2）

| 试验序号 | 初始坍落度 (mm) | 1h 坍落度 (mm) | 损失值 (mm) | 强度值结果（MPa） | | |
|---|---|---|---|---|---|---|
| | | | | 7 天 | 28 天 | 60 天 |
| 组 1 | 210 | 170 | 40 | 26.9 | 38.6 | 44.2 |
| 组 2 | 220 | 190 | 30 | 27.1 | 38.2 | 43.6 |
| 组 3 | 230 | 210 | 20 | 27.6 | 37.9 | 43.1 |
| 组 4 | 240 | 230 | 10 | 27.8 | 38.1 | 42.6 |
| 组 5 | 250 | 240 | 10 | 28.4 | 37.6 | 41.7 |

**3.1　双掺石灰石粉与粉煤灰混凝土坍落度损失分析**

伴随石灰石粉掺量增加，混凝土坍落度及 1h 坍落度结果见表 2。由表 2 可以看出，随着石灰石粉掺量由 0kg/m³ 增加到 90kg/m³，混凝土初始坍落度保持在 210～250mm 之间，1h 坍落度从 170mm 增加到 240mm。随着石灰石粉掺量的增加坍落度损失从组 1 的 40mm 减小到组 5 的 10mm，随着石灰石粉的掺加量增加明显减少了混凝土的经时坍落度损失。其中，石灰石粉掺量大于矿物掺合料的 50% 时，1h 坍落度损失明显降低。

随着石灰石粉掺量的增加混凝土拌合物的初始坍落度变大，1h 坍落度损失显著减小，主要是由于石灰石粉的形态效应和填充效应。表面致密光滑的石灰石粉颗粒分散在水泥颗粒之间，起到分散剂的作用，能促进水化初期水泥颗粒的解絮，从而改善混凝土的工作性能。由于石灰石粉颗粒较细，且表面积很低，因此增加了拌合物的流动性。由于石灰石粉比水泥颗粒细度小，能够填充水泥与粉煤灰之间的间隙，起到填充骨架的作用，从而改善了混凝土的工作性。

**3.2　双掺石灰石粉和粉煤灰混凝土强度变化分析**

由表 2 可知，从以上试验结果可以看出，在胶凝材料用量相同时，随着石灰石粉替代粉煤灰量的增加，早期强度并未同石灰石粉掺量下不同胶材用量对混凝土强度的影响出现明显变化，而后期强度随着石粉掺量的增加强度增长率略有下降。由于石灰石粉活性相对较低，后期强度的增长幅度不如粉煤灰，因此石粉掺量增大时，后期强度的增长率略有下降。

## 4　结论

（1）随着石灰石粉掺量比例的增加，使混凝土坍落度损失从 50mm 降到 10mm，明显改善双掺石灰石粉和粉煤灰混凝土的工作性。

（2）胶凝材料用量相同时，随着石灰石粉相对于粉煤灰量的增加，对混凝土的早期强度并没有影响，但会使长期强度的增长率略有降低，但幅度不大。

**参考文献**

[1]　崔洪涛．超磨细石灰石粉掺合料混凝土性能的研究［M］．重庆大学，2004.05.

[2]　张兰芳，岳瑜．磨细石灰石粉配制超早强、高强混凝土的研究［J］．混凝土，2010.10.

# 钢渣微粉单掺及与矿渣、粉煤灰复掺对混凝土性能的影响

宋凯强，柳　东，刘福田

（济南大学　材料科学与工程学院，山东济南，250022）

**摘　要**　本文在混凝土中分别单掺钢渣微粉；复掺钢渣微粉、粉煤灰；三掺钢渣微粉、粉煤灰、矿渣微粉，研究其对混凝土工作性能、力学性能及其对水泥水化的影响，实验确定了钢渣微粉、矿渣微粉、粉煤灰用做混凝土掺合料的最佳掺量和配比：单掺钢渣微粉，其掺量不宜超过 15％；钢渣微粉与粉煤灰具有很好的"互补效应"，当两者在胶凝材料中的总掺量达到 40％时，仍能表现出较好的后期强度；钢渣微粉、矿渣微粉、粉煤灰三元复掺，适宜总掺量为 40％，适宜比例为钢渣微粉：矿渣微粉：粉煤灰＝1：2：1。

**关键词**　钢渣微粉；复掺；坍落度；抗压强度；水化机理

# Steel Slag Powder Mixing and Mixed with Slag、Fly ash on the Properties of Concrete

Song Kaiqiang，Liu Dong，Liu Futian

(School of Materials Science and Engineering，University of Jinan，
Shandong Jinan，250022)

**Abstract**　This article respectively only mixed steel slag powder in concrete；Double mixing steel slag powder and fly ash；three mixed steel slag powder，fly ash，slag powder and study its working performance，mechanical property of concrete and its influence on the effect of cement hydration. This article determined the optimum ratio of the steel slag micro powder，slag powder，fly ash used in concrete admixtures：only mixed steel slag fine powder，its content should not be more than 15％；steel slag powder and fly ash have the very good "complementary effect"，when the total content in gelled material reaches 40％，it still can show better later strength；Three mixed steel slag powder，fly ash，slag powder and its mixed appropriate total dosage was 40％，appropriate ratio of steel slag fine powder：slag powder，fly ash ＝ 1：2：1.

**Keywords**　steel slag powder；admixture；slump；compressive strength；hydration mechanism

## 1　前言

钢渣是炼钢时产生的工业废渣，其排放量约占钢产量的 20％左右。我国年钢产量在 2 亿吨左右，钢渣的年排放量达到了 1600 万吨以上，但其利用率只有约 10％，主要被用做筑路材料、回填料，是一种低附加值的利用模式[1]。钢渣主要有钙、硅、铁、镁及少量的铝、锰、磷等元素[2~5]。钢渣主要来源于：金属炉料中各元素反应后生成的氧化物和硫化物，被侵蚀的炉衬及炉补材料以及

金属炉料带入的杂质，如泥沙等。钢渣的化学组成并不是固定不变，而是与原材料、生产工艺、设备及处理工艺等因素有关[6]。

## 2 实验原材料

（1）水泥：实验用水泥产自山东鲁碧水泥厂的P·O 42.5水泥，性能见表1。

表1 水泥性能

| 比表面积 (m²/kg) | 初凝 (min) | 终凝 (min) | 抗压强度（MPa） | | 抗折强度（MPa） | |
|---|---|---|---|---|---|---|
| | | | 3d | 28d | 3d | 28d |
| 320 | 140 | 185 | 22.2 | 47.0 | 4.6 | 8.45 |

（2）钢渣微粉：本实验用日钢钢渣微粉，其性能见表2。

表2 日照钢渣微粉性能

| 项目 | 比表面积(m²/kg) | 密度(g/cm³) | 含水量(%) | $SO_3$含量(%) | 流动度比(%) | 安定性 |
|---|---|---|---|---|---|---|
| 钢渣 | 450 | 3.76 | 0.1 | 0.15 | 95 | 合格 |

（3）矿渣：日钢矿渣粉，其性能见表3。

表3 矿渣粉性能

| 比表面积 (m²/kg) | 活性指数 | | 流动度比 (%) | 密度 (g/cm³) |
|---|---|---|---|---|
| | 7d(%) | 28d(%) | | |
| 430 | 87 | 110 | 102 | 2.9 |

（4）粉煤灰：产自潍坊北洛电厂，性质见表4。

表4 粉煤灰性质

| 细度(45um)(%) | 需水量比(%) | 烧失量(%) | 含水量(%) | 安定性 | 三氧化硫(%) | 28d活性指数(%) |
|---|---|---|---|---|---|---|
| 15.4 | 96 | 6.1 | 0.8 | 合格 | 0.8 | 80 |

## 3 实验方法

试验固定水胶比为0.4，砂率为0.43，胶凝材料为400kg/m³，高效减水剂掺量为2.5%。实验分别改变单掺钢渣微粉（配合比见表5）；二元复掺钢渣微粉、粉煤灰（配合比见表6）；三元复掺钢渣微粉、粉煤灰、矿渣（配合比见表7）。

分别测试其初始坍落度；7d、28d抗压强度；同时对其7d、28d试样进行XDR、SEM微观分析，研究其对水泥混凝土体系的影响。

表5 单掺钢渣微粉混凝土配合比

| 编号 | 水胶比 $W/B$ | 水泥掺量(%) | 钢渣掺量(%) | 初始塌度(mm) |
|---|---|---|---|---|
| G0 | 0.40 | 100 | 0 | 160 |
| G40 | 0.40 | 60 | 40 | 213 |
| G35 | 0.40 | 65 | 35 | 205 |
| G30 | 0.40 | 70 | 30 | 195 |
| G25 | 0.40 | 75 | 25 | 189 |
| G20 | 0.40 | 80 | 20 | 180 |
| G15 | 0.40 | 85 | 15 | 171 |
| G10 | 0.40 | 90 | 10 | 163 |
| G05 | 0.40 | 95 | 5 | 160 |

表6 不同掺量的钢渣微粉-粉煤灰-水泥混凝土的实验配比

| 编号 | 水胶比 | 水泥掺量(%) | 掺合料掺量(%) | | | 初始坍落度(mm) |
|---|---|---|---|---|---|---|
| | | | 总量(%) | 钢渣(%) | 粉煤灰(%) | |
| C20 | | | | 20 | 20 | 202 |
| C15 | 0.40 | 60 | 40 | 15 | 25 | 193 |
| C10 | | | | 10 | 30 | 182 |
| C05 | | | | 5 | 35 | 171 |
| B20 | | | | 20 | 10 | 210 |
| B15 | 0.40 | 70 | 30 | 15 | 15 | 196 |
| B10 | | | | 10 | 20 | 187 |
| B05 | | | | 5 | 25 | 180 |
| A15 | | | | 15 | 5 | 203 |
| A10 | 0.40 | 80 | 20 | 10 | 10 | 194 |
| A05 | | | | 5 | 15 | 185 |

表7 钢渣微粉、粉煤灰、矿渣微粉三元复掺实验配比

| 编号 | 比例 | 掺合料(kg/m³) | | | | 初始坍落度(mm) |
|---|---|---|---|---|---|---|
| | | 总量 | 钢渣 | 矿渣 | 粉煤灰 | |
| A20 | A | | 26.67 | 26.67 | 26.67 | 173 |
| B20 | B | 80(占20%) | 40 | 20 | 20 | 176 |
| C20 | C | | 20 | 40 | 20 | 180 |
| D20 | D | | 20 | 20 | 40 | 169 |
| A30 | A | | 40 | 40 | 40 | 211 |
| B30 | B | 120(占30%) | 60 | 30 | 30 | 215 |
| C30 | C | | 30 | 60 | 30 | 222 |
| D30 | D | | 30 | 30 | 60 | 207 |
| A40 | A | | 53.33 | 53.33 | 53.33 | 218 |
| B40 | B | 160(占40%) | 80 | 40 | 40 | 225 |
| C40 | C | | 40 | 80 | 40 | 230 |
| D40 | D | | 40 | 40 | 80 | 210 |
| A50 | A | | 66.67 | 66.67 | 66.67 | 224 |
| B50 | B | 200(占50%) | 100 | 50 | 50 | 233 |
| C50 | C | | 50 | 100 | 50 | 240 |
| D50 | D | | 50 | 50 | 100 | 220 |

## 4 实验结果分析

### 4.1 单掺钢渣微粉对混凝土性能影响

（1）单掺钢渣微粉对混凝土坍落度影响

由图1可知，随着钢渣微粉取代量的增加混凝土初始坍落度有不同程度的增大并且随着钢渣微粉的取代量的增大，混凝土初始坍落度有逐渐增大的趋势。分析原因为钢渣微粉掺入混凝土后，可以在一定的程度上改善混凝土的流动性、黏聚性。在试验的过程中观察发现，掺加了钢渣微粉的新拌混凝土的保水性也比基准混凝土要好。

149

（2）单掺钢渣微粉对混凝土抗压强度影响的研究

由图 2 可知，钢渣微粉掺量小于 15％时，随着钢渣微粉掺量的增加，7d、28d 抗压强度略有增大；钢渣微粉掺量为 15％时，7d、28d 抗压强度最大；当钢渣微粉掺量超过 15％时，7d、28d 抗压强度快速减小。

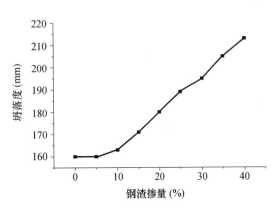

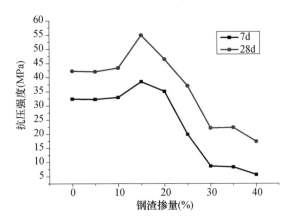

图 1　单掺钢渣微粉对混凝土坍落度影响的研究　　　图 2　单掺钢渣微粉对混凝土抗压强度影响的研究

其原因是当钢渣微粉掺量较小（小于 15％）时，钢渣混凝土加水配制后，混凝土中的碱性物质以及熟料中 $C_2S$、$C_3S$ 水化形成的 $Ca(OH)_2$ 会激发钢渣微粉，使其产生一定量的钙矾石及 C-S-H 凝胶，增加混凝土试块强度[7]。另外，钢渣微粉起到微集料作用，在一定程度上填充了水泥石中的毛细孔，增加了混凝土的密实性，有利于混凝土强度发展。而当掺量过大（大于 15％）时，水泥量相应减少，造成 C-S-H 凝胶量的减少，从而使混凝土的强度下降。由此可见，15％是钢渣微粉的最佳取代量。

（3）单掺钢渣微粉的胶凝材料水化产物分析

通过对 7d、28d 水化试样的 XRD 图（图 3、图 4）可以看出：钢渣粉部分等量取代水泥后的水化产物的种类与硅酸盐水泥种类基本相似。然而 $Ca(OH)_2$ 量明显减少，而 AFt 衍射峰增强。分析原因是：随着水化反应的进行，熟料矿物中 $C_3S$、$C_2S$ 水化产生的 $Ca(OH)_2$ 激发钢渣微粉的活性，使其产生一定量的应生成 C-S-H 凝胶和 AFt，$Ca(OH)_2$ 不断被吸收。

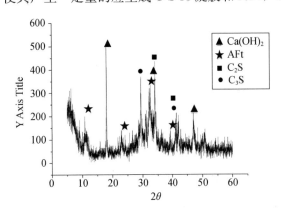

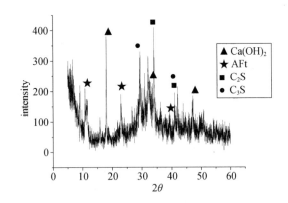

图 3　15％钢渣微粉掺量 7d 胶凝材料
　　　　水化产物 XRD 图

图 4　15％钢渣微粉掺量 28d 胶凝材料
　　　　水化产物 XRD 图

图 5 为 15％钢渣微粉掺量的胶凝材料的 7d、28d 水化产物的 SEM 照片。从 SEM 图可以发现，掺加 15％钢渣微粉的胶凝材料的 7d、28d 水化产物主要为 C-S-H 凝胶、AFt 以及板状 $Ca(OH)_2$。C-S-H 凝胶、AFt 的生成说明混凝土中的 $C_2S$、$C_3S$ 等矿物已经开始水化，生成的 C-S-H 凝胶、AFt 在混凝土试样的缝隙和表面上相互搭接，使结构逐步致密。

图 5    15％钢渣掺量胶凝材料的 7d、28d 水化产物的 SEM 照片

## 4.2    钢渣微粉与粉煤灰复掺对混凝土性能的影响

（1）钢渣微粉与粉煤灰复掺对混凝土坍落度影响

分析图 6 中 A、B、C 三组数据，可知在每组总掺量一定的情况下，每组随着钢渣微粉掺量逐渐增加，粉煤灰掺量逐渐减小，混凝土坍落度逐渐增加，说明钢渣微粉对混凝土工作性能的改善作用要优于粉煤灰；比较 A、B、C 三组数据，可知随着总掺量的增加，混凝土坍落度逐渐减小，说明掺合料总量的增加不能明显改善混凝土的工作性能。这是由于粉煤灰含碳量过高，吸水性强，粉煤灰所占比例过高的话会导致实际可用水量增加。

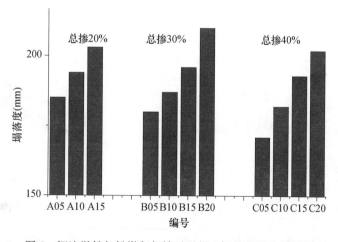

图 6    钢渣微粉与粉煤灰复掺对混凝土坍落度影响的研究

（2）钢渣微粉与粉煤灰复掺对混凝土抗压强度的影响

由图 7 可知，在掺合料总量为 20％时，钢渣微粉掺量的变化对混凝土 7d、28d 强度影响不大。当掺合料总量为 30％、40％时，随着钢渣微粉掺量的增加混凝土 7d、28d 强度的影响较大；并且当钢渣微粉掺量占到 15％时，混凝土的 7d、28d 强度达到最大。由图中三组数据的横向对比可知，混凝土 7d 强度随着掺合料总量的增加而逐渐降低，而三组数据的 28d 强度相差不大，主要原因是钢渣微粉、粉煤灰的复合在后期对混凝土强度的发展能起到"叠加作用"，水泥对混凝土早期强度起主要作用，粉煤灰的"火山灰效应"主要在后期发挥。钢渣微粉活性较差，其水化作用也主要体现在后期。并且后期水泥水化产生的 Ca（OH）$_2$ 会激发钢渣微粉和粉煤灰的"火山灰效应"，因而两者对于混凝土后期强度的发展起到了互补作用。综上所述可知，当钢渣微粉与粉煤灰复合作为掺合料使用时，钢渣微粉的适宜掺量为 15％，且在掺合料总量达到 40％时，对后期强度发展影响不是很大。

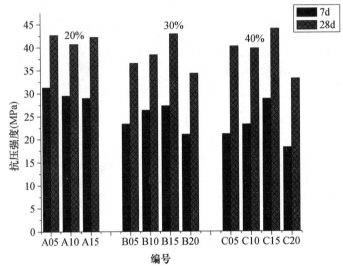

图 7　钢渣微粉与粉煤灰复掺对混凝土抗压强度影响的研究

（3）钢渣微粉与粉煤灰复掺胶凝材料水化产物分析

通过图 8 和图 9 可以看出，7d 的主要衍射峰是 Ca（OH）$_2$、水泥熟料矿物。28d 的混凝土试块中 C$_2$S、C$_3$S 有所降低且 Ca（OH）$_2$ 含量明显降低，说明熟料矿物已经大量水化，形成的 Ca（OH）$_2$ 开始与钢渣微粉、粉煤灰反应[8]。说明了掺有钢渣、粉煤灰的水泥水化还是比较理想的。

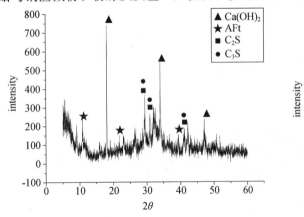 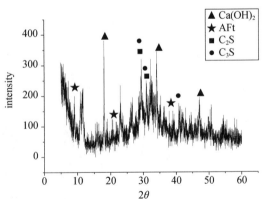

图 8　编号 B15 胶凝材料 7d 水化产物的 XRD 图　　图 9　编号 B15 胶凝材料 28d 水化产物的 XRD 图

由图 10 可知，掺有钢渣微粉、粉煤灰样品的 7d、28d 水化产物的 SEM 照片中可以明显观察到针状 Aft 晶体、C-S-H 凝胶以及 Ca（OH）$_2$，水化良好。7d 的 SEM 照片中可以发现粉煤灰颗粒。

图 10　B15 胶凝材料 7d、28d 水化产物的 SEM 照片

**4.3　钢渣微粉、粉煤灰、矿渣微粉复掺对混凝土性能影响**

（1）钢渣微粉、粉煤灰、矿渣复掺复掺对混凝土坍落度影响

图 11 中可看到，随总掺量的增加，混凝土的坍落度也随着增大，说明掺合料总量的增加有益于增大混凝土的坍落度。在每种特定总掺量下，分别 A、B、C、D 个配比对于混凝土坍落度的改善作用，C（钢渣微粉：矿渣：粉煤灰＝1：2：1）组最为明显，其次为 B、A、D 配比。说明矿渣对于混凝土坍落度的改善作用最佳，其次是钢渣微粉，粉煤灰对于混凝土坍落度的改善作用最差。

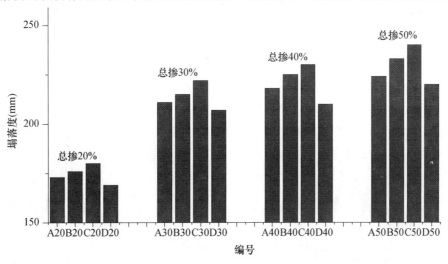

图 11　钢渣微粉、粉煤灰、矿渣微粉三元复掺对混凝土坍落度影响的研究

（2）钢渣微粉、粉煤灰、矿渣复掺对混凝土抗压强度影响的研究

图 12 为钢渣微粉、粉煤灰、矿渣微粉三元复掺对混凝土抗压强度影响的研究。随总掺量的增

加 7d 抗压强度逐渐降低；在总掺量低于 40％时对 28d 抗压强度基本无影响，超过 40％后抗压强度逐步降低。A、B、C、D 四个配比中，C 配比（钢渣微粉：矿粉：粉煤灰＝1：2：1）的 7d、28d 强度最高，其次是 D、A 组。

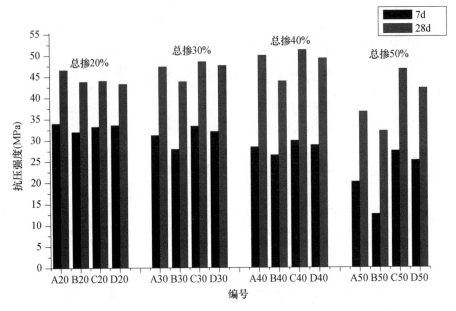

图 12　钢渣微粉、粉煤灰、矿渣微粉三元复掺对混凝土抗压强度影响

说明当钢渣微粉、粉煤灰、矿渣微粉三元复合使用时，矿渣微粉、粉煤灰掺入量的增加对于混凝土强度的发展要优于钢渣微粉。原因是矿渣微粉与粉煤灰的主要矿物相为玻璃体，它们含量的增加一方面可以更为合理的颗粒分布对水泥石起到很好的填充作用；另外一方面在碱性激发的作用下生成 C-S-H 凝胶及水化铝硅酸钙，对混凝土起到增加强度作用[9-10]。钢渣中的主要矿相是 $C_2S$、少量玻璃体及活性很低的铁相固溶体，它的活性作用无法替代矿粉。

综上所述，钢渣粉、矿粉、粉煤灰三元复合作为掺合料在混凝土中使用时，适宜总掺量为 40％，适宜比例为钢渣粉：矿粉：粉煤灰＝1：2：1。

（3）钢渣微粉、粉煤灰、矿渣复掺胶凝材料水化产物分析

对比图 13 和图 14 可知，钢渣、矿渣、粉煤灰三掺混凝土试块 7d 含有较大量的 Ca（OH）$_2$、AFt；28d 的 XRD 图可知：Ca（OH）$_2$含量明显降低，AFt 含量增长较大，说明钢渣、矿渣、粉煤灰三掺时水化较理想。

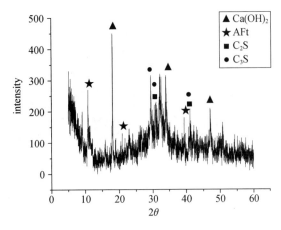

图 13　钢渣、矿渣、粉煤灰三掺胶凝材料
7d 水化产物 XRD 分析图谱

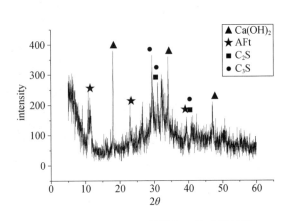

图 14　钢渣、矿渣、粉煤灰三掺胶凝材料
28d 水化产物 XRD 图谱

图 15 为三掺钢渣、粉煤灰、矿粉胶凝材料的 7d、28d 水化产物的 SEM 照片。由图可知，钢渣微粉、矿渣微粉与粉煤灰三元复掺的胶凝材料的水化产物中含有一定量的 C-S-H 凝胶、Aft 及 Ca(OH)$_2$，而且在混凝土中填充的比较密集。这说明矿物掺合料和熟料中 C$_2$S、C$_3$S 等矿物已经开始水化。

图 15　三掺钢渣、粉煤灰、矿粉胶凝材料的 7d、28d 水化产物的 SEM 照片

# 5　结论

本文分别对单掺钢渣微粉；复掺钢渣微粉、粉煤灰；三元复掺钢渣微粉、矿渣微粉、粉煤灰对混凝土的工作性能与力学性能的影响进行了研究，并进行了相应的微观分析，主要结论如下：

（1）用钢渣微粉等量取代水泥来配制混凝土，随着钢渣微粉掺量的增加，混凝土的工作性能逐渐改善。在最佳掺量 15% 时，混凝土的早期强度低于基准混凝土，但 28d 强度已略高于基准混凝土。

（2）将钢渣微粉、粉煤灰二元复掺配制混凝土，能够发挥不同掺合料间的叠加效应，弥补掺合料单掺引起的性能缺陷。当钢渣粉与粉煤灰复掺时钢渣粉的适宜掺量为 15%，且二元总掺量达到 40% 时，仍能体现出很好的后期强度。

（3）钢渣、矿渣、粉煤灰三元复掺时，随着掺合料总量的增加，混凝土坍落度逐渐增大，说明掺合料量的增加有益于改善混凝土的工作性能。钢渣粉、矿粉、粉煤灰三元复合作为掺合料在混凝土中使用时，适宜总掺量为 40%，适宜比例为钢渣粉：矿粉：粉煤灰＝1：2：1。

**参考文献**

[1]　陈益民，张洪滔等．磨细钢渣粉作水泥高活性混合材料的研究 [J]．水泥，2001.5.

［2］　Tufekci M，Demirbas A，Genc H. Evaluation of steel stags as cement additives ［J］. Cement and concrete research，1997，27（11）：1713-1717.

［3］　欧阳东，谢宇平，何俊元. 转炉钢渣的组成、矿物形貌及胶凝特性 ［J］. 硅酸盐学报，1991，19（6）：488-494.

［4］　Hu Shu-guang，Jiang Cong sheng，Wei Jiang xiong，et al. Research on Hydration of Steel Slag Cement Activated with Waterglass ［J］. Journal of Wuhan University of Technology-Mater Sci Ed，2001，16（1）：37-40.

［5］　仲晓林，宫武伦，梁富智. 磨细钢渣作泵送混凝土掺合料的性能和应用 ［J］. 工业建筑，1993.7.

［6］　冯乃谦. 高性能混凝土 ［M］. 北京：中国建筑工业出版社，1996：399-401.

［7］　肖琪仲，钱光人. 钢渣在高温高压下的水热反应 ［J］. 硅酸盐学报. 1999，27（4）：427-435.

［8］　焦宝祥，钟白茜. 激发剂对粉煤灰－Ca（OH）$_2$系统性能的影响 ［J］. 粉煤灰综合利用，2001，（1）：7-10.

［9］　尹峻. 大掺量超细矿粉在混凝土中的应用 ［J］. 混凝土与水泥制品，2004，5.

［10］　杨峻荣. 掺矿粉混凝土的配制技术研究 ［J］. 混凝土，2004，（10），46-50.

**作者简介**

刘福田，研究生导师，研究方向：水泥混凝土方向；地址：山东省济南市济微路 106 号 济南大学西校区材料学院；邮编：250022；电话：15288856094；E-mail：240830115@qq. com。

# 复合矿物掺合料对高性能混凝土工作性的研究及应用

宋 文

（宁夏盛远新型建材有限责任公司，751600）

## 0 前言

我国经济发展经历了近30年的高速增长，城市房地产及基础设施建设也得到迅猛发展，随着国家的调控和供给侧改革，混凝土行业开始步入需求缓速增长稳定的新常态，常规低端的混凝土需求萎缩，竞争非常激烈，利润大幅降低，针对激烈的市场竞争和高性能混凝土的需求，2014年针对市场需求我公司与北京建筑大学、北京科技大学合作做了大量的试验研发，生产出了高性能混凝土专用高效复合矿物掺合料、并通过了自治区科技厅的科技成果鉴定，我公司以创新提升产品档次，提高产品质量，并建立了企业标准，通过了自治区质量技术监督局企业产品标准备案，为企业再发展再腾飞打下基础。

## 1 复合矿物掺合料对 混凝土强度及工作性的影响

高性能混凝土复合矿物掺合料就其本质而言，可以认为是废弃的胶凝材料，将其磨细后作为掺合料用于混凝土中从技术上来说是可行的。通过对其主要成分（表1）来看，复合矿物掺合料的化学成分具备一定的活性。复合矿物掺合料磨细后需水量正常，能够大大改善混凝土的和易性，减少水泥用量降低水泥成本，降低混凝土中水化热，具有显著的技术经济效益和环保效益。

**表1 复合矿物掺合料的主要成分**

| 样品名称 | $SiO_2$ | $Al_2O_3$ | $Fe_2O_3$ | CaO | MgO | $SO_3$ |
|---|---|---|---|---|---|---|
| 复合矿物掺合料 | 54.21 | 3.99 | 3.06 | 33.40 | 1.66 | 2.23 |

复合矿物掺合料是生产过程中产生的一种废料，所以复合矿物掺合料磨细的程度直接影响着混凝土的强度和耐久性。为了达到试验要求，先将大块的复合矿物掺合料进行预破碎，然后每次将5kg的复合矿物掺合料再放入试验磨中进行45min的磨细，达到矿粉细度的要求，经过试验得出：其比表面积为$450m^2/kg$，与矿粉的比表面积$415m^2/kg$ 基本相同。

根据宁夏盛远新型建材有限责任公司现有的材料和本着节约成本的目的，尽量在保证高性能混凝土质量的强度下节约资源，采用了下面的各个配比作为研究基础，实验结果显示按以下的配比完全可以达到预拌高性能混凝土强度的要求，通过实验可以看出随着复合矿物掺合料掺量的增加及水胶比的有效控制，强度慢慢升高。从掺入复合矿物掺合料的各组试验中发现复合矿物掺合料的掺量在40％以内时强度变化不大，而且在例如C30强度等级的混凝土在复合矿物掺合料掺量比例32％时R7强度达到了95％强度比值，其强度要比未掺复合矿物掺合料组强度高。通过强度的比较可以得出复合矿物掺合料的掺量在不大于40％时，其配比是最合理的，再继续掺入复合矿物掺合料将使强度下降，在前面的叙述中也说到随着复合矿物掺合料掺量的增加拌合物的和易性也提高，所以将复合矿物掺合料的掺量停在40％以内。

在前面的论述中提到复合矿物掺合料是一种工业废料，所以在复合矿物掺合料、矿粉料中活性成分较多，矿粉越少复合矿物掺合料越多，活性成分越少，强度越低。

掺入粉煤灰改善了和易性但却降低了强度。粉煤灰的活性成分为$SiO_2$ 和 $Al_2O_3$，在混凝土中与水泥的水化产物 Ca(OH)$_2$ 反应,生成硅酸钙和水化铝酸钙,成为胶凝材料的一部分,但是粉煤灰在等量取代矿粉时其产生的硅酸钙的量比硅粉少,强度的提高效果不如矿粉;粉煤灰掺入到原材料中,主要的作用是改善混凝土的孔结构,提高混凝土的密实度,而矿粉不但可以改善拌合物的黏聚性和保水性,但其最重要的作用就是用来取代水泥提高混凝土的强度。

## 2 C30~C60 高性能混凝土的配合比及工作性

C30~C60 高性能混凝土的配合比及工作性见表2。

表2 盛远公司 SY-001 聚羧酸泵送剂混凝土配合比及工作性

| 序号 | 1 | 2 | 3 | 4 | 5 | 6 | 7 |
|---|---|---|---|---|---|---|---|
| 强度等级 | C30 | C35 | C40 | C45 | C50 | C55 | C60 |
| 水 | 150 | 150 | 150 | 145 | 145 | 145 | 145 |
| 水泥 | 180 | 200 | 230 | 290 | 320 | 350 | 380 |
| 复合矿物掺合料 | 130 | 130 | 130 | 140 | 150 | 150 | 150 |
| 粉煤灰 | 60 | 60 | 60 | 50 | 50 | 50 | 50 |
| 粗砂 | 607 | 600 | 560 | 518 | 490 | 479 | 447 |
| 中砂 | 261 | 260 | 260 | 222 | 215 | 210 | 200 |
| 碎石 | 1010 | 1020 | 1040 | 1040 | 1040 | 1040 | 1050 |
| 泵送剂 | 11.5 | 11 | 12 | 14 | 15 | 16 | 18 |
| 容重 | 2397 | 2421 | 2422 | 2419 | 2430 | 2440 | 2440 |
| 砂率(%) | 45 | 46 | 43 | 42 | 39 | 39 | 38 |
| 水胶比 | 0.41 | 0.39 | 0.36 | 0.30 | 0.28 | 0.26 | 0.25 |
| 坍落度值(mm) | 200±20 | 200±20 | 200±20 | 200±20 | 200±20 | 200±20 | 200±20 |
| 砼工作性描述 | 流动性好,引气性好,粘聚性好 | 流动性好,引气性好,粘聚性好 | 流动性好,引气性好,粘聚性好 | 流动性好,引气性好,粘聚性好 | 流动性好,引气性好,粘聚性好 | 流动性好,引气性好,粘聚性好 | 流动性好,引气性好,粘聚性好 |

从表3可以看出,复合矿物掺合料的不同比例在不同混凝土强度等级时,混凝土的和易性良好,抗压强度较高。

表3 C30-C60 混凝土试块抗压强度表

| 序号 | 强度等级 | 抗压强度(MPa) | | |
|---|---|---|---|---|
| | | R7 | R14 | R28 |
| 1 | C30 | 32.5 | 39.2 | 46.6 |
| 2 | C35 | 34.8 | 42.1 | 49.5 |
| 3 | C40 | 36.5 | 46.5 | 55.7 |
| 4 | C45 | 40.7 | 52.3 | 64.3 |
| 5 | C50 | 45.1 | 58.6 | 72.1 |
| 6 | C55 | 54.6 | 64.8 | 78.5 |
| 7 | C60 | 59.1 | 68.9 | 82.5 |

总的来说,使用矿物掺合料替代胶凝材料不大于40%时,保持较低的水胶比,所有试块在龄期为28d时均达到目标抗压强度等级。

## 3 试验研究

**3.1** 复合矿物掺合料占胶凝材料比例 0、20%、30%、40% 对 C30 混凝土性能的影响

复合矿物掺合料占胶凝材料的 0、20%、30%、40% 不同比例时 C30 混凝土配合比（表 4）。

其中混凝土的配合比原材料的选择：盛远公司复合矿物掺合料、三力公司Ⅱ级粉煤灰、盛远水泥（强度等级 P·O·42.5）、盛远公司混凝土泵送剂、饮用水、盛弘公司碎石、粗砂、中砂。

**表 4 不同比例复合掺合料 C30 混凝土配合比（kg/m³）**

| 序号 | 复合矿物掺合料比例（%） | 水 | 水泥 | 复合矿物掺合料 | 粉煤灰 | 粗砂 | 中砂 | 碎石 | 泵送剂 | 容重 |
|---|---|---|---|---|---|---|---|---|---|---|
| 1 | 0 | 165 | 300 | 0 | 60 | 623 | 266 | 1000 | 12.9 | 2420 |
| 2 | 20 | 155 | 228 | 72 | 60 | 623 | 266 | 1000 | 10.7 | 2420 |
| 3 | 30 | 155 | 190 | 110 | 60 | 623 | 265 | 1000 | 9.5 | 2420 |
| 4 | 40 | 155 | 155 | 145 | 60 | 623 | 264 | 1000 | 8.8 | 2420 |

根据表 5 中坍落度数值看出复合矿物掺合料掺量对混凝土流动度的影响。

**表 5 复合矿物掺合料不同比例的 C30 混凝土的和易性**

| 试验编号 | 比例（%） | 坍落度（mm） | 工作性 | |
|---|---|---|---|---|
| | | | 是否泌水 | 粘聚性、保水性 |
| 3—01 | 0 | 174 | 否 | 一般 |
| 3—02 | 20 | 180 | 否 | 良 |
| 3—03 | 30 | 200 | 否 | 良 |
| 3—04 | 40 | 205 | 否 | 良 |

从表 6 可以看出，随着复合矿物掺合料的比例变化，抗压强度也呈规律性变化。复合矿物掺合料占胶凝材料 30% 时 C30 混凝土 R28 抗压强度最大达到 46.6MPa。所有试块在龄期为 28d 时均达到目标抗压强度等级。

**表 6 复合矿物掺合料不同比例时的 C30 混凝土强度**

| 试验编号 | 比例（%） | 7d 强度（MPa） | 28d 强度（MPa） |
|---|---|---|---|
| 3—01 | 0 | 32.0 | 39.5 |
| 3—02 | 20 | 31.1 | 42.3 |
| 3—03 | 30 | 32.5 | 46.6 |
| 3—04 | 40 | 29.0 | 40.5 |

**3.2** 复合矿物掺合料占胶凝材料 20%、30%、40% 时对 C50 混凝土性能的影响

复合矿物掺合料占胶凝材料的 0、20%、30%、40% 不同比例时 C50 混凝土配合比（表 7）。对应 C50 高性能混凝土和易性见表 8。

其中混凝土的配合比原材料的选择：盛远公司复合矿物掺合料、三力公司Ⅱ级粉煤灰、盛远水泥（强度等级 P·O·42.5）、盛远公司混凝土泵送剂（聚羧酸泵送剂）、饮用水、盛弘公司碎石、粗砂、中砂。

**表 7 不同比例复合掺合料 C50 混凝土配合比（kg/m³）**

| 序号 | 复合矿物掺合料比例（%） | 水 | 水泥 | 复合矿物掺合料 | 粉煤灰 | 粗砂 | 中砂 | 碎石 | 泵送剂 | 容重 |
|---|---|---|---|---|---|---|---|---|---|---|
| 1 | 0 | 160 | 470 | 0 | 50 | 490 | 215 | 1040 | 19.7 | 2425 |
| 2 | 20 | 145 | 365 | 105 | 50 | 490 | 215 | 1040 | 16.8 | 2425 |
| 3 | 30 | 145 | 320 | 150 | 50 | 490 | 215 | 1040 | 15.0 | 2425 |
| 4 | 40 | 145 | 262 | 208 | 50 | 490 | 215 | 1040 | 14.2 | 2425 |

表8　复合矿物掺合料不同比例的C50高性能混凝土的和易性

| 试验编号 | 比例（%） | 坍落度（mm） | 工作性 | |
|---|---|---|---|---|
| | | | 是否泌水 | 黏聚性、保水性 |
| 5—01 | 0 | 185 | 否 | 良 |
| 5—02 | 20 | 210 | 否 | 良 |
| 5—03 | 30 | 220 | 否 | 优 |
| 5—04 | 40 | 200 | 否 | 良 |

表9可以看出，使用不同比例复合矿物掺合料替代胶凝材料所拌制出来的C50高性能混凝土抗压强度变化不大，其中复合矿物掺合料占30％时C50混凝土7d、28d抗压强度最高，所有配比在龄期为28d时均达到目标抗压强度等级。

表9　复合矿物掺合料不同比例时C50高性能混凝土抗压强度

| 试验编号 | 比例（%） | 7d强度（MPa） | 28d强度（MPa） |
|---|---|---|---|
| 5—01 | 0 | 40.3 | 58.6 |
| 5—02 | 20 | 42.9 | 66.4 |
| 5—03 | 30 | 45.1 | 72.1 |
| 5—04 | 40 | 40.5 | 67.9 |

## 4　混凝土生产及施工控制

（1）生产前必须组织生产、材料、试验、技术人员对计量系统进行校准，确保各计量秤体的准确性，并安排专职人员全程跟踪监控，保证生产中各物料计量准确无误。

（2）为提高高性能混凝土的匀质性，每盘搅拌时间延长60s，确保混凝土的质量。

（3）为保证高性能混凝土的工作性能，每车混凝土从搅拌到施工浇筑时间控制在1.5h以内，并安排技术人员随车到现场开展技术跟踪服务，及时掌握混凝土现场施工性能，及时反馈混凝土状态信息，以便及时调整，确保混凝土顺利浇筑施工。

（4）对施工单位、项目部做好技术交底工作，施工方在进行浇筑及施工和养护时，严格按照规范进行。

## 5　结语

（1）复合矿物掺合料对混凝土工作性无影响，随着复合矿物掺合料掺量的增加混凝土工作性能明显提高。

（2）复合矿物掺合料掺量在40％以内对混凝土强度影响不大，可以满足高性能混凝土质量要求。通过对各项性能的综合考虑复合矿物掺合料掺量在40％以下时，混凝土的工作性、抗压强度有一定的优势。

（3）使用我公司的高性能混凝土专用复合矿物掺合料，通过合理的选材和配合比设计，生产中进行严格的各项工艺质量管理，可生产出工作性能良好的高性能混凝土，现场泵送、施工性能良好，满足了不同工程的需求。

# 集料技术

# 集料对混凝土工作性能的影响之连续级配

张本强[1]，赵志强[2]

**摘　要**　混凝土是指胶凝材料将集料胶结成整体的工程复合材料的统称（即以水泥为主要胶凝材料，与集料和水，必要时掺入化学外加剂和矿物掺合料，按适当比例配合，经过均匀搅拌、密实成型及养护硬化而成的人造石材）。集料在混凝土中具有重要的作用，胶凝材料与细集料合成砂浆体填充粗集料孔隙形成的密实结构，集料构成了混凝土中的强度骨架，集料的材质、强度、颗粒级配、最大粒径、含泥量、砂率、针片状、量化关系等都会对混凝土工作性能产生不同程度的影响。本文从集料的颗粒级配方面分析对混凝土工作性能产生的影响。

**关键词**　集料；颗粒级配；工作性能；混凝土；收缩；渗透

## 0　前言

集料在混凝土中具有重要作用，传统理念认为混凝土工作性能的好坏主要取决于胶凝材料和胶凝材料与减水剂相容性，而忽略了集料对混凝土工作性能的影响。集料对混凝土工作性能的影响没有引起行业砼仁的足够重视。当前国内胶凝材料和减水剂自身性能有着显著提高（如水泥比表面积提高、高性能掺合料、减水剂的高保坍等），各项技术改进和技术更新频繁提出与验证，反之国内天然集料资源日益匮乏几近枯竭，各种替代天然集料涌现出来（机制砂、再生集料）。如何正确选用和使用天然、非天然集料，保证混凝土工作性能，使之在混凝土组分中发挥应有的作用已逐渐突显。本文指在探索集料的连续级配如何影响混凝土的工作性能及如何正确使用以改善混凝土的工作性能。

混凝土是一种生产工艺简单，材料组成复杂非匀质的复合材料。混凝土中集料体积达到75%左右，其中粗集料比例达到45%左右，所以集料本身诸多性能在很大程度上影响到混凝土的工作性能，混凝土中集料相互嵌接形成骨架是混凝土稳定的最好结构体。大量试验研究表明集料本身诸多性能（如材质强度、颗粒级配、形状、含泥/泥块/石粉量等）均影响了混凝土内部结构的致密性、稳定性和工作性能。

## 1　连续级配的目的

连续级配是指集料中大中小不同的颗粒相互搭配的比例情况。使集料间所产生的空隙尽可能降低，单位体积内空隙达到合理状态，提升集料的致密性，从而满足混凝土结构稳定，在减少胶凝材料的同时提高混凝土的强度和工作性能。

### 1.1　颗粒级配的理论

**1.1.1**　最大密度理论：接近于（富勒曲线），孔隙率最小、密度最大为最优级配。

**1.1.2**　表面积理论：集料表面积越小，用来包裹其表面的胶凝材料用量越少为最优级配。

**1.1.3**　粒子干涉理论（填充量化关系）：上一级集料的间距恰好等于下一级集料的粒径，下一级集料填充其间不发生"干涉"的级配为最优级配。

根据以上三种级配理论得出的最优级配，是从事混凝土技术工作同仁宜遵循的法则，在实际工作中要科学合理地调整集料级配的连续性，使集料在混凝土中达到最佳状态。

### 1.2　颗粒级配状态分析及对混凝土工作性能的影响

**1.2.1**　粗集料的颗粒级配

（1）大粒径颗粒状态分析（表1）

**表1 粗集料筛分析数据**[2]

| 筛孔直径 | 筛余量(g) | 分计筛余量(%) | 累计筛余量(%) |
|---|---|---|---|
| 37.5 | 0 | 0.0 | 0 |
| 31.5 | 120 | 1.9 | 2 |
| 26.5 | 820 | 13.0 | 15 |
| 19.0 | 2280 | 36.2 | 51 |
| 16.0 | 920 | 14.6 | 66 |
| 9.50 | 1780 | 28.3 | 94 |
| 4.75 | 370 | 5.9 | 100 |
| 2.36 | 8 | 0.1 | 100 |

通过图1、图2可以直观看到所检测粗集料为非连续颗粒级配。大粒径颗粒过多，其中19.0和9.5两部分累计筛余量均超出合理上限状态。

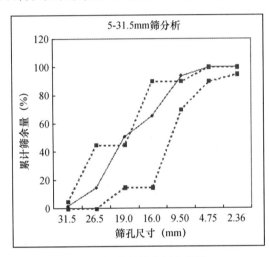

图1 粗集料筛分析曲线图

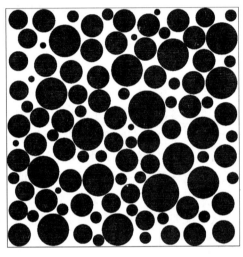

图2 粗集料筛分析示意图

混凝土中如粗集料中大粒径集料过多，将减小单位体积混凝土中粗集料的比表面积，使砂浆和粗集料的界面粘结性能降低，导致混凝土结构的致密性和稳定性下降，也降低了混凝土的耐久性能。大粒径颗粒过多的粗集料会造成混凝土难于泵送和振捣成型，且浇筑和运输过程中易产生离析，从而影响到混凝土的抗渗和抗裂性能。在填充量化关系[3]中，大粒径颗粒的过多，则造成空隙提高，填充物（砂浆体）增加，因而也增加混凝土成本。

（2）小粒径颗粒状态分析（表2）

**表2 粗集料筛分析数据**[2]

| 筛孔直径 | 筛余量(g) | 分计筛余量(%) | 累计筛余量(%) |
|---|---|---|---|
| 37.5 | 0 | 0.0 | 0 |
| 31.5 | 0 | 0.0 | 0 |
| 26.5 | 217 | 3.4 | 3 |
| 19.0 | 573 | 9.1 | 13 |
| 16.0 | 2607 | 41.4 | 54 |
| 9.50 | 1671 | 26.5 | 80 |
| 4.75 | 1002 | 15.9 | 96 |
| 2.36 | 229 | 3.6 | 100 |

通过图 3、图 4 可以直观看到所检测粗集料为非连续颗粒级配。小粒径颗粒过多，其中 19.0 部分累计筛余量已超出合理下限状态。

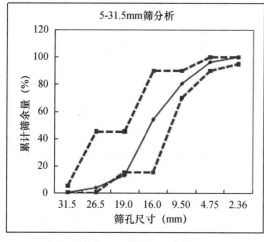

图 3 粗集料筛分析曲线图

图 4 粗集料筛分析示意图

混凝土中如粗集料小粒径颗粒过多，增加了单位体积混凝土中粗集料的比表面积，也增加了砂浆和粗集料的界面面积使混凝土受力更加均匀，可提高混凝土强度。在填充量化关系中，小粒径颗粒的过多，则降低空隙提高致密性，填充物（砂浆体）可形成填充过剩，且会影响到混凝土的和易性。

（3）连续粒径颗粒状态分析（表 3）

表 3 粗集料筛分析数据[2]

| 筛孔直径 | 筛余量(g) | 分计筛余量(%) | 累计筛余量(%) |
| --- | --- | --- | --- |
| 37.5 | 0 | 0.0 | 0 |
| 31.5 | 186 | 3.0 | 3 |
| 26.5 | 721 | 11.4 | 14 |
| 19.0 | 1077 | 17.1 | 31 |
| 16.0 | 1621 | 25.7 | 57 |
| 9.50 | 1790 | 28.4 | 86 |
| 4.75 | 831 | 13.2 | 99 |
| 2.36 | 73 | 1.2 | 100 |

通过图 5、图 6 可以直观看到所检测粗集料为连续颗粒级配状态。

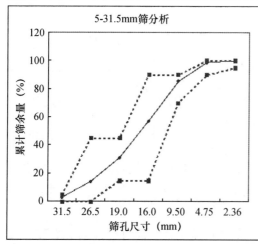

图 5 粗集料筛分析曲线图

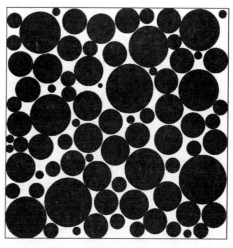

图 6 粗集料筛分析示意图

混凝土中如粗集料具有良好的连续级配，可降低单位体积混凝土的胶凝材料用量和用水量，制得和易性好的混凝土，也降低混凝土的离析、泌水现象的发生，得到结构致密均匀、稳定密实的混凝土，可在提高混凝土强度的同时也增加了混凝土的抗渗和抗裂性能。

在填充量化关系中连续颗粒级配粗集料的空隙和比表面积达到合理状态，可使填充物（砂浆体）充分填充到粗集料中，提高了砂浆和粗集料界面粘结性，从而满足了混凝土工作性能的要求。

## 2 细集料的颗粒级配

混凝土中对细集料细度模数的关注度远远大于对细集料颗粒级配的关注度，以至于忽略了细集料的颗粒级配对混凝土的工作性能的影响。细度模数是无法反映颗粒级配的真实情况，而决定细集料品质的内在因素是颗粒级配。相同细度模数的细集料，颗粒级配可能存在连续级配和间断级配。

细集料是否是连续级配，将在很大程度上影响到混凝土的工作性能，泵送性能、施工难易程度等。细集料在混凝土中主要是和胶凝材料形成砂浆体来填充和包裹粗集料。砂浆体主要决定了混凝土流变性能的屈服应力和塑性黏度（宾汉姆体模型），也就是说砂浆的流变性能对混凝土的工作性能具有影响。在混凝土中配合比不变、材料相同（除细集料外）的情况下，砂浆体中细集料的颗粒级配状态如何，将直接影响着砂浆体的流变性能。（表4）

表 4 细集料筛分析数据[2]

| 筛孔直径 | 筛余量（g） | 分计筛余（%） | 累计筛余量（%） | 筛余量（g） | 分计筛余量（%） | 累计筛余量（%） | 平均累计筛余量（%） |
|---|---|---|---|---|---|---|---|
| 4.75 | 4 | 0.8 | 0.8 | 10 | 2.0 | 2.0 | 1 |
| 2.36 | 32 | 6.4 | 7.2 | 36 | 7.2 | 9.2 | 8 |
| 1.18 | 70 | 14.0 | 21.2 | 71 | 14.2 | 23.4 | 22 |
| 0.600 | 210 | 42.0 | 63.2 | 205 | 41.0 | 64.4 | 64 |
| 0.300 | 129 | 25.8 | 89.0 | 118 | 23.6 | 88.0 | 89 |
| 0.150 | 49 | 9.8 | 98.8 | 48 | 9.6 | 97.6 | 98 |

通过图7、图8可以直观看到所检测细集料为中砂Ⅱ区连续颗粒级配状态。

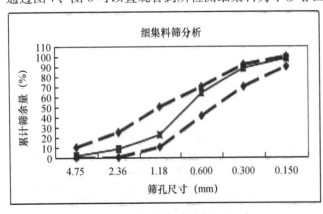

图 7　细集料筛分析曲线图

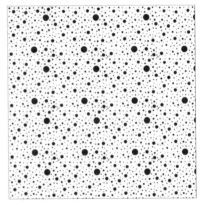

图 8　细集料筛分析示意图

混凝土中如细集料具有良好的连续级配，细集料和胶凝材料形成砂浆体的流变性能较好，同时也降低了胶凝材料用量。反之，采用间断级配的细集料可造成混凝土出现离析、泌水、集料堆积、和易性差等问题。

填充量化关系中连续颗粒级配细集料和胶凝材料形成的砂浆体可充分填充到粗集料空隙、很好地包裹粗集料表面，提高混凝土的致密性，也满足了混凝土工作性能的要求。

## 3 粗、细集料的混合颗粒级配

表5、图9、图10分别由表3、4、图5～图8通过全集料筛分析法合成，通过图9、图10可以直观看到所检测粗、细集料颗粒级配状态。

表5 粗、细集料筛分析混合数据[2]

| 筛孔直径(mm) | 石累计筛余量(%) | 砂平均分计筛余量(%) | 砂石累计筛余量(%) |
|---|---|---|---|
| 31.5 | 3 | | 3 |
| 26.5 | 14 | | 14 |
| 19.0 | 31 | | 31 |
| 16.0 | 57 | | 57 |
| 9.50 | 88 | 1.4 | 106 |
| 2.36 | 100 | 6.8 | 107 |
| 1.18 | | 14.1 | 121 |
| 0.600 | | *41.5* | 162 |
| 0.300 | | 24.7 | 187 |
| 0.150 | | 9.7 | 197 |

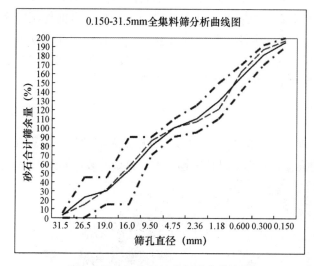

图9 粗、细集料筛分析混合曲线图

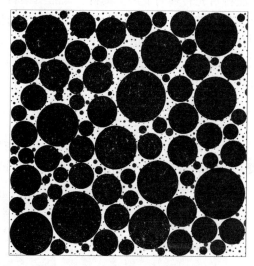

图10 粗、细集料筛分析示意图

## 4 结论

笔者经过多年试验、研究积累，结合混凝土材料间填充量化理论。提出全集料筛分析法进行混凝土中集料的选用和多粒径级配使混凝土中粗、细集料颗粒达到最佳连续级配（越接近图9中间实线越佳）。最佳连续级配状态可形成对抗外力的网络结构且颗粒间能产生"滚珠"效应，让混凝土具有优良的工作性能；也可达到最致密性，不仅在增加混凝土强度同时也降低胶凝材料用量，对混凝土的抗渗、抗裂性能有显著提高。混凝土集料颗粒不可能为理想的圆形，所以在最佳连续级配状态下，可让所有集料颗粒间能灵活自如、连接紧密，才能满足混凝土工作性能。

**参考文献**

[1] Stock, A. F., Hannant, D. J, and Williams, R. I. T. The effect of aggregate concentration upon the strength and modulus of elasticity of concrete, Magazine of Concrete Research [J].

[2] 多年试验、研究积累的试验数据摘选.

[3] 赖瑞星. 混凝土材料间填充的量化研究.

# 用钢渣作集料引起的混凝土工程开裂问题案例分析

张亚梅，李保亮

（东南大学 材料科学与工程学院，江苏省土木工程材料重点实验室，南京，211189）

**摘　要**　结合两个典型的因使用钢渣代替部分集料引起工程中混凝土严重开裂的案例，对使用钢渣作为集料的混凝土在实际工程中开裂的特点和问题的严重性进行了分析；列举了影响钢渣集料体积安定性的因素，并提出了几点钢渣集料使用前的预处理措施。对于未经预处理及未经安定性检验合格的钢渣，不建议在混凝土中使用，否则会给工程带来严重的质量问题。

**关键词**　混凝土工程；钢渣；集料；开裂；案例分析

　　建筑工程每年数十亿吨集料的使用导致优质天然集料的锐减及市场价格的提高，致使众多商混企业将目光转移到了再生集料、低品质集料、冶金渣集料等。由于再生集料的后续处理成本高、易给混凝土带来性能影响等，商混企业更易选择不需要处理或稍作处理的冶金渣集料。目前使用较多的有钢渣集料[1]、矿渣集料[2]、尾矿集料[3]等。由于冶金渣集料的成分复杂，具有碱活性及安定性不良等问题，造成工程上使用冶金渣后混凝土开裂的事故时有发生。本文针对两例混凝土工程开裂事故，介绍集料引起混凝土开裂的状况、特点及判定过程，并给出了相关建议。

## 1　工程概况与分析

　　**工程案例一：** 某保障房工程建成后一年内发现其多层楼板发生鼓包、散点式爆裂破坏，剥离开裂表层见有黑色松散型、多孔集料，且随着时间的推移，破坏情况越来越严重。典型的破坏如图1所示。

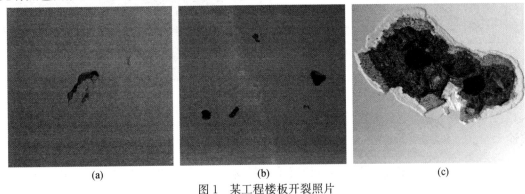

图1　某工程楼板开裂照片

(a) 鼓包；(b) 散点式剥落；(c) 黑色酥松集料

　　**工程案例二：** 某5层框架结构建筑物，主体建成后半年内，梁、板、柱均不同程度出现胀裂、表层剥落，尤其柱子发生大面积剥落，剥落处见有铁锈色集料，质地较软、结构酥松、多孔，开裂以集料为中心向四周辐射。受雨水的影响，顶层的楼面和梁开裂最为严重，如图2所示。由于主体施工结束后，在雨水的作用下，表层混凝土剥落、开裂问题逐渐显现，该建筑的施工被迫停止。随着时间的推移，问题越来越严重。总体上，顶层最严重，越往下暴露出来的问题相对减轻。剥落开裂的具体情况与集料颗粒的大小、集料在楼板、梁、柱中所处的位置、环境湿度等有关。通常，集料越靠近构件表面处，开裂较小；集料尺寸较大、所处柱内部距离越深，开裂越严重。图2（b）中，沿着水迹的地方，都出现了开裂；图2（c）中，由于集料较大，且处于柱位置较深处，导致约占柱断面尺寸的1/3面积完全酥掉。

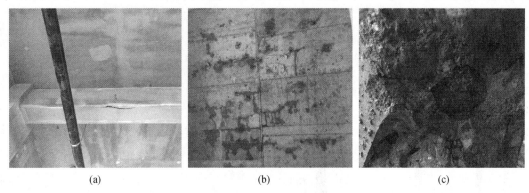

（a）　　　　　　　　　　　　（b）　　　　　　　　　　　　（c）

图 2　某工程梁、板、柱严重开裂照片

（a）梁开裂；（b）5 层楼板开裂；（c）柱爆裂

## 2　问题分析

　　从上述破坏特征可以看出，破坏是由于使用了不合格的集料所致。集料在遇水或有湿气的环境中发生了膨胀性的化学反应，产生了较大的膨胀应力，将周边混凝土撑开，导致表层砂浆的剥落，而集料自身则因发生化学反应后变得酥松、多孔。这种破坏往往有一个过程，多在混凝土浇筑半年至一年后发生。从集料的铁锈色可以初步推断该集料或为钢渣集料。

　　将现场黑色酥松集料取样进行了扫描电子显微镜（SEM）测试与 X 射线能谱（EDS）分析，结果分别如图 3 和图 4 所示。将该集料分别放大 100 倍、500 倍、5000 倍和 12000 倍发现，该样品表

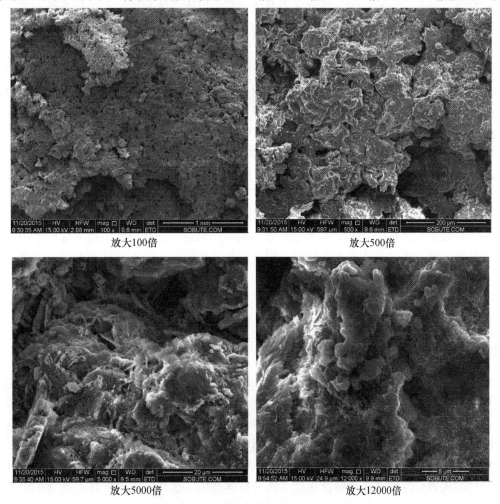

放大100倍　　　　　　　　　　　　　　放大500倍

放大5000倍　　　　　　　　　　　　　　放大12000倍

图 3　酥松集料 SEM 照片

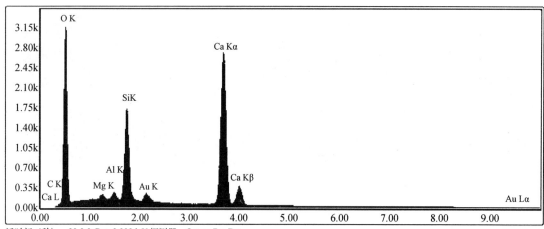

活时间（秒）：30.0 0 Cnts 0.000 leV 探测器：Octane Pro Det

图 4　集料 EDS 能谱分析图

面有大量的孔洞，结构较为疏松，5000 倍、12000 倍放大的图片中可以发现有凝胶状水化产物的物质出现，表明其可能与水泥浆体发生了一定程度的化学反应，也说明该集料矿物成分中含有可水化的矿物或者可以参与火山灰反应的成分。

对图 3 中点 1 进行了能谱分析，进一步确定其化学组成。从能谱结果图 4 可以看出，该处主要元素为钙、硅、铝和氧等，其中含有少量的 Mg 及其他的一些微量元素。

从该集料表面具有铁锈颜色、多孔[4]、该样品表面具有可水化矿物或可参与火山灰反应的成分、该集料中含有钙、硅、铝、氧、镁等元素及该集料可以产生体积膨胀等可推断该集料为钢渣集料。后经与混凝土供应商核实，两个工程案例中均掺加了一定量的钢渣。

## 3　钢渣作为混凝土集料的安定性问题

钢渣作为集料，其安定性问题突出，受多种因素的影响。钢渣中通常含有游离氧化钙和游离氧化镁。游离氧化钙 f－CaO 与水反应生成 Ca（OH）$_2$，体积增大 1.98 倍，该部分 CaO 经过 1600℃ 高温煅烧，结晶良好水化速率缓慢，这是产生钢渣体积稳定性不良的主要物质；游离氧化镁 f－MgO 遇水反应生成 Mg（OH）$_2$，过程较慢、体积增大 2.48 倍。此外，钢渣中的硫化亚铁、硫化亚锰也可以导致体积膨胀，硫含量大于 3％时，其水化分别生成 Fe（OH）$_2$ 和 Mn（OH）$_2$，体积分别增大 1.4 倍和 1.3 倍[5]。

另外，钢渣的安定性还与钢渣的冷却方式（急冷、慢冷）有关。一般钢渣都是缓慢冷却下来的，它们结晶后会生成游离的 CaO，如果通过急冷的手段对钢渣进行处理，就不会产生游离的 CaO 与其他的结晶氧化物，而这就从根本上解决了钢渣细集料体积稳定性不良的问题[6]。钢渣预处理工艺不同，其安定性也可能不同。钢渣经湿水或经一段时间的自然存放后，f－CaO 含量降低，安定性问题将有所缓解[7]。但在实际堆放过程中，往往新鲜钢渣堆放在最外层，因而在使用前自然存放的时间往往最短，因此，安定性问题最严重。

## 4　工程中使用钢渣作集料带来的危害

如前所述，工程中使用钢渣作为集料会导致在钢渣集料周围混凝土的剥落、开裂的问题。钢渣中的游离氧化钙、氧化镁等与水反应的速度和程度受到集料周围提供水分的多少、集料的大小、周边约束大小、集料在构件中的深度、环境温度等多重复杂因素的影响，因此，由膨胀反应导致的开裂出现的时间、严重程度以及最终反应完成的时间都具有很大的不确定性，且难以预测。此外，由于钢渣集料是分布于混凝土中，只要是使用了钢渣的混凝土，钢渣处最终都会发生膨胀破坏，因此，这种分散的集料引起的破坏最终会导致结构的整体破坏。这种形式的破坏，甚至加固都没有任何意义，最后只能拆除。

## 5 钢渣的预处理

由于钢渣集料的安定性不良问题,在工程中是严禁使用未经处理并检验合格的钢渣的。如果需要使用钢渣,必须在使用前进行预处理,并经安定性检验合格后方可使用。常用的预处理方法有:

(1) 陈化、消解:陈化处理是消除钢渣中膨胀组分的最简单有效也是最常用的方法,此举不但能降低 f-CaO 含量,而且能使硫化钙遇水生成的不稳定高价硫离子氧化。但陈化时间较长,需要大面积的堆放场地,容易对渣场环境造成污染[8]。

(2) 直接风化或者经振动筛、圆筒筛处理并经高压水枪冲洗掉表面杂质后再风化,此方法同样时间较长,约需要一年时间[9]。

(3) 碳化处理:为降低集料陈化、风化时间,可将长时间浸水钢渣集料烘干,并置于 70℃、-0.3MPa 负压反应容器中,并引入 $CO_2$ 气体,直至气压达到 0.3MPa[10],此方法虽然时间较短,但过程处理成本较高。

(4) 蒸汽或蒸压处理:8~12h 热水、蒸汽处理或者 3h×2.0MPa 蒸压处理[11]。此过程同样成本较高。

## 6 结论

本文所列举的两个工程案例中的混凝土质量事故均是由于使用了钢渣替代部分集料造成的。虽然理论上钢渣集料经过预处理后可以应用到混凝土中,但是在实际操作中容易出现预处理过程较短、集料中 f-CaO 陈化消解不完全等现象。因此,在钢渣集料预处理措施不甚完善的条件下,不建议使用钢渣作为集料。同时,为降低混凝土生产成本,混凝土企业使用的集料来源、种类琳琅满目,这给建筑物带来了安全质量隐患,因此,对于建设主管部门,一方面要加强质量监督,另一方面对于确实可以使用的材料,要及时出台相关规范、标准以指导生产。

**参考文献**

[1] 尚建丽,刑琳琳. 钢渣粗集料混凝土界面过渡区的研究 [J]. 建筑材料学报,2013,16 (2):217-220.

[2] 何小龙. 矿渣集料在混凝土中的应用探讨 [J]. 商品混凝土,2010 (5):38-38.

[3] 陈家珑. 尾矿做建筑用集料的应用研究 [A]. 提高全民科学素质、建设创新型国家——2006 中国科协年会论文集 (下册) [C]. 北京,2006:114-119.

[4] Shaopeng Wu, Yongjie Xue, Qunshan Ye, et al. Utilization of steel slag as aggregates for stone mastic asphalt (SMA) mixtures [J]. Building and Environment,2007,42:2580-2585.

[5] 杜宪文. 钢渣应用于道路工程的研究 [J]. 东北公路,2003,26 (2):73-74.

[6] JINMAN K, SUNGHYUN C, EUNGU K. Experimental Evaluation of Volume Stability of Rapidly-Cooled Steel Slag as Fine Aggregate for concrete [J]. Environmental Engineering,2014:1-9.

[7] 宋坚民. 转炉钢渣稳定性探讨 [J]. 冶金环境保护,2001,(1):53-57.

[8] 张同生,刘福田,王建伟,等. 钢渣安定性与活性激发的研究进展 [J]. 硅酸盐通报,2007,26 (5):980-984.

[9] Zongwu Chen,Shaopeng Wu, Jin Wen, et al. Utilization of gneiss coarse aggregate and steel slag fine aggregate in asphalt mixture [J]. Construction and Building Materials,2015,93:911-918.

[10] Bo Pang, Zonghui Zhou, Hongxin Xu. Utilization of carbonated and granulated steel slag aggregate in concrete [J]. Construction and Building Materials,2015,84:454-467.

[11] Lun Yunxia, Zhou Mingkai, Cai Xiao, et al. Methods for Improving Volume Stability of Steel Slag as Fine Aggregate [J]. Journal of Wuhan University of Technology-Mater. Sci. Ed. 2008,23 (5):737-742.

**作者简介**

张亚梅,东南大学教授、博导。

李保亮,东南大学博士研究生。

# 高温集料对商品混凝土影响的试验浅析

张保平

（哈密重力混凝土福利有限责任公司，新疆哈密，839000）

## 1 引言

新疆哈密市位于新疆东部，与吐鲁番地区鄯善县毗邻，是典型的温带大陆性干旱气候。其年极端最高气温 43.9℃，夏季酷热干燥，日最高气温高于 35℃，可出现 30～40 天以上；早晚温差大，一般均在 10℃以上。

夏季是如此的高温，那么露天储放的砂石集料直接用于混凝土生产中，会对混凝土产生怎样的影响呢？本文以此为试验目的进行了试验分析。

## 2 试验

### 2.1 原材料

水泥：采用哈密弘毅建材有限公司 P·C32.5。

粉煤灰：采用哈密二电厂 F 类 II 级粉煤灰。

矿粉：采用哈密仁和矿业有限公司 S75 级矿粉。

减水剂：采用新疆格辉科技有限公司奈系减水剂。

水：采用地下饮用水。

砂：采用哈密心怡砂石厂中砂。

石：采用哈密心怡砂石厂 5～20mm 碎石。

### 2.2 配合比

| 配合比编号 | 水 | 水泥 | 粉煤灰 | 矿粉 | 砂 | 20 石 | 减水剂 |
|---|---|---|---|---|---|---|---|
| 1 号 | 150 | 144 | 104 | 167 | 847 | 956 | 4.1 |
| 2 号 | 170 | 239 | 72 | 167 | 776 | 971 | 5.7 |

### 2.3 配合比试验

（1）夏季 7 月 20 日下午 16 时测室外环境温度为 41℃，砂石料场砂温度为 40℃，石温度为 34℃；

（2）将砂石料取样品放入环境温度为 27℃的室内，48h 后测得砂温度为 26℃，石温度为 24℃；

（3）将砂石料取样品放入烘干箱中加热，0.5h 后取出测得砂温度为 59℃，石温度为 58℃，1h 后取出测得砂温度为 83℃，石温度为 74℃。

（4）将以上三种不同温度的砂石集料分别配制 1 号、2 号配合比，测得试验数据如下：

| 试验编号 | 配合比编号 | 砂温度（℃） | 石温度（℃） | 混凝土温度（℃） | 坍落度（mm） | 扩展度（mm） | 7 天强度（MPa） | 28 天强度（MPa） |
|---|---|---|---|---|---|---|---|---|
| 0411-24 | 1 号 | 26 | 24 | — | 200 | 480 | 22.1 | 32.3 |
| 0411-24A | 1 号 | 40 | 34 | — | 200 | 500 | 22.5 | 31.1 |
| 0411-24B | 1 号 | 59 | 58 | — | 205 | 600 | 18.4 | 28.8 |
| 0411-25 | 2 号 | 26 | 24 | 26 | 190 | 410 | 30.9 | 39.0 |
| 0411-25A | 2 号 | 39 | 34 | 34 | 190 | 420 | 29.8 | 36.7 |
| 0411-25B | 2 号 | 83 | 74 | 45 | 195 | 440 | 24.4 | 30.6 |

从以上数据可以看到：

（1）随着砂石温度的升高，混凝土的出机温度在升高；混凝土的坍落度变化不大，但扩展度在增加；混凝土的强度在降低。

（2）砂石集料温度差距越大，强度差距也越大。

## 3　原因分析

从以上试验可以看到：砂石集料的温度对砼的强度有一定影响，当集料温度在混凝土标养温度以上时，集料温度的增加与混凝土强度的增长成反比，而且温差越大，强度差越大。出现这一现象的主要原因是混凝土的热收缩开裂导致了强度的降低。

集料温度的升高，使得混凝土内部温度升高，而混凝土外表面标养温度低，当高温混凝土处于低温环境中时，就会产生收缩应变，受到约束时，收缩应变就转化成拉应力。刚硬化的混凝土由于其拉应力大于抗拉应力，使砼内部出现了微裂缝，最终结构的破坏导致了强度的降低。

集料温差越大，水泥用量越大，混凝土收缩应变就越大，微裂缝就越大，强度差距也就变大了。

## 4　结论

通过试验和原因分析，可以得到以下结论：

（1）高温集料不利于砼强度的发展。

（2）混凝土温度高，其养护温度不能低，要控制好混凝土的内外温差，尤其是大体积混凝土结构。

（3）夏季高温期，要对料场集料进行遮阳处理，对粗集料进行喷洒少量水降温。

（4）夏季要避开高温时段生产混凝土和进行砼施工。

**参考文献**

[1]　JGJ 55—2011 普通混凝土配合比设计规程.

[2]　（美）库马．梅塔（P. KumarMehta），（美）保罗 J. M. 蒙特罗（PauloJ. M. Monteiro）. 混凝土微观结构性能和材料. 中国电力出版社，2008，（4）：69-75.

# 机制砂在混凝土中的应用试验研究

郑春湖

（英德市诚鑫混凝土有限公司，广东省英德市，513000）

**摘　要**　针对英德市本地区碎石生产过程中产生的大量高石粉含量机制砂的状况，研究充分利用该机制砂。本文通过试验研究试图探索机制砂在混凝土中的合理使用量，并将掺机制砂混凝土与天然砂混凝土在工作性能、力学性能方面进行比较研究，提出用机制砂与天然砂混合拌制混凝土不仅在技术性能上与天然砂拌制的混凝土相比不逊色，而且综合成本较天然砂拌制的混凝土低，值得推广应用。

**关键词**　高石粉含量；机制砂；混合砂混凝土；试验研究

## 0　前言

近年来，随着我国城市化进程的加快，促进了房地产的快速发展，基建工程的投入不断加大，建筑业迎来了一个高速发展期，建筑业的发展使用砂量逐年增加。由于天然砂是一种再生过程很慢的资源，按现在这样的速度大量使用天然砂，会使天然砂资源快速减少，甚至出现无砂可用的情况。现在有一些地方天然砂已经短缺，需从一百公里以外的地方运输，成本增加很多。为了节省成本，很多混凝土企业已在用机制砂替代天然砂。国外使用机制砂已有几十年的历史了，在我国香港特别行政区基本上用的都是机制砂，国内也有一些省市先后建起了一些机制砂生产线。经过几年的发展，机制砂的生产技术和使用技术都已相当成熟，大量使用机制砂并逐渐替代天然砂将是一种趋势。

## 1　高石粉含量机制砂使用情况

机制砂的生产有湿法生产和干法生产两种工艺。前者石粉含量低，后者工艺简单，但石粉含量较高。本文研究的对象就是后者石粉含量较高的机制砂。本地的碎石生产线，在生产碎石的过程中筛分出了大量粒径小于 5.0mm 的尾矿，该尾矿石粉含量比较高，最高达到了 15%，故在本地区该类型机制砂只是作为回填或者路面稳定层使用，很少应用于商品混凝土中，该机制砂的石粉含量超过了 JGJ 52—2006 标准中规定的用于配制 C30～C55 混凝土的机制砂石粉含量不大于 7.0% 的规定，且该机制砂颗粒级配比较差，粗颗粒（1.25mm 以上）和石粉（0.08mm 以下）较多，中间颗粒较少，导致配制的混凝土容易泌水。但用该机制砂与天然砂以一定的比例混合成混合砂可用于配制混凝土。为了更加充分利用这些高石粉含量的机制砂，节约资源，节省成本，本试验研究对象是在确保混凝土的各项性能不降低的前提下采用机制砂替代部分天然砂混合配制混凝土。

## 2　试验研究过程

### 2.1　试验用原材料

水泥：英德台泥生产的 P·O42.5R 水泥，各项指标符合国家标准要求；

粉煤灰：韶关乌石电厂生产的优质 II 级粉煤灰；以及连州 III 级灰；

矿渣粉：选用韶关嘉羊生产的 S95 级别矿粉，各指标满足要求；

水：干净地下水；

天然砂：北江河砂，Ⅱ区中砂，细度模数 2.6；
机制砂：本地茶果场石场，Ⅰ区粗砂，细度模数 3.4，石粉含量 13%；
粗集料：茶果场石场，5～31.5mm 连续级配碎石；
外加剂：选用韶关建浩建材公司生产的萘系减水剂；型号：JZB－3。

**2.2 试配方案**

（1）先以大坍落度泵送混凝土 C30 的配合比为基础，直接用机制砂按比例进行取代，比较混凝土的工作性能，并成型试块比较混凝土各龄期的抗压强度。再尝试运用到 C20 至 C50 各级别混凝土中，比较相应的工作性能、抗压强度。

（2）根据各配合比混凝土的工作性能选择最佳取代率；确定最经济的配合比。

表 1、表 2 中试验结果表明：

高石粉含量机制砂取代率在 30%～50% 之间时，混凝土的工作性能基本相当，但取代率为 30% 时相对较好。主要原因是机制砂颗粒棱角比较多，表面比天然砂粗糙。随着机制砂掺量的增加，机制砂表面互相咬合接触的频率增加，从而影响混凝土的流动性。

**表 1 C30 泵送混凝土不同机制砂取代率试验配比**

| 试验编号 | 设计强度等级 | 胶凝材料（kg/m³） | 细集料(kg/m³) | | 机制砂取代率（%） | 粗集料（kg/m³） | 水（kg/m³） | 减水剂掺量（%） |
|---|---|---|---|---|---|---|---|---|
| | | | 天然砂 | 机制砂 | | | | |
| 01 | C30 | 335 | 527.5 | 227.5 | 30 | 1120 | 160 | 2.0 |
| 02 | C30 | 335 | 453 | 302 | 40 | 1120 | 160 | 2.0 |
| 03 | C30 | 335 | 377.5 | 377.5 | 50 | 1120 | 160 | 2.05 |
| 04 | C30 | 335 | 377.5 | 377.5 | 50 | 1120 | 160 | 2.05 |
| 05 | C30 | 335 | 755 | 0 | 0 | 1120 | 160 | 2.05 |

**表 2 C30 泵送混凝土不同机制砂取代率试验结果**

| 试验编号 | 设计强度等级 | 和易性描述 | 坍落度(mm) | 抗压强度(MPa) | | |
|---|---|---|---|---|---|---|
| | | | | 3 天 | 7 天 | 28 天 |
| 01 | C30 | 和易性较好,黏聚性佳 | 180 | 16.3 | 27.6 | 36.7 |
| 02 | C30 | 和易性一般 | 165 | 13.1 | 25.7 | 32.7 |
| 03 | C30 | 和易性一般 | 160 | 12.2 | 24.1 | 32.2 |
| 04 | C30 | 和易性一般 | 160 | 13.0 | 25.4 | 32.2 |
| 05 | C30 | 和易性较好,黏聚性良好 | 180 | 12.9 | 26.3 | 33.7 |

以下是尝试用 50% 的高石粉含量机制砂取代天然砂来配制 C20 至 C50 泵送混凝土，看能否既满足工作性能、浇筑性能，又可提高强度。

表 3、表 4 中试验结果表明：

高石粉含量机制砂取代 50% 的天然砂时，要使混凝土的工作性能符合要求，需要增大外加剂的掺量，特别是高级别的混凝土。这样一来。混凝土使用机制砂的成本优势就会打折扣，还可能引起其他问题。

**表 3 C20～C50 泵送混凝土 50% 机制砂取代率试验配比**

| 试验编号 | 设计强度等级 | 胶凝材料（kg/m³） | 细集料(kg/m³) | | 机制砂取代率（%） | 粗集料（kg/m³） | 水（kg/m³） | 减水剂掺量（%） |
|---|---|---|---|---|---|---|---|---|
| | | | 天然砂 | 机制砂 | | | | |
| 06 | C30 | 335 | 755 | 0 | 0 | 1120 | 160 | 1.95 |
| 07 | C20 | 275 | 397.5 | 397.5 | 50 | 1120 | 170 | 1.85 |
| 08 | C25 | 305 | 387.5 | 387.5 | 50 | 1120 | 165 | 1.90 |

续表

| 试验编号 | 设计强度等级 | 胶凝材料（kg/m³） | 细集料（kg/m³） | | 机制砂取代率（%） | 粗集料（kg/m³） | 水（kg/m³） | 减水剂掺量（%） |
|---|---|---|---|---|---|---|---|---|
| | | | 天然砂 | 机制砂 | | | | |
| 09 | C30 | 335 | 377.5 | 377.5 | 50 | 1120 | 160 | 1.95 |
| 10 | C35 | 365 | 367.5 | 367.5 | 50 | 1120 | 155 | 2.1 |
| 11 | C40 | 395 | 357.5 | 357.5 | 50 | 1120 | 150 | 2.4 |
| 12 | C45 | 430 | 342.5 | 342.5 | 50 | 1120 | 150 | 2.5 |
| 13 | C50 | 470 | 325 | 325 | 50 | 1120 | 150 | 2.7 |

表 4　C20~C50 泵送混凝土 50%机制砂取代率试验结果

| 试验编号 | 设计强度等级 | 和易性描述 | 坍落度（mm） | 抗压强度（MPa） | | |
|---|---|---|---|---|---|---|
| | | | | 3 天 | 7 天 | 28 天 |
| 06 | C30 | 和易性良好，有轻微泌水 | 195 | 14.7 | 24.4 | 34.7 |
| 07 | C20 | 和易性良好，无泌水，黏聚性好 | 190 | 8.5 | 15.8 | 22.9 |
| 08 | C25 | 和易性良好，无泌水，黏聚性好 | 180 | 10.3 | 18.5 | 27.1 |
| 09 | C30 | 和易性良好，无泌水，黏聚性好 | 180 | 12.8 | 22.0 | 30.9 |
| 10 | C35 | 和易性良好，无泌水，黏聚性好 | 185 | 15.6 | 26.4 | 34.7 |
| 11 | C40 | 和易性良好，无泌水，黏聚性好 | 195 | 18.3 | 30.9 | 39.6 |
| 12 | C45 | 和易性良好，无泌水，黏聚性好 | 185 | 23.4 | 36.5 | 45.0 |
| 13 | C50 | 和易性良好，无泌水，黏聚性好 | 200 | 26.7 | 40.6 | 47.5 |

　　所以，我们下一步是将高石粉含量的机制砂通过 0.630mm 筛，筛去石粉以及细小的颗粒再进行试验，研究能否降低石粉后外加剂的掺量能降下来，取代率亦为 50%的天然砂。

　　表 5、表 6 中试验结果表明：

　　对高石粉含量机制砂部分取代天然砂配制成的混凝土工作性能影响的因素，高石粉含量因素有一定的影响，但主要是通过改善或者提高减水剂的掺量可以较好地解决混合配制混凝土的工作性能问题。

　　接下来，通过对中低级别泵送混凝土以 30%及 50%取代率取代天然砂，对比相应的工作性能、抗压强度。

表 5　C20~C50 泵送混凝土 50%过筛后的机制砂取代率试验配比

| 试验编号 | 设计强度等级 | 胶凝材料（kg/m³） | 细集料（kg/m³） | | 机制砂取代率（%） | 粗集料（kg/m³） | 水（kg/m³） | 减水剂掺量（%） |
|---|---|---|---|---|---|---|---|---|
| | | | 天然砂 | 机制砂 | | | | |
| 14 | C30 | 335 | 755 | 0 | 0 | 1120 | 160 | 1.95 |
| 15 | C30 | 335 | 377.5 | 377.5 | 50 | 1120 | 160 | 2.23 |
| 16 | C35 | 365 | 367.5 | 367.5 | 50 | 1120 | 155 | 2.20 |
| 17 | C40 | 395 | 357.5 | 357.5 | 50 | 1120 | 150 | 2.25 |
| 18 | C45 | 430 | 342.5 | 342.5 | 50 | 1120 | 150 | 2.50 |
| 19 | C50 | 470 | 325 | 325 | 50 | 1120 | 150 | 2.53 |

表6　C20～C50泵送混凝土50%过筛后的机制砂取代率试验结果

| 试验编号 | 设计强度等级 | 和易性描述 | 坍落度(mm) | 抗压强度(MPa) | | |
|---|---|---|---|---|---|---|
| | | | | 3天 | 7天 | 28天 |
| 14 | C30 | 和易性良好,粘聚性较好 | 180 | — | 22.5 | 32.5 |
| 15 | C30 | 和易性一般 | 170 | — | 21.3 | 32.6 |
| 16 | C35 | 和易性一般 | 170 | — | 24.0 | 32.9 |
| 17 | C40 | 和易性一般 | 160 | — | 30.5 | 40.4 |
| 18 | C45 | 和易性一般 | 160 | — | 30.0 | 44.8 |
| 19 | C50 | 和易性较好,粘聚性较好 | 185 | — | 37.4 | 52.6 |

表7、表8中试验结果表明:

对中低级别泵送混凝土用机制砂取代30%的天然砂砂伴制的混凝土和易性较好,而取代率为50%的混凝土和易性相对较差,即使是提高外加剂的掺量依旧无法根本解决和易性较差的问题。

表7　中低级别泵送混凝土不同机制砂取代率试验配比

| 试验编号 | 设计强度等级 | 胶凝材料(kg/m³) | 细集料(kg/m³) | | 机制砂取代率(%) | 粗集料(kg/m³) | 水(kg/m³) | 减水剂掺量(%) |
|---|---|---|---|---|---|---|---|---|
| | | | 天然砂 | 机制砂 | | | | |
| 20 | C25 | 305 | 775 | 0 | 0 | 1120 | 165 | 1.75 |
| 21 | C20 | 275 | 556.5 | 238.5 | 30 | 1120 | 170 | 1.95 |
| 22 | C20 | 275 | 397.5 | 397.5 | 50 | 1120 | 170 | 2.2 |
| 23 | C25 | 305 | 542.5 | 232.5 | 30 | 1120 | 165 | 2.0 |
| 24 | C25 | 305 | 387.5 | 387.5 | 50 | 1120 | 165 | 2.0 |
| 25 | C30 | 335 | 528.5 | 226.5 | 30 | 1120 | 160 | 2.1 |
| 26 | C30 | 335 | 377.5 | 377.5 | 50 | 1120 | 160 | 2.4 |

表8　中低级别泵送混凝土不同机制砂取代率试验结果

| 试验编号 | 设计强度等级 | 和易性描述 | 坍落度(mm) | 抗压强度(MPa) | | |
|---|---|---|---|---|---|---|
| | | | | 3天 | 7天 | 28天 |
| 20 | C25 | 和易性良好,黏聚性好 | 185 | 10.4 | 14.9 | 24.3 |
| 21 | C20 | 和易性良好,黏聚性好 | 190 | 7.7 | 11.5 | 19.6 |
| 22 | C20 | 和易性较差 | 140 | 6.8 | 10.7 | 18.5 |
| 23 | C25 | 和易性较好 | 170 | 9.0 | 13.8 | 23.3 |
| 24 | C25 | 和易性较差 | 145 | 8.9 | 14.2 | 23.3 |
| 25 | C30 | 和易性较好 | 175 | 11.6 | 18.3 | 28.6 |
| 26 | C30 | 和易性较差 | 145 | 11.7 | 17.2 | 28.6 |

以下实验则是尝试使用机制砂以50%及100%的取代率进行伴制普通路面混凝土及低坍落度混凝土。(表9和表10)

表9  普通路面混凝土及低坍落度混凝土掺机制砂试验配比

| 试验编号 | 设计强度等级 | 胶凝材料（kg/m³） | 细集料（kg/m³） | | 机制砂取代率（%） | 粗集料（kg/m³） | 水（kg/m³） | 减水剂掺量（%） |
|---|---|---|---|---|---|---|---|---|
| | | | 天然砂 | 机制砂 | | | | |
| 27 | C30 | 310 | 750 | 0 | 0 | 1160 | 150 | 1.75 |
| 28 | C30 | 310 | 375 | 375 | 50 | 1160 | 150 | 1.75 |
| 29 | C30 | 310 | 0 | 750 | 100 | 1160 | 150 | 1.75 |
| 30 | C50 | 440 | 325 | 325 | 50 | 1160 | 140 | 2.0 |
| 31 | C50 | 440 | 0 | 650 | 100 | 1160 | 140 | 2.0 |
| 32 | C30 | 300 | 680 | 0 | 0 | 1240 | 160 | 1.35 |
| 33 | C30 | 300 | 340 | 340 | 50 | 1240 | 160 | 1.35 |
| 34 | C30 | 300 | 0 | 680 | 100 | 1240 | 160 | 1.35 |

表10  普通路面混凝土及低坍落度混凝土掺机制砂试验结果

| 试验编号 | 设计强度等级 | 和易性描述 | 坍落度（mm） | 抗压强度（MPa） | | |
|---|---|---|---|---|---|---|
| | | | | 3天 | 7天 | 28天 |
| 27 | C30 | 和易性良好，粘聚性好 | 155 | 12.1 | 18.9 | 28.8 |
| 28 | C30 | 和易性良好，粘聚性好 | 120 | 12.1 | 18.0 | 31.2 |
| 29 | C30 | 和易性一般 | 90 | 12.0 | 17.1 | 28.3 |
| 30 | C50 | 流动性较一般，粘聚性好 | 130 | 25.2 | 33.5 | 44.1 |
| 31 | C50 | 和易性较差，板结、抓底 | 80 | 26.1 | 33.6 | 45.0 |
| 32 | C30 | 和易性好，粘聚性较差 | 150 | 16.2 | 19.7 | 27.0 |
| 33 | C30 | 和易性好，粘聚性好 | 130 | 18.0 | 21.7 | 28.1 |
| 34 | C30 | 和易性好 | 110 | 16.7 | 20.9 | 24.8 |

## 2.4 试验结果分析与总结

（1）在碎石生产过程中产生的机制砂石粉含量高，颗粒级配差，石粉含量较高只能用于配制小于C30等级的混凝土。如与天然砂按3∶7的比例混合配制混凝土，就能很好地配制小于C40等级的泵送混凝土。

（2）用30%的高石粉含量的机制砂取代天然砂来配制泵送混凝土，由于石粉的填充作用，其力学性能较纯天然砂稍好。用50%机制砂取代天然砂配制普通路面混凝土以及低坍落度混凝土的效果良好，且无需明显提高外加剂的掺量，经济效益比较明显。

（3）利用高石粉含量机制砂取代部分天然砂来配制混凝土，不仅可以节约自然资源，还可以节约成本，有显著地经济效益。

（4）结合本公司以及本地区的实际情况，高石粉含量机制砂使用前需要做适当的处理，以更好地保证机制砂的质量稳定性。方法如下：

①水洗，在机制砂使用前需要经过一道水洗的程序，去除部分泥和石粉，使得可供使用的机制砂更干净，质量更优，配制的混凝土质量更高、更稳定。

②过筛，在机制砂的生产过程中通过1.25mm筛，筛除大部分石粉以及细小颗粒。

（5）从试验研究与经验积累，确定混合砂混凝土与纯天然砂混凝土的最优配合比见表11。

表 11　混合砂混凝土与纯天然砂混凝土配合比

| 序号 | 强度等级 | 混凝土种类 | 混凝土配比（kg/m³） | | | | | | | | |
|---|---|---|---|---|---|---|---|---|---|---|---|
| | | | 水泥 | 矿渣粉 | 粉煤灰 | 天然砂 | 机制砂 | 瓜米石 | 1-3石 | 水 | 外加剂掺量 |
| 01 | C30 | 普通泵送类 | 170 | 60 | 105 | 755 | 0 | 280 | 840 | 160 | 1.90 |
| 02 | C30 | 普通泵送类 | 170 | 60 | 105 | 528.5 | 226.5 | 280 | 840 | 160 | 2.10 |
| 03 | C20 | 普通泵送类 | 130 | 50 | 95 | 795 | 0 | 280 | 840 | 170 | 1.80 |
| 04 | C20 | 普通泵送类 | 130 | 50 | 95 | 556.5 | 238.5 | 280 | 840 | 170 | 1.95 |
| 05 | C25 | 普通泵送类 | 155 | 55 | 100 | 775 | 0 | 280 | 840 | 165 | 1.85 |
| 06 | C25 | 普通泵送类 | 155 | 55 | 100 | 542.5 | 232.5 | 280 | 840 | 165 | 2.00 |
| 07 | C30 | 低坍落度非泵送类 | 185 | 50 | 75 | 750 | 0 | 150 | 1010 | 150 | 1.75 |
| 08 | C30 | 低坍落度非泵送类 | 185 | 50 | 75 | 375 | 375 | 150 | 1010 | 150 | 1.85 |
| 09 | C30 | 普通路面类 | 250 | | 60 | 680 | 0 | 0 | 1230 | 160 | 1.35 |
| 10 | C30 | 普通路面类 | 250 | 0 | 60 | 340 | 340 | 0 | 1230 | 160 | 1.45 |

## 3　成本分析

虽然泵送混凝土中采用混合砂的外加剂掺量有所提高，但是由于混合砂较纯天然砂要便宜，特别是低坍落度混凝土以及路面混凝土机制砂的取代率更高，外加剂的掺量基本一样，成本优势更加明显。中低级别泵送混凝土可以节约成本 3 元，普通路面以及低坍落度非泵送混凝土可以节约成本 6 元多，综合经济效益比较明显。

表 12　混凝土成本分析

| 混凝土等级 | 混凝土种类 | 成本（元/m³） | | 差价（元/m³） |
|---|---|---|---|---|
| | | 砂节约的成本 | 减水剂增加的成本 | |
| C30 | 普通泵送类 | (226.5×20)/1000＝4.53 | 335×2×0.2%＝1.34 | 3.19 |
| C20 | 普通泵送类 | (238.5×20)/1000＝4.77 | 275×2×0.15%＝0.83 | 3.94 |
| C25 | 普通泵送类 | (232.5×20)/1000＝4.65 | 305×2×0.15%＝0.92 | 3.73 |
| C30 | 低坍落度非泵送类 | (375×20)/1000＝7.5 | 310×2×0.1%＝0.62 | 6.88 |
| C30 | 普通路面类 | (340×20)/1000＝6.8 | 310×2×0.1%＝0.62 | 6.18 |

上表中按照机制砂与纯天然砂差价为 30 元/m³ 计算；大约差价为 20 元/吨计算。萘系减水剂—2000 元/吨。

## 4　结语

（1）在碎石生产过程中产生的机制砂石粉含量高，颗粒级配差。如与天然砂按 3：7 的比例混合配制混凝土，就能很好地配制小于 C40 等级的泵送混凝土。

（2）如与天然砂按 1：1 的比例混合配制配制普通路面混凝土以及低坍落度混凝土的效果良好，且无需明显提高外加剂的掺量，经济效益比较明显。

（3）利用高石粉含量机制砂取代部分天然砂来配制混凝土，不仅可以节约自然资源，还可以节约成本，有显著地经济效益。

（4）结合本公司以及本地区的实际情况，高石粉含量机制砂使用前需要做适当的处理，以更好地保证机制砂的质量稳定性。方法如下：

　　① 水洗，在机制砂使用前需要经过一道水洗的程序，去除部分泥和石粉，使得可供使用的机制砂更干净，质量更优，配制的混凝土质量更高、更稳定。

　　② 过筛，在机制砂的生产过程中通过 0.630mm 筛，筛除大部分石粉以及细小颗粒。

**参考文献**

[1]　蒋林华．混凝土材料学．河海大学出版社，2006.

[2]　何兆芳．尾矿在预拌混凝土中应用的实验研究．商品混凝土 2009（6）：42-46.

# 细集料级配对混凝土和易性及强度的影响

杨　锋[1]，赵志强[2]，杨　娜[3]

（1. 陕西省安康公路管理局工程处，陕西安康，725000；

2. 混凝土第一视频网，北京，100044；

3. 中国建材工业出版社，北京，100044）

**摘　要**　本论文根据不同细集料的级配做出系列试验得出结果，分析了细集料级配对混凝土和易性及强度的影响。

**关键词**　级配；和易性；混凝土强度

## 0　概述

水泥混凝土：是指由水泥、砂、石等用水混合结成整体的复合材料。通常讲的混凝土一词是指用水泥作胶材，砂、石作集料，与水（加或不加外加剂和掺合料）按一定比例配合，经搅拌、成型、养护而得的水泥混凝土，也称普通混凝土。众所周知，水胶比是影响混凝土强度的关键，而细集料是混凝土的主要组分，约占混凝土体积总量的35%，其级配的好坏将直接影响到新拌混凝土和硬化后混凝土的性能，如和易性、强度、耐久性等。细集料虽然在混凝土中用量很大但是由于稳定，质量标准很容易忽略它。一般试验室只给出细集料的验收标准（无杂物、粗细一致），其实这种控制方法不是很全面的，因此，本文对细集料的级配的变化对混凝土和易性及强度的影响做试验，以此作具体分析，对以后细集料的使用提供一点参考依据。

## 1　原材料的选取

### 1.1　水泥

陕西金龙水泥有限公司生产的金龙 P·O42.5 水泥，其理化性能见表1。

表1　金龙 P·O42.5 水泥理化性能

| 密度<br>（g/cm³） | 比表面积<br>（cm³/g） | 标准稠度用水量<br>（%） | 凝结时间（h：min） | | 抗折强度（MPa） | | 抗压强度（MPa） | |
|---|---|---|---|---|---|---|---|---|
| | | | 初凝 | 终凝 | 3d | 28d | 3d | 28d |
| 2.86 | 345 | 27.0% | 154 | 219 | 6.0 | 8.6 | 25.2 | 45.6 |

### 1.2　粉煤灰

陕西华元电力实业有限公司陕西户县第二发电厂生产的 F 类 Ⅱ 级粉煤灰，其理化性能见表2。

表2　户县二电 F 类 Ⅱ 级粉煤灰理化性能

| 细度（%） | 烧失量（%） | 含水率（%） | 需水量比（%） | SO₃含量（%） |
|---|---|---|---|---|
| 22.8% | 2.1% | 0.08% | 96% | 1.4 |

### 1.3　细集料

产地，陕西安康汉江，其基本性能见表3。

表3  陕西安康汉江细集料基本性能

| 编号 | 表观密度<br>（kg/m³） | 松散堆积密度<br>（kg/m³） | 含泥量<br>（%） | 泥块含量<br>（%） | 细度模数<br>（%） | 空隙率<br>（%） |
|---|---|---|---|---|---|---|
| 砂 1 | 2690 | 1530 | 3.5 | — | 1.3 | 43 |
| 砂 2 | 2680 | 1740 | 2.2 | — | 2.6 | 35 |
| 砂 3 | 2720 | 1770 | 2.3 | — | 3.3 | 34 |

### 1.4  粗集料

产地，陕西安康汉江（5～31.5）mm 卵石，其基本性能见表4。

表4  陕西安康汉江粗集料卵石（5～31.5）mm 基本性能

| 表观密度<br>（kg/m³） | 松散堆积密度<br>（kg/m³） | 含泥量<br>（%） | 泥块含量<br>（%） | 压碎值标值<br>（%） | 针片状含量<br>（%） | 空隙率<br>（%） |
|---|---|---|---|---|---|---|
| 2700 | 1660 | 1.0 | 0.4 | 11 | 4 | 38 |

### 1.5  外加剂

山西方兴建材有限公司生产的 FX-8 型高强泵送剂，其基本性能见表5。

表5  FX-8 型高强泵送剂基本性能

| 密度（g/m³） | 净浆留动度（mm） | 含固量（%） | 减水率（%） | PH 值 |
|---|---|---|---|---|
| 1.026 | 220 | 7.92 | 31 | 7 |

## 2  试验内容

混凝土的基本性能包括和易性、强度及耐久性等。和易性又称工作性，是指混凝土拌合物在一定的施工条件下，便于各种施工工序的操作，以保证获得均匀密实的混凝土的性能。和易性是一项综合技术指标，包括流动性（稠度）、黏聚性和保水性三个主要方面。强度是混凝土硬化后的主要力学性能，反映混凝土抵抗荷载的量化能力。混凝土强度包括抗压、抗拉、抗剪、抗弯、抗折及握裹强度。其中以抗压强度最大，抗拉强度最小。水泥用量过多，在混凝土的内部易产生化学收缩而引起微细裂缝。混凝土耐久性是指混凝土在实际使用条件下抵抗各种破坏因素作用，长期保持强度和外观完整性的能力。包括混凝土的抗冻性、抗渗性、抗蚀性及抗碳化能力等。

影响混凝土强度的主要因素无非是：水泥强度等级和水灰胶比；集料的种类、质量和级配；养护温度与湿度；期龄；试验条件如试件尺寸、形状及加荷速度等。

以下试验从细集料的级配来简要说明其对混凝土强度的影响。用于本文的配合比，以四种不同的级配的细集料配制同样强度等级混凝土结果见表6～表8。

表6  四种不同的级配的细集料配制同样强度等级混凝土

| 试验编号 | 强度等级 | 水泥 | 粉煤灰 | 水 | 外加剂 | 细集料1 | 细集料2 | 粗集料 | 细集料细度模数 | 细集料空隙率 |
|---|---|---|---|---|---|---|---|---|---|---|
| 001 | C30 | 290 | 80 | 160 | 10.0 | 805 | — | 1065 | 1.3 | 43 |
| 002 | C30 | 290 | 80 | 155 | 10.0 | 805 | — | 1065 | 2.6 | 35 |
| 003 | C30 | 290 | 80 | 140 | 10.0 | 805 | — | 1065 | 3.3 | 34 |
| 004 | C30 | 290 | 80 | 150 | 10.0 | 483(细) | 322(粗) | 1065 | 1.3+3.3 | — |

表7　细集料对混凝土和易性的影响

| 试验编号 | 强度等级 | 水泥 | 粉煤灰 | 水 | 外加剂 | 细集料1 | 细集料2 | 粗集料 | 坍落度 | 扩展度 |
|---|---|---|---|---|---|---|---|---|---|---|
| 001 | C30 | 290 | 80 | 160 | 10.0 | 805 | — | 1065 | 190 | 450 |
| 002 | C30 | 290 | 80 | 155 | 10.0 | 805 | — | 1065 | 210 | 570 |
| 003 | C30 | 290 | 80 | 140 | 10.0 | 805 | — | 1065 | 220 | 600 |
| 004 | C30 | 290 | 80 | 150 | 10.0 | 483(细) | 322(粗) | 1065 | 210 | 600 |

表8　细集料对混凝土强度的影响

| 试验编号 | 强度等级 | 3d | 达到设计等级百分比 | 7d | 达到设计等级百分比 | 28d | 达到设计等级百分比 |
|---|---|---|---|---|---|---|---|
| 001 | C30 | 17.2 | 57% | 26.4 | 88% | 27.4 | 91% |
| 002 | C30 | 16.4 | 55% | 24.7 | 82% | 30.7 | 102% |
| 003 | C30 | 25.5 | 85% | 34.0 | 113% | 38.1 | 127% |
| 004 | C30 | 20.3 | 68% | 28.2 | 97% | 36.2 | 121% |

## 3　原因分析

影响混凝土和易性与强度的因素很多，单位用水量、水泥品种、水泥与外加剂的适应性、集料性质、水泥浆的数量、水泥浆的稠度、砂率，以及环境条件（如温度、湿度等）、搅拌工艺、放置时间等。根据以往的经验认为，在配合比一定的混凝土设计中，对混凝土和易性影响最大的是胶凝材料和外加剂。但试验证明，细集料对混凝土的和易性与强度也有很大的影响，有时能直接决定拌制的混凝土和易性的好坏。细集料的性质，砂1偏细，细度模数只有1.3，而且空隙率大，出现单级配的现象。一般来说，细集料越细，比表面积越大，需要越多的水泥浆来润湿，使得混凝土拌合物的流动性降低。砂的级配不良，以至空隙率和比表面积过大，需要消耗更多的水泥浆才能使混凝土获得一定的流动性，对混凝土的密实性、强度、耐久性等性能会有影响。砂率的确定实验选取43%的砂率，针对该配合比而言是偏大的，但由于砂1细度偏细，相当于增加了集料的总表面积和空隙率，在水泥浆用量一定的条件下，相对而言水泥浆的用量变小了，减少了颗粒表面具有的润滑层，增加了集料颗粒间的摩擦力，从而降低了拌合物的流动性。细集料一般采用中砂，要求细度模数为2.6～2.9，当实际使用的砂子偏细时，应相应的减少砂率或增加水泥浆用量（同时提高胶凝材料与水的用量，保证水胶比不变，但这势必造成施工成本的增加）以便达到设计要求。

## 4　控制措施

从原因分析中不难看出，细集料的细度模数不一样对用水量的要求也不一样，其强度值也差异很大，究其原因是其砂的级配不良，以至空隙率和比表面积过大，需要消耗更多的水泥浆才能使混凝土获得一定的流动性，对混凝土的密实性、强度、耐久性等性能产生影响。因此，如何控制细集料的粗细一致是解决问题的关键所在。但从目前各地的原材料的情况来看砂源紧张，机制砂和海砂利用的技术尚不成熟，单依赖严格控制砂源已经不太现实，我们可以用粗砂和细砂按一定比例混合来用，试验004号配比中用1.3细度模数细砂和3.3细度模数粗砂按细砂60%和粗砂40%来配出来的混凝土和易性、强度都有所变化。因此，如何调整原材料的使用方法和如何配优化合比以及调整外加剂与不同砂子的适应性是首要工作，能够有效保证混凝土质量和混凝土的工作性。

## 5　结语

在粗细集料资源不断减少的情况下，集料级配技术日益被重视起来，其级配技术水平如何既与经济效益有直接的关系，也对社会资源有一定的影响。集料级配技术逐步向多样化趋势发展的，针对上述内容论述到的粗细集料级配对混凝土的影响的问题，这一点很容易被人们所忽视，但它的作用却包含着巨大的经济效益与社会效益，因此要全面的面对混凝土制作中的每一个细节。经过试验分析结果可知，粗细集料级配得当的话，可以获得紧密堆积空隙概率相对小一些、密度相对大一点的材料，有利于混凝土充分发挥组成材料的作用，这对于提高混凝土粗细集料级配技术和优化混凝土的性能有重大的现实意义，同时还能够有效降低生产成本。

**参考文献**

［1］　王瑜玲，李洪涛．细集料对混凝土和易性的影响及控制措施［J］．商品混凝土，2010（08）．

［2］　丁吉臣，郝占龙，郝家欣．矿渣粉对混凝土和易性及强度影响的研究［J］．福建建筑，2009（12）．

［3］　黄祥永．粗细集料级配对混凝土的影响［J］．江西建材，2015（02）．

# 养 护 技 术

# 混凝土沸水法养护推定 28d 标养强度试验探讨

韩　宇，修晓明，殷艳春，姜兴彦，刘洪江
（中建商品混凝土沈阳有限公司，沈阳，110000）

**摘　要**　目前混凝土强度评价主要以 28d 标准养护强度作为依据，但其弊端在于耗费时间较长，且受成型、养护环境波动影响较大，对混凝土配合比调整的指导具有滞后性。笔者在大量试验的基础上，探讨使用沸水法推定混凝土 28d 标准养护强度，以指导配合比调整的可行性。
**关键词**　沸水法；强度；探讨

# Discussion of Test for the Boiling Water Method Curing of Concrete Conclude the 28-day Standard Curing Strength

Han Yu，Xiu Xiaoming，Yin Yanchun，Jiang Xingyan，Liu Hongjiang
(China Construction Ready Mixed Concrete Shenyang Co. ，Ltd，Shenyang，110000)

**Abstract**　The concrete strength evaluation mainly 28 d standard curing strength as the basis，but its drawback is the cost for a long time，and greatly influenced by molding and curing environmental variation，the concrete mix proportion adjustment with the guidance of hysteresis. The author on the basis of a large number of trials，use boiling water law presumption of 28 d concrete standard curing strength，to guide the feasibility of the mixing ratio adjustment.
**Keywords**　boiling water method；strength；discuss

## 1　引言

　　强度作为普通混凝土最重要的指标，对混凝土生产企业的配合比制定具有很高的指导意义。但如粉料品种更换、集料质量波动、外加剂种类变化等生产过程中常见现象，都会给混凝土强度带来波动。如以 28d 标养强度为依据调整混凝土配合比，具有严重的滞后性。而目前有通过 3d、7d 强度推断 28d 标养强度，作为调整配比依据的方式，周期长且不科学，如使用早期强度高的水泥则会造成误判。混凝土配合比的调整不准确，一方面造成无谓的资源浪费，另一方面会严重影响工程质量。

　　为解决以上问题，利用大量的试验数据分析及现场使用经验，我们开展使用沸水法养护推定 28d 混凝土标准养护强度试验方法研究。

## 2　试验

### 2.1　原材料

#### 2.1.1　水泥与矿物掺合料

　　试验所用的水泥（C）为亚泰 P·O 42.5 水泥，粉煤灰为沈阳热电厂Ⅱ级粉煤灰，矿粉（SL）

为沈阳金石盾 S95 级矿粉，其性能指标见表 1～表 3。

**表 1  水泥的性能指标**

| 密度 (g/cm³) | 比表面积 (m²/kg) | 标稠 (%) | 凝结时间(min) | | R₃ (MPa) | R₂₈ (MPa) |
| --- | --- | --- | --- | --- | --- | --- |
| | | | 初凝 | 终凝 | | |
| 3.1 | 360 | 28.0 | 210 | 280 | 5.4/28.0 | 8.5/55.2 |

**表 2  粉煤灰的性能指标**

| 细度(%) | 需水量比(%) | 烧失量(%) | 28d 活性指数(%) |
| --- | --- | --- | --- |
| 17.5 | 95 | 2.3 | 79 |

**表 3  矿粉的性能指标**

| 密度(g/cm³) | 比表面积(m²/kg) | 流动度比(%) | 7d 活性指数(%) | 28d 活性指数(%) |
| --- | --- | --- | --- | --- |
| 2.87 | 370 | 95 | 75 | 98 |

**2.1.2  粗细集料**

细集料和粗集料的指标参数分别见表 4 和表 5。

**表 4  中砂性能指标**

| 集料品种 | 产地 | 细度模数 | 泥块含量(%) | 含泥量(%) | 堆积密度(kg/m³) | 表观密度(kg/m³) |
| --- | --- | --- | --- | --- | --- | --- |
| 中砂 | 辽阳 | 2.8 | 0.5 | 4.0 | 1480 | 2440 |

**表 5  碎石性能指标**

| 集料品种 | 产地 | 粒径(mm) | 泥块含量(%) | 含泥量(%) | 压碎指标(%) | 针片状含量(%) | 堆积密度(kg/m³) | 表观密度(kg/m³) |
| --- | --- | --- | --- | --- | --- | --- | --- | --- |
| 碎石 | 沈阳 | 5—25 | 0.5 | 1.0 | 7.0 | 4.0 | 1470 | 2780 |

**2.1.3  外加剂**

减水剂选用辽宁科隆聚羧酸减水剂，固含量 15%，减水率 20%。

**2.2  试验方法**

**2.2.1  配合比设计**

配合比按照《普通混凝土配合比设计规程》（JGJ 55—2011）进行设计，考虑到目前施工多为泵送要求，坍落度控制在（200±30）mm。水灰比选取 0.28～0.62 之间进行试验。

**2.2.2  沸水法试验**

按照《早期推定混凝土强度试验方法标准》（JGJ/T15—2008）中，沸水法方法进行混凝土试件的养护、脱模、及快测；每一组配合比同时留取一组试件进行 28d 标准养护。

**2.2.3  混凝土抗压强度测试**

混凝土强度试验按照《普通混凝土力学性能试验方法标准》（GB/T 50081—2002）进行。

# 3  结果与讨论

试验数据见表 6。

根据大量试验，通过对比沸水法养护强度与 28d 标准养护强度数据对比，建立两者线性关系式。

根据线性曲线，建立公式为 $y = 1.350x - 0.519$   $R^2 = 0.979$

**表 6 不同水灰比沸水法与 28d 标养强度对应数据**

| 编号 | 水灰比 | 沸水法强度（MPa） | 标养 28d 强度（MPa） | 比值% | 编号 | 水灰比 | 沸水法强度（MPa） | 标养 28d 强度（MPa） | 比值% |
|---|---|---|---|---|---|---|---|---|---|
| 1 | 0.28 | 57.4 | 75.8 | 76% | 41 | 0.46 | 34.6 | 43.7 | 79% |
| 2 | 0.28 | 54.0 | 75.5 | 72% | 42 | 0.46 | 29.6 | 39.3 | 75% |
| 3 | 0.28 | 55.0 | 75.4 | 73% | 43 | 0.46 | 33.4 | 43.2 | 77% |
| 4 | 0.31 | 45.0 | 66.2 | 68% | 44 | 0.47 | 29.4 | 40.4 | 73% |
| 5 | 0.31 | 44.1 | 61.4 | 72% | 45 | 0.47 | 28.8 | 41.0 | 70% |
| 6 | 0.32 | 58.9 | 76.5 | 77% | 46 | 0.47 | 30.4 | 41.9 | 72% |
| 7 | 0.32 | 45.9 | 61.8 | 74% | 47 | 0.47 | 30.0 | 42.1 | 71% |
| 8 | 0.32 | 45.0 | 63.3 | 71% | 48 | 0.47 | 32.9 | 42.3 | 78% |
| 9 | 0.33 | 45.3 | 59.2 | 77% | 49 | 0.48 | 31.7 | 40.9 | 78% |
| 10 | 0.33 | 51.7 | 67.7 | 76% | 50 | 0.48 | 26.8 | 33.5 | 80% |
| 11 | 0.34 | 46.5 | 59.2 | 79% | 51 | 0.48 | 30.1 | 41.9 | 72% |
| 12 | 0.35 | 44.4 | 61.9 | 72% | 52 | 0.49 | 26.5 | 34.9 | 76% |
| 13 | 0.35 | 41.5 | 56.4 | 74% | 53 | 0.49 | 25.6 | 33.7 | 76% |
| 14 | 0.37 | 39.1 | 56.4 | 69% | 54 | 0.49 | 25.7 | 34.5 | 74% |
| 15 | 0.37 | 40.1 | 53.4 | 75% | 55 | 0.49 | 24.3 | 32.4 | 75% |
| 16 | 0.38 | 40.7 | 52.0 | 78% | 56 | 0.49 | 28.1 | 37.8 | 74% |
| 17 | 0.38 | 39.6 | 52.2 | 76% | 57 | 0.50 | 28.9 | 35.6 | 81% |
| 18 | 0.39 | 38.9 | 53.0 | 73% | 58 | 0.50 | 26.4 | 34.8 | 76% |
| 19 | 0.39 | 29.8 | 41.5 | 72% | 59 | 0.50 | 24.9 | 35.7 | 70% |
| 20 | 0.39 | 37.8 | 47.6 | 79% | 60 | 0.51 | 18.6 | 25.9 | 72% |
| 21 | 0.40 | 32.9 | 41.4 | 79% | 61 | 0.52 | 25.5 | 35.0 | 73% |
| 22 | 0.40 | 35.9 | 46.4 | 77% | 62 | 0.52 | 22.6 | 30.5 | 74% |
| 23 | 0.40 | 32.9 | 43.7 | 75% | 63 | 0.52 | 22.9 | 31.6 | 73% |
| 24 | 0.40 | 33.8 | 44.7 | 76% | 64 | 0.52 | 24.4 | 33.1 | 74% |
| 25 | 0.40 | 34.9 | 45.0 | 77% | 65 | 0.53 | 18.6 | 25.2 | 74% |
| 26 | 0.41 | 30.5 | 41.7 | 73% | 66 | 0.53 | 20.1 | 26.3 | 76% |
| 27 | 0.41 | 34.8 | 47.9 | 73% | 67 | 0.53 | 23.3 | 29.9 | 78% |
| 28 | 0.41 | 31.2 | 39.5 | 79% | 68 | 0.53 | 21.2 | 28.0 | 76% |
| 29 | 0.41 | 31.0 | 39.6 | 78% | 69 | 0.54 | 28.6 | 38.6 | 74% |
| 30 | 0.41 | 27.6 | 36.3 | 76% | 70 | 0.55 | 24.3 | 29.4 | 83% |
| 31 | 0.41 | 32.7 | 43.6 | 75% | 71 | 0.55 | 29.2 | 37.8 | 77% |
| 32 | 0.42 | 27.5 | 37.1 | 74% | 72 | 0.56 | 17.4 | 25.4 | 69% |
| 33 | 0.42 | 27.9 | 39.7 | 70% | 73 | 0.56 | 30.4 | 36.5 | 83% |
| 34 | 0.43 | 32.0 | 40.0 | 80% | 74 | 0.57 | 21.2 | 28.2 | 75% |
| 35 | 0.43 | 27.2 | 35.4 | 77% | 75 | 0.57 | 22.6 | 30.6 | 74% |
| 36 | 0.44 | 35.0 | 46.9 | 75% | 76 | 0.57 | 27.6 | 35.7 | 77% |
| 37 | 0.44 | 30.0 | 43.0 | 70% | 77 | 0.58 | 25.0 | 31.3 | 80% |
| 38 | 0.45 | 31.5 | 40.5 | 78% | 78 | 0.59 | 21.4 | 26.6 | 80% |
| 39 | 0.45 | 34.4 | 47.3 | 73% | 79 | 0.61 | 17.1 | 25.4 | 67% |
| 40 | 0.46 | 31.0 | 40.5 | 76% | 80 | 0.62 | 16.9 | 20.7 | 81% |

**表7 沸水法与28d标养强度关系曲线**

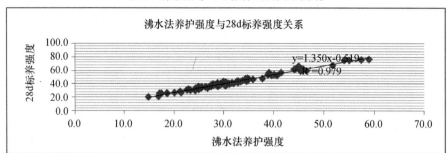

沸水法养护采用 HJ-84 型混凝土加速养护箱进行试验，养护前需保证试件成型的环境温度在 (20±5)℃内，脱模时间控制在 24h±15min 内进行。沸水养护应待水温达到 98℃以上时，再讲试件放入沸水中，并保证整个养护过程中，水温保持恒定。

混凝土中的水泥在沸水中加速水化，在 4h±5min 内可达到 28d 标养强度的 70%～80%，且随水灰比增大，占比逐步增高。因此推断利用沸水法推断混凝土强度以调整配合比是科学有效的。相比标准养护的超长周期，沸水法加速试验周期仅为 29h±15min，有效避免了标养试验的滞后性，且根据试验数据观测，具有良好的稳定性。

但推断出的公式仅限于本次试验所用原材料，对比其他不同种类原材料试验没有做深入研究。配合比方面，在设计阶段，粉煤灰、矿粉两种掺合料的比例固定为 15% 与 20%，对于胶凝材料体系不同或掺合料比例不相同的情况，本次推断公式同样不适用。建议不同试验室可按照自身配合比设计体系，自行参照建立线性关系式。最重要的先期因素为成型、脱模前的环境温度与沸水法试验的时间保持一致。

沸水法养护过程也有一些特殊情况需注意。如：受外加剂或特殊项目影响，脱模时间无法控制在 24h 以内，则可适当延长脱模时间，但要保证实验周期时间一致，或可采用带模养护。

## 4 结论

（1）不同水灰比的混凝土，在原材料不变，且胶凝体系中掺合料比例一定的情况下，沸水法养护与 28d 标准养护强度具有一定的线性关系，可作为推测混凝土配合比强度的依据。

（2）不同试验室可根据原材料及配合比情况，建立相应 28d 标养强度快测曲线。

**参考文献**

[1] 梁立涛、牟龙. 混凝土加速养护推定 28d 标养强度的试验探讨 [J]. 水泥与混凝土，(2005) 03-0016-04.

[2] 杨文. 利用 8h 水泥标号快测技术控制现场混凝土质量 [J]. 山西建筑，2003.3，29（3）.

[3] 胡企才. 混凝土早期加热促硬快速推定 28 天强度试验方法的评述.

[4] 潘敏豪. 新拌混凝土快测技术的综合应用.

**作者简介**

韩宇，1988 年生，男，学士，中建商品混凝土沈阳有限公司。研究方向：高性能混凝土。地址：沈阳市苏家屯区前谟家堡城大街 42-1 号；邮编：110100；电话：13019361555；E-mail：455235855@qq.com。

# 天津地区商品混凝土质量控制关键技术研究

李茂奇，刘　芳，吴贺龙

（天津市市政工程研究院，天津，300074）

**摘　要**　受原材料、场地建设、管理等多方面的影响，商品混凝土质量参差不齐，为了提高商品混凝土的质量，本文结合天津地区的实际情况，对影响商品混凝土质量的上述原因进行了认真分析；并针对影响因素提出了相应的防治措施，对提高商品混凝土的质量有重要的借鉴意义。

**关键词**　天津地区；商品混凝土；质量控制；关键技术

# Research on Commercial Concrete Quality Control Technology in Tianjin District

Li Maoqi，Liu Fang，Wu Helong

（Tianjin Municipal Engineering Research Institute，Tianjin，300074）

**Abstract**　As the reason of raw materials, site construction, management and so on, the quality of commercial concrete variety, in order to improve the quality of commercial concrete, the paper according to the actual situation in Tianjin district, carry out carefully analyzed of the influence factors; and put forward the control measures of influence factors, it very import to improve the quality of commercial concrete.

**Keywords**　tianjin district；commercial concrete；quality control；technology

## 1　前言

商品混凝土因生产集中、规模大，便于管理，能实现建设工程结构设计的各种要求，有利于新技术、新材料的推广应用等特点，在现代建筑行业中起到了非常重要的作用。随着天津市经济的高速发展，基础建设投资越来越大，对混凝土的需求量也与日俱增，天津地区的商品混凝土搅拌站规模也由最初的百余家增长到三百余家，生产能力大大提高。但是由于大量商品混凝土搅拌站建设初期缺乏长期规划，场地建设过于落后，管理水平不高，随着时间的推移，商品混凝土搅拌站暴露出越来越多的问题，商品混凝土的质量越来越难保证[1~2]。为了解决商品混凝土生产过程中出现的一些问题，国内一些学者对商品混凝土搅拌站做了相应的研究，并取得了一定的研究成果[3~7]。但是大多数研究或偏于材料管理，或偏于内部管理，且研究过于理论化，实际操作较困难。本文结合天津地区商品混凝土的实际情况，对影响商品混凝土质量的三个方面进行了深入的研究，并针对出现的问题提出了相应的防治措施，对提高天津地区商品混凝土的质量有一定的借鉴意义。

## 2　原材料问题

### 2.1　普遍使用海砂

受地理位置的影响，天津地区缺乏河砂，河砂主要靠其他省份供应，迫于运费和材料费的压力，商品混凝土搅拌站往往选择海砂；由于海砂氯离子含量较高。如果选择未经过水洗或水洗不彻底的海砂拌制混凝土，混凝土中的氯离子往往不能满足规范要求[8]，氯离子对钢筋的腐蚀作用容易造成钢筋锈蚀，大大缩短了结构物的使用寿命。

少数搅拌站会选择河砂，但是为了降低造价，河砂的品质较差，主要表现在含泥量高、含石量高、风化严重等问题。选择含泥量高、风化严重的砂拌制混凝土，容易造成混凝土强度降低、坍落度损失过快等问题。选择含石量高的砂，如果不对混凝土的砂率进行合理调整，容易造成混凝土出现离析、露石等现象，严重影响混凝土的状态。

### 2.2 碎石品质差

蓟县一直作为天津市碎石供应的主产区，蓟县碎石品质好，价格低。但是，2008年以后，受环保和旅游开发的影响，蓟县全面停止石材的开采工作。现在，天津地区商混站的碎石主要靠其他省份供应，一方面，碎石品质有所下降，另一面由于运距的增加，造成原材料价格上涨，商品混凝土搅拌站为了生存，不得不选择价格低、品质差的原材料，从而导致混凝土质量变差。主要表现在压碎值偏高、针片状含量偏高等问题。

此外，在对天津地区的商品混凝土搅拌站检查中发现，95%的商品混凝土搅拌站均采用5～25mm的连续单级配的碎石，在碎石堆料过程中，容易出现大料集中于料堆底部，小料集中于料堆顶部的现象，由于是连续单级配，一旦出现这种现象，碎石级配就发生了较大改变，采用这种碎石拌制的混凝土容易出现离析、露石等现象，且出现问题以后，不容易对混凝土的状态进行调整。最后，料源不稳定也是造成混凝土质量波动的重要原因。

## 3 场地建设问题

场地建设问题也是影响混凝土质量的一个重要问题，场地建设主要包括以下几个方面：（1）料棚设置情况；（2）料仓地面硬化情况；（3）料仓地面横向或纵向坡度设置情况；（4）排水设施。在对天津市市政工程所选用的34家商品混凝土搅拌站进行检查发现，大多数商品混凝土搅拌站都存在不同的问题，具体检查情况见表1。

**表1　商混站料仓检查情况表**

| 序号 | 设置状态 | 料棚设置情况 | 料仓地面硬化情况 | 料仓地面坡度设置 | 排水设施情况 |
|---|---|---|---|---|---|
| 1 | 已建(已设置) | 2 | 15 | 6 | 3 |
| 2 | 所占比例(%) | 6% | 44% | 18% | 9% |
| 3 | 未建(未设置) | 32 | 19 | 28 | 31 |
| 4 | 所占比例(%) | 94% | 56% | 82% | 91% |

料棚设置情况直接影响到混凝土的施工质量，当商品混凝土搅拌站未设置料棚时，遭遇雨雪天气，料堆容易出现含水量严重不均衡，料堆底部和料堆顶部含水量差别较大，混凝土拌制时，含水量折减精确程度大打折扣；如果料仓地面未进行硬化，在遭遇雨雪天气后，料堆底部的原材料就会混入大量泥浆，原材料上料时，会有大量泥浆与积水进入上料仓，会造成混凝土含水量测试不准、混凝土含泥量超标等问题，容易造成混凝土出现离析、泌水、混凝土强度降低等现象，直接影响到混凝土的施工质量。料仓地面未设置横纵、纵坡，容易造成料堆底部出现积水，当横、纵坡设置不合理时，还会造成料仓出现雨水倒灌现象；在未设置排水设施或排水设施设置不合理的情况下，料仓内的积水不容易排出，容易造成料仓内积水等现象；料堆积水情况如图1所示，料堆底部原材料污染情况如图2所示。

## 4 管理问题

管理问题也是影响商品混凝土质量的又一重要问题，管理主要包括原材料堆放问题、上料问题、计量设备问题三个方面，其中以原材料堆放影响最为明显。

图1　料仓积水情况

图2　料堆底部原材料污染情况

### 4.1　原材料堆放问题

在检查中发现，80％的商品混凝土搅拌站都存在不同程度的原材料混放现象，原材料混放主要分为碎石与砂混放，具体情况如图3所示；海砂与河砂混放，具体情况如图4所示。原材料混放，容易造成混凝土生产配合比与设计配合比严重偏离，严重影响混凝土的质量。原材料堆放过程发生混料现象，主要是由于管理人员质量意识薄弱，未按规范要求分类、分批存放原材料。

图3　原材料混类存放现象

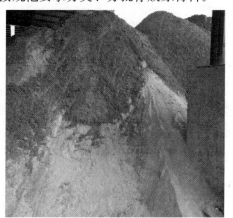

图4　海砂与河砂混放现象

### 4.2　上料问题

在检查中发现，90％的商品混凝土搅拌站都存在一次上料过多的问题，一次上料过多，容易造成上料仓内发生混料现象，具体情况如图5所示。上料仓内发生混料现象，容易造成混凝土生产配合比与设计配合比发生偏离，影响混凝土的质量；上料仓一次上料过多主要是由于岗位培训不到位，上料司机质量意识薄弱造成的。

### 4.3　计量设备误差大

在检查中发现，34家商品混凝土搅拌站的计量设备均不同程度的存在误差，其中，有80％的商品混凝搅拌站单盘误差超过规范允许值，累计误差满足规范要求，另外20％商品混凝搅拌站单盘误差和累计误差均超过规范允许值[8]。各种计量设备中，以胶材计量设备最容易出现误差，其次是拌合用水计量设备和外加剂计量设备，粗集料计量设备比细集料计量设备容易出现误差。生产能力强的商品混凝土搅拌站计量设备比生产能力弱的厂家更容易出现计量误差。这是由于计量设备普遍实现年检制度，一年进行一次检

图5　上料仓混料现象

查。但是由于商品混凝土搅拌站的生产能力不同，如果均按年检测，生产能力强的商品混凝土搅拌站的计量设备的磨损程度明显高于生产能力弱的商品混凝土搅拌站，势必会出现一个"相对漏检"现象，误差出现后也很难发现。

## 5 防治措施

为了提高商品混凝土的质量，应做好以下工作：

### 5.1 原材料方面

严格控制原材料的进场管理，如果选择海砂，应对其进行水洗，并对其氯离子含量等指标进行检测，满足规范要求后方可以使用，对不能满足规范要求的原材料，严禁进场。

### 5.2 场地建设方面

首先商品混凝土搅拌站应根据生产规模和原材料要求，设置合理的料仓，一般以设置五个料仓为宜。料仓应设置全封闭式料棚，料棚高度不宜低于 8m，料棚应有足够的刚度和强度，并能满足风荷载、雨雪荷载的要求。料仓地面应进行硬化处理，硬化前应对地基进行加固处理，防止由于长期堆料而造成地面下沉而出现积水现象。料仓地面应设置内高外低的横向或纵向坡度，坡度不应小于 2%。料仓入口处应设置一条宽约 25cm×25cm 的排水沟，排水沟上部盖钢质雨水箅子。排水沟应设置 2% 的纵坡，排水沟端部应设置集水井，并设置排水设施。

### 5.3 管理方面

原材料应分类、分批存放，严禁出现混放现象，对发生混放现在的原材料，应及时清除干净，严禁使用。

加强岗位培训，要求其一次上料高度不能超过上料仓隔板高度的 2/3，为了便于控制，可知上料仓隔板上设施上料最高刻度线，实现连续均衡的上料。

商品混凝土搅拌站应按年生产能力来确定计量设备的检测频率，以保证计量设备能够始终处于误差允许范围内运行。

## 6 结语

影响商品混凝土质量的因素较多，但是原材料、场地建设和管理三个方面是影响混凝土质量的主要因素，商品混凝土搅拌站只有加强对原材料的进场管理、加强场地的标准化建设、加强日常管理的前提下，才能从根本上提高混凝土的质量。

**参考文献**

[1]　田向梅，赵景生. 混凝土搅拌站对混凝土质量的控制 [J]. 山西建筑. 2009 (26)：50-52.

[2]　梁蜜达. 预拌混凝土企业对混凝土的质量控制 [J]；福建建材；2010 (05)：42-44.

[3]　李伟. 商品混凝土生产运输环节的质量控制 [J]；福建建材；2010 (05)：56-58.

[4]　刘岳辉. 预拌混凝土企业的混凝土工程项目质量管理研究 [D]；电子科技大学；2012：25-26.

[5]　张喜文. 商品混凝土搅拌站质量管理浅析 [J]；中小企业管理与科技（上旬刊）；2012 (07)：61-64.

[6]　熊烽. 混凝土工程供应链质量追踪系统 [D]；华中科技大学；2011：15-18.

[7]　戴会生. 商品混凝土搅拌站的技术及质量管理 [J]；混凝土；2007 (03)：84-87.

[8]　公路桥涵施工技术规范（JTG/T F50—2011）. 人民交通出版社：33-34.

**作者简介**

李茂奇，男，1982 年生，山东省梁山县人，硕士，工程师，2010 年 7 月毕业于东北林业大学桥梁与隧道工程专业，主要研究方向为：大跨度桥梁的设计理论、旧桥的检测与加固技术。地址：天津市河西区平山道 39 号；邮编：300074；电话：13672187635；E-mail：limaoqi wang nina@163.com。

# 现浇混凝土蜂巢板楼板下表面外观质量问题的研究

陈永钧，江明辉，董　杰

（威海建设集团混凝土分公司，威海，264200）

**摘　要**　现浇混凝土空心板在我国应用广泛，常被应用于大型公共建筑，而常规泵送混凝土在浇筑成型后，会在楼板箱体下表面出现空洞甚至裂缝等缺陷，外观效果较差。本文结合实际工程从该类混凝土的配合比设计及施工工艺的角度进行了研究探讨，取得了较理想的效果，可为其他类似工程提供参考。

**关键词**　混凝土；配合比设计；空心板；外观效果

## 1　前言

近年来，现浇混凝土空心板在我国应用日趋广泛。现浇混凝土蜂巢板解决了建筑的大跨度、大开间问题，且使建筑物具有自重轻、隔热、保温、隔声、抗震性好的优良性能，具有明显的经济效益和社会效益。故而，现浇混凝土蜂巢板在大型公共建筑中具有广阔的应用前景[1]。

威高广场迪尚大道项目总建筑面积约 35 万平方米，整个项目分为 B1、B2、B3、B4 四个区域。其中 B3 区由 C3、C4、C5、R4 组成。其中 C3～C5 区为商业区，共 5 层。商业区楼板均采用现浇混凝土蜂巢板结构，建筑面积总计约 7.7 万平方米。在混凝土的供应过程中，我们发现楼板下表面易出现局部裸露的现象。通过施工过程的观察发现，在放置空心板的部位，空心板下表面与模板之间的间隙极小（≤2mm），混凝土在未完全填充其间的缝隙已失去流动性。针对此种现状，首先要改善混凝土的流动性能，而流动性的好坏主要取决于原材料的品质以及配合比的设计，在保证了和易性的同时，我们又进一步分析和优化了泵管的铺设等相关施工环节[2]。

## 2　原材料选择

### 2.1　水泥

水泥是混凝土的胶结材料，混凝土性能的好坏很大程度上取决于水泥质量的高低。我们对 2010 年和 2011 年所使用的两种水泥进行了择优筛选，两种水泥性能对比分析见表 1。

**表 1　两种水泥性能对比分析**

| 水泥品种 | 统计周期 | 28d 抗压强度平均值(MPa) | 变异系数 Cv(%) | 保证系数 | 需水量对比 |
|---|---|---|---|---|---|
| 三菱 P·O42.5R | 2010 年 | 50.2 | 4.3 | 2.64 | 三菱水泥需水量比山水水泥需水量少 10～20kg/m³ |
| | 2011 年 | 48.1 | 3.5 | 4.0 | |
| 山水 P·O42.5R | 2010 年 | 45.3 | 4.9 | 0.35 | |
| | 2011 年 | 45.8 | 3.9 | 0.73 | |

通过对比分析，三菱水泥较山水水泥性能均匀稳定、质量控制较好，确定烟台三菱水泥厂家为被选对象。

### 2.2　粗集料

石子是混凝土骨架的主要组成，其质量对混凝土强度及耐久性等有直接影响。粗集料对混凝土的影响主要取决于它颗粒形状、针片状含量等，粗集料对混凝土耐久性的影响主要取决于它的坚固性。我们考察了威海地区 8 家石子厂家的石子，性能见表 2。

表 2　所考察 8 家石子厂家石子性能

| 序号 | 厂家 | 检测单位 | 压碎指标值(%) | 针片状含量(%) | 最大粒径(mm) |
|---|---|---|---|---|---|
| 1 | 顺达采石场 | 建新实验室 | 15.3 | 20 | 31.5 |
| 2 | 世邦采石场 | 建新实验室 | 11.3 | 16 | 29 |
| 3 | 永光建材采石场 | 建新实验室 | 12.2 | 15 | 30 |
| 4 | 文登汪疃采石场 | 建新实验室 | 10.4 | 10 | 30 |
| 5 | 文登孙家西山采石场 | 建新实验室 | 13.1 | 11 | 31 |
| 6 | 安金采石场 | 建新实验室 | 11.4 | 9 | 30 |
| 7 | 宏利采石场 | 建新实验室 | 8 | 5 | 20 |
| 8 | 福鑫采石场 | 建新实验室 | 10.7 | 10 | 25 |

通过对比分析，第 6 组的压碎指标值和针片状含量均为最佳，确定宏利石场石子为被选对象。

## 2.3　外加剂的选择

目前搅拌站配置高性能混凝土的外加剂主要为萘系外加剂及氨基磺酸型外加剂，为了保证混凝土的性能要求，我们引入了省建科院聚羧酸型外加剂作为参比对象，性能对比见表 3。

表 3　外加剂性能对比

| 外加剂品种 | 减水率(%) | 掺量(%) | 混凝土和易性 | 增强效果 |
|---|---|---|---|---|
| 奈系 | 18—20 | 2.5~3 | 良好 | 较好 |
| 氨基磺酸盐 | >28 | 2.2 | 优异 | 很好 |
| 聚羧酸类 | >30 | 1~1.5 | 优异 | 很好 |

通过对比分析，氨基磺酸减水剂减水率、增强效果、经济效果都较奈系好，虽然羧酸类在减水率上有不俗的表现，但由于其对集料的含泥量十分敏感，并且经济性较差，故不作考虑。最终，我们确定使用氨基磺酸型外加剂。

## 3　配合比设计优化

### 3.1　实验设计

通过原材料的优化选择，依据以往高性能混凝土配比实验积累，对水泥用量、外加剂掺量、石子中针片状含量作为水平因素，采用正交方法进行配比设计。

水泥用量、外加剂掺量、石子针片状含量见表 4。

表 4　水泥用量、外加剂掺量、石子针片状含量表

| 材料类别 | 试验数据 | 编号 |
|---|---|---|
| 水泥用量(kg/m³) | 370 | A1 |
| | 390 | A2 |
| 外加剂(%) | 2 | B1 |
| | 2.5 | B2 |
| 石子针片状含量(%) | 10 | C1 |
| | 5 | C2 |

采用 L4（2³），正交试验见表 5。

**表 5　L4（2³）正交试验**

| 水平因素<br>试验编号 | 水泥用量 | 外加剂掺量 | 针片状含量 |
|---|---|---|---|
| 1 | A1 | B1 | C1 |
| 2 | A1 | B2 | C2 |
| 3 | A2 | B1 | C2 |
| 4 | A2 | B2 | C1 |

## 3.2　进行实验获得实验结果

小组成员在建新科技实验室，依据正交设计的配比进行试验。试验结果见表 6 和图 1。

**表 6　正交试验配比结果**

| 试验序号 | 黏聚性 | 初始状态 | | 1 小时状态 | | 保水性 | 3 天 | 7 天 | 28 天 |
|---|---|---|---|---|---|---|---|---|---|
| | | 坍落度 | 流动度 | 坍落度 | 流动度 | | | | |
| 1 | 不好 | 190 | 450 | 180 | 420 | 轻微泌水 | 18.6 | 22.4 | 34.5 |
| 2 | 好 | 200 | 500 | 255 | 480 | 较好 | 19.1 | 24 | 36.2 |
| 3 | 好 | 205 | 500 | 195 | 500 | 好 | 18.5 | 23.6 | 36.5 |
| 4 | 好 | 200 | 510 | 185 | 490 | 好 | 21.1 | 27.5 | 37.6 |

扩展度

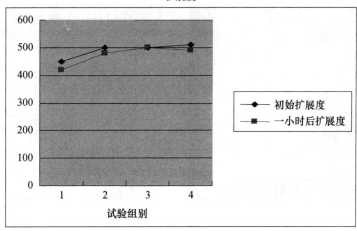

坍落度

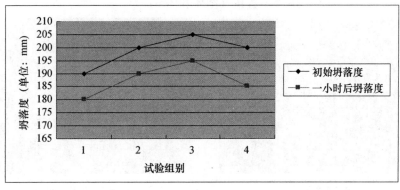

图 1　正交试验坍落度图

通过实验数据对比分析，我们发现第三组试验的和易性能较好，3d、7d、28d 强度值都满足设计要求。最终确定第三组实验为被选配合比。

## 4 生产过程控制

### 4.1 控制进厂原材料

对进场材料进行检测，根据检测结果进行接收或退货处理。以石子为例，选择 5～25cm 连续级配的合格石子接受，不合格退货。

### 4.2 确定每盘搅拌方量调整搅拌时间

为了保证不确定因素导致搅拌车内混凝土和易性能不合要求以便及时调整，我们确定每盘搅拌方量为 1.8m³。

根据经区搅拌站 2007 年《利用搅拌机电流表控制坍落度》的 QC 研究成果，观察搅拌电流和坍落度的关系，经过总结得到关系见表 7。

表 7　搅拌主机 45s 时电流与坍落度大小对照表

| 坍落度(mm) | 180 | 190 | 200 | 210 | 220 |
|---|---|---|---|---|---|
| 电流(A) | 73～80 | 72～78 | 69～75 | 68～73 | 67～71 |

根据表 7，在搅拌 45s 电流在 69～75A 之间时，基本可保证混凝土的坍落度。

为了保证混凝土的粘聚性和保水性能，搅拌时间延长为 60s。通过观察，混凝土和易性能优异。

### 4.3 利用摄像头，观测出料口混凝土的流动性（图 2 和图 3）

通过电流和坍落度的关系我们可以初步确定混凝土的坍落度，但是我们发现电流是在一个范围内波动而不固定在某个数值不变，因此我们利用摄像装置，观测出料口处混凝土的流动性能。发现流动性差别较大，及时作出调整。

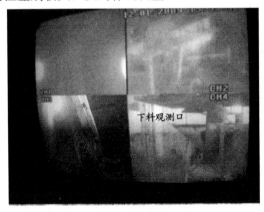

图 2　观测屏幕

图 3　摄像头

### 4.4 合理铺设泵送管道和配备合理弯头数量（图 4 和图 5）

图 4　管路铺设

图 5　固定管路

（1）管路铺设尽量平直，减少弯头数量，减少泵送压力。

（2）管卡处要加密封圈，防止漏浆阻塞管路。

（3）管路要架设支架，防止泵送过程中的过大摆动。

## 5　结语

通过对原材料的控制、配合比的优化和生产过程等环节的控制，实现了威高广场蜂巢板楼板的顺利施工，并且确保了混凝土的质量。

我们将逐步完善蜂巢板等小空间浇筑混凝土的配合比设计及施工工艺，积累更多施工经验，坚持走"科学技术是第一生产力"的道路，用技术创造更大的社会效益和经济效益。

**参考文献**

［1］　何浙浙，鲁昂．框架结构预制预应力楼盖体系的发展与应用［J］．建筑技术开发，2001，28（5）.

［2］　王志远．现浇钢筋混凝土空心板受力性能的研究及其应用.

# 砂含泥量对混凝土性能的影响

孟书灵，张 平

（新疆西部建设股份有限公司，新疆乌鲁木齐，830006）

**摘 要** 本文通过砂的不同含泥量混凝土性能试验，分析了含泥量对混凝土拌合物性能、混凝土力学性能及耐久性的影响，总结其对混凝土性能的影响规律，为配制合理等级的混凝土提供试验数据。

**关键词** 砂含泥量；混凝土；性能

**Abstract** In this paper，the performance of different mud sand concrete test，analysis of the clay content，the influence on the performance of concrete mixture mechanical property and durability of concrete，summarizes its influence on the performance of concrete，to provide test data for formulating reasonable grade of concrete.

**Keyword** clay content of sand；concrete；performance

## 0 前言

砂是现代建筑中不可缺少的材料之一，也是混凝土中重要的材料组成，随着日益加大的基础设施建设的投资，砂的用量日益增多。含泥量是混凝土用砂石集料质量标准中一项重要的指标，在国家和行业标准中都有严格的限制。由于砂石多为天然地方性材料，材质随成因、产地、采集、堆运等情况的不同而经常变化，常常会遇到含泥量超过标准规定的情形，甚至不得不舍近求远、停工待料或采取水力冲洗等办法，不仅增加费用，而且往往影响正常施工。因此，如何正确认识砂石含泥量及其对混凝土性能的影响，并总结其对混凝土性能的影响规律是十分必要的。

## 1 原材料

**1.1** 水泥：采用青松 P·O42.5R 水泥。（表1）

表1 水泥的主要性能

| 标准稠度用水量 | 初凝时间 | 终凝时间 | 细度 | 安定性（沸煮法） | 抗折强（MPa） | | 抗压强（MPa） | |
|---|---|---|---|---|---|---|---|---|
| | | | | | 3d | 28d | 3d | 28d |
| 27% | 185min | 294min | 1.4% | 合格 | 4.96 | 8.69 | 22.0 | 48.0 |

**1.2** 粉煤灰：采用的粉煤灰是新疆红二电的 II 级粉煤灰。（表2）

表2 粉煤灰性能

| 细度 | 需水量比 | $SiO_2$ | $Al_2O_3$ | $MgO$ | $Fe_2O_3$ | $SO_3$ | f-CaO | 烧失量 |
|---|---|---|---|---|---|---|---|---|
| 15.0% | 101% | 54.88% | 32.12% | 1.45% | 4.28% | 1.5% | 0.4% | 3.6% |

**1.3** 砂、卵石：乌鲁木齐乌拉泊砂场。（表3和表4）

表3 砂子性能

| 细度模数 | 含水率（%） | 表观密度（kg/m³） | 紧密堆积密度（kg/m³） | 松散堆积密度（kg/m³） |
|---|---|---|---|---|
| 2.8 | 2.0 | 2550 | 1740 | 1650 |

表4 卵石性能

| 规格 | 含水率(%) | 表观密度(kg/m³) | 紧密堆积密(kg/m³) | 松堆积密度(kg/m³) | 压碎指标(%) |
|---|---|---|---|---|---|
| 5~20mm | 0.7 | 2660 | 1530 | 1410 | 5.4 |

**1.4** 外加剂：本试验采用了聚羧酸高性能减水剂，减水率为26%。

## 2 试验方法

配合比选用C30混凝土，试验采用相同配合比，除砂的含泥量不同外，其他材料均相同，试验配合比见表5。

表5 混凝土试验配合比（kg/m³）

| 水泥 | 粉煤灰 | 砂 | 石 | 水 | 外加剂 |
|---|---|---|---|---|---|
| 290 | 110 | 699 | 1141 | 160 | 7.2 |

混凝土性能试验参照《普通混凝土拌合物性能试验方法》（GB/T 50080—2002）、《普通混凝土力学性能试验方法》（GB/T 50081—2002）和《普通混凝土长期性能和耐久性能试验方法》（GB/T 50082—2009）等。

## 3 试验结果及分析

**3.1** 含泥量对混凝土拌合物性能的影响（表6）

表6 含泥量对混凝土拌合物性能的影响

| 编号 | 砂含泥量(%) | 坍落度(mm) | 坍落扩展度(mm) |
|---|---|---|---|
| A | 1.0 | 220 | 560 |
| B | 2.5 | 215 | 550 |
| C | 3.5 | 170 | 480 |
| D | 5.0 | 140 | 400 |

随着砂含泥量的增加，混凝土的坍落度及扩展度越来越小，砂含泥量在2.5%以内时影响不大，但超过2.5%以后，影响较大。这说明，随着含泥量的升高，泥含量对外加剂和水的吸附越来越大，需要增加用水量或是提高外加剂掺量才能保证混凝土拌合物的流动性。

**3.2** 含泥量对混凝土强度的影响（表7）

表7 含泥量对混凝土强度的影响

| 编号 | 砂含泥量(%) | 抗压强度(MPa) | |
|---|---|---|---|
| | | 7d | 28d |
| A | 1.0 | 24.3 | 38.2 |
| B | 2.5 | 24.1 | 38.4 |
| C | 3.5 | 21.0 | 31.2 |
| D | 5.0 | 17.4 | 28.9 |

从表7中可以看出，随着含泥量的增加，混凝土7d、28d强度有不同程度的降低，砂含泥量在2.5%以内时，对强度没有影响，含泥量超过2.5%后，对混凝土强度影响较为明显。这是由于这些黏土泥包裹在砂表面，妨碍集料与水泥基之间的粘结，形成强度的薄弱区，降低了水泥基与集料的粘结，同时黏土杂质会对水泥的水化产生影响，从而降低了混凝土的强度。为了保证混凝土的强度，对含泥量过高的砂需要增加水泥用量。

### 3.3 含泥量对混凝土碳化性能的影响（表8）

**表8　含泥量对混凝土碳化性能的影响**

| 编号 | 砂含泥量(%) | 碳化深度(mm) | |
|------|------------|------|------|
| | | 7d | 28d |
| A | 1.0 | 0 | 0.4 |
| B | 2.5 | 0 | 1.0 |
| C | 3.5 | 1.5 | 3.8 |
| D | 5.0 | 3.0 | 5.1 |

表8给出了砂含泥量对混凝土碳化性能影响的试验结果，可以看出，随着砂含量的增加，混凝土的碳化深度明显增大，抗碳化能力逐渐变差。

## 4　结论

（1）随着砂含泥量的增加，混凝土的坍落度及坍落扩展度减小，含泥量在2.5%以内时影响不大，超过2.5%时影响较大。

（2）砂含泥量对混凝土强度的影响较为明显。随砂含泥量的增加，混凝土强度降低，含泥量在2.5%以内时对强度没有影响，超过2.5%时影响较大，在砂含泥量较高时，需增加水泥用量保证混凝土的强度。

（3）砂含泥量大的混凝土，其早期碳化较为严重，对混凝土的耐久性产生很大的影响。

（4）将砂中的总含泥量控制在2.5%以内，其混凝土各项性能均较为稳定。

**参考文献**

[1]　冯乃谦. 高性能混凝土 [M]. 北京：中国建筑工业出版社，1996.

[2]　GB/T 50081—2002 普通混凝土力学性能试验方法.

[3]　GB/T 50082—2009 普通混凝土长期性能和耐久性能试验方法.

**作者简介**

孟书灵，1980年生，男，工程师，从事混凝土材料的研究及混凝土技术施工管理工作。地址：新疆乌鲁木齐市雅山中路418号；邮编：830006。

# 商品混凝土质量控制

曹养华，徐庆香

（温州华邦混凝土有限公司，浙江温州，325019）

**摘　要**　本文主要通过目前混凝土质量状况，以及混凝土生产中质量控制点；详述了原材进场控制、生产过程控制，为混凝土生产企业质量控制提供一些帮助。

**关键词**　混凝土；质量控制；原材进场控制；生产过程控制；质量控制点

# Commodity Concrete Quality Control

Cao Yanghua Xu Qingxiang

（Wenzhou Huabang Concrete Co.，Ltd，Zhejiang Wenzhou，325019）

**Abstract**　This paper mainly through the current concrete quality，as well as the quality control point in concrete production，the raw material approach control，production process control，for concrete production enterprise quality control to provide some help.

**Keyword**　concrete；Quality Control；Raw material approach control；industrial control；Quality control point

## 0　前言

目前我国商品混凝土搅拌企业愈来愈多，商品混凝土企业水平也参差不齐，各搅拌站对质量控制员的要求不一样，各质控员的水平更是鱼龙混杂。再加上受自然环境的影响，各地为保护自然环境，加大力度制裁对自然资源的盲目开采，各混凝土企业所能选择到优质自然原材极少，各种机制、废弃再利用的材料，成为各企业降低成本的法宝，这也给质控员的控制过程增加了难度。要想控制好混凝土质量、保证混凝土有最佳出机状态，满足施工性能，必须控制好原材料，通过大量实验找到这些原材料最佳配合比例，并及时根据原材料变化做准确的调整，控制混凝土的状态就是关键。

## 1　原材进场控制

原材料的匮乏，导致材料商绞尽脑汁，把一些不理想的原材掺入到好一点的材料里，以次充好提高利润。这就要求混凝土公司的试验室加强检验，把好原材料进厂质量关。

### 1.1　水泥进场检验

水泥进场后当时能检验的项目是：水泥与外加剂的适应性、标准稠度用水量、细度以及水泥温度，其他检测项目当时无法出具结果，以上三项快速试验完毕合格后，方可卸料。并将检验结果作好纪录，告知主任及混凝土质控员，质控员根据试验结果及混凝土出机状态作适当调整。

### 1.2　矿粉进场检验

矿粉进场后当时可检验项目是：烧失量，细度，有些材料商为得到更高的利润在矿粉里掺入石粉，使矿粉活性降低，但活性的降低当时发现不了，但是可以通过烧失量来检验，因为石粉的烧失量比较高，所以当测得的矿粉烧失量超标时，就要怀疑是否掺加石粉，就不允许其卸料。

### 1.3 粉煤灰进场检验

粉煤灰进场后当时可检验项目是：细度、需水量比，目前搅拌站使用的粉煤灰为 F 类Ⅱ级，所检细度符合Ⅱ级标准即可卸料。

### 1.4 外加剂进厂检验

外加剂进场后，首先作外加剂与水泥的适应性（通过水泥净浆流动度来检验），其次是混凝土减水率。要保证每批外加剂的流动度基本一致，方可卸料；

### 1.5 砂子进场检验

细度检验，含泥量，含石率，含水率，必须准确作出以上数据，自然砂的细度模数一般控制在 2.4～2.8。及时通知工艺员，根据砂子试验数据准确调整好砂率，并通知卸料员根据以上数据，按品种分仓堆放

### 1.6 石子进场检验

碎石，应重点检查其压碎指标、颗粒级配、针片状颗粒含量、含（粉、泥）量及最大粒径。一般采用 5～25mm 的碎石，严禁混有光板石、风化石，注意 10mm 以下石子含量不可过多。

## 2 配合比分类及设计

配合比的分类，主要根据季节分夏季、冬季两大系，其次根据施工部位，施工工艺，坍落度的要求，详细分类如下：汽车泵系列、固定泵系列、自卸系列、抗渗 P6、P8 系列、细石系列、高强高性能系列、水下混凝土系列。配合比设计时要根据工程要求、结构形式、施工条件、气候变化进行配合比设计。配合比设计时要满足一下几项基本要求：

（1）满足施工规定所需的和易性、流动性要求；

（2）满足设计强度要求；

（3）绿色环保、节约；

（4）保证质量的前提下尽量降低成本；

（5）找准三个重要参数：水胶比；砂率；用水量。

## 3 混凝土质量控制点

### 3.1 生产设备

生产设备的检查、维修保养是十分关键，也是十分必要的。每天生产任务开始前，搅拌机在静止状态首先要检查是否漏水、漏气；搅拌机开始运行后，要检查各部位有无异常声音，传感器、电磁阀是否正常，皮带是否正常，有无跑偏现象。计量准确是确保混凝土生产质量和降低生产成本的关键，每月对计量称的自校搅拌站要形成强制性的，并有校称记录。混凝土出厂前要保证每车过磅，一是对计量称的校准，二是对配合比的输入容重的校准。

### 3.2 生产配合比要根据基准配合比微调

由于混凝土由水、水泥、矿粉、粉煤灰、砂、石、外加剂等七种以上原材组成，每一种原材在每一时段其性能均会有一定波动，而且天气因素也会对混凝土状态产生一定影响，因此实际生产时，必须根据具体情况对配合比进行微调，才能满足施工要求。混凝土开盘前微调整：首先准确了解砂子含水、含石率，石子颗粒状态，瓜子片含量，含水率；其次根据气温、运距、施工单位坍落度要求，调整好外加剂掺量；最终保证出厂的混凝土的和易性和坍落度满足施工要求。

### 3.3 生产过程控制

生产的过程一般如下：下达生产任务——配合比下达——复核——开盘鉴定。

调度在接到总调发来的任务信息后，首先与施工方联系确定浇筑时间并下达任务单，任务单下

达后及时通知质检员输入配合比，配合比输入完成后，调度不要急于生产，等质检员认真复核后准确无误后，方可开始生产。为了保证混凝土质量及工作状态，质检人员一定要认真做好开盘鉴定，配合比的参数、单方容重逐一核对，配比中原材料名称必须与搅拌机储存料仓仓号、仓位名称相对应，这都是开盘复核的关键点。

### 3.4 混凝土产生波动原因及预控手段

混凝土在生产过程中，由于原材料、天气、施工部位、施工单位要求、路程远近等各种不同因素的影响，对混凝土的出机状态、坍落度要求也不同，原材料对混凝土影响因素及控制手段如下。

#### 3.4.1 水泥

水泥对混凝土状态的影响主要是温度，由于建筑规模的日益扩大导致搅拌站的飞速增加，水泥的需求量也急剧增加，再加上国家为了治理环境污染，关闭了一些小型的水泥厂，导致市场供不应求，生产出的水泥会马上装车、船运输，这时水泥温度很高（100℃左右）。运输到搅拌站，通过管道输送到水泥储料罐里，随即使用（这时温度在70℃左右）。水泥作为混凝土胶凝材料的主要原材，用量是其他两种掺合料的一倍，水泥温度高，会对水、外加剂的吸附比较快些，对混凝土的坍损增快，这时要适当提高用水量，适当提高外加剂掺量。

#### 3.4.2 砂子

由于自然砂资源的日益匮乏，导致目前混凝土公司使用的砂子种类比较多，湖砂、河砂、江砂、机制砂、尾矿砂等，砂子的种类不一，开采地不一，各类技术指标不一。要想使混凝土状态较佳，满足施工性能，就要把各类砂子运用好，一是粗细砂的搭配，二是能准确选定砂率，这是两个比较关键的控制点。其次，由于砂子的种类不一，砂子的含石率，含泥量也都不一样，精确扣准含石率也非常关键，南方地区一般采用5～25mm、5～16mm两种规格的碎石双掺，所以砂子里的含石与5～16mm粒径差不多，扣含石时要考虑增加粗砂用量，相对减少5～16mm碎石用量。

#### 3.4.3 碎石

碎石质量好，大、小石子很干净，石粉很少，几乎不含泥时，这时对外加剂的吸附就大大减少、甚至几乎没有吸附，大约要少吸附0.8～1kg（聚羧酸）外加剂（胶材用量的0.2%～0.3%），天气比较凉爽时，坍落度损失不大。这种情况下就应该及时减适当量的外加剂。也就是说当原材料质量好，尤其是大小石子比较干净——石粉含量较低、几乎不含泥，气温又比较凉爽（30℃以下）时，应该及时减适宜的外加剂（0.8～1kg），同时适当减水（5～10kg），并增加1%砂率。

当质量中等，大、小石子有一定量石粉和泥时，外加剂用量和用水量就恢复到基准配合比。

当质量状况较差，大、小石子石粉、泥含量较大时（连续下雨后进的料），会吸附较多外加剂，导致混凝土坍落度变小、流动性变差。这时就应该及时上调外加剂用量（增加0.5～0.8kg），同时适当增加用水量（5～10kg），并减少1%砂率。

#### 3.4.4 当工地远近不同时

**3.4.4.1** 当工地路途较远时，出厂坍落度适当放大20～30mm，也就是多用5kg左右水，增加0.3kg左右外加剂。

**3.4.4.2** 当工地路途较近时，出厂坍落度适当减少20～30mm，也就是少用5kg左右水，少用0.3kg左右外加剂。

**3.4.4.3** 当工地施工速度较快时，适当减少混凝土出厂坍落度；当工地施工速度较慢时，适当增加混凝土出厂坍落度。

#### 3.4.5 当施工部位不同时

**3.4.5.1** 当浇筑楼板、基础时，坍落度宜控制的略小一些（到场坍落度180～200mm）。

**3.4.5.2** 当浇筑剪力墙等施工难度较大的部位是，坍落度宜控制的略大一些（到场坍落度200～220mm）。

**3.4.5.3** 当浇筑坡道、坡屋顶、楼梯等坍落度要求较小的部位时，要多减一些水（10～15kg），还要减 0.5～1kg 外加剂（到场坍落度 150～170mm）。

**3.4.6 当施工单位要求不同时**

不同的施工单位会有不同的施工习惯，就会对混凝土坍落度有不同要求。例如，同为地泵施工的两个工地，一个要求混凝土到工地坍落度 180mm 左右，而另一个就要求到工地坍落度 220～230mm。

所以，质检员、操作员就要根据工地不同要求，去控制好混凝土出机坍落度。

**3.4.7 生产细石混凝土时**

由于细石（瓜子片）的石粉含量、含泥量有时会偏高一些，瓜子片含泥、含粉大的会吸附不少外加剂，这时水和外加剂都要按基准配合比用足。甚至当瓜子片较脏时，还要考虑适当增加用水量和外加剂。

**3.4.8 外加剂**

外加剂种类分脂肪族、萘系、聚羧酸。聚羧酸外加剂节能环保、高减水、低成本，是混凝土搅拌站优选材料之一。聚羧酸高性能减水剂是高性能混凝土中的一种重要组成部分，随着混凝土技术的发展，对混凝土耐久性越来越重视，而耐久性的提高，混凝土的水胶比往往需要降低，但混凝土的流动性仍要求满足泵送施工要求，因此减水剂除要求具有高的减水效果外，还需要能控制混凝土的坍落度损失，而一般的高效减水剂往往达不到要求。但是聚羧酸减水剂比较难控制，它的敏感性极强，对其他原材料要求也高，特别是砂石里的含泥量一定要控制在规范要求范围最底线以内，同时注意混凝土砂率不宜过大。

**3.4.9 准确取样做好试件**

混凝土取样成型试件时，应该抽取混凝土罐车四分之一到四分之三处的混凝土样品，不得等混凝土装满车后再取样做试件。必须按照规范要求取样。

**3.5 天气变化对混凝土的影响及控制技巧**

**3.5.1 当天气发生变化时**

（1）当遇到阳光充足、气温很高的天气时，坍落度损失就必然大，这时就应该加 5～10kg 到水，同时提 0.5～0.8kg 外加剂。

（2）当天气较凉爽、多云、阴天，气温低于 30℃时，坍落度损失就会小，这时就应该减 5～10kg 到水，同时减 0.5～0.8kg 外加剂。

（3）日常生产时，工艺员（质控员）要注意三个时间段混凝土的质量，并加强控制。

① 早晨 6：00 点～8：00 点刚开盘时，做好开盘鉴定，按工程要求控制好混凝土坍落度、和易性；做好与下一班工艺员交接；监督司机装第一车混凝土前反转罐体，完全放出罐内余水。

② 夏季中午 12：00 点到下午 16：00 点气温较高时，适当增加 5kg 水，增加 0.3～0.5kg 外加剂。

夜间 24：00 点以后到凌晨气温会比白天低 8℃到 10℃，也无阳光影响，这时应该适当减 5kg 水，减 0.3～0.5kg 外加剂。

③ 雨天生产时，要根据雨量大小、持续时间，扣准砂、石含水率。

a. 小雨时，石子扣 1% 含水，砂含水扣 8% 以上。

b. 持续中雨时，石子扣 2% 含水，砂含水扣 10% 以上。

c. 持续中到大雨时，石子扣 2%～3% 含水，砂扣 12% 以上含水。雨势过大、达到大到暴雨时暂停生产。以上只是参考值，质检员、操作工要按实际雨势和混凝土状态来扣准含水。雨量减少直至停止时，要根据雨量减小的程度和时间，来逐渐减少扣含水。

**3.5.2 温州地区特殊气候条件**

在控制混凝土时要注意，温州地区春秋季时间较短，其他时间气温相对较高，一定要保证混凝土施工性能、泵送性能，首先注意坍落度损失，混凝土出厂状态及到达施工现场的状态。

## 4  施工单位的配合

商品混凝土运到施工现场时仅是半成品，混凝土实体结构能否达到设计要求，满足施工性能，还需要施工单位严格按照规范认真施工，才能最终使得混凝土实体结构满足设计要求。施工单位应该做到以下几点：

**4.1**  施工单位必须缩短作业时间，混凝土到工地后要尽快入模，从搅拌出机到浇筑完毕的延续时间在≤25℃时不得超过 120 分钟、≥25℃时不得超过 90min《混凝土质量控制标准》（GB 50164—2011）第 20 页表 6.6.14）。否则作业时间过长就会导致现场混凝土压车，混凝土坍落度损失变大、混凝土工作性变差，进而导致施工困难，混凝土实体结构质量无法保证。

**4.2**  混凝土的养护是水泥水化及混凝土硬化正常发展的重要条件和必不可少的条件，混凝土养护不好往往会前功尽弃。建议施工单位为了避免混凝土出现有害裂缝，危害混凝土的抗渗、防水性能，一定要按国家规范切实做好混凝土的养护工作。

**4.3**  浇筑大体积混凝土时，由于混凝土水化后中心温度较高，而施工环境环境温度变化较大，因此做好混凝土保温工作，避免温差裂缝，是重中之重的工作。施工单位必须严格按国家规范要求做好混凝土保温工作，保证混凝土表面温度与混凝土中心温度之差不大于 25℃，以避免形成温差裂缝。

**4.4**  模板选取，按以往的施工经验木模板保水性差，混凝土易因为失水而产生收缩裂缝；而钢模板保水性好，使用钢模板的混凝土一般因为不易失水而很少有收缩裂缝。因此，建议施工单位尽可能使用钢模板，尤其在市政等重要工程，重要结构上。

## 5  结构检验是注意事项

**5.1**  目前在工程结构验收时，均采用回弹法检测。南方天气潮湿，气温偏高；而北方则天气干燥，气温偏低；回弹验收时有时达不到 600℃·d，通常条件下，当逐日累计养护温度达到 600℃·d 时，基本反映了养护温度对混凝土强度增长的影响，同条件养护试件强度与标准养护条件下 28d 龄期的试件强度之间有较好的对应关系。当气温为 0℃ 及以下时，混凝土强度基本零增长，与此对应的养护时间不计入等效养护龄期。当养护龄期小于 14d 时，混凝土强度尚处于增长期；当养护龄期超过 60d 时，混凝土强度增长缓慢，因此有效养护龄期的范围宜取为 14～60d。也就是说在目前大掺量掺合料的情况下建议结构验收的时间尽量延后。

**5.2**  碳化深度，大掺量矿物掺合料混凝土在水化时水泥会率先水化，这一过程也被业界称作一次水化，生成硅酸盐、铝酸盐、铁铝酸盐等胶结材料外，同时还生成氢氧化钙；随后矿粉会和水泥水化后生成的氢氧化钙反应生成硅酸盐凝胶，这被业界称作二次水化；最后，粉煤灰才会和混凝土中剩余的氢氧化钙反应生成硅酸盐、铝酸盐凝胶，这被业界称作三次水化。粉煤灰之所以水化晚于矿粉，是由于矿粉是物理破碎，细度较细，表面能及时充分的与氢氧化钙接触、反应；而粉煤灰由于是电厂静电除尘所得的原状灰，颗粒为玻璃球状体，表面非常致密，故它与氢氧化钙充分反应前，先有个氢氧化钙腐蚀玻璃球状体致密表面的破壁过程，然后玻璃球状体中的二氧化硅、三氧化二铝再与氢氧化钙反应，所以反应要慢于矿粉。从上述大掺量矿物掺合料水化反应机理可以看出，矿粉、粉煤灰在二次水化及三次水化过程中，消耗了大量水泥一次水化时生成的氢氧化钙及原材料带入的氢氧化钙。而且，在墙、柱等结构施工时由于钢筋比较密集，施工人员为了将混凝土振捣密实，往往振捣时间过长，甚至过振，在这一过程中，由于矿粉、粉煤灰比较轻，它们会随着振捣过程迁移到墙、柱等结构表面，使混凝土表面 1cm 左右相对其他部分矿物掺合料较多，这就导致了混凝土表面 1cm 左右的混凝土中氢氧化钙消耗比混凝土其他部分更大，甚至消耗殆尽。因此，新浇筑两到三个月左右的混凝土碳化值会很低，然而检测人员在检测时在凿出的测洞中滴入酚酞试剂后，混凝土不变色的现象，给人以混凝土碳化已经非常深的假象，而实际上是表层混凝土中氢氧化钙被矿粉、粉煤灰消耗殆尽，不是氢氧化钙与空气中二氧化碳进行了碳化反应。这一点非常关键，也希望我们的检测人员能够认真公平分析碳化值，不能盲目结论。[1]

## 6　结语

由于各种原材料的日益匮乏，对混凝土的质量控制，是一项任重而道远的任务，控制好原材的进场源头，必须保证合格的原材进场；有严格可靠的生产过程控制；以及施工单位的精心施工；才能控制好混凝土质量，保证混凝土的施工性能，耐久性能。

### 参考文献

[1]　黄振兴. 对现行回弹法规范测定矿物掺合料混凝土碳化深度方法的质疑 [J]. 混凝土，2012，1.

### 作者简介

曹养华，男，1976 年生，试验室副主任，工程师。地址：浙江省温州市鹿城区廊城轻工业园区；单位：温州华邦混凝土有限公司；邮编：325019；电话：18368783196；E-mail：1509661688@qq.com。

徐庆香，女，1978 年，试验室技术员，助理工程师。

# 砂的主要技术指标及其合理应用

朱效荣[1]，赵志强[2]，薄　超[3]，方忠建[4]

（1. 北京城建集团，北京，100049；

2. 混凝土第一视频网，北京，100044；

3. 山东华舜混凝土有限公司，山东济南，250000；

4. 海南华森混凝土有限公司，海南海口，570000）

**摘　要**　本文介绍了砂子的主要技术指标，并对其合理利用作了较为详细的说明，对混凝土生产企业和研究人员具有指导意义。

**关键词**　紧密堆积密度；含泥量；级配；含石率；含水率

## 1　砂的主要技术指标

粒径为 0.16～4.75mm 的集料称为细集料，简称砂。混凝土用砂分为天然砂和人工破碎砂。

天然砂是建筑工程中的主要用砂，它是由岩石风化所形成的散粒材料，按来源不同分为河砂、山砂、海砂等。山砂表面粗糙、棱角多，含泥量和有机质含量较多。海砂长期受海水的冲刷，表面圆滑，较为清洁，但常混有贝壳和较多的盐分。河砂的表面圆滑，较为清洁，且分布广，是混凝土主要用砂。

人工破碎砂是由天然岩石破碎而成，其表面粗糙、棱角多，较为清洁，但砂中含有较多片状颗粒和细砂，且成本较高，一般在缺乏天然砂时使用。

### 1.1　砂的粗细与颗粒级配

砂的粗细是指砂粒混合后的平均粗细程度。砂的颗粒级配是指大小不同颗粒的搭配程度。

砂的粗细和颗粒级配通常采用筛分析法测定与评定，既采用一套孔径为 4.75、2.36、1.18、0.60、0.30、0.15mm 的标准筛，将 500g 干砂由粗到细依次筛分，然后称量每一个筛上的筛余量，并计算出各筛的分计筛余百分率和累计筛余百分率。筛余量、分计筛余百分率、累计筛余百分率的关系见表 1。

**表 1　筛余量、分计筛余百分率、累计筛余百分率的关系**

| 筛孔尺寸(mm) | 筛余量(g) | 分计筛余(%) | 累计筛余(%) |
|---|---|---|---|
| 4.75 | $m_1$ | $a_1$ | $\beta_1 = a_1$ |
| 2.36 | $m_2$ | $a_2$ | $\beta_2 = a_1 + a_2$ |
| 1.18 | $m_3$ | $a_3$ | $\beta_3 = a_1 + a_2 + a_3$ |
| 0.60 | $m_4$ | $a_4$ | $\beta_4 = a_1 + a_2 + a_3 + a_4$ |
| 0.30 | $m_5$ | $a_5$ | $\beta_5 = a_1 + a_2 + a_3 + a_4 + a_5$ |
| 0.15 | $m_6$ | $a_6$ | $\beta_6 = a_1 + a_2 + a_3 + a_4 + a_5 + a_6$ |

标准规定，砂的粗细程度用用细度模数 $\mu_f$ 来表示，计算式如下：

$$\mu_1 = \frac{\beta_1 + \beta_2 + \beta_3 + \beta_4 + \beta_5 + \beta_6 + 5\beta_1}{100 - \beta_1}$$

细度模数越大，表示砂越粗。标准规定 $\mu_f = 3.7～3.1$ 为粗砂，$\mu_f = 3.0～2.3$ 为中砂，$\mu_f = 2.2～1.6$ 为细砂，$\mu_f = 1.5～0.6$ 为特细砂。

砂的级配用级配区来表示。砂的级配区主要以0.60mm筛的累计筛余百分率来划分,并分为三个级配区,各级配区的要求见表2。混凝土用砂的颗粒级配应处于三个级配区的任何一个级配区内。除0.60和4.75筛的累计筛余外,其他筛的累计筛余允许稍有超出分界线,但其总量百分率超出不得大于5%。

表2 砂的颗粒级配区范围

| 筛孔尺寸(mm) | 累计筛余(%) | | |
|---|---|---|---|
| | Ⅰ区 | Ⅱ区 | Ⅲ区 |
| 9.5 | 0 | 0 | 0 |
| 4.75 | 10~0 | 10~0 | 10~0 |
| 2.36 | 35~5 | 25~0 | 15~0 |
| 1.18 | 65~35 | 50~10 | 25~0 |
| 0.60 | 85~71 | 70~41 | 40~16 |
| 0.30 | 95~80 | 92~70 | 85~55 |
| 0.15 | 100~90 | 100~90 | 100~90 |

## 1.2 含泥量及泥块含量

粒径小于0.075mm的黏土、淤泥、石屑等粉状物统称为泥。块状的黏土、淤泥统称为泥块或黏土块(对于细集料指粒径大于1.20mm,经水洗手捏后成为小于0.60mm的颗粒;对于粗集料指粒径大于4.75mm,经水洗手捏后成为小于2.36mm的颗粒)。泥常包覆在砂粒的表面,因而会大大降低砂与水泥石间的界面黏结力,使混凝土的强度降低,同时泥的比表面积大,含量多时会降低混凝土拌合物流动性,或增加拌合用水量和水泥用量以及混凝土的干缩与徐变,并使混凝土的耐久性降低。泥块对混凝土性质的影响与泥基本相同,但危害更大。

按《建筑用砂》(GB/T 14684—2001)的规定,Ⅰ类砂含泥量小于1.0%,不得有泥块;Ⅱ类砂含泥量小于3.0%,泥块含量小于1.0%;Ⅲ类砂含泥量小于5.0%,泥块含量小于2.0%。

《普通混凝土用砂、石质量及检验方法标准》(JGJ 52—2006)还规定,C60与C60以上的混凝土,砂中含泥量与泥块含量应分别不大于2.0%、0.5%;C55~C30的混凝土,砂中含泥量与泥块含量应分别不大于3.0%、1.0%;对C25及C25以下的混凝土,砂中含泥量与泥块含量应分别不大于5.0%、2.0%;对于有抗冻、抗渗或其他特殊要求的小于或等于C25的混凝土用砂,其含泥量与泥块含量应分别不大于3.0%、1.0%。

## 1.3 有害物质

砂中不应混有草根、树叶、塑料、煤渣、炉渣等杂物。砂中如含有云母、轻物质、有机物、硫化物及硫酸盐、氯盐等,其含量应符合表3的规定。

表3 砂的有害物质含量

| 项目 | Ⅰ | Ⅱ | Ⅲ |
|---|---|---|---|
| 云母(按质量计%),小于 | 1.0 | 2.0 | 2.0 |
| 轻物质(按质量计%),小于 | 1.0 | 1.0 | 1.0 |
| 有机物(比色法) | 合格 | 合格 | 合格 |
| 硫化物及硫酸盐(按$SO_3$质量计%),小于 | 0.5 | 0.5 | 0.5 |
| 氯盐(按氯离子质量计%),小于 | 0.01 | 0.02 | 0.06 |

《普通混凝土用砂、石质量及检验方法标准》(JGJ 52—2006)还规定,有抗冻、抗渗要求的混凝土,砂中云母的含量不应大于1.0%。砂中如发现有颗粒状的硫酸盐或硫化物杂质时,须进行专门检验,确认能满足混凝土的耐久性要求时,方能使用。

**1.4 活性氧化硅**

砂中不应含有活性氧化硅。对重要工程混凝土使用的砂，应采用砂浆长度法进行集料的碱活性试验。经检验判断为有潜在危害时，应采取下列措施：

(1) 使用含碱量小于 0.6% 的水泥或采用能抑制碱—集料反应的掺合料。

(2) 当使用含钾、钠离子的外加剂时，必须进行专门试验。

**1.5 坚固性**

坚固性用硫酸钠饱和溶液法测定，既将细集料试样在硫酸钠饱和溶液中浸泡至饱和，然后取出试样烘干，经 5 次循环后，测定因硫酸钠结晶膨胀引起的质量损失，Ⅰ类和Ⅱ类小于 8%，Ⅲ类小于 10%。

## 2 砂子含泥对混凝土性能的影响

**2.1 砂子含泥对强度的影响**

泥的存在使集料界面由于没有水化的能力，既不能像水泥一样和集料相互结合产生强度；也不能像砂石一样在混凝土中起骨架作用，只相当于在水泥石中引入了一定数量的空洞和缺陷，增加了水泥石的空隙率，并且这些孔大多在几十到几百微米的范围内，甚至更大，严重影响水泥石的强度；泥质组分大幅度增加了混凝土的用水量，提高了混凝土的实际用水量，降低了外加剂的有效掺量，导致水泥石的强度降低。

**2.2 砂子含泥对外加剂的影响**

砂子中的含泥量较高时，由于含泥量实际是黏土质的细粉末，与胶凝材料具有相同的吸水性能，而在配合比设计时，没有考虑这些粉料的吸水问题，因此这些黏土需要等比例的水量才能达到表面润湿，同时润湿之后的黏土质材料也需要等比例的外加剂达到同样的流动性。这就是相同配比的条件下，当外加剂和用水量不变时，含泥量由 2% 提高到 5% 以上时，导致胶凝材料中外加剂的实际掺量小于推荐掺量，混凝土初始流动性变差、坍落度经时损失变大，为了实现混凝土拌合物的工作性不变，则外加剂的掺量增加。

**2.3 砂子含泥对砂率的影响**

砂子中的含泥量较高时，由于含泥量实际是黏土质的细粉末，与胶凝材料具有相同的吸水性能，而在配合比设计时，没有考虑这些粉料的数量问题，砂子的称量过程也没有考虑这些粉料的数量问题，因此使生产过程中实际的砂子用量小于配合比设计计算用量，使混凝土拌合物的实际砂率小于计算砂率，这就是相同配比的条件下，含泥量提高导致混凝土实际砂率降低使混凝土拌合物初始流动性变差、坍落度经时损失变大。

## 3 砂子含水对混凝土性能的影响

**3.1 砂子含水对强度的影响**

砂子的饱和含水量为 5.7～7.7%，当砂子中的含水较高超过这一数值时，多余水分包裹在砂子表层形成一层水膜，砂子出现容胀现象，在配合比设计和生产的过程中，由于没有充分考虑这些水的问题，导致利用这种砂子配制的混凝土实际用水量大于配合比设计的计算用水量，使混凝土拌合物的水胶比提高，混凝土拌合物出现离析泌水现象，工作性变差，混凝土凝固后由于这些多余水分蒸发，在混凝土内部形成大量孔隙，混凝土强度降低。

**3.2 砂子含水对外加剂的影响**

混凝土的生产中，外加剂通过计量系统首先进入混凝土拌合水中形成一种均匀的混合物，当砂子中的含水较高超过饱和含水量时，在混凝土生产的过程中，根据砂子含水量扣除了这些水，虽然混凝土总的用水量不变，但是通过计量系统称量进入搅拌机的水量减小，导致混凝土外加剂的有效掺量降低，混凝土拌合物初始流动性变差，经时损失变大。

## 4 人工砂生产和使用过程中需要解决的问题

### 4.1 人工砂生产中石粉的处理方法

#### 4.1.1 干粉的收集、处理及合理使用

人工砂生产过程中产生大量的粉末及扬尘，既影响工作环境又浪费资源，为了从根本上解决这个问题，砂石生产企业主要通过在破碎设备上部安装除尘设备的办法解决这个问题，治理扬尘的效果良好，但是由于收尘量大，干粉的处理变成了一个严重的问题。经过多年研究，经过除尘设备收集到的干石粉虽然没有反应活性，但是由于具有很大的比表面积，加入水泥代替部分混合材，由于粒径和粒形与水泥颗粒之间具有良好的填充互补性，可以明显提高水泥的早期强度，其最佳掺量为4~8%。用于混凝土的配制，代替部分混凝土矿物掺合料，能够充分发挥填充效应，可以明显改善混凝土拌合物的工作性，提高混凝土的早期强度，其最佳掺量为胶凝材料的5%~10%。

#### 4.1.2 湿粉的收集及合理利用

在水资源比较充分和可以循环利用的企业，为了从根本上解决砂石破碎产生的石粉和扬尘问题，砂石生产企业主要通过在破碎设备上部安装淋水除尘设备以及冲洗石粉的办法解决这个问题，治理扬尘的效果良好，对于淋水除尘和冲洗形成的湿粉料首先进入沉降池，待装满池子上层水分蒸发后，将湿石粉按比例加入较粗的砂子用来调整砂的细度模数。经过水洗的石粉虽然没有反应活性，但是由于颗粒形状变成了圆球形，根据相似相容的原理，这些颗粒进入混凝土配制的拌合物时，具有很好的润滑和填充作用，可以明显改善混凝土拌合物的和易性，提高混凝土的早期强度，湿石粉在粗砂子中的掺量范围在5%~25%之间。

### 4.2 模数较大的人工砂应用的思路

经过近十年的研究证明，掺加湿石粉，细集料的级配及颗粒形状、大小对混凝土的工作性产生很大的影响，进而影响混凝土的强度。良好细集料可用较少的用水量制成流动性好、离析泌水少的混凝土，达到增强或节约水泥的效果。生产预拌混凝土所用细砂子应当具备：空隙率小，以节约水泥；比表面积要小，以减少润湿集料表面的需水量；要含有适量的细颗粒（0.315 mm 以下），以改善混凝土的保水性和增加混凝土的密实度以及黏聚性，有利于克服混凝土的泌水和离析；颗粒表面光滑且成蛋圆形，减小混凝土的内摩擦力，增加混凝土的流动性。人工砂的主要特点：基本为中粗砂，含有一定量的石粉；筛余基本满足天然砂 I 区、II 区要求，0.315mm 以下颗粒一般低于 20%，因此机制砂自身的空隙率一般较大；颗粒粒型多呈三角体或方矩体，表面粗糙，棱角尖锐，且针片状多。所以人工砂单独作为细集料在混凝土中使用效果较差，特别是在泵送混凝土中使用表现尤为明显。而细砂的特点是 0.315mm 以下颗粒过多，造成细砂比表面积较大，在混凝土中引起需水量上升，从而使混凝土强度下降。解决人工粗砂应用的第一个思路是按一定比例将人工砂和细砂混合后的混合砂能弥补二者的不足，可使混合砂颗粒总体粒型、空隙率、比表面积均得到改善，并能在混凝土中取得良好的效果。试验中可以将人工砂与细砂按 1:1 混合后，混合砂细度模数调整到 2.2~2.8 之间，级配基本符合 II 区砂的要求，0.315mm 以下颗粒含量 32%左右，实现人工粗砂与细砂的合理搭配。对于没有细砂的情况，解决人工粗砂应用的思路是将生产过程中收集到的石粉充分润湿使之变成圆球形，按比例加入较粗的人工砂，这时测量砂的细度模数虽然没有明显的变化，但是利用这种砂子配制的混凝土拌合物黏聚性，包裹性特别好，观察外观质量，混凝土拌合物不离析不泌水，不抓地不抓地，泵送时泵压小，特别有利于泵送施工，这时湿石粉在人工砂中的掺量最高可达 25%。

### 4.3 石粉对混凝土质量的影响

#### 4.3.1 对工作性的影响

砂子中的干石粉含量较高，由于石粉是细粉末，与胶凝材料具有相同的吸水性能，而在配合比设计时，没有考虑这些粉料的吸水问题，因此这些石粉需要等比例的水量才能达到表面润湿，同时

润湿之后的石粉也需要等比例的外加剂达到同样的流动性。这就是相同配比的条件下，当外加剂和用水量不变时，石粉含量由2％提高到10％以上时，导致胶凝材料的实际水胶比和外加剂的实际掺量均小于设计计算值，使混凝土初始流动性变差、坍落度经时损失变大。在生产过程中，为了实现混凝土拌合物的工作性不变，则生产用水和外加剂的掺量增加。

### 4.3.2　对强度的影响

在人工砂的生产过程中，可能会同时掺入一定量的泥，按照传统的含泥量检测方法不能区分石粉和泥的含量，给生产和使用都带来了一定的困难，GB/T 14684—2001特别规定在石粉含量测定前先要进行亚甲蓝MB值测定或进行亚甲蓝快速试验，以此来判别泥的含量。石粉与泥是两种不同的物质，其成分不同，颗粒分布也不同，在混凝土中发挥的作用也不同。泥没有水泥的水化能力，不能像水泥一样和集料相互结合产生强度；不能像砂、石一样在混凝土中起骨架作用，只相当于在水泥石中引入了一定数量的空洞和缺陷，增加了水泥石的空隙率，并且这些孔大多在几十到几百微米的范围内，甚至更大，严重影响水泥石的强度；泥质组分大幅度增加了混凝土的用水量，加大了混凝土的实际水胶比，降低了水泥石的强度。

而适量的石粉能起到非活性填充料作用，增加浆体的数量，减小水泥石的空隙率，使水泥石更密实，由此提高了混凝土的综合性能，同时由于浆体的增加，改善混凝土的和易性，从而提高了混凝土强度，来弥补人工砂表面形状造成的和易性下降和用水量上升造成的强度下降。

### 4.3.3　有效水胶比

石粉含量的增加，引起混凝土拌合物的实际用水量增加，但混凝土强度并没有下降趋势，这是由于胶凝材料的有效水胶比没有发生变化，在石粉含量一定范围内，石粉含量增加，混凝土强度同样上升。石粉掺量为5％～20％的混凝土拌合物比人工砂配制的混凝土拌合物和易性明显改善，泌水少且易于振实。因此，适量掺加石粉的人工砂在泵送混凝土生产中，虽然用水量增加但胶凝材料的有效水胶比没有发生变化，石粉对增加混凝土泵送性能十分有利，能有效提高混凝土和易性及减少泌水量，且混凝土强度不会下降。

## 5　配合比设计用砂所需计算参数

### 5.1　紧密堆积密度

紧密堆积密度是混凝土配合比设计过程中需要采用的重要参数，对于质量均匀稳定的混凝土，砂子均匀且紧密地填充于石子的空隙当中，因此单方混凝土中砂子的合理用量应该为石子的空隙率乘以砂子的紧密堆积密度求得。

### 5.2　含水率

由于水泥检验采用0.5的水胶比，扣除水泥标准稠度用水，润湿标准砂所用的水介于5.7％～7.7％之间，这个范围没有对水泥强度造成影响，在混凝土配比设计过程中，我们控制砂子用水的合理水量也在这个范围。

### 5.3　含石率

砂子中的含石率较高时，由于石子是粗集料，砂子的称量过程没有考虑这些石子的数量问题，因此使生产过程中实际的砂子用量小于配合比设计计算用量，使混凝土拌合物的实际砂率小于计算砂率，这就是相同配比的条件下，含石率提高导致混凝土实际砂率降低使混凝土拌合物初始流动性变差、坍落度经时损失变大。因此在生产过程中必须及时检测砂子的含石率并及时调整计量秤。

### 5.4　含泥量

由于砂子的含泥量同时影响混凝土的工作性、强度、外加剂的适应性以及实际砂率，因此我们要求严格控制砂子的含泥量符合国家标准的指标。

# 浅谈商品混凝土质量控制

刘　博[1]，朱永刚[2]，刘春健[3]

（1. 黑龙江省五大连池市福特商品混凝土有限公司，黑龙江五大连池，164100；

2. 黑龙江省齐齐哈尔市海洋商品混凝土有限公司，黑龙江齐齐哈尔，161000；

3. 山东省青岛市城投宏福混凝土有限公司，山东青岛，250000）

**摘　要**　商品混凝土是由水泥、集料、水及根据需要掺入的外加剂、矿物掺合料等组分按照一定比例，在搅拌站经计量、拌制后出售并采用运输车，在规定时间内运送到使用地点的混凝土拌合物。

**关键词**　商品混凝土；预拌混凝土；水泥；集料；外加剂；矿物掺合料

## 1　商品混凝土的特点

**1.1 质量有保证：**严格执行国际和行业标准，生产设备和工艺先进。电脑控制、计量准确。

**1.2 缩短工期：**提高施工速度，减少机械设备等租赁费用。缩短建设周期，带来经济效益。

**1.3 环保：**商品混凝土搅拌站一般多设立于城市边缘地区，减少粉尘、噪声污水等污染，改善城市居民工作居住环境。

**1.4 综合利用：**节省水泥用量，掺入矿粉、粉煤灰等废物资源，能够综合利用。

## 2　商品混凝土的原材料质量控制

**2.1　原材料进场：**

原材料进场时，供方应按规定批次向需方提供质量证明文件。质量证明文件应包括型式检验报告、出厂检验报告与合格证等，外加剂产品还应提供使用说明书。

**2.1.1　水泥**

水泥品种与强度等级的选用应根据设计、施工要求以及工程所处环境确定。对于一般建筑结构及预制构件的普通混凝土，宜采用通用硅酸盐水泥，高强混凝土和有抗冻要求的混凝土宜采用硅酸盐水泥或普通硅酸盐水泥，有预防混凝土碱－集料反应要求的混凝土工程宜采用碱含量低于 0.6％ 的水泥，大体积混凝土宜采用中、低热硅酸盐水泥或低热矿渣硅酸盐水泥。用于生产混凝土的水泥温度不宜高于 60℃。水泥应选择富裕系数大、需水量小的水泥。这样标准稠度用水量较低的水泥，配制混凝土时能够节省水泥用量，降低成本。与水泥试验室保持联系，当混合材有变化时，避免试验室所用取样水泥与实际生产水泥不一致，导致的实际生产配合比的变化。

**2.1.2　矿物掺和料**

粉煤灰的主要控制项目应包括细度、需水量比、烧失量和三氧化硫含量，C 类粉煤灰的主要控制项目还应包括游离氧化钙含量和安定性，粒化高炉矿渣粉主要控制项目应包括比表面积、活性指数和流动度比。掺用矿物掺合料的混凝土，宜采用硅酸盐水泥和普通硅酸盐水泥。矿物掺合料的种类和掺量应经试验确定。对于高强混凝土或有抗渗、抗冻、抗腐蚀、耐磨等其他特殊要求的混凝土，不宜采用低于 Ⅱ 级的粉煤灰。因矿物掺和料水化活性的存在，可以代替部分水泥，降低成本，因"滚珠"的作用使可泵性更好，混凝土工作性能提高。被商品混凝土行业大量使用。为了防止料车打错料打混料，搅拌站罐仓编号加锁，钥匙由收料员掌握，做到"一罐一锁"，能够杜绝打错仓、发错料，避免质量问题和经济纠纷的发生。

**2.3 粗集料**

粗集料质量主要控制项目应包括颗粒级配、针片状含量、含泥量、泥块含量、压碎值指标和坚固性，用于高强混凝土的粗集料主要控制项目还应包括岩石抗压强度。混凝土粗集料宜采用连续级配，可以使混凝土有良好的可泵送性，减少用水量，减少水泥用量。连续级配粗集料堆积相对紧密，空隙率比较小。有利于节约其他原材料，而其他原材料一般比粗集料价格高，也有利于改善混凝土性能。对于混凝土结构物粗集料最大公称粒径不得大于构件截面最小尺寸的 1/4，且不得大于钢筋最小净间距的 3/4，对混凝土实心板，集料的最大公称粒径不宜大于板厚的 1/3，且不得大于 40mm。对于大体积混凝土，粗集料最大公称粒径不宜小于 31.5mm。粗集料最大公称粒径太大不利于混凝土浇筑成型，大体积混凝土粗集料最大公称粒径太小，限制混凝土变形作用较小。如使用碎石市场上一般为单一粒级，可配置二级级配碎石使用。可有效降低砂率、用水量。改善混凝土性能。

**2.4 细集料**

细集料质量主要控制项目应包括颗粒级配、细度模数、含泥量、泥块含量、坚固性、氯离子含量和有害物质含量。泵送混凝土宜采用中砂，且 $300\mu m$ 筛孔的颗粒通过量不宜少于 15%。对于有抗渗、抗冻或其他特殊要求的混凝土，砂中的含泥量和泥块含量应分别不大于 3.0% 和 1.0%，坚固性检验的质量损失不应大于 8%。有抗渗抗冻要求的混凝土和高强高性能混凝土等，含泥量、泥块含量较多对混凝土性能有很大的影响。应合理选择细集料细度模数，泵送混凝土易选择中粗砂，砂率高增加用水量，降低混凝土强度。砂率低易出现泌水和离析，合理的砂率很关键。干湿砂子，应分开堆放。因含水率的变化，会导致生产出的混凝土不稳定（包括坍落度、砂率），易出现强度不够泌水离析难泵送的问题。因本地使用的都是天然河砂，砂中含卵石经常出现，收料员目测含石量的多少，通知试验员进行取样，取样方法分部位取 6~8 点，1~5kg 左右，经烘干，过 10mm方孔筛，计算筛余百分比，相应提高砂子用量，降低石子用量。如果砂含石过多，应与正常中粗砂铲车混拌后使用。雨季的到来，应要求铲车上料不要抢底，最少离地 20cm，以免把雨水装卸到料仓中。

**2.5 外加剂**

外加剂质量主要控制项目应包括掺外加剂混凝土性能和外加剂匀质性两方面，混凝土性能方面的主要控制项目包括减水率、凝结时间差和抗压强度比。外加剂匀质性方面的主要控制项目应包括pH 值、氯离子含量和碱含量，引气剂和引气减水剂主要控制项目还应包括含气量，防冻剂主要控制项目还应包括含气量和 50 次冻融强度损失率比。膨胀剂主要控制项目还应包括凝结时间、限制膨胀率和抗压强度。宜用液体外加剂，利于在混凝土中均匀分布。掺量应按施工部位的不同、施工工艺的不同（泵送、自卸、自密等）、运输距离的远近，确定混凝土经时坍落度损失。满足施工要求、强度要求方可以使用。

**2.6 原材料质量检验：** 散装水泥应按每 500t 为一个检验批；粉煤灰或粒化高炉矿渣粉等矿物掺合料应按每 200t 为一个检验批；集料应按每 400m³ 或 600t 为一个检验批；外加剂应按每 50t 为一个检验批；水应按同一水源不少于一个检验批。

# 3 配合比设计及调整

混凝土配合比设计应符合国家现行标准《普通混凝土配合比设计规程》（JGJ 55—2011）的有关规定。混凝土配合比应满足混凝土施工性能要求，强度以及其他力学性能和耐久性能应符合设计要求。在混凝土配合比使用过程中，现场会出现各种情况，需要对混凝土配合比进行相应调整。因原材料、天气或施工工艺机械情况的变化可能影响混凝土质量，需要对混凝土配合比做相应调整。

## 4 计量搅拌及施工

### 4.1 原材料计量（表1）

表1 各种原材料计量的允许偏差（质量分数%）

| 原材料种类 | 计量允许偏差 |
|---|---|
| 胶凝材料 | ±2 |
| 粗细集料 | ±3 |
| 拌合用水 | ±1 |
| 外加剂 | ±1 |

开盘前应测定粗细集料含水率，相应的拌合用水量扣除。

根据实际生产配合比容重和自家地秤的对比，可以过程中校验计量的准确性。如发现计量不准确偏差过大，立即对各个称位进行校正。

### 4.2 搅拌时间（表2）

表2 混凝土搅拌的最短时间（s）

| 混凝土坍落度（mm） | 搅拌机机型 | 搅拌机出料量（L） | | |
|---|---|---|---|---|
| | | <250 | 250～500 | >500 |
| ≤40 | 强制式 | 60 | 90 | 120 |
| >40 且<100 | 强制式 | 60 | 60 | 90 |
| ≥100 | 强制式 | 60 | | |

注：混凝土搅拌的最短时间系指全部材料装入搅拌筒中起到开始卸料止的时间。

一般商品混凝土搅拌站采用双卧轴强制式搅拌机，只要能保证混凝土搅拌均匀即可。一般商品混凝土搅拌站都是由电脑控制，操作手根据主机搅拌电流判断坍落度的大小，根据施工部位、运输距离、现场施工方法的要求，调整用水量。搅拌完毕，试验室取样留置3d、7d、28d试块。

### 4.3 施工

冬混凝土入模温度大于5℃小于35℃，当采用搅拌罐车运送混凝土拌合物时，卸料前应采用快档旋转搅拌罐不少于20s。现场坍落度与工地技术人员共同检测，试块留置由监理见证取样，取样时间应为本车浇筑至少1/3时取，自行养护送质检站检测。因运距过远、交通堵塞或现场浇筑不及时等问题造成坍落度损失较大时，可采用在混凝土拌合物中掺入适量减水剂，减水剂掺量应根据试验、本车方量、坍落度损失程度最终确定。严禁在混凝土中加水。搅拌站也可以根据现场反馈调度发往其他工地，要求所使用的强度等级相同或低一级。运输单因工程名称和施工单位的不同，调度应与工地沟通好下车带过去再工地确认签字，避免对账结账的麻烦。等待时间过长，混凝土调整后坍落度仍然过小，应调往垫层等非主体施工部位。

### 4.4 养护（表3）

注意事项：日均气温低于5℃时≤不得采用浇水自然养护方法。混凝土受冻前的强度不得低于5MPa（5MPa为混凝土抗冻临界点）。

混凝土在自然保湿养护下强度达到1.2MPA前禁止过早拆模、人为踩踏、加载施工钢筋模板等。

表3 混凝土强度达到1.2MPA的时间估计（h）

| 水泥品种 | 外界温度（℃） | | | |
|---|---|---|---|---|
| | 1～5 | 5～10 | 10～15 | 15以上 |
| 硅酸盐水泥 普通硅酸盐水泥 | 46 | 36 | 26 | 20 |
| 矿渣硅酸盐水泥 火山灰硅酸盐水泥 粉煤灰硅酸盐水泥 | 60 | 38 | 28 | 22 |

注：掺加矿物掺合料的混凝土可适当增加时间。

## 5  结论

试验室被称作搅拌站的"灵魂",就应该发挥其应有的作用。积极做好各项试验,严控原材料进场质量。生产工程中,过程控制很关键,积极与工地沟通。对已销售使用的工地作好质量跟踪,汲取工地客户的信息反馈。坚持质量第一,以质量为本,坚持作为一个技术的原则性。

**参考文献**

[1]  GB 50164—2011《混凝土质量控制标准》.

# 装饰混凝土工艺品关键技术解析

姚　源，张凯峰，刘　磊，耿　飞，王　宁，赵世冉

（中建西部建设北方有限公司，陕西西安，710116）

**摘　要**　从改善装饰混凝土工艺品的外观质量、提高耐久性的角度出发，列举了保证装饰混凝土工艺品质量的关键步骤，并对装饰混凝土工艺品常见缺陷及对策加以分析。

**关键词**　装饰混凝土；原料；配合比；气泡；泛碱

# The Key Technology Analysis of Decorative Concrete

Yao Yuan，Zhang Kaifeng，Liu Lei，Geng Fei，Zhao Shiran

(China West Construction North Group Co.，Ltd，Shanxi Xi'an，710116)

**Abstract**　In order to improve the appearance quality and durability of concrete decorative arts and crafts，this article lists the key steps to ensure the quality of it. And also analyzed the decorative arts and crafts of concrete common defects and countermeasures.

**Keywords**　decorative concrete；materials；mix；bubble；efflorescence

## 0　前言

近年来，装饰混凝土以其清新自然的质感与灵活多变的表现形式，赢得了越来越多人的喜爱。但是在装饰混凝土应用过程中，由于原材料或者施工方式的选择不当，为装饰混凝土的发展和推广造成了很大的阻碍。本文列举了保证装混凝土质量的关键步骤，并对装饰混凝土常见缺陷及对策加以分析。

## 1　原材料选择

要保证装饰混凝土的外形和和良好的施工性能，不但要关注原材料的品质和用量，还要考虑原料之间的相容性。

### 1.1　水泥

宜选用碱含量较低的普通硅酸盐水泥、粉煤灰硅酸盐水泥、矿渣硅酸盐水泥等，且需考虑水泥与外加剂与适应性。

### 1.2　集料

集料的品质和颗粒级配是影响工作性能、力学性能和耐久性的重要因素，因此装饰混凝土宜选择级配良好、含泥量和泥块含量较低的优质集料。

### 1.3　掺合料

装饰混凝土中掺入适量的掺和料，不但能在一定程度上减少水泥的用量，降低水化热，进而减少混凝土裂缝的产生，并且掺和料中的活性 $SiO_2$ 水化反应后生成的 C-S-H 凝胶也能在一定程度上提高混凝土的耐久性能。需要注意的是，所用掺和料的细度和颜色需要根据不同工程的需求而有所

调整，避免色差产生。

## 1.4 外加剂

装饰混凝土常用的外加剂有消泡剂、脱模剂、抗碱抑制剂等。由于装饰混凝土的特殊性，其使用的外加剂种类和用量都需要十分注意。

## 1.5 纤维

由于混凝土制品脆性较大，掺入适量的纤维能在一定程度上提高装饰混凝土的抗裂性能。适用于装饰混凝土的纤维有玻璃纤维、聚丙烯纤维、纤维素纤维等。

## 1.6 水

装饰混凝土的试配，宜采用不含杂质的自来水。

## 2 配合比设计

在装饰混凝土工艺品配合比设计当中，需要注意的是：所配制的混凝土除了要满足设计要求的外形要求和耐久性，还要尽量减少裂缝、气泡、蜂窝、麻面现象的产生。

### 2.1 水灰比

合适的水灰比是保证混凝土浆体稠度的关键指标，浆体过稠，会造成拌合物的流动性降低，混凝土成型难度增加，另外，过稠的浆体还会造成混凝土中的大气泡的囤积，影响装饰混凝土工艺品的外观；浆体过稀，则会造成混凝土的泌水，降低拌合物的黏聚性和保水性。

### 2.2 浆骨比

由于装饰混凝土工艺品很多属于薄壁结构，对集料的尺寸要求十分严格，集料的粒径不得大于混凝土结构截面最小尺寸 1/4，且要求集料杂质含量低，级配良好。另外，合适的浆骨比对装饰混凝土工艺品外形的影响也不容忽视，浆骨比太高，即水泥浆的掺量过高，成型硬化后容易产生裂缝，浆骨比太低，即集料掺量过高，容易造成浆体过稠，工艺品过重。

## 3 养护方法

### 3.1 试件养护

试件的养护是决定装饰混凝土成品质量的重要环节，良好的养护可以在一定程度上提高装饰混凝土的耐久性能。装饰混凝土工艺品适合在合适水温的水中养护，养护时间不少于 14 天。

### 3.2 透明保护漆

混凝土属多孔材料，其特殊的属性造成其极易吸水，且容易被外界环境腐蚀的劣势。在装饰混凝土养护和使用的过程中，在混凝土外表面涂装一层透明保护漆，不但能够保持装饰混凝土的自然纹理不被破坏，还能抵抗外界气候影响、紫外线侵蚀，提高装饰混凝土的耐久性能，并且应具一定的防污染效果。

## 4 装饰混凝土工艺品质量缺陷及对策

### 4.1 气泡

混凝土在成型的过程中，大量微小独立存在的彼此相遇时易发生黏附。两个大小不等的气泡被一液膜相隔时，小气泡中的压力通常大于大气泡中的压力，于是小气泡中的气体冲破液膜进入大气泡中，结果两泡合并，如此反复作用后，可形成许多大尺度气泡。影响装饰混凝土工艺品的外观。[1]

### 4.1.1 使用合适的消泡剂

消泡剂的作用就是要破坏和抑制气泡薄膜的形成，降低浆体液面的表面张力，使得装饰混凝土工艺品中的气泡更容易破裂，形成直径更为细小的微型气泡，这种微型气泡更容易地通过浆体界面的阻碍，排到空气中，降低了气泡在浆体表面堆积现象发生的概率。

#### 4.1.2 使用合适的脱模剂

另一个影响装饰混凝土表面是否有气泡的要点是脱模质量的好坏。而脱模质量的好坏，很大程度又是由脱模剂的质量决定的。好的脱模剂，不但能有效防止气泡的产生，还能减少混凝土表面的污染、损伤和漏浆等缺陷发生概率。

### 4.2 泛碱

泛碱现象是砂浆内部的水分迁移和表面水分蒸发带出的可溶性盐在砂浆表面形成白色沉积物造成的，严重影响装饰混凝土工艺品的装饰效果。

泛碱发生的必要条件一般有几下几点：材料中存在可溶性的盐；存在可溶性盐向表面迁移所需的载体；可溶性盐向表面迁移的通道；低温高湿的外部环境。而根据泛碱形成的必要条件，可以从以下几点改善浆体的状态，减少泛碱现象的发生。

#### 4.2.1 加入活性矿物掺和料

活性矿物掺和料，如微珠、矿粉和硅灰，能在一定程度上减少泛碱现象的产生。一是由于掺和料的加入能够减少水泥的掺入量，减少由于硅酸盐水泥水化产生的 $Ca(OH)_2$ 的产生量，降低泛碱现象产生的概率；二是 $Ca(OH)_2$ 与胶凝体系中的活性 $SiO_2$ 反应形成 C-S-H，C-S-H 凝胶作为一种不定型结构可填充在胶凝体系的空隙中，进一步降低泛碱现象的产生。

#### 4.2.2 提高致密性

试件的密实程度对于抑制装饰混凝土工艺品泛碱现象的产生也非常关键，试件越致密，其泛碱越少。可以利用以下几种方式来提高试件的密实度。一是采用级配良好的粉料和集料，优化浆体的配合比，减少毛细孔的产生；二是利用活性掺和料微珠和硅灰的填充效应，进一步提高，改善体系的孔结构，阻断可溶性盐向表面迁移的通道，对提高试件的抗泛碱性是非常有利的。

#### 4.2.3 添加抗碱抑制剂

抗碱抑制剂也可预防泛碱的发生。抗碱抑制剂加入浆体之后，其一，抑制剂会束缚自由 $Ca^{2+}$ 的发展，降低水泥水化产物 $Ca(OH)_2$ 的含量，降低浆体内部碱性物质的析出，同时又不会抑制水泥的水化反应。[2]其二，抑制剂加入水中会分散形成尺寸较小的颗粒。[3]这些小颗粒会起到封闭孔隙，降低水的迁移的作用。这两方面的共同作用，使得抗碱抑制剂在抑制装饰混凝土泛碱过程中起到了非常好的效果。

## 5 结语

综上所述，在装饰混凝土工艺品的制作过程中，原材料的选择、成型及养护方式、原材料的配合比对装饰混凝土工艺品的外观质量、耐久性都有着重要的影响。因此，在制作过程中，需要对原材料加以严格的筛选，对配合比进行精心的设计，才能避免装饰混凝土的质量缺陷产生。

**参考文献**

[1] 杨魁. 论清水混凝土表面气泡的特征与防治 [J]. 四川建筑科学研究，2009，35（2）：213-215.
[2] 石齐. 水泥基饰面砂浆泛碱性能及抑制措施研究 [D]. 重庆，重庆大学，2014.
[3] 刘湘梅，何远昌. 一种新型墙体饰面砂浆的制备及应用 [J]. 新型建筑材料，2013（2）：56-58.

**作者简介**

姚源，女，1988年生，硕士研究生，研究方向：高性能混凝土；地址：陕西省西安市长安区王寺西街中建商品混凝土西安有限公司研发中心；邮编：710116；电话：13669201306；E-mail：455345575@qq.com

# 浅谈预拌混凝土生产全过程质量控制要点

唐承勇

（陕西省安康公路管理局工程处，陕西安康，725000）

## 1　前言

随着国民经济的发展，我国的基础设施建设已进入了一个崭新的时期，而混凝土作为一种主要建筑材料，它的质量好坏，既影响结构物的安全，也影响结构物的造价，因此混凝土的质量是关系到每个工程成败主要因素之一。同时质量也是企业的生命，陈述着一个企业辉煌和未来，优良的产品质量和服务质量可以给企业、社会带来巨大的经济效益和良好的发展空间，给国家带来繁荣稳定和和谐，而劣质的产品和服务会使企业蒙受经济损失和信誉受损，严重的会给企业带来破产性灾难。预拌混凝土因其集中生产、质量稳定、环保、节能利废等特点在工程中被广泛采用。然而，由于预拌混凝土的特殊性以及影响因素的多样性，预拌混凝土的质量问题也已成为建筑业界关注的话题，因商品混凝土的质量问题或不规范施工而造成的工程事故或损失在全国时有发生，这些问题的产生既有管理原因，也有技术原因。因此对商品混凝土进行质量控制是确保工程质量的有效手段。本文仅从混凝土公司生产过程质量控制的角度，提出应重点控制的质量关键点，与业内专家共同探讨。

## 2　混凝土生产原材料的质量控制要点

### 2.1　水泥

水泥应按品种、强度等级和生产厂家分别标识和储存；应防止水泥受潮及污染，不应采用结块的水泥；水泥用于生产时的温度不宜高于60℃；水泥出场超过3个月应进行复检，合格者方可使用。泵送商品混凝土应优先选用硅酸盐水泥、普通硅酸盐水泥、矿渣硅酸盐水泥和粉煤灰硅酸盐水泥，不宜选用火山灰质硅酸盐水泥，因为它需水量大，易泌水。应尽量使用同一生产厂家、同一品种甚至是同一编号的水泥。水泥进场一定要检查质量证明文件（合格证、出厂检验报告）。按批量检验其强度和安定性，检验合格方可使用。

### 2.2　集料

集料堆场应为能排水的硬质地面，并应有防尘和遮雨设施；不同品种、规格的集料应分别储存，避免混杂和污染。细集料宜采用中、粗砂。泵送混凝土宜采用中砂并靠上限，0.315mm筛孔筛余量不应少于15%。细集料的含泥量不得超过3%，泥块的含泥量不得大于1%，不得含有草根的杂物。粗集料（石子）要优先选用天然连续级配的粗集料，使混凝土具有较好可泵性，减少用水量、水泥用量，进而减少水化热。根据结构最小断面尺寸和泵送管道内径，选择合理的最大粒径，尽可能选用较大的粒径，应尽量使用同一产地、同一规格的石子，保持石子的级配基本一致。

### 2.3　拌合用水

可使用生活用水或经检验合格的井水、泉水、地下水、再生水、混凝土企业设备时洗刷水等。

### 2.4　外加剂

外加剂应按品种和生产厂家分别标识和储存粉状外加剂应防止受潮结块，如有结块，应进行检验，合格者应经粉碎过筛后方可使用；液态外加剂应储存在密闭容器内，并应防晒和防冻。如有沉淀等异常现象，应经检验合格后方可使用。外加剂进场时应具有质量证明文件。对进场外加剂应按批进行复验，复验项目应符合《混凝土外加剂应用技术规范》（GB 50119）等国家现行标准的规定。外加剂也应尽量使用同一厂家、同一品牌的，还要注意查看产品的有效期。

## 2.5 矿物掺合料

矿物掺合料应按品种、质量等级和产地分别标识和储存，不应与水泥等其他粉状料混杂，并应防潮防雨。矿物掺合料的种类很多，其组成和性能有很大差别，并各具特点，使用过程中应充分发挥和利用各自的优良性能，尽可能地避免或减弱所带来的不良影响，最大限度地发挥矿物掺合料潜能。

# 3 混凝土配合比的控制

混凝土配合比应根据工程结构特点和要求，运输距离、气温条件、泵机性能、泵送距离及原材料的特性等情况进行设计、试配。配合比必须由试验室通过试验确定。除满足强度、耐久性要求和节约原材料外应该具有施工要求的和易性。在设计配合比时，应根据砂石材料特性和灰水比调整最佳砂率，使混合物具有施工要求的和易性，即具有较好的流动性、黏聚性和保水性。只有设计出较合理的配合比，才能使混合物比较容易拌合均匀，而且在施工过程中不致产生离析泌水现象。

## 3.1 计量控制

原材料的剂量应采用电子设备。计量设备应能连续计量不同混凝土配合比的各种原材料，并应具有逐盘记录和储存计量结果（数据）的功能，其精度应符合 GB 10171 的规定。计量设备应具有法定计量部门签发的有效检定证书。混凝土生产单位每月应至少自检一次；每一工作班开始前，应对计量设备进行零点校准。原材料的计量允许偏差不应大于规定范围，并应每班检查一次。

**混凝土原材料计量允许偏差（%）**

| 原材料品种 | 水泥 | 集料 | 水 | 外加剂 | 掺合料 |
|---|---|---|---|---|---|
| 每盘计量允许偏差 | ±2 | ±3 | ±1 | ±1 | ±2 |
| 累计计量允许偏差 | ±1 | ±2 | ±1 | ±1 | ±1 |
| 累计计量允许偏差是指每一运输车中个盘混凝土的每种材料计量和的偏差 | | | | | |

## 3.2 混凝土搅拌的质量控制

**3.2.1** 搅拌机型式应为强制式，并应符合 GB 10171 的规定。

**3.2.2** 搅拌应保证预拌混凝土拌合物质量均匀；同一盘混凝土的搅拌匀质性应符合 GB 50164 的规定。

**3.2.3** 混凝土搅拌的最短时间应符合下列规定：

（1）当采用搅拌运输车运送混凝土时，其搅拌的最短时间应符合设备说明书的规定，并且每盘搅拌时间（从全部材料投完算起）不得低于 30s，在制备 C50 以上强度等级的混凝土或采用引气剂、膨胀剂、防水剂时应相应增加搅拌时间。（2）当采用翻斗车运送混凝土时，应适当延长搅拌时间。

**3.2.4** 生产中技术人员应适时查看材料状况和检测结果，及时调整生产配合比，砂石含水率，砂中石含量，粗细状况，天气状况，对基准配合比进行适当调整。出现异常，从计量、材料、配合比等方面查找原因。

## 3.3 混凝土的运送质量控制

**3.3.1** 混凝土搅拌运输车应符合《混凝土搅拌运输车》（JG/T 5094）标准的规定。翻斗车仅限用于运送坍落度小于 80mm 的混凝土拌合物，并应保证运送容器不漏浆，内壁光滑平整，具有覆盖设施。

**3.3.2** 运输车在装料前应将筒内积水排尽。在运输过程中，应控制混凝土不离析、不分层，并应控制混凝土拌合物性能满足施工要求。卸料前应快速旋转搅拌罐不少于 20s。

**3.3.3** 当需要在卸料前掺入外加剂时，外加剂掺入后搅拌运输车应快速进行搅拌，搅拌时间应由试验确定。

**3.3.4** 运送途中，当坍落度损失过大而卸料困难时，可采用在混凝土拌合物中掺入适量减水剂并快速旋转搅拌罐措施予以调整，严禁向运输车内的混凝土任意加水。

**3.3.5** 混凝土搅拌运输车在运输途中，搅拌筒应保持 3～6r/min 的慢速转动。

**3.3.6** 当采用泵送混凝土时，混凝土运输应保证混凝土连续泵送，并应符合现行行业标准《混凝土泵送施工技术规程》(JGJ/T 10) 的有关规定。

**3.3.7** 混凝土的运送时间应根据掺入外加剂的种类、混凝土的强度等级，运输距离，结合混凝土的出机温度和大气温度，按测试的数据进行调整和确定。

## 4 结语

预拌混凝土公司必须在推行全面质量管理的同时进一步推动控制流程管理，树立优良的服务意识和质量意识，充分认识到混凝土行业竞争的激烈性、残酷性。坚持原材料因地取材，严格检测、区分、标识、防护，并根据检测数据结果分析评价，合理利用。加强混凝土配合比设计、试配、验证工作，根据工程使用要求确定配比，强化配合比使用管理，生产过程中，根据具体情况，保持原则前提下，进行适当调整，杜绝使用阴阳配合比。加大对生产过程各环节关键点控制，加强各岗位人员质量意识，规范操作流程。坚持"以人为本、质量第一"的经营理念，加强生产全过程质量管理，向管理要效益，以效益求发展。

**参考文献**

[1] 《预拌混凝土》(GB/T 14902—2012).
[2] 《混凝土质量控制标准》(GB 50164—2011).
[3] 韩素芳，王安岭. 混凝土质量控制手册.
[4] 张应力. 混凝土全过程质量管理手册.
[5] 钟小宝. 浅谈预拌混凝土质量控制 [J]. 商品混凝土，2014.04.

# 浅谈提高混凝土耐久性的措施

王新芳

（哈密重力混凝土福利有限责任公司，新疆哈密，839000）

## 1 引言

混凝土在建筑工程中已成为用量最大、用途最广的建筑材料之一。某些混凝土结构的建筑物，特别是处于恶劣环境条件的基础设施，因其耐久性不足，会导致结构性能降低，从而不仅造成建筑项目达不到预期的使用功能和使用寿命，而且不得不需要投入大量的资金以进行维修，以致提高了工程成本，给居民及社会带来严重的经济损失和不良的影响。因此，在对混凝土结构进行设计施工中，不只要考虑承载力、变形和裂缝的验算设计，还要重视耐久性设计，并根据施工中的具体情况，采取切实有效的措施来不断提高混凝土的耐久性。

## 2 提高混凝土耐久性的主要措施

### 2.1 原材料的选用

#### 2.1.1 水泥

采用品质稳定、强度等级不低于 P·O42.5 级的低碱硅酸盐水泥或低碱普通硅酸盐水泥（掺合料仅为粉煤灰或磨细矿渣），禁止使用其他品种水泥。品质应符合 GB 175—2007 规定。

#### 2.1.2 粗集料

选用质地坚硬、级配良好的石灰岩、花岗岩、辉绿岩等球形、吸水率低、孔隙率小的卵石，压碎指标不大于 10%，含泥量小于 0.5%，针、片状颗粒含量不大于 5%。

#### 2.1.3 细集料

细集料应选择级配合理、质地均匀坚固的天然中粗砂（不宜使用机制砂和山砂，严禁使用海砂），细度模数 2.6~3.0，严禁控制云母和泥土的含量，砂的含泥量应不大于 1.5%，泥块含量应不大于 0.1%。

#### 2.1.4 矿物掺合料

适当掺用优质 I 级粉煤灰、磨细矿渣、微硅粉等矿物掺合料或复合矿物掺合料，矿物掺合料掺量不超过水泥用量的 30%，粉煤灰与磨细矿粉复合使用时，两者之比 1:1。

#### 2.1.5 外加剂

采用具有高效减水、坍落度损失小、适当引气、能细化混凝土孔结构、能明显改善或提高混凝土耐久性能的外加剂，尽量降低拌合水用量。

#### 2.1.6 拌合及养护用水

拌制和养护混凝土用水应符合国家现行《混凝土拌合用水标准》的要求。凡符合饮用标准的水，即可使用。

### 2.2 预防钢筋的锈蚀

常用的方法有环氧涂层钢筋，采用静电喷涂环氧树脂粉末工艺在钢筋表面
形成一定厚度的环氧树脂防腐涂层，这种钢筋保护层能长期保护钢筋使其免遭腐蚀。

此外，在混凝土表面涂层也是简便有效的方法，但涂料应是耐碱、耐老化和与钢筋表面有良好附着性的材料。还可掺加高效减水剂，在保证混凝土拌合物无所需流动性的同时，尽可能降低用水

量，减小水灰比，使混凝土的总孔隙率，特别是毛细孔隙大幅度降低。

## 2.3 避免或减轻碱集料反应

混凝土碱集料反应危害很大，一旦发生很难修复。当混凝土使用碱活性反应的集料时，必须从配合比出发，严格控制混凝土中的总碱含量以保证混凝土的耐久性。

此外，外加剂特别是早强剂带来高含量的碱，为预防碱集料反应，在设计上应对外掺剂的使用提出要求。

## 2.4 加强混凝土施工工艺控制

### 2.4.1 混凝土的拌制

混凝土配合比应考虑强度、弹性模量、初凝时间、工作度等因素并通过实验来确定。混凝土原材料应严格按照施工配合比进行准确称量。搅拌混凝土前，应严格测定细集料的含水率，准确测定因天气变化而引起的粗细集料含水率的变化，以便及时调整施工配合比。

混凝土搅拌时间不应少于30s，总搅拌时间不应少于2min，也不宜超过3min。混凝土拌合物入模前进行含气量测试，并控制在2%～4%的范围内。

### 2.4.2 混凝土的运输

混凝土采用运输车运送。应连续输送，输送时间间隔不大于45min。夏季高温施工时宜采取降温措施。冬季施工时宜采用保温措施防止混凝土受冻。

### 2.4.3 混凝土的浇筑

浇筑混凝土前，应针对工程特点、施工环境和施工条件事先设计施工浇筑方案，包括浇筑起点、浇筑进展方向和浇筑厚度等；混凝土浇筑过程中，不得无故更改事先确定的浇筑方案。混凝土浇筑时确保混凝土不出现分层离析现象。混凝土的浇筑应采用分层连续推移的方式进行，间隙时间不得超过90min；混凝土的一次摊铺厚度不大于300mm。

### 2.4.4 混凝土的振捣

所有混凝土一经灌注，立即进行全面的捣实，使之形成密实、均匀的整体。混凝土的密实采用高频插入式振捣棒和附着式振动器联合振捣的方法进行。混凝土振捣采用操作台统一控制，操作台有专人负责，统一指挥，严格控制振动时间及振动顺序。

### 2.4.5 混凝土的养护

混凝土养护要注意湿度和温度两个方面。养护不仅是浇水保湿，还要注意控制混凝土的温度变化。在湿养护的同时，应该保证混凝土表面温度与内部温度和所接触的大气温度之间不出现过大的差异。采取保温和散热的综合措施，防止温降和温差过大。

### 2.4.6 混凝土的拆模

混凝土拆模时的强度应符合设计要求，还应考虑拆模时的混凝土温度不能过高，以免混凝土接触空气时降温过快而开裂，更不能在此时浇注凉水养护。拆模后的混凝土结构应在混凝土达到100%的设计强度后，方可承受全部设计荷载。

### 2.4.7 高温季节混凝土施工

在高温下拌合、浇筑和养护会损坏混凝土的质量和耐热性，过热性，过热会使坍落度损失过快，拌合物用水量增大。因此，炎热天气施工对混凝土的最高温度和建筑作业要有限制。降低混凝土拌合物温度的主要措施有：

（1）采取对集料遮阴或围盖和喷水冷却，对其他组成成分遮阴或围盖；

（2）对输送泵搭棚遮阴，对混凝土输送泵管道包裹保温隔热棉被套、对拌合水冷却；

（3）对与混凝土接触的模板、钢筋及其他表面在混凝土浇筑前覆盖布和喷雾状水冷却至30℃避开高温时段；

（4）充分利用夜间进行混凝土灌注。

## 3 结语

因此为保证和提高混凝土结构的耐久性，增强混凝土结构的使用性能，必须对混凝土构件进行正确的结构设计、材料选择和严格的施工，以及在使用阶段实行必要的管理和维护。

# 云南昭通地区高等级公路高性能混凝土
# 冬期施工技术措施的探讨

黄文君[1,2,3]，许国伟[1,2,3]，赵志强[4]，杨亚新[5]，王应斌[5]，
李东林[1,2,3]，董晨辉[1,2,3]，王　浩[1,2,3]

（1. 云南省建筑科学研究院，昆明，650223；
2. 云南省建筑结构与新材料重点实验室，昆明，650223；
3. 昆明市建筑结构安全与新技术重点实验室，昆明，650223；
4. 混凝土第一视频网，北京，100044；
5. 云南省交通运输厅工程质量监督局，昆明，650214）

**摘　要**　本文针对云南昭通地区冬季气候特征，结合高等级公路高性能混凝土施工技术，从施工方法、施工成本和施工进度等方面对比几种常用的高性能混凝土冬期施工技术方案，提出了适合云南昭通地区高等级公路高性能混凝土冬期施工要求的技术措施－蓄热法或综合蓄热法并介绍了使用蓄热法的注意事项。

**关键词**　云南昭通；混凝土；冬期施工；技术措施

## 0　引言

随着云南省公路工程建设进入跨越式的发展阶段，高速公路建设桥隧比例高达 30%～60%，因此桥梁结构使用的高性能混凝土量大幅增加[1]；为了满足国家现行规范规定的结构安全要求，混凝土结构施工质量显得尤为重要，尤其在冬期施工中，环境气温下降，给施工带来诸多不便，也是质量事故多发期[2]。根据调查分析显示，混凝土质量事故有一半以上发生在冬期施工，为此有效控制好冬期施工的混凝土结构质量，是保证高等级公路高性能混凝土结构质量安全的重要环节[3]。现通结合高等级公路高性能混凝土施工技术，从施工方法、施工成本和施工进度等方面对比几种常用的高性能混凝土冬期施工技术方案，整理总结适合云南昭通地区高等级公路高性能混凝土冬期施工要求的技术措施。

## 1　云南昭通地区高等级公路高性能混凝土冬期特点

根据现行行业标准《建筑工程冬季施工规程》（JGJ 114—2011）中规定："根据当地多年气温资料，日平均气温连续 5 天稳定低于 5℃，或夜间气温低于－3℃时，混凝土结构工程应采取冬季施工措施；并应及时采取气温突然下降的防冻措施。"通过调查云南昭通历年天气统计数据（表 1），云南昭通冬期施工为 12 月份起至来年 2 月份。

表 1　云南昭通历年天气统计表

|  | 11 月 | 12 月 | 1 月 | 2 月 | 平均 |
|---|---|---|---|---|---|
| 日均最高 | 14℃ | 11℃ | 9℃ | 23℃ | 14℃ |
| 日均最低 | 4℃ | 0℃ | －2℃ | －3℃ | 0℃ |

云南昭通天气不同于我国中部大部分地区（冬季气温变化缓慢，早晚温差小，温度大部分在在 5～－10℃之间波动），也不同于我国北方大部分地区（冬季气温低，早晚温差小，温度大部

分在 0～—20℃之间波动），根据历年天气统计表显示，昭通温度最低—3℃，最高 23℃，属于冬期施工定义中临界值的上限，天气早晚温差最小 10℃，最大 26℃，该地区高等级公路高性能混凝土冬期施工的重难点在于对混凝土构件的保温。

## 2　混凝土冬期施工的基本原理

混凝土能凝结硬化并获得强度是由于水泥水化反应的结果。反应作用的快慢在湿度稳定的前提下主要决定于温度的高低，进行化学反应的前提条件是温度和水，但是决定化学反应的决定性因素之一是水，影响化学反应速度快慢的则是温度，温度越高，强度增长也越快，温度越低，强度增长越慢。当温度降低到 5℃时，水化反应速度缓慢。当温度降到 0℃时，水化反应基本停止。当温度降低到—2～—4℃时，混凝土内部的游离水开始结冰，游离水结冰后体积增大 9%，在混凝土内部产生冰胀应力，使强度尚低的混凝土内部产裂缝和空隙，同时损害了混凝土的粘结力，导致结构强度降低。

通过试验研究，混凝土浇筑后马上受冻，抗压强度和抗拉强度大约损失 50%，混凝土受冻前养护时间越长，所达到的强度越高，混凝土的冻害与受冻的早晚、水泥强度等级、水和水泥的比例、养护环境温度等有关，遭冻时间早，水灰比大，则强度损失多，遭冻时间晚，水灰比小，则强度损失少。混凝土冬期施工除以上所述冻害之外，还要防止拆除模板不合理带来的冻害。混凝土结构构件拆模后表面温度立即下降，混凝土内外存在较大的温度差，温度应力也会使混凝土表面产生裂纹等质量缺陷，在冬期施工中要避免发生这种冻害，当混凝土拆模时内外温度差大于 20℃时，拆模后混凝土表面应立即覆盖，使其慢慢降温冷却。所以冬期施工需对混凝土进行保温和加热，避免混凝土出现冻害。

## 3　混凝土冬期施工

混凝土冬期施工大致分两个环节：一是在混凝土搅拌运输过程中采取必要的温控措施；二是混凝土浇筑及养护期间的温控措施问题。这两个环节的温控主要以加热和保温蓄热为主[4]。

### 3.1　混凝土原材料和原材料加热要求

冬期施工中混凝土用的水泥，应优先选用水化热量大的硅酸盐水泥，蒸汽养护时用的水泥品种经试验确定。因为水的比热容比砂石大，而且水的加热设备简单，所以为保证冬期施工混凝土拌合物温度，应优先选用加热水的方法，但水的极限加热温度视水泥等级和品种而定，不得超过有关规定当热水不能满足要求时，再对集料进行加热。水、集料加热的最高温度应符合标准要求。

水加热宜采用蒸汽加热、电加热或汽水热交换罐等方法。加热水使用的水箱或水池应予保温，其容积应能使水达到规定的温度要求。一般情况下，每立方米混凝土需拌合水 150kg 左右，若从 0℃加热至 60℃计算，仅此一项每立方米混凝土就需要热量 37683kJ，若考虑用热水加热集料，其所需热量更大。集料要清洁并堆放在暖棚内，不得含有冰雪和冻块，当施工期间平均气温高于—5℃时，只加热水就能满足要求，当施工期间平均气温低于—5℃时，集料应进行加热，但加热温度不得大于 40℃，能满足施工的情况下，集料尽量不要加热。

细集料加热方法，可用蒸汽直喷，也可以将盘曲蒸汽管或加热排管埋于集料堆中，管内通蒸汽或热水烘热。细集料加热应在开盘前进行，各处应加热均匀。采用蒸汽加热不仅对蒸汽本身热量提出要求，对供热强度也有较高要求。细集料和粗集料一样，均可采用料仓加热。

合理的投料顺序，保证混凝土拌合物的温度均匀，既有利于强度发展，又可提高搅拌机的效率，一般先投入集料和加热的水，待搅拌一定时间后，水温降低到 40℃左右时，再投入水泥继续搅拌到规定时间，以免水泥假凝。一般在拌制过程中不再补充热能。

### 3.2　混凝土的运输和浇筑

混凝土拌合物出机温度不宜低于 10℃；对于预拌混凝土和远距离输送的混凝土，拌合物出机温度应提高到15℃以上；应控制混凝土拌合物入模温度≥5℃。对于大体积混凝土，混凝土拌合物入模温度不宜过高，可以适当降低出机温度和入模温度。

混凝土在生产、运输与浇筑过程中的温度控制措施主要有：搭设混凝土搅拌棚以减少混凝土的热量损失；对混凝土运输车与输送泵进行保温；将地泵设于暖棚内；减少混凝土在运输过程中的倒运次数，并减少运输车的待车时间，必要时将运输车停靠在暖棚内；合理安排浇筑程序，避免浇筑时间过长；浇筑过程应连续进行，不宜采用大面积分层浇筑。

### 3.3 混凝土的养护

混凝土冬期施工方法分类，根据自然条件、热源条件和使用原材料的不同可分为两大类，养护期间不加热的方法和加热的方法。养护期间不加热的方法有蓄热法、综合蓄热法、负温养护法，养护期间加热的方法有混凝土蒸汽养护法、电加热法和暖棚法。

加热方法可分为间接加热法和直接加热法。间接加热法即利用加热器先加热空气或水，然后由空气或蒸汽加热养护混凝土，如暖棚法、蒸汽加热法等。直接加热法即由加热器直接对混凝土进行养护。蒸汽法需要注意混凝土初期强度要求，必要时需通过试验来确定蒸养制度。

（1）蓄热法。混凝土浇筑后，采取适当的保温措施，充分利用原材料加热和水泥水化所释放出来的热量，使混凝土冷却延缓，在混凝土温度降到0℃以前达到受冻临界强度的施工方法，即将混凝土的组成材料经过加热后再搅拌，然后浇筑至模板中；利用这种预加热量和水泥在硬化过程中放出的水化热，使混凝土构件在正温条件下达到预定的设计强度。该方法优点是施工简单，冬期施工费用较低，较易保证质量，不足是当室外温度低于−15℃时，混凝土将受到冻害。

（2）综合蓄热法。掺化学外加剂的混凝土浇筑后，利用原材料加热及水泥水化热的热量，通过适当保温，延缓混凝土冷却，使混凝土温度降到0℃以前达到预期要求强度的施工方法。该方法优点是施工简单，冬期施工费用较低，不足是必须严格控制外加剂的种类和数量，并密切关注后期强度变化。

（3）负温加热法。混凝土掺入防冻剂，浇筑后混凝土不加热也不做蓄热保温养护，使混凝土在负温条件下能不断硬化的施工方法。该方法优点是冬期施工费用较低，不足是施工工期较长，要特别注意初期养护。

（4）暖棚法。即在建筑物地点或结构的周围搭起暖棚，当浇筑和养护混凝土时，棚内设置热源，以维持棚内的温度，且不宜低于50℃，同时应保持混凝土表面湿润。将被养护的混凝土构件或结构置于搭设的棚中，内部设置散热器、排管、电热器或火炉等、加热棚内空气，使混凝土处于正温环境下养护的方法。该方法优点是冬期施工有保障，施工工期短，不足是冬期施工费用较高。

（5）蒸汽加热养护法。是利用低压蒸汽（约0.7kgf/cm²）对混凝土的结构构件均匀加热，使其得到适当的湿度和温度，以促进水化作用，以提高混凝土凝结硬化的速度。该方法优点是冬期施工工期短，效果显著，不足是冬期施工费用高，要注意蒸汽养护四个阶段的升降温度控制。

（6）电热法。电热法就是利用电流通过导体发出的热量来加热养护混凝土。该方法优点是适合不规则构件的保温，不足是冬期施工费用高。

当外界气温不是非常低、混凝土结构尺寸较厚大时，混凝土浇筑前可提高混凝土拌合物的初始温度，同时水泥初期水化可以利用水泥的水化热，而且混凝土在入模后有一定的温度，加上模板外面保温材料进行保温蓄热，就不需在养护期间额外加热，即可使混凝土在短期内或混凝土结构内部温度降低到0℃以前即可获得必要的允许受冻临界强度。

当天气严寒、气温较低，对于非厚大的结构构件，混凝土浇筑后，要保证强度能有较快的增长，若只做简单的保温蓄热混凝土的强度增长达不到预期要求，需要利用外部热源对新浇筑的混凝土进行加热养护。

综上所述，选择冬季施工方法时，对工期不紧或无特殊限制的工程，从节能和降低冬期施工费用方面考虑，应优先先用不加热养护的施工方法。加热养护法除考虑自然条件、结构类型、结构特点、原材料情况、工期限制等因素外，还应着重考虑其热能供给状况，它对施工成本和工期均有显著的影响。

根据昭通地区在建的高等级公路冬期施工实际情况，主要是涉及预制梁片、箱梁、连续刚构等结构构件的冬期施工。基于混凝土施工结构相对简单、尺寸较小、分有现浇件和预制件、均使用商品混凝土、运距较近、昭通气温属于冬期施工中偏高温的临界值上下的情况，从节能和降低施工费用方面考虑，优先使用蓄热法或综合蓄热法等不加热的方法。

## 4 蓄热法使用注意事项

由于蓄热法主要依靠混凝土的水化放热，所以在采用蓄热法时应从以下几方面加以注意：

（1）水泥：最好使用活性高、水化热高的普通硅酸盐水泥或硅酸盐水泥；

（2）混凝土原材料加热：为了保证混凝土入模温度高于5℃，必须对拌合用水进行加热，集料可根据天气温度情况和混凝土入模温度选择是否加热；

（3）保温材料：应以传热系数小、价格低廉和易于获得的地方材料为宜，如草帘、草袋、锯末、炉渣等。保温材料必须干燥，以避免降低保温性能；

（4）混凝土构件养护过程中应建立相关温度测量及控制记录台账：

① 原材料温度控制记录（集料、水泥、拌合用水等）；

② 混凝土出机温度记录（出机温度不应低于10℃）；

③ 混凝土入模温度记录（入模温度不应低于5℃）；

④ 构件表面养护温度定时测量记录（每间隔4小时测试一次，最高温度不应大于60℃）；

⑤ 大体积混凝土热工计算书、温度监控方案及内外温度记录（内外温差不宜大于25℃）。（5）适当抽取同条件养护的混凝土试块以测试混凝土长期强度。

## 5 结论

云南昭通冬季处于冬期施工气温临界值的上限，对在建高等级公路高性能混凝土冬期施工可以考虑使用蓄热法或综合蓄热法等不需要加热的施工方法，有利于节约成本和降低能耗，但在使用时需注意材料选择、建立温度控制记录和抽取同条件养护试件。

## 基金项目

云南省科技计划项目（科技惠民计划－应用研究开发部分）（2014RA024）

云南省交通运输厅科技计划项目－行业基础性研究（云交科教2013（C））

## 参考文献

[1] 叶露，汪功伟. 高强高性能混凝土在高速公路工程中的应用 [J]. 城市道桥与防洪，2003，05（3）.

[2] 侯云岗. 浅析混凝土冬期施工 [J]. 建筑工程技术与设计，2014（24）.

[3] 张胜全. 谈混凝土冬期施工 [J]. 山西建筑，2012（7）.

[4] 牛小平. 冬期混凝土综合蓄热法施工 [J]. 山西建筑，2010，36（1）：159-160.

## 作者简介

黄文君，1982年生，女，高级工程师，硕士研究生，主要从事建筑材料检测与研发。地址：云南省昆明市五华区学府路150号；邮编：650223；电话：0871－65134097；E-mail：huangwen025@163.com。

# 施工应用技术

# 全国第十三届冬运会场馆 **400m** 速滑大道大面积冰面承压混凝土关键配制及施工介绍

朱炎宁，刘　军，艾洪祥

（中建西部建设股份有限公司，新疆乌鲁木齐，830000）

**摘　要**　第十三届冬运会首次走出东北，走进新疆，作为本次冬运会的主场馆速滑馆，采用国际比赛专用的 400m 标准赛道，冰面面积为 5200m$^2$，混凝土方量约 1000m$^3$，采用激光整平技术，要求一次性浇筑完成。

**关键词**　大面积抗冻；结构突变；激光整平

## 0　工程简介

　　第十三届全国冬运会场馆位于新疆乌鲁木齐市乌鲁木齐县水西沟镇，是我区市政重点工程，地标性建筑之一，该工程速滑馆、冰球馆、冰壶馆总冰面面积达 12000m$^2$，冰面承压层混凝土设计为 C40F200，混凝土厚度为 170mm，混凝土中层埋设外径为 50mm 的 HDPE－100 高强冷冻支管。本文主要介绍的 400m 国际标准速滑大道混凝土采用超长无缝施工及激光整平技术，并且存在结构突变，对抗冻、抗裂性能要求极高，施工难度较大。据考察，此标准赛道在全世界只有为数不多的十几个，在全国范围内更是寥寥无几。

## 1　工程难点及解决方法

### 1.1　抗冻性能与操作性能相悖

　　由于具有抗冻等级为 F200 的抗冻性能要求，因此需掺入一定量的引气剂，但混凝土内部引入气泡后会降低混凝土的抗压强度，因此进行混凝土配合比设计时需稍降低水胶比，提高胶凝材料用量，但随之带来了混凝土过黏，影响激光整平机抹面，不宜操作。

　　解决方法：

　　（1）与设计方沟通，将混凝土设计强度等级由 C40F200 降为 C35F200，既能满足强度要求，又能降低胶凝材料用量，有效解决混凝土过黏问题，同时还可降低水化热，降低因内外温差带来的开裂风险。

　　（2）由于本工程采用激光整平机整平，因此对混凝土提出了更高的要求，为此，我公司首次提出了利用微小气泡改善混凝土柔性的理论，通过稍微提高混凝土出厂含气量，再保证混凝土抗冻性能的同时，提高混凝土的柔性，对于提高激光整平机工作效率和工作质量用着显著改善。

### 1.2　钢筋、管网密集与结构突变带来的开裂问题

　　该工程钢筋比较密集，冷冻支管管网密布，且存在结构突变，在弯道变截面区域，应力分布极为不均，容易导致收缩应力集中，增加开裂风险。同时，设备主管道部位混凝土厚度为 1.0m，与厚度 0.17m 的混凝土同时浇筑，也存在结构突变，增大了混凝土开裂的风险。

　　解决方法：

　　（1）将粗集料粒径由 5～10mm，改为 5～20mm。通过提高粗集料粒径，有效降低集料比表面积带来的水泥浆表面张力，降低混凝土开裂风险。

　　（2）掺入抗裂纤维。抗裂纤维是以其良好的分散性三维乱向立体分布在混凝土中，因其突出的

抗拉强度，在混凝土中有着强力的拉附作用，从而起到抗裂效果[1]。

### 1.3 气候带来的塑性收缩问题

工程所在地区气候干燥、多风，速滑跑道在混凝土初凝前还需进行金刚砂抹面施工，在混凝土大面积暴露时，在混凝土浇筑完成至抛洒金刚砂期间无法养护，容易出现塑性裂缝。

解决方法：

喷涂新型减蒸剂。混凝土初次整平后立即喷涂新型减蒸剂，新型减蒸剂按 1：10 稀释后可在混凝土表面形成一层膜，从而减缓水分蒸发，防止塑性开裂。

### 1.4 交通及事故组织带来的施工问题

由于该工程距生产站点 30 多公里，路途较远，给车辆安排及生产、浇筑速度带来一定问题，如压车过多，混凝土停留时间过长，会影响混凝土施工性能，如车辆跟不上，又会影响工程施工进度。

解决方法：

（1）为保证供应，我公司设立一个生产站点专供速滑大道混凝土生产。

（2）混凝土浇筑前 2h，施工方进站与生产站点负责及现场人员沟通协调，混凝土浇筑时，站点派多名技术人员，车队、泵队负责人进驻施工现场进行沟通协调，保证各方协调到位。

（3）由于工程位于乌鲁木齐南山风景区，往来车辆较多，经常存在堵车现象，为保证混凝土运送，我公司与相关道路交通管理部门沟通后，在高速路上开一出口，专供运输速滑大道混凝土车辆通行。

## 2 混凝土抗裂、抗冻性能方案确定

### 2.1 混凝土抗裂性能对比

#### 2.1.1 不同外掺方案对混凝土抗裂性能的影响

目前表征混凝土抗裂性能的试验方法主要有：早期抗裂试验法、圆环约束试件法，其中早期抗裂试验法精度高，主观影响因素较小，因此本次方案确定主要采用早期抗裂试验法评定，以圆环约束试件法作为复测手段。初选三种方案为：（1）单掺抗裂纤维（2）单喷减蒸剂（3）抗裂纤维与减蒸剂一起使用。

由表 1 数据可知：对于掺抗裂纤维的混凝土，总开裂面积为 474.01mm²/m²，掺减蒸剂的混凝土开裂面积为 510.46mm²/m²，同时掺加抗裂纤维与减蒸剂时，开裂面积为 276.76mm²/m²，综上所述，掺有抗裂纤维＋减蒸剂时，抗裂效果最好，且圆环裂缝试验几乎没有裂缝。

表 1 不同方案对混凝土裂缝的影响

| 序号 | 试验方案 | 最大裂纹宽度 (mm) | 平均开裂面积 $a$ (mm²/根) | 单位面积的裂缝数目 $b$ (根/m²) | 总开裂面积 $c$ (mm²/m²) | 圆环裂缝试验结果 |
|---|---|---|---|---|---|---|
| 1 | 抗裂纤维 | 0.23 | 32.5 | 14.58 | 474.01 | 稍有裂缝 |
| 2 | 减蒸剂 | 0.21 | 35.0 | 14.58 | 510.46 | 稍有裂缝 |
| 3 | 抗裂纤维＋减蒸剂 | 0.13 | 22.14 | 12.50 | 276.76 | 几乎没有 |

#### 2.1.2 不同粒径卵石对混凝土裂缝性能的影响

不同粒径卵石对混凝土抗裂性能的影响结果见表 2。

由表 3 数据可知：当石子粒径由 5～10mm 提高至 5～20mm 时，混凝土的总开裂面积由 617.17mm²/m² 降至 526.32mm²/m²，由此可知，提高石子粒径，可以减少混凝土的开裂，这是由于提高石子粒径范围可以有效降低集料比表面积带来的水泥浆表面张力，降低混凝土开裂风险[2]。

表 2 不同粒径卵石对混凝土裂缝性能的影响

| 石子粒径 | 最大裂纹宽度 (mm) | 平均开裂面积 $a$ (mm²/根) | 单位面积的裂缝数目 $b$ (根/m²) | 总开裂面积 (mm²/m²) | 圆环裂缝试验结果 |
|---|---|---|---|---|---|
| 5～10 | 0.25 | 42.32 | 14.58 | 617.17 | 稍有裂缝 |
| 5～20 | 0.22 | 36.14 | 14.58 | 526.32 | 稍有裂缝 |

## 2.2 混凝土含气量对混凝土抗冻性能的影响

混凝土中密封小气泡的多少对混凝土抗冻能力有着至关重要的作用，本次试验通过调整引气剂的掺量得到不同含气量，从而研究含气量对混凝土和易性、力学性能、抗冻能力的影响，并基于此项研究获取最优含气量。

选取本项目 C40 配合比，通过调整引气剂的掺量，获得含气量分别为 2.0%、3.0%、4.0%、5.0%、6.0% 的混凝土，制成 100mm×100mm×400mm 的抗冻试块，并进行抗冻试验，试验方法参照《普通混凝土长期性能和耐久性能试验方法标准》（GB/T 50082—2009）中第 4 部分抗冻试验，快冻法，试验结果见表 3。

试验数据见表 3，分析表 3 数据可以知道：随着混凝土含气量的增加，混凝土抗冻性能呈现出先增强后减弱趋势。当含气量在 5% 左右时，混凝土的抗冻融能力较好。分析原因如下：混凝土中平均气泡间距时影响抗冻性的最主要因素，而平均气泡间距系数是由含气量与平均气泡半径计算而得，这正是由于混凝土中的气泡增加可以很好地起到应力缓冲作用，并且隔断了混凝土内部的连通孔，使冻融破坏应力对混凝土的损害降低。但当混凝土中的含气量增加到一定程度以后，混凝土的抗冻性能下降，原因是含气量过大后，混凝土中的间隙过多，严重影响到混凝土的密实度，降低了混凝土抗冻性能[3]。

**表 3　不同含气量对混凝土抗冻性能的影响**

| 编号 | 水胶比 | 砂率（%） | 含气量（%） | 冻融循环次数 | 坍落度（mm） | 相对动弹模量（%） | 质量损失率（%） |
|---|---|---|---|---|---|---|---|
| 1 | 0.32 | 36% | 2.0 | 50 | 180 | 90.0 | 1.3 |
| 2 | | | | 100 | | 82.2 | 2.6 |
| 3 | | | | 150 | | 71.5 | 3.2 |
| 4 | | | | 200 | | 60.4 | 4.7 |
| 5 | | | 3.0 | 50 | 205 | 95.1 | 1.2 |
| 6 | | | | 100 | | 89.2 | 2.4 |
| 7 | | | | 150 | | 82.0 | 3.2 |
| 8 | | | | 200 | | 75.6 | 3.8 |
| 9 | | | | 250 | | 61.9 | 4.8 |
| 10 | | | 4.0 | 50 | 230 | 98.6 | 0.4 |
| 11 | | | | 100 | | 92.2 | 1.2 |
| 12 | | | | 150 | | 87.6 | 2.2 |
| 13 | | | | 200 | | 80.2 | 3.2 |
| 14 | | | | 250 | | 73.6 | 4.0 |
| 15 | | | | 300 | | 67.6 | 4.8 |
| 16 | | | 5.0 | 50 | 230 | 97.6 | 0.5 |
| 17 | | | | 100 | | 92.4 | 1.2 |
| 18 | | | | 150 | | 83.6 | 1.9 |
| 19 | | | | 200 | | 74.2 | 3.1 |
| 20 | | | | 250 | | 78.4 | 3.8 |
| 21 | | | | 300 | | 68.1 | 4.3 |
| 22 | | | 6.0 | 50 | 240 | 98.7 | 0.5 |
| 23 | | | | 100 | | 91.6 | 1.6 |
| 24 | | | | 150 | | 85.2 | 2.6 |
| 25 | | | | 200 | | 79.8 | 3.6 |
| 26 | | | | 250 | | 72.4 | 4.1 |
| 27 | | | | 300 | | 67.8 | 4.4 |

## 3 混凝土生产及浇筑注意事项

**3.1** 抗冻混凝土最好采用外掺引气剂调整混凝土含气量，并应适当延长混凝土搅拌时间，注意把控出厂含气量及出泵含气量。

**3.2** 在浇筑混凝土时必须确保混凝土的振捣充分，使得混凝土密实。混凝土泵出砼后，摊铺工人采用带标识的钢筋杆并结合耙子将砼初平，初平后，采用激光摊铺机进行标高找平。

**3.3** 激光摊铺机需要将振幅调至最大，充分振捣保证密实，且激光摊铺机摊铺过程慢速运行，特别在结构突变部位进行交叉摊铺两边。

**3.4** 采用激光摊铺机进行精确找平时，需注意人工及时配合，混凝土不足或多余处及时处理；找平时从一个方向向另一个方向依次进行，找平不少于两遍。

## 4 结束语

混凝土质量保证工作是从方案设计开始，到原材料进场、混凝土生产、运输、泵送，直至浇筑、养护的一个系统工程，需要各方人员的整体联动，各环节缺一不可。

该速滑大道工程于 2014 年 10 月 10 日顺利浇筑完成，经后期观察，无任何裂缝，并一次性通过国家体育总局及德国专家的验收，获得了施工方、设计方、德国戴勒公司、奥地利 AST 公司专家的高度评价。

**参考文献**

[1] 唐龙超．聚丙烯纤维混凝土抗裂性能试验研究 [J]．科技信息，2013，(14)：465-466.

[2] 靳亚男．卵石集料级配对混凝土力学性能影响的试验研究 [D]．华北水利水电大学，2013.

[3] 张鸿雁．混凝土抗冻耐久性研究 [D]．内蒙古科技大学．2009.

[4] 朱效荣．现代多组分混凝土理论 [D]．辽宁大学出版社．2007.

**作者简介**

朱炎宁，男，1976 年生，工程师，主要从事混凝土相关产品的开发与研究。电话：13579201577；E-mail：zhyn1216@163.com.

# 大体积混凝土裂缝防治施工技术在 D6 工程中的应用

刘振东[1]，王　春[2]，王怀东[3]，程　超[4]，曹　祥[5]，刘春玲[6]

（1. 中国航天建设集团有限公司，北京，100071；

2. 辽河油田公司油田建设工程二公司，盘锦，124010；

3. 中铁九局集团第四工程有限公司，沈阳，110051；

4. 湖南省西湖建设集团有限公司，长沙，410013；

5. 包头市恒岳混凝土有限公司，包头，014010；

6. 北京燕钲建筑工程检测技术有限公司，北京，102500）

**摘　要**　本文结合大体积混凝土裂缝防治施工技术在 D6 工程中的应用，探讨了大体积混凝土裂缝产生的原因及主要施工防治措施。本文分别从原材料的选择、配合比的优化、改进浇筑施工工艺及加强后期养护等方面对大体积混凝土裂缝防治措施进行了系统而有针对性的论述，取得了预期的效果。

**关键词**　大体积混凝土；裂缝；防治

# The Construction Technology of Mass Concrete Crack Prevention and Cure Apply in the D6 Project

Liu Zhendong[1]，Wang Chun[2]，Wang Huaidong[3]，Cheng Chao[4]，

Cao Xiang[5]，Liu Chunling[6]

（1. China Aerospace Construction Group Limited company，Beijing，100071；

2. Oilfield Construction Engineering Company of Liaohe Oilfield Company Two，

Panjin，124010；

3. China Railway nine Bureau Group Fourth Engineering Co. ，Ltd，Shenyang，110051；

4. West Lake Hunan Construction Group Co. ，Ltd，Changsha，410013；

5. Baotou Heng Yue Concrete Co. ，Ltd，Baotou，014010；

6. Beijing Yan Zheng Construction Engineering Detection Technology Co. Ltd，

Beijing，102500）

**Abstract**　The paper is combined with the application of the mass concrete crack prevention and cure construction technolog-y in the D6 project，explore the causes and the main construction technology prophylactico-therapeutic measures of mass con-crete crack. The paper discuss respectively the prophylactico-therapeutic measures of mass concrete crack systematically and targeted from the aspect of the selection of raw materials，the mix ratio optimization，the improvement of pouring construction technology and the strengthen maintenance etc，has achieved the desired effect.

**Keywords**　mass concrete；crack；prevention and cure

# 1 工程概况

航天器非金属结构研制厂房（D6）工程为工业厂房建筑，整体呈长方形布置，建筑物东西长92.1m，南北宽129.1m，总建筑面积为14994.39m²，首层占地面积为11944m²。本厂房由主厂房和南北裙楼组成，主厂房为一层结构，由8个小建筑单元组成。建筑物的檐高为23.6m，北侧裙楼为二层建筑，檐高为15.3m，南侧裙楼为单层建筑，檐高为19.4m。因为本工程属于国防重点保密工程，故此本文不提供施工图片，只作文字论述。

本工程的基础为独立基础，主厂房及裙楼均设有后浇带，主厂房主体结构为排架结构，跨度为24m和18m，轴距为6m，主厂房部分单层层高高，高度为11.3m、12.5m和17.5m。本工程主厂房屋面为网架结构。屋面防水为渗耐专业防水，裙楼屋面为SBS卷材防水。

《大体积混凝土施工规范》（GB 50496—2009）对大体积混凝土作了如下定义：混凝土结构物实体最小几何尺寸不小于1m的大体量混凝土，或预计会因混凝土中胶凝材料水化引起的温度变化和收缩而导致有害裂缝产生的混凝土。本工程独立基础断面2100～4350mm×2100～5250mm，混凝土强度等级为C30，该混凝土施工属于大体积混凝土施工。

# 2 大体积混凝土裂缝产生的原因

随着科技和现代文明的进步，高层建筑物、高耸结构及大型设备基础大量的出现，大体积混凝土已被广泛采用。而大体积混凝土与普通钢筋混凝土相比，具有结构厚、体形大、钢筋密、混凝土数量多、工程条件复杂等特点。按照裂缝的成因简单分为两种：一种是由于荷载直接作用（或者由于结构次应力的叠加作用），混凝土超过极限拉应力而引起的裂缝，也称作荷载裂缝或结构性裂缝，另一种是由于变形变化引起的裂缝，如结构由于温度、收缩和膨胀、不均匀沉降等因素而引起的裂缝，也称为变形裂缝，大多为非结构性裂缝。在实际施工中，因混凝土收缩和温度变化引起的裂缝是最常见的。对于大体积混凝土，其形成的温度应力与其结构尺寸相关，在一定尺寸范围内，混凝土结构尺寸越大，温度应力也越大，因而引起裂缝的危险性也越大，这就是大体积混凝土易产生温度裂缝的主要原因。

# 3 大体积混凝土裂缝的主要施工防治措施

大体积混凝土施工技术及裂缝防治措施在工业民用建筑中应用报道较多[1~10]，但是在国防重点工程中却鲜有报道。本文系统论述了项目部结合D6工程的实际施工条件，制定了有针对性的裂缝防治措施，保证了施工效果，满足了设计要求。

## 3.1 选择合适的原材料

混凝土的收缩裂缝往往在施工的早期就产生了，其自身收缩是混凝土硬化过程中水泥与水发生水化反应生成新的化学物质，导致自身体积缩小。混凝土自身收缩的大小与水灰比、细掺料的活性、水泥细度等因素有关。用水量越大，水灰比越高，混凝土收缩越大；水泥细度越大，混凝土的收缩越大，且发生的收缩时间越长。因此选用大的集料，并尽可能地多用集料，则可以减小干缩，同时要严格控制粗细集料的含泥量。

## 3.2 选择适当的配合比

本工程施工之初，即对混凝土的配合比进行反复优化设计，采用5～31.5mm碎石，采取低水灰比，降低混凝土水化热。水泥强度等级越高水泥水化热也越高，采用32.5普通硅酸盐水泥可以满足强度要求；同时，选择最佳粗细集料级配，增加混凝土密实度，减少收缩、徐变。

## 3.3 改进大体积混凝土的浇筑施工工艺

优化浇筑工艺，斜面分层，薄层浇筑，连续推进；降低混凝土内外温差，"内排"并"外保"，一般要求混凝土内外温差不超过25℃，具体实施办法为：

**3.3.1** 降温冷却水管布设：在浇筑独立基础混凝土前，钢筋绑扎好后立模前预先在混凝土内按 1m 的层距（距顶底面距离为 0.50m）布设降温冷却水管（Φ30mm 的薄壁钢管），混凝土浇筑完成后，即可在该层水管内通水。通过水循环，带走混凝土内部的热量，使混凝土内部的温度降低到要求的限度。

**3.3.2** 搅拌工艺：采用二次投料的净浆裹石或砂浆裹石工艺，可以有效地防止水分聚集在水泥砂浆和石子的界面上，使硬化后界面过渡层结构致密、粘结力增大，从而节约水泥，并进一步减少水化热和裂缝。

**3.3.3** 振捣工艺：混凝土分层浇筑，分层振捣，适当控制入模厚度和振动技术，每层浇筑厚度为 40cm，设置施工缝联结钢筋。待每薄层混凝土全断面布料振捣完毕，再从一头向另一头循环浇筑。

因独立基础最高处高达 5.25m，下部 2m 部分的混凝土浇筑需用溜槽、串筒入模。分层浇筑，每层灌注须在下层混凝土未初凝前完成，以防出现施工冷缝。混凝土振捣采用直径为 50mm 的插入式振捣器沿墙体浇筑的顺序方向振捣。振捣时插入下层混凝土 5～10cm，振捣时间以混凝土表面翻浆出气泡为准。混凝土在浇筑振捣过程中会产生多少不等的泌水，需配备一定数量的工具如大铁勺等用以排出泌水。

对已浇筑的混凝土，在终凝前进行二次振动，可排除混凝土因泌水，在石子、水平钢筋下部形成的空隙和水分，提高粘结力和抗拉强度，并减少内部裂缝与气孔，提高抗裂性。

**3.4** 后期养护及数据采集

混凝土养护主要是保持适当的温度和湿度条件。保温能减少混凝土表面的热扩散，降低混凝土表层的温差，防止表面裂缝。混凝土浇筑完毕后即转入养护阶段。以下是在养护期间的几项措施：

**3.4.1** 采取严格的养护保护措施。本工程采用了三项养护措施：混凝土表面收光后立即覆盖一层塑料薄膜，以防止早期失水出现塑性裂缝；根据测温结果，适时在塑料薄膜上覆盖两层土工布保温，同时在混凝土中设置冷却水管降温；在塑料薄膜下适时补水，以保证水泥发挥补偿收缩作用的充分条件。

**3.4.2** 在埋设冷却水管时在混凝土中一起布设测温点，并在养护中通过测温点的温度测量指导降温、保温工作的进行，从而控制混凝土内外温差不大于 25℃。测温点布置的原则应使不同施工区段、不同标高处的混凝土温升均能得到监控。在两条长边独立基础各取三个具有代表性的点，本工程在独立基础垂直方向的上、中、下三个位置布置 6 个测温孔，保证不同施工区段混凝土温升均可得到反映，从而及时指导温控工作。浇筑结束后安排专人对测点进行温度记录，及时调整循环水的温度，确保降温效果。冷却完毕后，水管口用与墙体强度等同的水泥浆封闭，水泥中应加入微膨胀剂。

**3.4.3** 在气温较高（尤其超过 30℃）时，浇水养护是保证混凝土强度的关键。工地现场使用小型水泵浇水，并在混凝土浇筑 12h 内对混凝土覆盖塑料薄膜养护。薄膜养护采用一次性材料，始终保持塑料薄膜内有凝结水，后续工序应尽量避免对塑料薄膜的破坏，避免了混凝土因干燥而产生干缩裂纹，养护龄期一般在 7 天以上。

# 4 结语

本文从原材料的选择、配合比的优化、改进浇筑施工工艺及加强后期养护等方面对大体积混凝土裂缝防治措施进行了系统而有针对性地论述。大体积混凝土的裂缝特别是表面裂缝，主要是由于内外温差过大产生的。对大体积混凝土这种拉应力较大的混凝土，容易超过混凝土抗拉强度而产生裂缝。因此，加强养护是防止混凝土开裂的关键之一。要对混凝土裂缝进行认真研究、区别对待，采用合理的方法进行处理，并在施工中采取各种有效的预防措施来预防裂缝的出现和发展。在养护中要加强温度监测和管理，及时调整保温和养护措施，延缓升降温速率，保证混凝土不开裂，有效地确保混凝土的施工质量。文献中介绍有些桥梁大体积承台或桥台的施工还可以在混凝土内掺入适量的块石，减少水泥水化热使混凝土的温度升高，避免裂缝的产生。通过对航天器非金属结构研制厂房（D6）工程独立基础大体积混凝土的施工总结，为今后的类似工程施工积累了宝贵的施工经验。经过项目部全体人员的不懈努力，严格按照以上措施精心组织、细心施工，施工中严格贯彻航天人"严、慎、细、实"的工作作风和"零缺陷"的工作目标，本工程荣获了北京市结构长城杯优质工程的殊荣，取得了预期的效果，满足了设计要求。

## 参考文献

[1] 程超，刘振东，徐长英，陈国辉．连续性施工的大体积补偿收缩混凝土的设计和应用 [J]．混凝土，2006，4：74-76.

[2] 尤健，李天翔，翟春侠．大体积混凝土施工技术措施 [J]．陕西建筑，2006，9：39-41.

[3] 刘铭．大体积混凝土施工技术措施探析 [J]．黑龙江科技信息，2012，5：266.

[4] 杨建勋．大洲·国际龙郡基础底板大体积混凝土施工技术 [J]．安徽建筑，2012，19（5）：76-78.

[5] 栾瑞尧，张锴，刘文浩．超大超厚基础底板大体积混凝土冬期施工技术 [J]．建筑技术，2008，39（2）：112-115.

[6] 朱毅敏，龚剑．宁波环球航运广场主楼基础底板大体积混凝土施工技术 [J]．建筑施工，2012，34（1）：4-7.

[7] 曾广桃，曾志献，刘春安，廖秋林．南京德基广场基础底板大体积混凝土施工技术 [J]．施工技术，2011，40（2）：16-18.

[8] 武科，鄢长，王冬冬，于晓野．海控国际广场基础底板大体积混凝土施工技术 [J]．施工技术，2011，40（24）：17-20.

[9] 廖永军．某工程基础底板大体积混凝土施工技术 [J]．施工技术，2012，41（16）：85-88.

[10] 王白林．大体积混凝土基础底板施工裂缝控制技术 [J]．陕西建筑，2012（5）：45-48.

## 作者简介

刘振东，1977 年生，男，研究员，硕士，主要从事建设工程技术质量管理工作。E-mail：liuzhendong@yeah. net。

# 南方冻雨季节预拌混凝土质量问题分析及预防措施

朱江春，牟仲雄

（明峰建材集团，浙江余姚，315492）

**摘　要**　关于南方冻雨预拌混凝土生产施工很少有文献对出现的问题与研究探讨，本文针对南方冬季冻雨预拌混凝土生产的问题结合南方冻雨季节的特点，进行了技术分析，提出了一些宝贵的预防措施，这些措施对于其他的南方预拌混凝土公司而言，在冬季冻雨季节生产和施工，保证混凝土质量方面具有一定的参考价值。

**关键词**　南方冻雨；质量问题与技术分析；预防措施

## 0　前言

有关北方预拌混凝土，建设公司在往年的施工经验中总结了较完善的冬季低温预拌混凝土生产施工经验和措施，这些措施和经验有力地保证了混凝土的施工质量。尽管也是冬季施工期，但是南方冻雨季节预拌混凝土生产呈现出气象复杂多样的施工环境，对于冻雨长时间低温预拌混凝土不如北方重视，而且南方冬天有时候雨期较长，伴随小雨雪天气，气温较低，空气湿度大，这种情况下建设工程施工出现和北方不同的施工特点。在2012年12月中旬到2013年1月初冬天江浙地区持续半个多月的冻雨天气，在不少工地施工出现了问题，现将这些情况总结，对于在南方冬天低温冻雨混凝土生产具有宝贵的参考价值。

## 1　存在的质量问题与技术分析

**1.1**　在施工完成后，施工部位混凝土缓凝现象较为普遍，3天没有凝结固化，有的浇筑部位外部出现泛白现象。如中建工地对缓凝的混凝土和施工方沟通分析，认为主要原因是外加剂掺量过高，从强度发展方面分析，由于外加剂掺量过高，使水泥水化反应放慢，放热速度减缓，混凝土前期强度增长减缓，但混凝土一旦凝固，则因为混凝土特别密实，内部几乎不存在结构缺陷，因此后期强度会恢复正常，不受影响。

**1.2**　有些工地出现混凝土强度偏低和粉化现象。温度对混凝土的质量影响很大，一般混凝土应在18～23℃之间标准养护，在正常温度范围，温度越高，混凝土的强度上升越快，反之越慢，在零度以下，没采取措施的情况下，混凝土浇筑工作必须停止。如果施工，此时由于水泥的水化反应很微弱，使混凝土强度发展缓慢，甚至冰冻作用造成强度损失。在冻雨时间施工后，没有覆盖保温养生，养护不到位，特别是施工部位表面层，强度明显偏低，并产生冰冻导致结构部位表面起砂，影响质量。

**1.3**　部分混凝土部位表面发白，另一侧还有棕色油状物析出，经过确认分析，白色为 $Na_2SO_4$，棕色为三乙醇胺，混凝土的外加剂过量引起的，在气温较低时达到过饱和容易析出。

**1.4**　部分混凝土出现微小裂缝。北方天然石膏仍在继续使用，南方脱硫石膏已经成熟地应用在水泥生产中，在水泥粉磨过程中，脱硫石膏助磨效果明显，颗粒级配和天然石膏区别。冬季冻雨施工容易产生温度梯度和湿度梯度，这些因素，在混凝土中将产生应力作用，特别是低温时，吸水饱和的混凝土会出现冰冻，游离的水转变成冰，体积膨胀，同时混凝土胶凝孔中的过冷水在微观结构中迁移和重新分布引起渗透压，加大了膨胀力，混凝土强度降低，裂缝也会出现。

## 2  采取的预防措施

预拌混凝土的生产是一项专业化很强的工作，利用专业技术根据搅拌站的自身条件，和施工现场的情况，结合冻雨季节特征和气象条件，制定好冻雨生产及质量管理控制方案，并将这些方案和相应措施落实好。精确设计配合比，需要生产过程全方位地精确控制，加强与客户交流，加大后期的养护保养。如有需要，适量掺加抗冻剂。

### 2.1  生产前的预防措施

**2.1.1**  原材料大棚的建设：南方多雨，砂石原料大棚必须建设，保温防风雨，确保雨水不要混入原料中，从而在冻雨时原材料不会出现结冻现象，少量结冻的铲车去除，确保下料处不会堵塞。外加剂也要在棚子之中保温，防止温度低结晶影响使用。拌合水必须加温和保温后使用。

**2.1.2**  计量设备的管理：连续多天的冻雨天气，导致气温低，空气湿度大，粉料物料的流动性变差，砂石类冻住结块，外加剂和拌合水温差变化，计量设备的荷重传感器也会出现零点漂移和线性漂移现象等，导致计量误差变大，给配比正确计量带来灾难性的后果。

**2.1.3**  与施工单位沟通：生产前做好技术交底，包括混凝土的技术要求，计划方量，车辆的安排，施工过程中各项措施，雨雪对施工部位的影响及处理措施，施工后的防雨和保温养护措施。

### 2.2  生产过程的预防措施

**2.2.1**  合理设计配合比，有研究表明：高煤灰掺量水泥使用后，高水胶比的抗冻性变差。适量降低粉煤灰的掺量至8％以下，提高抗冻性。南方冻雨季节空气湿度大，气温低，适量减少减水剂用量或降低水胶比，减少缓凝效果，提高各龄期混凝土强度增进率。

**2.2.2**  在生产过程中，加强对搅拌车混凝土的抽检，搅拌车司机对车内混凝土情况及时检查，发现异常及时汇报，便于及时处理。实验室加强常规检测和取样试件检测。

### 2.3  运输和泵送管理预防措施

**2.3.1**  保持和施工工地良好沟通协调，做好车辆调度，保持畅通高效运输。避免搅拌车辆集中在工地等待卸料，混凝土及时卸料使用，避免混凝土性能降低，影响质量。

**2.3.2**  搅拌车运输过程减少热量损失，可采取保温措施，下雨较大，还要防雨。

**2.3.3**  加强搅拌车管理，每车使用前必须干净，洗车水排净。

**2.3.4**  搅拌车运输过程中，搅拌桶低速转动。避免分层和离析现象，到工地后及时卸料和使用。

### 2.4  现场施工预防措施

**2.4.1**  浇筑后，必须加强养护工作，避免被雨水淋入，应及时覆盖。过量的水，造成混凝土水胶比发生变化，性能发生变化，影响混凝土的质量发挥甚至导致质量问题。

**2.4.2**  保温措施：在终凝后应及时覆盖棉毛毡或无纺土工膜等覆盖保温养生，使混凝土强度继续正常增长。

**2.4.3**  混凝土的施工准备工作，浇筑前，必须清除浇筑处的雨雪和污垢，振捣避免过振和漏振，不允许产生分层和离析现象。

**2.4.4**  冻雨季节混凝土强度增长缓慢，混凝土养护后期拆模必须严格按照《建设工程质量管理条例》等建设工程管理要求，达不到拆模条件的必须继续养护，直到符合条件为止。

## 3  结语

预拌混凝土是一个半成品，是一种多样化的混合材料，其在生产，运输，施工及后期保养面临复杂多样化的情况，并且必须达到国家相关质量标准和建筑行业施工规范。而南方冻雨季节天气一年中发生较少，情况与北方又有所区别，必须采取相应的质量保证预防措施，加强生产，运输，施工等各个环节的管理，结合这一天气特点进行原料，配合比，生产，运输，施工和养护管理，从而保证混凝土的质量符合建筑工程要求。

**作者简介**

朱江春，男，1977 年生，工程师。地址：浙江省余姚市低塘郑巷；单位：明峰建材集团中心试验室；邮编：315400；电话：15557422507。

牟仲雄，男，地址：浙江省余姚市低塘郑巷；单位：明峰建材集团股份股份有限公司；邮编：315400。

# 预拌混凝土生产、施工常遇问题及解决措施

耿鹏涛，孙振磊，徐东明，郭　帅

（中建商品混凝土沈阳有限公司，沈阳，110000）

**摘　要**　混凝土具有强度高、耐久性好、原材料来源广、制作工艺简单、成本较低、适用于各种自然环境等优点，因此，它是世界上使用量最大、最为广泛的首选建筑材料。

商品混凝土在我国应用已经有三十多年的历史，在这三十多年中，无论从数量上、质量上，还是从技术上、管理上，我国商品混凝土行业有了很大发展。但是从技术和管理方面来看，与发达国家相比，差距很大。

结合自己的工作经验，对商品混凝土技术质量控制和生产管理中存在的问题，想到一些解决措施和自己的见解。由于本人工作经历、知识范围和认识水平的局限性，不足之处请指正探讨。

**关键词**　预拌混凝土；生产；施工；常遇问题；解决措施

## 1　原材料需要关注的几个方面

**1.1**　粗细集料进场要注意事项：（1）粗集料主要应控制其粒径、级配、粒形、石粉含量、泥块含量。每车进行宏观检查，不合格不得卸车；按规范要求、按批量检验各项指标[1]。（2）细集料应控制细度模数、含泥量和泥块含量。每车进行宏观检查，不合格不卸车；按规范[2]要求批量检验。

**1.2**　粗集料粒径要控制在 5～25mm：粗集料粒径受混凝土泵送管道管径和泵送高度的制约，一般可泵送的最大粒径随泵送高度增加而降低。如泵送高度小于 50m 时，粗集料最大粒径与输送管径比 ≤1：3；而泵送高度为 100m 时，其比例降至 1：5。否则极易堵管[3]。

**1.3**　砂子细及含泥量大后果：（1）砂子太细，混凝土需水量上升，而且用细砂配制的混凝土其可泵性、保塑性均极差，混凝土强度会下降、易开裂。（2）含泥量大，混凝土需水量大，保塑性差，收缩加大，混凝土强度下降，结构易开裂。

因此生产中合理选用细砂的品种和细砂的用量对混凝土施工过程的质量和混凝土耐久性尤为重要。

**1.4**　水泥含碱量对混凝土影响：水泥含碱量大，混凝土的需水量会加大，与外加剂的相容性变差，混凝土易开裂，导致耐久性下降；但当水泥的含碱量不足时，与外加剂的相容性也会变差，混凝土坍落度损失加大，外加剂掺量稍高于饱和点，混凝土会离析、泌水。

**1.5**　粉煤灰取样方法：目前粉煤灰已成为混凝土生产的重要原材料之一，生产旺季时粉煤灰往往供不应求，部分供应商会采取夹层装料法，即在散装车上部装一些细度达标的粉煤灰，中、下部则装入一些细度超标的粉煤灰，若不注意将这种粉煤灰充入罐仓内，会造成混凝土需水量明显升高，混凝土流动性极差。因此，入厂的粉煤灰每车需用取样器进行取样检验，取样器可取到车内上、中、下三个部位的粉煤灰样，真实反映混凝土的质量。

**1.6**　搅拌站常用外加剂及检验方法：外加剂中主要含有减水组分，它的作用是在混凝土用水量不减少的情况下增大混凝土坍落度；第二个组分是缓凝组分，使混凝土的流动性能保持 1～2h 不降低，以利于泵送施工。此外，有时会加入一部分引气组分，以提高混凝土的可泵性、保水性和耐久性。

外加剂入厂时应抽样进行混凝土的配合比试验，使用生产所用的原材料及配合比进行搅拌，观

测混凝土的出机状态、初始坍落度及 1h 坍落度损失情况。如初始坍落度或坍落度损失值不合格或混凝土表面泌水严重、气泡较多，则需及时查找原因，防止出现质量问题。

## 2 生产、技术实施问题处理

**2.1** 冷缝问题：混凝土运输、泵送、建筑应该是连续的，如果由于各种原因造成浇筑中断，已浇筑混凝土初凝后再接着施工，层面接触处会造成冷缝，影响结构的整体性和基础底板的抗渗性。

有时因客观因素的限制，不得不中断混凝土的浇筑，继续浇筑混凝土时，已浇筑的混凝土强度不应小于 1.2MPa，否则会影响已浇筑混凝土与钢筋的握裹力。同时在浇筑前应在已硬化的混凝土表面铺一层同强度等级的水泥砂浆。

**2.2** 施工现场往搅拌车内加水后果：混凝土正常的水胶比保证其具有一定的流动性和强度，另外加水会降低混凝土的强度，因为多余的水分蒸发后形成空隙，削弱了混凝土的断面。数据统计，单方混凝土中每增加 10kg 水，其 28d 强度将下降 4~5MPa。因此，在施工现场要严格控制不得向搅拌车内加水。

**2.3** 抗渗混凝土中加入膨胀剂作用：地下工程如基础底板、蓄水池、游泳池等工程都有抗渗要求，并不是在混凝土的生产过程中加入膨胀剂、抗裂防水剂等就解决了一切问题。除了严格控制配合比、保证连续供应外，施工单位的养护环节非常重要。膨胀剂只有在潮湿的环境下才能产生膨胀，相反，如在干燥环境下其收缩甚至会比普通混凝土大。

**2.4** 冬季施工的抗冻混凝土是否等同于防冻混凝土：在使用中能承受反复冻融循环而不被破坏的混凝土称为抗冻混凝土，如沈阳地区水工工程、室外蓄水池、发电厂冷却塔等工程均能用到。

抗冻混凝土指工作环境要求混凝土具有承受反复冻融而不被破坏的功能。防冻混凝土指混凝土在冬季施工过程中要承受当时的环境负温，将来环境温度上升至正温后强度基本不受损失的混凝土。目前沈阳地区冬季施工过程都要采用防冻混凝土。

## 3 混凝土质量控制

**3.1** 造成混凝土离析的原因：（1）水胶比过大（搅拌机机操工工作失误，或搅拌车驾驶员接料前，车中积水未倒净）。（2）粗集料粒径过大，级配不好，混凝土拌合物稍一静止，过重的大颗粒粗集料立即下沉，造成混凝土离析。（3）外加剂掺量过大，造成离析，混凝土表面泛着一层黄色水层。

**3.2** 混凝土缓凝：初春、初冬季节，环境温度比较低，外加剂中缓凝组分过多，虽保塑性好，但很容易造成混凝土缓凝，尤其是在采用糖类缓凝剂时，混凝土成型后几十个小时不硬化，表面一层硬壳，硬物触及内部很软，楼板上下踩踏有很深脚印，并伴随裂纹产生。墙柱拆模后表面混凝土会被粘连下来。此时，应及时与外加剂生产商联系，调整缓凝剂品种和掺量，即缓凝组分的品种、掺量要随季节变化来调整。

一般情况下，缓凝时间不大于 48h，混凝土后期强度[4]不仅不受影响，可能会更高，仅对施工进度造成影响。

**3.3** 梁拆模后出现枣核状裂缝及地下室墙体拆模后出现裂缝：钢筋混凝土梁在其受拉和受压钢筋的中部，拆模后后常在梁中部出现裂纹，裂纹中间宽两端窄，呈枣核形，一般裂纹不延伸至梁的上下表面，产生的原因是，梁上下部有钢筋约束混凝土收缩变形，中部配筋少，约束力差，收缩大，便形成枣核状裂纹，出现这种裂纹时，可通过增设构造筋解决。

地下室墙体开裂常常发生在墙体较长或混凝土强度等级较高的部位。裂缝多为等距离、几乎与长向垂直的直线裂缝，很有规则。主要是因为墙体长、混凝土强度等级高，收缩大造成的，不是混凝土本身质量的问题，该裂缝对结构的承载力无影响，只需表面封闭。

**3.4** 预拌混凝土冬施混凝土保证措施：（1）原材料加热。水每提高 1℃，所获得的热量是相同质量砂石的 5 倍。因此，目前搅拌站普遍采用自有锅炉加热热水的方法来确保混凝土的出厂温度。搅拌热水温度不能超过 60 ℃。（2）在混凝土中掺入防冻剂。一般采用复合外加剂，根据温度的变化，要求外加剂厂商及时调整防冻组分的掺量。（3）搅拌设备加强维护、采暖，水气路采取防冻措施，确保混凝土连续生产。

冬期施工剪力墙壁薄不宜保温措施：（1）工程开工时就要考虑冬期施工，为提高模板体系维护保温效果，将建筑物墙体外保温材料——聚苯乙烯泡沫塑料预先贴在墙体外侧模板上，这样既省去了未来保温材料粘贴工序，保温材料与墙体材料粘贴又牢，还可以将此作为冬期施工时的混凝土保温材料。（2）采用墙、楼板一体施工，这样冬季来临，每间屋子将窗洞口临时封闭，形成一个密封的空间，利于室内进行采暖，楼板上部再覆盖保温材料，即使在气温为零下 15℃ 的情况下，也可以做到内外墙、楼板混凝土不受冻。

**参考文献**

[1] 《普通混凝土用砂质量标准及检验方法》（JGJ 52—1992）.

[2] 《建筑用卵石、碎石》（GB/T 14685—2011）.

[3] 《预拌混凝土》（GBT 14902—2003）.

[4] 《混凝土强度检验评定标准》（GB/T 50107—2010）.

# 浅谈高层大体积混凝土的基础施工管理

朱 晗

（哈密领先房地产开发有限责任公司，新疆哈密，839000）

**摘 要** 本文主要针对大体积混凝土筏板工程，从施工技术方案编写的角度出发，提出质量保证措施、施工过程管理方案，混凝土保养及病害防止等方面提出相应的措施，这在施工中将会促进施工方案的交流，促进建筑行业的发展。

**关键词** 混凝土工程；施工管理

随着现代城市的不断发展，为充分利用城市有限的空间，高层大跨径建筑不断涌现，高层建筑并非是简单的多层建筑累加而需运用更为先进的材料、设备、技术等。同时由于抗震对结构的安全性提出更高的要求，这就对建筑实体的混凝土施工提出更高的施工标准。把好施工中混凝土施工的质量关，从源头上保证建筑的质量。

## 1 工程概况

领先花园1号、2号高层底商住宅楼建筑工程，建筑面积：98727m²，其中地上82535m²，地下16192m²，地下二层为住宅车库，地下一层为商业，地上1层至4层为商业，5层至26层跃层为住宅，建筑高度87.05m，为一类高层建筑。主楼基础选型平板式筏板基础，筏板厚度2000mm，纯地下部分为独立基础加防水板，底板混凝土强度C30混凝土，抗渗等级为P6。

## 2 保证筏基质量措施

### 2.1 保证钢筋质量措施

底层和面层钢筋，翻出实样，编号挂牌，对号绑扎；为保证钢筋位置正确性，用经纬仪将上部柱子和墙的轴线引到面层钢筋上，并在相应的插筋点焊∟30×3角钢定位架，做好隐蔽工程验收记录。

### 2.2 保证混凝土质量措施

为防止混凝土开裂，一般规定其内外温差应控制在30℃以内。该筏基混凝土浇筑时间约在10月份，其月平均温度为28～31℃，决定将筏基内外温差控制在25℃以内，并采取以下措施：

（1）对混凝土原料要求。集料的含泥量应符合施工规范要求；采用强度42.5级散装矿渣水泥，存放7d以上，严禁热货热用，其物理、化学指标应满足要求；采用聚羧酸减水剂，其缓凝效果必须在4h以上；地下水经化验合格后，可作为混凝土的拌合水。

（2）采用经化验合格的深井水冲洗碎石，降低集料温度，将混凝土的出罐温度控制在25℃以内。

（3）加强保温保湿工作。据计算，普通C30防水混凝土的绝热温升为43℃，而泵送混凝土的水泥用量约在380kg/m³，其绝热温升可达47℃。因此该筏基混凝土最高温度为：47×65％+25=56（℃）。这样混凝土表面温度必须控制在31℃以上，为此在混凝土强度达到1.2N/mm²时，要在其外露表面覆盖两层草席和一层塑料薄膜，利用水泥的水化热使其表面温度提高，减少表里温差。

（5）加强测温工作。采用铜热电阻仪测温，测温时间分别为浇筑后8h、16h和24h，每天循环测三次；该筏基设7多个测点。通常，混凝土内部水化热是在浇筑后第三天达到高峰，如果此时混凝土表面温度低于31℃，则应采用太阳灯加热，使其满足要求。

## 3　施工过程管理

塔楼浮筏基础施工，塔楼浮筏基础呈长方形，边长为22m×96m（2栋），厚2m，混其中电梯间基坑尺寸为4.9m×2.55m，坑底标高为−12.00m。根据类似工程施工经验，将筏基在竖向上分为Ⅰ和Ⅱ两个施工层，每层连续浇筑，不留施工缝，如图1所示。

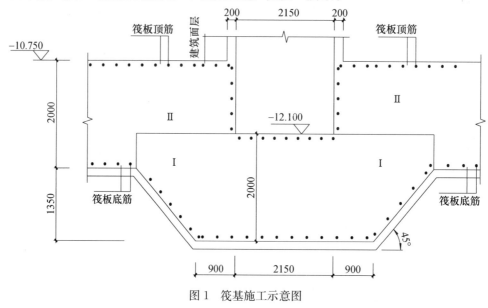

图1　筏基施工示意图

（1）筏基模板

外模采用MU7.5红砖、M5砂浆砌筑的砖模，厚度分别为240mm和120mm，内表面抹20mm水泥砂浆。内模采用普通木模板。

（2）筏基钢筋

按照施工图和施工验收规范要求施工，为保证筏基上层钢筋的正确位置，采用角钢支架固定。钢筋垂直和水平运输由两台轮胎式起重机完成。

（3）筏基混凝土

由于混凝土浇筑量大，选用搅拌站集中搅拌合泵送混凝土；在施工层Ⅰ与Ⅱ间的施工缝，采用留齿槽和钢板止水带，其外壁采用合成橡胶止水带。筏基混凝土温度测点布置。混凝土施工时，要确保振捣密实，混凝土降温速率要延缓。基础底板的养护，可以采用表面蓄水法。混凝土浇筑完毕，要延长拆模时间，以提高混凝土的极限拉伸值。浇筑后的混凝土，会因泌水而有空隙生成，此时可以进行二次振捣，促进混凝土与钢筋的握裹力，使混凝土的密实度有所增强，抗裂性也因此而增强，抗压强度可以提高20%左右。如果是泵送混凝土，对板顶面的水泥浆要用3m长刮尺按照设计标高刮平。水泥浆初凝之前，要用铁滚碾压，将收缩裂缝消除，12h之后进行养护。

（4）混凝土表面初凝

混凝土初凝前用刮打＝按设计标高找平后，用木抹子抹压，初凝后终凝前再用木抹子抹灰1遍，使砼表面更密实。闭合收水裂缝，避免收缩裂缝产生。

## 4　养护

### 4.1　养护方式

混凝土表面覆盖2层麻袋（前两天）进行保温（筏板面先铺养护膜保湿）养护。后12天蓄水养护。

## 4.2 混凝土养护时间

据经验公式和现场混凝土不同龄期抗压强度，推定养护至 14d 时，混凝土自身抗拉强度大于温降产生的拉应力。可停止养护。但为使混凝土缓慢地降温，缓慢地收缩，故自 14d 起，逐渐减少覆盖层（蓄水）厚度，第 28d 停止养护，第 30d 将全部保温材料撤除。

## 5 施工注意事项，避免工程质量通病：

（1）混凝土输送管道布置遵循"路线短，弯道少，接头严密"的原则。做到直管顺直，管道接头密实不漏浆，转弯位置的锚固牢固可靠。

（2）混凝土泵与垂直向上管的距离宜大于 10m，以抵消反堕冲力和保证泵的振动不直接传到垂直管。

（3）凡管道经过的位置平整，管道用钢管加固架设，不得直接与模板钢筋接触，与钢筋外脚手架连接的应加固牢靠。

（4）垂直管穿越每一层楼板时，用钢管加固。

（5）泵送前应先开机，用水湿润每个管道而后送入水泥砂浆，使输送管壁处于充分滑润状态，再开始泵送混凝土。润管用水和水泥砂浆用量为：管道长度小于 100m 时，水用 30L，砂浆 0.5m³，管道长度 100～200m 时，水用 30L，砂浆 1.0m³。

（6）对施工中途新接的输送管道，应清除管内杂物并用水润滑管壁。

（7）垂直向上管和靠近砼泵的起始混凝土输送管宜用新管或磨损较少的管。

（8）混凝土在卸料前，必须以搅拌速度搅拌一段时间方可卸出混凝土。

（9）最初泵出的砂浆应均匀分布到较大的工作面上，不准集中一处浇筑。

（10）泵机料斗上加装一个隔离大块石块的筛网，其筛网规格与混凝土集料最大粒径相匹配，并派专人值班监视卸料情况，当发现大块物料时立即拣出。

（11）严禁踩踏钢筋，确保钢筋保护层及有效截面。

## 6 结语

建筑行业的快速发展也带来了很多新技术，商品混凝土的建筑在建筑施工中得到广泛应用，但在施工中大体积混凝土还是需要我们进行深入研究，从施工的角度分析高层基础大体积混凝土的保证措施，施工过程中钢筋板扎、模板支撑、混凝土浇筑把关，以及混凝土的养护，最终强调混凝土施工过程注意事项及质量通病的预防。虽然商混的使用较好地解决混凝土的质量问题，但在结构施工时也有要求施工人员根据实际施工的建筑工程解决现场的问题，这样才能更好地促进建筑行业的发展。

**参考文献**

［1］ 新版建筑工程施工验收规范汇编．中国建筑工业出版社，中国计划出版社，4－1，2014.
［2］ 杨波．建筑工程施工手册．化学工业出版社，2011.

**作者简介**

朱晗，1984 年生，男，汉，工程师，主要从事建筑工程施工管理工作，现任职于哈密领先房地产开发有限责任公司。通讯地址：哈密市广东路世纪大厦哈密领先房地产开发有限责任公司；电话：18690201697。

# 加强责任心减少泵车常见故障

张华强

（陕西中色混凝土公司，陕西西安，710000）

## 0 前言

随着陕西中色公司整车退料较大幅度地减少，在仅有的退料中，因泵车故障导致的退料问题凸显。实际上，公司现有的 8 台泵送设备中，总体运行状况是好的，故障率较高的只有两台。而且这两台泵设备已经逐渐老化，故障率较高有一定的客观原因。但是应当承认，随着公司整体管理水平的提高，对泵设备的运营也提出了更高的要求，而部分泵设备操作人员的技术素质和思想素质有待于提高，否则就很难适应新形势的需要。

## 1 掌握常见故障的常识，及时排除故障

泵设备操作人员技术和思想素质的提高需要从掌握泵设备一些常见的故障原因做起，以便迅速作出判断并排除故障，避免延误施工及出现安全事故。

### 1.1 泵送系统液压油温过高

混凝土泵车在连续作业的过程中，往往伴有换向压力冲击，同时泵送系统换向较为频繁。泵送液压系统主油路是闭式回路，一般都处于大流量状态或者高压状态，由 2 个串联的主液压缸和一个双向变量轴向柱塞泵组成，一旦泵送系统出现故障，必然会引起混凝土泵车的油温过高。油温过高主要原因是由于元件的调整、保养、操作不当，或者制造和设计存在问题。具体来说，可能有以下一些原因：

（1）液压系统内部泄漏情况过于严重；

（2）溢流阀不卸荷或者调定压力过高；

（3）冷却器散热片散热不良，积尘过多；

（4）冷却器风扇停转；

（5）冷却器出现阻塞现象；

（6）低压溢流阀调定压力过高或者出现损坏；

（7）臂架液压系统没有卸荷；

（8）液压油自身的油量不够，当油温升高过快，或者液压油温度高于 30～80℃这个正常工作温度时，应该按照经验及时查找对比故障原因，以便采取相应的修理措施。

### 1.2 搅拌系统常见故障及排除

#### 1.2.1 搅拌系统漏浆

混凝土泵车一般都装有润滑设备，以预防搅拌轴处有水泥浆漏出，泵送系统分配阀每往返运动一次就能够完成一次输送润滑油脂，然后再将润滑油通过润滑脂分配阀送到搅拌轴轴承内，这样一来，就能够有效地起到密封和润滑的作用。一旦发现搅拌轴处出现漏浆现象，应立即检查滤油网是否堵塞，润滑脂油管接头是否有油，润滑脂供给系统是否正常，润滑脂分配阀是否失去分配功能。如果磨损是由于搅拌系统使用时间较长导致，那么应该及时更换元件及进行有效的保养。

#### 1.2.2 搅拌轴转动故障

由液压马达来驱动搅拌轴，通过对混凝土进行二次搅拌，来进行混凝土缸喂料。一旦发现搅拌轴不转或者转速明显下降，应该立刻检查搅拌液压马达是否正常工作，搅拌液压系统压力是否处于

合理的范围，或者适当地加快搅拌轴的转速。

**1.2.3 输送管堵塞与排除**

混凝土泵车输送管发生堵塞的部位大多是在容易振动的锥管和弯管处，沿着输送管路用小铁棒进行敲打，如果声音清脆，且输送声音为沙沙声，则说明无堵塞现象；如果声音沉闷，且输送声音为刺耳声，说明该处是堵塞处。此时出现输送压力逐渐提高，泵送动作停止，料斗料位不下降，管道出口端不出料，泵机发生振动，管路拌有强烈振动及位移等现象。反泵可操作，但转入正泵后又出现堵塞。

如果混凝土泵车输送管发生轻度堵塞，那么首先应该查明堵塞部位，然后用抖动、木槌敲击的方法击松混凝土，重复正泵、反泵操作，将混凝土逐步吸出至料斗中，然后再将其进行重新搅拌后泵送。

如果通过这些措施还不能排除堵塞问题，那么就要采取拆管的方法，将混凝土堵塞物排尽，堵塞部位的输送管拆除之后，方可接管，以避免再次堵塞。

## 2 加强责任心，认真操作

混凝土泵车以汽车或者专业车辆为基础，具有机动性强的输送设备，虽然结构复杂，技术性强，在长时间的泵送震动中难免出现各种故障；但只要操作人员加强责任心，认真操作，不少故障是可以避免的。

比如在泵设备需要连续工作，泵送系统不断更换泵向，这样就对泵送系统造成一定的冲击。泵送液压系统由主油路构成，采用双向变量轴，分别向柱塞泵和串联主液压缸输送，并构成一个封闭式的回路。简单地说，混凝土泵车泵送系统一直处于高压和大流量的环境中。因此，混凝土泵车泵送系统经常出现油温过高的现象。这不仅是技术上的问题，还有操作和维护方面的问题：

（1）混凝土泵车液压油油量不足；

（2）泵车冷却器风扇运转不灵；

（3）泵车散热片灰尘过多，影响散热；

（4）混凝土泵车冷却器堵塞；

（5）混凝土泵车臂架液压系统负荷时间过长；

（6）混凝土泵车泵送液压系统辅助油路中的溢流阀损坏；

（7）混凝土泵车液压系统内部出现泄漏。

一般情况下，混凝土泵车液压系统的工作环境为 $30 \sim 80℃$，而温度高于这一上限以后，混凝土泵车内的油温迅速升高。操作人员应该让泵机停止工作，通过对比和检查，采取相应的修理措施。比如可以通过手触方式检查过热元件，并进行及时的检修。

在实践中，有些问题只要操作人员勤于保养，对于接头部件经常检查链接状态，就不至于出现故障。比如1月18日，有台泵车的操作人员发现泵送压力时强时弱，使得泵送过程时断时续，就束手无策，等着救援。救援人员赶到后，只是把电源线头拨弄了一下，就发现一个线头掉落。原来是这个线头被振松动，接触不良，所以导致电源时通时断。操作人员如果能够勤于保养，就不至于发现不了这个问题。

发现一些小问题后应当及时排除，不要心存侥幸，导致小毛病变成大问题。比如有个操作人员在泵送时发现泵车有些渗油，但他没有当回事，准备凑合着把这个批次的混凝土泵送完之后再说。结果设备由渗油变为滴冒，最后直接喷了出来。只好停止泵送，等着专业人员处理，导致退料。专业人员赶到现场后，发现只不过是一个小螺丝被油压顶了出来。如果在刚刚发现渗油时就把这个螺丝拧紧，就不会出现后来的喷油问题。

## 3 齐抓共管，严肃纪律

泵车故障导致的退料问题并不是孤立存在的，纠正这个问题的意义也不仅是为了减少退料那样简单。固然需要引起泵设备操作人员和管理人员的高度重视，也需要各部门齐抓共管，可以从以下几点做起：

（1）保持泵设备操作人员的相对稳定，以便他们积累起相应的经验。泵设备操作人员有一定的流动性是必要的，但不能过于频繁。如果不能定人定泵，操作人员对泵设备往往疏于维护。即使新聘用或者临时定班的操作人员有一定的工作经历，也不等于他们对刚接手的泵设备的型号、性能都能熟练掌握，还有一个熟悉的过程。比如有一台车载泵的接近开关是老式的，不知道其感应作用，就很难发现输送缸故障的原因。

（2）严格泵设备操作人员变更时的交接手续，防止泵设备随泵资料和器具的丢失。在上述小毛病变成大问题的例子中，一个小螺丝没有拧紧的原因之一，就是泵设备操作人员找不到工具。而泵设备的相应工具是随车配发，操作人员变更时没有认真交接，导致随车工具丢失。严格地讲，操作人员变更时的交接还应当包括对泵设备状况的交代。应当在接任的操作人员熟悉该设备的基本状况之后，离任的操作人员才能办理离任、离职手续

（3）在发现泵设备有故障苗头时的及时沟通，将问题解决在出泵之前。泵设备操作人员应当认真执行泵设备的日常保养计划，不能在泵设备闲置时就撇在一边，用起来时心中无数。在使用时发现故障苗头应当及时处理，自己处理不了的应当立即报告。发现故障需要停止泵送作业时，应当经过泵设备管理人员确认；确实在规定的时间内不能将故障排除的，应当经过泵设备管理人员确认后组织退料。泵设备有故障不能出泵的，应提前通知泵设备管理人员和调度人员，避免将有故障的泵设备派出。

（4）严格纪律，及时奖惩。拟离任、离职的泵设备操作人员没有按规定办理交接手续的，不予办理离任、离职手续；否则追究批准者的经济责任。泵设备操作人员没有按照计划进行泵设备的日常保养，或者没有认真填写日常记录的，当月不能评为先进；由此造成突发故障，导致维修费用增加或者给公司造成退料等损失的，对泵设备操作人员实施一定的经济处罚。明知泵设备有故障而不向管理人员及时报告，进入工地不能泵送或者擅自撤离工地的，发现一次处罚一次。

# 泵送混凝土的可泵性与堵管原因的分析

梅 祥

（浙江中技桩业有限公司，浙江嘉善，314108）

**摘 要** 泵送混凝土是目前建筑工程特别是高层建筑施工中普遍采用的一种施工方法，但用于预应力混凝土预制桩的生产，还是一个全新的领域。它与传统的人工开模布料相比较具有自动化程度高、工人劳动强度大大降价、产品质量稳定可靠、生产现场文明卫生等优点。因此，解决好混凝土的可泵性，减少堵管问题的发生，是这一新工艺能否成功推广应用的关键。

**关键词** 泵送混凝土；可泵性；堵管；原因分析

## 0 引言

泵送混凝土是目前建筑工程特别是高层建筑施工中普遍采用的一种施工方法，但用于先张法预应力混凝土预制桩的生产，还是一个全新的领域。采用泵送技术生产预应力混凝土预制桩就是把拌合好的混凝土通过泵送设备输送到已经张拉好的管模内，然后离心成型。它与传统的人工开模布料相比较具有自动化程度高、工人劳动强度大大降低、产品质量稳定可靠、生产现场文明卫生等优点。因此，解决好混凝土的可泵性，减少堵管问题的发生，是这一新工艺能否成功推广应用的关键。

## 1 混凝土的可泵性

泵送混凝土就是在施工现场通过压力泵及输送管道进行浇筑的混凝土[1]。因此，它要求混凝土不仅要满足设计规定的强度、耐久性等技术要求，同时还要满足管道输送对混凝土拌合物的要求，即应具有能顺利通过管道、摩擦阻力小、不离析、不阻塞、黏聚性好等性能，亦即具有良好的可泵性。混凝土的可泵性实际上是要求混凝土必须要具有良好的和易性，以满足混凝土泵送时黏聚性好、不泌水、不出现离析分层、流动性好，克服由于混凝土的和易性不好而出现的堵管问题。所以，解决好混凝土的和易性问题，就能满足混凝土可泵性的要求。

### 1.1 混凝土的和易性

混凝土和易性，也称之为混凝土的工作性：是指混凝土拌合物能保持其组成成分均匀，不发生分层离析、泌水等现象，适于运输、浇灌、捣实、离心成型等施工及生产作业，并能获得质量均匀、密实的混凝土的性能。和易性是混凝土的一项综合技术性能，它包括流动性、黏聚性和保水性三方面的涵义。

流动性是指混凝土拌合物在自重、机械振捣力或离心力的作用下，能产生流动并均匀密实地充满模型的性能。流动性的大小，反映拌合物的稀稠，它直接影响着浇捣施工和离心密实的难易和混凝土的质量。若拌合物太稠，混凝土难以密实，易造成内部孔隙；若拌合物过稀，振捣后混凝土易出现水泥砂浆和水上浮而石子下沉的分层离析现象，影响混凝土的质量均匀性。

黏聚性是指混凝土拌合物内部组分间具有一定的黏聚力，在运输和浇灌过程中不致发生离析分层现象，而使混凝土能保持整体均匀的性能。黏聚性差的混凝土拌合物，或者发涩，或者产生石子下沉，石子与砂浆容易分离，振捣后会出现蜂窝、空洞等现象。

保水性是指混凝土拌合物具有一定的保持内部水分的能力，在施工或生产过程中不致产生严重的泌水现象。保水性差的拌合物，在混凝土振实后，一部分水易从内部析出至表面，在水渗流之处留下许多毛细管孔道，成为以后混凝土内部的透水通路。另外，在水分上升的同时，一部分水还会滞留在石子及钢肋的下缘形成水隙，从而减弱水泥浆与石子及钢筋的胶结力。所有这些都将影响混凝土的密实性，降低混凝土的强度及耐久性。

混凝土拌合物的流动性、黏聚性及保水性，三者是互相关联又互相矛盾的，当流动性很大时，则往往黏聚性和保水性差，反之亦然。因此，所谓混凝土和易性良好，就是要使这三方面的性质在某种具体条件下，达到均为良好，亦即使矛盾得到统一。

混凝土的和易性，通常是采用一定的实验方法测定混凝土拌合物的流动性，再辅以直观经验目测评定黏聚性和保水性。混凝土拌合物的流动性以坍落度或维勃稠度作为指标。坍落度适用于流动性较大的混凝土拌合物，维勃稠度适用于干硬的混凝土拌合物[2]。用于预应力混凝土预制桩生产的泵送混凝土坍落度一般控制在 $140 \sim 180mm$ 之间。

### 1.2 影响混凝土和易性的主要因素

#### 1.2.1 水泥用量和水灰比

混凝土拌合物在自重、外界振动力或离心力的作用下要产生流动，必须克服其内部的阻力。拌合物内部的阻力主要来自两个方面，一为集料间的摩阻力，一为水泥浆的黏聚力。集料间摩阻力的大小主要取决于集料颗粒表面水泥浆层的厚度，亦即水泥浆的数量；水泥浆的黏聚力大小主要取决于浆的干稀程度，亦即水泥浆的稠度。前者跟水泥的用量相关，后者跟用水量即水灰比相关。

混凝土拌合物在保持水灰比不变的情况下，水泥用量越多，包裹在集料颗粒表面的浆层越厚，润滑作用越好，使集料间摩擦阻力减小，混凝土拌合物易于流动，于是流动性就大。反之则小。但若水泥用量过多，这时集料用量必然相对减少，就会出现流浆及泌水现象，致使混凝土拌合物黏聚性及保水性变差，同时对混凝土的强度与耐久性也会产生不利影响，而且还多耗费了水泥。若水泥用量过少，致使不能填满集料间的空隙或不够包裹所有集料表面时，则拌合物会产生崩坍现象，黏聚性变差。由此可知，混凝土拌合物中水泥用量不能太少，但也不能过多，应以满足混凝土拌合物流动性要求为度。

在保持混凝土水泥用量不变的情况下，减少拌合用水量，水泥浆变稠，水泥浆的黏聚力增大，使黏聚性和保水性良好，而流动性变小。增加用水量则情况相反。当混凝土加水过少时，即水灰比过低，不仅流动性太小，黏聚性也因混凝土发涩而变差，在一定施工条件下难以成型密实。但若加水过多，水灰比过大，水泥浆过稀，这时混凝土拌合物虽流动性大，但将产生严重的分层离析和泌水现象，并且严重影响混凝土的强度及耐久性。因此，决不可以单纯加水的办法来增大流动性，而应采取在保持水灰比不变的条件下，以增加水泥用量的办法来调整拌合物的流动性。

由以上分析可知：无论是水泥浆数量的影响，还是水泥浆稠度的影响，实际上都是水的影响。因此，影响混凝土拌合物和易性的决定性因素是其拌合用水量的多少。实践证明，在配制混凝土时，当所用粗、细集料的种类及比例一定时，为获得要求的流动性，所需拌合用水量基本是一定的，即使水泥用量有所变动（$1m^3$ 混凝土水泥用量增减 $50 \sim 100kg$）时，也无甚影响，它为混凝土配合比设计时确定拌合用水量带来很大方便。

#### 1.2.2 砂率

砂率（$S_p$）是指混凝土中砂（$S$）的质量占砂、石（$G$）总质量的百分数，即 $\sum_p = \dfrac{\sum}{\sum + G} \times$ 100%。砂率是表示混凝土中砂子与石子二者的组合关系。

砂率的变动，会使集料的总表面积和空隙率发生很大的变化。因此，对混凝土拌合物的和易性有显著的影响。当砂率过大时，集料的总表面积和空隙率均增大。当混凝土中水泥浆量一定的情况下，集料颗粒表面的水泥浆层将相对减薄，拌合物就显得干稠，流动性就变小，如要保持流动性不变，则需增加水泥浆，就要多耗用水泥。反之，若砂率过小，则拌合物中显得石子过多而砂子过少，形成砂浆量不足以包裹石子表面，并不能填满石子间空隙。在石子间没有足够的砂浆润滑层时，不但会降低混凝土拌合物的流动性。而且会严重影响其黏聚性和保水性，使混凝土产生粗集料离析、水泥浆流失，甚至出现溃散等现象。

由上可知，在配制混凝土时，砂率不能过大，也不能太小，应该选用合理砂率值。所谓合理砂率是指在用水量及水泥用量一定的情况下，能使混凝土拌合物获得最大的流动性，且能保持黏聚性及保水性能良好时的砂率值。或者，当采用合理砂率时，能在拌合物获得所要求的流动性及良好的黏聚性与保水性条件下，使水泥用量最少。

### 1.2.3　混凝土组成材料性质的影响

（1）水泥品种的影响

在水泥用量和用水量一定的情况下，采用矿渣水泥或火山灰水泥拌制的混凝土拌合物，其流动性比用普通水泥时为小；这是因为前者水泥的密度较小，所以在相同水泥用量时，它们的绝对体积较大。因此，在相同用水量情况下，混凝土就显得较稠。若要二者达到相同的坍落度，则前者每立方米混凝土的用水量必须增加一些。另外，矿渣水泥拌制的混凝土拌合物泌水性较大。

（2）集料性质的影响

集料性质指混凝土所用集料的品种、级配、颗粒粗细及表面性状等，在混凝土集料用量一定的情况下，采用卵石和河砂拌制的混凝土拌合物，其流动性比用碎石和山砂拌制的好。这是因为前者集料表面光滑，摩擦阻力小；用级配好的集料拌制的混凝土拌合物和易性好。因此时集料间的空隙较少，在水泥浆量一定的情况下，用于填充空隙的水泥浆就少，而相对来说包裹集料颗料表面的水泥浆层就增厚一些，故和易性就好；用细砂拌制的混凝土拌合物的流动性较差，但黏聚性和保水性好。

（3）外加剂的影响

混凝土拌合物掺入减水剂或引气剂，流动性明显提高。引气剂还可有效地改善混凝土拌合物的黏聚性和保水性，二者还分别对硬化混凝土的强度与耐久性起着十分有利的作用。

（4）拌合物存放时间及环境温度的影响

搅拌制备的混凝土拌合物，随着时间的延长会变得越来越干稠，坍落度将逐渐减小，这是由于拌合物中的一些水分逐渐被集料吸收，一部分水被蒸发以及水泥的水化与凝聚结构的逐渐形成等作用所致。

混凝土拌合物的和易性还受温度的影响。随着环境温度的升高，混凝土的坍落度损失得更快，因为这时的水分蒸发及水泥的化学反应将进行得更快。据测定，温度每增高 10℃，拌合物的坍落度约减小 20～40mm。

## 2　改善混凝土和易性的措施

掌握了混凝土拌合物和易性的变化规律，就可运用这些规律去主动地调整拌合物的和易性，以满足混凝土可泵性的要求。在生产先张法预应力混凝土预制桩时，改善混凝土拌合物的和易性可采取以下措施：

（1）采用最佳砂率，以提高混凝土的质量及节约水泥；

（2）改善砂、石级配，控制好砂、石的含泥量；

（3）根据产品规格大、小不同，尽量采用粗细合适的砂、石；

（4）当混凝土拌合物坍落度太小时，保持水灰比不变，增加适量的水泥用量；当坍落度太大时，保持砂率比不变，增加适量的砂、石；

（5）掺用合适的减水剂，如聚羧酸减水剂、萘系减水剂。

## 3　堵管原因的分析

目前，先张法预应力混凝土预制桩新的生产工艺线的设计与布局基本上是以混凝土泵送工艺为核心来进行工艺布置的。因此，泵送工艺的好坏，对新生产工艺线的成功与否，关系重大。混凝土泵送堵管是指在泵送过程中，泵送压力随油缸运动而迅速上升并很快达到极限压力，导致无法泵送而停止工作。提高混凝土的可泵性，只是为减少堵管问题的发生提供了技术保证，具体分析发生堵管的原因，概括起来有以下几个方面。

**3.1 混凝土原材料的质量问题**

（1）砂、石含泥量高，造成与聚羧酸减水剂适应性差，混凝土坍落度损失大，料干得快，造成堵管。砂、石含泥量要求<1.0%；

（2）砂、石级配不合理，石子粒径过大，造成堵管。砂子的细度模数要求在 2.3～3.2 之间，Ⅱ区级配；使用 5～25mm 连续颗粒级配的碎石，针片状颗粒含量宜<8%，压碎指标值<10%；

（3）水泥质量波动大，与减水剂匹配性差，造成混凝土流动性差，或坍落度损失大，造成堵管。

**3.2 泵送设备方面的问题**

（1）混凝土活塞磨损严重，达到一定程度时，混凝土浆会渗漏到混凝土缸壁上，水箱里的水会因此变浑浊，此时应更换活塞；混凝土输送缸磨损严重，水箱里的水也会变浑浊，应更换输送缸。如不及时处理，漏浆严重就会造成堵管。

（2）作为迅速补充换向压力和能量的蓄能器，要保证内部氮气的充足，在泵送高强度混凝土时，如果预充压力达不到一定压力，在混凝土泵压力不足时难以补充，就会造成堵泵或堵管。

（3）输送管接头密封不严，管卡松动或密封圈损坏而漏浆，这样就会造成混凝土坍落度减小和泵送压力的损失，从而导致堵管的发生。此时应紧固管卡或更换密封圈。

（4）泵机液压系统压力调得太低、液压元件发生故障、混凝土换向阀处的零件磨损卸压等泵机设备故障都将可能造成堵管。

（5）泵车料斗内的搅拌叶片磨损严重，造成混凝土中部分粗集料下沉到料斗底部，在泵送到这部分混凝土时，由于粗集料过多，易造成堵管。因此，要定期检查搅拌叶片，磨损严重时要及时更换。

**3.3 生产现场的管理问题**

（1）泵机手在生产过程中，要时刻注意泵送压力表的读数，一旦发现压力表读数突然增大，应立即反泵 2～3 个行程，再正泵 2～3 个行程，堵管即可排除；如果反泵、正泵几个操作循环，堵管还没有排除，就要及时拆管清洗，否则堵管会更加严重。

（2）泵机手在泵送过程中要随时观察泵机料斗中的余料情况，料斗中的料不能堆得太多，但也不得低于搅拌轴；如果余料太少，就会吸入空气，导致堵管。

（3）搅拌楼计量必须精确，生产过程中不得将输送带下面的砂、石料未经计量直接输送到搅拌机内，这样会影响混凝土质量，容易造成堵管；同时，要根据原材料的变化情况，试验室及时调整混凝土配合比，满足混凝土的可泵性。

（4）混凝土坍落度过小时采取措施不当，当发现有一斗混凝土的坍落度很小，无法泵送时，应及时将混凝土从泵机料斗底部放掉，若贪图省事，强行泵送极易造成堵管。

## 4 结语

泵送混凝土应用于先张法预应力混凝土预制桩的生产，与在建筑工程上的应用要求有着很大的不同，这是一个全新的领域，才刚刚起步，还存在很多的技术难点和未知的问题等着我们去不断摸索和掌握。

改善混凝土的和易性，提高混凝土的可泵性，在生产过程中，从每一次的堵泵或堵管中不断总结经验和教训，将堵管的可能性降到最低，提高泵送混凝土的生产效率，最终达到将泵送技术在新的先张法预应力混凝土预制桩生产工艺线上能够推广应用成功。

**参考文献**

[1] 《混凝土泵送技术规程》（JGJ/T 10—2011）.
[2] 《混凝土质量控制标准》（GB 50164—2011）.

**作者简介**

梅祥，男，1966 年生，高级工程师。地址：浙江省嘉善县干窑镇康宝路 111 号；邮编：314108；电话：0573-89107508/18757338658。

# 节水保湿养护膜养生水泥混凝土结构施工技术

李冬生[1]，乔 华[2]

（1. 山西路桥建设集团有限公司，山西太原，030006；

2. 山西省公路局晋中分局，山西晋中，030600）

**摘 要** 对于气候干燥、风力大、水资源匮乏，且昼夜温差大的地区，传统的水泥混凝土养护方法养护成本高、养护效果差。鉴于此，依托上述地区在建水泥混凝土养生实际，采用节水保湿养护膜养生施工技术措施，在确保养护效果的前提下，提高了进度，降低了成本，对该类工程的养护具有一定的参考价值。

**关键词** 节水保湿膜；养生；水泥混凝土结构；施工技术

## 0 前言

水泥混凝土结构广泛应用于机场工程、公路工程、水利工程、建筑工程等工业与民用建筑中。这类结构在浇筑完成后要进行保湿保温养生，以便为新铺筑的结构营造一个具有符合温度和湿度要求的养护环境，以提高水泥混凝土的早期强度，并防止水泥混凝土结构开裂，保证工程实体质量。这是水泥混凝土结构施工过程中的一个必要且重要的环节，通常又是一个容易被忽略而引起质量隐患的环节。实际施工中，经常会出现由于养护方法不当，水泥混凝土结构工程实体产生干缩、收缩裂缝以及实体强度偏低甚至出现达不到设计要求的情况，给工程留下质量隐患。

实际施工中，对一个具体的水泥混凝土结构来说，应根据结构所处的地理位置、环境气候、强度增长要求、当地具有的资源情况等因素综合考虑选择养护效果好、养护成本低的养生方法。通常的养生方法可以分为水养护和膜养护两大类。水养护就是为水泥混凝土提供吸收和蒸发的水分。该方法需要通过喷水和蓄水来实现，也可以采取配合覆盖湿砂或湿土、锯末等来实现，或者采用定期淋湿土工布、麻袋、草袋、棉被、塑料布、薄膜等来实现。大量的施工实践表明：采用通过喷水和蓄水养生方式，在气候干燥、风力大、水资源匮乏地区和养生大量水泥混凝结构类型时不具备条件；采用覆盖湿砂或湿土、锯末等养生方式，材料、人工和机械投入较大，成本较高，有的会导致水泥混凝土变色；采用定期淋湿土工布、麻袋、草袋、棉被等养生方式，这些材料保水时间较短，需要经常补充洒水，人工、机械投入和养生用水量也相当可观，而且它们在潮湿状态下保温效果差，较难保证整个养生期间水泥混凝土表面潮湿和养生温度；采用塑料布、薄膜覆盖保温效果较好，但是缺水后，需要反复掀开覆盖物洒水再覆盖才能确保整个养生期间水泥混凝土表面湿润，这个过程材料极容易损耗，如不及时更换会影响养生质量，更换太频繁又会增大成本，而且在掀开覆盖物洒水期间结构温度会受外界温度和养护水温度影响而有明显变化，出现表面收缩，影响强度增长。膜养护是使用喷雾成膜养护剂，该养护方法是通过阻止水泥混凝土表面的水分损失来达到养护目的，该养护效果不如水养护，且养护成本较高，对喷雾操作和喷雾时机把握要求较高。

本文介绍的节水保湿养护膜与土工格栅复合养生水泥混凝土结构施工技术，可以用较少的投入，解决上述问题，提高水泥混凝土结构的抗裂性能、早期强度和耐磨质量的效果，而且养生后的水泥混凝土结构成型后无麻面、无明显微裂缝。

## 1 节水保湿养护膜养生水泥混凝土结构施工技术

节水保湿养护膜养生水泥混凝土施工技术是采用高吸水性节水保湿养护膜为覆盖物，结合土工格栅（或其他类似质量轻、对太阳照射影响小、易铺设、易覆压、易回收、无污染、效果好的材料）水平或结构角度变化较小时（角度不大于30°时可采用）覆压在养生膜上作为水泥混凝土板式类结构的养生技术和利用透明胶带或用改进型可自贴式养护膜代替土工格栅竖向或结构角度变化较大时（角度大于30°时可采用）固定养护膜作为水泥混凝土墙式类、柱式类结构的养生技术。该技术特别适用于气候干燥，风力大，水资源匮乏，且昼夜温差大的地区水泥混凝土结构成型后的覆盖养生，其他类似结构可参照使用。

对于水泥混凝土板式类结构，采用该技术施工时在水泥混凝土表面充分洒养生水后，立即把节水保湿养护膜紧贴覆盖住水泥混凝土结构，再用土工格栅覆压在养护膜上。利用该养护膜保湿、保温、透光率高、可随时吸附或释放养生水及水泥水化挥发出的蒸发水的功能，加上土工格栅覆压施工速度快、覆压效果好、对环境污染少并且几乎不影响太阳照射的原理，达到提高施工效率、确保并提高水泥混凝土养护质量的目的。对于水泥混凝土墙式类、柱式类结构可用透明胶带或用改进型可自贴式养护膜代替土工格栅覆压起到相应作用。

该技术采用的节水保湿养护膜是一种以新型可控高分子材料为核心，以塑料薄膜为载体，可黏附吸收自身重量200倍的水分的高分子。该材料吸水膨胀后变成透明的晶体，把液态水变为固态水，然后通过毛细管作用，源源不断地向水稳结构渗透，同时又不断吸收水泥混凝土在水化热反应过程中挥发出的蒸发水。并利用土工格栅或透明胶带、有间断自贴胶形成在相对封闭的小范围内的流通，使水泥充分水化、凝结、快速而均匀地硬化。在一个养护期内只需浇一次水，养护膜即能保证水泥混凝土表面保持湿润，相对湿度≥80%（其中前3天相对湿度≥90%）。

土工格栅覆压可以保证养护膜与水泥混凝土紧密结合，在保证养护膜不因风刮开等原因而失去养护水分的同时又不影响太阳照射促进养生体水化。简化了施工工艺，减少了原来用其他材料覆盖时的污染和劳动强度，而且土工格栅可以重复应用于其他结构层中。

养护膜及内部吸收的自身重量200倍的水分能减缓白天吸收太阳照射和水泥混凝土自身水化时产生热量的逸出，同时又能调节养护温度升降速度，避免水泥混凝土温度变化过快、养护温差过大，在保证养护温度满足要求，确保水泥混凝土不会因内部与表层及表层与外界的温差过大而产生温缩裂缝。

该节水保湿养护膜分为单层养护膜与双层养护膜，其中单层养护膜为一层塑料膜与一层吸水保水高分子材料层；双层养护膜为一层塑料膜、一层无纺布，二者之间为吸水保水高分子材料层。在环境较为干旱与温差大的地域可采用双层节水保湿养护膜，以更大程度上确保其保温、保湿效果。

该施工技术具有高倍节水、高效保湿、良好保温、促进早强、抑制微裂缝、降低磨耗、省工节能、绿色环保的特点，而且施工方法简单，施工劳动强度低，污染少，养护成本低，养护效果好。

## 2 工艺流程

如图1所示，以养护板式类结构为例，养护其他类结构可参照。

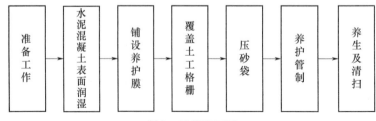

图1 工艺流程图

## 3 操作要点（以养护板式类结构为例，养护其他类结构可参照）

### 3.1 准备工作

首先，施工技术人员应熟悉施工图纸，了解水泥混凝土工程的几何尺寸及线型。组织施工人员进行班前交底，让工人充分了解施工工艺流程及操作步骤，掌握施工技能。根据施工现场实际情况，把人员合理分为2组，铺设养护膜组和覆盖土工格栅及压砂袋组。其中铺设养护膜组为4～8人，覆盖土工格栅及压砂袋组2～4人。

其次是材料及设备的准备，根据施工计划备好数量充足的混凝土节水保湿养护膜、土工格栅，依据《混凝土节水保湿养护膜》（JG/T 188—2010）对节水保湿养护膜进行试验，达到合格标准。合理组织好施工所需洒水设备、喷雾器等。

### 3.2 层面润湿

水泥混凝土成型后，养生前首先要确保水泥混凝土表面湿润。实际操作时，可根据其表面水分损失状况，采用不补水、局部补水、洒水等方式。不补水的直接铺设养护膜，此情况适用于阴天、无风天气或气候潮湿、少风等情况。局部补水的采用喷雾器进行喷洒。喷洒时，应使水分或水雾均匀、连续、轻轻地洒落在水泥混凝土表面上，达到要求的润湿状态，方可铺设养护膜。干燥状态的采用洒水润湿。在水泥混凝土表面上用洒水设备均匀地喷洒水，使其达到要求的润湿状态，方可铺设养护膜。

### 3.3 铺设养护膜

水泥混凝土表面充分湿润后，将养护膜包装卷在水泥混凝土层面上排开，用小刀划开养护膜包装卷，固定好养护膜一端，在养护膜的轴心内穿进一根约2.5m长的钢筋（或其他类似的棍状物），将养护膜有高

分子核心材料的一面紧贴水泥混凝土表面（确保膜内高分子材料能充分吸水、均匀鼓起）。然后用一根长约3.5m长的绳套住钢筋的两头，由一个人倒拖养护膜卷向前铺设，随后第二个人按同样的方法紧跟其后，相邻养护膜的搭接宽度要确保不小于10cm。水泥混凝土层边部必须用养护膜包住，并多留不少于10cm用来压砂袋。

### 3.4 覆压土工格栅

在水泥混凝土上铺设约5～10m养护膜后应立即用土工格栅紧密覆压。

### 3.5 压砂袋

覆压约5～10m后土工格栅后（施工时距离视情况而定，能确保已铺设好的膜及土工格栅不被风刮开、吹走即可，一般覆盖土工格栅后5～10m后开始），沿水泥混凝土结构的中间及两侧边缘，顺铺设方向，用砂袋依次将铺好的养护膜及土工格栅压住，防止风吹走，砂袋间隔宜为5～10m。

### 3.6 交通管制

水泥混凝土结构养生期间，在养生水泥混凝土工程实体进出口设立警示标志、拉设警戒线，禁止行驶车辆或堆放其他超过水泥混凝土结构相应阶段允许承受最大重量的重物，避免影响养生质量，并随时观察养生情况，确保养护全过程膜能完整覆盖。

### 3.7 养生及清扫

养生结束后，揭掉养护膜，清扫现场，并将废弃物清理出场。

## 4 效益分析

### 4.1 经济效益

节水保湿养护膜、土工格栅能成卷铺设，施工速度快，需要养护施工人员少，且材料运输过程中，体积小、重量轻，节约人工费和运费；养护期间不需要再次洒水，节省了洒水设备台班，降低了油耗。某项目板式水泥混凝土采用本技术每平方米养护成本比采用土工布养护成本低约30%。

**4.2 社会效益**

养护期间不需要再次掀开养护膜洒水,整个养护期间的温度、湿度不仅能满足要求,减少了自然气候对养护现场的影响,节约了大量养护用水,同时减少了养护期间再次洒水,车辆及人员对水泥混凝土结构的影响;节水保湿养护膜核心材料可降解,土工格栅可以重复应用于其他结构层中,可再次使用,对环境污染明显减少;养护期间现场整洁有序,社会效益明显。

# 5 结语

本文通过对节水保湿养护膜养生水泥混凝土板式结构施工技术为例,结合某项目水泥混凝土实际应用的效果,论证了节水保湿养护膜养生水泥混凝土施工技术的可行性及经济性,对此类工程的施工提供了实例参考。采用该技术进行水泥混凝土养护施工,可同时实现工程质量、进度、环保、经济效益的最大化。

**参考文献**

[1] 《混凝土节水保湿养护膜》(JG/T188—2010).
[2] 《公路水泥混凝土路面施工技术规范》(JTG F30—2003).

**作者简介**

李冬生,男,1975年生,山西路桥建设集团有限公司高级工程师。电话:13068030204;E-mail:lds-2006@sohu.com。
乔华,女,1976年生,山西省公路局晋中分局工程师。E-mail:qhua-2006@sohu.com。

# 混凝土预湿集料技术

朱效荣[1]，赵志强[2]，王世彬[1]

（1. 北京城建集团有限公司，北京，100049；

2. 混凝土第一视频网，北京，100044）

**摘　要**　本文介绍了混凝土预湿集料技术，主要包括其研究的目的、技术原理、解决问题的思路、装置、社会经济效益分析等方面，为混凝土行业的技术人员提供了成功的借鉴模板。

**关键词**　预湿集料；研究目的；技术原理；技术措施；效益

## 1　预湿集料技术研究的目的

随着砂石资源的枯竭，劣质砂石已经不可避免地进入了预拌混凝土生产工厂，其中对混凝土质量影响最大的是砂石的含泥量、石粉含量以及砂石的吸水率。砂石含泥量与石粉含量是影响混凝土拌合物初始坍落度的重要因素，砂石吸水率是影响混凝土拌合物坍落度损失的重要因素。在技术层面，砂石中含泥量与石粉含量较大或吸水率高时配制的混凝土表现为初始坍落度变小及坍落度经时损失变大，同时外加剂用量明显变大，由此，对混凝土工作性及生产成本的控制带来不利影响。在实际生产过程中，搅拌站采购的集料指标只能保证控制在标准规定的范围之内，但具体技术参数在此范围内经常波动的，并且，集料在堆场存放过程中，不同层位的集料含泥量和含水率经常发生变化，符合国家标准的集料由于技术指标的波动使混凝土工作性的控制变得非常困难。本研究主要是为了解决使用石粉和含泥量较高以及吸水率较大的砂石质量波动的技术难题，实现混凝土拌合物工作性稳定、外加剂的掺量最佳以及生产成本的最小的目的。

## 2　预湿集料技术原理

### 2.1　砂石含泥或石粉对外加剂适应性和拌合物工作性的影响

在试验的基础上，我们对砂石含泥或石粉影响外加剂掺量与混凝土工作性的原因进行分析。根据数据分析与现场观察，砂石含泥或石粉量提高时，在搅拌时表现为混凝土初始坍落度变小，掺入同样的减水剂，坍落度经时损失变大。在其他材料没有变化的情况下，砂石中的含泥或石粉量增加为 35kg 时，由于含泥或石粉量实际是与胶凝材料同样的细粉末，与胶凝材料具有相同的吸水性能，而在配合比设计时，没有考虑这些粉料的吸水润湿问题，实际的拌合过程中，35kg 的细粉料需要等比例的需水量即 17.5kg 才能达到与胶凝材料相同的表面润湿状态，同时润湿之后的细粉料也需要等比例的外加剂达到同样的流动性，即 0.7kg 的外加剂。这就是相同配比的条件下，当外加剂和用水量不变时，由于砂石含泥或石粉，用于胶凝材料的实际拌合用水量小于设计用水量，外加剂在胶凝材料中的实际掺加量小于做水泥净浆时配合比设计时的理论掺加量，导致混凝土初始流动性变差；同时，由于缓凝组分在胶凝材料中的比例也明显下降，导致混凝土拌合物坍落度经时损失变大。

### 2.2　砂石吸水对外加剂适应性和拌合物工作性的影响

在试验的基础上，我们对砂石吸水影响外加剂和混凝土工作性的原因进行分析。根据现场观察，砂石吸水对外加剂适应性和混凝土工作性的影响主要表现在坍落度损失方面，当砂石的吸水率较高时配制的混凝土初始坍落度都不受影响，但是当混凝土从搅拌机中卸出时，几分钟之内就失去了流动性，并且石子的表面黏有很多砂浆的颗粒，加水之后仍然没有流动性，强度明显降低。

本研究认为产生这种现象的原因主要是由于砂石吸水引起的。当混凝土的原材料按比例进入搅拌机后，在搅拌机内快速旋转，水泥砂浆的搅拌过程就像洗衣机的甩干过程一样，砂浆在搅拌机内做切线运动，水分无法进入石子内部，流动性很好。一旦停止搅拌，混凝土拌合物处于静止状态，则水泥混合砂浆中的水分就像洗衣机甩干桶中甩出的水分再次渗入衣服一样，快速渗入石子的孔隙中，造成胶凝材料中的拌合水量快速减少，远远低于配合比设计时确定的水量，导致混凝土拌合物流动性很快变差，坍落度损失很大；同时由于外加剂在进入搅拌机之前全部溶解到水里，石子吸收了多少水，外加剂也等比例地被石子吸收，外加剂在胶凝材料中的实际掺加量小于做配合比设计时的掺加量，特别是缓凝组分在胶凝材料中的比例明显下降，最终表现为在搅拌过程中的混凝土拌合物的流动性很好，初始坍落度很大，停止搅拌后几分钟之内混凝土拌合物完全失去流动性。

### 2.3 砂率对混凝土拌合物工作性的影响

根据数据分析与现场观察，砂子含泥或石粉量提高时，粉末材料总的量增加，砂子的实际用量小于配合比设计值，因此砂率不合理，在搅拌时表现为混凝土初始坍落度变小，坍落度经时损失变大。在其他材料没有变化的情况下，砂石中的含泥或石粉量增加为 35kg 时，砂子的量少了 35kg，使实际砂率小于设计砂率值，影响了混凝土拌合物的工作性。

## 3 解决问题的常规思路

### 3.1 砂石含泥或石粉问题解决的技术基础

#### 3.1.1 单独加水

只保证工作性，不考虑强度的情况下，我们可以通过增加水的办法解决。加水的量分为两部分，一部分为润湿含泥或石粉所需水，可以根据配合比设计水胶比乘以含泥或石粉的量求得，本文实例中为 17.5kg；另一部分为含泥或石粉所需外加剂减水对应的水，本文实例中外加剂应为 0.35kg，7kg 减水剂对应的减水量为 $175 \times 20\% = 35$kg，则 0.35kg 外加剂对应的水量为 1.75kg，合计加水 19.25kg。这种方法是施工现场经常采用的方法，由于成本低廉，操作随意，没有专业人员指导，经常导致混凝土强度不能满足设计要求。

#### 3.1.2 单独增加外加剂

根据水灰比定则，为了满足强度要求，在混凝土配制过程中用水量不能增加，这时要达到施工对工作性的要求，保守的技术方案只有增加外加剂掺量的方法解决这一问题。这时外加剂量的增加量分为两部分：一部分是为了补充与胶凝材料同样量的含泥或石粉所需的外加剂，本实例中取 0.7kg，另一部分为润湿含泥或石粉达到与胶凝材料相同的润湿状态所需的水，通过使用减水剂提高减水率减水来实现，本实例中减少拌合用水 17.5kg 需要增加减水剂 1% 掺量，即 3.5kg 外加剂，两项合计增加外加剂 4.2kg，解决问题的经济成本为 10.6 元/m³。这种方法保证了混凝土的强度，实现了混凝土的工作性良好，但是成本较高，企业难以承受，同时在技术方面还存在混凝土浆体扒底，拌合物容易分层，泵送压力大等问题。

#### 3.1.3 加水同时掺加适量外加剂

为保证混凝土的强度，同时满足混凝土的施工性能，比较合理的思路是我们采用加适量水的同时掺加适量外加剂来解决这个问题。加水的量为润湿黏土或石粉所需水，可以根据配合比设计水胶比乘以含泥或石粉的量求得，本实例中为 17.5kg；外加剂掺加量用含泥或石粉的量乘以外加剂的推荐掺量即可求得，本文实例中为 0.35kg。解决问题的经济成本为 1.75 元/m³。这种方法是混凝土生产企业技术人员可以采用的比较合理科学方法。

### 3.2 砂石吸水问题解决的技术基础

解决这一问题的根本思路，就是采用表面润湿的石子作为混凝土的粗集料，一方面可以减少石子吸水引起的混合砂浆失水，使混凝土增加流动性，另一方面减少砂石吸水，还可以有效提高外加剂在胶凝材料中的利用率，从而增加混凝土的流动性。本实例中，石子吸水 29.4kg，有效利用的外加剂为 5.8kg，由于石子吸水浪费的外加剂为 1.2kg；我们提出的技术思路是在胶凝材料进入搅拌前采用 29.4kg 水使石子达到表面润湿状态，提高胶凝材料中外加剂掺量 1.2kg 降低坍落度损失的目的。

### 3.3 外加剂与砂石适应性问题解决的技术方案

#### 3.3.1 砂石料场冲洗方案

砂石作为混凝土的主要集料，占混凝土体积的比例很大，因此为了解决这一问题，就必须从实际出发。在条件许可的情况下，可以采用建立砂石冲洗生产线的方案，确保冲洗后砂石的含泥或石粉量小于国家标准规定值，另一方面，冲洗的过程可以让砂石达到饱和面干或者表面润湿状态，实现混凝土拌合物初始坍落度大、混凝土 1h 坍落度损失小、节约减水剂、保证混凝土质量的目的。这种方案成本较高，对年产 30 万 m³ 的混凝土企业而言，需要投入 350 万元。

#### 3.3.2 上料皮带头喷淋砂石方案

对于现有的混凝土搅拌站，由于场地的限制，大多数单位都无法建设砂石冲洗场。在多次现场调研和实践的基础上，我们提出了在混凝土搅拌站上料皮带头中间仓位置增加一排小喷头喷水的办法，对砂石进行喷淋，使砂石料所含泥和石粉充分润湿，内部空隙充分吸水饱和，达到砂石料进入搅拌机时内部充分饱水和表面全部湿润的状态。

生产混凝土的过程中，由于已经达到了内部饱水和表面湿润，砂石料首先进入搅拌机，当胶凝材料进入搅拌机时，胶凝材料很快被粘结到润湿的砂石表面，外加剂和水分按设计比例进入了胶凝材料，在搅拌过程中，胶凝材料形成的浆体在搅拌机内做切线运动，很快变得均匀，实现了拌合物工作性良好，初始坍落度较大。

当搅拌机停止运转时，混凝土拌合物处于静止状态，由于流动性胶凝材料浆体内部的水分密度与砂石料内部的水分的密度接近，因此渗透压接近平衡，砂石料及其所含的粉末料内的水分无法渗透到胶凝材料浆体中，胶凝材料浆体内的水分和外加剂无法渗透进入砂石以及及其所含的粉末料内部。由于胶凝材料浆体中的拌合水量等于配合比设计时确定的水量，外加剂的实际掺加量等于按胶凝材料设计的掺加量，实现了拌合物出机后状态稳定，坍落度损失很小。

在混凝土生产过程中实现了拌合物搅拌顺畅，出机坍落度适中、坍落度损失最小、外加剂用量最少、混凝土强度最高、技术经济效果最佳的目的。

### 3.4 调整砂率的方案

由于砂子含泥或石粉量提高造成砂子的实际用量小于配合比设计值，导致砂率偏低的问题，这里我们确定在生产时及时调整砂率的方法，使实际砂率始终处于最佳值，保证混凝土拌合物的工作性最佳，降低由于含泥和石粉引起砂率的变化对混凝土拌合物工作性的影响。

### 3.5 预湿集料综合技术措施的提出

根据以上研究，我们提出采用预湿集料和调整砂率相结合的技术措施解决砂石含泥、石粉以及吸水导致的混凝土拌合物初始坍落度小、坍落度经时损失大以及外加剂掺量高的技术难题。针对搅拌站砂石料特定的条件，通过试验计算求出最佳砂率、胶凝材料达到标准稠度用水、润湿砂石用水，制作预湿集料喷淋专用设备用于生产，即可实现控制质量降低成本的目标。

在具体的操作过程中，我们研究了在搅拌站砂石上料皮带头中间仓位置增加一套喷淋设备，使喷水过程和砂石的上料过程同步进行，以便节约时间，使砂石料进入搅拌机之前实现表面润湿和内部空隙的饱水状态，在生产时外加剂和水分就全部用于胶凝材料的润湿以及工作性的改善，初始坍落度提高，坍落度经时损失减小。达到节约减水剂，保证工作性，预防坍落度损失且降低混凝土成本的目的。

## 4 预湿集料用水量和最佳砂率的确定

为实现砂石润湿和石子饱水，使砂石达到表面湿润状态，需要确定润湿水量，具体测定方法如下。

**4.1** 粗集料润湿水量的测定

**4.1.1** 石子物理参数的测定（图1～图4）

图1 装石子测堆积密度

图2 加水测空隙率

图3 倒净液态水

图4 测吸水的石子质量

（1）取一个体积为10L的容量桶，往里装满石子，晃动几下之后用尺子刮平桶口，称出其质量为 $m_1$；则石子的堆积密度：$\rho_{g堆积}=100m_1$

（2）往装满石子的容量桶中缓慢加水至刚好完全浸泡石子为止，称重求得石子空隙率为 $p$，则石子的表观密度：$\rho_{g表观}=1000m_1/(1-p)$。

（3）待3～5min后把水倒尽，称出其质量为 $m_2$；粗集料的吸水率：$\dfrac{m_2-m_1}{m_1}\times100\%$

**4.1.2** 石子用量及润湿用水量的确定

根据混凝土体积组成石子填充模型，在计算的过程中，由于砂子的孔隙率所占体积（160～180）L与混凝土拌合水（160～180）L和含气量之和在混凝土拌合物中占据的体积基本相同，因此计算过程不考虑砂子的孔隙率和拌合水的体积。用石子的堆积密度减去单方混凝土中胶凝材料所占的体积对应的石子量，即可求得每立方混凝土石子的准确用量，则石子用量计算公式如下：

$$G=\rho_{g堆积}-(V_C+V_F+V_K+V_{Si})\times\rho_{g表观}$$

则 $1m^3$ 混凝土中粗集料润湿水量 $W_3$ 为单方石子用量乘以吸水率。

$$W_3=G\times\dfrac{m_2-m_1}{m_1}\times100\%$$

**4.2** 细集料润湿水量的测定

**4.2.1** 砂子物理参数的测定（图5～图14）

（1）取一个体积为1L的容量桶，往里装满砂子，晃动几下之后用尺子刮平桶口，称出其质量为 $m_1$，则砂子的堆积密度为：

$$\rho_{s堆积}=1000m_1$$

图 5　测装砂子桶的质量

图 6　往桶里装砂子

图 7　将砂子压实

图 8　测砂子的堆积密度

图 9　润湿筛子

图 10　测筛子的质量

图 11　润湿砂子

图 12　砂子吸水饱和

图 13　砂子控水　　　　　　　图 14　测润湿后砂子的质量

（2）将砂子倒进 0.15mm 筛子，将装有砂子的筛子放进水盆完全浸泡至饱水后取出，待 3～5min 后不再滴水时，称出其质量为 $m_2$。

（3）细集料的吸水率：$\dfrac{m_2-m_1}{m_1}\times100\%$

**4.2.2　砂子用量及润湿用水量的确定**

前边已经测得石子的空隙率 $p$，由于混凝土中的砂子完全填充于石子的空隙中，每立方混凝土中砂子的准确用量为砂子的堆积密度乘以石子的空隙率，则砂子用量计算公式如下：

$$S=\rho_{S堆积}\times p$$

用砂子吸水率乘以单方混凝土砂子用量即可求得润湿砂子的准确用水量：

$$W_2=S\times\dfrac{m_2-m_1}{m_1}\times100\%$$

**4.3　预湿集料用水量计算**

单方混凝土集料润湿用水量等于粗细集料润湿用水量之和：

$$W_{润湿}=W_2+W_3。$$

**4.4　最佳砂率的确定**

最佳砂率 $S_P=S/(S+G)$

## 5　胶凝材料拌合用水量的确定

**5.1　试验法**（图 15）

按照配合比设定的比例将各种胶凝材料混合成复合胶凝材料，采用测定水泥标准稠度用水量的方法求得胶凝材料的标准稠度用水量 $W_0$。即可求得胶凝材料拌合所需水量：

$$W_1=W_0\times B/100$$

式中：$B$ 为单方混凝土胶凝材料用量，$kg/m^3$；$W_0$ 为胶凝材料的标准稠度用水量；$W_1$ 为单方混凝土胶凝材料拌合所需水量，$kg/m^3$。

**5.2　计算法**

根据各种胶凝材料的需水量系数和配合比设定的单方用量，用加权求和计算得到搅拌胶凝材料所需水量 $W_1$，公式如下：

$$W_1 = (C + F\beta_F + K\beta_K + S_i\beta_{Si}) \times (W_0/100)$$

式中：$W_0$ 为水泥标准稠度用水量。

同时求得搅拌胶凝材料的有效水胶比。

### 5.3 总用水的确定

通过以上计算，混凝土搅拌胶凝材料所用水量为 $W_1$；

润湿砂子所需的水 $W_2$；

润湿石子所需的水 $W_3$；

混凝土总的用水量 $W = W_1 + W_2 + W_3$

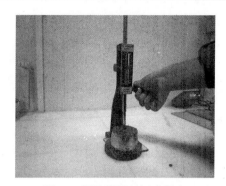

图 15　测胶凝材料标准稠度

## 6　预湿集料装置的工艺装置

### 6.1　感应开关及其装配图

**6.1.1　斜皮带邻近末端处安装挡板原理图（图 16）**

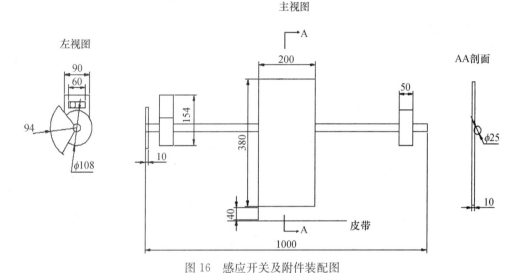

图 16　感应开关及附件装配图

技术说明：

（1）该装置是由一个皮带回程托辊中间外壳去除后改装而成。

（2）带接近开关的一侧与中间斗外缘护板平齐焊接，左边突出的轴端焊接一块扇形铁，另一端直接焊接在护板上。

（3）矩形挡板位置：矩形挡板中心线与皮带中心线基本垂直，底端离皮带的距离约是 40mm。矩形挡板上、下端面离轴的焊接处：上短下长（图中矩形挡板尺寸仅供参考）。

（4）左侧安装接近开关的圆角矩形口，宽度尺度根据接近开关的直径大小设置，长度可根据实际情况设置，可供左右调节即可。

**6.1.2　预湿集料技术感应开关配套设备安装图（图 17～图 19）**

图 17　感应开关装置

图 18　感应开关工作图

267

图 19 感应开关装配详图

## 6.2 预湿集料喷淋装置

### 6.2.1 喷淋设备安装及工作原理图（图 20～图 23）

斜皮带末端下料切面上下指定部位安装喷水管

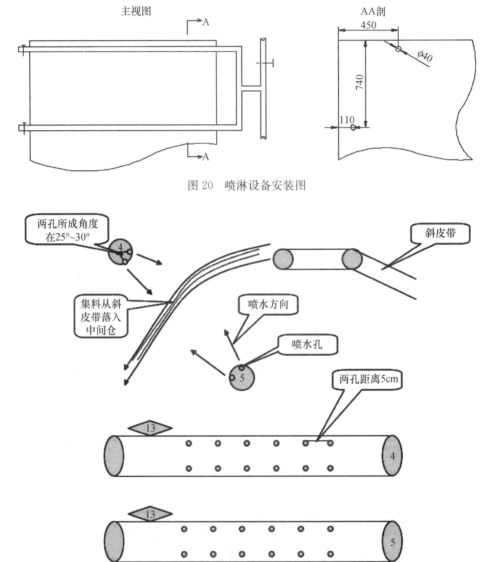

图 20 喷淋设备安装图

图 21 喷淋设备工作原理图

技术说明：

（1）喷水管道进水端由一个三通器件分成两路进入中间斗。喷水管道末端由不锈钢球阀控制。

（2）两根管在深入中间斗的部分：每根管上有平行的两排直径为 3mm 的孔，相邻孔间隔

50mm。两排平行孔形成角度约 35 度。

（3）两根管进入还是出来的长度根据各站实际操作空间进行选择确定。

图 22　预湿集料入水管安装图

图 23　预湿集料水量控制器安装图

### 6.2.2 喷淋装置实物安装图

当集料由斜皮带运输至挡板（3）下方时，将挡板带起，支架（1）中轴随之转动，支架（1）一端的扇形钢板向接近开关（2）方向转动，接近开关（2）随之产生感应信号，信号传输到 24V 的中间继电器（由于接近开关也是 24V 的，24V 中间继电器起到过渡的作用），24V 中间继电器将信号传到 NDS8-2Z 型时间继电器和 NDS8-R 型时间继电器，NDS8-2Z 型时间继电器与工控系统相连，当喷水过多时，操作员可以及时暂停喷水装置，同时 NDS8-2Z 型时间继电器还起到延迟 1、5s（集料从挡板下方到在中间仓内下落需要 1、5s 的时间）启动离心泵（9）和电磁阀（7）的作用，NDS8-R 型时间继电器有三个，分别控制 3 方、2 方、1 方的喷水时间，喷水时间分别为 18s、12s、6s（此处时间为唐山盾石公司设置喷水时间），三个 NDS8-R 型时间继电器需要操作员手动调节三档旋钮开关进行切换，NDS8-R 型时间继电器接到信号后，控制离心泵（9）启动和电磁阀（7）打开，这样水箱的水通过镀锌管（10），经过离心泵（9）和电磁阀（7），再通过镀锌管（6），分别流入镀锌管（4）和镀锌管（5）向集料喷水。

### 6.3 水路系统

水路系统的安装按照水流动的方向安装，首先从水箱处安装镀锌管（10），然后依次安装离心泵（9）、电磁阀（7），再安装镀锌管（4）和镀锌管（5），最后安装镀锌管（6），如图 24 所示。

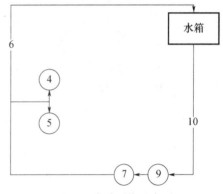

图 24　水路系统示意图

## 7　社会经济效益分析

### 7.1　预湿集料技术实施的效果

（1）降低了砂石进入中间仓时粉尘的数量，改善了生产环境卫生。

（2）混凝土拌合物出机坍落度和泵送坍落度较为稳定，减少了混凝土拌合物工作性的调整次数，提高了台时产量。

（3）搅拌机主机电流峰值降低 20mA，可节电 0.033kwh/m³，由于搅拌电流降低，搅拌叶片和衬板的生产磨损减轻，可延长电机、搅拌叶片和衬板的使用寿命 1.5 年。

（4）总的拌合用水量增加 5kg/m³，改善了混凝土拌合物坍落度 1 小时保留值，便于混凝土的施工，有效缓解了混凝土拌合物的泌水现象。

（5）节省混凝土外加剂掺量 10%～25%。

（6）可提高混凝土 28d 标准养护强度（2～3）MPa。

### 7.2　社会效益

采用混凝土预湿集料技术生产混凝土，降低了砂石进入中间仓时粉尘的数量，减少了扬尘污染，有效地改善了生产环境质量；混凝土出机坍落度和施工现场泵送坍落度较为稳定，有利于混凝土的施工和现场质量控制，可减少混凝土退灰倾倒排放的数量，既节约资源又保护环境；搅拌机电流峰值降低，可节省混凝土生产电耗，同时搅拌电流降低，搅拌叶片和衬板的生产磨损相比将有所减轻，可延长电机、搅拌叶片和衬板的使用寿命1.5年，有效提高了国家资源和能源的利用率；混凝土预湿集料技术可操作性强，便于在同行业大面积推广应用；推广和应用混凝土预湿集料技术是改善环境，保持现代城市可持续发展的一条重要途径，具有明显的社会效益和环境效益。

### 7.3 经济效益

采用混凝土预湿集料技术生产混凝土后，除尘设备寿命由2年可以延长到4年；减少混凝土退灰造成的损失占年混凝土产量的1%；搅拌机电流峰值大大降低20A，可节省单方混凝土电耗0.033千瓦时；可延长电机、搅拌叶片和衬板的使用寿命1.5年；可以节省混凝土外加剂10%～25%；提高混凝土28d标准养护强度2～3MPa后，折合节约水泥20kg。

采用混凝土预湿集料技术生产混凝土后预期的经济效益计算见表1。

**表1　预期经济效益分析表（以C30为计算基准）**

| 序号 | 项目名称 | 应用效果 | 单站效益 | 生产线或产量 | 年综合效益（万元） |
|---|---|---|---|---|---|
| 1 | 降低粉尘 | 除尘设备寿命延长2年 | 7万元/条·年 | 93条 | 651 |
| 2 | 减少退灰 | 提高成品合格率1% | 2.00元/m³ | 971.6万m³/年 | 1943.2 |
| 3 | 节约电费 | 降低电耗0.033kWh/m³ | 0.033元/m³ | 971.6万m³/年 | 32.1 |
| 4 | 延长设备寿命 | 减少维修，量延长搅拌设备寿命1.5年 | 2.9万元/条·年 | 93条 | 269.7 |
| 5 | 节约外加剂 | 降低单方外加剂用量2kg | 4.15元/m³ | 971.6万m³/年 | 4032.1 |
| 6 | 提高强度 | 平均2.5MPa节约水泥20kg/m³ | 8元/m³ | 971.6万m³/年 | 7772.8 |
| 合计 | | | | | 14700.9 |

上表中计算数据以唐山盾石C30混凝土为基准。

综上所述，采用预湿集料技术进行混凝土生产具有明显的社会效益和经济效益。

## 8　结语

混凝土预湿集料成套技术详细分析了砂石中含泥、石粉以及吸水对混凝土拌合物初始坍落度、坍落度经时损失以及外加剂用量产生影响的主要原因，提出了通过试验准确计算最佳砂率、胶凝材料拌合用水、砂石润湿用水的方法，设计了预湿集料用自动喷淋设备。在混凝土生产中已经应用，实现了采用石粉、含泥量以及吸水率变化较大的砂石生产混凝土时，中间仓粉尘降低，搅拌机电流峰值降低，搅拌更加均匀，混凝土拌合物出机坍落度和泵送坍落度稳定，混凝土泌水现象缓解，混凝土外加剂掺量减少，混凝土试件标准养护强度提高。解决了当前混凝土行业混凝土拌合物初始坍落度小、坍落度经时损失大以及外加剂用量高的技术难题。2011年12月18日，经由河北省科技成果转化中心组织的专家组评审鉴定，此项成果的技术达到国内领先水平。

# 工程应用技术

# 客运专线无砟轨道底座板低弹性模量混凝土配合比研究及应用

李海滨，张建峰

**摘　要**　客运专线无砟轨道底座板混凝土设计要求为 C30，弹性模量不宜大于 31.5GPa。由于本项目类似强度等级混凝土弹性模量均大于 33GPa，距离设计要求还有一定差距。为达到这个要求，通过对影响混凝土弹性模量的因素进行分析，综合对比了掺合料，强度，含气量，集料岩性及粗集料含量对混凝土弹性模量的影响，最终确定通过调整混凝土粗集料含量来降低混凝土弹性模量，并得到成功的应用。

**关键词**　底座板；京沪高铁；低弹性模量；研究；应用

## 0　前言

京沪高速铁路桥梁长度约 1140km，占正线长度 86.5％；隧道长度约 16km，占正线长度 1.2％；路基长度 162km，占正线长度 12.3％；全线铺设无砟正线约 1268km，占线路长度的 96.2％。中国水利水电第八工程局承建其中的 DK531＋412.98～DK551＋794.10 段，位于济宁市曲阜至邹城段，全长 20km。根据铁道部相关技术文件要求，客运专线主要结构物的寿命要达到 100 年，同时相应的轨道板底座板混凝土另外做了额外的要求，强度等级为 C30，静力抗压弹性模量不宜超过 31.5GPa。

## 1　影响混凝土弹性模量的主要因素分析

根据技术文件对底座板混凝土的要求，分析各因素对混凝土弹性模量的影响情况，并对比各影响因素在实际生产中的质量控制难度，以便选择最实际的方案降低混凝土弹性模量。

### 1.1　掺合料影响

关于混凝土掺合料（主要是粉煤灰、矿渣粉等活性掺合料）对于混凝土弹性模量的影响的研究已经比较多，得出的结论也相对比较统一，均认为粉煤灰及矿渣粉对于混凝土弹性模量影响有限。相关资料显示，随着粉煤灰掺量的增大，混凝土的同期弹性模量有下降的趋势，在较少的粉煤灰掺量 10％～25％ 内，混凝土的弹性模量下降幅度很有限。混凝土后期的弹性模量甚至超过没有加粉煤灰的混凝土。这是由于粉煤灰的活性效应和微集料填充效应使混凝土更致密，混凝土的后期强度更加提高引起的。[1]

### 1.2　混凝土抗压强度影响

高性能混凝土弹性模量与强度的关系，由于受集料的种类、掺合料种类及掺入量等诸多因素的影响，目前还没有一个统一的表述。文献表明，混凝土弹性模量受强度影响，但其关系是非线性的，弹性模量随强度增加而缓慢增加[2]。混凝土的强度等级越高早期弹性模量发展越快，但差异不是很大，C40 混凝土 3d 弹性模量为 28d 弹性模量的 83.9％，7d 弹性模量为 28d 弹性模量的 95.4％；C50 混凝土 3d 弹性模量为 28d 弹性模量的 92.6％，7d 弹性模量为 28d 弹性模量的 97.9％。[3]混凝土抗压强度发展规律特别是 28 天龄期前主要取决于水泥强度增长系数，普通混凝土混凝土强度 3d 增长系数一般为 28d 抗压强度的 45％～60％左右，7d 达到 65％～80％。分析认为，普通混凝土早龄期时浆体的弹性模量远低于粗集料的弹性模量，因此当水泥浆体强度增长后，对混凝土整体弹性模量影响有限。

### 1.3　集料岩性影响

不同岩性的集料对于混凝土弹性模量影响较大，但是在大多数情况下，混凝土集料种类比较固定，很少有区域同时有方便的不同种类的岩石。本项目周边能够采用的集料均为石灰岩集料，特点是弹性模量相对较高。试验表明，花岗石、深色火成岩和玄武岩这类低孔隙率天然集料的弹性模量大约在 $7 \times 10^4 \sim 14 \times 10^4$ MPa 的范围内，而砂石、石灰石和砾石的弹性模量大致在 $2.1 \times 10^4 \sim 4.5 \times 10^4$ MPa 之间。另外集料的其他特性也能够影响混凝土的弹性模量，例如，最大粒径、几何形状、颗粒级配和所含矿物成分能影响过渡区微裂缝的发展，并由此对应力-应变曲线的形状产生影响，引起弹性模量的变化。[4]

### 1.4　混凝土含气量及孔隙率影响

混凝土含气量对于混凝土抗压强度及弹性模量均有较大影响。混凝土含气量超过 6% 以后，将导致混凝土抗压强度急剧下降，同时也会较大幅度降低混凝土弹性模量。资料显示：引气剂分子吸附在混凝土各相界面上，在水—气界面上，憎水基团分布在空气一面，这样就显著降低水的表面张力，使拌合物在拌合过程中形成大量微细气泡，大量的微细气泡将提高水泥石的孔隙率，降低刚度，在混凝土受压时，能产生较大的变形，增大混凝土的变形能力，从而降低混凝土的弹性模量。随着混凝土含气量的增加，混凝土的抗压强度和弹性模量均有所降低，提高含气量，有利于降低混凝土的弹性模量。但是，随着混凝土含气量的提高，混凝土的抗压强度降低的幅度更大。所以，不能单纯利用增加含气量的方式来降低混凝土的弹性模量，还要考虑到对抗压强度的影响，含气量应该控制在适宜的范围[5]。

混凝土中砂率过低也会导致混凝土孔隙率变大，但是这种情况将会导致混凝土抗压强度及耐久性急剧下降，在实际使用中混凝土耐久性检测将难以达到设计要求。

### 1.5　粗集料含量的影响

粗集料含量对于混凝土弹性模量影响较大，混凝土弹性模量与粗集料含量有一定的线性关系。理论上讲最大集料粒径较大时，由于粗集料比表面积变小，可以选择较低砂率，因此集料粒径较大时混凝土最优砂率也较小，部分资料显示集料最大粒径也是影响混凝土弹性模量的主要因素，其实可以归结为粗集料含量对弹性模量影响。在合适的级配下，使集料堆积成为一个具有合适空隙率的骨架，当常态混凝土配合比为最优砂率时，混凝土弹性模量最大。当砂率比最优砂率增加时，混凝土粗集料呈现悬浮于砂浆中的状态，这时砂浆组分对于混凝土弹性模量影响较大，从而降低混凝土弹性模量。而反之，则由于混凝土中粗集料含量过高，导致硬化混凝土砂率降低，从而增大混凝土弹性模量。

通过以上分析，可以得出粗集料岩性及粗集料含量对于混凝土弹性模量影响较大。在实际使用过程中，由于集料岩性并不容易更改，一个区域可能能够提供的集料很多为某一种岩性的集料，因此更改混凝土粗集料岩性有时候不太现实。在混凝土抗压强度确定的前提下，降低混凝土弹性模量主要从粗集料含量及混凝土含气量方面着手。由于粗集料含量在拌合时通过称量控制，质量控制非常稳定，而混凝土含气量则影响因素很多，通常都会在一点的范围内波动，在实际使用工程中将非常容易出现混凝土弹性模量或抗压强度超标的情况。综合考虑以上因素，最终确定采用调整混凝土粗集料含量的方式，调整混凝土配合比，以达到技术标准提出的低弹性模量要求。

## 2　混凝土配合比设计

经过对影响混凝土弹性模量相关影响因素的分析，确定了 C30 低弹性模量混凝土配合比设计方向。首先采取确定满足混凝土抗压强度要求的基本参数，包括水胶比，掺合料掺量及含气量。然后在保证混凝土抗压强度满足要求并有一定富裕的前提下，通过试验确定粗集料含量与混凝土弹性模量的关系，当弹性模量控制在 $28 \sim 30$ GPa 之间时，能够保证现场施工的混凝土弹性模量满足设计要求并有一定的保证系数。

## 2.1 混凝土原材料情况

本工程采用的水泥为山东榴园水泥厂生产的"瑞元"P·O42.5 水泥，28 天抗压强度为 45MPa，矿物掺合料分别为邹县发电厂生产的Ⅰ级粉煤灰和济南鲁新新型建材有限公司生产的鲁新 S95 级矿渣粉，粗集料为邹城隆兴石材厂 5～10mm，10～20mm 碎石，细集料为邹城尼山水库河砂，细度模数为 2.9，山西凯迪 KDSP-1 聚羧酸盐高性能混凝土外加剂。

## 2.2 确定满足设计强度等级的混凝土各项参数（表 1 和图 1）

在原材料固定的情况下，混凝土抗压强度的主要影响因素为水胶比，掺合料掺量及含气量。

表 1 混凝土水胶比-粉煤灰掺量-抗压强度关系

| 编号 | 水胶比 | 用水量 (kg/m³) | 粉煤灰掺量 (%) | 砂率 (%) | 坍落度 (mm) | 含气量 (%) | 抗压强度 （MPa） | | |
|---|---|---|---|---|---|---|---|---|---|
| | | | | | | | 7d | 14d | 28d |
| D-1 | 0.50 | 153 | 30 | 43 | 175 | 4.8 | 23.8 | 27.0 | 34.6 |
| D-2 | 0.46 | 153 | 30 | 42 | 170 | 4.3 | 28.3 | 33.5 | 40.3 |
| D-3 | 0.42 | 153 | 30 | 41 | 170 | 5.3 | 30.3 | 38.3 | 47.2 |
| D-4 | 0.38 | 153 | 30 | 39 | 180 | 5.6 | 33.3 | 44.3 | 53.4 |
| D-5 | 0.50 | 150 | 40 | 42 | 180 | 5.0 | 21.5 | 25.2 | 30.7 |
| D-6 | 0.46 | 150 | 40 | 41 | 170 | 4.6 | 25.4 | 29.6 | 36.1 |
| D-7 | 0.42 | 150 | 40 | 40 | 175 | 5.2 | 24.2 | 32.9 | 43.1 |
| D-8 | 0.38 | 150 | 40 | 38 | 175 | 5.7 | 28.7 | 35.7 | 46.4 |

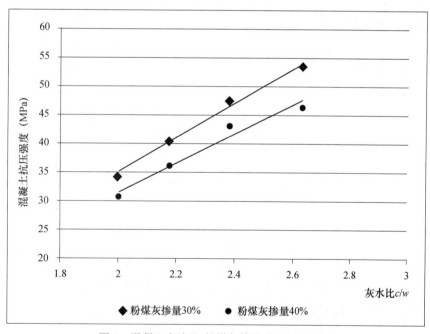

图 1 混凝土水胶比-粉煤灰掺量-抗压强度关系

当混凝土含气量控制在 3.5%～5.5%范围内，不同掺合料掺量及不同水胶比与抗压强度的关系。当混凝土配置强度需要达到 38MPa 时，混凝土水胶比在粉煤灰掺量为 30%时不大于 0.46，当粉煤灰掺量为 40%时不大于 0.43。

## 2.3 确定砂率-弹性模量关系（表 2 和图 2）

根据选定的满足抗压强度要求的各项参数，采用水胶比为 0.45，粉煤灰掺量为 30%，混凝土含气量控制在 3.5%～5.5%作为基准条款，进行粗集料含量-弹性模量关系试验，其中粗集料含量选择0%，30%，45%，52%，55%，58%，61%进行试验，以便分析混凝土接近最佳砂率时混凝土弹性模量变化趋势。

**表2　粗集料含量对混凝土抗压强度及弹性模量的影响分析**

| 编号 | 水胶比 | 粗集料含量 | 粉煤灰掺量（%） | 用水量（kg） | 坍落度（mm） | 含气量（%） | 抗压强度（MPa） | | 弹性模量（GPa） |
|---|---|---|---|---|---|---|---|---|---|
| | | | | | | | 7d | 28d | 28d |
| D-9 | 0.45 | 0 | 30 | 260 | — | 5.5 | 26.3 | 36.3 | 19.2 |
| D-10 | 0.45 | 30 | 30 | 208 | 200 | 5.1 | 28.0 | 38.0 | 21.4 |
| D-11 | 0.45 | 45 | 30 | 185 | 185 | 4.3 | 27.6 | 39.7 | 25.6 |
| D-12 | 0.45 | 52 | 30 | 173 | 180 | 4.8 | 28.7 | 39.1 | 28.7 |
| D-13 | 0.45 | 55 | 30 | 168 | 180 | 4.5 | 30.5 | 40.1 | 31.3 |
| D-14 | 0.45 | 58 | 30 | 164 | 170 | 4.3 | 30.4 | 41.6 | 33.8 |
| D-15 | 0.45 | 61 | 30 | 160 | 175 | 4.0 | 29.5 | 41.4 | 33.7 |

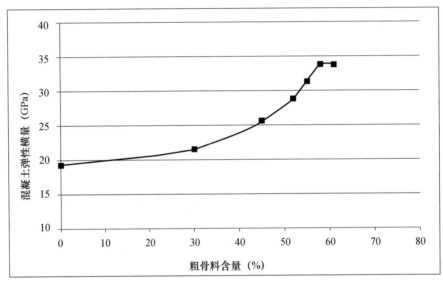

图2　粗集料含量与弹性模量关系图

从砂率与混凝土弹性模量的关系曲线看，当粗集料含量较低时，混凝土弹性模量增长比较缓慢，当混凝土粗集料含量超过50%后，混凝土弹性模量变化较大。

按照这种趋势计算，当混凝土砂率在48%～50%时，混凝土弹性模量在28～30GPa左右，能够满足设计要求，并有一定的保证系数。考虑到混凝土粗集料含量控制在拌合站能够做到很精确，采用满足设计要求的最低砂率作为混凝土施工配合比，以防止混凝土产生干缩裂缝。

经过耐久性试验验证，水胶比为0.45，粉煤灰掺量30%，含气量控制在3.5%～5.5%，粗集料含量为48%时，混凝土强度及弹性模量能够满足设计要求。

## 3　现场施工质量控制

同时从现场施工情况及现场检测结果看，采用增加砂率降低混凝土弹性模量的做法非常适合现场质量控制。混凝土弹性模量基本在28～30GPa之间波动，达到底座板混凝土对于低弹性模量的要求。

## 4　总结

（1）影响混凝土弹性模量的因素有很多，其中影响较大的包括集料岩性，粗集料含量，混凝土含气量及混凝土抗压强度。

（2）粗集料含量与混凝土弹性模量存在较好的线性关系，在混凝土最优砂率时混凝土弹性模量最大，弹性模量随粗集料含量降低而降低。

（3）现场施工时需要严格控制混凝土抗压强度富余情况及混凝土含气量。

**参考文献**

［1］ 焦亚明，朱效荣，魏秀军．设计参数对混凝土弹性模量的影响［J］．辽宁建材，2008，2.

［2］ 刘尚，文翠翠．高性能混凝土弹性模量试验研究［J］．商品混凝土，2009，4.

［3］ 张建仁，王海臣，杨伟军．混凝土早期抗压强度和弹性模量的试验研究［J］．中外公路，2003.6.

［4］ 任锋，陈营明，曲华明．对混凝土弹性模量影响因素的探讨［J］．济南大学学报．

［5］ 谢凯军，蒋宗全，李克贤，郭晓安．板式轨道低弹模底座板用混凝土试验研究［J］．铁道建筑，2010，7.

# 基于高温的超高层泵送工程外加剂的研发应用

陈建大[1]，王克琼[2]，沈剑锋[2]
（1. 上海建工材料工程有限公司，上海，200086；
2. 上海麦斯特建工高科技建筑化工有限公司，上海，200240）

**摘　要**　基于快速分散、黏度保持、高温长程保坍与缓凝等综合技术的高层泵送聚羧酸减水剂 Master Glenium Sky 8325 的开发，以及在上海中心 480m 以上夏季高温高层泵送混凝土中进行产品选型试验与施工现场监测跟踪，为解决高温气候条件下远程运输和高层泵送混凝土关键技术提供案例参考。

**关键词**　聚羧酸高性能外加剂；高温施工；高层泵送；适用多配合比；工作性能平稳发展

## 1　前言

聚羧酸高性能外加剂已经大量用于超高层建筑的施工中。超高层建筑施工的泵送混凝土要求混凝土外加剂在达到大流态工作性能的基础上，同时需具备保坍能力超长、工作性能释放平稳、有一定的缓凝时间且不影响强度发展等多方面要求协调一致。

本文的研究是基于上海中心大厦为工程背景，该工程位于小陆家嘴核心区 Z3 地块。上海中心总高为 632m，其主体建筑核心筒混凝土结构高度为 580m，总建筑面积 57.6 万 m²，建成后将成为上海最高的摩天大楼。

2013 年 7 月开始，上海中心大厦进入 480m 以上主体结构浇筑工作。2013 年上海遭遇酷暑气候，日平均环境温度 35℃，极端气温达到 40℃ 以上，导致混凝土出料温度达到 39℃，入模混凝土温度 43℃。由于搅拌站远离市区，单程运距需要 1.5h，混凝土从底层入泵到顶层出泵需要 0.5h。所以对混凝土的性能保持要求 4h 以上且不得有离析泌水现象。

从 480m 开始，上海中心主体结构分为核心筒 C60、巨柱 C50 和楼板 C35，由于储藏运输和计量限制，混凝土外加剂必须同时满足 C35、C50、C60 三种混凝土性能同时达到高温条件下高层泵送、远途运输、安全入模要求而且中间不得出现工作性能异常变化以及混凝土离析现象，以免产生堵泵或泵压过大。

经过前期缜密的试验和试生产，通过外加剂的调整满足了混凝土超高泵送的性能要求，通过优异的产品，造就在高温下上海中心混凝土工程施工以平稳、优质的状态下顺利完成任务。

## 2　试验

### 2.1　关键设计参数

#### 2.1.1　外加剂设计关键技术要求

C35 设计关键点：C35 混凝土应用于楼板混凝土工程，高层施工环境下，楼板作业面积超大，中间支撑柱较多，混凝土泵出后只有人工搂爬作业，无振捣辅助工具，造成混凝土施工过程中中间阶段性暂停次数多而长。因此，要求混凝土有大的流动性、长时间的扩展度保持性同时不可太过黏稠，以适应人工铺平作业。

C60/C50 设计关键点：C60/C50 应用于墙体与巨型柱，需考虑混凝土高抛浇筑作业和实体密实度，需要混凝土有大的流动性且有一定的黏聚性。

#### 2.1.2　高性能外加剂关键组分

P3—巴斯夫保坍母液，源自巴斯夫 SureTEC 技术，是经过特别设计的聚合物，可用来提供超长时间的扩展度保持而不损失凝结时间和不影响强度发展。在初始一小时内对混凝土工作性能没有增进影响，可以更加自由地搭配减水组分。

F1—巴斯夫黏度调节剂，通过对混凝土内水分子形成立体网状结构控制混凝土状态，能够有效改善混凝土的流变性能，即提高混凝土的整体包裹性，适当增加塑性黏度，但不显著影响混凝土流动性（低屈服值）。

## 2.2 原材料

C60、C50 配合比试验所用水泥为 P·Ⅱ 52.5 水泥，矿渣粉为 S95；粉煤灰为Ⅱ级；试验所用砂为中区天然砂，细度模数 2.5～2.8。试验用石为最大粒径 20mm 的连续级配精品碎石。

C35 配合比试验所用水泥为 P·O 42.5 水泥，矿渣粉为 S95；粉煤灰为Ⅱ级；试验所用砂为中区天然砂，细度模数 2.3～2.5。试验用石为最大粒径 20mm 的连续级配精品碎石。

高性能聚羧酸减水剂：固含量 25%，内含三类聚羧酸母液进行叠加组合，另外含有适量调凝组分和巴斯夫专利混凝土黏度调节剂辅助控制混凝土工作性能。

拌合水为自来水。

## 2.3 试验方法

试验方法主要依据：

《混凝土外加剂》（GB 8076—2008）；

《普通混凝土拌合物性能试验方法标准》（GB 50080—2002）；

《普通混凝土力学性能试验方法标准》（GB 50081—2002）；

《自密实混凝土应用技术规程》（JGJ/T 283—2012）。

## 2.4 试验选型过程

### 2.4.1 混凝土配合比

混凝土配合比见表 1。保持每组混凝土配合比不变，分别研究外加剂对拌合物工作性能控制能力和力学性能表现。

表 1 混凝土配合比

| 强度等级 | 水胶比 | 胶材总量 | 掺合料 | 砂率 |
|---|---|---|---|---|
| C60 | 0.28 | 580 | 32.80% | 42.50% |
| C50 | 0.32 | 520 | 36.50% | 45.00% |
| C35 | 0.4 | 480 | 39.70% | 44.80% |

### 2.4.2 混凝土性能要求

新拌拌合物性能要求：

C60/C50：3s＜T60＜8s，4h 区间内 Flow 650～750m。4h 区间内混凝土无泌水、工作性能不可以有大的波动

C35：4h 区间内 Flow 600～750mm，且混凝土无泌水、低黏度，工作性能不可以有大的波动

混凝土力学性能要求：

C60/C50 混凝土 28 天平均强度达到 120%；C35 混凝土 28 天平均强度达到 115%

### 2.4.3 高性能外加剂选型试验（温度：38℃ 湿度：55%）

选配巴斯夫母液分为减水、均衡和保坍型三种，编号成三种型号 PCE 母料和两种 BASF 专利辅料以备测试：

P1——主控外加剂减水率和 1.5h 内混凝土工作性能；

P2——辅助外加剂减水率和 3h 内混凝土工作性能；

P3——初始基本无减水率，控制 2～6h 混凝土工作性能；

F1——控制混凝土稠度、流动速度、防止泌水情况出现；

F2——控制混凝土凝结时间并保证不影响工作性能和力学性能。

（1）选型第一步

分析客户混凝土要求，研发重点在高胶材配合比 C35 的适用配方，首先依据 C35 配合比要求配制适宜的配方，以确定保坍和缓凝结合理组分的外加剂并验证强度富余值，之后微调至适用多配合比的配方。

通过前期试验摸索，得出以下配方可以满足 C35 配合比要求，见表

**表 2 高性能外加剂的各组分比例**

| 编号 | 组分 | P1 | P2 | P3 | F1 | F2 |
|---|---|---|---|---|---|---|
| M1 | 百分比 | 5 | 15 | 10 | 1 | 1 |

以此配方同时验证 C35/C60 配合比混凝土 4h 内工作性能。

结果分析：

此配方针对 C35 配合比完全满足要求；针对 C60 配合比有滞后离析，降掺 10%后初始工作性能不足，如图 1 所示。

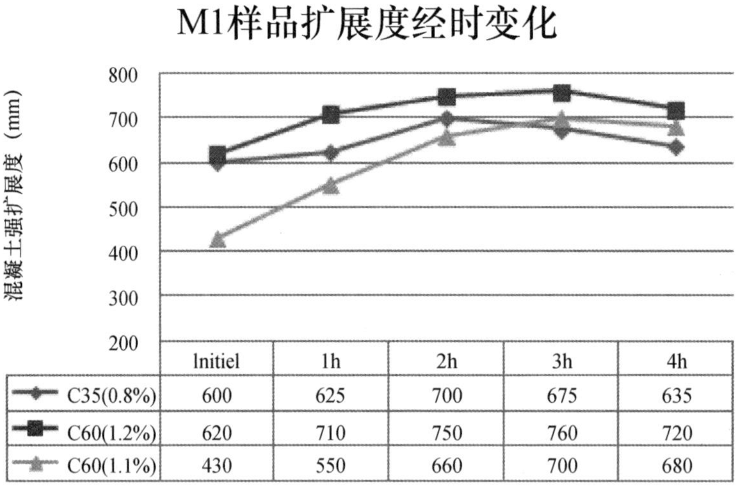
M1样品扩展度经时变化
混凝土强扩展度（mm）
800
700
600
500
400
300
200
Initiel
1h
2h
3h
4h
C35(0.8%) 600 625 700 675 635
C60(1.2%) 620 710 750 760 720
C60(1.1%) 430 550 660 700 680

图 1 聚羧酸 M1 样品对应的混凝土经时变化曲线

（2）选型第二步

根据第一步选型试验结果，抓住调整重点，通过设计 P1（上调波动 10%）P3（下调波动 10%）母料组分以扩展范围，推测出合理满足多配合比要求的配方，如表 3 和图 2～图 5 所示。

**表 3 高性能外加剂的各组分比例**

| 编号 | 组分 | P1 | P2 | P3 | F1 | F2 |
|---|---|---|---|---|---|---|
| M1 | 百分比 | 5 | 15 | 10 | 1 | 1 |
| M2 | 百分比 | 5 | 15 | 9 | 1 | 1 |
| M3 | 百分比 | 5.5 | 15 | 9 | 1 | 1 |
| M4 | 百分比 | 5.5 | 15 | 10 | 1 | 1 |

由上述四组的试验对比可见，聚羧酸外加剂 M4 配方可同时满足混凝土多配合比工作性能要求。

**2.4.4** 配方复核试验

（1）高性能混凝土的拌合物性能

针对聚羧酸外加剂 M4 配方分别配制对 C60、C50 和 C35 进行模拟高温下新拌性能验证和力学性能验证，如图 6 和图 7 所示。

## M1样品

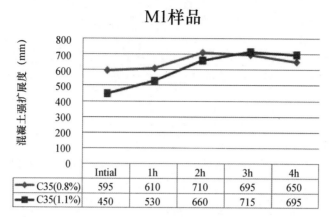

| | Intial | 1h | 2h | 3h | 4h |
|---|---|---|---|---|---|
| C35(0.8%) | 595 | 610 | 710 | 695 | 650 |
| C35(1.1%) | 450 | 530 | 660 | 715 | 695 |

图 2　M1 样品配制的混凝土性能

## M2样品

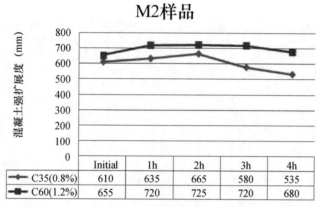

| | Initial | 1h | 2h | 3h | 4h |
|---|---|---|---|---|---|
| C35(0.8%) | 610 | 635 | 665 | 580 | 535 |
| C60(1.2%) | 655 | 720 | 725 | 720 | 680 |

图 3　M2 样品配制的混凝土性能

## M3样品

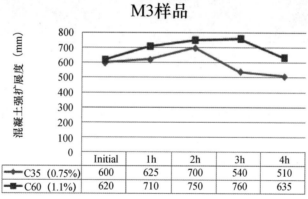

| | Initial | 1h | 2h | 3h | 4h |
|---|---|---|---|---|---|
| C35 (0.75%) | 600 | 625 | 700 | 540 | 510 |
| C60 (1.1%) | 620 | 710 | 750 | 760 | 635 |

图 4　M3 样品配制的混凝土性能

## M4样品

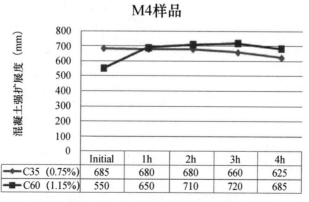

| | Initial | 1h | 2h | 3h | 4h |
|---|---|---|---|---|---|
| C35 (0.75%) | 685 | 680 | 680 | 660 | 625 |
| C60 (1.15%) | 550 | 650 | 710 | 720 | 685 |

图 5　M4 样品配制的混凝土性能

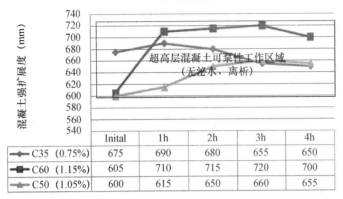

图6　M4 样品配制不同强度等级混凝土的可泵性性能复验变化

| | Inital | 1h | 2h | 3h | 4h |
|---|---|---|---|---|---|
| C35（0.75%） | 675 | 690 | 680 | 655 | 650 |
| C60（1.15%） | 605 | 710 | 715 | 720 | 700 |
| C50（1.05%） | 600 | 615 | 650 | 660 | 655 |

M4样品复测

超高层混凝土可泵性工作区域（无泌水、离析）

图2.7　C60混凝土的工作性状态

　　聚羧酸外加剂 M4 配方配制的混凝土新拌浆体均达到饱满程度，和易性与黏聚性良好，4h 内无任何泌水或离析的现象。掺用此外加剂的前提为保障三个不同强度等级的混凝土配合比可同时在高温下达到高层泵送和性能保持的目的。经过拌站生产试泵后，通过泵压监控和现场取样测试，其完全满足高层泵送要求。

　　（2）高性能混凝土的力学性能

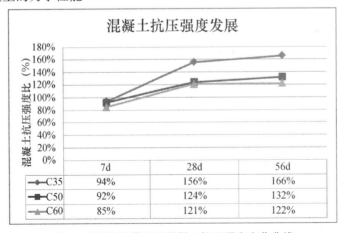

混凝土抗压强度发展

| | 7d | 28d | 56d |
|---|---|---|---|
| C35 | 94% | 156% | 166% |
| C50 | 92% | 124% | 132% |
| C60 | 85% | 121% | 122% |

图8　不同强度等级的混凝土抗压强度变化曲线

从后期的抗压强度的监控数据来看，不同等级的混凝土强度满足率 R28d（C60 121％ C50 124％ C35 156％）均完全满足设计要求。

## 3 现场生产监控

针对上海中心大厦工程的混凝土，在施工现场进行生产监控，分别进行了同日多车、同车多次等不同情况下的工作性跟踪，于 2013 年 08 月 26 日 19：00—23：35，环境温度为 39～35℃，对应的混凝土工作性情况如图 9～图 11 所示。

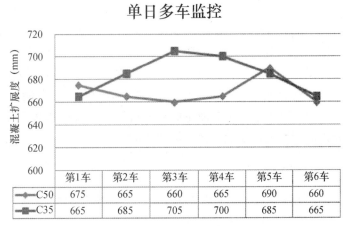

图 9　单日多车监控的混凝土工作性

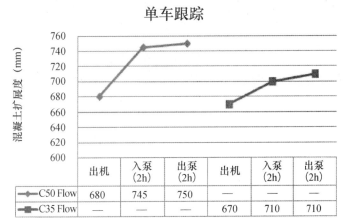

图 10　不同测试点的单车跟踪的混凝土工作性

图 11　在施工作业面上的混凝土工作性示意图

上海麦斯特建工根据长期在大项目工程上的经验，对本公司高性能外加剂进行大量试验与合理搭配，研发出了 Master Glenium Sky 8325 产品完全满足了上海中心工程在特殊条件下对混凝土性能的要求。

在实际工程的混凝土生产、运输、泵送、浇筑以及力学性能跟踪上，也验证了 Master Glenium Sky 8325 产品的优异性能。

## 4　用途展望

本次项目展现了上海麦斯特建工在高层泵送混凝土上的技术研发能力，能够按照客户要求提供相适应的产品，并在混凝土施工过程中提供周到的售后服务，保障工程的顺利完成。

同时，在外加剂应用于高层泵送混凝土的研发上提供一种警示、思路和方法，在国内愈来愈多的高层建筑的外加剂选配中，需要更多有效组分经过试验进行叠加使用，但是即使是非常特殊性能的外加剂，想要满足任意原材料或其他多种条件也是很困难的。没有万能的产品只有更合适的产品。在施工前综合考虑实际混凝土生产中要使用的原材料和碰到的技术和工程难点，抓住重点，通过大量的试验和选配分析逐步推进，才能够获得最合适的产品。

**参考文献**

[1]　杨健英，吴慧华，Bruce Christensen 等. 智能动力混凝土—低标号普通混凝土高性能化的探索与实践（一）[J]. 混凝土，2009（10）：47-49.

[2]　Dr. Mario Corradi1，Dr. Jan Klueggel，Nilotpol Kar2，Dr. Bruce Christensen1 and Jianying Yang. 一种应用于低总胶自密实混凝土的新型粘度改性剂《第二届国际自密实混凝土会议论文集》.

**作者简介**

陈建大，男，1982 年 11 月，工程师。上海建工材料工程有限公司，上海市杨浦区黎平路 204 号；电话：13671598671；E-mail：chenjd602@126.com。

# 引气剂在冷却塔抗冻融混凝土中的应用研究

孙东华，谷祖良，都晓明

## 1 引言

冷却塔筒壁属高耸钢筋混凝土薄壁结构，对混凝土除有较高的强度要求外，还有抗渗、抗冻等方面的要求。混凝土抗冻性是混凝土耐久性领域里重要的组成部分，是我们北方地区必须面对的严峻问题。

混凝土产生冻融破坏有两个必要条件，一是混凝土必须接触水或混凝土中有一定的游离水；二是建筑物所处自然条件中存在反复交替的正负温度。当混凝土处于冰点以下时，首先是靠近表面的孔隙中的游离水开始冻结，产生体积膨胀，在混凝土内部产生冻胀应力，从而使未冻结的水分受压后向混凝土内部迁移。当迁移受约束时就产生了静水压力，促使混凝土内部薄弱部分，特别是在受冻初期强度不高的部位容易产生微裂缝，当遭受反复冻融循环时，微裂缝会不断扩展，逐步造成混凝土剥蚀破坏。通过向混凝土中掺加引气剂，引入大量均匀、稳定而封闭的微细气泡（直径 20～200μm），是大幅度提高混凝土抗冻性的最有效技术措施之一。研究表明，大量均匀分布于混凝土内部的微细气泡可以容纳自由水分的迁移，从而缓和了静水压力，提高了混凝土承受反复冻融循环的能力。

威建二公司施工的初村科技新城热电厂是市重点工程，该项目冷却塔单体筒壁工程采用 C30W8F200 混凝土，结合该工程的特点，对混凝土的配合比及性能进行了初步探讨和研究。

## 2 原材料

### 2.1 水泥

山东山铝水泥厂（淄博山铝）生产的 P·O42.5R 普通硅酸盐水泥，实测 28 天抗压强度 46.1MPa，其他各项指标均满足规范要求。

### 2.2 砂

乳山中砂，细度模数 2.7，Ⅱ区级配，含泥量 2.4%。

### 2.3 石子

烟台永美石子厂，10～20mm，针片状颗粒含量 6%，压碎指标值 9%。

### 2.4 外加剂

奈系高效减水剂。

### 2.5 膨胀剂

采用寿光 UEA-D。

### 2.6 引气剂

经查，直链型表面活性剂如十二烷基磺酸钠与十二烷基苯磺酸钠都具有较好的起泡能力，但泡沫较大，稳定性差；非离子型引气剂如烷基醇聚氧乙烯醚的起泡能力较差；而以松香皂类、松香热聚物起泡性能好，气泡均匀而稳定，因此使用普遍。在此，我们采用徐州力美建材科技有限公司生产的 LMYIN-HD01 改进型松香引气剂。

## 3 试验及分析

### 3.1 试验配比（表1）

**表1 试验配比表**

| 水泥（kg） | 砂（kg） | 石子（kg） | UEA（kg） | 水（kg） | WJ-H2（kg） | 水灰比 | 砂率（%） |
|---|---|---|---|---|---|---|---|
| 375 | 793 | 1020 | 30 | 175 | 7.5 | 0.47 | 44 |

### 3.2 LMYIN-HD01引气剂掺量对混凝土含气量的影响

由图1可知，混凝土含气量随引气剂掺量增加而增大，当混凝土含气量超过6%时，引气剂的掺量对混凝土含气量的影响没有低掺量时那么明显。

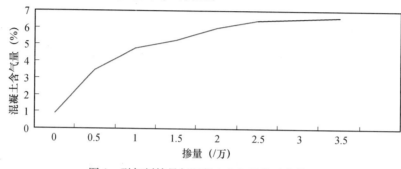

图1 引气剂掺量与混凝土含气量关系曲线图

### 3.3 水灰比对混凝土含气量的影响

由表2可看出，在一定范围内，引气剂掺量相同时，水灰比越小，混凝土含气量越小，一般水泥每增加90kg/m³，混凝土含气量减少约1%。这是因为，用水量过低时，混凝土坍落度过小，使得气泡形成较困难，因此导致混凝土含气量降低；当用水量增加时，混凝土和易性较好，气泡较宜生成，因此含气量相对较大；但当用水量过大时，混凝土呈现大坍落度或流态时，气泡有可能逸出，且分布范围较大，混凝土含气量会明显降低。

**表2 不同水灰比对混凝土含气量的影响**

| 序号 | 水灰比 | 水泥（kg） | 砂（kg） | 石子（kg） | UEA（kg） | 水（kg） | WJ-H2（kg） | 含气量（%） |
|---|---|---|---|---|---|---|---|---|
| 1 | 0.41 | 427 | 741 | 1020 | 30 | 175 | 7.5 | 4.2 |
| 2 | 0.44 | 398 | 770 | 1020 | 30 | 175 | 7.5 | 4.6 |
| 3 | 0.47 | 375 | 793 | 1020 | 30 | 175 | 7.5 | 4.8 |
| 4 | 0.50 | 350 | 818 | 1020 | 30 | 175 | 7.5 | 5.0 |
| 5 | 0.53 | 330 | 837 | 1020 | 30 | 175 | 7.5 | 5.3 |

注：该5组配比引气剂掺量均为1/万

### 3.4 砂率对混凝土含气量的影响

由表3可看出，当混凝土砂率过小时，由于没有足够的砂浆包裹石子，而是混凝土的和易性不好，甚至离析泌水，导致混凝土的气泡稳定性很差；当混凝土砂率增大时，混凝土和易性满足要求后，混凝土含气量相应会增加。但砂率并不是越大越好，当砂率过大时，混凝土中粗集料过小，细集料过多，和易性变差，混凝土含气量变化不很明显。考虑冷却塔浇筑时，泵车泵送高度及仰角较大，同时冷却塔筒壁较薄，应适当增大混凝土的砂率，提高可泵性和可操作性。

表3 不同砂率对混凝土含气量的影响

| 序号 | 砂率（%） | 水泥（kg） | 砂（kg） | 石子（kg） | UEA（kg） | 水（kg） | WJ-H2（kg） | 含气量（%） |
|---|---|---|---|---|---|---|---|---|
| 1 | 40 | 375 | 733 | 1080 | 30 | 175 | 7.5 | 3.4 |
| 2 | 42 | 375 | 768 | 1045 | 30 | 175 | 7.5 | 4.0 |
| 3 | 44 | 375 | 793 | 1020 | 30 | 175 | 7.5 | 4.8 |
| 4 | 46 | 375 | 833 | 980 | 30 | 175 | 7.5 | 5.2 |
| 5 | 48 | 375 | 873 | 940 | 30 | 175 | 7.5 | 5.3 |

注：该5组配比引气剂掺量均为1/万

### 3.5 粗集料最大粒径及砂细度模数对混凝土含气量的影响

一般情况下，石子粒径越大，混凝土含气量越小；用中砂，混凝土含气量高而且比较稳定，砂中0.3～0.6mm粒径较多时混凝土含气量较大。当使用过粗或过细的砂会导致混凝土含气量减少，因为，采用过粗或过细的砂会导致混凝土和易性变差，含气量会随之减少。混凝土公司初村搅拌站沙石质量稳定，砂为标准中砂，石子为标准10～20mm级配，满足施工要求。

### 3.6 其他影响混凝土含气量的因素

#### 3.6.1 搅拌时间

掺引气剂混凝土应在搅拌普通混凝土的基础上适当增加搅拌时间，搅拌时间在5min内增大较明显，但搅拌时间过长含气量会较少，当搅拌10min以后含气量明显减少。

#### 3.6.2 振捣

振捣会引起混凝土含气量的损失，振捣2.5min，混凝土含气量损失约50%，振捣9min混凝土含气量损失约80%，高频振捣器比平板振捣器对混凝土含气量的影响大得多。因此，应在满足混凝土密实度的情况下，尽量缩短振捣时间。

#### 3.6.3 混凝土和易性及混凝土坍落度

混凝土和易性不好，会造成混凝土气泡的逸出，使混凝土含气量下降。在满足混凝土施工性能的前提下，随意增加混凝土坍落度，会使混凝土的气泡稳定性降低。

#### 3.6.4 水及温度

水的硬度增加，含气量减少；水的温度升高，混凝土含气量减少。

### 3.7 掺引气剂对混凝土强度的影响

由表4可看出混凝土强度随含气量的增大而减小，在低含气量（3%）以下时，含气量对混凝土的强度影响不明显，当含气量增加较大时，混凝土强度递减幅度较大。

表4 引气剂含量对混凝土强度的影响

| 序号 | 引气剂掺量（/万） | 含气量（%） | 强度（MPa） | | | |
|---|---|---|---|---|---|---|
| | | | 7d | | 28d | |
| 1 | 0 | 1.0 | 30.9 | 100% | 40.5 | 100% |
| 2 | 0.5 | 3.4 | 29.5 | 95% | 38.7 | 96% |
| 3 | 1.0 | 4.8 | 28.0 | 91% | 37.2 | 92% |
| 4 | 1.5 | 5.6 | 26.9 | 87% | 34.9 | 86% |
| 5 | 2.0 | 6.0 | 24.1 | 78% | 33.2 | 82% |
| 6 | 2.5 | 6.4 | 21.6 | 70% | 32.1 | 79% |

由以上分析可看出，影响混凝土含气量的因素较多，而含气量最终又影响混凝土的强度和耐久性，尤其抗冻性。因此，必须选用优质的原材料，优质的引气剂，选用合理的水灰比、砂率，按照严格的工序，结合现场施工条件，才能找到理想的满足要求的配比。

## 4 施工配比的选择

表5 施工配比

| 水泥（kg） | 砂（kg） | 石子（kg） | UEA（kg） | 水（kg） | WJ-H2（kg） | 水灰比 | 砂率（%） |
|---|---|---|---|---|---|---|---|
| 375 | 823 | 990 | 30 | 175 | 7.5 | 0.47 | 45 |

注：引气剂掺量选择：1.2/万，混凝土含气量理论达到值：5%。

为方便施工，将引气剂事先掺加到 WJ-H2 中，掺量为 6（kg/t）。

试配结果技术指标如下：

表6 试配结果技术指标

| 强度等级 | 坍落度（mm） | 含气量（%） | 28d强度（MPa） | 冻融试验 | |
|---|---|---|---|---|---|
| | | | | 抗压强度损失率（%） | 质量损失率（%） |
| C30W8F200 | 200 | 4.9 | 35.8 | 11 | 1.6 |

通过表5、表6的数据分析可以看出，冻融实验结果满足要求。

## 5 结语

研究表明，混凝土中掺加引气剂不仅能大大提高混凝土的抗冻性能，混凝土中掺加引气剂还能起到以下作用：改善混凝土坍落度、流动性、可塑性；减少混凝土泌水离析，提高混凝土匀质性；提高混凝土抗折强度；使混凝土热扩散及传导系数降低，从而提高混凝土的体积稳定性；抗渗性、耐强酸盐侵蚀及抗碱基里集料反应等。但使用时必须经试验验证，如果过量掺加引气剂会适得其反。

# 钢渣粗集料在泵送配重混凝土的应用试验研究

张　勇，鲁哓辉，谢慧东

（山东华森混凝土有限公司，山东济南，250101）

**摘　要**　试验通过调整胶凝材料用量和砂率对泵送钢渣配重混凝土工作性、力学性能及表观密度和干密度的影响，结果表明在满足和易性条件下，钢渣泵送混凝土胶凝材料用量相对较高，但混凝土60d强度仍有大幅增加。胶凝材料为450kg/m³，砂率为36%时，钢渣混凝土的表观密度和干密度达到最大值分别为2780kg/m³和2680kg/m³。

**关键词**　钢渣配重混凝土；工作性；强度；表观密度；干密度

# Experimental Study of The Application of Steel Coarse Aggregate in Pump Heavyweight Concrete

Zhang Yong，Lu Xiaohui，Xie Huidong

（Shandong Huasen Concrete Co.，Ltd，Shandong Jinan，250101）

**Abstract**　The workability, mechanical property, apparent density and dry density of steel heavyweight concrete were studied on the basis of adjustment of sand ratio and binding material. The result show that：the cementitious material consumption was rather higher，but the the compressive strength of 60d was sharp increased. The apparent density and dry density can reach up to 2780kg/m³ and 2680kg/m³，when the cementitious material consumption was 450kg/m³ and the sand ratio was 36%.

**Keywords**　steel heavyweight concrete; workability; mechanical property; apparent density; dry density

## 0　序言

钢渣是炼钢产生的工业废渣，主要由钙、硅、镁及少量铝、锰、磷等多种氧化物组成，主要矿物相为$C_3S$、$C_2S$及硅、镁、铁、锰、磷的氧化物形成的固溶体，被称为过烧硅酸盐熟料[1,2]。钢渣产生率为粗钢产量的15%~20%，钢渣在欧美等发达国家已基本达到供耗平衡，在我国钢渣利用率为50%~60%，建材领域只占10%左右[3]。据有关统计，到2050年，人类对混凝土的需求量将高达每年160亿吨[4]，随着国家对矿产资源的保护，矿山开采受到限制，优质石灰石资源日益紧缺，寻找可替代资源就十分必要。钢渣在混凝土中大量应用不仅可以解决钢渣堆放对土壤、空气、地下水等环境造成的污染问题，还可以起到改善混凝土力学性能及耐久性能的作用，作为新型集料已在混凝土中逐渐应用，并取得一些研究成果[5~9]。钢渣表观密度一般在3000kg/m³以上，且资源较多，本试验以钢渣为混凝土粗集料，以石灰石人工砂为细集料，通过调整胶凝材料用量、砂率等，配制混凝土干表观密度大于2600kg/m³的泵送配重混凝土，并对试验结果进行分析。

## 1 试验原材料与试验方法

### 1.1 试验原料

水泥：山东水泥厂 P·O425 水泥，物理性能见表 1；粉煤灰：济南黄台电厂 Ⅱ级粉煤灰，$45\mu m$ 筛余为 20.8%；砂：石灰石人工砂，物理性能见表 2；钢渣：济南钢铁厂转炉钢渣，物理性能见表 3；外加剂：采用减水、缓凝成分复合添加剂，减水成分为高效萘系和脂肪族复合，缓凝剂为葡萄糖酸钠。

**表 1 水泥物理性能**

| 名称 | 强度（MPa） | | | | 比表面积（$m^2/kg$） | 凝结时间（min） | |
| --- | --- | --- | --- | --- | --- | --- | --- |
| | 3d | | 28d | | | 初凝 | 终凝 |
| | 抗压 | 抗折 | 抗压 | 抗折 | | | |
| 水泥 | 23.0 | 5.8 | 46.2 | 9.3 | 342 | 195 | 301 |

**表 2 人工砂物理性能**

| 名称 | MB 值 | 紧密堆积（$kg/m^3$） | 松散堆积（$kg/m^3$） | 表观密度（$kg/m^3$） | 石粉含量（%） | 细度模数 |
| --- | --- | --- | --- | --- | --- | --- |
| 人工砂 | 1.75 | 1760 | 1630 | 2720 | 13.1 | 3.2 |

**表 3 钢渣物理性能**

| 名称 | 压碎值（%） | 表观密度（$kg/m^3$） | 松散堆积（$kg/m^3$） | 紧密堆积（$kg/m^3$） | 2h 吸水率（%） | 空隙率（%） |
| --- | --- | --- | --- | --- | --- | --- |
| 钢渣 | 4.0 | 3200 | 1790 | 1985 | 1.79 | 38 |

### 1.2 试验方法

配合比设计参照执行《普通混凝土配合比设计规程》（JGJ 55—2011），用体积法设计钢渣混凝土配合比。钢渣配重混凝土设计干表观密度≥2600$kg/m^3$，由于配重混凝土对强度等级要求不是很高，首先应考虑配制的混凝土干表观密度满足设计配重密度要求，同时要求混凝土出机坍落度大于 200mm，和易性良好，满足泵送施工要求。混凝土拌合物性能试验参照 GB/T 50080—2002 普通混凝土拌合物性能试验方法标准，测定混凝土拌合物表观密度，初始及 40min 坍落度，观察混凝土和易性。测试 60d 龄期时的表观密度，将 60d 测试强度压碎的试块放在在 75℃烘箱中烘干测试其含水率，计算混凝土干密度。参照《普通混凝土力学性能试验方法标准》（GB/T 50081—2002），成型 100mm×100mm×100mm 的混凝土试块，在温度为 20±5℃环境中静置 1d，然后编号、拆模。拆模后放入温度为 20±2℃，相对湿度为 95% 以上的标准养护室中养护，测试其不同龄期抗压强度。

## 2 试验结果与讨论

钢渣表观密度为 3200$kg/m^3$，而普通石灰石集料的密度为 2650$kg/m^3$ 左右，因此用钢渣等体积取代石灰石集料配制泵送钢渣配重混凝土时，容易出现离析、分层现象，为增加浆体对集料的"包裹托浮"作用，应提高胶凝材料用量，为保证配重混凝土密度能够满足设计配重要求，水泥用量应相对较高。因此，本试验设计胶凝材料用量分别为 400$kg/m^3$、450$kg/m^3$、500$kg/m^3$；参照前期试验基础上，为保证和易性，粉煤灰取代水泥比例为 30%；考虑钢渣等体积取代石灰石后钢渣配重混凝土的砂率变化，分别设计为 36%、38%、40%、42%。通过调整混凝土用水量，满足钢渣混凝土出机坍落度大于 200mm 要求。本试验泵送钢渣配重混凝土试验配比见表 4，试验结果如表 5 所示。

表4 钢渣粗集料泵送配重混凝土配合比

| 编号 | 序号 | 砂率 | 胶凝材料（kg/m³） | | 人工砂 | 钢渣 | 外加剂 | 水 |
|---|---|---|---|---|---|---|---|---|
| | | | 水泥 | 粉煤灰 | | | | |
| 1 | A1 | 36 | 280 | 120 | 736 | 1308 | 12 | 190 |
| | A2 | 38 | 280 | 120 | 773 | 1261 | 12 | 195 |
| | A3 | 40 | 280 | 120 | 810 | 1215 | 12 | 200 |
| | A4 | 42 | 280 | 120 | 847 | 1169 | 12 | 205 |
| 2 | B1 | 36 | 315 | 135 | 714 | 1269 | 13.5 | 190 |
| | B2 | 38 | 315 | 135 | 750 | 1223 | 13.5 | 195 |
| | B3 | 40 | 315 | 135 | 786 | 1178 | 13.5 | 195 |
| | B4 | 42 | 315 | 135 | 821 | 1134 | 13.5 | 200 |
| 3 | C1 | 36 | 350 | 150 | 692 | 1230 | 15 | 200 |
| | C2 | 38 | 350 | 150 | 727 | 1186 | 15 | 200 |
| | C3 | 40 | 350 | 150 | 761 | 1142 | 15 | 210 |
| | C4 | 42 | 350 | 150 | 796 | 1099 | 15 | 215 |

表5 泵送钢渣粗集料配重混凝土试验结果

| 序号 | 坍落度（mm） | | 混凝土和易性 | 强度（MPa） | | | 容重（kg/m³） | 干密度（kg/m³） |
|---|---|---|---|---|---|---|---|---|
| | 出机 | 40min | | 7d | 28d | 60d | | |
| A1 | 200 | 145 | 较差 | 25.7 | 39.1 | 43.1 | 2770 | 2660 |
| A2 | 208 | 140 | 一般 | 27.2 | 39.6 | 46.3 | 2760 | 2650 |
| A3 | 230 | 215 | 可以 | 24.9 | 38.9 | 46.3 | 2750 | 2630 |
| A4 | 220 | 210 | 良好 | 24.5 | 38.6 | 45.6 | 2730 | 2620 |
| B1 | 220 | 200 | 良好 | 27.9 | 42.8 | 51.2 | 2780 | 2680 |
| B2 | 215 | 200 | 良好 | 27.2 | 41.5 | 48.5 | 2770 | 2660 |
| B3 | 230 | 215 | 良好 | 27.3 | 40.5 | 46.8 | 2760 | 2640 |
| B4 | 220 | 220 | 良好 | 28.7 | 41.8 | 52.4 | 2740 | 2620 |
| C1 | 235 | 230 | 良好 | 29.7 | 42.3 | 49.8 | 2760 | 2650 |
| C2 | 210 | 210 | 良好 | 31.3 | 43.1 | 55.5 | 2750 | 2640 |
| C3 | 230 | 220 | 良好 | 30.4 | 42.3 | 51.6 | 2710 | 2590 |
| C4 | 230 | 225 | 良好 | 26.4 | 39.2 | 49.6 | 2670 | 2580 |

## 2.1 新拌泵送钢渣配重混凝土拌合物性能

由表5试验结果可以看出：钢渣混凝土胶凝材料用量为400kg/m³时，砂率低于40％的钢渣混凝土和易性较差，40min坍落度损失较大，不能满足泵送混凝土的施工要求。混凝土的和易性随砂率提高而逐渐改善，砂率增至42％时，混凝土40min坍落度基本没有损失。胶凝材料用量高于450kg/m³时，砂率在36％时，即可满足和易性及泵送要求，坍落度损失较小，且拌合物浆体对集料包裹作用明显改善，黏度增大，拌合物黏聚性和保水性随胶凝材料用量的提高而逐渐改善。因钢渣集料密度较大、胶凝材料用量相对普通石灰石混凝土要高，使得混凝土拌合黏度相对较大，因此钢渣配重混凝土的泵送压力相对而言会高一些。

## 2.2 泵送钢渣配重混凝土力学性能

不同钢渣配重混凝土配合比强度分析如图 1～图 3 所示。

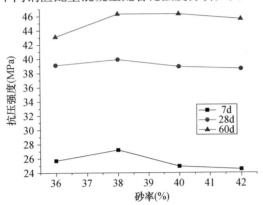

图 1    400kg/m³ 胶凝材料钢渣配重混凝土强分析

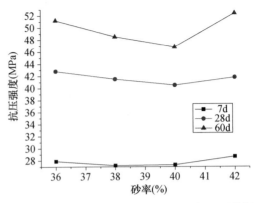

图 2    450kg/m³ 胶凝材料钢渣配重混凝土强分析

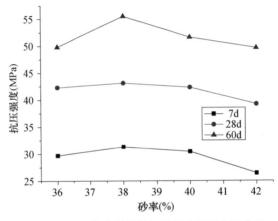

图 3    500kg/m³ 胶凝材料钢渣配重混凝土强分析

根据表 5 试验结果，以及图 1、图 2 和图 3 不同胶凝材料用量混凝土各龄期强度随砂率变化分析，可以看出，不同胶凝材料用量的钢渣集料混凝土各龄期强度随砂率升高表现出不同的规律，胶凝材料用量为 400kg/m³ 和 500kg/m³ 时，钢渣混凝土的 7d、28d、60d 强度在砂率为 38％的时候最高，而胶凝材料为 450kg/m³ 的钢渣混凝土各龄期强度在砂率为 36％时，各龄期强度最高。随胶凝材料用量的提高，混凝土各龄期强度均逐渐升高，但是胶凝材料 500kg/m³ 混凝土强度相对胶凝材料 450kg/m³ 混凝土强度增幅不大。由试验结果及分析曲线可以看出，钢渣集料混凝土的 60d 龄期强度相对 28d 龄期强度仍有大幅提高，这说明用钢渣作为混凝土集料，有助于混凝土后期强度的发展，这与有关研究表明钢渣集料作集料可以改善混凝土界面过渡区和内部结构相一致[1,7]。

## 2.3 泵送钢渣配重混凝土的表观密度和干密度

试验分析如图 4 和图 5 所示。

根据表 5 试验结果，以及图 4、图 5 可以看出，泵送钢渣配重混凝土表观密度和干密度均随砂率增加而降低，不同胶凝材料用量的钢渣配重混凝土表观密度和干密度均在砂率为 36％时值最大；粉煤灰取代水泥比例为 30％的情况下，相同砂率的钢渣配重混凝土表观密度和干密度随胶凝材料用量的提高先增加后降低，均在胶凝材料用量为 450kg/m³ 时，数值最大，表观密度最高可达到 2780kg/m³，干密度最高可达到 2680kg/m³。

## 3    结语

（1）用钢渣作粗集料、石灰石人工砂为细集料配制泵送混凝土，胶凝材料用量相对较高，胶凝材料用量低于 450kg/m³ 时，和易性较差，容易出现分层离析现象。拌合物和易性随胶凝材料用量和砂率的提高逐渐改善，当胶凝材料为 450kg/m³ 时，和易性及可泵性均满足施工要求。

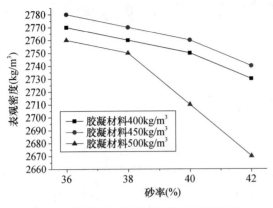

图 4　不同胶凝材料用量混凝土表观密度随砂率变化分析

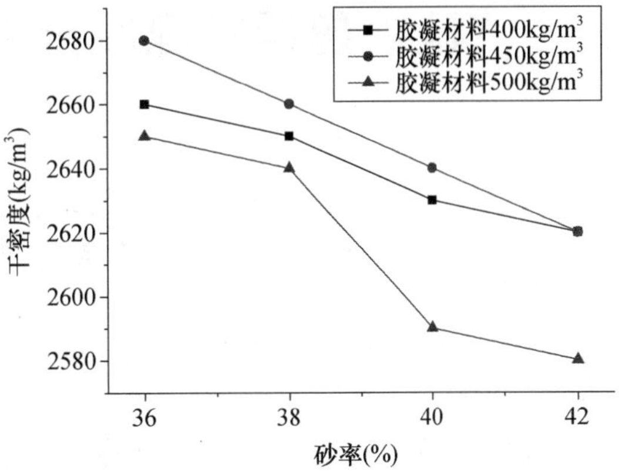

图 5　不同胶凝材料用量混凝土干密度随砂率变化分析

（2）不同胶凝材料用量的钢渣混凝土各龄期强度随砂率变化表现出不同的规律，但是钢渣混凝土 60d 强度相对 28d 强度均有大幅度增加。

（3）钢渣配重混凝土的表观密度和干密度均随砂率增加而逐渐降低，随胶凝材料用量先增加后降低，在胶凝材料为 450kg/m³ 时，表观密度和干密度可以达到最大值，分别为 2780kg/m³ 和 2680kg/m³。

（4）根据不同胶凝材料用量及砂率对泵送钢渣配重混凝土的综合影响，胶凝材料为 450kg/m³，砂率为 36% 时，各项性能均可满足泵送钢渣配重混凝土的施工要求。

**参考文献**

[1]　邢琳琳．钢渣稳定性与钢渣粗集料混凝土的试验研究 [D]．西安：西安建筑科技大学，2012．

[2]　杨波，史林．钢渣混凝土研究现状分析 [J]．中国新技术新产品，2011（7）：11-12．

[3]　李玮峰．转炉钢渣的理化性质及资源化研究 [D]．北京：北京化工大学，2008．

[4]　P. Kumar Mehta, Paulo. M. Moneteiro. Concrete Microstructure, Properties and Materials [M]. Beijing: McGraw-Hill Education (Asia) Co. and China Eletric Power Press. 2008：426-427．

[5]　於林峰，徐冰，王琼，等．钢渣混凝土性能的试验研究及应用前景分析 [J]．混凝土，2014（1）：79-81．

[6]　张海霞，王龙志，谭文杰．钢渣作为配重混凝土集料的研究 [J]．21 世纪建筑材料，2011（2）：90-92．

[7]　白敏，尚建丽，张松榆．钢渣替代粗集料配制混凝土的试验研究 [J]．混凝土，2005（7）：62-70．

[8]　梁建军．钢渣替代粗集料配制混凝土的试验研究 [J]．山西建筑，2010，36（27）：166-167．

[9]　孙世国，崔恒忠，林国旗等．钢渣混凝土与普通混凝土的强度对比研究 [J]．粉煤灰综合利用，2005（3）：32-34．

**作者简介**

张勇，1989 年生，男，硕士，从事混凝土、外加剂、商品砂浆等新型建材生产试验研究。地址：山东省济南市历下区凤山路；单位：山东华森混凝土有限公司；邮编：250101；电话：0531-88818077/15275122625；E-mail：xiehuidong123@163.com。

# 地铁超缓凝混凝土的质量控制及应用技术

王海涛[1]，徐锦富[1]，闫　磊[2]

（1. 天津市飞龙混凝土外加剂有限公司，天津，300400；

2. 北京建工集团商品混凝土有限公司，天津，300400）

**摘　要**　本文阐述了通过对混凝土的原材料的选择、进场验收到存储，配合比的选择与试配，从计量、搅拌、运输、在各方面进行过程控制。通过全方位、全过程对混凝土的质量进行控制，使得地铁超缓凝混凝土在达到良好的出机工作性能下并能长久保持混凝土的和易性，满足超缓凝混凝土对凝结时间的同时大大改善了混凝土的和易性，特别适用于超大超长桩基等对混凝土水化温升、凝结时间及对混凝土耐久性有特殊要求的工程中。

**关键词**　质量控制；超缓凝；耐久性

## 1　引言

随着科学技术和生产的发展，各种在严酷环境下使用的重大混凝土结构，如跨海大桥、海底隧道、地铁盾构等，以及有毒有害废物处置与处理工程的建造需要在不断地增加。这些混凝土工程的施工难度大，耐久性要求高，一旦出现事故，则后果十分严重，修补耗资巨大。同时，不少发达国家正面临钢筋混凝土结构的基础设施老化的问题，需要投入巨额资金进行修补或拆换，因此混凝土的耐久性方面越来越受到社会的重视[1]。良好的工作性是混凝土质量均匀、获得高性能因而安全可靠的前提，没有良好的工作性就不可能有良好的耐久性。所以工作性对混凝土技术和管理现代化有重大影响。现代混凝土材料地材来源复杂，由于使用了超塑化剂特别是高减水聚羧酸减水剂和其他外加剂以及矿物掺合料，为了保证混凝土能有良好的工作性，对混凝土的全方位的质量控制显得尤为重要，从混凝土的原料入场把关，施工配合比的优化，混凝土生产过程的精心控制，及现场施工、振捣、养护的全程跟踪，才能确保优质混凝土得以在工程中应用。

在天津的几条地铁施工中，为提高单桩的承载能力，桩的长度和横截面积都较大，单桩所需灌注的混凝土方量较大，灌注时间较长，尤其是在炎热的季节，为保证混凝土在 10 个 h 保持良好的工作性能，必须把混凝土的凝结时间大大延长，才能保证一次灌桩成功，[2]与普通混凝土相比，超缓凝混凝土的生产和施工并不需要特殊的工艺，但是在工艺的各个环节中普通混凝土不敏感的因素，超缓凝混凝土却会很敏感，特别是使用高性能聚羧酸高性能减水剂（缓凝型）后，因而需要更严格的控制和管理，尤其是在工地现场施工时，包括试配、原材料管理、浇筑、振捣成型、拆模养护等问题，需要作特别强调。

## 2　工程技术设计要求及试验结果

### 2.1　工程简介及混凝土技术指标要求

#### 2.1.1　工程简介

天津地铁 3 号线华苑站，主体结构二柱三跨钢筋混凝土，框架结构地下岛式车站，标准段基坑净宽 20.54m，深 17.9m，地下市政管线错综复杂，该工程地质条件复杂，工程环境复杂，利用咬合桩技术形成排桩，是一种先进的地下连续墙围护技术，其关键工序为混凝土超缓凝技术，单桩灌桩时间在 14～20h。3 号线与 6 号线中转站主体结构为双柱三跨三层，基坑开挖围护结构采用桩径为 1 米的钻孔咬合桩，桩长 28～35m。

**2.1.2 混凝土技术要求**

优选原材料，由于水下混凝土灌桩是连续作业，一旦灌注就必须一气呵成，因此对混凝土的黏聚性，坍落度损失，缓凝效果等各项指标的控制中，原材料的质量控制是至关重要的。

**2.1.3 凝结时间**

该工程处于繁华地段，由于混凝土的运距长，浇筑时间较长，施工现场操作机器较多，混凝土需要较长的凝结时间，单桩成桩时间根据地质条件、桩长、桩径和钻孔能力，混凝土设计为 C35 水下混凝土，混凝土出机坍落度 18～20cm，15h 保留值 15～18cm，初凝时间大于 36h，终凝时间<42h。

**2.1.4 新拌混凝土性能要求**

考虑的桩基混凝土容易受到地下水中化学物质的侵蚀，无法达到设计使用年限，设计采用高性能混凝土，要求新拌混凝土具有优异的工作性能、硬化混凝土长期使用的物理力学性能和耐久性能。

## 2.2 原材料及试验内容

**2.2.1 试验原材料**

水泥：选用振兴水泥 42.5 水泥，矿粉：唐龙 s95 级矿粉，粉煤灰：选用军电二级粉煤灰，沙子：绥中二区中砂，细度模数 2.6，碎石：河北遵化 5～25mm 连续级配的碎石，水：自来水。外加剂：天津飞龙聚羧酸系高性能减水剂、聚羧酸保坍剂、缓凝剂地下水质分析结果与混凝土和原料的相关指标见表 1 和表 2。

**表 1 地下水质分析结果**

| 类型 | 深度 | $Mg^{2+}$ | $K^+ + Na^+$ | 总矿化度 | $SO_4^{2-}$ | $CL^-$ | $HCO_3^-$ | 游离 $CO_2$ | pH 值 |
|------|------|------|------|------|------|------|------|------|------|
| 承压水 | 13.2 | 118.23 | 955.23 | 3455 | 326.72 | 1469.5 | 396.8 | 35.2 | 7.25 |
| | 15.5 | 389.14 | 1722.13 | 6934.67 | 480.25 | 3545.4 | 909.1 | 30.2 | 7.27 |
| | 19.8 | 150 | 675.55 | 2764.38 | 744.40 | 921.6 | 335.60 | 8.8 | 7.46 |

**表 2 混凝土和原材料的相关指标**

| 序号 | 项目 | 控制指标 |
|------|------|------|
| 1 | 最大水胶比 | ≤0.4 |
| 2 | 混凝土中氯离子含量（占胶凝材料的总量） | ≤0.1% |
| 3 | 混凝土总碱含量（占胶凝材料的总量） | ≤3kg/m³ |
| 4 | 集料的碱活性 | 无 |
| 5 | 配置强度等级 | ≥42MPa |
| 6 | 坍落度和扩展度 | 500mm<SL<600mm |
| 7 | 坍落度和扩展度经时损失 | 15h 损失<20mm |
| 8 | 凝结时间 | 初凝：≥36h |

**2.2.2 配合比设计**

本工程超大长径比桩基的混凝土设计强度等级 C35，天津地区属于盐碱区，由水质分析结果可知，承压水对混凝土结构无腐蚀性，但在交替作用下对钢筋混凝土结构具有中等腐蚀，根据设计使用 100 年对混凝土的耐久性相关要求标准。根据前期初步筛选，并根据混凝土工作性能对混凝土配合比进一步优化，确定的四组配合比进行工作性能及耐久性能试验，具体的配合比见表 3

表3 不同掺合料的比例及砂率对混凝土工作性的影响对比试验（kg/m³）

| 等级 | 水泥 | 粉煤灰 | 矿粉 | 石子 | 砂子 | 外加剂 | 水 |
|------|------|--------|------|------|------|--------|-----|
| C35① | 240 | 70 | 120 | 1020 | 760 | 7.0 | 170 |
| C35② | 240 | 70 | 120 | 1060 | 720 | 6.5 | 170 |
| C35③ | 260 | 90 | 90 | 1020 | 760 | 7.0 | 170 |
| C35④ | 260 | 90 | 90 | 1060 | 720 | 6.5 | 170 |

**2.2.3 不同参数的试配对新拌混凝土工作性能及后期耐久性能影响（表4）**

表4 超缓凝混凝土桩基工作性能和力学性能试验结果

| 坍落度/扩展度（mm/mm） | | | | 凝结时间（h/min） | | 抗压强度（MPa） | |
|------|------|------|------|------|------|------|------|
| 0H | 5H | 10H | 15H | 初凝 | 终凝 | 7d | 28d |
| 220/550 | 230/560 | 230/540 | 160/350 | 25h20min | 28h50min | 30.5 | 44.5 |
| 230/570 | 230/600 | 230/660 | 200/450 | 36h30min | 40h50min | 24.5 | 46.0 |
| 230/570 | 230/600 | 230/650 | 205/500 | 37h25min | 44h50min | 23.5 | 43.5 |
| 230/570 | 230/600 | 230/650 | 210/550 | 36h25min | 41h50min | 25.5 | 47.5 |

试验小结：通过试验结果，试配②出机和易性好，黏度适中，流速快，出机混凝土工作性能好于其他三组。抗氯离子渗透性能是混凝土耐久性的一个重要方面，由于化学侵蚀通常发生在特定的环境下，氯离子侵入钢筋混凝土内部会引起钢筋锈蚀，本方法以通过混凝土试件的电通量为指标来确定混凝土抗氯离子渗透性能见表5。

表5 超缓凝混凝土氯离子渗透能力对使用年限的等级划分及试验结果

| 设计使用年限级别 | 设计标号 | 一（100年） | 二（60年） | 二（30年） | 实测值 | |
|------|------|------|------|------|------|------|
| ① | <C30 | <2000 | <2500 | <2500 | 1400 | |
| ② | C30-C45 | <1500 | <2000 | <2000 | 1100 | 电通量（56d，C） |
| ③ | ≥C50 | <1000 | <1500 | <1500 | 1200 | |
| ④ | | | | | 1150 | |

分析表5得知，试配②相比于其他三组在超缓凝混凝土桩基中56天抗氯离子渗透最好，该混凝土渗透能力很低，能保证混凝土有较好的抗渗性能，从而提高混凝土对钢筋的保护作用。

抗硫酸盐侵蚀试验水泥基材料的硫酸盐侵蚀破坏被认为是引起混凝土材料失效破坏的四大主要因素之一，天津有大片盐碱地，地下水中含有一定量的硫酸根离子，可能存在着地下水对混凝土构筑物的硫酸盐侵蚀破坏问题，因而本试验抗硫酸盐干湿循环为120次。试验结果见表6。

表6 混凝土抗硫酸盐侵蚀试验结果

| 序号 | 硫酸盐侵蚀次数 | 试件种类 | 平均值 | 耐蚀系数（%） |
|------|------|------|------|------|
| ① | 120 | 侵蚀试件 | 65.7 | 91.2 |
| | | 对比试件 | 72.0 | |
| ② | 120 | 侵蚀试件 | 68.1 | 94.6 |
| | | 对比试件 | 72.0 | |
| ③ | 120 | 侵蚀试件 | 61.9 | 86.0 |
| | | 对比试件 | 72.0 | |
| ④ | 120 | 侵蚀试件 | 63.7 | 88.5 |
| | | 对比试件 | 72.0 | |

由检测数据得知：超缓凝混凝土几组试配的抗硫酸盐等级在 KS120 以上，均能满足设计要求，试配②相比较其他几组试配耐蚀系数最高。

对于钢筋锈蚀来说，最重要的是氯离子浓度，因此，测定混凝土孔溶液中的游离氯离子含量，对于评价混凝土的耐久性具有重要意义。采用离子选择电极法快速测定氯离子含量，试验结果见表 7。

**表 7　C35 超缓凝桩基混凝土现场抽检氯离子检测结果**

| 样品④ | 实测值（%） | 理论计算值（%） | 国家标准（%） |
|---|---|---|---|
| 占胶凝材料质量百分比 | 0.029 | 0.032 | ≤0.1 |

## 3　混凝土搅拌合运输

### 3.1　混凝土搅拌

为得到离差较小的拌合物，混凝土的搅拌需使用强制式搅拌机。因采用聚羧酸高性能减水剂，水胶比很低的混凝土对用水量很敏感，所以要认真对待水的计量。施工前必须标定和校核量水系统，并扣除集料将带入的游离水，严格控制加水量。研究表明，搅拌时间少于 75S 时，混凝土的强度值会产生很大的变异性，其变异随搅拌时间的增加而减小，超过 75s 以后，再延长搅拌时间对混凝土强度的变异影响就不明显了，所以在地铁超缓凝混凝土生产中严格控制搅拌时间在 80s，搅拌好的混凝土拌合物出前要先取样检测其工作性，以便及时调整配合比，坚持水胶比和总胶材不变的原则，根据沙子细度模数及石子含粉量的变化及时调整砂率和外加剂掺量等可调参数，工作性合格后才允许拌合物出机。不合格时，要查找原因，不可轻率地认为一定是用水量不足而加水。一般的原因可能是称料的差错、水的计量不准、集料表面水量测或计算有误，等等。如查不出原因，流动性不足时，可通过提高外加剂掺量进行调整。采用搅拌车运输过程中保持匀速，在搅拌车卸料前，应先检测拌合物的工作性，发现坍落度不足时，可向搅拌车中补掺少量高性能减水剂，切忌加水。

### 3.2　混凝土拌合物的运输

对混凝土拌合物运输的要求：应根据施工进度、运量、运距及路况，选配车型和车辆总数。总运力应比总拌合能力略有富余。确保新拌混凝土在规定时间内运到摊铺现场。运输到现场的拌合物必须具有适宜的工作性，不满足时应通过试验，加大缓凝剂或保塑剂的剂量。混凝土运输过程中应防止漏浆、漏料和污染路面，途中不得随意耽搁。

## 4　结语

4.1　通过加强混凝土原材料进场检测及混凝土质量的过程控制，改善混凝土工作性能的同时，才能保证混凝土的力学性能并大大提高混凝土的后期耐久性能。

4.2　影响混凝土质量的因素很多，控制混凝土质量的方法也多种多样，这些都有待于工程技术人员在今后的工作中进一步发掘。在混凝土出现质量波动时能及时分析原因、明确思路并采取有效措施加以调整，保证混凝土质量。诸如根据目前的原材料复杂的现状，朱效荣教授提出的预湿集料新理论，充分发挥了外加剂在混凝土中分散作用的同时大大改善了传统混凝土无法达到的良好工作状态，在混凝土质量控制中给我们广大技术同仁提供了先进的思路。

4.3　对于混凝土质量控制，需要精心施工，因此在施工中必须对混凝土的施工质量有足够的重视，施工中必须结合实际全面思考，合理采用原材料，才能起到良好的效果，确保工程质量。

**参考文献**

[1]　吴中伟，廉慧珍．高性能混凝土［M］．北京：中国铁道出版社，1999：304.
[2]　陈志清．深圳地铁工程钻孔咬合桩超缓凝混凝土技术要求［J］．混凝土与水泥制品，2002（2）：22.
[3]　袁启涛．超保塑自密实水下混凝土的试验研究与应用［J］．商品混凝土，2012（12）：58-59.

[4]　朱效荣，李迁．绿色高性能混凝土研究［M］．辽宁：辽宁大学出版社，2005.

**作者简介**

　　王海涛，1980 年生，天津市飞龙混凝土外加剂有限公司技术部经理。通讯地址：天津市北辰经济技术开发区飞龙道 3 号；邮编：300400；电话：022-26977777/13622072805；E-mail：wht8341@163.com。

# 机制砂现浇箱梁混凝土的配制及施工质量控制

陆科奇[1]，郝文斌[2]，陈　潇[2]，周明凯[2]

（1. 中交三公局第一公路工程有限公司，北京，100012；

2. 武汉理工大学硅酸盐建筑材料国家重点实验室，武汉，430070）

**摘　要**　依托湖北恩来恩黔高速公路工程，通过对原材料质量的控制及配合比的优化，配制出了性能优良的 C50 机制砂现浇箱梁混凝土，并提出了箱梁混凝土的浇筑、养生措施，实现了 C50 机制砂箱梁混凝土在实际工程中的成功应用。

**关键词**　机制砂混凝土；现浇箱梁；配合比；质量控制

# The Preparation and Control of Construction Quality
# of the Manufactured-sand Concrete
# for the Cast-in-Situ Box Girder

Lu Keqi[1], Hao Wenbin[2], Chen Xiao[2], Zhou Mingkai[2]

（1. The First Subsidiary of CCCC Third Highway

Engineering Co. , Ltd, Beijing, 100012;

2. State Key Laboratory of Silicate Materials for

Architectures, Wuhan University of Technology, Wuhan, 430070）

**Abstract**　Relying on the expressway project of Hubei Enlai and Enqian, through controlling raw materials quality strictly and optimizing the mix proportion, C50 excellent performance concrete with manufactured-sand is made, also proposing the pouring and conservation measures for the cast-in-situ box girder. The manufactured-sand concrete is successfully used in practical engineering.

**Keywords**　manufactured-sand; cast-in-situ box girder; mix proportion; quality control

## 0　前言

湖北恩来、恩黔高速公路全长约 157km，设计桥梁 111 座，其中特大桥 6 座、大中桥 105 座；设计隧道 22 座，其中长隧道 9 座、中短隧道 13 座；桥隧比高达 41.4%，水泥混凝土的需求量大，质量高。

预应力混凝土连续刚构箱梁，其对混凝土的性能要求高，通常采用优质天然河砂配制，但恩施地区基本不产天然砂，如果从外地调运河砂，不仅价格昂贵，加之山区运输不便、保障供应困难，势必影响工期。湖北省西部山区石灰石资源十分丰富，同时工程挖方和隧道弃渣大量堆放，占用耕地，破坏环境，而利用隧道弃渣或就近采石加工机制砂既可解决砂资源问题，又可保护生态环境。为合理利用当地资源、降低建设成本，需采用机制砂配制高性能箱梁混凝土。虽然国内外目前对使用机制砂配制高性能混凝土已经进行了大量的研究，并在工程中得到广泛应用，但用于 C50 现浇混凝土箱梁的实例很少，其技术难度大，必须抓好机制砂的生产、机制砂混凝土配合比设计、混凝土拌制、浇筑及养生等各个环节，才能使工程

质量得以保证。针对这种特殊情况，本文对 C50 机制砂现浇箱梁混凝土在实际工程中的应用进行了深入的研究。

# 1 原材料及试验方法

## 1.1 原材料

### 1.1.1 水泥

华新水泥（恩施）有限公司生产的 P.O 42.5 水泥，其物理性能见表 1。

表 1 水泥物理力学性能

| 标准稠度（%） | 安定性 | 凝结时间（min） | | 抗折强度（MPa） | | 抗压强度（MPa） | |
|---|---|---|---|---|---|---|---|
| | | 初凝 | 终凝 | 3d | 28d | 3d | 28d |
| 25.7 | 合格 | 190 | 230 | 5.6 | 8.2 | 30.1 | 48.3 |

### 1.1.2 粉煤灰

湖南桑植县岱鑫环保建材有限公司生产的 I 级粉煤灰，其性能见表 2。

表 2 粉煤灰的性能

| 细度（%） | 需水量比（%） | 烧失量（%） |
|---|---|---|
| 10.7 | 92 | 3.09 |

### 1.1.3 细集料、粗集料

机制砂为恩来恩黔高速公路沿线长峰砂石料厂生产，粗集料为长峰砂石料厂生产的 4.75mm～19mm 连续级配碎石，其物理性能见表 3 和表 4。

表 3 细集料物理性能

| 名称 | 通过下列筛孔（mm）的质量百分率（%） | | | | | | 细度模数 | 石粉含量（%） | 亚甲蓝 | 压碎值（%） |
|---|---|---|---|---|---|---|---|---|---|---|
| | 4.75 | 2.36 | 1.18 | 0.6 | 0.3 | 0.15 | | | | |
| 机制砂 | 99.7 | 82 | 49 | 20.6 | 12.9 | 6.4 | 3.28 | 6.8 | 1.0 | 20 |

表 4 粗集料物理性能

| 名称 | 通过下列筛孔（mm）的质量百分率（%） | | | | | 针片状含量（%） | 含泥量（%） | 压碎值（%） |
|---|---|---|---|---|---|---|---|---|
| | 19 | 16 | 9.5 | 4.75 | 2.36 | | | |
| 碎石 | 86.8 | 78.5 | 47.0 | 5.5 | 0.7 | 4.2 | 0.9 | 19.1 |

### 1.1.4 减水剂

上海华登建材有限公司 HP400R 高浓缓凝型高性能减水剂。

## 1.2 试验方法

混凝土拌合物性能试验：按《普通混凝土拌合物性能试验方法标准》（GB/T 50080—2002）[1] 进行。

力学性能测试：采用《普通混凝土力学性能试验方法》（GB/T 50081—2002）[2] 进行测定；混凝土试件经标准养护后，测定试件的 7d 和 28d 强度。

# 2 C50 箱梁混凝土配合比优化设计

混凝土设计强度等级为 C50，混凝土 28d 配制抗压强度 ≥62MPa，但考虑控制收缩和温升的需

要，28d 配制抗压强度宜≤70MPa。预应力连续箱梁的结构内部，尤其是在翼缘部位，配筋密集、钢筋间距小、预应力波纹管数量多、钢筋与管道间间距小，并且现场还采用泵送施工的方法，浇筑的方量大、时间长，这些结构特点以及施工情况都要求箱梁混凝土有较好的工作性。混凝土初始坍落度和扩展度控制范围宜分别为：210±20mm、550±75mm，并且具有良好的黏聚性和保水性。

表5　混凝土的工作性与强度结果

| 编号 | 水灰比 | 砂率 (%) | 配合比 (kg/m³) | | | | | | 坍落度 (mm) | 扩展度 (mm) | 抗压强度 (MPa) 28d | 工作性 |
|---|---|---|---|---|---|---|---|---|---|---|---|---|
| | | | 水泥 | 粉煤灰 | 砂 | 石 | 水 | 外加剂 | | | | |
| 1 | 0.28 | 44 | 392 | 98 | 802 | 1021 | 137 | 5.15 | 190 | 480×480 | 68.3 | 可泵性较差 |
| 2 | 0.30 | 44 | 392 | 98 | 798 | 1015 | 147 | 5.15 | 220 | 560×545 | 65.9 | 良好 |
| 3 | 0.32 | 44 | 392 | 98 | 793 | 1010 | 157 | 5.15 | 225 | 570×560 | 63.1 | 轻微泌水 |
| 4 | 0.30 | 44 | 441 | 49 | 798 | 1015 | 147 | 5.15 | 215 | 570×550 | 65.2 | 良好 |
| 5 | 0.30 | 42 | 392 | 98 | 761 | 1052 | 147 | 5.15 | 205 | 545×540 | 63.1 | 包裹性较差 |
| 6 | 0.30 | 46 | 392 | 98 | 834 | 979 | 147 | 5.15 | 215 | 555×550 | 64.1 | 良好 |
| 7 | 0.30 | 48 | 392 | 98 | 870 | 943 | 147 | 5.15 | 200 | 535×530 | 62.5 | 良好，偏粘 |

## 2.1　水灰比对机制砂箱梁混凝土性能的影响

从表5中看出，随着水灰比的增大，机制砂箱梁混凝土的工作性能逐步改善，当水灰比为0.32时，混凝土出现轻微泌水现象。机制砂箱梁混凝土的28d强度随着水灰比的增大而降低，但降低幅度不大。综合考虑机制砂箱梁混凝土的工作性及强度，将水灰比选定为0.30。

## 2.2　粉煤灰对机制砂箱梁混凝土性能的影响

对比2号和4号配合比看出：粉煤灰取代量分别为20%和10%时，机制砂箱梁混凝土的工作性及强度的变化不大，因此粉煤灰取代率偏低的时候对混凝土工作性的影响不大。考虑粉煤灰的品质及其稳定性，掺量倾向于20%。

## 2.3　砂率对机制砂箱梁混凝土性能的影响

从表5中看出，在同一水灰比的情况下，随着砂率在一定范围内的增加，混凝土的坍落度、扩展度变化不大，但粘聚性得以改善。当砂率增加到一定程度后，由于比表面积的增加，混凝土的工作性将明显降低，混凝土也因过于黏稠而显得粗涩[3]。当砂率为44%时，混凝土28d强度最高；当砂率在44%~46%范围内时，混凝土的坍落度、扩展度达到最大。综合考虑混凝土的各项性能指标，C50机制砂箱梁混凝土的最佳砂率易选择为44%~46%范围内。

综上所述，最终选定2号配合比为C50机制砂现浇箱梁混凝土的最佳配合比，该配合比配制的箱梁混凝土在工作性、强度以及耐久性指标方面均能满足相关设计要求。

# 3　机制砂箱梁混凝施工质量控制

通过对混凝土配合比的优化设计，配制出了各项性能指标优良的机制砂箱梁混凝土。但机制砂颗粒表面粗糙、粒型尖锐多棱角、比表面积大、大多级配不良[4]，因此在机制砂混凝土施工时，必须抓好机制砂的生产、混凝土浇筑及养生等各个环节，才能保实现机制砂箱梁混凝土的顺利应用。

## 3.1　机制砂生产质量控制

机制砂的细度模数、石粉含量及亚甲蓝值是机制砂质量控制的三个最为关键的指标。在实际工程中，机制砂质量的控制首先要确保母岩的开采质量，其次要采用合理的生产设备及工艺。机制砂的生产质量受人为因素的影响较多，因此，必须加大对所生产的机制砂的抽检频率，确保机制砂关键指标的合格，否则应及时查明原因，作出相应调整。机制砂的细度模数变化应控制在±0.2，石粉含量变化控制在±1.0%以内，如变化超过此范围，必须对混凝土配合比进行调整，否则机制砂混凝土工作性将出现较大变化，影响构件质量[5]。

**3.2 机制砂现浇箱梁混凝土的浇筑、振捣及养生措施**

连续刚构箱梁结构复杂、一次性浇筑混凝土方量大，施工质量要求高，高空作业安全风险大。

**3.2.1 箱梁混凝土的浇筑**

箱梁混凝土浇筑分 3 批前后平行作业。第 1 批浇筑底板，当底板浇筑完毕后，紧跟着第 2 批浇筑腹板，当腹板浇筑完毕后开始第 3 批浇筑顶板及翼板。混凝土输送泵，从中间向两端浇筑，浇筑采用纵向分段，水平分层由低向高的顺序连续浇筑，其工艺斜度视坍落度而定，分层厚度不得大于 30cm，先后两层混凝土的时间间隔以不超过初凝时间为度。

**3.2.2 箱梁混凝土的振捣**

箱梁的混凝土振捣质量关系着工程的实体及外观质量，箱梁内预应力筋布置复杂、非预应力筋密集，要求一次浇筑成型，施工难度大，为保证振捣施工质量，底板、腹板及横隔板需要预留振捣孔、排气孔，混凝土振捣孔间距不超过 1m，混凝土排气孔间距 0.5m。浇筑过程中注意加强箱梁端头、倒角、锚垫板附近以及钢筋密集部位的振捣，特别是内箱作业面小、条件差，重点加强转角、腹板与底板的交界面处的振捣。

**3.2.3 箱梁混凝土的养生**

在混凝土浇筑完成初凝后，在混凝土外露面覆盖一层毛毡并在整个混凝土面洒水保证毛毡含水湿润。拆模完成后应对混凝土表面洒水养护，养护时间不少于 7 天，对于梁体的翼缘板下表面及腹板立面可喷洒养护液。

# 4 结语

（1）采用机制砂可以配制出强度和工作性能优良的 C50 高性能混凝土，能够满足现浇连续箱梁混凝土的技术要求；

（2）通过严格控制机制砂的生产以及现浇箱梁混凝土的施工质量，实现了机制砂箱梁混凝土在实际工程中的成功应用。

**参考文献**

[1] 普通混凝土拌合物性能试验方法标准 GB/T 50080—2002. [S]. 北京：中国建筑工业出版社，2003.
[2] 普通混凝土力学性能试验方法 GBJ 81—85. [S]. 北京：国家计划委员会出版社，1985.
[3] 李兴贵. 高石粉含量人工砂在混凝土中的应用研究 [J]. 建筑材料学报，2004，7（1）.
[4] 徐健，蔡基伟等. 人工砂与人工砂混凝土的研究现状 [J]. 国外建材科技，2004，25（3）：20-24.
[5] 王稷良等. C50 T 型梁机制砂混凝土的配制与应用研究 [J]. 公路，2007，1（1）.

**作者简介**

陆科奇，1973 年生，男，工程师。籍贯：浙江宁波市勤县；单位：中交三公局第一公路工程有限公司；地址：北京市朝阳区来广营西路 18 号；邮编：100012。

郝文斌，1989 年生，男，在读硕士，从事道路工程材料的研究，E-mail：1032014829@qq.com。

# 精品机制砂在高性能混凝土中的应用研究

田　帅[1,2,3]，桂进峰[1]，黄久光[1]，李　锐[1]，杜书赟[1]

（1. 云南建工集团有限公司，云南昆明，650501；

2. 云南省高性能混凝土工程研究中心，云南昆明，650501；

3. 云南省工业（预拌混凝土）产品质量控制和技术评价实验室，云南昆明，650501）

**摘　要**　本文对比分析了普通机制砂、河砂与精品机制砂对高性能混凝土工作性能及力学性能的影响，研究了精品机制砂掺量和石粉含量对混凝土性能的影响，以及 C30～C60 高性能混凝土的早期开裂情况。结果表明：用精品机制砂配制混凝土的工作性能介于河砂混凝土与普通机制砂混凝土之间，力学性能最优。随着精品机制砂掺量的增加混凝土扩展度先增加后变小。当石粉含量超过 7% 时，混凝土的性能最佳。用精品机制砂配制的 C30～C60 混凝土单位面积上的总开裂面积随强度等级的提高而降低，抗裂等级均达到 L-Ⅲ 级，抗裂性能良好。

**关键词**　精品机制砂；高性能混凝土；工作性能；早期开裂

## 0　引言

高性能混凝土是满足建设工程特定要求，采用优质常规原材料和优化配合比，通过绿色生产方式以及严格的施工措施制成的，具有优异的拌合物性能、力学性能、耐久性能和长期性能的混凝土[1]。为贯彻落实《国务院化解产能严重过剩矛盾指导意见》和《绿色建筑行动方案》，住房城乡建设部、工业和信息化部于 2014 年 4 月成立高性能混凝土推广应用技术指导组，联合推广高性能混凝土[2]。作为重要的绿色建材，高性能混凝土的推广应用对提高工程质量，降低工程全寿命周期的综合成本，发展循环经济，促进技术进步，推进混凝土行业结构调整具有重大意义，是混凝土的重要发展方向。

高性能混凝土的发展离不开优质的原材料，但是受自然资源的限制，以河砂为主的天然砂越来越无法满足日益增长的混凝土用量需求，而普通机制砂存在级配不良、粒形较差、石粉含量偏高等缺点，为配制高流动性、高耐久性混凝土带来一定的困难[3～6]。为此，云南省高性能混凝土工程研究中心以云南建工集团有限公司为依托，建立了精品机制砂示范生产线，并开展精品机制砂在高性能混凝土的应用研究，以期为云南地区高性能混凝土的推广应用贡献一份力量。

## 1　混凝土原材料

### 1.1　原材料

#### 1.1.1　水泥

水泥采用云南某水泥建材有限公司生产的 P·O42.5 级水泥，主要技术指标见表 1。

表 1　水泥的物理力学性能

| 比表面积（m²·kg⁻¹） | 标稠用水量（%） | 凝结时间（min） | | 抗折强度（MPa） | | 抗压强度/MPa | |
|---|---|---|---|---|---|---|---|
| | | 初凝 | 终凝 | 3d | 28d | 3d | 28d |
| 350 | 26.2 | 152 | 247 | 5.8 | 8.9 | 26.8 | 51.8 |

#### 1.1.2　掺合料

粉煤灰采用昆明某粉煤灰有限责任公司生产的 Ⅱ 级粉煤灰其技术指标见表 2，矿粉采用云南某水泥建材公司生产的 S75 级矿粉见其技术指标表 3。

**表 2　粉煤灰技术指标**

| 细度（%） | 含水率（%） | 需水量比（%） | 烧失量（%） | SO₃ 含量（%） | 28d 活性指数 |
|---|---|---|---|---|---|
| 14.7 | 0.1 | 101 | 2.67 | 0.73 | 75.8% |

**表 3　矿渣技术指标**

| 密度（g·cm⁻³） | 比表面积（m²·kg⁻¹） | 28d 活性指数（%） | 流动度比（%） | 含水量（%） | 烧失量（%） |
|---|---|---|---|---|---|
| 2.91 | 362 | 78.5 | 105 | 0.2 | 1.2 |

### 1.1.3　集料

细集料技术指标见表 4；粗集料技术指标见表 5。

**表 4　细集料技术指标**

| 种类 | 细度模数 | 孔隙率（%） | 压碎指标（%） | 表观密度（kg·cm⁻³） | 堆积密度（kg·cm⁻³） | 紧密密度（kg·cm⁻³） |
|---|---|---|---|---|---|---|
| 精品机制砂 | 2.4 | 38 | 14.3 | 2710 | 1660 | 1810 |
| 普通机制砂 | 2.9 | 44 | 15.9 | 2720 | 1580 | 1720 |

**表 5　粗集料技术指标**

| 累计筛余（%） | | | | | | 表观密度（kg·cm⁻³） | 堆积密度（kg·cm⁻³） | 含泥量（%） |
|---|---|---|---|---|---|---|---|---|
| 31.5mm | 25mm | 20mm | 16mm | 10mm | 5mm | | | |
| 0 | 17 | 40 | 67 | 86 | 100 | 2700 | 1450 | 0.5 |

### 1.1.4　减水剂

采用聚羧酸高性能减水剂，技术指标见表 6。

**表 6　高性能减水剂的技术指标**

| 高性能减水剂 | 固含量（%） | 密度/g·cm⁻³ | pH 值 | Na₂SO₄ 含量（%） | Cl⁻ 含量（%） | 减水率（%） |
|---|---|---|---|---|---|---|
| 聚羧酸 | 12.0 | 1.15 | 7.0 | 1.2 | 0.01 | 26.2 |

### 1.1.5　水

昆明市自来水。

### 1.2　试验方法

工作性能按《普通混凝土拌合物性能试验方法标准》（GB/T 50080）进行试验，力学性能按《普通混凝土力学性能试验方法标准》（GB/T 50081）进行试验，早期抗裂性能试验按照《普通混凝长期性能和耐久性能试验方法》（GB/T 50082）进行试验。

## 2　试验结果与分析

### 2.1　不同种类的砂对混凝土性能的影响

选取 C30～C60 四个等级的混凝土，在保证胶凝材料、水胶比、外加剂掺量等参数不变的情况下，只改变砂的种类，研究其对混凝土工作性能及力学性能的影响，试验结果如表 7 所示。

由表 7 可知，在保持混凝土配合比参数不变，只改变砂种类的情况下，用河砂配制的混凝土工作性能最佳，精品机制砂次之，用普通机制砂配制的混凝土工作性能最差。这是由于河砂在自然状态下经过水的长时间作用，表面光滑、颗粒圆润，且级配合理，所以用其配制的混凝土具有较好的工作性能；普通机制砂中小于 0.15mm 和大于 2.36mm 的颗粒较多，中间颗粒较少，存在颗粒级配不良，细度模数偏大的情况，且其是由机械破碎而成，表面多棱角，所以用其配制的混凝土工作性能较差；而精品机制砂颗粒级配合理，细度模数适中，但因其表面有棱角没有河砂圆润，而造成其流动性稍差。

表 7　不同种类的砂对混凝土性能的影响

| 序号 | 强度等级 | 河砂(kg) | 精品机制砂(kg) | 普通机制砂(kg) | 坍落度(mm) | 扩展度(mm) | 抗压强度/MPa | | |
|---|---|---|---|---|---|---|---|---|---|
| | | | | | | | 3d | 7d | 28d |
| A-1 | C30 | 842 | 0 | 0 | 200 | 550 | 15.4 | 27.6 | 43.3 |
| A-2 | C30 | 0 | 842 | 0 | 210 | 480 | 15.6 | 28.2 | 44.6 |
| A-3 | C30 | 0 | 0 | 842 | 190 | 445 | 13.5 | 29.0 | 42.5 |
| B-1 | C40 | 776 | 0 | 0 | 220 | 535 | 18.1 | 32.4 | 50.2 |
| B-2 | C40 | 0 | 776 | 0 | 220 | 500 | 18.2 | 32.1 | 51.6 |
| B-3 | C40 | 0 | 0 | 776 | 200 | 480 | 17.5 | 30.7 | 48.0 |
| C-1 | C50 | 712 | 0 | 0 | 220 | 535 | 23.1 | 40.4 | 60.2 |
| C-2 | C50 | 0 | 712 | 0 | 225 | 540 | 23.8 | 39.6 | 61.3 |
| C-3 | C50 | 0 | 0 | 712 | 190 | 455 | 22.5 | 37.7 | 58.0 |
| D-1 | C60 | 651 | 0 | 0 | 210 | 555 | 28.5 | 51.9 | 69.2 |
| D-2 | C60 | 0 | 651 | 0 | 200 | 540 | 29.8 | 47.5 | 69.5 |
| D-3 | C60 | 0 | 0 | 651 | 190 | 420 | 31.4 | 47.2 | 65.9 |

对于 28d 抗压强度，用精品机制砂配制的混凝土力学性能最好，河砂次之，普通机制砂最差。这是因为精品机制砂级配合理，颗粒表面有棱角，用其配制的混凝土比较密实，且与水泥浆的咬合力较好，所以便显出最佳的力学性能；而普通机制砂虽然颗粒表面也具有棱角，但其颗粒级配较差，用其配制的混凝土密实性稍差，故抗压强度最低。

**2.2　精品机制砂掺量对混凝土性能的影响**

选取水胶比为 0.33 的混凝土配合比，研究精品机制砂掺量对混凝土工作性和强度的影响，试验结果如表 8 所示。

表 8　精品机制砂掺量对混凝土性能的影响

| 序号 | 水胶比 | 精品机制砂 | 碎石 | 坍落度/扩展度（mm） | 抗压强度（MPa） | | 工作性 |
|---|---|---|---|---|---|---|---|
| | | | | | 7d | 28d | |
| 1 | 0.33 | 709 | 1021 | 220/560 | 40.2 | 58.2 | 轻微泌水 |
| 2 | 0.33 | 744 | 986 | 230/600 | 42.3 | 59.4 | 和易性良好 |
| 3 | 0.33 | 779 | 951 | 230/580 | 42.9 | 59.8 | 和易性良好 |
| 4 | 0.33 | 813 | 917 | 230/540 | 40.4 | 58.9 | 较黏 |

由表 8 可知，随着精品机制砂掺量的增加混凝土的坍落度变化不大，扩展度先增加后逐渐变小，精品机制砂掺量为 779kg/m$^3$ 时混凝土工作性最佳；而精品机制砂掺量的变化对混凝土的抗压强度影响不大。这是由于精品机制砂掺量较小时砂浆量不足以完全包裹粗集料的表面和填充集料间的空隙，导致混凝土的和易性较差；当精品机制砂掺量较大时，集料的总比表面积变大，水泥浆体用于包括砂颗粒的量增多，可以自由流动的浆体量变少，所以混凝土的流动性变差。在混凝土水胶比不变的情况下，改变精品机制砂的掺量，会造成混凝土的颗粒级配和密实度有所改变，故抗压强度会有所差别。由于每批砂石都会有所波动，所以实际生产时还需按照实际情况做相应调整。

**2.3　精品机制砂石粉含量对混凝土性能的影响**

选取水胶比为 0.33 的混凝土配合比，研究精品机制砂石粉含量对混凝土性能的影响，试验结果见表 9。

表9 石粉含量对混凝土性能的影响

| 石粉含量 (%) | 每立方米混凝土各胶凝材料用量（kg·m$^{-3}$） | | | | | | 坍落度 (mm) | 扩展度 (mm) | 28d抗压强度 (MPa) | 工作性描述 |
|---|---|---|---|---|---|---|---|---|---|---|
| | 水泥 | 煤灰 | 矿粉 | 水 | 砂 | 碎石 | | | | |
| 0 | 423 | 60 | 37 | 170 | 779 | 951 | 210 | 520 | 56.4 | 离析、泌水 |
| 3.5 | 423 | 60 | 37 | 170 | 779 | 951 | 230 | 550 | 59.6 | 轻微离析 |
| 7 | 423 | 60 | 37 | 170 | 779 | 951 | 240 | 540 | 61.2 | 良好 |
| 10.5 | 423 | 60 | 37 | 170 | 779 | 951 | 205 | 510 | 60.1 | 较黏 |
| 14 | 423 | 60 | 37 | 170 | 779 | 951 | 190 | 495 | 56.8 | 很黏 |

由表9可知，随石粉含量增加，混合砂混凝土拌合物保水性、黏聚性增强，坍落度、扩展度呈现先上升后下降趋势。这是由于随着石灰石粉含量的增加，混凝土的和易性有所改善，但是当石粉含量超过7%时，在单位体积水泥用量不减少的情况下，实际上导致了粉体量的增加，如果想达到未提高石粉含量前的坍落度，混凝土的单位体积用水量需增加，而单位用水量不变，因此混凝土坍落度、扩展度降低。随石粉含量增加，其抗压强度呈先增后减的趋势，其中石粉含量在7%时抗压强度为最大值，表明此时混凝土的密实性最好，石粉含量超过10.5%后强度下降显，分析认为机制砂中的石粉在混凝土中起到微集料的填充效应，能明显改善混凝土孔隙特征，增进混凝土密实度。颗粒细微的碳酸钙石粉能与改善浆——集料界面，诱导结晶，加速水化，所以石粉能提高混凝土强度。但这种增强是有限度的，当石粉含量过大时，会导致混凝土密实性降低，并使水泥浆强度降低，从而降低混凝土强度。

## 2.4 精品机制砂对混凝土早期开裂性能的影响

用精品机制砂配制的C30～C60混凝土的早期开裂性能试验结果如表10所示。

表10 混凝土的早期抗裂试验结果

| 编号 | a | b | c | $W_{MC}$ | 抗裂等级 |
|---|---|---|---|---|---|
| C30 | 48 | 14.6 | 686 | 0.59 | L-Ⅲ |
| C40 | 55 | 12.5 | 688 | 0.47 | L-Ⅲ |
| C50 | 53 | 12.5 | 663 | 0.45 | L-Ⅲ |
| C60 | 67 | 9.4 | 630 | 0.45 | L-Ⅲ |

注：a为裂缝的平均开裂面积，mm$^2$/条；b为单位面积的开裂裂缝数目，条/m$^2$；c为单位面积上的总开裂面积，mm$^2$/m$^2$；$W_{MC}$为最大裂缝宽度，mm。

C30～C60混凝土的抗裂性能良好，抗裂等级均为L-Ⅲ，混凝土裂缝宽度随强度等级增加而降低。混凝土单位面积的开裂裂缝数目随混凝土强度等级的提高而降低，C60混凝土的裂缝数目为9.4条/m$^2$，混凝土单位面积上的总开裂面积也是随强度等级的提高而降低。

## 3 结语

（1）用精品机制砂配制C30～C60等级混凝土的工作性能介于河砂混凝土与普通机制砂混凝土之间，而力学性能优于其他两种砂配制的同配合比混凝土。

（2）随着精品机制砂掺量的增加混凝土扩展度先增加后逐渐变小，精品机制砂掺量为779kg/m$^3$时混凝土的工作性能最佳。

（3）随石粉含量增加，混合砂混凝土拌合物保水性、黏聚性增强；坍落度、扩展度呈现先上升后下降趋势，当石粉含量超过7%时，混凝土的性能最佳。

（4）用精品机制砂配制的C30～C60混凝土单位面积上的总开裂面积随强度等级的提高而降低，抗裂等级均达到L-Ⅲ级，抗裂性能良好。

**基金项目**

云高新产业发展 201507

**参考文献**

[1]    中国建筑科学研究院 . JGJT 385—2015 高性能混凝土评价标准 ［S］. 北京：中国建筑工业出版社出版，2015.

[2]    阎培渝 . 高性能混凝土的现状与发展 ［J］. 混凝土世界，2014（12）：42-47.

[3]    刘义峰，李俊杰 . 机制砂高性能混凝土在高速公路工程中的应用研究 ［J］. 国防交通工程技术，2013（6）：25-28.

[4]    王文林，葛艳军 . 机制砂在泵送混凝土中的应用研究 ［J］. 混凝土，2012（10）：106-107.

[5]    李洪伟，李包公，余青 . 机制砂在商品混凝土应用 ［J］. 江西建材，2014（12）：152-155.

[6]    邹文裕，韦银华，陈晓刚 . 机制砂在普通混凝土中的应用 ［J］. 混凝土与水泥制品，2015（7）：30-34.

[7]    朱效荣，李迁 . 绿色高性能混凝土研究 ［M］. 辽宁：辽宁大学出版社出版，2005.

# 掺新型膨胀材料混凝土渡槽早期抗裂性研究

陈泽昊[1*]，高培伟[1]，范传卫[2]，张书起[2]，徐少云[1]，鞠向伟[1]

（1. 南京航空航天大学土木工程系，南京，210016；

2. 中国水电十三局，德州，224000）

**摘　要**　大型混凝土渡槽易发生收缩开裂，严重影响渡槽的耐久性。掺加新型膨胀材料可以补偿混凝土收缩变形，降低和抑制混凝土渡槽开裂。本文采用平板法和圆环法进行混凝土渡槽早期抗裂性能研究，探讨新型镁质膨胀材料对混凝土渡槽早期塑性开裂性能的影响。研究结果表明：掺 4%－8% 的膨胀材料，能有效抑制裂缝的产生和拓展；使用该膨胀材料可有效补偿和抑制混凝土收缩，掺量为 8% 时其抗裂性能最佳。

**关键词**　渡槽；膨胀材料；混凝土；抗裂

# Early Cracking Resistance of Large Concrete Aqueduct with Novel Expansive Agent

Chen Zehao[1]，Gao Peiwei[1]，Fan Chuanwei[2]，

Zhang Shuqi[2]，Xu Shaoyun[1]，Ju Xiangwei[1]

（1. Department of Civil Engineering，Nanjing University of Aeronautics

and Astronautics，Nanjing，210016；

2. Sinohydro Bureau 13 Cd.，Ltd，Dezhou，224000）

**Abstract**　Cracks occur easily in large concrete aqueducts，which affect the durability of the aqueducts. A novel expansive agent was used to compensate the autogenous deformation，and to reduce the aqueduct cracks caused by concrete shrinkage. To study the influence of the new MgO-based expansive materials on the early-age cracking behaviors of concrete aqueduct，the cracking behaviors of concrete aqueduct was analyzed using the modified flat-type specimen and ring test. The results show that the optimal content of MgO-based expansive materials is 4% to 8% of cementing material. Under the conditions of the optimal content，the early age cracking resistance of concrete is higher than other content，the crack resistance performance is best when the content is 8%.

**Keywords**　aqueduct；expansive material；concrete；enti-cracking

## 1　引言

南水北调工程是优化我国水资源配置的重大举措，是解决我国北方水资源严重短缺问题的特大型基础设施项目，是未来我国可持续发展和整个国土整治的关键性工程[1]。南水北调工程中渡槽数目众多，而 U 型渡槽薄壁大体积混凝土收缩裂缝控制至今无有效解决。U 型渡槽在施工期极易出现裂缝，不仅导致渡槽的渗漏与破坏，降低渡槽的使用寿命，还严重影响人们的生产、生活，造成巨大的经济损失[2]。

混凝土渡槽的开裂问题危害很大，至今仍是工程界的难题。引起开裂的主要原因是浇筑初期水泥水化热和环境温度变化产生的温度应力以及自生体积收缩应力。目前，影响大体积混凝土开裂的因素主要有：施工材料、混凝土配合比设计、外界气温、外加剂的选择及施工工艺等[3]。而向混凝土中加入膨胀剂，通过膨胀源的膨胀应力来补偿收缩可省时省力并保证混凝土的浇筑的连续性[4]。

由于渡槽兼具水工混凝土和建筑混凝土的特性，要求膨胀剂具有早、后期膨胀特点，可有效补偿渡槽在早期和后期产生的收缩[5,6]。本文以菱镁尾矿为原料，制备了新型膨胀剂材料，利用其中氧化钙和氧化镁分别补偿混凝土早期和后期收缩，从而降低渡槽混凝土的收缩开裂，通过平板和圆环抗裂性试验，对新型膨胀材料的早期抗裂性能进行研究，探讨了新型镁质膨胀材料的膨胀抗裂机理，从而为大掺量该膨胀材料的工程应用提供理论依据。

## 2 试验原材料与方法

### 2.1 试验原材料

采用邓州某水泥有限公司生产的 P·O42.5 级普通硅酸盐水泥；粉煤灰采用河南某公司生产的 I 级 F 类粉煤灰。砂采用天然河砂；石子采用玄武岩碎石，粒径 5～20mm。减水剂和引气剂采用河北省某外加剂厂生产的 DH3G 减水剂（聚羧酸类）、DH9 引气剂；新型膨胀剂是以菱镁石和白云石尾矿为原料，经去污处理和适宜的煅烧工艺轻烧制备而成，主要含有氧化钙和氧化镁。原材料化学组成见表 1。

表 1 膨胀材料的化学成分（%）

| 名称 | MgO | CaO | $SiO_2$ | $Al_2O_3$ | $Fe_2O_3$ | L.O.I | 其他 | $\Sigma$ |
|------|------|------|------|------|------|------|------|------|
| 新型膨胀剂 | 49.09 | 40.06 | 6.34 | 0.91 | 1.24 | 1.35 | 0.02 | 100 |
| 水泥 | 2.58 | 62.24 | 19.80 | 4.20 | 3.90 | 4.22 | 3.06 | 100 |

### 2.2 试验方法

（1）平板法。本实验使用的平板法测早期收缩开裂模具参照《普通混凝土长期性能和耐久性能试验方法标准》（GB/T 50082－2009）中提出的抗裂性试验的做法，并在此基础上做出了改进。混凝土拌合物拌合完成后，进行浇注、振实、抹平，制备平板试件。密封养护 2 个小时后，将试件连同模具置于吹风条件下，保持环境温度为（20±1）℃，相对湿度为 60%±5%，风速利用测风仪调定为 0.8m/s，然后测试混凝土平板试件出现裂纹的初裂时间和裂缝数量、长度、宽度等随时间的变化[7]。1d 内每 10min 测试一次，1d 龄期后没 1h 测试一次。

（2）圆环法。圆环试验可用来研究由于自收缩和干燥收缩产生的自应力对混凝土综合抗裂性能的影响，试验参照 ASTM 标准 C1581—04 进行。在内、外同心钢环模具和底模之间浇筑试件，成型后拆除外模，模具尺寸如图 1 所示。

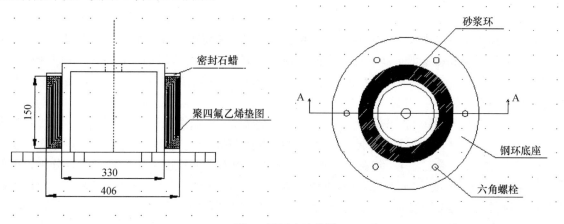

图 1 圆环法示意图

在温度（20.0±2.0）℃环境下养护 24 小时后拆去外钢环并将试件上表面涂蜡密封，然后置于温度（20.0±2.0）℃、湿度 60％±5％ 的环境下采用 HP3852S 数据采集与控制仪开始记录各个钢圆环内壁在不同龄期时的应变值，数据采集频率为不大于 30/min 次。

混凝土环形试件在收缩时受到内钢环的约束，这时混凝土环内部的受力情况如图 2 所示。S.P. Shah 教授等人根据弹性力学理论分析[8,9]，得到混凝土环在完全约束状态下应力结果如下[10]：

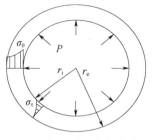

图 2　混凝土圆环内部应力图

$$p = \frac{E\varepsilon}{(r_e^2 + r_i^2)\ (r_e^2 - r_i^2)\ + v} \qquad (1)$$

式中：$r_e$、$r_i$ 分别表示混凝土环的外径和内径；$p$ 表示混凝土收缩对内部钢环产生的压应力；$\varepsilon$、$E$、$v$ 分别表示混凝土环自由收缩应变、弹性模量和泊松比。

### 2.3　混凝土配合比

混凝土配合比见表 2。

表 2　混凝土的配合比（kg/m³）

| 水泥 | 砂 | 小石 | 中石 | 粉煤灰 | 水 | 引气剂 | 减水剂 |
|---|---|---|---|---|---|---|---|
| 226 | 712 | 506 | 759 | 76 | 127 | 0.0151 | 5.832 |

## 3　实验结果

### 3.1　平板法实验结果

平板法试验分别测试混凝土的初裂时间、最大裂缝宽度、最终裂缝条数、最终裂缝总长、最终开裂面积来并评价混凝土抗裂等级[11]，试验结果见表 3 所示。

表 3　不同混凝土的早期开裂性试验结果

| 掺量（％） | 初裂时间（min） | 最大裂缝宽度（mm） | | 最终裂缝条数（条） | 最终裂缝总长（mm） | 最终开裂面积（mm²） | 抗裂等级 |
|---|---|---|---|---|---|---|---|
| | | 1d | 3d | | | | |
| 0 | 62 | 0.44 | 0.46 | 33 | 340 | 663.95 | Ⅳ |
| 4 | 90 | 0.31 | 0.31 | 31 | 325 | 535.19 | Ⅳ |
| 8 | 100 | 0.14 | 0.28 | 25 | 226 | 223.10 | Ⅲ |

表 3 为膨胀材料掺量不同时混凝土开裂性能试验结果，由表可以看出，随着膨胀材料掺量的提高，混凝土的初裂时间有所推迟。膨胀材料掺量为 4％ 的混凝土初裂时间较基准混凝土推迟了 28min，膨胀材料掺量为 8％ 的混凝土初裂时间较基准混凝土推迟了 38min。当膨胀材料掺量为 8％ 时，混凝土的开裂面积仅为基准混凝土的 33.6％，但当膨胀材料的掺量为 4％ 时，混凝土的开裂面积则为基准混凝土的 80.6％。由此可见，适宜增大膨胀材料掺量可有效减小混凝土开裂。另由表可以看出，随着膨胀材料掺量的提高，混凝土的开裂最大裂缝宽度有所减小。在龄期 3d 时，膨胀材料掺量为 4％ 的混凝土最大裂缝较基准混凝土减少了 32.6％，膨胀材料掺量为 8％ 的混凝土最大裂缝宽度较基准混凝土减少了 39.1％。

图 2 为膨胀材料掺量不同时混凝土裂缝平均宽度发展图。由图可以看出裂缝生成的主要时间集中在前 24h 中。24h 时，0 掺量混凝土裂缝平均宽度为 0.129mm，4％ 掺量混凝土裂缝平均宽度为 0.116mm，8％ 掺量混凝土裂缝平均宽度为 0.086mm。通过对裂缝宽度发展趋势的拟合分析，得到 4％ 和 8％ 的 2 个掺量混凝土的两条条发展曲线的增长系数，分别为 0.0063 和 0.005，可以得出，掺加 8％ 膨胀材料混凝土平均裂缝的增长趋势均小于 4％ 膨胀材料混凝土。

图 3 为膨胀材料掺量不同时混凝土开裂面积试验结果，由图可以看出，在 1～3d 龄期内，混凝

土开裂面积随时间增长而增加，在 3d 龄期后，各掺量试件中裂缝的宽度及长度均趋于稳定，即混凝土开裂面积趋于不变。1d 龄期时，0 掺量混凝土开裂面积 529.45mm²，4％和 8％掺量混凝土开裂面积分别为基准混凝土的 67.4％和 31％，2d 龄期时，0％掺量混凝土开裂面积 643.25mm²，4％和 8％掺量混凝土开裂面积分别为基准混凝土的 74.6％和 30.1％，3d 龄期时，0％掺量混凝土开裂面积 663.95mm²，4％和 8％掺量混凝土开裂面积分别为基准混凝土的 80.6％和 33.6％。3d 龄期时，0、4％和 8％掺量混凝土裂缝面积分别较 1d 龄期裂缝面积增长了 25.4％、50％和 36.7％。说明新型镁质膨胀材料能够用有效的改善混凝土的塑性收缩裂缝，控制裂缝的宽度、长度的发展。

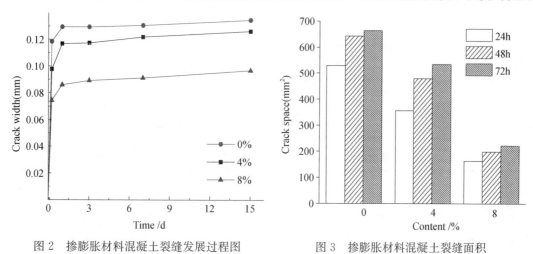

图 2　掺膨胀材料混凝土裂缝发展过程图　　　　图 3　掺膨胀材料混凝土裂缝面积

## 3.2　圆环法实验结果

掺膨胀材料砂浆混凝土圆环收缩开裂试验结果如图 3 所示。由图可见：掺 8％膨胀材料混凝土没有出现可视裂缝，未掺和掺 4％膨胀材料混凝土出现可视裂缝，至观察 7d 龄期结束，裂缝宽度达 1.12mm。圆环拆模后收缩应变随龄期变化而变化的结果如图 5 所示。

0　　　　　　　　　　　　　　　　4％

图 4　圆环开裂图

由图 5 可以看出，圆环应变发生突变，表面混凝土初裂发生。掺 4％和 8％膨胀材料混凝土圆环开裂时间要明显晚于不掺膨胀材料混凝土圆环开裂，分别为 144h、148h 和 104h，说明掺膨胀材料抗裂性要优于不掺膨胀材料；同时从应力曲线可以看出，掺加膨胀材料混凝土在初期产生一定膨胀，但由于混凝土干缩，试件很快开裂。由于试验条件的限制，本次试验只采集了成型后一周的试验数据（从脱模算起）。根据上面式（1）计算出三种掺量混凝土在第 100h 内环所受混凝土压应力 p，以基准混凝土为例计算如下：

掺不同掺量膨胀材料混凝土内环压应力 p 计算结果如表 4。

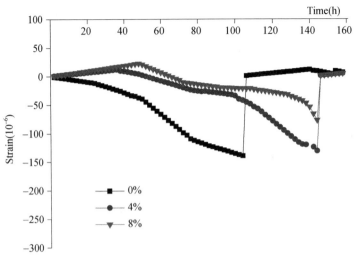

图 5　不同掺量混凝土圆环收缩应变随龄期变化图

表 4　三种掺量混凝土第 100 小时时的钢内环所受混凝土压应力 $P$（MPa）

| 膨胀材料掺量 | 0 | 4% | 8% |
| --- | --- | --- | --- |
| 100 小时 $p$ | 0.67 | 0.27 | 0.14 |

从表 4 可以看出不同掺量膨胀材料混凝土中，不掺膨胀材料混凝土应力发展最快，8%掺量混凝土内环压应力发展最慢，内环压应力发展速率和膨胀材料掺量成反比。第 100h 不掺膨胀材料混凝土内环压应力比掺 4% 和 8% 膨胀材料混凝土内环压应力分别高出 248% 和 478%。说明掺入新型膨胀材料引起的膨胀应力能够有效补偿混凝土收缩变形，提高混凝土抗裂能力。

### 3.3　实验结果分析

研究表明，掺加新型镁质膨胀材料可以补偿混凝土早期收缩，从而有效减少混凝土的变形和裂缝[12~14]。在早期，新型镁质膨胀材料中的 $MgO$ 水化量较少，$CaO$ 水化量较大，主要膨胀源是氢氧化钙（$Ca(OH)_2$）和钙矾石（Aft）。且 $MgO$ 在早期的水化也较为容易填充其周围浆体孔隙，一定程度上降低裂缝的发生，因而能够提高混凝土的早期抗裂性能。

通过比较可以看出，掺加新型镁质膨胀材料后，混凝土抗裂性能明显提升。掺入新型膨胀材料后，混凝土裂缝的发展趋势都明显小于基准混凝土。这是因为新型膨胀材料水化膨胀后，补偿了部分混凝土收缩，抑制裂缝发展[15]。此外，随着新型膨胀材料掺量的增加，混凝土内环压应力发展逐渐缓慢，内环压应力发展速率和膨胀材料掺量成反比。这可能是因为膨胀材料掺量增加后，含量较高的氧化钙水化生成的氢氧化钙能与粉煤灰发生反应使混凝土基体强度更高，能够补偿混凝土的早期塑性收缩[16]。

## 4　结语

（1）适量的新型膨胀材料的掺入能够提高混凝土早期抗裂性能。在新型镁质膨胀剂掺量为 0~8% 时，随着掺量增加，混凝土的初裂时间延长，裂缝的最大宽度、最大长度和最终开裂面积均呈现下降的趋势。当掺量为 8% 且在 24h 时，掺量为 8% 的混凝土裂缝平均宽度分别为 0 和 4% 的 89.9% 和 66.7%。新型膨胀材料对混凝土的早期塑性开裂起到了明显的抑制作用。

（2）新型膨胀材料发生水化反应的产物钙矾石均具有膨胀性且含量较高的氧化钙水化生成的氢氧化钙能与粉煤灰发生反应使混凝土基体强度更高，能够补偿混凝土的早期塑性收缩，且 $MgO$ 在早期的水化也较为容易填充其周围浆体孔隙，一定程度上降低裂缝的发生，因而能够提高掺新型膨胀材料混凝土的早期抗裂性能。

（3）掺入适量的新型膨胀材料能够有效遏制裂缝发展，但对混凝土抗裂等级没有明显提升，应考虑在混凝土中掺加纤维材料来提高混凝土早期抗裂性能。

## 基金项目

南水北调项目（JS-201204401001），江苏省建设系统项目（2013ZD12）联合资助。

## 参考文献

[1] 杨恒阳. 锂渣、粉煤灰高性能混凝土早期抗裂机理研究 [J]. 粉煤灰综合利用，2013，(4)：3-13.

[2] 朱超. 粉煤灰掺量对混凝土早期裂缝的影响 [J]. 山西建筑，2012，38 (32)：132-134.

[3] R. Burrows, W. Kepler. Three simple tests for selecting low crack cement [J]. Cement and Concrete Composites, 2004, 26 (5): 509-519.

[4] Spingenschmid R. Prevention of thermal cracking in concrete at early ages [M]. London: E&FN Spon, 1998: 1-5.

[5] Gao Peiwei, Lu Xiaolin. Using a new composite expansive material to decrease deformation and fracture of concrete [J]. Materials Letters, 2008, 62 (1): 106-108.

[6] 骆菁菁，高培伟，张红波等. 掺新型生态膨胀剂水泥浆体的膨胀性能研究 [J]. 硅酸盐通报，2011，30 (4)：770-774.

[7] 李丽，孙伟，刘志勇. 用平板法研究高性能混凝土早期塑性收缩开裂 [J]. 混凝土，2003，(12)：33-36.

[8] Shah, S. P, Weiss, W. J, and Yang, W. ShrinGage CracGing-Can It Be Prevented [J]. Concrete International, 1998, 20 (4): 51-55.

[9] Shah, S. P, Ouyang, C, et al. A Method to Predict ShrinGage CracGing of Concrete. ACI Materials Journal [J]. 1998, 95 (4): 339-346.

[10] 闫亚楠. 集料品种对混凝土力学及变形性能的影响 [D]. 南京航空航天大学，2008.

[11] 曹擎宇，郝挺宇，孙伟. 纤维混凝土抗裂性能分析及在隧道工程中的应用 [J]. 混凝土，2012，(12)：102-108.

[12] 童柏辉. 混凝土组分对其收缩和抗开裂性能的影响 [D]. 湖南大学，2012.

[13] Pei-Wei Gao, Fei Geng, Xiao-Lin Lu, Hydration and expansion properties of novel concrete expansive agent [J]. Key Engineering Materials, 2009, (405-406): 267-271.

[14] Gao Peiwei, LU Xiaolin. Microstructure and pore structure of concrete mixed with superfine phosphorous slag and superplasticizer [J]. Construction and Building Materials, 2008, (22): 837-840.

[15] 刘加平，王育江，田倩等. 轻烧氧化镁膨胀剂膨胀性能的温度敏感性及其机理分析 [J]. 东南大学学报（自然科学版），2011，41 (2)：359-364.

[16] 李洋，王述银，陈霞. MgO膨胀剂的特性及在水工混凝土中的研究进展 [J]. 混凝土，2012，(3)：84-87.

## 作者简介

陈泽昊，1989 年生，男，硕士研究生，南京航空航天大学土木系。地址：南京市御道街 29 号南京航空航天大学航空宇航学院土木系；邮编：210016；电话：15996467934；E-mail：596575456@qq.com。

# 混合砂对混凝土性能实际应用

方忠建[1]，苗永刚[1]，刘均平[2]，胡秋楠[2]
(1. 海南华森混凝土有限公司，海南海口，570000
2. 山东华舜混凝土有限公司，山东济南，250000)

**摘　要**　本文阐述了机制砂与黄砂的配制、宏观结构和强度性能，对比分析了混合砂对混凝土的优异性和耐久性。

**关键词**　混合砂；配制；性能；强度

## 概述

目前，我国已是全球建筑规模最大的国家。在大规模的建设环境下，商品混凝土发展势头如雨后春笋般突飞猛进，势如破竹。

预拌混凝土生产企业是服务性行业，全天候提供服务，在处于行业饱和或者供大于求的城市，行业竞争十分激烈，垫资严重，利润微薄，企业面临十分严峻的考验。如今，政府提倡"绿色、环保、低碳、减排、保护生态平衡"等。限制了对河道内的黄砂开采，打破以前供应商削尖脑袋往里供的局面，然而现在企业们捧着现金也难买到黄砂。为了能够有稳定砂源保住客户，也就忽略了黄砂的质量问题。如级配、含泥量、泥块含量等都已无足轻重了。不但质量差，而且价格高，混凝土价格无法提高的恶性发展。

现如今靠近沿海地区的城市，河道分布较密，河砂供应较为宽松。而在内陆地区，河道分布较少，资源有限；但是山体较多，石子开采较为方便，这就给当地搅拌站提供了品质优越、价格低廉的石粉、石屑。人工砂价格低廉加以利用可以成为级配良好、形态良好的人工砂。

## 1　试验概况

### 1.1　原材料

### 1.1.1　水泥

山东中联水泥厂 P·O42.5 级普通硅酸盐水泥。

### 1.1.2　粉煤灰

山东济南电厂Ⅱ级粉煤灰。

### 1.1.3　矿粉

山东鲁碧 S95 矿渣粉。

### 1.1.4　外加剂

山东新科外加剂有限公司的聚羧酸型减水泵送剂。

### 1.1.5　细集料

山东章丘石子厂的石粉，石屑，级配为Ⅱ级，石粉含量为 15%。

河砂Ⅱ级中粗砂，细沙含量 5%。

### 1.1.6　粗集料

山东章丘石子厂级配 5~25.5mm、0~5mm 细石。

### 1.2　试验配合比

试验步骤：机制砂砂石粉含量较高，不能按照以前的配合比进行试验，混凝土中的胶凝材料也较多，做出来的混凝土黏性较大，难以泵送。从而要控制出混凝土中石粉的含量，保证施工性。

### 1.2.1 试验配比

**表1 试验配比表**

| | 水泥 | 矿粉 | 粉煤灰 | 黄砂 | 机制砂 | 石子 | 细石 | 水 | 外加剂 | 石粉 |
|---|---|---|---|---|---|---|---|---|---|---|
| （1） | 220 | 80 | 90 | 246 | 574 | 802 | 200 | 160 | 7.8 | 10% |
| （2） | 220 | 80 | 90 | 220 | 600 | 802 | 200 | 160 | 7.8 | 15% |
| （3） | 220 | 80 | 90 | 200 | 620 | 802 | 200 | 160 | 7.8 | 20% |

### 1.2.2 配合比构成

为检验石粉含量对混凝土拌合物性能及强度的影响，按 C30 配合比，各项材料用量不变，只改变了人工砂与黄砂的中的细砂与石粉的含量；把人工砂中的石粉筛出，逐步增加其石粉含量，保证砂率不变的情况下，掺加石粉含量来确定其石粉最佳掺量。混凝土拌合物要求体现出满足施工性以及强度，逐步增加石粉观察其和易性，流动性，以及包裹性；确保混凝土坍落度为 190～220mm之间。

## 2 试验结果

### 2.1 石粉含量对混凝土流动性影响

查看表2中，配合比石粉含量为10%时，混凝土拌合物在流动性随着石粉含量的增加而增加，坍落度变化不大；但石粉含量超过15%时，混凝土拌合物流动性随着石粉含量的增加而减小；当石粉含量超过20%时，混凝土拌合物流动性大大减小，拌合物体黏性过大，不能够满足泵送。

**表2 石粉含量对拌合物流动性影响**

| | 水泥 | 矿粉 | 粉煤灰 | 黄砂 | 机制砂 | 石子 | 细石 | 水 | 外加剂 | 石粉 | 流动性 |
|---|---|---|---|---|---|---|---|---|---|---|---|
| （1） | 220 | 80 | 90 | 246 | 574 | 802 | 200 | 160 | 7.8 | 10% | 220mm |
| （2） | 220 | 80 | 90 | 220 | 600 | 802 | 200 | 160 | 7.8 | 15% | 200mm |
| （3） | 220 | 80 | 90 | 200 | 620 | 802 | 200 | 160 | 7.8 | 20% | 170mm |

### 2.2 石粉含量对混凝土强度影响

由表3可见。随着石粉用量的加大，混凝土拌合物的用水量加大，那么水胶比也将持续增加。

**表3 试验强度对比**

| | 水 | 水胶比 | 外加剂 | 坍落度 | 石粉 | 7天强度 | 28天强度 |
|---|---|---|---|---|---|---|---|
| （1） | 160 | 0.410 | 7.8 | 220mm | 10% | 23MPa | 33MPa |
| （2） | 170 | 0.435 | 7.8 | 220mm | 15% | 26MPa | 38MPa |
| （3） | 185 | 0.474 | 7.8 | 220mm | 20% | 21MPa | 32MPa |

当石粉含量为10%混凝土强度平稳；

当石粉含量增加至15%时，由于其掺量加大填充了砂石之间的空隙使其密实，抵消了水胶比变大的弊端从而强度提高；

当石粉含量增加至20%时，强度呈线性下降，为了满足泵送性，过大的用水量导致混凝土拌合物强度下降，从而抵消了填充作用，得不偿失。

## 3 试验结果分析

上述实验表明，当石粉含量为15%时，对于混凝土拌合物的性能，坍落度大致相同，只是随着水胶比的变化而降低。

对于力学性能，石粉含量为 15％时，具有良好的成本控制，由于其优越的填充作用不但提高强度而且提高了混凝土的耐久性。

## 4 结语

按照比例使用机制砂，既可以节约水泥和矿粉的用量，降低混凝土生产成本，改善混凝土的和易性、施工性，减少混凝土拌合物的离析和泌水，也降低了混凝土温度裂缝，塑性裂缝，收缩裂缝。在设计配合比时，应根据机制砂砂的石粉含量，胶凝材料的细度以及黄砂中的细砂含量，合理地选择使用，使高石粉含量的机制砂砂能够在混凝土中发挥更重要的作用。

# 石粉对混凝土性能影响的试验研究

刘佳斌

（山东德州润德混凝土有限公司，山东德州，253000）

**摘　要**　随着社会经济和科技的快速发展，资源和能源紧缺、环境污染等问题日趋显现，为保持可持续发展，绿色建筑必然会成为未来建筑业发展的趋势。混凝土作为当今应用最广、用量最大的建筑材料，其在节能环保，减少污染等方面还面临着很大的发展空间。机制砂、碎石作为混凝土的粗集料，在生产过程中产生大量石粉。这些石粉如果不能合理利用，不仅造成资源浪费，还会对环境产生污染。因此，经济合理地利用这些石粉，既消除石粉对环境的污染，又降低了混凝土的材料成本。为此，我们对掺入不同石粉掺量的混凝土进行试验，研究了它们对混凝土工作性能、力学性能、耐久性的影响，试验研究表明在混凝土中掺加石粉对混凝土的工作性能、力学性能和某些耐久性有一定的改善作用。

**关键词**　石粉；强度；掺量；耐久性

## 1　原材料选择及试验方法

### 1.1　试验材料

**1.1.1**　水泥：试验所用水泥为故城山水水泥有限公司，P·O42.5级普通硅酸盐水泥，其化学成分及物理力学性能见表1。

**表1　水泥化学成分及物理性能**

| MgO | SO₃ | 烧失量 | 细度 | 初凝时间 | 终凝时间 | 安定性 | 3d抗压强度 | 28d抗压强度 | 3d抗折强度 | 28d抗折强度 |
|---|---|---|---|---|---|---|---|---|---|---|
| （%） | | | | （min） | | | （MPa） | | | |
| 2.28 | 2.15 | 2.35 | 2.0 | 190 | 250 | 合格 | 28.3 | 47.0 | 6.2 | 8.7 |

**1.1.2**　粉煤灰：选用山东华能德州电力实业公司出产的Ⅱ级粉煤灰，其性能见表2。

**表2　粉煤灰性能**

| 粉煤灰级别 | 细度（%） | 需水量比（%） | 三氧化硫（%） | 烧失量（%） |
|---|---|---|---|---|
| Ⅱ级 | 15.4 | 95 | 2.12 | 1.38 |

**1.1.3**　矿粉：选用山东永通实业有限公司出产的S95矿粉，其性能见表3。

**表3　矿粉性能**

| 矿粉级别 | 比表面积（m²/kg） | 密度（g/m³） | 烧失量（%） | 流动度比（%） |
|---|---|---|---|---|
| S95 | 438 | 2.90 | 0.7 | 103 |

**1.1.4**　集料：石子应连续级配，颜色均匀，含泥量小于1%，泥块含量小于0.5%，针片状颗粒不大于15%。本实验采用的碎石全部经过筛洗，碎石中的石粉含量可忽略不计。选用细度模数大于2.6的中砂，含泥量小于1.5%，质地坚硬，级配良好，其含水率较低且一直保持稳定，可以认为在试验过程中含水率保持不变。

**1.1.5**　外加剂：选用德州鑫鑫建筑科技有限公司出产的高性能聚羧酸泵送剂。

**1.1.6** 石粉：取自山东济南，比表面积为 $3679\text{cm}^2/\text{g}$。

**1.2 试件制作**

参照《普通混凝土配合比设计规程》（JGJ 55—2011），设计出本试验所用基准配合比，并按石粉掺量 0、10%、15%、20%、25%分别制作多组试件，配置混凝土时往搅拌机内按顺序加入石、水泥、石粉、砂，开动搅拌机，将水与减水剂徐徐加入，全部加料时间不超过 2min，水全部加入后，继续拌合 2～3min，将拌合物装入试模，并用振捣台振实，待试件成型后放入标准养护室养护。其中，用于抗压试验试件 150mm×150mm×150mm 不同石粉掺量的各 3 组，抗折试验试件 100mm×100mm×400mm 不同石粉掺量的各 1 组，抗渗试验试件 175mm×185mm×150mm 不同石粉掺量的各 1 组。

**1.3 试验方法和试验过程**

**1.3.1 坍落度试验**

在拌合均匀的混凝土拌合物中取出试样，分三层均匀的装入坍落度筒内，每层高度为筒高度的三分之一左右，每层用捣棒插捣 25 次。插捣应沿螺旋方向由外向中心进行，各次插捣应在截面上均匀分布。插捣底层时，捣棒应贯穿整个深度，插捣第二层和顶层时，捣棒应插透本层至下一层的表面；浇灌顶层时，混凝土应灌到高出筒口。坍落度筒的提离过程应在 5～10s 内完成，从开始装料到提起坍落度筒的过程中不间断的进行，在 150s 内完成。将筒放在一坍落的混凝土试样一旁。量测筒高与坍落后混凝土试样最高点之间的高度差，即为该混凝土拌合物的坍落度。

**1.3.2 黏聚性试验**

用导棒在已坍落的混凝土锥体一侧轻轻敲打。如果锥体在敲打后逐渐下沉，表示黏聚性良好。如果锥体突然倒塌或部分崩裂或发生离析现象，表示黏聚性不好。

**1.3.3 保水性试验**

保水性以混凝土拌合物中稀浆析出的程度来评定。坍落度筒提起后若有较多的稀浆从底部析出，锥体部分的混凝土因失浆而集料外露。表明此混凝土拌合物保水性不好，若坍落度桶提起后无稀浆或仅有少量稀浆子底部洗出，表示此混凝土拌合物保水性良好。

**1.3.4 立方体抗压强度试验**

将平整的刚垫板至于试验机下压板上对正，立方体成型侧面做承压面并使其与实验积压板轴心对齐，安放刚垫板，以 0.5～0.8MPa/s 的速度连续而均匀的加荷。当试件接近破损而开始迅速变形时，调整试验机油门，直至试件破坏，记录破坏荷载。试验在 2000kN 试验机上完成。

**1.3.5 抗折强度试验**

试件在试验机的支座上放稳对中，承压面选择试件成型的侧面。开动试验机，当加压头与试件将接触时，调整加压头和支座，接触均衡。加压头和制作均没有前后倾斜，各部分接触良好．以 0.05～0.08MPa/s 的速度连续而均匀的加荷。直至试件破坏，记录破坏荷载和破坏位置。

## 2 石粉对混凝土工作性能的影响

良好的工作性是混凝土质量均匀、获得高性能因而安全可靠的前提，随着施工技术和高层建筑的发展需要，混凝土的工作性愈来愈重要，良好的工作性因操作方便而加快施工进度，改善劳动条件，减小施工噪音，并为高性能混凝土的生产和施工提供可能性，但混凝土的流动性随时间的增加会降低，这部分损失主要是由胶凝材料的水化及混凝土中的水通过蒸发和吸收而减少引起的，除此之外，由于颗粒表面水化产物的存在而使颗粒之间的相互作用发生改变也是其工作性损失的原因。现对不同石粉掺量的混凝土工作性能进行试验，结果如图 1。

在不改变水泥含量的情况下，不掺石粉的混凝土坍落度为 190mm，且黏聚性与保水性均不好，混凝土的坍落度随着石粉掺量的增大而减小。从试验结果分析，少量的石粉能够提高混凝土拌合物的扩展度，增加流动性，这是由于石粉发挥了"微集料"作用的结果，混凝土的黏聚性也随着石粉

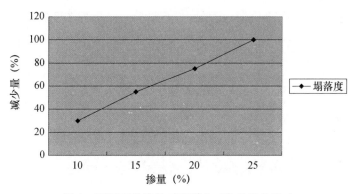

图1　不同石粉掺量对混凝土工作性能的影响

含量的增加有较明显的改善，当石粉掺量达到15％时，混凝土的粘聚性由很差变为良好，混凝土的保水性也由不好变为较好，泌水情况也得到明显改善。石粉的掺入增加了浆体的黏滞性，使混凝土拌合物的黏聚性增加，因此降低了混凝土拌合物的坍落度，减少了混凝土的离析泌水。随着石粉掺量的继续增大，混凝土的流动性明显降低，这是由于石粉的比表面积较高，因此随着石粉掺量的增加，必然导致包裹石粉所需的用水量增加，从而降低了混凝土拌合物的流变性。

## 3　石粉对混凝土基本力学性能的影响

### 3.1　石粉对混凝土抗压强度的影响

适量的石粉的掺入可以提高混凝土密实性，但过高的石粉含量会削弱集料的骨架作用和降低水泥浆强度，从而降低混凝土强度。抗压强度是衡量混凝土力学性能最基本的指标，现有研究表明石粉对混凝土早期抗压强度的增加较为明显，一般认为掺入石粉对混凝土抗压强度的影响随混凝土龄期的增长而逐渐减弱。现对不同石粉掺量的混凝土的3d、7d、28d的抗压强度进行试验，结果见图2。

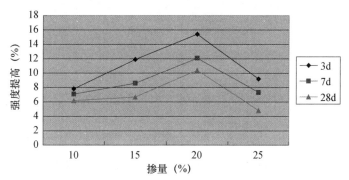

图2　不同石粉掺量对混凝土抗压强度的影响

如表一所示，石粉掺量为20％时，3d、7d和28d的混凝土抗压强度都是最高的，当石粉掺量超过20％时，过多石粉的加入，使得混凝土的级配不合理，粗颗粒的含量相对减少，减弱了骨架的作用，故对混凝土的强度有一些负面的影响，导致抗压强度下降。另外，石粉对混凝土3d抗压强度影响最大，其次是7d抗压强度，石粉对混凝土强度提高的幅度随混凝土龄期的增加而不断降低，所以石粉对混凝土早期强度的提高有较大的帮助。我们从石粉外掺混凝土三天抗压强度也可以明显地看到，无论石粉的掺量是多少，混凝土的强度均比不掺石粉的混凝土的强度要高。

### 3.2　石粉对混凝土抗折强度的影响

混凝土的抗折强度是混凝土路面的主要质量指标。一般认为，混凝土的抗压强度是粗集料骨架的嵌挤和水泥浆的粘结作用而形成的，而抗折强度则靠水泥浆与集料接口的结合强度，这是理论上的理想强度，实际上抗折强度的形成机理受各种因素的影响，其工程中的强度与理论强度差别很大。现对不同石粉掺量的混凝土 28d 的抗折强度进行试验，结果如图 3 所示。

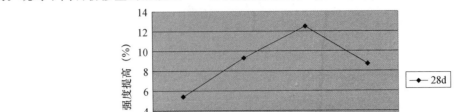

图 3　不同石粉掺量对混凝土抗折强度的影响

实验结果可以看出，石粉对混凝土抗折强度的影响与石粉对混凝土抗压强度的影响规律是一致的，随着石粉含量的增加，混凝土的抗折强度有所增加，当石粉含量增加到 20％时，抗折强度有降低的趋势。虽然石粉对混凝土抗压强度与抗折强度的影响规律是一致的，但不尽相同。石粉掺量在20％内，抗折强度随石粉的增加而增加，掺量大于 20％时，由于过多的石粉降低了混凝土界面的黏结性能，降低了混凝土的抗折强度，对混凝土的抗折不利。

## 4　石粉对混凝土耐久性能的影响

混凝土的耐久性是指混凝土对气候作用、化学侵蚀、物理作用或其他破坏作用的抵抗能力。耐久性好的混凝土当暴露于使用环境时，具有保持原有形状、质量和使用性的能力，不会因为保护层碳化或裂缝宽度过大而引起钢筋锈蚀，不发生混凝土严重腐蚀而影响混凝土结构的使用寿命等破坏。关于石粉含量对混凝土耐久性的影响，本文对掺入石粉的混凝土进行渗水高度试验来进行分析。

### 4.1　抗渗试验步骤

（1）取期龄 28d 的试件并擦干表面，在试件侧面滚涂一侧溶化的石蜡，然后在压力试验机上将试件压入电炉预热过的试模，试件底面比试模底略高 1～2mm，用电动砂轮机打磨试件高出试模部分直到平齐，并确定底面没有石蜡。

（2）将试件装在试验机上，使水压在 24h 内恒定控制在 1.2MPa，且加压过程不大于 5min，应以达到稳定压力的时间作为试验记录起始时间。当有一个试件断面出现渗水时，应停止该试件并以试件的高度作为该试件的渗水高度。

（3）加压 24 小时后卸下试件并放在压力机上，在试件上下两端面中心处沿直径方向各放一根直径为 6mm 的钢垫条，并确保它们在同一竖直平面内。开动压力机，将试件沿纵断面劈裂为两半，约 2～3min 后看清水痕并用墨汁描出渗水轮廓。

（4）将梯形板放在试件劈裂面上，并用钢尺沿水痕等间距量测 10 个测点的渗水高度值。

### 4.2　试验结果及分析

混凝土材料的腐蚀大多是有水及有害液体或气体侵入，产生物理和化学的反应发生的，其诸多破坏因素也与抗渗性能有直接的关系，通常认为抗渗性是评价混凝土耐久性最重要的指标。基于混凝土的抗渗性与耐久性存在的密切关系，大幅度提高混凝土抗渗性是改善混凝土耐久性的关键。现对不同石粉掺量混凝土 28d 的抗渗水高度进行试验，结果如图 4 所示。

石粉的加入改善了混凝土水泥浆体与集料之间的过渡层。其中，界面过渡区将性质不同的水泥浆体和集料连成一个整体，它对混凝土渗透性有最重要的影响。这种结构主要是由于集料和水泥浆的分散不均，造成水泥浆中的水分离析，积蓄在粗集料周围从而形成的。因此必须尽可能地抑制过渡层的生成，才能获得高抗渗性。而在原料、工艺与水胶比均相同的条件下，水泥石的密实度主要

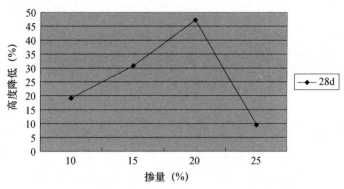

图 4  不同石粉掺量对混凝土抗渗性能的影响

决定于胶凝材料的组分，在混凝土中合理掺加一定量的石粉，可有效改善过渡层的结构，并提高水泥石的密实度。正是由于上述原因，石粉的合理掺量能使得混凝土的抗渗性得到有效改善。但过量石粉的加入，一部分未参加反应的石粉聚集在集料表面，降低了集料的粗糙程度，影响了水泥浆体与集料之间的胶结能力，损害了界面的性能，降低了混凝土的抗渗性。

## 5  关于石粉研究主要得到的结论

（1）适量的石粉可改善混凝土的工作性能。

（2）石粉对混凝土早期抗压强度的影响较为明显，随龄期的增加不断下降。石粉掺量在 20％时，随石粉掺量的增加，混凝土强度逐渐提高，超过 25％时，随石粉的增加，混凝土的抗压强度逐渐降低。石粉掺量在 20％以内时，随掺量增加抗折强度随之提高，掺量超过 20％时，抗折强度明显下降。

（3）石粉的掺入对混凝土的抗渗性能有一定的改善作用，并且随着石粉掺量的增加，混凝土的抗渗性能呈规律性变化，特别是当石灰石粉掺量达到 20％时，混凝土的抗渗水高度降低了 47.2％，说明石粉掺量在 20％时混凝土的耐久性最好。

（4）综合考虑各试验结果，对各个石粉掺量的混凝土进行了物理力学性能以及耐久性的角度来看，石粉掺量为 20％，混凝土各个方面的性能最佳，适合应用于工程实践中。

**参考文献**

［1］  中国建筑科学研究院 GB 50164—2011. 混凝土质量控制标准［S］. 北京：中国建筑工业出版社，2011.
［2］  中华人民共和国住房和城乡建设部 JGJ/T 50107—2010. 混凝土强度检验评定标准［S］. 北京：中国建筑工业出版社，2011.
［3］  李鸿芳，刘晓红，陈健雄. 石灰石粉复合渣高强高性能混凝土工作性研究［J］. 山西建筑，2007，33（2）：177-192
［4］  崔洪涛. 掺入超细石灰石粉的混凝土性能的研究［J］. 施工技术，2004，33（4）：68-71.
［5］  洪锦祥，蒋林华等. 人工砂中石粉对混凝土性能影响及作用机理［J］. 公路交通科技. 2005，22（11）：85-90.
［6］  李志勇，姚佳良，张字. 关于混凝土抗渗性能试验方法的研究. 混凝土，2006，196（2）：57-60.
［7］  林可，胡红梅. 废弃石粉及其复合矿物掺合料对混凝土性能的影响. 福建建材，2005，3（4）.

**作者简介**

刘佳斌，1989 年生，2011 年毕业于青岛理工大学，助理工程师，现从事混凝土原材料检验及质量控制工作。

# 027 工程大体积商品混凝土的生产与施工

陆总兵[1]，金海军[2]，刘　虎[2]，赵志强[3]

（1. 南通新华建筑集团有限公司，江苏南通，226000；

2. 北京建工新型建材有限责任公司，北京，102612；

3. 混凝土第一视频网，北京，100044）

**摘　要**　027 工程筏板式钢筋混凝土基础，混凝土等级高、施工方量多、浇筑厚度大、质量要求严，浇筑时间恰逢高温季节，为了保证大体积混凝土基础底板顺利浇筑，针对工程特点，商品混凝土供需双方高度重视施工、生产技术与质量，根据以往的成功经验，认真策划，加强细节管理，重视过程控制，保障供应，并制定充分的预防措施和应急办法，确保底板浇筑目标的实现。

**关键词**　大体积混凝土；生产与运输；施工与养护；应急预案

## 1　工程概况

本工程位于北京市光机电管委会区域，基础为筏板式钢筋混凝土基础，混凝土等级为 C40，抗渗等级 P8，基础底板厚度有 1200mm、1400mm、1600mm、1800mm、2000mm、5000mm，属于大体积混凝土。浇筑时间在 8 月份，恰逢北京的高温季节，基础底板以沉降后浇带和施工后浇带为界限，分为 8 个施工流水段。

## 2　大体积原材选用及配合比设计

混凝土配合比应提前试配确定。基础底板混凝土按大体积混凝土设计，按照国家现行《混凝土结构工程施工及验收规范》《普通混凝土配合比设计规程》《粉煤灰混凝土应用技术规范》及《大体积混凝土施工规范》中的有关技术要求进行设计。

### 2.1　材料选用

（1）水泥：采用金隅琉璃河水泥厂生产的普通硅酸盐 42.5 水泥。

（2）粉煤灰：采用唐山产Ⅰ级粉煤灰。

（3）矿粉：采用三河天龙 S95 级矿渣粉。

（4）砂：采用河北涞水水洗中砂，细度模数＞2.3，含泥量＜3.0%。

（5）石子采用北京碎石，粒径 5～25mm，含泥量＜3.0%。

（6）外加剂：采用北京建筑工程研究院生产的 AN4000 聚羧酸减水剂。混凝土碱含量不超过 3kg/m³。

### 2.2　配合比技术要点

（1）在确保强度的前提下，降低胶凝材料总用量，并采用超量取代的办法提高粉煤灰掺量，减少混凝土的塑性收缩，降低水泥水化热，降低混凝土的内外温差，减小温度应力，抑制应力裂缝的产生。掺入Ⅰ级粉煤灰、S95 级矿粉，以替代部分水泥用量，推迟混凝土强度的增长，采用 $R60=40N/mm^2$ 代替 $R28=40N/mm^2$，从而减少水泥水化热带来的不利影响。

（2）减少混凝土用水量，即采用较小的水灰比，增大混凝土的密实度。

（3）适当延缓混凝土的凝结时间初凝时间为 10～12h，终凝时间为 12～14h，以保证作业面的及时覆盖和施工的连续性。同时延缓水化热的释放速度，抑制温度应力裂缝。

（4）尽可能减小砂率，减少混凝土收缩。

经上所述确定配合比见表 1。

表1　混凝土配合比（kg）

| 强度等级 | 水 | 水泥 | 砂 | 石 | 粉煤灰 | 矿粉 | 外加剂 |
|---|---|---|---|---|---|---|---|
| C40P8 | 161 | 244 | 772 | 1023 | 76 | 101 | 5.46 |

## 3　大体积混凝土生产与保障供应

为保证工程的施工质量，组织好产品供应、车辆调配，迅速解决各种技术、服务问题，由北京建工新型建材有限责任公司二分公司建均站与三分公司建强站完成027工程的大体积混凝土生产运输任务。二分公司建均站位于朝阳区马各庄，三分公司建强站位于朝阳区南豆各庄。交通非常便利，可以方便快捷地进入工程所在地点。两站在许多重要工程及大方量混凝土生产中有成功的经验。

### 3.1　搅拌设备

建均站有 $3m^3$ 搅拌机组两台，单台每小时可以搅拌混凝土 $120m^3$；建强站有 $3m^3$ 搅拌机组两台，单台每小时可以搅拌混凝土 $120m^3$。站内建有完善的机械维修保养制度，能够及时排除机械故障，保证搅拌机组的正常运转。该套机组机械状况良好，同时运行能够保证每小时实际生产混凝土 $400m^3$ 左右。

### 3.2　运输泵送设备

建均、建强两站共有混凝土罐车100辆，运载量分别为 $10m^3$、$12m^3$、$15m^3$、$16m^3$、$18m^3$，能够保证正常生产供应需要。汽车泵四台，泵送距离分别为48m、52m、56m。

为了保证生产供应需要，除公司内部罐车根据需要调派外，我站与附近其他兄弟站建有良好的合作、协作关系，在需要时可以互相租借罐车，满足工程的使用要求。

### 3.3　原材料保证

建均、建强两站具有很强的原材料仓储能力，四台搅拌机组共有配套粉料筒仓20个，其中水泥仓储量达到了3200t，可以很好地保障生产需要。同时，两站建有大面积的砂石储料场，存储量可以达到8万t，可以缓解汛期、冬季砂石料紧张的局面，保证生产需要。

### 3.4　大体积混凝土生产质量控制

（1）质控人员会同搅拌操作人员、试验人员进行开盘鉴定。核对材质数量，通过微量调整达到要求后填写开盘鉴定，共同签定开盘执行，并留取试件。

（2）混凝土泵送和搅拌坍落度的控制：大体积混凝土采用泵送工艺，泵送前坍落度不应低于180mm，到工地坍落度应在180~200mm。质量控制部对每车混凝土施行出场检验，合格后方可送工地泵送交验。考虑道路阻塞等意外情况或因素，每一辆混凝土运输车上携带一桶高效减水剂，以便需要时由现场技术人员对混凝土的坍落度进行小范围的调整。司机和泵工对混凝土拌合物的情况应及时反馈给生产调度和质控人员，及时掌握、及时处理。

### 3.5　大体积混凝土生产组织、保障供应

（1）生产部委派现场服务人员在浇筑前两天对现场进行勘察，协助施工方做好混凝土泵支设的筹备工作，并根据现场实际情况做好车辆现场运输路线的制定。

（2）生产部要与施工方做好沟通，保证在混凝土浇筑时有充足的停车位，保证车辆的储备，便于混凝土浇筑的连续性。

（3）施工方要在混凝土计划浇筑时间的前一天，通过传真形式将生产任务通知搅拌站，要注明技术要求、计划浇筑方量、使用泵的种类等，便于搅拌站做好生产计划及生产的协调工作。

（4）混凝土浇筑时生产部派驻现场服务人员，负责现场车辆的调派与管理。现场服务人员要与站内保持密切联系，做好现场相关信息的反馈，保证混凝土及时供应，连续浇筑。并要对在浇筑时出现的问题及时与施工方进行沟通解决。

（5）当班调度要根据GPS及时掌控运输途中及进入工地的车辆数量，保证车辆的合理调派。

（6）运输司机到达现场后，要听从施工人员的调遣，服从现场各项管理规定。

**3.6 大体积混凝土施工组织要点**

（1）混凝土浇筑时间安排：基础底板根据后浇带划分分段浇筑，根据工程进度安排，确定浇筑时间，每次混凝土浇筑应连续进行，一次成活。

（2）为了防止混凝土浇筑产生冷缝，配置两台地泵进行浇筑，特殊情况下用汽车泵配合地泵，并组织两班施工人员，连续不间断地进行施工。

（3）每小时浇筑量安排：每台泵每小时浇筑 36m³。

（4）施工机械配备设置：基础底板混凝土浇筑过程中，塔吊配合施工。

（5）施工机械配备设置依据：本工程基础底板混凝土浇筑采用斜面分层浇筑方案。浇筑面积约为 7500m²，分层浇筑每层厚度 300～500mm，根据不同底板厚度适当调整，为保证作业面的及时覆盖和施工的连续性，混凝土初凝时间设计 10～12h。设两台地泵，每台泵共需 8 辆混凝土罐车。另外为防止出现机械事故，另联系配备用汽车泵一台，混凝土罐车 6 辆。基础地下室施工流水段布置图如图 1 所示。

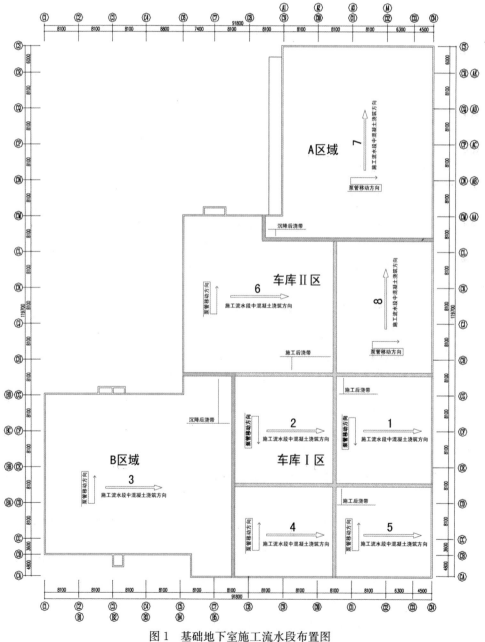

图 1　基础地下室施工流水段布置图

### 3.7 技术准备

（1）根据施工图纸、施工规范及标准，编制施工方案及技术交底。

（2）组织施工管理人员对操作人员开交底会，进行上岗前培训，对方案进行技术安全交底，明确施工工序流程、技术要求及质量标准，并对操作者进行书面交底。

（3）做好施工后浇带的分隔阻挡工作，后浇带处模板要求用木胶板支设。

### 3.8 施工测量

测量仪器：全站仪一台，水准仪一台，50m钢卷尺两把，5m标尺一根等（以上仪器应进行检验并合格）。依据现场引入的水准点用水平仪和标尺将底板标高引至基坑边，基础底板施工的标高控制点引至基坑内侧护坡混凝土表面，以便混凝土浇筑时控制标高。预先弹出轴线和墙柱边线、电梯井线、集水坑线等，并用蓝色油漆标识暗柱位置，用红色油漆标识门洞口位置。墙柱插筋前将其边线用红漆标于底板上层筋，以保证其位置正确。

### 3.9 机具准备

表 2　施工机具准备

| 机具 | 数量 | 机具 | 数量 |
| --- | --- | --- | --- |
| 混凝土地泵 | 2 台 | 振捣棒 | 16 套 |
| 混凝土罐车 | 16 辆 | 平板振捣器 | 2 套 |
| 低压灯 | 30 个 | 污水泵 | 1 台 |

## 4　大体积混凝土施工方法

### 4.1 混凝土工艺流程

作业准备→混凝土运送到现场→混凝土泵送到浇筑部位→混凝土浇筑与振捣→混凝土压面成型→混凝土测温和养护。

### 4.2 混凝土的浇筑

（1）浇筑前的准备

工长提前向施工班组做详细交底，同时检查机具、材料准备及水电的供应情况，及时掌握天气变化和交通状况，并且检查安全设施、劳动力配备情况。钢筋、模板及水电专业已完成检查验收并办理验收手续。

（2）泵车布置及浇筑路线

根据不同现场情况在现场南门布置一台地泵，北坡布置一台地泵混凝土，混凝土浇筑由一头沿纵向进行。

（3）混凝土浇筑

混凝土浇筑采用斜面分层浇捣，自然流淌的方法。有专人负责避免冷缝的产生，施工时做到分层浇筑分层捣实，并且保证上下层混凝土在初凝前结合好，避免形成冷缝，浇筑层高度根据基础厚度标高不一控制在300～500mm之间。为避免混凝土浇筑时发生离析现象，混凝土由高处自由倾落高度不大于2m。

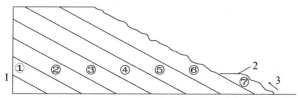

图 2　底板混凝土浇筑方法

1—分层线；2—新浇筑的混凝土；3—浇筑方向

混凝土振捣采用 $\phi 50$ 插入式振捣棒。振捣时应快插慢拔，插点要均匀排列，逐点移动，顺序进行，不得遗漏，做到均匀振实。振捣棒移动采用"行列式"，移动间距不大于振捣棒作用半径的 1.5 倍（即 30～40cm）。同时，为避免混凝土产生冷缝，振捣上一层混凝土时应插入下层 50mm，以消除两层间的接缝。混凝土浇筑必须连续进行，因就餐或其他原因，应做好交接班，浇筑不得中断。如有特殊情况发生间歇，次层混凝土浇筑应在前层混凝土初凝前进行。如发生堵泵情况，立即用高压水冲洗泵管。浇筑期间，钢筋工、木工、安装工应跟班检查，发现情况应立即纠正，及时汇报并处理。

（4）标高控制

混凝土浇筑前，在插筋上作 500mm 高控制点，混凝土浇筑时，在标记点拉小线控制板面标高。

（5）泌水处理

大流动性混凝土在浇筑过程中的振捣过程中，必然会有游离水析出并顺混凝土坡面下流至坑底，为此，在基坑边设置集水坑，通过垫层找坡使泌水流至集水坑内，用小型潜水泵将过滤出的泌水排出坑外。同时在混凝土下料时，保持中间的混凝土高于四周边缘的混凝土，这样振捣后，混凝土的泌水现象得到克服。当表面泌水消失后，用木抹子压一道，减少混凝土下沉时出现的沿钢筋的表面裂纹。

（6）板面处理

浇筑后 5h 内按标高用长尺刮平并按要求找坡，预埋件或插筋处用抹子抹平、找坡，初凝前用木抹子搓平，严禁用振捣棒铺摊混凝土。

特别注意在墙体两侧及柱子周围 200mm 范围内，严格按标高将板面找平，以便墙柱模板的下口接缝严密，防止墙体产生烂根现象。

### 4.3 施工缝的处理

底板混凝土浇筑时，在地下室外墙处安装止水钢板，钢板中心高度为基础底板上返 300。

### 4.4 施工缝及后浇带的处理

（1）在施工缝处继续浇筑混凝土时，已浇筑的混凝土抗压强度必须达到 1.2MPa，并对混凝土表面进行剔毛处理，把已硬化的混凝土表面浮浆、松动石子和软弱混凝土层剔除至密实混凝土。钢筋、模板上的混凝土浆及杂物清除，用水冲洗干净充分湿润，但不得有积水。300 高导墙处的止水钢板不得有松动、扭曲，并清理干净。

（2）在浇筑后浇带混凝土前，应按设计要求在后浇带侧面中心预留的梯形凹槽处设置橡胶膨胀止水条，并经隐蔽验收合格，方可浇筑混凝土。

（3）混凝土浇筑前，先在施工缝处铺一层 5～10cm 厚与混凝土同配合比的减石子水泥砂浆，然后再浇筑混凝土。混凝土下料应避免直接靠近缝边，机械振捣宜向施工缝处逐渐推进，并距施工缝 80～100mm 处进行人工捣实，使其结合紧密。

### 4.5 质量控制

（1）混凝土进场检验

商品混凝土运到工地后要对其进行检验，同时检测其坍落度并记录，要求坍落度在 16～18cm，项目部专门成立保证混凝土坍落度检查小组对混凝土坍落度进行抽查，坍落度严重不合格的混凝土强制退场。如混凝土出现离析、泌水现象，应视严重程度对混凝土进行二次搅拌或作退场处理。

（2）浇筑控制

施工时，严格控制混凝土的一次浇筑厚度。控制指标：混凝土内外温差不大于 25℃；降温速度不大于 1.5～2℃/d；测温安排专人负责，并做好记录。当混凝土强度未达到 1.2N/mm² （拇指用力按无指痕）以前，不许上人堆物。工长随时观察混凝土有无异常，发现问题及时分析处理。因天气炎热，浇筑过程中对泵管表面进行覆盖，作降温处理。

# 5 大体积混凝土现场养护措施

## 5.1 施工组织

大体积混凝土的表面处理和养护工艺的实施是保证混凝土质量的重要环节。对大体积混凝土更应注意沉降和温升对混凝土早期质量的影响，防止出现塑性裂缝和过大的表面温差。采用塑料薄膜与岩棉被相间覆盖的方法进行养护。具体操作为：

（1）随混凝土的浇筑顺序，在混凝土表面初步收光后，即混凝土处于硬化阶段时，及时覆盖塑料薄膜为密封层，防止混凝土热量散失，并使表面处于温润。塑料薄膜的覆盖要及时（分块进行，边抹平边覆盖），且宜使薄膜紧贴混凝土表面，塑料布之间的搭接不少于100mm，遇有钢筋头周围再覆盖一层塑料布，将混凝土表面盖严，以减少水分的损失，起到保温保湿的作用。

（2）在混凝土初凝时间的$1/2\sim2/3$范围内掀开塑料薄膜，对可能产生的微裂缝予以搓压处理（此时为二次抹面）。抹平后继续覆盖塑料布，并在塑料布上面覆盖岩棉被。这样可在冷空气与混凝土表面之间形成一个温差过渡区，在起到保温保湿作用的同时，达到降低混凝土内外温差和混凝土表面与环境温差的目的。

（3）依据具体的气温条件和预测计算数据，塑料薄膜一层、岩棉被二层。为防止气温骤变影响，在混凝土升温和早期降温过程中，可根据具体测温记录确定是否有控制地加厚保温层，一般地，在混凝土升温和早期降温过程中，应有控制地加厚保温层。在混凝土降温中期，为加快降温速率，采取白天掀开部分保温层，晚间覆盖的方法；混凝土降温后期，采取逐日掀开保温层的方法，以使混凝土内外温差降至控制范围内，以达到预防温差应力产生裂缝的目的。

（4）测温措施

① 测温点水平距离在$7\sim8$m之间，测温工具采用电子测温计，每一个测温点埋设三根测温导线，深度分别在板的上中下三个位置，电子测温计的精度误差在$0.1℃$以内。

② 混凝土测温从混凝土浇筑完毕且强度达到$1.2$MPa开始，到撤走保温结束，但不少于20d。

③ 混凝土浇筑后$1\sim3$d为每2h测一次，$4\sim7$d为每4h测一次，其后每隔8h测一次。根据测温布置图的编号依次登记每个测温点的温度值，每天下午4：00汇总统计后上报技术部，如有特殊温度变化（混凝土降温速度大于$1.5℃/d$；混凝土实测内部温差大于$25℃$，即中心与表面下50mm；内外温差超过$25℃$，即混凝土表面以下50mm与混凝土表面外50mm处的温度差大于$25℃$），要及时通知技术负责人处理。撤除保温层时混凝土表面与大气温度不大于$20℃$。每点测温时间控制在3min左右，每次测温顺序统一。

（5）为确保混凝土质量要求，根据设计、试配等要求，底板大体积混凝土采用60d强度作为评定标准，故每班次或每$100\text{m}3$的混凝土至少应留置1组试块作为评定60d强度依据，并考虑适当的备用试块组；根据要求留置抗渗试块，每$500\text{m}^3$次取1组标养28天。同条件试块的组数根据实际需要确定，每次不少于2组。

## 5.2 混凝土热工计算

混凝土施工在8月中下旬，预计当时大气平均温度（$T_0$）取$30℃$。

制备材料热量值见表3。

**表3 制备材料热量值**

| | | | | | | | |
|---|---|---|---|---|---|---|---|
| $m_w$ | 水用量＝ | 130 | kg | $T_w$ | 拌合用水温度＝ | 15 | ℃ |
| $m_{ce}$ | 水泥用量＝ | 244 | kg | $T_{ce}$ | 水泥温度＝ | 50 | ℃ |
| $m_s$ | 掺合料用量＝ | 177 | kg | $T_s$ | 掺合料温度＝ | 40 | ℃ |
| $m_{sa}$ | 砂用量＝ | 803 | kg | $T_{sa}$ | 砂温度＝ | 25 | ℃ |
| $m_g$ | 石子用量＝ | 1023 | kg | $T_g$ | 石子温度＝ | 25 | ℃ |
| $\omega_{sa}$ | 砂含水率＝ | 5.00% | | $c_w$ | 水的比热容＝ | 4.2 | kJ/(kg·K) |
| $\omega_g$ | 石子含水率＝ | 0.00% | | $c_i$ | 冰的溶解热＝ | 0 | kJ/kg |

各项温度计算：

（1）混凝土拌合温度

$$T_0 = [0.92(m_{ce}T_{ce} + m_s T_s + m_{sa}T_{sa} + m_g T_g) + 4.2T_w(m_w - \omega_{sa}m_{sa} - \omega_g m_g)$$
$$c_w(\omega_{sa}m_{sa}T_{sa} + \omega_g m_g T_g) - c_i(\omega_{sa}m_{sa} + \omega_g m_g)][4.2m_w + 0.92(m_{ce} + m_s + m_{sa} + m_g)]$$
$$= 26.5℃$$

（2）混凝土出机温度

$$T_1 = T_0 - 0.16(T_0 - T_p) = 27.9℃$$

式中    $T_1$——混凝土拌合物出机温度（℃）；

       $T_p$——搅拌机棚内温度（℃）。

（3）混凝土浇筑（成型后）温度

$$T_2 = T_1 - \Delta T_y = 28.3℃$$
$$\Delta T_y = (\alpha t_1 + 0.032n) \times (T_1 - T_a)$$

式中    $T_2$——混凝土拌合物运输与输送到浇筑地点时温度（℃）；

     $\Delta T_y$——采用装卸式运输工具运输混凝土时的温度降低值（℃）；

       $T_a$——室外环境气温（℃），$T_a$ 取 20℃；

       $t_1$——混凝土拌合物运输时间（h），$t_1$ 取 0.5h；

       $n$——混凝土拌合物运转次数，$n$ 取 2 次；

       $\alpha$——温度损失系数，$\alpha$ 取 0.25。

（4）混凝土绝热温升

$$T_\tau = \frac{W \times Q}{C \times P}(1 - e^{-m\tau}) = 32.5℃$$

式中    $T_\tau$——$\tau$ 龄期混凝土绝热温升（℃）；（本式取 3d 龄期）；

       $T_h$——混凝土最终绝热温升（℃）；

       $m$——随水泥品种、比表面积、温度而异；

       $\tau$——混凝土龄期（d）；

       $e$——自然对数底；

       $W$——每 m³ 混凝土水泥用量（kg）；

       $Q$——每 kg 水泥水化热量 [kJ/(kg·K)]；

       $C$——混凝土比热 [kJ/(kg·K)]；

       $P$——混凝土密度（kg/m³）。

掺合料折减系数，取 0.25～0.30。

（5）混凝土内部最高温度

$$T_{max} = T_2 + T_\tau \cdot \zeta = 47.5℃$$

式中    $\zeta$——不同厚度、不同龄期的降温系数，$\zeta$ 取 0.9。

（6）混凝土表面温度

① 覆盖层传热系数：

$$\beta = \frac{1}{\sum \frac{\delta_i}{\lambda_i} + \frac{1}{\beta_q}} = \frac{1}{\frac{0.03}{0.14} + \frac{1}{23}} = 3.88 W/(m^2 \cdot K)$$

式中    $\delta_i$——保温（隔热）材料厚度（m），$\delta_i$ 取 0.03；

       $\lambda_i$——保温（隔热）材料导热系数 [W/(m²·K)]，$\lambda_i$ 取 0.14；

       $\beta_q$——空气传热系数 [W/(m²·K)]，$\beta_q$ 取 23。

② 混凝土虚厚度：

$$h' = k \cdot \frac{\lambda}{\beta} = 0.666 \times \frac{2.33}{3.88} 0.40m$$

式中　　$k$——折减系数，$k$ 取 0.666；

　　　　$\lambda$——混凝土导热系数 [W/(m・K)]，$\lambda$ 取 2.33。

③ 混凝土计算厚度：

$$H = h + 2h' = 2 + 2 \times 0.40 = 2.80\text{m}$$

④ 混凝土表面温度：

$$T_{b(\tau)} = T_q + \frac{4}{H^2} h'(H - h') \cdot \Delta T(\tau) = 38.6 \ ℃$$

$$\Delta T_{(\tau)} = T_{max} - T_q = 17.5 ℃$$

（7）混凝土中心最高温度与表面温度之差

$$T_{max} - T_{b(\tau)} = 8.9 ℃$$

（8）混凝土表面温度与大气平均温度之差

$$T_{b(\tau)} - T_q = 8.6 ℃$$

混凝土中心最高温度与表面温度之差为 8.9℃（<25℃），混凝土表面温度与大气平均温度差为 8.6℃（<20℃）。为更好的控制混凝土的温升，建议在混凝土表面及时覆盖塑料薄膜或草帘子，或进行浇水养护，以进一步减小混凝土表面和大气温度温差。根据水科院对掺加大掺量的矿物掺合料的绝热温升的测量，混凝土的最高温升（峰值）在 48 小时以后，此时混凝土的抗折强度已能抵抗温度拉应力，混凝土从理论上讲，不会产生温度应力裂缝。

## 5.3　大体积混凝土应急方案

针对 027 工程基础底板的特点，混凝土供需双方高度重视生产与施工，根据以往的成功经验，认真策划，加强细节管理，重视过程控制，保证供应，并制定充分的预防措施和应急办法，确保基础底板浇筑目标的实现。

### 5.3.1　混凝土原材料

由于底板采取大方量集中浇筑的方式，对原材料供给的质量和数量要求较高，我公司已提前做好仓储准备，以保证施工的连续性和质量的稳定性。如遇到停水，搅拌站将开动两台地下深井抽水泵进行临时供水和备用水罐供水。

### 5.3.2　技术质量控制

从开盘到大批量地正常生产，严格保证混凝土的出站坍落度在 180～200mm 之间，保证混凝土在现场的正常施工。在加强原材料检验、计量管理和设备保养的同时，也制定以下应急办法：

（1）混凝土出厂质量控制：由于原材料相容性变化较大导致的坍落度过大或过小，或者由于原材料质量波动过大而导致的和易性、可泵性变差，可以采取的应急措施是及时进行配比微调，及时与现场沟通，不合格混凝土作报废处理。同时加强原材料的检验，质检人员进行目测，同时抽测频率≥1 次/2 车，相关技术负责人 24h 保持联络畅通。

（2）现场混凝土质量控制：由于车辆现场等待时间过长而造成的坍落度损失过大，现场调度反馈信息给相关人员，加强检验，及时掌握原材料质量变化情况，可以采取的应急措施是不合格混凝土作退场处理。由于泵管接头、布置不合理或者车辆待时长、坍落度过小而造成的堵管，可以采取的应急措施是积极配合现场管理，采取现场应对措施，反馈信息至调度，合理调整车辆，需要安排泵工提前到现场协助布管检查接头及固定情况，现场与站内保持联络畅通及时沟通现场信息。由于坍落度过大、和易性差，混凝土泌水或者抹面洒水而造成的泌水较多、浮浆多，可以采取的应急措施是减小入泵坍落度，及时处理作业面泌水，用和易性较好、坍落度小一些的混凝土覆盖并进行振捣使之均匀混合，停止洒水。需要控制入泵坍落度在 180～200mm 之间，加强坍落度检测，不合格的退场。

### 5.3.3　生产运输与现场浇筑的管理

施工方和有关部门协商处理与施工相关的一些可能存在的主要问题，如道路交通等。施工现场的道路要保持畅通，冲罐位置标识清晰可见，留有足够的进倒车空间，以免影响施工速度。另外，供应方也针对可能发生的情况制定以下应急响应措施：

（1）混凝土生产：由于某台机组出现故障而造成的生产不能正常进行，可以采取的应急措施是值班人员及时维修，备用机组投入生产，需要提前检查，加强保养，维修车间24h值班，班前检查，班中巡视，易损关键配件提前备货。由于社会供水供电停顿而造成的生产暂停，可以采取的应急措施是发电机组启用，自备井启用，需要检查发电机组，随时处于待命状态，检查送水管道，检查地下水水泵。

（2）车辆运输：由于运输车辆不足、车辆故障等原因造成的混凝土供应不及时，可以采取的应急措施是及时租车，及时维修，合理调整生产，某些工程由兄弟站供应，需要提前安排车辆租赁事宜，提前落实，合理调整其他工程混凝土供应，班前交底，司机提前到位。

交通管理：由于交通安全、交通管制、交通禁行而造成的生产事故，可以采取的应急措施是安全主管现场处理，绕行备用路线，提前发车，根据时段合理调整生产。

（3）现场浇筑：由于突发紧急情况而造成的浇筑影响，可以采取的应急措施是现场管理人员及时处理，报告有关主管领导，采取预防措施，防止再发生，需要班前交底，现场管理人员安排到位，各相关人员保持通讯畅通。

**5.3.4 极端情况下的应急预案**

供应过程中，如遇不可抗力造成供应紧张时，及时启动混凝土公司三分公司建强站，共同完成贵工程的混凝土生产运输任务。建强站位于朝阳区南豆各庄乡黄厂村，距京沈高速仅300m，交通非常便利，可以方便快捷地到达工程所在地点。两个站主材均属于公司集中采购，所生产的混凝土质量相同，在许多重要工程及大方量混凝土生产中均有成功的合作经验。

# 6 结语

实践证明，大体积商品混凝土生产与施工技术、质量控制，经周密策划、合理组织、规范管理、严格认真执行，027工程大体积混凝土基础底板质量全面受控，效果良好。

# 新型泵管润滑剂的研究与应用

牛学蒙

（延边诚信混凝土有限公司，延边，133000）

**摘　要**　本文介绍了利用废弃磨姑茵棒制备一种泵管润滑剂。较好地满足了商品混凝土公司预拌混凝土、预拌砂浆对润滑剂的需要；生产简单、造价较低，是一种绿色、环保产品。

**关键词**　泵管润滑剂；润泵砂浆；成本

## 0　引言

过去几十年来，全国各地预拌混凝土行业一直采用水和砂浆对混凝土输送泵进行润管，近几年，泵管润滑剂目前在商品混凝土搅拌站得到了推广应用，主要功能是代替润泵砂浆对预拌混凝土在泵送前对泵车的管道进行润滑，以免出现堵泵的情况。

现在预拌混凝土公司应用的泵管润滑剂主要是由引气剂、纤维素醚稠化粉、可再分散乳胶粉等高分子材料组成，材料成本高、不经济，也不符合目前的低碳环保及节能减排的理念。新型泵管润滑剂是利用废弃磨姑茵棒为主要原料制成的，原料来源广，成本低。它的成功研制和应用，对混凝土行业的低碳及节能减排做出了积极的贡献。

## 1　泵管润滑剂与润泵砂浆的对比

传统的润泵砂浆其实是个很大的浪费，一般一次润泵最少是需要 0.5m³ 的润泵砂浆，而对于输送管道较长的地泵来说，有时润泵就需要花费 2～3m³ 的润泵砂浆，这些对原材料需要现款结算，而混凝土产品需要垫资情况下的混凝土生产企业来说也是一笔非常大的开支。泵管润滑剂加水后的液体整体经过管道的同时，部分润泵溶液黏附在管道上，从而实现润滑泵管的功效，且润泵溶液与混凝土互溶解，这样就不会影响混凝土的各项性能。在使用上也非常方便，不需要添加任何其他设备，无需单独润泵，润泵液走在混凝土的前端，可与混凝土泵送同时进行，这样就极大地减少了人力物力的支出。

传统的润泵砂浆在运输上有时需要单独用运输车进行运输；有时会将润泵砂浆置于混凝土搅拌运输车的上部，下部装载混凝土。这样不仅对车辆的使用是个浪费，而且假如同时装载润泵砂浆和混凝土的运输车在运输过程中无法转动，混凝土和砂浆就会混合在一起，如果路途较远或者混凝土工作性稍差就会出现工作性不满足要求的情况而导致退货。另外，润泵后的第一车混凝土由于路途中不能转动导致工作性不好，也容易造成堵泵现象。而润泵剂的使用就非常方便，一般一次润泵仅需要 1～2 袋，每袋 25kg 左右，因此很多搅拌车司机每次出发前将 2 袋放在车上，方便快捷地实现润泵的目的。

泵管润滑剂的润泵效果要优于润泵砂浆，砂浆的润泵机理是利用润泵砂浆摩擦力较小，通过管道时在管壁上黏附一些水泥浆，这些水泥浆对后面输送的混凝土起到润滑的作用，同样基于这个原理，润泵剂是由高分子材料组成，润管后黏附在管壁的薄膜层的润管能力要明显优于润泵砂浆。

## 2　新型泵管润滑剂的制备过程

主要原料：废弃磨姑茵棒、工业级氢氧化钠、工业级亚硫酸钠、分析纯硫酸亚铁催化剂、地下水等。

制备反应过程如下：

在水中加入氢氧化钠，使 pH>8.0；之后，加入 20％废弃磨姑茵棒碎片和 2％的亚硫酸钠，加热煮沸后放入分析纯催化剂，继续煮沸 3～4h。所生成的聚合物同时含有氨基和磺酸基，属于双阴离子表面活性剂，当聚合度适当时，过滤出的溶液可以作为水泥浆体的分散剂使用——缓凝减水剂。

过滤后的渣子中具有多官能团的性能，如纤维类化合物（羧甲基纤维素类化合物）、氨基类化合物等，都有两个以上活性点，通过磨细处理与引气剂复合，用粉煤灰作分散载体就可制成泵管润滑剂。

## 3 泵管润滑剂的使用方法

在泵送施工前，先按表 1 要求用量的泵管润滑剂和水倒入泵料斗内混合均匀，然后开始缓慢向料斗中投放 0.2～0.3m³ 混凝土（砂浆），在混凝土（砂浆）覆盖住输送泵进料口后，反泵两个冲程，开始泵送，接着放入混凝土，即可开始加压泵送混凝土或预拌砂浆。

**表1　泵管润滑剂用量和相应用水量**

| 泵管长度 | 润管剂用量 | 用水量 |
|---|---|---|
| 40m 以下 | 1 袋 | 50kg |
| 40～100m | 2 袋 | 100kg |
| 100m 以上 | 3～4 袋 | 150～250kg |

采用地泵时，可先打水，清管，排空后，应在 15min 后，清管水完全排尽后，再进行润泵剂的试打。打地泵，由于通常都是大坍落度的混凝土，故建议用水量应适当减少 20％，搅拌时间也延长 2min，计算管路消耗时，还应增量 20％。

## 4 结语

在生产混凝土缓凝减水剂的废弃物中，添加少量其他材料就能组成混凝土泵管润滑剂，用来替代现用的水泥润滑砂浆。它的优点在于减少资源浪费、降低能耗、保证施工质量、保护环境，又加快工程进度，并能节约大量的人力和财力，符合循环经济的要求。

新型泵管润滑剂经过延边地区混凝土搅拌站的应用后，收到了良好的效果。初始阶段一些混凝土企业不太习惯，但只要掌握正确的使用方法就能达到良好的润泵及节约成本的功效。经过测算，一般混凝土企业年产量按 50 万 m³ 计算，年可节省资金近百万元。同时使用新型泵管润滑剂也降低了混凝土企业原材料的投入，对整个行业的低碳减排放起到非常积极的作用。

**参考文献**

[1]　钟卓尔，孙日圣，郭震．聚羧酸系超塑化剂的研究开发［J］．江西化工，2003（3）；11-13.
[2]　JGJ/T 10—2011.混凝土泵送施工技术规程.
[3]　吴漫天．预拌砂浆机械化施工及其经济分析及结论［M］.

# 特种混凝土技术

# 废弃混凝土的循环利用研究

覃 爽

（上海市建筑建材业市场管理总站，上海，200032）

**摘 要** 废弃混凝土的循环利用，有利于推进建筑垃圾的处理工作。本文介绍一种废弃混凝土的循环利用方法，其把废弃混凝土加工成再生粗集料、再生细集料和再生微粉，分别应用于预拌混凝土的生产。该方法的再生利用率高，对资源循环利用具有积极的促进作用。

**关键词** 混凝土；废弃；再生；预拌；循环利用

## 1 概述

随着经济的快速持续增长，城市化进程的不断加快，建筑垃圾在快速增长。目前上海市建筑垃圾总量已达 2300 万 t，主要的处置方式仍以露天堆放或回填为主，利用效率低下，不仅占用大量宝贵的土地资源，而且清运和堆放过程中的遗散和粉尘、灰砂飞扬等造成了严重的粉尘污染，影响城市整体空气质量[1-2]。随着解放初期建造的混凝土与钢筋混凝土结构逐渐进入损坏阶段，废弃混凝土将越来越多，其处理是一个很大的社会问题。废弃混凝土如不加以利用，一方面会增加环境负荷，另一方面也是资源的浪费，将影响可持续发展。

美国、日本和欧洲等发达国家和地区对建筑垃圾尤其是废弃混凝土的再生循环利用研究开展得较早，目前废弃混凝土的再生利用率均在 90％ 以上。而我国目前建筑废物资源化再生循环利用步伐缓慢，综合高效利用率尚不足 5％。若将废弃混凝土加工处理后再应用于预拌混凝土，可大大提高废弃混凝土的再生利用率，有利于推进建筑垃圾的资源循环利用工作[3]。

目前国内普遍采取的做法是将废混凝土破碎加工成再生粗集料，用于预拌混凝土的生产，对粒径 5mm 以下部分不做处理。笔者认为这种方式过于简单粗放，一方面废混凝土的再生利用率不够高，另一方面由于粉料部分未做处理，既影响再生粗集料的品质又影响环境。本文介绍一种废弃混凝土的循环利用方法，其把废弃混凝土加工成再生粗集料、再生细集料和再生微粉，分别应用于预拌混凝土的生产。该方法的废弃混凝土再生利用率高，对建筑垃圾的资源循环利用具有积极的促进作用。

## 2 废混凝土的加工方法

废混凝土是指由建（构）筑物拆除、路面返修、混凝土生产、工程施工或其他状况下产生的废混凝土块。废混凝土的回收、破碎等加工处理工艺是废混凝土能够进行充分再利用的前提。废混凝土的加工工艺多种多样，目前国内普遍采用的加工方法是将废混凝土破碎加工成再生粗集料，对粒径 5mm 以下部分不做处理。从提供再生利用率的角度出发，可将粒径 5mm 以下部分集料另行处理。且经研究，将粒径 5mm 以下的集料加工成再生细集料或再生微粉均是可行的。

如图 1 所示，通过处理可将废混凝土加工成再生粗集料、再生细集料、再生微粉等三大类再生材料，用于预拌混凝土的生产。考虑到目前我国劳动力成本相对较低，且机械不适宜处理大块杂质，因此使用人工法对废混凝土块进行分选以除去钢筋和木材。鉴于铁屑和碎塑料等细微杂质很难采用人工分离，可设置磁铁分离器和分离台，以便提高集料的纯度[4]。

## 3 再生粗集料

再生粗集料是废混凝土经破碎、加工后，所得粒径在 5～31.5mm 的集料。再生粗集料主要由

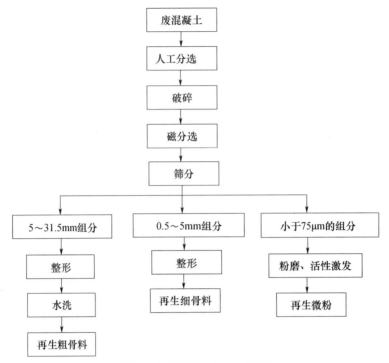

图 1　废弃混凝土的加工流程

独立成块的和表面附着老水泥砂浆的天然粗集料组成，因而，其表面粗糙，棱角较多，导致再生粗集料与天然粗集料存在一定的差异。虽然再生粗集料的级配可满足标准规范的要求，但是其较天然粗集料粗、细度模数高、空隙率大、吸水率大、堆积密度小、堆积孔隙率大、压碎指标高，且由于微粉含量的关系，其性能受到很大影响。研究[5-6]表明，由于再生集料的来源比较复杂，废弃混凝土加工前后的分类还不是很完善，再生粗集料因废混凝土来源不同而具有较大的随机性和变异性。

　　由于再生粗集料的这些特性，使得用其生产的再生混凝土与普通混凝土相比，性能有较大程度的降低。目前常用的做法是对再生粗集料进行预处理，改善再生粗集料的粒形，去除其表面附着的水泥砂浆，减小再生粗集料的孔隙率，提高再生粗集料的性能，进而改善再生混凝土的性能。目前对再生集料的预处理方法主要有强化法和湿处理法。

### 3.1　强化法

　　强化法可分为化学强化方法和物理强化法，其中物理强化法的处理成本相对较低，更有利于推广和利用。

#### 3.1.1　化学强化方法

　　化学强化法指用化学浆液（如聚合物、有机硅防水剂、纯水泥浆等）对再生集料进行浸渍、淋洗、干燥等处理。化学浆液或直接填充再生集料的孔隙，或与集料中的某些成分反应生成物能填充再生集料的孔隙，或浆液能将再生粗集料本身微细裂纹粘合，从而改善集料的表面状况。化学强化法会降低再生集料的吸水率，明显改善再生集料的性能，但是成本较高，且化学强化法处理后的再生粗集料应用于再生混凝土性能的实际效果还有待进一步研究。

#### 3.1.2　物理强化方法

　　物理强化方法指运用机械设备对简单破碎的再生集料进行进一步处理。物理强化方法的实质是在外荷载作用下，再生粗集料与外界或自身之间相互摩擦，将其表面的水泥砂浆磨掉，从而达到强化的目的。物理强化法有机械研磨法、加热研磨法、颗粒整形法等。物理强化法可使再生集料的粒形、吸水率、表观密度、压碎指标、针片状颗粒含量等指标均得到改善。再生集料经过物理强化后配置的混凝土的抗冻性能、抗渗性能得到大幅提高。物理强化方法耗能较多，成本较低。

### 3.2 湿处理法

传统再生集料生产工艺中大都采用干处理法，但是当废混凝土中含有的杂质过多时，利用干处理法得到的再生集料品质较差。近年来，欧洲和美国开始采用湿处理法生产再生粗集料，即用水对再生粗集料进行冲洗，分离再生集料中的杂质，提高再生集料的品质。

此外，在拌制再生混凝土前对再生粗集料进行预湿处理，不仅可以提高新拌再生混凝土的和易性，而且可以提高再生混凝土的抗压强度。因而，相对其他再生粗集料强化方法，湿处理法或对再生粗集料进行预湿处理，耗能相对较低，同时如能采取有效措施，避免冲洗之后的污水产生二次污染，是一种较好的预处理方法。

## 4 再生细集料

再生细集料是废混凝土经破碎、加工后，所得粒径在 $0.5\sim5mm$ 的集料。再生细集料颗粒棱角多、表面粗糙，且含有较多的微裂纹，导致再生细集料的吸水率很大、堆积密度和密实密度小。掺入再生细集料后，再生混凝土的工作性、强度和耐久性能会有所降低，因此在其应用时，需注意配合比设计及外加剂选择。但由于再生细集料的粒形和级配可通过加工工艺来调整，使其具有比天然砂更多的调整与选择空间，若加工工艺得当，可获得品质优良的再生细集料。

## 5 再生微粉

再生微粉是指废混凝土经破碎、粉磨、活性激发后，所得粒径小于 $75\mu m$ 的组分。再生微粉是在废弃混凝土加工过程产生的高附加值产品。再生微粉中含有未水化的胶凝活性组成，具有一定的强度活性，可替代部分掺合料直接用于混凝土的生产，也可与粉煤灰矿粉复配成复合掺合料后用于混凝土的生产[7]。

## 6 再生混凝土的配合比设计

再生混凝土不能机械地套用普通混凝土配合比的设计方法，其宜采用体积法进行配合比计算，不宜采用质量法计算，这主要基于不同等级、不同取代率的再生粗集料配制的再生混凝土，其干表观密度可在较大范围内变动考虑[6]。此外，由于再生混凝土的坍落度损失大，配合比设计时应选择合适的外加剂，宜选用具有保坍效果的外加剂。配合比设计过程中，经过试验验证再最终确定配合比。

## 7 再生混凝土的生产与施工

再生混凝土生产时，应考虑再生粗集料吸水率比较大的问题，可对再生粗集料进行预湿处理，保证再生混凝土良好的工作性能。预湿处理用水量可按再生集料质量的5%取值，也可通过试验确定。此外，还应综合考虑集料品质、水泥品种、配合比，对各种原材料进行充分搅拌，保证再生混凝土的工作性。

再生混凝土的施工工艺与普通混凝土基本相同，但由于再生混凝土的坍落度损失快，出厂至施工的时间不宜过长。再生混凝土的和易性稍差，泵送压力不宜过大。此外，由于再生混凝土的28d强度稳定性稍差，施工后需严格按要求进行养护。

**参考文献**

[1] 肖建庄，张洁. 上海市废弃混凝土来源与回收前景 [J]. 粉煤灰，2006，3：41-43.

[2] 徐亚玲. 预拌再生混凝土的研发及其工程应用 [J]. 上海建设科技，2011，2：54-57.

[3] 梁波. 基于国外建筑垃圾综合利用谈我国建筑垃圾再生利用对策 [J]. 上海建材，2015，4：12-15.

[4] 肖建庄，孙振平，李佳彬等. 废弃混凝土破碎再生工艺研究 [J]. 建筑技术，2005，2：141-145.

[5] 侯景鹏，史巍. 再生混凝土技术研究开发与应用推广 [J]. 建筑技术，2002，1：10-12.

［6］ 潘平．再生混凝土配合比设计试验和研究［J］．低温建筑技术，2015，3：6-8.

［7］ 於林锋．再生微粉复合掺合料配制及用于混凝土的试验研究［J］．上海建材，2015，4：35-27.

**作者简介**

覃爽，1984 年生，2009 年 3 月毕业于同济大学材料学专业，硕士研究生，现从事建筑材料相关科研和标准管理工作。地址：小木桥路 683 号，上海市建筑建材业市场管理总站；邮编：200032；电话：13764142043；E-mail：qinshuang1105@hotmail.com。

# 塑性混凝土防渗墙施工质量控制

方忠建[1]，苗永刚[1]，何百静[3]

（1. 海南华森混凝土有限公司，海南海口，570000；
2. 混凝土第一视频网，北京，100044；
3. 山东华舜混凝土有限公司，山东济南，250000）

## 1 概述

### 1.1 塑性混凝土简介

国外从 20 世纪 60 年代末开始采用塑性混凝土防渗墙，而我国是在 80 年代后期才首次应用成功。这种材料的特点是抗压强度不高，一般可控制在 $R28=0.5\sim5MPa$，弹性模量较低，一般可控制在 $E28=100\sim2000MPa$，渗透系数 $K=1\times10^{-6}\sim1\times10^{-7}cm/s$。

塑性混凝土与我国早期防渗墙采用的黏土混凝土有本质的区别。黏土混凝土仅是在配合比中加入了少量的黏土，水泥用量并未大幅度降低，掺加黏土的目的仅为了改善混凝土的和易性和便于钻凿接头孔，并无降低弹性模量的目的。在对墙体内力分析研究中发现，当墙体材料的弹性模量降低到 1000MPa 以下时，已经和地基土的弹性模量接近，此时墙体适应变形能力大为提高，墙体的内力大为降低，特别是在一般情况下墙内不产生拉应力，因而也不必担心墙体因拉应力太大而开裂破坏。因此，它特别适用于地震较频繁的地区和地基土为砂石的地基。塑性混凝土防渗墙具有在低强度和低弹性模量下适应地基应力变化的特点，确保墙体不被外力破坏，而不需提高混凝土的等级或增加钢筋笼，故能大大节省工程投资。

我国在 1990 年首次将塑性混凝土防渗应用于水口水电站上、下游围堰防渗墙。最近几年山东省内采用塑性混凝土防渗墙的水利工程有：南水北调东湖水库水库、双王城水库、博兴水库塑性混凝土防渗墙，泰安市胜利水库塑性混凝土防渗墙，曲阜尼山水库、潍坊牟山水库塑性混凝土防渗墙等。

### 1.2 塑性混凝土配合比的确定

常规混凝土防渗墙的混凝土配合比均以塑性混凝土为主，此配合比适用于地下防渗墙自流成型施工柔性材料，它具有极低的弹性模量、抗拉强度高、防水抗渗性能好等特点，能适应较大变形。由于它的这些特性使得塑性混凝土防渗墙在荷载作用下墙内应力值很低，克服了刚性混凝土防渗墙易产生裂缝的缺点。由于低透水性的黏土和膨润土的加入，使混凝土具有大的流动、黏聚性（坍落度 18～20cm，扩散度 34～38cm），并使得塑性混凝土的渗透系数接近甚至小于刚性的渗透系数，且有适当的强度，可以承受垂直方向的压应力和地下水的渗透压力。

塑性混凝土的配合比与常规混凝土的配合比间存在较大差异。常规混凝土具有成熟的经验配合比，而塑性混凝土的发展史短，缺乏经验配合比，已建工程中塑性混凝土的防渗墙的配合比存在较大差异。

塑性混凝土在配合比方面的特点是水泥用量较少，一般约为 $80\sim170kg/m^3$，此外还需掺加膨润土（塑性指标较高），细集料可用天然砂或机制砂，粗集料宜用 5～20mm 的连续级配小石子。

影响塑性混凝土防渗墙弹性模量的因素较多，如黏土和膨润土的黏粒含量和塑性指标、水泥的强度等级和品种、集料的粒径和硬度。为确保工程的正常顺利开展，施工单位应根据设计指标，向试验单位咨询配制塑性混凝土所需材料的要求，综合考虑当地材料的供应情况确定料源，取样送检到具备资质的试验单位委托塑性混凝土配合比试验，确定适宜的塑性混凝土防渗墙的配合比。塑性混凝土防渗墙还有其他指标，如渗透系数、坍落度、扩散度等。在工程施工中，承包商应根据实验室提供的实验室配合比按照粗细集料的颗粒级配和含水量调整换算成施工配合比进行配料拌合，以确定最佳施工参数。

**表 1　塑性混凝土配合比及性能**

| 工程名称 | 水泥 PC32.5 | 膨润土 | 粉煤灰 | 机制砂 | 碎石 5-20 | 外加剂 | 砂率 |
|---|---|---|---|---|---|---|---|
| 南水北调东湖水库 | 170kg | 130kg | — | 883kg | 722kg | 2% | 55% |
| | 坍落度 | 扩散度 | 水胶比 | 弹膜 | $R28$ | 渗透系数 | |
| | 210mm | 410mm | 0.85 | 927MPa | 3.2MPa | $6.4×10^{-7}$cm/s | |

## 2　施工质量控制

塑性混凝土防渗墙的施工质量控制主要分为三个方面：一是成槽工艺，二是塑性混凝土的拌制、运输与浇筑，三是混凝土质量和墙体质量检查与检测。成槽工艺是为墙体保驾护航的，重点在导墙建设和护壁泥浆的制备和泥浆质量上，是基本常识，不再赘述，下面重点讨论后两个方面。

### 2.1　膨润土的掺入方式

膨润土的掺入方式先后采用了两种方式：（1）先将水泥、膨润土和细粗集料混合干拌，然后加水进行搅拌；（2）将膨润土加入专用水池中，进行充分搅拌并配制成一定浓度，然后加入砂石集料和水泥进行拌合。施工过程中，在第一种方式下，膨润土经常形成粒径 10～30mm 的团块，不能形成泥浆，从而降低了膨润土在塑性混凝土中的作用，最终导致塑性混凝土弹性模量和强度增大。在第二种方式下，膨润土不出现结块现象，分散很均匀，不仅保证了塑性混凝土的拌合质量与试验结果一致，还增大了坍落度。因此，建议在塑性混凝土拌合过程中，膨润土采用湿掺法。

### 2.2　准备阶段的质量控制

施工准备是为施工阶段提供有效的、正常施工的物质条件和技术保障，作为质量控制人员的监理工程师应加强这方面的控制，严格控制并落实承包商的施工设备、材料和技术力量。在施工准备阶段，除应做普通混凝土防渗墙的准备工作外，承包商应重点为施工做好以下方面的工作，而监理工程师也应对此进行重点控制：

（1）根据施工现场的条件和塑性混凝土防渗墙的技术要求，周密、详细地做好施工组织设计的编制和审查工作（与一般混凝土防渗墙相比，塑性混凝土防渗墙更应重视现场混凝土的配合比试验，黏土或（和）膨润土的掺合方法等内容）。

（2）投入塑性混凝土防渗墙的混凝土浇筑的施工设备是否能满足工程实际需要，尤其是塑性混凝土拌合系统中膨润土掺加设备（黏土和（或）膨润土制成泥浆或浆液掺加效果较好，建议采用湿加设备）和混凝土运输设备。混凝土运输设备应与运输距离相一致，出机口至浇筑现场的运输时间不能过长，因为混凝土在运输过程中坍落度、扩散度损失较大。

（3）配制塑性混凝土的膨润土必须进行颗分试验检测膨润土的黏粒含量和细度，黏粒含量最好在 50% 以上，细度在 200 目以上的膨润土。

（4）选择防渗墙中心线上具有典型代表的部位进行生产性试验，以确定造槽、护壁泥浆、墙体浇筑等的工艺参数。

### 2.3　施工阶段的质量控制

施工过程中，承包商应严格按监理工程师批准的施工组织设计进行施工，监理工程师应派出经验丰富的现场监理人员进行现场监理，并按重要隐蔽工程的要求实行旁站监理。重点控制以下几个方面：

（1）槽段施工时，钻孔的孔位正确，劈孔中心线均在同一轴线上。无特别地层条件，单槽底面宜在同一高程上，便于混凝土浇筑时施工控制。

（2）Ⅱ期槽段套接时，必须校正轴线，保证套接端的最小墙厚满足规范和设计要求。

（3）在每次进行塑性混凝土浇筑前，应严格仔细检查砂石集料的粒径，确保砂石集料的粒径与试验确定的配合比所要求的粒径一致。

（4）膨润土若采用湿掺方式，应随时检查并控制液体浓度，确保实际掺入量与试验确定的配合比一致；若采用干掺方式，应考虑膨润土结块现象，实际掺入量应大于配合比量，具体视拌合后的结块现象而定。同时，应检查膨润土和水泥的保存质量。

（5）在防渗墙墙体浇筑前，应根据《水利水电工程混凝土防渗墙施工技术规范》制定浇筑方案。若运输时间和浇筑时停留时间太长，塑性混凝土的坍落度和扩散度的损失较严重，因此在制定浇筑方案时应充分考虑混凝土的运输能力和浇筑方式。

（6）在浇筑过程中，可能因某种因素导致混凝土坍落度和扩散度损失严重而不能满足混凝土的浇筑要求，发生这种情况应采用适量的减水剂调节，严禁直接向混凝土中加水。

（7）虽然塑性混凝土的扩散度较大，在浇筑过程中仍应确保混凝土面均匀上升，故应经常测量混凝土面高程，并及时填绘浇筑指示图。

（8）混凝土的拌合、运输应保证浇筑能连续进行，拌合站应配备可靠的备用电源和备用拌合机。

## 2.4　施工质量的检查验收

塑性混凝土防渗墙需进行混凝土质量检查和墙体质量检测，但在具体的检查方法上存在差异。

### 2.4.1　混凝土质量检查

混凝土质量检查是指对已浇筑的塑性混凝土的物理力学性能的检查，主要应包括抗压强度、弹性模量、渗透系数。抗压强度采用150mm的立方体试模成型试件，一组三块，检测28d的抗压强度；弹性模量用直径150mm、高300mm的试模成型六块一组的试件，检测28d的弹性模量；渗透系数采用上口直径175mm、下口直径185mm、高150mm的试模成型六块一组的试件，检测28d的渗透性数。

### 2.4.2　墙体质量的检查

混凝土防渗墙成墙质量的检查，项目包括墙体强度、渗透性数、墙体深度、墙体的均匀度和连续性。墙体强度、渗透性数、墙体深度可采用钻孔取芯法检测，墙体的渗透性数宜分段钻孔并通过注水试验方法检测，分段长度不宜大于5m。墙体的均匀度和连续性可采用地质雷达和超高密度电法等物探方法进行无损检测，地质雷达法只适用于墙体深度不大于8m的防渗墙，超高密度电法能适用于各种深度的防渗墙，是目前检测地下连续墙墙体质量比较可靠有效的方法。

# 具有自修复性能的高性能混凝土的研究现状及启示

李 健

（中建西部建设股份有限公司北方公司，天津，300450）

**摘 要** 自修复混凝土是模仿生物基体受创伤后的再生恢复机理，运用修复胶黏剂和混凝土材料相复合的方法，使材料对损伤破坏具有自修复和再生功能的一种新型复合材料。运用修复胶黏剂和混凝土材料相复合的方法，使材料对损伤破坏具有自修复和再生功能，从而增强混凝土的修复性能。在外界环境作用下，当材料基体开裂时，纤维随即发生裂开，其内装的修复剂流到裂缝处，由化学作用自动实现粘合，这可以提高开裂部分的强度，增强弯曲的能力，从而起到抑制开裂和修复材料的作用。

**关键词** 混凝土；自修复；仿生物；复合材料

**Abstract** The self-repairing concrete imitates the mechanism of biological self-healing and regeneration. Using the adhesive and concrete composite materials，the self-repairing concrete can repair the damage and regenerate itself. Therefore，it is a kind of new composite material having a much higher self-repairing ability. In some cases，when the material matrix cracks and the fibre breaks because of the effect of the external environment，the self-repairing agent flows to the position where the crack happens. The self-repairing agent will automatically bond the broken parts by chemical reaction. In this process，the strength of the cracking part improves；the bending capacity is enhanced，thus the self-repairing concrete can inhibit the cracking and repairing broken materials.

**Keywords** concrete；self-repairing；bionic；composite material

## 1 课题的目的与意义

### 1.1 自修复的概念

自修复混凝土是模仿动物的骨组织结构受创伤后的再生、恢复机理，采用修复胶粘剂和混凝土材料相复合的方法，对材料损伤破坏具有自修复和再生的功能，恢复甚至提高材料性能的一种新型复合材料。

### 1.2 课题的目的与意义

混凝土是目前用量最多的建筑材料，属于脆性材料，而且受力之前就有裂缝，在使用过程中以及周围环境的影响下，不可避免地会产生微开裂和局部损伤。如果这些损伤部位不能及时修复，不但会影响到混凝土材料的强度，而且空气中的 $CO_2$、酸雨和氯化物等极易通过裂缝侵入混凝土内部，使混凝土发生碳化，并腐蚀混凝土内的钢筋，从而影响到混凝土材料的耐久性，并缩短其使用寿命。传统的混凝土材料的修复方式主要是定期维护与事后维修，这种修复方法非常被动，不仅费用庞大，而且效果不佳。而实际工程中经常出现的裂缝均为微裂缝，是肉眼无法看见的，使得传统的修复方法操作起来非常困难。自修复混凝土的产生，就能很好地解决这一问题。混凝土的自修复系统为基体微裂缝的修补和有效地延缓潜在的危害提供了一种新的方法。一个自修复系统将免去有效的监测和外部修补所需要的高额费用，节省建筑结构运行费用，且大大有利于其安全性和耐久性，混凝土材料的使用寿命也将大大延长。

由于在混凝土自修复过程中，其修复过程及效果受到许多因素的影响，比如：纤维管与基体材料的性能匹配是很重要的；如采用塑料纤维管装入修复剂嵌入，可发现基体完全裂开而纤维管并未破损的现象，无法实现自修复功能；纤维管的数量也影响材料的修复，太少不能形成完全修复，多了又可能对材料的宏观性能有影响，修复后的强度与原始强度的比值是评价修复的重要依据，它与修复剂的粘结强度有很大关系；混凝土的裂缝开裂机制；粘结质量、胶黏剂的渗透效果、管内压力也对自修复作用产生很大的影响。胶黏剂是有机材料，耐久性能很难保证。所以，对于影响混凝土自修的因素不好控制的时候，我们可以通过对其集料进行改善，使混凝土集料具有自修复或者使集料做出来的混凝土本身具有自修复能力，这样可以解决一些现在存在的比较普遍的问题。

## 2　自修复混凝土微损伤的自修复机理

自修复混凝土是一种具有感知和修复性能的混凝土。从严格意义上来讲，应该属于一种机敏混凝土。它是传统材料向智能材料发展的高级阶段。自修复混凝土是模仿生物基体受创伤后的再生、恢复机理，运用修复胶黏剂和混凝土材料相复合的方法，使材料对损伤破坏具有自修复和再生功能的一种新型复合材料[1]。

据此，国内外学者们提出了具有自修复行为的智能材料模型[2]，即在材料的基体中布有许多细小纤维的管道（类似血管），管中装有可流动的物质修复物质（类似血液）。在外界环境作用下，当材料基体开裂时，纤维随即发生裂开，其内装的修复剂流到裂缝处，由化学作用自动实现粘合，这可以提高开裂部分的强度，增强弯曲的能力，从而起到抑制开裂和修复材料的作用[3-4]。若采用低模量的胶黏剂修复混凝土，则可以改善建筑结构的阻尼特性，提高混凝土材料的柔韧性，以减轻突加外载荷对建筑物的瞬间冲击，如地震、飓风对建筑物的破坏；如果胶黏剂弹性模量较大，则可以恢复结构的刚度和强度；提高材料的弹性模量。同时对于不同凝固时间的胶黏剂可以用于对结构的弯曲程度进行控制。在自修复混凝土中放置胶黏剂常采用3种实验模型：空心玻璃纤维管、胶囊、医用针剂。空心玻璃纤维修复效果比较好，它能根据裂缝对胶液量的需求充分满足需要，但是玻璃纤维管分散困难，容易发生结团。相比之下，胶囊分散容易，但不能充分保证修复效果。我们也可以把胶囊用医用针剂代替，很容易工业化生产，满足实际的需要。

## 3　现有几种自修复方法的原理及影响因素与效果

对于现有的一些修复的方法主要是根据裂缝形成的原因不同，从而提出的修复方法、过程和效果也不同，每一种修复方法都有他们自身存在的局限性。

### 3.1　结晶沉淀自修复

修复原理：在水流或水介质作用下，利用物理、热学、力学、化学过程实现混凝土微裂缝的自修复，而碳酸钙化学结晶沉淀是其主要的自修复机理，其反应过程中不断地生成碳酸钙晶体，形成的碳酸钙晶体，在裂缝中不断聚集、生长，结晶体与相邻的结晶体之间键合以及结晶体与水泥浆体和集料表面的化学粘结，逐渐将裂缝密封、修复。

影响因素与效果：结晶沉淀自修复是一个自然修复过程，修复反应只发生在混凝土中有潮气或水的环境，依赖于混凝土和水中的钙离子、碳酸根离子或碳酸氢根离子的浓度，提高水温，提高水pH值，降低水中二氧化碳分压等都有利于裂缝中碳酸钙的形成和修复。晶体生长速度取决于裂缝宽度、水压力和混凝土组成，但修复后混凝土的回复强度较弱[5-6]。

### 3.2　渗透结晶自修复

修复原理：在混凝土传统组分中复合无机渗透结晶材料，在潮湿或水中养护条件下，以水为载体，通过渗透作用，使渗透结晶材料中的特殊活性化学物质在混凝土中形成不溶性的枝蔓状结晶体，混凝土干燥时，该活性化学物质处于休眠状态；一旦混凝土开裂，有水浸入时，活性化学物质再次激活，催化混凝土中未完全水化的水泥颗粒继续水化，生成新的结晶物，对裂缝进行自动填充，以实现自修复。

影响因素与效果：渗透结晶自修复是一种主动激发的修复过程，渗透结晶反应在整个使用过程是持续进行的，修复的效果主要受裂缝的大小、渗透结晶材料中的活性成分、混凝土的孔隙率及孔结构等影响，对较宽的裂缝修复效果不佳[5-6]。

### 3.3 电解沉淀自修复

修复原理：以水或海水中各类矿物化合物作为电解质溶液，利用电化学技术，使溶液中的阳离子得到电子，生成难溶性的化合物，沉积在混凝土结构裂缝内和混凝土表面，从而填充、密实混凝土裂缝。

影响因素与效果：修复后混凝土表面形成一层物理上的保护层，有效地降低了混凝土内部的气液介质的流动，从而降低混凝土的渗透性，混凝土抗氯离子侵蚀和抗碳化等性能明显提高，沉积作用主要受溶液中所含的电解质种类及其特性、电流密度、混凝土电阻率及其微观结构等因素影响，适合于海洋混凝土工程结构或长期处于潮湿环境中的工程结构，如大坝、海洋石油钻井平台等[5-6]。

其修复过程如图 1 所示。

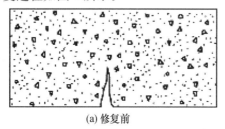 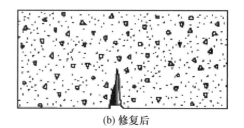

(a) 修复前　　　　　　　　　　　　　　　　(b) 修复后

图 1　电解沉积自修复的前后效果的对比

### 3.4 混凝土仿生自修复

修复原理：模仿生物组织对受创伤部位自动分泌某些物质，而使创伤部位得到愈合的机能，在混凝土基体中预埋内含高分子修复胶黏剂的修复胶囊或修复纤维管，形成智能型自修复网络系统。

图 2 表示的是内置开放式纤维胶液管混凝土自修复机理示意图

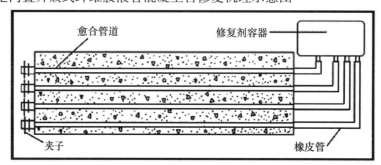

图 2　内置开放式纤维胶液管混凝土自修复机理示意图

影响因素与效果：可以提高开裂部分的强度，增强其延性弯曲的能力，从而提高整个结构的性能，低模量胶黏剂可以改善结构阻尼特性，较硬的胶黏剂可以使受损结构重新获得横向刚度，不同凝固时间的胶黏剂可以对结构的弯曲进行控制，必须解决好三个关键的问题：一是修复胶黏剂的贮存，二是修复剂胶黏剂至损伤处的传送，三是修复功能的触发。

### 3.5 智能自修复

修复原理：将形状记忆合金等功能元件和含有修复胶黏剂的纤维管预埋在混凝土中，从而在混凝土内部形成密集分布的自适应、自诊断、自修复网络，使其具有感知和激励功能，即能够对外界环境变化因素产生感知，自动做出适时、灵敏和恰当的响应。一旦裂缝宽度超过允许的限值时，纤维管破裂，修复剂流出修复裂缝，同时通电激励形状记忆合金使之产生形状恢复效应，或利用形状记忆合金弹性丝恢复时，对裂缝面施加压应力，并且迫使裂缝合拢闭合，使混凝土挠度和变形恢复。

影响因素与效果：智能自修复利用修复胶黏剂对裂缝面的粘结功能和形状记忆合金等功能元件

的驱动功能，实现了混凝土自修复；形状记忆合金恢复时产生的压力，可提高修复胶粘剂的黏结强度，从而提高修复质量；形状记忆合金的配置量、合金的粗细、合金初始预应变值、合金与混凝土的连结方式等因素决定了混凝土的变形性能及自修复能力；形状记忆合金或聚合物都需要时间来转化，修复剂在裂缝面上的扩散以及修复剂固化等都需要一定的时间，因此应对形状记忆合金和修复胶黏剂的性能进行深一步的研究。

## 4  自修复混凝土的研究现状

从 20 世纪中叶起，国内外先后开展了功能型和智能型水泥基材料的研究，并取得了一些有价值的科技成果。但就如何适时快速地自修复混凝土内部的损伤，以及对自修复混凝土机理的研究是相当缓慢的。目前只有美国、日本等少数几个国家处于实验室探索阶段，尚未取得实质性的成果[7]。

Lauer 等[8]研究了湿度环境对愈合的影响，水养情况下石灰及粉煤灰的加入对后期强度恢复有轻微影响，而相对湿度为 95% 的养护条件下却有明显的变化。

Dhir 等[9]研究了龄期和配合比对混凝土自愈合性能的影响，强度恢复率随着水泥掺量的提高而提高，而自愈合速率随着龄期的增加而降低。

Edvardsen[10]指出在水养条件下，裂缝早期自愈合效果显著，而且这些裂缝的自愈合几乎全是由碳酸钙晶体沉淀引起的。碳酸钙晶体的增长率与裂缝宽度和水压有关。Edvardsen 还得出碳酸钙的形成反映了两种不同晶体的生长过程，在 $CO_2$ 刚与水接触时，晶体的生长动力学是由表面控制的，当 $CO_2$ 进入水中由 $CO_2$ 的扩散控制。

姚武[11]研究了不同龄期受损混凝土经过相同养护期后的自然愈合现象。结果表明，混凝土材料存在一个损伤阈极值：当混凝土的损伤低于损伤极值时，自愈合率随着损伤量的增大而增大；当混凝土损伤超过损伤极值时，自愈合率随着损伤量的增大而降低。

Granger 等[12]指出裂缝的自愈合主要是由于裂缝表面未水化水泥颗粒的进一步水化导致的，且新生晶体强度接近 C-S-H 凝胶的强度。

目前国内外对自修复混凝土的研究主要集中在内置纤维胶液管自修复混凝土、内置胶囊自修复混凝土、形状记忆合金智能自修复混凝土三个方面[13]。

美国伊利诺斯大学的 Carolyn Dry 教授[14]研究了一种混凝土裂缝修复技术。将外表涂有蜡层，内部灌注异丁烯酸甲酯胶黏剂的聚丙烯纤维预埋在混凝土中（图 3a）；当混凝土基体出现裂缝或损伤时，通过对混凝土基体的加热，使纤维管表面石蜡熔化，导致胶黏剂从纤维管壁的孔隙流入裂缝中（图 3b）；连续加热 30min 左右，随着温度的升高，胶黏剂聚合修复裂缝（图 3c）。Carolyn Dry[15]还将缩醛高分子溶液作为胶黏剂注入玻璃空心纤维或者空心玻璃短管中并埋入到混凝土中，从而形成了智能型仿生自愈合神经网络系统。当混凝土结构在使用过程中出现损伤和裂纹时，管内或短管内装的修复剂流出渗入裂缝，由于化学作用使修复胶黏剂固结，从而抑制开裂，修复裂缝。修复后的混凝土试件经过三点弯曲实验发现，其强度比先前还有了较大提高，并且材料的延性也得到了较大的改善。

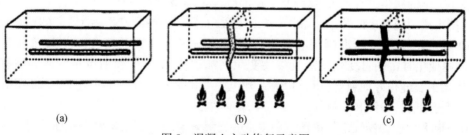

$$(a) \qquad\qquad (b) \qquad\qquad (c)$$

图 3  混凝土主动修复示意图

CarolynDry 教授[16]根据动物骨骼的结构和形成机理，尝试制备仿生混凝土材料。其基本原理是采用磷酸钙水泥（含有单聚物）为基体材料并在其中加入多孔的编织纤维网，在水泥水化和硬化过程中，多孔纤维释放出聚合反应引发剂，与单聚物聚合成高聚物，聚合反应留下的水分参与水泥水化。由此，在纤维网的表面形成大量有机及无机物质，它们互相穿插粘结，最终形成的复合材料是与动物骨骼结构相似的无机-有机相结合的复合材料，其性能具有优异的强度及延性。而且，在材料使用过程中，如果发生裂纹或损伤，多孔有机纤维会释放高聚物，愈合裂纹或损伤。日本学者 H. ilalshi[17]和英国学者 S. M. Bleay[18]分别在 1998、2001 年采用类似的方法研究了混凝土裂纹的自防护问题。

Barbara DiCredico 等[19]研究了一种有效的方法制备稳定的微胶囊使其成为一种工业核心材料作为未来的自修复涂层使用。合成了充满异佛尔酮二异氰酸酯（IPDI）的微胶囊的不同聚合物壳：聚氨酯 PU，聚（脲-甲醛）PUF 和双层聚氨酯/聚（脲-甲醛）PU/PUF。通过增加壳壁单体和用预聚物调制微胶囊的物理和机械性能来改变封装工艺。研究了一种液态二异氰酸酯自愈聚合物复合材料的应用，在水或湿度敏感的环境，二异氰酸酯与水的反应性高，介绍了实现一个真正的自治自愈系统的可能性（图 4）。

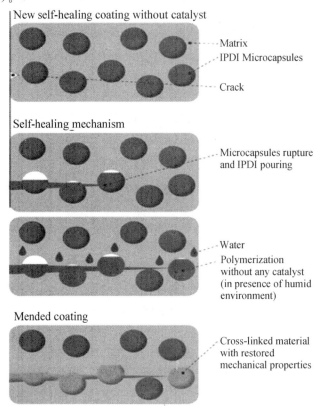

图 4　无任何干预的自修复过程示意图

兰州理工大学的狄生奎等[20]试验研究了在混凝土梁加载过程中形状记忆合金（SMA）丝电阻变化率和混凝土梁裂缝宽度的关系和 SMA 丝通电激励过程中混凝土梁裂缝恢复的变化规律。结果表明：SMA 丝电阻变化率随混凝土裂缝宽度的增加呈现规律性的变化，尤其在混凝土裂缝在 0.3mm 范围内变化时，电阻变化率对梁裂纹变化更加敏感。SMA 丝通电激励后的恢复特性能使 SMA 混凝土梁的裂缝很好地愈合。利用 SMA 丝电阻变化率对裂缝变化的敏感性和其相位恢复特性可实现对混凝土梁的自检测和自修复。

南京航空航天大学的杨红[21-22]提出了利用空心光纤来实现智能结构的自诊断、自修复。该文首创了用于智能结构的空心光纤研究方法，并对其进行了应用基础研究。此外，还设计了埋入空心光纤的复合材料诊断与修复系统用于检测复合材料损伤程度与位置以及对损伤处进行自修复等。在复合材料中，还埋入了形状记忆合金（SMA）丝以提高复合材料的强度、安全和可靠性。研究的对象是纸蜂窝和树脂基两种复合材料，利用空心光纤注胶的方法进行了复合材料自修复的研究。实验表明，修复后的纸蜂窝复合材料完全达到正常材料的使用性能，树脂基复合材料在完全破坏的情况下，经修复后，材料的拉伸和压缩性能得到很大的恢复。

哈尔滨工业大学的欧进萍等[23-24]，对内置胶囊混凝土的裂缝自愈合行为进行了分析和试验。首先，建立了描述修复胶囊在混凝土中的分布和取向函数；接着，根据混凝土的破坏机理，确定了修复胶囊的破坏应力；然后，通过实验分析了修复胶囊的几何参数和体积率对混凝土性能的影响，得到了几何参数和体积率的最佳取值范围；其次，利用 ANSYS 对修复胶囊进行了有限元分析，确定了其合理的壁厚，为修复胶囊材料的选择提供了一种研究方法；最后，进行了内置胶囊混凝土试验，取得了一定的自愈合效果。同时他们还对内置纤维胶液管的钢筋混凝土梁自愈合行为进行了试验。首先，分析了修复纤维对混凝土自愈合效果的影响因素；然后，从修复纤维微分单元的平衡状态，得到了修复纤维能及时发挥修复作用的合理参数，最后，通过三分点弯曲试验，验证了梁的裂缝自愈合能力，分别采用不同的修复胶黏剂进行了试验，得到了一种适合钢筋混凝土梁裂缝自愈合的理想胶黏剂。

此外，欧进萍等还利用形状记忆合金的超弹性和受限回复产生较大驱动力的特性，研制了一种智能混凝土梁。并且通过实验研究了形状记忆合金混凝土梁的变形规律及其影响因素，揭示了形状记忆合金超弹性梁的自修复机理。试验结果表明：形状记忆合金显著地提高了混凝土梁的变形能力；一旦外力消失，梁在形状记忆合金超弹性效应的驱动下，挠度迅速恢复，裂缝闭合；增加合金的总截面面积可提高合金对混凝土梁的驱动效果，但钢筋塑性变形的存在，则对形状记忆合金梁的变形回复起着阻碍作用。

## 5 结语

自修复未来的发展应从以下几个方面来做：一是对于自修复混凝土中的胶黏剂的选择、储存、传送，内置的玻璃管的掺量以及修复功能的触发等问题进行研究，从而解决自修复混凝土中的问题；二是从其他方面入手，不直接在混凝土内部埋植修复剂，可以从其集料进行考虑，使集料本身具有自修复性，这样就可以避免在埋植修复剂所遇到的问题。

通过这段时间对自修复混凝土的了解，未来自修复混凝土应该从集料和外加剂方面进行改进，其中能掺入水泥中的微胶囊式的外加剂在未来会更加适合商业化施工。因此，在微胶囊中包覆修复剂必然会对微胶囊壳壁有较高的要求。首先，壳壁必须有足够的韧性，能经受混凝土搅拌而不至于破损，其次，在混凝土凝结硬化后产生的裂缝又易使胶囊破裂修复剂流出。制造方便施工的自修复外加剂应该会成为未来自修复混凝土的重要发展方向。

**参考文献**

[1] 刘鹏，贾平，周宗辉，等．自修复混凝土研究进展［J］．济南大学学报（自然科学版），2006，（4）．

[2] 赵晓鹏．具有自修复行为的智能材料模型［J］．材料研究学报，1996，10（1）：101-104.

[3] 袁朝龙，钟约先，马庆先，等．孔隙性缺陷拟生自修复机制研究［J］．中国科学，2002，32（6）：747-753.

[4] 程东辉，潘洪涛．混凝土裂缝自动愈合机理研究［J］．森林工程，2005，21（3）：53-54.

[5] 蒋正武．国外混凝土裂缝的自修复技术［J］．建筑技术，2003，34（4）：261-262.

[6] 范晓明，李卓球，宋显辉，等．混凝土裂缝自修复的研究进展［J］．混凝土与水泥制品，2006，（4）．

[7] 杨明，梁大开，潘晓文．智能材料结构自修复的策略研究［J］．电子产品可靠性与环境试验，2004（6）：14-17.

[8] Lauer K R，Slate F O. Autogenous healing of cement paste［J］. Journal of the American Concrete Institute，1956，52（6）：1083-1097.

[9] Dhir R K，Sangha C M，Munday J G L. Strength and deformation properties of autogenously healed mortars［J］. Journal of American Concrete Institute，1973，70（3）：231-236.

[10]　Edvardsen C. Water permeability and autogenous healing of cracks in concrete [J]. ACI Material Journal, 1999, 96 (4): 448-454.

[11]　刘小燕, 姚武, 郑晓芳, 等. 混凝土损伤自愈合性能的试验研究 [J]. 建筑材料学报, 2005, 8 (2): 184-188.

[12]　Granger S, Loukili A, Pijaudier-Cabot G, et al. Experimental characterization of the self-healing of cracks in an ultra high performance cementitious material: mechanical tests and acoustic emission analysis [J]. Cement and Concrete Research, 2007, 37 (4): 519-527.

[13]　李兴旺, 张玉奇, 廖亮, 等. 智能型混凝土修补材料体系研究进展 [J]. 重庆建筑大学学报, 2006, 28 (4): 142-145.

[14]　Dry Carolyn, NancySottos. Passive Smart Self-Repair in Polymer matrix Composites Materials. Conference of Adaptive Materials, Albuquerque, New Mexico, Jan., 1993.

[15]　Dry Carolyn. Matrix Cracking Repair and Filling Using Active and Passive Modes for Smart Timed Release of Chemicals from Fibers into Cement Matrices [J]. Smart Materials and Structures, 1994, 3 (2): 118-123.

[16]　Dry Carolyn. Biomimetic bone-like polymercimentitious composite. Proceedings of SPIE-The International Society for Optical Engineering 1997, 30 (40): 251-256.

[17]　吴翠莲, 柯国军. 裂缝自修复混凝土材料研究进展 [J]. 山西建筑, 2008, (14).

[18]　杨振杰, 齐斌, 刘阿妮, 等. 水泥基材料微裂缝自修复机理研究进展 [J]. 石油钻探技术, 2009, (3).

[19]　Barbara DiCredico, Marinella Levi, Stefano Turri. An efficient method for the output of new self-repairing materials through a reactive isocyanate encapsulation. European Polymer Journal, 2013 (49): 2467-2476.

[20]　狄生奎, 李慧, 杜永峰, 等. 混凝土梁的裂缝监测及自修复 [J]. 建筑材料学报, 2009, 12 (1): 27-31.

[21]　杨红. 空心光纤用于机敏结构自诊断、自修复的研究 [J]. 材料导报, 2000, 14 (3): 25-27.

[22]　杨红. 空心光纤用于智能结构自诊断、自修复的研究 [D]. 南京: 南京航空航天大学, 2001.

[23]　欧进萍, 匡亚川. 内置胶囊混凝土的裂缝自愈合行为分析和试验 [J]. 固体力学学报, 2004, 25 (2): 320-324.

[24]　匡亚川, 欧进萍. 内置纤维胶液管钢筋混凝土梁裂缝自愈合行为试验和分析 [J]. 土木工程学报, 2005, 38 (4): 53-59.

# 利用钢渣集料制备绿色高性能混凝土
# 关键技术研究与经济效益评价

薄　超[1,2]，方忠建[2]

（1. 山东华舜混凝土有限公司，山东济南，250000

2. 海南华森混凝土有限公司，海南海口，570000）

**摘　要**　我国钢铁企业年产生大量工业废渣——钢渣，本文通过钢渣集料制备高性能混凝土技术研究，在实现强度指标达到设计要求的同时，重点改善混凝土的工作性和耐久性，并进行相关经济效益评价。利用该技术生产钢渣集料绿色高性能混凝土材料，既可以缓解城市建设与资源环境之间的矛盾，降低混凝土生产成本，同时又具有明显的环境效益和社会经济效益。

**关键词**　钢渣集料；绿色高性能混凝土；关键技术；经济效益评价

## 1　钢渣集料混凝土在国内外研究概况、水平和发展趋势

随着城市建设的发展和施工技术的进步，对混凝土品质指标和经济指标提出了更高的要求，促进混凝土向着高强、轻质、流态、耐久等高性能方向发展。

目前，国内外有关工业废渣配制高性能混凝土的研究及应用发展很快。国际上在工程上获得使用的工业废渣包括钢渣、炉渣、电石渣以及煤矸石等。在我国钢渣集料高性能混凝土的研究和应用起步较晚，发展速度也较慢，混凝土平均强度长期徘徊于 30MPa 的水平，比发达国家要落后 10～15 年。近年来，由于高性能外加剂和掺合料的发展应用，为利用工业废渣制备高性能混凝土提供了有利的技术条件。在国内，一些大型结构、铁路工程和市政工程设计中，较多地出现了利用工业废渣配制的混凝土，已有的许多实践应用说明了利用钢渣集料配制高性能混凝土具有实际应用价值。

## 2　具体研究内容和重点解决的关键技术问题

### 2.1　项目研究主要内容

（1）通过选用合理的生产设备，使钢渣集料破碎、造型实现合理化。

（2）采用预湿集料技术在钢渣集料外造壳，减少空隙，提高混凝土的密实性和强度。

（3）以硅酸盐水泥为基材，掺入高效减水剂并同时掺加超细掺合料，再通过对钢渣集料的优选，各材料达到最佳配合比例时，可以制得钢渣集料高性能混凝土。由于这种方法工艺简单、施工方便、成本也较低、材料来源丰富，因此易于推广。利用钢渣集料配制高性能混凝土，实现工业废渣的回收利用效益最大化。

经过认真的分析后，结合我国国情，我们把研究的重点放在钢渣集料的破碎整形以及预湿集料造壳上，围绕着如何强化基材，改善集料与胶结料的粘结强度进行研究，力求不采用特殊的原材料，就能配制出强度高、工作性能优异、耐久性好的高性能混凝土。

### 2.2　重点解决的关键技术问题

（1）提出多级破碎分选和分级整形工艺，创新集料破碎造型技术。

（2）在配合比不变的条件下，提出通过掺加 2.5% 胶粉，研究并建立预湿集料工艺在集料外表造壳技术。提高了钢渣集料和胶凝材料之间的粘结面积和粘结力，最终提高了混凝土的强度 2MPa，改善了混凝土的耐久性。

（3）研制绿色环保钢渣集料高性能混凝土的生产与施工技术。

（4）钢渣集料的颗粒造型技术。

通过对钢渣集料加工后的颗粒形状在混凝土中所产生的不同效果，选择适合的加工方式，得到以圆形颗粒为主的钢渣集料，减少针状、片状产物，提高加工后钢渣集料在混凝土中的强度。

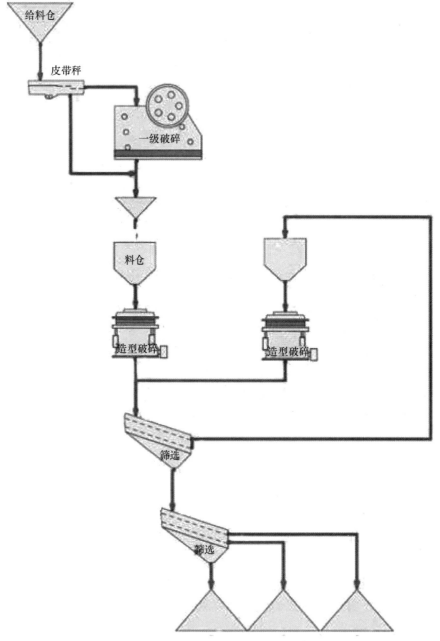

图 1　钢渣集料造型破碎示意图

（5）钢渣集料的预湿集料造壳技术

配制高性能混凝土时，对原料要求较高，通过试验研究表明，为了保障钢渣集料能满足高强度、高耐久性混凝土配制要求，需要通过对钢渣集料造壳来满足要求。

① 钢渣集料造壳技术，就是在混凝土配合比设计时加入 2.5％胶粉，在搅拌混凝土之前预先将碎石、钢渣集料与细集料按要求先行预湿并在表面形成包裹壳。即在钢渣集料造壳时，采取预湿集料技术。

② 预湿集料技术，原理是针对搅拌站砂石料特定的条件，每一批砂石料都有一个最佳砂率，我

们首先通过试验求出最佳砂率；其次求得胶凝材料混合后搅拌达到标准稠度时的用水量，然后经试验求得润湿砂石所用水量，最后制作预湿集料自动喷淋专用设备安装到生产线用于生产，保证混凝土拌合物工作性的稳定，从而解决了混凝土拌合物初始坍落度小、坍落度经时损失大以及外加剂用量高的技术难题，达到降低生产成本的目标。

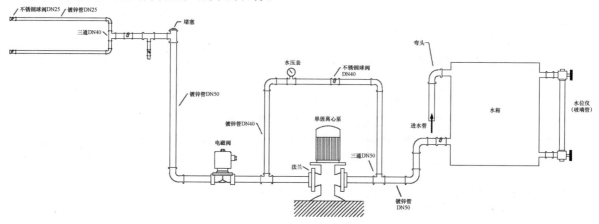

图 2    预湿集料自动喷淋装置示意图

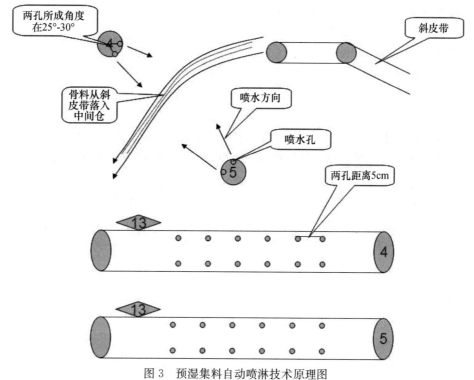

图 3    预湿集料自动喷淋技术原理图

## 2.3    技术创新点

（1）利用钢渣集料，能满足高强度、高耐久性混凝土对原料的性能需求，同时每立方米混凝土替代碎石量达到 690kg。

（2）利用预湿集料技术及钢渣集料造壳技术，在配比相同的情况下可以提高混凝土强度 2.5MPa。

（3）利用钢渣集料生产的混凝土，混凝土强度达到 C30 等级，并具有抗渗等级达到 P15、抗冻等级达到 D100、碳化值 56d 小于 1mm 的耐久性指标。

## 3  达到的各项技术指标

（1）本研究利用 P·O42.5 水泥、高效减水剂、复合掺合料和加工处理的钢渣配制成功钢渣集料高性能混凝土，其 28d 抗压强度平均大于设计强度。

（2）利用该技术配制的钢渣集料高性能混凝土流动性好、坍落度经时损失小，适合于高层建筑和大型混凝土结构的泵送施工。

（3）钢渣集料高性能混凝土力学性能优良，劈裂抗拉、轴压、抗折强度、弹性模量均随着抗压强度的提高而提高；混凝土的拉压比和折压比与普通混凝土相近。

（4）钢渣集料高性能混凝土水胶比小，结构致密、碳化收缩小、对钢筋保护性好、耐久性优异，抗渗等级可达到 P15 以上，可用于自防水混凝土结构工程。

（5）利用该技术配制的高性能混凝土，其他物理学力性能指标，符合相应的规范要求，具备高性能混凝土的优异品质。

## 4  方案的可行性论证

### 4.1  试验要求

采用常规生产工艺，利用辽宁地区常用砂、石和 P·O42.5 水泥，选择适宜的外加剂和掺合料，配制 C30 泵送混凝土，其性能指标要求如下：

（1）试配强度：$f_{cu,28} \geqslant 35\text{MPa}$；

（2）坍落度：（220±30）mm；

（3）扩展度：$D \geqslant 500\text{mm}$；

（4）2h 内混凝土坍落度损失：$\leqslant 10\%$。

### 4.2  方案设计

根据试验要求，考虑研究目的，试验方案设计如下：

（1）对水泥、外加剂、掺合料、钢渣集料、碎石和砂子等原材进行选择性试验；

（2）采用正交设计试验优选配合比；

（3）对配制的 C30 混凝土进行工作性能、力学性能和耐久性能试验，同时对其微观结构进行分析。

### 4.3  原材料的选择

#### 4.3.1  水泥

常用的几种水泥的主要技术数据见表 1。

**表 1  水泥技术数据**

| 水泥<br>品种 | 细度<br>（%） | 标准稠度<br>（%） | 抗折强度（MPa） | | 抗压强度（MPa） | |
|---|---|---|---|---|---|---|
| | | | 3d | 28d | 3d | 28d |
| 冀东盾石 P·O42.5 | 1.2 | 27.2 | 6.5 | 9.8 | 35.5 | 58.7 |
| 琉璃河 P·O42.5 | 1.2 | 28.0 | 6.1 | 8.2 | 26.8 | 52.2 |
| 鹿泉鼎鑫 P·O42.5 | 1.6 | 27.0 | 5.8 | 9.4 | 24.9 | 54.1 |
| 启新马牌 P·O42.5 | 2.2 | 27.6 | 5.4 | 8.5 | 26.2 | 51.6 |
| 北京京都 P·O42.5 | 0.8 | 27.5 | 6.2 | 9.5 | 35.1 | 56.0 |

经过对比，选择活性高、质量性能稳定的 P·O42.5 水泥。分别采用三种不同的水泥，同一种外加剂的三种不同掺量进行流动度对比试验。根据对比试验结果，选用水泥。

#### 4.3.2  细集料

细集料采用洁净的中砂，细度模数为 2.6～3.0。其性能见表 2。

表 2　砂的技术指标

| 细度模数 | 表观密度 | 堆积密度 | 含泥量 | 泥块含量 |
|---|---|---|---|---|
| 2.8 | 2650kg/m³ | 1550kg/m³ | 0.4% | 0% |

#### 4.3.3　粗集料

① 机制碎石：粗集料采用质地坚硬、级配良好、界面条件较好的机制碎石，针片状含量低，石子的粒径为 5～25mm。性能指标见表 3。

表 3　碎石的技术指标

| 公称粒径 | 表观密度 | 堆积密度 | 含泥量 | 针片状含量 | 压碎指标 |
|---|---|---|---|---|---|
| 5～25mm | 2630kg/m³ | 1550kg/m³ | 0.3% | 5.6% | 6.3% |

② 钢渣集料。

#### 4.3.4　拌合水

采用自来水。

#### 4.3.5　外加剂

C30 钢渣集料高性能混凝土要求较低的水灰比，因此选用高效减水剂是实现高强度和高耐久性必不可少的技术措施之一。

采用同一种水泥分别对萘系减水剂 W1、聚羧酸系列减水剂 $W_2$ 和蜜胺系列减水剂 $W_3$ 三种外加剂，进行流动度对比试验，选用减水剂。

#### 4.3.6　矿物掺合料

根据高强、高性能混凝土的研究成果，采用以下几种矿物掺合料，按一定的比例复合后用于配制 C30 钢渣集料高性能混凝土。

① 矿渣粉

采用鞍钢产粒化高炉矿渣粉，其物理力学性能指标及化学成分见表 4、表 5。

表 4　矿渣的物理力学性能指标

| 项目 | | | 级别 | | |
|---|---|---|---|---|---|
| | | | S105 | S95 | S75 |
| 密度（g/cm³） | | 不小于 | 2.8 | | |
| 比表面积（m²/kg） | | 不小于 | 350 | | |
| 活性指数（%） | 不小于 | 7d | 95 | 75 | 55 |
| | | 28d | 105 | 95 | 75 |
| 流动度比（%） | | 不小于 | 85 | 90 | 95 |
| 烧失量（%） | | 不大于 | 3.0 | | |
| 氯离子（%） | | | — | | |

表 5　粉煤灰技术指标

| 技术指标 | 分级标准 | |
|---|---|---|
| | Ⅰ 级 | Ⅱ 级 |
| 细度（0.045mm 方孔筛筛余%） | 12 | 20 |
| 需水量比（%） | 95 | 105 |
| 烧失量（%） | 5 | 8 |
| SO₃（%） | 3 | 3 |

② 粉煤灰

粉煤灰能改善混凝土施工性能和力学性能，减少混凝土需水量，避免混凝土拌合物的离析、泌水，改善工作性、减少坍落度损失；粉煤灰各项技术指标见表 5。

③ 复合掺合料

配制钢渣集料 C30 高性能混凝土，依靠单一品种的掺合料无法满足要求，因此选择两种或两种以上掺合料复合的方案。复合掺合料性能指标见表 6。

表 6　复合掺合料的性能指标

| 项　目 | | | 级别 | | |
|---|---|---|---|---|---|
| | | | F105 | F95 | F75 |
| 比表面积（m²/kg） | | 不小于 | | 350 | |
| 细度（0.045mm 方孔筛筛余）（%） | | 不大于 | | 10 | |
| 活性指数，% | 7 天 | 不小于 | 90 | 70 | 50 |
| | 28 天 | 不小于 | 105 | 95 | 75 |
| 流动度比（%） | | 不小于 | 85 | 90 | 95 |
| 三氧化硫（%） | | 不大于 | | 3.0 | |
| 烧失量（%） | | 不大于 | | 5.0 | |
| 碱含量（%） | | | | — | |

**4.4　配合比的优化**

（1）进行掺钢渣集料配合比对比试验。

（2）钢渣集料替代碎石集料对比试验。

（3）掺胶粉预湿集料造壳配合比对比试验

（4）正交试验，在优选原材料和已确定的外加剂品种及掺量的基础上，考虑水灰比和复合料掺量对混凝土强度和工作性的综合影响，采用正交设计方案进行配比的优选。

**4.5　混凝土拌合物性能试验**

工作性能试验，C30 钢渣集料高性能混凝土除具有足够高的强度以外，还应具有良好的流动性和一定时间的保持性，对混凝土拌合物进行坍落度、排空时间和 5h 内的坍落度损失试验，检验C30 钢渣集料高性能混凝土是否具有良好的工作性。

**4.6　硬化混凝土力学性能试验**

（1）立方体抗压强度

按照已确定的配合比重复进行了立方体抗压强度的试验，验证该配合比是否具有稳定性。

（2）其他力学性能

进一步研究 C30 钢渣集料高性能混凝土的其他力学性能，进行抗折、轴心抗压、劈裂抗拉等强度试验。

**4.7　耐久性能试验**

（1）收缩性能

混凝土的收缩性能是指混凝土在规定温度、湿度条件下，不受外力作用引起的长度变化。通过成型的 C30 钢渣集料高性能混凝土试件测定混凝土的早期收缩，检验 C30 钢渣集料混凝土在掺入大量优质的矿物掺合料，提高了混凝土的密实性后，使混凝土在实现高强度的同时，是否具有良好的体积稳定性。

（2）抗渗性能

混凝土的抗渗性能是反映混凝土耐久性的重要指标之一。为了验证 C30 钢渣集料混凝土的抗渗性能，按照标准试验方法进行抗渗性试验。检验是否适合用于地下工程结构和自防水结构混凝土。

（3）抗冻性能

混凝土的抗冻性是指其在饱和状态下遭受冰冻时，抵抗冰冻破坏的能力，它是评定混凝土耐久性的重要指标，以抗冻等级（F）表示。通过成型 100mm×100mm×400mm 的 C30 高性能混凝土试件进行快冻法试验。检验这种高性能混凝土结构的使用寿命是否可达百年以上。

（4）氯离子扩散试验

混凝土中孔溶液的 pH>10 时，如果钢筋表面的孔溶液中氯离子浓度超过某一定值，就会破坏钢筋表面的钝化膜，使钢筋局部活化形成阳极区。钢筋一旦失钝，氯离子的存在就会使筋局部酸化，导致锈蚀速率加快。因为 $FeCl_2$ 的水解性强，氯离子能长期反复地起作用，而增大孔溶液的导电率和电腐蚀电流。所以，氯离子的渗透性对于混凝土的耐久性极为重要。

通过对 C30 钢渣集料高性能混凝土进行氯离子扩散试验，并和 C30 普通混凝土进行对比。检验 C30 钢渣集料高性能混凝的氯离子扩散系数是否明显低于 C30 普通混凝土。

（5）混凝土的碳化试验

空气中的 $CO_2$ 不断向混凝土内部扩散，且溶于毛细孔的孔隙水中呈弱酸性；溶于水的 $CO_2$ 与水泥碱性水化物 $Ca(OH)_2$ 发生反应，生成不溶于水的 $CaCO_3$，使混凝土孔溶液的 pH 值降低，这种现象称为中性化，又称碳化。当混凝土的 pH<10 时，钢筋的钝化膜被破坏，钢筋要发生锈蚀。钢筋生锈后的体积要比原来钢筋的体积膨胀 2.5 倍，因此会导致混凝土开裂，与钢筋的粘结力降低，混凝土保护层剥落，钢筋断面积发生缺损，严重影响混凝土结构的耐久性。

通过将 C30 混凝土试件，按照规定龄期放入 $CO_2$ 浓度（20±3）%、温度（20±5）℃、湿度（70±5）% 的碳化箱中加速碳化，测得 3d、7d、14d、28d 混凝土的碳化深度，检验 C30 混凝土的密实性是否好，是否具有较高的抗碳化能力。

（6）电镜扫描分析

采用扫描电镜对钢渣集料高性能混凝土的内部形貌进行分析研究，在 1500 倍下拍摄照片。检验水泥浆体部分或是水泥浆体与集料界面部分是否致密；C-S-H 凝胶与钙矾石将试体中一切物质是否紧密粘结，构成一个密实的整体。

# 5 经济及社会效益评价

## 5.1 经济效益显著

利用钢渣集料制备高性能混凝土产品，具有较大的原材料成本优势，同时根据国家资源综合利用政策，将充分享受国家关于企业所得税、增值税的税收优惠政策，经济效益巨大。

（1）享受企业所得税优惠政策

使用钢渣工业废料制备混凝土，符合国家资源综合利用所得税的税收优惠政策，可享受税基式减免政策。即在《资源综合利用企业所得税优惠目录（2008 年版）》中利用钢渣工业废料生产产品，可享受税基式减免政策。混凝土企业按实际销售收入的 90% 作为所得税计税收入额。即享受：所得税计税收入额＝实际销售收入×90% 的所得税优惠政策。

（2）享受增值税免税的优惠政策

在生产原料中掺兑废渣比例不低于 30% 的特定建材产品还可以享受资源综合利用增值税免税的优惠政策。而"特定建材产品"就明确包括混凝土。

（3）钢渣集料具有较大的原材料成本优势

按照年产 30 万 m³ 混凝土的企业计算，年节约原材料成本约 621 万元。不改变常规施工工艺，C30 钢渣集料高性能混凝土钢渣集料代替碎石 690kg，按照年产 30 万 m³ 混凝土的企业计算，每立方混凝土可以节约原材料成本 30 元，年节约原材料成本＝（80－50）×0.690×30 万 m³＝621 万元。

（4）享受国家资源综合利用政策取得的减免税收益

按照年产 30 万 m³ 混凝土的企业计算，每年合计可取得减免税收益 600 万元。由于使用工业

废渣，每立方混凝土可以享受免税约 20 元，每年合计可取得减免税收益 600 万元(＝20 元/m³×
30 万 m³)。

综上所述，不考虑 C30 钢渣集料高性能混凝土销售价格优势的情况下（按照其销售价格与市售
同强度等级商品混凝土价格相当考虑），年产 30 万 m³ 钢渣集料混凝土的企业，原材料成本优势与
每年可取得减免税收益两项合计增加收益 1221 万元，因此本项目经济效益明显。

**5.2 社会效益良好**

利用钢渣集料制备高性能混凝土关键技术，采用钢渣集料破碎整形技术和预湿集料造壳技术生
产高性能混凝土，有利于预拌混凝土的施工和现场质量控制。它不但可以大量使用钢渣集料，节约
砂石配制混凝土，而且还可以大量消化以前积存的工业废渣，减少这些废渣引起的扬尘，改善春秋
大风季节钢渣堆场周围的空气质量，同时减少并降低工业废渣等有毒物质对土壤、地下水的污染和
破坏，具有明显的环境效益和社会经济效益，因此推广和应用钢渣集料高性能混凝土是混凝土可持
续发展的一条途径。

# 6 结语

本文通过钢渣集料制备高性能混凝土技术研究，在实现强度指标达到设计要求的同时，重点改
善混凝土的工作性和耐久性，并进行相关经济效益评价。利用该技术生产钢渣集料绿色高性能混凝
土材料，既可以缓解城市建设与资源环境之间的矛盾，降低混凝土生产成本，同时又具有明显的环
境效益和社会经济效益。

**参考文献**

[1] 朱效荣. 混凝土预湿集料技术 [J]. 混凝土技术，2012，(2)：19-27.
[2] 崔君平. 混凝土集料预湿设备：中国，ZL 2012 2 0678244.1 [P] 20130522.

# 细集料水泥基灌浆料性能的研究进展

王 宁

（中建西部建设北方有限公司，西安，710116）

**摘 要** 水泥基灌浆料是一种由水泥、集料、外加剂和矿物掺合料等原材料，经工厂化配制生产而成的具有合理级配的干混料。加水拌合均匀后具有可灌注的流动性、微膨胀、高的早期和后期强度、不泌水等性能。与传统细石混凝土相比，其具有流动性更好、强度更高和易于施工控制的特点；与传统环氧砂浆相比，具有膨胀性好、施工简便快捷等特点。自20世纪90年代初，我国自主研发生产的水泥基灌浆材料在众多大中型企业的设备安装、建筑结构加固改造工程中得到广泛应用。硫铝酸盐系列水泥是具有我国自主知识产权的性能优良的特种工程材料，其具有凝结快、强度高、微膨胀和低收缩的性能。以其作为基体配制的灌浆料具有早强高强、微膨胀性、抗腐蚀性好，耐久性强的特点。

**关键词** 细集料；水泥灌浆料；研究现状

# Fine Aggregate the Research Progress of Cement-based Grout Material Performance

Wang Ning

(China West Construction North Co. ，Ltd，Shanxi Xi'an，710116)

**Abstract** Cement-based grout material is made of cement，aggregate，admixtures and mineral admixtures and other raw materials，which is Prepared by the factory with production from the dry mixture with a reasonable level. Even after mixing with water，it can flow perfusion，micro-expansion，high early and late strength，not bleeding and other properties. Compared with the traditional fine aggregate concrete，it has a better mobility，higher strength and construction of easy-to-control features and compared with traditional epoxy mortar，which has a good expansion，construction and so simple and quick. Since the 20th century，early 90s，China's own R & D production of cement-based grout and medium-sized enterprises in a number of equipment installation，structural reinforcement and reconstruction project has been widely used. Sulphoaluminate cement is a series of independent intellectual property rights of the excellent performance of special engineering materials，With condensation fast，high strength，micro-expansion and low shrinkage performance. In its capacity as the matrix prepared with the early strength of high strength grout materials，micro-expansion，good corrosion resistance，durability characteristics.

**Keywords** fine aggregate；cement-based grouting material；research status

## 1 水泥基灌浆料的材料组成

综观各国水泥基自灌浆料配方虽各不相同，但主要由以下几个部分组成：水泥、填料、集料、高效减水剂、保水剂、调凝剂、早强剂、膨胀剂和消泡剂等材料。

① 水泥：水泥是水泥基灌浆料的主要材料，该材料的选择对灌浆料的性能起着决定性作用。通常采用普通硅酸盐水泥、铝酸盐水泥、硫铝酸盐水泥等或普硅酸盐水泥掺加少量的铝酸盐水泥、硫铝酸盐水泥。

② 集料：集料是砂浆中一个重要的组成部分，集料的级配和细度模数会影响砂浆的塑性以及起硬化体的力学性能，集料颗粒的形状也会影响砂浆的工作性。通常采用级配优良的天然砂和石英砂。

③ 高效减水剂：由于水泥基灌浆料的浆体要求具有较高的流动性及稳定性，因此选择好的高效减水剂是其技术的关键。

④ 矿物填料：合适的颗粒级配对浆体的流动性及稳定性也有很大的影响，因此灌浆料中也适量加入粉煤灰、矿渣粉、硅灰、等矿物掺合料作为细填料。目前已有学者将矿物掺合料的增塑减水机理总结为四大效应：微填充效应、形貌效应、比重效应、分散效应。

⑤ 保水剂：由于水泥基灌浆料要求大流动性而不泌水，泌水不利于其强度的正常发展及耐久性，因此要选择较合适品种的保水剂，通常选择各种纤维素，如甲基纤维素、羟丙基甲基纤维素、羟乙基纤维素等。

⑥ 膨胀剂：膨胀剂加入灌浆料起补偿收缩活微膨胀作用，膨胀剂是以形成钙矾石产生膨胀、补偿收缩的产品为主。

⑦ 调凝剂：调凝剂有速凝剂和缓凝剂两类。速凝剂用于加快砂浆的凝结硬化，广泛使用甲酸钙和碳酸锂。铝酸盐、硅酸钠也可用作速凝剂。缓凝剂用于减缓砂浆的凝结硬化，酒石酸、柠檬酸及其盐以及葡萄糖酸盐已被成功使用。

⑧ 消泡剂：消泡剂能减少新拌砂浆的含气量，有吸附在无机载体上的碳氢化合物、硬脂酸及其酯、磷酸三丁酯、聚乙二醇或聚硅氧烷等。目前干混砂浆中用的消泡剂主要是多元醇和聚硅氧烷等。应用消泡剂除了调整气泡含量以外，还可以减少收缩。

## 2  灌浆料的国内外研究现状

### 2.1  国外研究现状

从国外的一些文献和欧洲早期关于灌浆料和修补砂浆的专利可以看出，生产灌浆料的主要技术路线如下：用硅酸盐水泥或普通硅酸盐水泥作胶凝材料，用膨胀剂达到补偿收缩的目的，用早强剂达到早强的目的，用矿物掺合料改善后期的强度和流变性能，用有机添加剂改善离析泌水性。

国外学者对水泥基灌浆料的配制、性能、机理等方面进行了较多的研究。Kamal H. Khayat 指出，在水泥基材料中加入水溶性聚合物增稠材料能改善水泥基材料的黏聚力和保水性，抗离析和集料下沉，改善砂浆混凝土的抗冻耐久性和力学性能。

M. Sahmaran 和 Nzkan 等人通过试验证明在水泥基灌浆材料中加入天然的浮石粉能改善灌浆材料的流变性能，当天然浮石粉和超塑化剂一起使用时流变性能改善更加明显。

M. Jamal Shannag 认为掺加矿物掺合料（天然火山灰、硅灰、粒化高炉矿渣粉和粉煤灰）和超塑化剂可以生产高性能水泥基灌浆材料，其具有好的流动性、抗渗性、抗侵蚀性、抗冻耐久性、体积稳定性和强度，并在试验室利用 P·O42.5、石英砂、硅灰、高效减水剂等材料配制出具有良好性能的灌浆材料。

B. elekolu 和 B. Baradan 等对加入超细石灰粉填料的自流平粘结剂进行了试验研究。结果表明石灰石粉填料的孔隙填充效应能得到更密实的结构，它能和水泥水化生成的氢氧化钙，游离的二氧化硅反应生成水化硅酸钙凝胶，更能改善硬化浆体的强度和耐久性。

### 2.2  国内研究现状

20 世纪 70 年代，为了满足进口设备的需要，我国开始了灌浆料的研制工作，并于 1977 年研制成功，开始在冶金设备安装中大量应用。经过三十多年的研究实践，我国灌浆料的技术性能逐步提高，其各项技术性能已达到国际水平。在灌浆料的使用上，已从传统的用于机械设备安装的二次灌浆发展到用于混凝土结构的加固修补方面，并获得良好的效果。

1987 年，中国建材研究院在研究膨胀剂的基础上研制成无收缩超早强二次灌浆系列产品简称 UGM（U-Type Grout Materials），已在全国大小几十个进口设备安装工程中应用，效果良好。据用户反映，部分性能已超过国外同类产品的技术指标。它具有无收缩、超早强、高流动性、粘结力强和对钢筋无锈蚀等特点。UGM 是由高强胶结材料、膨胀剂、流化剂、调凝剂和石英砂复配而成。

1990 年，为完成冶金部、建设部下达的"设备灌浆料系列产品研究"任务，解决进口材料昂贵，国产材料性能欠缺（强度和流动性等）问题，冶金建筑研究总院研制成功 CGM 灌浆材料。随后研制出一系列 CGM 灌浆材料，以满足各种设备和不同季节灌浆施工的技术要求，并弥补现有单一产品性能及其他方面的不足，在数十个国家重点工程中，试应用了万余吨。1997 年 2 月通过了冶金部和建设部的技术鉴定，同年获国家重点新产品称号。

以下是国内一些有关灌浆料的专利配方（所用材料百分比均按质量计）：

专利配方一：硅酸盐水泥 35%～60%，二氧化硅微粉 2.0%～5.0%，石灰内膨胀剂 0.3%～2.5%，萘磺酸盐缩合物 0.5%～2.0%，石英砂（0.25～1.0mm）40%～65%，水料比 0.13～0.20。

专利配方二：硅酸盐水泥 30%～60%，中粗黄砂 50%～60%，早强剂 8%～15%，加速水化剂 0.7%～0.9%，缓凝剂 0.08%～1.53%，水料比 0.14～0.18。

专利配方三：硅酸盐水泥 20%～40%，快硬水泥 10%～20%，活性掺合料 1.0%～4.0%，膨胀剂 0.3%～2.5%，减水剂 0.2%～0.8%，悬浮剂 0.01%～0.25%，纤维 0.005%～0.015%，石英砂 40%～70%，水料比 0.11～0.16。

专利配方四：普通硅酸盐水泥 35%～50%，膨胀剂 1%～6%，减水剂 0.1%～0.8%，普通建筑用中砂 45%～60%，纤维素醚 0.001%～0.08%。

专利配方五：普通硅酸盐水泥 42.5%～50%，BM 膨胀剂 6%，美国 PLA 外加剂 2.5%，硅砂：30 目硅砂 22%，50 目硅砂 19.5%。

专利配方六：P·O42.5R 水泥 36.5%，超细硅灰粉 2.0%，粉煤灰 7.5%，石英砂（石英砂级配：0.0～0.16mm 10%，0.16～0.315mm 30%，0.315～1.25mm 28%，1.25～2.5mm 23%，2.5～3.0mm 9%）50%，磺酸盐甲醛聚合物 1.48%，过烧生石灰和硫铝酸盐膨胀剂（过烧生石灰和硫铝酸盐膨胀剂比例为 1∶5.2）2.38%，纤维素醚 0.056%，金属铝粉 0.01%，聚丙烯纤维（长度 5～10mm，直径 0.05～0.08mm）0.074%，拌合水 14%。

目前国内从事灌浆料的生产企业达两百余家，年产量近 50 万吨。随着化学外加剂、矿物掺合料、水溶性聚合物改性剂和填料在干粉砂浆中的应用日趋成熟。

对于灌浆料来说亟待解决的是早强和膨胀的问题。当前国内配制灌浆料主要途径如下：一是在普通硅酸盐水泥中加早强剂和膨胀剂，二是使用特性水泥，三是普通硅酸盐水泥和特性水泥复合。

第一种途径目前应用最为广泛，国内的研究机构和学者对用该方法配制水泥基灌浆材料产品做了大量的研究。

天津建材研究所的吴为群等报道了对高强灌浆材料的研究，并对矿物掺合料和超细粉料用于灌浆材料中的机理和作用做了分析。指出：使用活性矿物掺合料的火山灰效应可以降低集料和胶凝材料界面区域氢氧化钙的含量，从而改善界面孔结构分布，增加界面间作用力，提高材料间的粘结强度。

石油大学后勤管理处孙翔等对 SK 高强无收缩灌浆料的研制与应用做了研究，在灌浆料中复合了防裂组分以减少塑性阶段的收缩取得了良好的效果。包头钢铁学院的航美艳等配制出 GL-E 灌浆材料并对其性能做了研究。

北京科技大学刘娟红等研究了特制砂、粉煤灰及抗裂防水剂的不同掺量对高性能水泥基灌浆材料自收缩性能的影响，并通过 SEM 形貌和 EDS 等手段，对水泥基灌浆材料水化产物的早期结构、形貌和相组成进行了研究。结果表明：水泥基灌浆材料的自收缩随着特制砂和粉煤灰掺量的增大而减小，适当加大抗裂防水剂的掺量能够有效地降低水泥基灌浆材料的自收缩率，抗裂防水剂的掺量为 10％时，能使水泥基灌浆材料浆体在早期生成大量的钙矾石，补偿浆体一部分自收缩，减小自收缩率。

浙江合力新型建材有限公司的董兰女等报道了该公司生产的 HL-HGM 高强无收缩灌浆料在杭州湾跨海大桥 50m 简支箱支座安装中的应用，并取得良好的效果。山东省建筑科学研究院郭蕾等对高性能灌浆剂以及用灌浆剂配制的灌浆材料的性能展开研究，试验证明，利用普通硅酸盐 52.5R（或普通硅酸盐水泥 42.5R）水泥、河砂、细石，掺加所开发的灌浆剂，配制出的灌浆材料技术性能优异、施工方便、成本低廉，可以根据实际情况配制灌浆材料以满足不同工程的需要。

江西省建筑材料工业科学研究设计院郭路等对用普通硅酸盐水泥掺工业硬石膏配制高强灌浆料以及各种原材料对灌浆料性能的影响做了相关的研究。研究中指出：减水剂及缓凝剂的品种、掺量是影响水泥基灌浆料流动度和经时损失主要因素，砂的颗粒级配对灌浆料的强度极大，合理的颗粒级配能够得到更密实的灌浆料。

北京市建筑工程研究院贺奎等以 P·O42.5 水泥为基础，通过集料级配和多种外加剂的调整，研制出一种流动性良好、高强无收缩的 ANG-Ⅱ 型灌浆料。并且利用二步膨胀机理使材料具有良好的填充性能，通过三次增强作用，使材料的更加牢固耐久。ANG-Ⅱ 型灌浆料自开发成功以来已应用于多项工程，如国家体育场、国家游泳馆（水立方）等，取得了良好的效果。

虽然第一种途径应用广泛，但配制的灌浆料存在性能不稳定的缺点。原因有二：一是国内市场上膨胀剂稳定性不理想，二是使用的早强剂虽然获得一定的早期强度但后期强度和耐久性能受到很大的影响。因此，采用该方法配制灌浆砂浆质量不易控制，且难以实现批量生产。

第二种途径主要是利用硫铝酸盐水泥配制灌浆料。济南大学杜纪锋等利用硫铝酸盐水泥、粉煤灰、砂、减水剂等配制高流动性硫铝酸盐水泥基灌浆材料（SAGM）并对其性能和水化产物微观结构做了相关的研究和分析：加入矿物掺合料和各种外加剂后，在水泥石中钙矾石与氢氧化铝凝胶、C-S-H 凝胶相互搭接，使得结构较为致密，无大气孔缺陷，硬化浆体具有早强、高强和抗干缩性能。考虑到硫铝酸盐水泥成本较高，配制的灌浆料只能在一些重点工程中应用，不宜推广。

第三种途径相对来讲，是一种好的技术路线，是灌浆料的发展方向。主要是采用硅酸盐水泥和硫铝酸盐水泥复合或硅酸盐水泥和铝酸盐水泥复合配制灌浆砂浆。国内有一定的研究应用，但文献不多。

同济大学建筑材料研究所谢琦等利用硫铝酸盐水泥与普通硅酸盐水泥复合研制出高性能无收缩水泥基灌浆料，并从流动度、强度、竖向膨胀率以及钢筋握裹强度等方面对该灌浆材料的性能进行了较全面研究。

西安建筑科技大学的桑国臣和刘加平通过采用硅酸盐水泥和铝酸盐水泥及适量其他材料复合制备出高质量水泥基无收缩复合灌浆材料。试验结果表明：硅酸盐水泥和铝酸盐水泥复合使用时，通过添加合适的外加剂及掺合料能够获得优异的流动性能；确定硅酸盐水泥和铝酸盐水泥的合适比例后，可通过石膏的用量控制灌浆料 1d 的竖向膨胀率；控制钙矾石的生成对提高该体系的力学性能和改善微膨胀性能起重要作用。结果表明采用硅酸盐水泥和硫铝酸盐水泥复合胶凝材料体系配制的灌浆料存在早期强度低、膨胀性不足等缺点，采用普通硅酸盐水泥与铝酸盐水泥复合，用石膏控制钙矾石的数量能更好地解决灌浆料早强和膨胀的问题。

## 3 结语

水泥灌浆料由于没有粗集料而在修补工程中广泛应用，近年来广泛应用的工程修补干粉灌浆料多使用硅酸盐水泥。与硅酸盐水泥相比，硫铝酸盐水泥的组分以无水硫铝酸钙矿物为主，使水泥具有早强、高强、抗渗、耐腐蚀和低碱度等诸多优良特性，具有更加广阔的发展与应用前景，特别应用于冬季施工、水利、修补等特殊工程中。但普通水泥灌浆料的主要缺陷在于脆性过大而柔性不足，其抗压强度很高，而抗拉强度和粘结强度较低，硫铝酸盐水泥也存在这种缺点，同样限制了它的应用。利用高分子聚合物来代替水泥灌浆料中的一部分胶凝材料，制成聚合物改性普通水泥灌浆料，可以有效提高水泥灌浆料的抗拉强度和韧性。可再分散乳胶粉性能稳定，使用可再分散乳胶粉作为聚合物生产的单组分干拌灌浆料使得施工操作更容易，可以对灌浆料在使用中的安全性和耐久性提供更大的保证。

**参考文献**

[1] 李峤玲. 超早强水泥基灌浆料的性能研究 [D]. 哈尔滨：哈尔滨工业大学，2011.

[2] 戴民，赵慧. 矿物掺合料对硫铝酸盐水泥基灌浆料性能的影响 [J]. 混凝土，2014，12：91-94.

[3] 周代军. 磷渣掺合料在水泥基灌浆材料中的应用研究 [D]. 重庆：重庆大学，2012.

[4] 朱祥，张展宏，赵红，等. 功能性添加剂对水泥基灌浆料性能的影响 [J]. 粉煤灰，2013，03：34-39.

# MDF 水泥基复合材料

张军华

（金建工程设计有限公司矿冶研究所，山东烟台，264035）

**摘　要**　MDF 水泥也称无宏观缺陷水泥，是一种组成上不完全是无机材料而含有部分有机聚合物的无机—有机复合材料。MDF 水泥的问世，是水泥材料科学的转折点，具有划时代的意义，如今这类超高强胶凝材料是当前重点研究方向之一。这类材料具有极高的抗折强度，能耗低，成型加工方便和性能易于调整等特点。本文主要综述发展中的无宏观缺陷水泥复合材料的组分、水化、成型工艺、微观结构、性能特点及应用领域。

**Abstract**　MDF cement is the cement which has no macroscopic defects. MDF cement is a kind of composition is not entirely on inorganic materials containning some organic polymer inorganic and organic composite materials. The advent of MDF cement，it is the turning point of cement materials science，is of epoch-making significance，now this kind of super-high strength gelled material is one of the important research direction of the current. This kind of material has a very high flexural strength，low energy consumption，convenient processing and performance characteristics such as easy to adjust. This article mainly reviews the development of no macroscopic defects in cement composite components，hydration，molding process，microstructure，performance characteristics and application fields.

**关键词**　无宏观缺陷；水泥复合材料；组成；结构；性能

## 0　前言

1981 帝国化学公司的 Birchall[1] 等人发明了一种新的加工技术来避免普通水泥浆体中大孔的产生，当时采用 Portland 水泥就很容易地使水泥浆体的抗折强度超过了 60MPa，并于次年制成了世界第一根水泥弹簧。这种新的水泥浆体力学强度的提高直接归功于消除了由于空气引入或搅拌不充分形成的经常存在于普通水泥浆体中的大孔或缺陷，因而命名为无宏观缺陷水泥，简称 MDF 水泥。

MDF 水泥的问世是水泥材料科学的转折点，具有划时代的意义，如今这类超高强胶凝材料是当前重点研究方向之一。这类材料以其极高的抗折强度、能耗低、成型加工方便和性能易于调整等特点，引起世界各国尤其是英、美、法、德、丹麦等发达国家材料界科学家的关注，美国为此于 1989 年投资 1000 万美元建立了一个水泥基材料科技中心。

MDF 水泥基材料作为某些金属材料、有机材料、陶瓷材料的廉价代用品，必将对社会发展产生深远的影响。

## 1　MDF 水泥复合材料的成分

MDF 水泥复合材料的最基本组分是水泥、外加剂及少量水。

### 1.1　水泥

基材采用高强度等级硅酸盐水泥或铝酸盐水泥，在材料中占 90% 以上。Brichall 等人认为用于 MDF 水泥的水泥应是多态分布的，即颗粒分布中存在两个或两个以上的范围较窄的分布带，整个分布曲线不连续，可以是双态分布或"三态分布"对于多态分布而言，态级越多越好。这样有助于降低水灰比并易使颗粒达到紧密堆积，从而减少大孔尺寸和缺陷。现在认为，采用处于介稳状态、结构不稳定的铝酸钙类水泥矿物与 PVA 组合，其力学性能最佳[2]。

## 1.2 外加剂

外加剂可以是对水泥粒子有润滑作用的聚合物，或者是有分散作用的表面活性剂；其目的是为了降低水灰比，同时使水泥拌合物具有较好的均匀性和足够的塑性变形。掺量为水泥质量的 0.5%～10%，在 MDF 水泥复合材料中占 4%～7%，一般配成水溶液或乳浊液使用。可以与水泥拌合，或先将水泥与水拌合后，再加外加剂一起拌合。其种类有：纤维素，如羟丙基甲基纤维素；胺基取代聚合物，如聚丙烯酰胺及其共聚物；聚氯乙烯衍生物，如相对分子质量为 10000 的聚乙烯醇（PVA）、烷基酚氯乙烯醚等；聚合物乳液，如聚醋酸乙烯酯、丁苯乳胶等；高效减水剂，如萘系、三聚氰胺系等。

## 1.3 水

实验室制备 MDF 水泥复合材料用的是去离子水，以防止杂物离子干扰；不过现在也有人直接采用自来水，加水量控制在水泥质量 20% 以内[3]。水灰比越低，强度越高，但一般不低于 12%。使用多态分布，可以在极低的水灰比条件下成型，最低的水灰比甚至只有 7%。

## 1.4 粉煤灰

粉煤灰在 MDF 水泥中既是一种无机填料，同时又是一种辅助性胶凝材料，其掺量及成分要求等，应通过试验配方确定。

## 2 MDF 水泥复合材料的水化

MDF 水泥复合材料水化时的物理化学情况与普通水泥有很大区别。首先，由于水灰比很小，因此水泥不是在初期及中期就能够完全发生水化，一般水化程度远远没有达到 80%[4]。其次，聚合物在水泥水化中起着重要作用；最初聚合物链吸附在水泥颗粒上，随着水化进行，水化产物逐渐沉积在其周围，将聚合物链包裹起来，或两者紧密掺杂在一起。水化过程中要消耗水分，由于 MDF 水泥用水量很少，因此这点有限的水分随着水泥水化的进行逐渐消耗完，此时聚合物链就会脱水，从而对系统产生很强的收缩力，这个力将引起整体收缩（收缩值可达 30% 线性收缩或 90% 体积收缩），使材料的致密度大大提高，最后残留孔隙率小于 1%，接近于烧结材料。

## 3 MDF 水泥复合材料的成型工艺

ICI 推荐的 MDF 水泥复合材料的一种典型配比是铝酸钙水泥：聚乙烯醇醋酸酯混合物：水＝100：7：11（质量比）。制备过程中有三大关键：即掺加水溶性聚合物、碾压式拌合和加压排除气泡。由于低水灰比，就不能采用传统的混凝土制备工艺[5]。

搅拌：制备 MDF 水泥复合材料的关键步骤是使各组分在低水灰比下得到均匀混合，使大孔体积和尺寸减小；为此，利用流变学原理，在双滚碾磨机中，在强烈剪切条件下反复碾轧，或者用螺旋挤出机进行挤压。

成型：采用热压成型工艺，目的是使制品孔径分布比较均匀。

养护：因 MDF 水泥复合材料中有水溶性高聚物，所以该材料不能放在水中养护，且还必须使环境中水分降低，以免高聚物吸湿而溶胀。通常将 MDF 水泥复合材料放在一定温度的烘箱中烘干养护。养护温度可以是室温，也可以是高温以便使硬化反应加速；若采用高温、高压养护条件，可加速硬化过程。根据养护条件不同，养护时间在 0.5～28d 内变动。

上述制备过程比较复杂，现在人们试图用简单的办法进行 MDF 水泥复合材料的复合，如 MDF 水泥复合材料与粉煤灰的复合过程，就可以用普通搅拌方法及成型方法，使制品一样能达到剪切搅拌及高压成型的效果，改高压蒸汽养护为自然养护[6]。问题在于 MDF 水泥复合材料与粉煤灰材料复合时，应针对不同的粉煤灰特性选择不同性能的复合外加剂及不同的偶联剂，才能使复合过程成功；这是目前作者进行的研究工作之一。

## 4 MDF 水泥复合材料的微观结构

MDF 水泥复合材料更应该直接被看作是水泥基的有机-无机高性能复合材料，聚合物除了作为加工助剂外，还应是一种重要的结构组成。从复合材料观点来看，聚合物与水泥之间的界面结构与微观化学对 MDF 水泥复合材料的高强与高韧性，应扮演一个重要的角色，这一观点今天已普遍为人们所接受[7]。

Rodger 等人通过水化热、溶液化学和红外光谱研究，首先证明了 MDF 水泥复合材料中聚合物与水泥间存在化学反应的观点。唐明述等人利用 IR、XRD 和 DTA 间接证明了聚合物与 Portland 水泥之间存在某种化学作用并形成界面层，提出了水泥与聚合物两相复合增强的作用机理。Popoola[9] 等还通过 TEM、HREM、EDS 及 PEELS 测试技术对 HAC/PVA 基 MDF 水泥复合材料的微观结构进行了观察与测定，得出 HAC/PVA 基 MDF 水泥复合材料的微观结构是由未反应的水泥颗粒、围绕单个水泥颗粒而形成的界面相以及本体聚合物相（未被交联的 PVA）三个微观结构元组成。

MDF 水泥复合材料硬化体中主要成分是水泥矿物的水化产物层，其间是均匀分布的未水化水泥颗粒核心。水泥颗粒外缘的一薄层水化产物，主要是水化硅酸钙 C-S-H 凝胶（使用硅酸盐水泥时），而 $Ca(OH)_2$ 均以微晶态存在。脱水后的聚合物存在于水泥颗粒间的界面上，与水化产物层不断扩展并紧密混杂在一起形成粒子间的强度结合，整个硬化体中几乎不存在孔隙[10]。

粉煤灰的掺入，可能会对 MDF 界面结构有所改善，水化产物有所改变，这也有待于研究。

## 5 MDF 水泥基复合材料的性能特点

MDF 水泥基复合材料在微观结构与化学上的特殊性，使得它具有一系列的优异性能。尽管强度在许多研究中被作为衡量 MDF 材料质量的指标，但该材料的其他性能在特殊应用上显得更为重要。已发现许多具有特殊性能的第二相材料掺入 MDF 材料中对其强度没有多大影响，但可以改善材料的硬度、耐磨性、导热或导电性以及韧性等。

### 5.1 力学性能

MDF 材料力学性能指标不仅大大超过了普通水泥，且可与某些陶瓷、钢、高分子材料相比拟。MDF 材料抗折强度由普通水泥的 5MPa 提高到 200MPa，抗压强度由 50MPa 提高到 300MPa，杨氏模量提高到 50GPa，其断裂韧性值达 3MPa，这样韧性值的材料可以容易地进行机械加工而不致脆断[11]。在 MDF 材料中加入 SiC 粉末或晶须可以增进抗折强度、断裂韧性并改善耐磨性。

各种纤维加入 MDF 材料中能进一步改进其断裂韧性和抗冲击性能，但是纤维如果与水泥、聚合物一起进行强力混合，剪切和碾压的共同作用将严重地破坏剪断的纤维，在纤维周围重新带入大孔而降低抗折强度。因此，纤维最好以束或网的形式铺在层已制好的 MDF 水泥薄片之间，再进行热压制成层压复合材料，纤维网可以是一层或几层[12]。配制得较好的纤维增强 MDF 水泥基层压复合材料断裂能可以从未增强的约 $1kJ/m^2$，冲击韧性从约 $5kJ/m^2$ 增加到 $120kJ/m^2$。

### 5.2 介电性能

Alford 等报道的 MDF 材料在 $1\sim10kHz$ 之间的平均介电常数是 9.0，体积电阻率在 $109\sim1011\Omega/cm$ 之间。刘清汉等曾测得高铝水泥基 MDF 材料的体积电阻率为 $1011\sim1012\Omega/cm$。MDF 材料的介电性能还可以通过掺加 $SiO_2$ 或硅灰来加以改善。J. F. Young 报道的掺加 50vol% 含量的 $SiO_2$ 的 CAC/PVA 基 MDF 材料的介电常数可以降为 5.3，介电损耗为 0.023，体积电阻增为 $1012\sim1013\Omega/cm$，耐电压强度增为 9.0，如果使用空心微细球形颗粒，介电常数可以进一步降为 3.0，这能与常用作介电绝缘材料的环氧玻璃钢的介电性能相媲美。因此，MDF 材料可开发为介电材料[13]。

### 5.3 电磁屏蔽性能

MDF 材料本身并无明显的电磁辐射屏蔽作用，但通过掺入一些金属粒子或碳纤维可以达此目的，例如，掺入30％的铁粉的MDF材料除仍然保持良好的力学性能外，对300～1000MHz电磁波具有40～57dB良好的衰减效果。

## 5.4 声学性能

对噪声和震动的控制，要求发展各种吸声和减震材料。一般情况下，弹性模量高的材料，如铝和钢，它们的杨氏模量分别为70GPa和205GPa，但它们的声学阻尼性能极差[14]，损耗因子只有0.002，这类材料做重型机械底座不能起减震作用。而声学阻尼性能好的材料，如木材、粗纸板、塑料等，损耗因子在0.1～0.25之间，但它们的弹性模量太小，在重负载下极易变形。MDF材料同时具有较好的声学阻尼性能和较高的杨氏模量，因此可以作为要有足够强度的声学阻尼材料应用。

## 5.5 低温性能

某些体心立方晶系的金属材料如铁、低碳钢、钨、铜和钼等，在低温下其晶格极易产生微裂纹，这些裂纹尖端又产生应力集中，导致低温下易脆断。某些塑料，例如聚氯乙烯和尼龙，尽管在77K时杨氏模量和抗拉强度比室温时增大1倍以上，但在低温下也变脆。因此，这些材料不宜在低温中使用。相反，与室温时比较，MDF材料在低温时的抗折强度、杨氏模量和应力集中系数值都有所增加，意味着低温下能阻止裂纹生长。另一重要方面是，MDF材料在室温时的热导率比金属低2个数量级，约$1W/(m \cdot K)$，在低温时仍比金属低很多[15]。此外，MDF材料的渗透率也较低，渗透系数约为$10^{-16}m/s$，因此，这一材料适合于各种低温下应用。

## 5.6 生物性能

Williams[16-17]通过老鼠的筋内移植实验，测定了MDF材料与肌肉组织的相互作用，结果表明了这一材料与肌肉组织有良好的生物相容性，它与肌肉组织之间轻微的反应增加细胞的活性，延长了细胞炎性反应的周期。

# 6 MDF水泥复合材料的应用

最初，Brichall等人发表MDF水泥的论文时，该材料的应用仅局限于制造弹簧、唱片等简单制品。应用最成功的例子是法国用来制造高级音箱，其放出的音乐，声音优美、音域宽、无振动共鸣杂音，目前这种音箱在我国已有销售（法国产品）。近年，通过加入纤维增强材料或其他一些特殊填料，得到了一类以MDF水泥为基体的新型无机材料（简称NIMS）[19]，可望与金属、塑料和陶瓷等材料相比拟。研究表明，MDF水泥复合材料中无大缺陷只是导致该材料具有超高强度特别是超高剪切强度的因素之一，而更重要的是低孔隙率下有机物与无机材料起络合反应进而凝胶化，提高了材料的力学性能。因此MDF水泥复合材料更应该被看作是水泥基的有机-无机复合材料。

目前，MDF水泥复合材料的应用领域包括：

（1）高性能声学材料。在一些设备或部门，需要使用既具有良好的吸声或振动阻尼性能，又具有足够的强度、高弹模量的材料，而MDF水泥复合材料正具备这些性能。当今，用MDF水泥复合材料已制造出艺术效果良好的音响外壳，用途尚在不断扩大之中。

（2）装甲材料。MDF水泥复合材料在弹模和硬度指标上虽比陶瓷材料低，但其应变能高，对吸收冲击能量十分有利，将其与其他装甲材料联用，完全有可能抵挡高达500m/s的高速飞行物[20]。此外，MDF水泥复合材料还可做成较大面积的装甲，并可制备各种所需形状；并具有室温烧铸的优点，这是陶瓷材料所不及的。

（3）低温材料。MDF水泥复合材料在低温下的各性能指标呈增加趋势，低温下能抵抗裂缝的开展且其导热性比金属低得多。这些优点表明，MDF水泥复合材料可以制作低温液体容器、低温管道以及超导设备的构件。

（4）电磁辐射屏蔽材料。MDF水泥复合材料本身并无明显的电磁屏蔽作用，但可以掺入一些金属离子达此目的。

此外，据测定，MDF 水泥复合材料与肌肉组织也有良好的相容性，有希望作为人造骨架材料，经进一步研究，可望开辟更为广泛的应用领域。而且 MDF 水泥作为一种高性能水泥，是混凝土高强化的技术途径之一。因为要使混凝土高强化，首先必须使胶结料本身高强化[21]。现在人们正考虑如何对 MDF 水泥进行改性，进而将其应用于混凝土中。作者将进行这方面的研究，准备以优质粉煤灰作为 MDF 水泥复合材料的试验组分，以期给该材料的性能或成型工艺带来某些改变。

## 7 结语

水泥作为传统的建筑材料之一，目前也正处于改革的前夜；尤其是为了利用废渣等作为原料，降低 $CaCO_3$ 含量等以提高生产流程中的热效率和降低污染，已成为近年来很活跃的领域。在水泥改性中有实用前景、强度最高的仍是 MDF 水泥。已有研究表明，在 MDF 水泥中掺入一定数量的活性矿物如沸石、硅粉、粉煤灰、磷渣等，可改善 MDF 水泥复合材料的某些特性，如大大降低。由于水泥矿物水化产生固相体积增加而引起的膨胀效应。此外，Kecek 等也指出"不掺粉煤灰的混凝土将进博物馆"。掺入粉煤灰，可利用其二次水化作用、微集料效应、减水效应和填充效应等，使结构更加致密而增强，同时还可减轻 MDF 水泥的自由膨胀。这对 MDF 水泥复合材料的复合改性作用效果很好，是目前研究的热点。这项工作，还可实现粉煤灰的资源化利用，符合水泥工业发展的新模式绿色水泥，即节能、利废、环保、高性能水泥。Malek 教授曾预言，21 世纪的混凝土技术有望向 MDF 水泥和纤维增强的水泥基材料等新材料方向发展。所以，研究 MDF 水泥复合材料意义重大而深远。

**参考文献**

[1]  Birchall J D, Howard A J, Kendall K. Flexural St rengthand Porosity of Cement . Nature, 1998, 1, 289 (5): 388-391.

[2]  MeN N. Alford N, Birchall J D. The Properties and Po2tential Applications of Macro2Defect2Free Cement . MatRes Soc Res Soc Symp Proc, 1985, 42: 265-276.

[3]  李北星 . 无宏观缺陷水泥基复合材料的湿敏性与改性研究 [D] . 武汉：武汉工业大学, 1998.

[4]  沈旦申 . 我国粉煤灰利用科学的可持续发展 [J] . 建筑材料学报, 2008, 1 (2)：17-19.

[5]  吴中伟 . 绿色高性能混凝土与科技创新 [J] . 建筑材料学报, 1998, 1 (1)：1-7.

[6]  高长明 . 21 世纪水泥工业的历史使命转向绿色工业，协建仿生群乐体 [J] . 水泥, 2007 (1)：1-5.

[7]  陶有生 . 中国水泥、混凝土及其制品的可持续及环境协调发展 [J] . 混凝土与水泥制品, 1997 (2)：21-24.

[8]  杨伯科主编 . 混凝土实用技术手册（精编）[M] . 长春：吉林科学技术出版社, 1998.11.

[9]  陈建奎编 . 混凝土外加剂的原理与应用 [M] . 北京：中国计划出版社, 2007.

[10]  陆平编 . 水泥材料科学导论 [M] . 上海：同济大学出版社, 2001.

[11]  乔英杰、李家和等编 . 特种水泥与新型混凝土 [M] . 哈尔滨：哈尔滨工业大学出版社, 2007.

[12]  Rodger S A, Sinclair W, Groves G W. Reactions in the Setting of High Strength Cement Pastes. Mat Res Soc-Symp. Proc. , 1985, 42: 45-51.

[13]  朱宏、吴学权、唐明述 . 高强 MDF 水泥的增强机理 . 第四届水泥学术会议论文选集 [M] . 北京：中国建筑工业出版社, 2002：554-558.

[14]  Popoola O O, Kriven W M, Young J F. Microstructrual and Microchemical Characterization of a CalciumAluminate-Polymer Composite. J Am Ceram Soc. , 1991, 74 (8)：1928-1933.

[15]  R. S. Santos, F. A. Rodrigues, N. Segre, Joekes. Macro defect free cements Influence of poly (vinyl alco hol), cement type, and silica fume. Cement and Concrete Research, 1999 (29)：747-751.

[16]  吴兆琦 . 第四届北京水泥与混凝土国际会议（BIS2CC）主报告简介 [J] . 硅酸盐通报, 1999 (2)：69-74.

[17]  黄从运，何劲松 . MDF 水泥材料的稳定性及改性研究 [J] . 武汉工业大学学报, 1995 (6)：12-14.

[18]  R. H. Kecek and E. H. Riggs, Specifying fly ash fordurable concrete [J] . Concrete International Journal, 1993 (11~12), 586-593.

[19]  朱效荣、李迁 . 绿色高性能混凝土研究 [M] . 辽宁大学出版社 . 2005.

［20］　袁润章主编．胶凝材料学［M］．武汉：武汉工业大学出版社，1996.

［21］　廉惠珍、童良、陈恩义编．建筑材料物相研究基础［M］．北京：清华大学出版社，1996.

## 作者简介

张军华，1987 年生，男，山东省人，地址：山东省烟台市高新区学府西路 18 号金建冶金科技有限公司；电话：15621370864；E-mail：junhuazhang05@163.com

# 生产管理技术

# 浅谈商品混凝土搅拌站技术科工作管理思路及团队建设

孙振磊，刘洪江

（中建商品混凝土沈阳有限公司，沈阳，110000）

**摘　要**　商品混凝土搅拌站技术科管理工作以及团队建设是商品混凝土搅拌站管理工作的重要组成部分，直接影响到商品混凝土的质量控制以及团队的技术能力。良好的管理模式和人员层次有助于混凝土的质量控制以及技术人员能力的提升。本文从搅拌站技术科主要工作内容出发，浅谈商品混凝土搅拌站技术科工作管理思路及团队建设。

## 0　前言

我国的预拌商品混凝土企业数量在过去的十余年里迅速增长，全国多数地区均已出现产能过剩、市场供过于求的现状，导致商品混凝土市场产生激烈的竞争，客户对混凝土要求更加严格，这就要求企业所供应的混凝土性能更优异，质量更稳定。那么在技术管理方面就要求我们拥有一个良好的管理模式以及优秀的技术团队结构。

## 1　混凝土搅拌站技术管理现状分析

随着国民经济的飞速发展，近三十多年来，商品混凝土在我国取得了长足的发展，已经初步形成了一个较完备的产业，在技术管理方面，就目前形势来看，绝大多数的混凝土搅拌站技术管理水平不能令人满意，不论是混凝土质量管理、实验管理还是资料管理基本上处于相对混乱的现象，没能够形成一个相互关联的整体，相互之间的指导意义没能充分体现出来。为了推动商品混凝土的发展，适应新常态下的市场环境，加强商品混凝土的技术管理以及团队建设势在必行。

## 2　技术管理四大分类

现代商品混凝土搅拌站技术科管理基本上可分为混凝土管理、实验管理、资料管理、研发管理四大类型，按照管理类型的不同可将技术科分为四个管理团队。

（1）混凝土管理主要由质检组负责，其主要工作内容为：混凝土生产质量管理，混凝土浇筑施工质量管理，对生产过程中的质量要素实施过程监督与控制，对产品质量数据进行统计和分析，为稳定生产和产品品质提供决策依据。

（2）实验管理主要由实验组负责，其主要工作内容为：原材料进场和混凝土产品进行检验、检测和验证，并进行实验数据分析，提供是否合格的客观证据和结论。

（3）资料管理主要由资料组负责，其主要工作内容为：根据生产任务计划，为客户提供完整、合规的生产技术依据和存档资料；辅助技术科长对数据资料进行分析整理。

（4）研发管理主要由技术科长负责，其主要工作内容为：对混凝土配合比进行分析优化，对新材料、新技术、新产品的研发和应用。

## 3　技术科团队建设

（1）技术团队结构配置：以年产量 50 万 $m^3$ 中型商品混凝土搅拌站为例，在人员需求方面需设置：

**表 1 技术团队结构配置**

| | 技术科长 | 质检组 | 实验组 | 资料组 | 实验工 |
|---|---|---|---|---|---|
| 人数 | 1 | 6 | 2 | 1 | 1 |

技术科长：需要至少 5 年混凝土技术工作经验才能完成技术科团队的工作串联。其主要工作职责：完成对原材料与产品质量的检测，对影响产品质量因素的分析与预防，对产品质量提供技术支持与保障，以及混凝土的研发管理工作。

质检员：至少应有 2 名成员具有 3 年以上的混凝土技术工作经验，其工作能力应接近于技术科长才能完成混凝土管理相关工作。

在实验员配置上应有一名资深实验员领导完成实验管理工作，并能根据实验结果分析为混凝土质量控制提出合理建议。

资料员需要能够独立完成资料管理工作，并能够总结分析，为技术科长提供简洁明了资料报告。实验工辅助实验员完成实验工作。

（2）团队合作：追求团队合作，分工而不分家。对于技术科而言；技术科长应具有清晰完整的工作思路，提高团队合作能力，提高工作效率。很多工作不是单靠一个人能够完成的，所以人员之间的相互协作至关重要。根据不同人的性格，不同的人擅长的工作方向，按需分配工作，让每个人都能赢得团队伙伴的支持。这样一来，我们就能够实现个人与团队的共同成功。在当今建筑领域，混凝土行业竞争日趋紧张激烈，建筑需求越来越多样化，新技术新产品不断推出，产品性能要求越来越高，使我们所面临的情况和环境极其复杂。在很多情况下，单靠个人能力已很难完全处理各种错综复杂的问题并采取切实高效的行动。所以需要我们组成团体，并要求组织成员之间进一步相互依赖、相互关联、共同合作，建立合作团队来解决错综复杂的问题，并进行必要的行动协调，开发团队应变能力和持续的创新能力，依靠团队合作的力量创造奇迹。团队不仅强调个人的工作成果，更强调团队的整体业绩。

## 4 结语

随着混凝土行业大环境的变化，混凝土企业要想生存发展就必须拥有一个成熟稳定的组织结构，是立足行业的根本，那么对于技术科而言就是这个大组织结构中的一个分支，拥有一个稳定的技术团队以及成熟的组织结构是工作开展高效高能的基本要求，是提高混凝土技术管理水平，提高企业的综合竞争力的关键。是影响企业长久发展的重要组成部分。

**参考文献**

[1] 张新胜 . 浅谈混凝土搅拌站技术质量管理 [J] . 商品混凝土，2012（6）.
[2] 修晓明，林怀立，等 . 对混凝土企业绿色生产若干问题的探讨 [J] . 商品混凝土，2015（12）.

# 预拌混凝土原材料控制措施及配合比设计关系原则

计海霞[1]，赵志强[2]

（1. 安徽淮北混凝土有限公司，安徽淮北，235000；
2. 混凝土第一视频网，北京，100044）

## 1 前言

目前混凝土技术处于快速发展时期，商品混凝土的应用越来越多，越来越普遍，其强度也在不断提高。人们对耐久性影响因素的认识也在进一步深入。外加剂和水泥的替代材料正在迅速发展。由于许多地方的天然砂供给殆尽，人工砂则受到更多关注。

要使专业混凝土技术人员全部跟上混凝土技术的所有发展是有困难的，本文更多的谈到原材料进场控制和生产控制。从逻辑角度讲这是必要的，但现在看似不太合理。掌握足够多的原材料控制数据、实际生产数据，才能设计出合理的配合比和能准确提出关于生产过程应如何记忆规范的合理观点，如何才能让混凝土生产者和使用者得到他们想要的混凝土。

本文准备分为三个阶段来探讨预拌混凝土质量控制：一是原材料控制，二是配合比设计，三是原材料与配合比之间的关系。

## 2 原材料控制

### 2.1 水泥

随着市场水泥厂家生产技术的不断进步，水泥矿物的平均颗粒粒径越来越小，即水泥的比表面积越来越大。用矿物掺合料替代部分水泥以后，每立方米混凝土中的水泥用量越来越少，而矿物掺合料用量越来越多。以上水泥粒径小、用量少的特征，都是由最初有益的量变，逐渐演化为今天有害的质变，其实质就是混凝土 28d 以后的强度几乎不增长甚至倒缩，密实性不提高，自愈能力削弱，裂缝不断增加，耐久性越来越差，而最终结果是导致混凝土结构质量问题和质量事故不断发生。但是现在混凝土中这一情况变得很复杂。

水泥带来的问题：在混凝土使用中凝结时间，可能会出现凝结过快或者过慢；强度增长，比正常强度偏低，早期高后期不增长甚至倒缩达不到设计水泥强度要求；需水量和适应性，需水量高或者与外加剂适应性差；泌水，抑制泌水效果差或者走向另一极端，使拌合物变得非常黏稠；安定性不良，膨胀开裂；抗腐蚀性能降低；水泥细度超细，水泥级配不合理。

水泥进场复检批次、厂家提供质保书及数据分析，原则上对于混凝土企业应使用一家水泥，不应同时使用两家水泥或者多家水泥。对于每车水泥取样留样检测，对于留样样品应密封贴有封条。检测项目有凝结时间、细度（比表面积）、安定性、标准稠度用水量、烧失量、抗折抗压强度的试验。对于所有检测数据绘制曲线图进行分析，一般持续检测收集数据三个月至六个月，时间允许的情况下可以长时间跟踪检测。对于本地区其他水泥每季度应取样检测，防止企业突然换水泥供应厂家。

一般水泥的初凝时间越短，其前期强度越高，发生假凝和裂缝的风险可能性越大。但是凝结时间过长，混凝土前期强度会降低，发生泌水的可能性变大。比表面积过大对于混凝土早期水化反应过快导致混凝土坍落度损失和外加剂不适应提高混凝土拌合物黏稠度，但是容易开裂增加单位用水量。标准稠度用水量试验是为水泥其他性能做准备的，同时也能表现出水泥的不良研磨特征。在配置高强混凝土或超强混凝土时，需使用大量的水泥以及设计很小的水胶比。在这种条件下采用标准稠度大的水泥是不利的。同时应对外加剂与水泥之间的适应性进行检测，以及掺粉煤灰或硅灰等掺合料对用水量的影响。

工作中时常会发现水泥与外加剂适应性、标准稠度用水量偏高、安定性不良、比表面积过大，尤其抗压强度前期强度偏高、28d强度达不到42.0级水泥要求。为了有效防止水泥不合格，建议搅拌站实验室建立水泥一天曲线图，如果发现水泥异常及时停止使用该批水泥，通知水泥厂家来人处理或者取样送第三方检测机构复检。

### 2.2 粉煤灰、矿渣微粉

粉煤灰和矿渣微粉都是大家很熟悉的材料，但是每天在用的粉煤灰、矿渣微粉都能符合混凝土材料要求吗？在工作中进场遇到等外灰说是S95的矿粉，活性在S75和S95之间等问题的出现。粉煤灰、矿渣微粉在进场时我们首先要检测细度、比表面积，细度、比表面积符合要求方可收料。再检测烧失量、胶砂流动度比、需水量比和活性指数。但是细度和需水量比应每批必须做检测，活性指数每个星期做一次，烧失量在发现问题时候应进行检测。建立曲线图数据库。

### 2.3 减水剂

尽管减水剂技术应用广泛，但是对混凝土领域及相关行业中的许多人来说，好似一门外语，了解甚少。同样，尽管现在获取外加剂技术知识比较容易，但并不容易掌握。掌握不了外加剂技术，就没有办法很好检测减水剂。

减水剂进场，取样检测密度、适应性、减水率、固含量、凝结时间、抗压强度比、含气量、泌水率。

但是通常搅拌站技术都是检测密度、适应性、减水率、固含量这四个指标，甚至可能是其中一个指标或两个指标。如果要想通过上述四个指标或者其中一两个指标来确定减水剂是否合格，首先要求原材料稳定，同时应在前期建立水泥、掺合料、混凝土拌合物的适应性、减水率、固含量、凝结时间、抗压强度比、含气量、泌水率、坍落度损失、扩展度、包裹性、可泵性等性能检测数据曲线。还有超产实验，超产多少强度没有问题、超产多少强度有问题，凝结时间多长，都要建立数据。

### 2.4 粗细集料

粗细集料检测项目基本差不多，包括含泥量、泥块含量、压碎指标、针片状、继配、细度模数、坚固性、孔隙率和粉含量等指标。

注意尽可能利用现场材料调整最佳粗细集料级配和最小孔隙率，级配越差孔隙率越大，需要细粉料越多，混凝土拌合物需水量越大。尽可能需要用反击破或者圆锥破粗集料，避免针片状概率的增加。

以上原材料所有数据应建立数据曲线图分析。

## 3　配合比设计

配合比设计是根据混凝土要求性能（工作性、强度、耐久性等）和原材料（水泥、掺合料、集料、外加剂等）的特性，确定混凝土的组成和成分。但是，术语"配合比设计"经常被误解为只是混凝土的成分（配方），以每立方米混凝土中各种成分的用量表示。实际上，这只是配合比基于配合比设计过程产生的结果。配合比设计时给予一些试验关系得出的，混凝土组成是一方面，混凝土的性能和原材料特性是一方面。由于它全面影响混凝土的施工性能、硬化后性能及其成本，所以要设计一个满足要求的、符合实际生产施工的配合比是极其重要的；同时混凝土配合比的确基于计算、试验方法，其设计不应认为只是简单地加减乘除，更重要的要根据混凝土性能（工作性、强度、耐久性等）、生产施工选好原材料和设计参数，这一点与配合比设计者实际工作经验有很大关系。为此，应充分了解和分析混凝土各项指标要求和原材料数据。选好原材料，设计出优质的配合比，进行试验和必要的调整，并进行验证。

## 4 原材料与配合比之间的关系

原材料与配合比之间的关系存在以下五个基本关系：

（1）拌合用水量取决于新拌混凝土的工作性、集料的品种（天然或人工）和最大粒径以及外加剂，如减水剂和缓凝剂、引气剂等。

（2）水胶比取决于硬化混凝土的强度以及水泥的品种和强度等级。

（3）水胶比受混凝土的耐久性影响，而耐久性与暴露环境有关，还与混凝土残存的空气体积和引气体积有关。前者适用于素混凝土，后者适用于抗冻混凝土；两者的大小受集料最大粒径的影响。

（4）一旦拌合用水量确定，则水泥用量就可以根据拌合用水量和水胶比计算出来，水胶比选择满足强度要求和耐久性要求中的最小水胶比。集料体积可以通过体积平衡求得，将混凝土的单位体积减去其他材料（水、水泥、掺合料、和空气）的体积。

（5）所有集料的体积必须根据所选理想曲线的颗粒粒径分布曲线分为两部分，满足集料的最佳搭配。

混凝土最大原则是混凝土密实度应达到最为密实，密实的混凝土可以提高混凝土的强度耐磨性、耐冲刷、耐腐蚀性等，从而保护钢筋提高混凝土耐久性。

# 浅谈预拌混凝土施工技术提要

朱永刚[1]，张　峰[2]，苗永刚[3]，何百静[3]

（1. 黑龙江省齐齐哈尔市海洋商品混凝土有限公司，黑龙江齐齐哈尔，161000；

2. 甘肃省白银市大地工程咨询有限公司，甘肃白银，730700；

3. 山东华舜混凝土有限公司，山东济南，250000）

**摘　要**　预拌混凝土是由砂、石、水泥、水、矿物掺合料、外加剂六个基本组分组成，与现场搅拌混凝土的区别就是普遍使用较多矿物掺合料和外加剂。我结合我的工作实践和相关规范谈谈自己对于预拌混凝土施工的认识。

**关键词**　预拌混凝土；施工

## 1　预拌混凝土的优点

质量稳定，生产方量大，容易满足施工要求，加快施工进度，混凝土拌合物和易性好，流动度大，泵送性能好，经振捣后，混凝土出现蜂窝麻面极少。能满足建筑物对混凝土性能的要求，如：普通、泵送、防渗、道路、水下、膨胀、高强高性能、防侵蚀等混凝土。合理地使用矿物掺合料和外加剂，节省水泥和能源消耗，增强抗渗、抗裂和耐久性。预拌混凝土生产的工业化，有利于使用先进技术设备，计量精确，便于科学管理，提高工程质量和建筑工业化程度，减少水泥、砂、石料的浪费和城市环境的污染，有利于城市化建设。

## 2　混凝土的供需型式

预拌混凝土施工前，施工单位与供方签订供货合同，包括混凝土的品种、强度等级、性能、数量和单价等。供、需双方相互了解施工工程特性，作技术交底，有利于掌握预拌混凝土的施工。施工单位在使用预拌混凝土前 24～48h 内，应明确报知供方单位所需预拌混凝土的数量、强度等级、技术要求和工程施工部位以及施工机具，以利供方做好供货的材料准备、车辆调度运输准备、下达生产计划和合理选用施工配合比。施工单位在施工过程中应经常与供方调度保持联系，保持施工的连续性，如遇施工故障，及时通知供方停止发货。施工单位在浇筑尾数前，准确无误地通知供方作尾数供货。施工单位在施工中发现混凝土性能有疑义应拒收并及时通知供方，有利于供方在配合比中作适当的调整。

## 3　预拌混凝土的验收

预拌混凝土以工地为收货地点，并对混凝土质量进行检验。现场检验的内容，根据设计和施工要求，现场对混凝土的坍落度检查，取样做抗压、抗折、抗渗试件，经养护后，做强度试验。初步检查混凝土运输车到工地后，做快速转鼓搅拌 60～30s，目测检查拌合物坍落度，如果符合供货要求，可初步接受进行施工。做坍落度和试件时，应在同一搅拌车在卸料至 1/4～3/4 之间取样并根据 GB/T 50080 要求取样不少于检查项目的混凝土量（包括试件）的 1. 5 倍，测坍落度试验（试验的步骤、方法）应符合送料单的坍落度要求，其允许偏差范围见表1。

测试混凝土的表观密度，使用容积升，称量精度 0.05kg，表观密度＝（混凝土重量＋容积升重量）－容积升重量/容积升体积压物资。做抗压、抗折、抗渗试验取样，混凝土取样应随机确定某车取样，不得分散在若干车内取样做一组试件，避免试验成果的离散性，如果是方量大的混凝土，可按取样的组数，分时段随机取样。检查供方混凝土的方量，方量（m³）＝卸料前混凝土车的重量－卸料后混凝土车的重量/表观密度。

表 1  坍落度允许偏差

| 规定坍落度 | ≤40mm | ≤50～90mm | ≥100mm |
|---|---|---|---|
| 允许偏差 | ±10mm | ±20mm | ±30mm |

## 4  试件的制作、养护和送检

试模：建议使用标准加厚试模（以抗压试模为例）边长 150mm±1mm，对角线相等，试模重复使用后不产生变形，每个面不出现凹凸不平（即不平度每 100mm 不超过±0.04mm），试模不标准，将严重影响试验成果。

试件成型：坍落度≥180mm 时，使用人工捣插，分两次装模，第一层装模后，用 160mm×$\phi$16 捣棒，顺着边缘螺旋方向均匀地向中心捣插 27 次；第二层捣制与第一层同，但要穿入第一层 20～30mm，并用抹刀沿试模内壁插入数次，混凝土装模应高出试模边 2～3mm，待沉缩泌水后，在终凝前（混凝土表面略有水分，手压感有变形）进行抹面压光，与模边齐平。

混凝土标识：混凝土全硬化后可拆模，在浇筑面上标上强度等级、日期、龄期、单位等。也有单位在试件侧面写上混凝土标识，可能诱导试件承压面的错误。

试件养护：有条件的施工单位可在标准养护室（20±1）℃，湿度≥95%；无养护条件的工地拆模后的试件放入饱和 Ca（OH）$_2$ 水池内养护（即水池不要经常换水，用虹吸管抽出水池底的 CaO 沉淀物，适当补充自来水）。

同条件养护：由施工与监理确定，一般用于重要构件部位，留置试件不宜少于 10 组，不应少于 3 组（涉及强度评定）执行 GB 50204，养护周期为 600℃.d，要注意留置试件与构件，同条件养护，其强度代表值应根据强度试验结果按 GB 107 规定确定后，乘以余数 1.10。

取样数量、抗压试验：在同配合比的混凝土，每 100m³ 取样不少于一次；每个工作班不足 100m³ 取样不少于一次；连续浇筑大于 1000m³ 每 200m³ 取样不少于一次；大体积混凝土每 500m³ 不少于一次并制作抗渗试件；灌注桩、水下连续墙，每桩、槽取样一次；每一楼层取样不少于一次，同条件养护试件应根据实际需要而定。

## 5  预拌混凝土施工

混凝土运输，根据当地的道路运输情况，可以在 15～60min 运输混凝土到工地，施工单位应配合工地内重车道路顺畅和安全，配合泵车有适合工作位置。混凝土运输到工地后应配合供方做好混凝土验收卸料，要求在 1.5h 内卸清全部混凝土。混凝土到工地后应签单注明到工地时间和卸完料时间。预拌混凝土因施工速度慢需要延长卸料时间而影响坍落度损失，施工单位应及时与供方调度或技术部门联系，报知车内剩余混凝土方量和坍落度损失状况，以备供方指令司机加入合理的外加剂或派技术员到工地处理，严禁向运输车或泵车内任意加水，如时间继续延长，混凝土发热，拌合物已成团块状，施工单位应作出弃料处理。温度＞25℃以上在工地不得超过 2.5h 温度＜25℃以下在工地不得超过 4h。

模板应有足够的强度（承载能力）、刚度和稳定性，板缝应紧密，凡是漏浆的模板（如柱）漏浆会带走水泥胶凝材料，留下的砂与碎石，外观像缺乏水泥的混凝土。浇筑前检查预埋件、裂缝的工程材料、设备（如振动器）的备用等，清除板的杂物，保持模板的湿润。由于预拌混凝土的浆体较现场搅拌混凝土多，最大粒径也较小，相对振捣容易密实，振捣的深度与距离由捣棒直径而定，要求振捣时间合适，即泛浆排气，混凝土密实为宜，过振使预拌混凝土粗集料沉底，水泥、粉煤灰浮于上面，甚至有可能使混凝土表面出现麻面，漏振或欠振使混凝土结构疏松，回弹或抽芯达不到强度。经振捣后的表面，首先应按其厚度挡平，经混凝土静置呈现出泌水后，进行表面初步抹压，待终凝前混凝土已开始水化，表面水分减少，手压感混凝土有变形，进行第二次抹压、压光，这工序十分重要，能及时处理终凝前产生的塑性裂缝和沉缩裂缝。混凝土施工的间歇时间不应超过初凝时间（一般 2.5~3h），施工单位应根据施工的速度，及时与供方联系，合理调整运输工具，使混凝土供应衔接连续，也不应使工地积压混凝土等待施工。一般底层混凝土初凝前浇筑上一层混凝土，并振捣干扰下一层。当下一层混凝土初凝后，浇筑上一层混凝土时，应先按留施工裂缝处理。对于不同厚度的混凝土，如板梁墙一齐浇筑，应先浇厚度较大的混凝土；如先浇墙体，继而浇梁，使墙体、梁有足够时间静置沉缩，在初凝前现浇的楼板，有必要时必须对墙、梁上部的混凝土进行二次振捣，可避免墙、梁上部钢筋因沉缩出现的架空现象。

## 6    预拌混凝土的施工养护

预拌混凝土使用的粉煤灰和外加剂用量都比较多，粉煤灰在混凝土内需要充分的水进行二次水化生成水泥石，应该引用 GB 50204。对掺用缓凝外加剂或有抗渗要求的混凝土，不得少于 14d。对大体积混凝土，水泥水化温升，内外温差大而产生裂缝，要求对混凝土进行保温保湿的养护，即覆盖麻袋浇水等措施。在混凝土表面涂上养护剂或塑料薄膜严密覆盖，如一些比较高的柱、浇淋不方便的构筑物。混凝土剪力墙应为养护的重点对象，养护时间不得少于 14d。道路养护，成型后应及时割切伸缩缝，做好表面储水养护。

## 7    预拌混凝土裂缝的防御

混凝土和预拌混凝土出现裂缝是不可避免的，对于防御混凝土干缩裂缝，有合理混凝土配合比，在养护中执行 GB 50204；防御碳化产生的裂缝，有合理混凝土配合比，施工中振捣密实，在施工中由于太阳暴晒，气温干燥，外部环境风速大，混凝土表面水分蒸发快，出现的塑性裂缝经过上述施工二次抹压、压光能愈合塑性裂缝。改变钢筋的配置，可减少混凝土的裂缝，如构造钢筋布置的细而间距小，比布置粗而间距大出现裂缝少。太阳暴晒，使构筑物承受温差频率较大，容易出现裂缝，宜延长养护时间，可减少部分裂缝。大体积混凝土主要是温差裂缝，保温保湿尤其重要，温差应力比较复杂，施工单位应根据设计要求和施工技术方案执行。如降低水化、降低入仓温度、掺粉煤灰、分块跳仓施工、设置后浇带、预埋冷却水管等，其目的是减少温升，降低峰值，降低混凝土的温差。气温骤变，一般缺少保温措施，但必须进行水养护，可缓和混凝土干收缩和冷却收缩的叠加，减少裂缝发生。在防御混凝土裂缝问题上，建议慎重使用膨胀剂，膨胀剂的型号较多，真正膨胀的母料并不多，掺合不少混合材，膨胀混凝土早期有一定膨胀作用，当混凝土强度趋于稳定、环境趋于干燥时，膨胀混凝土也有收缩的可能，认为膨胀混凝土用潮湿状态，如底板后浇带等，能较好地发挥它的作用。

**参考文献**

[1]    冯晓明. 预拌混凝土冬期施工技术及质量控制措施 [J]. 混凝土，2005.
[2]    孙满水. 建筑施工用预拌混凝土质量控制探讨 [J]. 工程技术发展，2015.

# 混凝土搅拌站成本管理体系

殷中洋

**摘 要** 混凝土作为当今建筑行业重要的材料有着它不可替代的作用，在工程中占有主导地位。随着时代发展进步，人们把更多的混凝土应用于新领域。随之而来的工程造价高、限购后的市场行情低迷、拌合站间互相压价造成的中标价格低、获得利润薄如纸等诸多问题的产生，混凝土自身的成本价格控制环节显得尤为重要。成本控制高低原因很简单，其实就是我们平时在有些时候没有人去研究和关注罢了，质量管理体系、计量管理体系固然重要，但成本体系也不能忽略，混凝土搅拌站成本体系组成部门主要有材料部、技术部、生产部（设备、车队、调度）、综合办（业务、人事、财务、后勤、库房）等。下面本人根据多年来搅拌站经验谈谈成本体系的相关情况和个人见解。
**关键词** 成本；材料；技术；生产设备；综合管理

## 1 材料部管理

原材料直接关系到混凝土的质量，尤其现在天然资源匮乏，多种材料和新兴材料的涌入，更要严格控制原材料的进场价格和质量，这样就得从源头做起：

（1）原材料最好进行招投标，或者选择至少两家同种原材厂商，对质量合格的报价进行分析，择优筛选。筛选后留下相同价位两家进行供货，如果质量有明显变化可随时停止进货，起到制约作用，避免供应出现危机。

（2）建立完善的原材料采购计划和评估审批制度。做到计划到位，供应及时，评估准确，审批完善，尤其特殊工程特殊材料的购置必须算好数量，避免剩余过多。

（3）建立严格的进退场验货管理制度。材料员严格控制进场原材的数量、质量、标准与计划是否相符，对质量低劣、规格不符及未经实验室验收合格批准的严禁进场，规范验收凭证，尤其夜间进料不验收，把关不严，材料是否合格不控制的现象必须杜绝。只有好的原材料才能降低设计配比的成本，带来效益，要花同样的钱用到合格的料。

（4）由于砂或少许石子含水量比较大，生产时要将这些含水扣掉，这样造成搅拌站无形中的浪费，因此进场后可以进行部分含水扣吨处理。

（5）设计有效的取样方法。多数搅拌站为了方便实验室取样在管道上设计截门，方便而且需要多少取多少不浪费，但要有专人记录数量用途。

（6）合理利用筒仓收尘所得废料进行有效处理和运用。

（7）加强进场原材的维护，防止跑料扬尘等污染，以免造成原材的浪费。

（8）进行盈亏分析核算，统计汇总，时时掌握原材市场行情和混凝土之间的差异，进行及时调整。

## 2 技术部管理

实验室承担着搅拌站的原材进场检测，混凝土出场检测，混凝土配比设计等多方面的成本控制环节，是公司的核心所在，因此要在保证质量的前提下达到成本的最合理化，起到节约的效果。

（1）配合比富余强度高，C30混凝土已达到C37，造成生产成本加大，浪费严重。所以要合理优化和研发新的思路配比，达到节约。

（2）合理招聘熟练、经验丰富的总工、主任、质检、试验人员，避免失误处理不当造成浪费，新人容易造成不合格品、废品损失，成本损失严重，有的公司不惜高薪聘请上述人员，既能节约材料而且还能为公司在行业中树立好的企业形象口碑，增加业务量。

（3）外加剂掺量大，主要依赖外加剂来调整坍落度，好多总工在同样条件下设计掺量较之旁站较低，但同样能达到等同效果，这就靠自己怎么去合理试配和设计了。

（4）原材接料取样次数过多造成浪费，同批次产品仅需取样一次足以，除非有异议时加取次数。例：一个搅拌站为了保证运营成本基本一天需要打 300m³，一方混凝土的水泥用量如果是190kg，一车水泥大概输送 30t，一天就得用 57t 左右水泥，估计需要每天进场两车方能保持料仓存储平衡，如果两车是一个批次还好，每个站大概都得至少取样 5kg 以上粉料，实际应用后浪费 3kg多，那么 360 天就是 1.08t 的浪费，大概 330 元左右。上述还不包括试配等其他大量取样的浪费，单水泥这种材料最保守估计就得每年损失这么多，如果所有材料融合一起或者搅拌站方量较大，公司损失就不止几百了。

（5）随车或现场调配外加剂无计量，随便使用是许多站存在的根本问题，所以许多站耗材中外加剂时有亏损，这就需要好的质检人员控制合格的混凝土才能给站内节约成本。

（6）个人能力有限和集体荣誉不强，随意干涉别人工作造成浪费，调度或者公司领导为了怕剩余混凝土倒掉浪费，要求实验室人员调整继续使用，节约思想是好，但最终因之前混凝土失去其工作性后影响后补混凝土，导致整车混凝土的浪费，因小失大，因此必须严格控制部门之间越界指挥管理的事情发生。

（7）外加剂等材料消耗高。如配合比随意更改、无定额、使用过程中的浪费造成盘点不准等。

（8）混凝土成品取样次数频繁无章，单次取样数量较大影响混凝土容重令其工地不满亏方，无奈拌合站只能增大容重，增加成本，所以要严格按照取样规范取样且比规定数量稍多即可，切不可贪多。

（9）配比本身的调整达到体积符合实际需求，有的站配比重量上很高，就是体积偏低就是这个问题。因此要清晰明确使用的材料性能参数和应用后的实际效果才能达到合理化成本。

（10）外加剂是影响混凝土的重要因素，复配技术在搅拌站中越来越兴起，它不仅能大大降低拌合站的外加剂成本，而且能根据混凝土的特殊要求和性能进行随时调整，方便快捷。

（11）加强对废水、废料、掺合料的利用，节能降耗。有的单位为了减税使用尾矿等材料。

## 3 生产部管理（设备、车队、调度）

生产部作为站内生产衔接的部门起到承上启下的作用，上对站内进行传递指挥，下对工地进行沟通协调，日常运转等都离不开，可以说生产就是一个机器的链条，每日的混凝土都需要生产的顺利运行才能实现。

（1）部分车辆漏油丢油过多、车用各类机油浪费，泵管卡子等消耗无定额，现场丢失严重。

（2）汽车用耗材和配件质量差、存量大，消耗和储备均无定额控制。

（3）车辆设备、生产设备、实验设备、称量设备等设备维护保养不够，管理弱化、混乱、责任不清，老化造成修理频率大，成本超标。

（4）车辆保险未进行多家比价，保险费用和保额差异较多造成浪费。

（5）小车太多，费用无定额。公车私用，不该配车部门给以车辆，停用车辆仍交养路费等。

（6）仓库物资多，零星采购频繁，设备备件、零部件进货差，错率高，积压多，经常发现与用途不符、型号不准、经常不适用或者几年用不上的零部件。

（7）修旧利废不够，常年闲置废旧设备配件不加以利用，配件坏后就买新的，造成浪费。

（8）程序设计不合理，设备振捣时间掌握不准，投料顺序调整不当，搅拌时间不能根据特殊情况进行及时调整等。计量不准，磅差太大，不及时校秤，各原材经常盘亏，原料耗损量与混凝土用量不符，生产误差调整不及时，各原料容器连接处泄漏等。

（9）各种材料和用品领用和发放失控，不管用多少都出库。

（10）水的消耗没有控制，有长流水现象，洗车用水没有循环使用，分离机成了洗车专用。电费支出无节制，不生产时设备照明，中控机组常年开启。

（11）内外调度协调不利，与现场沟通不到位，不能均衡生产，车辆利用率较低，等待或者单个工程压车严重，造成人、机、料浪费，生产效率低。

（12）各部门间不配合互相拆台，如铲车不在指定地点上料造成混凝土不稳定，司机不按照指定路线行走耽误时间，机修人员对机器出现的问题不及时解决处理，日常巡视不到位造成停产等。

因此要对人员和设备加以管控，加强工艺流程控制，合理调配车辆，提高设备的保养和维护，使设备始终处于良好的状态运行，严禁带病作业，避免造成混凝土不合理的浪费。

## 4　综合办（业务、人事、财务、后勤、库房）管理

（1）业务报价不符合站内标准，随意加减价造成市场波动。

（2）应收账款过多，外欠款巨大，陈欠严重，签定合同成为摆设，给拌合站造成运作上困难。

（3）业务与施工方关系不融洽，造就出现问题不及时处理，施工方不按照规范要求施工，工艺落后，工人散漫，管理部门人员拖拉，随意现场加水等，业务起不到督促作用，造成其他部门承受连带危机，施工存在后期隐患。

（4）设定岗位人员待遇低，发工资不及时，或者其他问题造就员工心气不高，混日子，不好好工作造成工作效率低。

（5）人力资源浪费，人员结构不合理，领导干部过多，职能部门和单位过多，机构臃肿
生产一线人员一个人干几个人工作，人员心情浮躁缺少热情。

（6）办公室电灯、空调、饮水机、打印机等管理不善，长明灯，电脑、空调和饮水机 24 小时开机。

（7）办公用品领用随意，无定额，造成浪费。劳保质量差，达不到规定期限或丢失造成浪费。

（8）招待费、通讯费用过高，有话补人员未按岗位需要规定话费定额。

（9）打字、复印费用太高，临时用表太多。提前印刷太多空表备用，更换表格后无处可用，不能利用双面打印等。

（10）外单位或个人借用公司资金，并长期占用，没有有效的处理措施。

（11）食堂粮食浪费严重，无定额随意打饭，乱倒乱扔严重。

（12）树立安全就是效益的观念，加强安全教育，提高员工的安全意识，防止安全事故发生造成公司增加意外赔偿资金。

（13）鼓励员工科技创新，形成成本管理的氛围，对能降低本站成本的建议积极采纳并给以当事人奖励。

以上这少许部分如果企业在成本方面没有控制，没有建立和实施一个有效的成本管理体系，成本的很多问题没有人去研究、去管理，导致成本管理不善，不能保证成本发生的合理性和科学性，难免四处漏风，浪费严重。因此，我们呼吁搅拌站都来建立成本体系，不要完全拘泥于某个部门的降本，毕竟成本涉及的部门较多，要从根本上、从整个成本管理系统上来控制和降低成本，消除或减少这些提高成本因素，给企业带来效益最大化。

# 混凝土预湿集料应用验证

王旭鹏，吴存玉，宋本立

（北京双良混凝土有限公司，北京，100007）

## 1 概述

随着外加剂的大量使用以及砂石料质量的不断劣化，减水剂在混凝土生产应用过程中出现了许多新的问题。为了使混凝土拌合物满足泵送施工要求，有人将外加剂的掺量成倍增加，使混凝土的生产成本大大增高，影响混凝土企业的生产成本和直接经济效益；有的采用多加水的办法来解决混凝土拌合物流动性不足的问题，导致混凝土实际用水量太大，严重影响混凝土的强度。另外，随着原材料的大量使用，好的原材料越来越少，大部分的原材料基本都是不合格的，从而导致在混凝土生产中出现混凝土包裹性不好的现象，为解决这一现象，现在混凝土生产中都是通过一次次的试配来确定一个砂率来解决问题，这不但浪费资源，还增加了劳动量。由于砂子含泥或石粉量提高造成砂子的实际用量小于配合比设计值，导致砂率偏低的问题，这里我们确定在生产时及时调整砂率的方法，使实际砂率始终处于最佳值，保证混凝土拌合物的工作性最佳，降低由于含泥和石粉引起砂率的变化对混凝土拌合物工作性的影响。

综上所述，我们确定采取预湿集料和调整砂率相结合的技术措施解决砂石含泥量与石粉量高以及吸水率大导致的混凝土和易性差以及外加剂掺量高的技术难题。针对搅拌站砂石料特定的条件，每一批砂石料都有一个最佳砂率，我们首先通过试验求出最佳砂率；其次求得胶凝材料混合后搅拌达到标准稠度时的用水量，然后经试验求得润湿砂石所用水量，最后制作预湿集料喷淋专用设备安装到生产线用于生产以达到控制质量和降低成本的目标。

所谓预湿集料技术，是指在原有配合比的基础之上通过调整砂石、水和外加剂的用量来解决混凝土和易性差的科学方法，是一种新的数字量化的技术。

## 2 确定胶凝材料用水量

水泥标准稠度净浆对标准试杆（或试锥）的沉入具有一定的阻力。通过试验不同含水量水泥净浆的穿透性，以确定水泥标准稠度净浆中所需加入的水量（$W_0$）。

$$W_1 = (C + F\beta_F + K\beta_K) \times (W_0/100) \tag{1}$$

## 3 砂石预湿用水量的确定

要确定砂石及预湿用水量，就要知道砂石的用量，预湿集料技术就是原配合比中胶凝材料不变，只是调整砂石的用量。

### 3.1 砂石用量的测量

#### 3.1.1 砂物理参数的测量

（1）取 500g 砂子测出含水率，再取一个体积为 2L 的容量桶，往里装满砂子，用捣棒捣实之后用尺子刮平桶口，称出其质量为 $m_1$，则砂子的堆积密度为：

$$\rho_{s堆积} = 1000m_1/2 = 500m_1 \tag{2}$$

（2）将砂子倒进 4.75mm 筛子，将装有砂子中石子的筛出后，称出其质量为 $m_2$。

（3）砂的含石率：$\dfrac{m_2 - m_1}{m_1} \times 100\%$。

### 3.1.2 石子物理参数的测量

（1）取一个体积为 10L 的容量桶，往里装满石子，晃动几下之后用尺子刮平桶口，称出其质量为 $m_1$；则石子的堆积密度：

$$\rho_{g堆积}=1000m_1/10=500m_1 \tag{2}$$

（2）往装满石子的容量桶中缓慢加水至刚好完全浸泡石子为止，称重 $m_3$ 求得石子空隙率为 $p=（m_3-m_1）\div10$，则石子的表观密度：$\rho_{g表观}=500m_1/（1-p）$。

（3）待 3～5min 后把水倒尽，称出其质量为 $m_2$；

（4）石子的吸水率：$\dfrac{m_2-m_1}{m_1}\times100\%$。

### 3.2 砂石用量的计算

通过以上的测量，再通过计算即可得知预湿集料中砂石的准确的用量，也可得出最佳砂率。前边已经测得石子的空隙率 $p$，由于混凝土中的砂子完全填充于石子的空隙中，每立方米混凝土中砂子的准确用量为砂子的堆积密度乘以石子的空隙率，则砂子用量计算公式如下：

$$S=（\rho_{S堆积}\times p）/[（1-砂含石率）\times（1-砂含水率）] \tag{3}$$

根据混凝土体积组成石子填充模型，由绝对体积法可求得石子的实际用量，即配合比的最佳砂率由原材料的实际情况而定，则石子用量计算公式如下：

$$G=\rho_{g堆积}-[（V_C+V_F+V_K）+（C+F\beta_F+K\beta_K）\times（W_0/100）]\times\rho_{g表观}-S\times砂含石率 \tag{4}$$

### 3.3 砂石预湿用水量

#### 3.3.1 砂子预湿用水量的确定

根据水泥标准胶砂检测方法我们可以求得砂子用水量的合理用水量范围，由于预拌混凝土生产使用的水泥主要有普通水泥、矿渣水泥和复合水泥，因此我们以这三种水泥为对比基准进行润湿砂子合理用水量范围的计算。

砂子用水量计算依据（检测时使用 450g 水泥，1350g 标准砂，225g 水）见表 1。

**表 1 砂子用水量计算依据**

| 水泥品种 | 需水量（g） | 水泥用水（g） | 水/水泥（%） | 标准砂用水（g） | 润湿水/标准砂（%） |
|---|---|---|---|---|---|
| 普通水泥 | 27 | 121.5 | 0.27 | 103.5 | 7.7 |
| 矿渣水泥 | 30 | 135 | 0.30 | 90 | 6.7 |
| 复合水泥 | 33 | 148.5 | 0.33 | 76.5 | 5.7 |

由于混凝土生产使用的水泥主要有普通水泥、矿渣水泥和复合水泥，因此我们确定 1m³ 混凝土中润湿砂子时不影响混凝土强度的合理用水量范围在 5.7%～7.7% 之间，我们以下限 5.7% 作为混凝土中砂子用水量最小值计算为基准，润湿砂子的合理最小用水量等于 5.7% 乘以砂子用量求得，以上限 7.7% 作为混凝土中砂子用水量最大值计算为基准，润湿砂子的合理最大用水量等于 7.7% 乘砂子用量求得，但我们为了方便计算，使过程简单下限取 6%，上限取 8%，即：

$$W_2=S\times吸水率 \tag{5}$$

即

$$W_{2\min}=6\%S$$

$$W_{2\max}=8\%S$$

#### 3.3.2 石预湿用水量的确定

由 3.3 可知 1m³ 混凝土中粗集料润湿水量 $W_3$ 为单方石子用量乘以吸水率，即

$$W_3=G\times石吸水率 \tag{6}$$

综上所述砂石预湿的总用水量为：$W_3+W_3$。

## 4 总用水的确定

通过以上计算，混凝土搅拌胶凝材料所用水量为 $W_1$；润湿砂子所需的水 $W_2$；润湿石子所需的

水 $W_3$；混凝土总的用水量 $W = W_1 + W_2 + W_3$。

## 5 外加剂用量的确定

采用以上通过预湿集料优化的配合比，以推荐掺量进行外加剂的最佳掺量试验，外加剂的调整以胶凝材料标准稠度用水量对应的水胶比为基准。要控制混凝土拌合物坍落度值为多大，则掺外加剂的复合胶凝材料在推荐掺量下净浆流动扩展度达到多大。当使用萘系减水剂时建议净浆流动扩展度达到 220～230mm，当使用脂肪族减水剂时建议净浆流动扩展度达到 230～240mm，当使用聚羧酸减水剂时建议净浆流动扩展度达到 240～250mm。外加剂用这种掺量配制的混凝土，可以保证拌合物不离析不泌水。这种复合胶凝材料需水量与外加剂检验的科学方法，解决了外加剂与胶凝材料适应性之间的矛盾，通过以上方法对外加剂的调整，将水泥、掺合料、外加剂、水分与混凝土的工作性、强度、耐久性紧密结合起来。

### 5.1 外加剂与胶凝材料适应的检测

外加剂在当前生产情况下主要有两方面的去处：第一，参与胶凝材料的水化反应，故为有效反应；第二，与水混合到一起被砂石一起吸入，即为浪费的部分。预湿集料的作用就是在加入外加剂之前先将集料加入必需的预湿用水，使集料处于饱和状态，之后再将剩余所需水和外加剂一起加入搅拌，这样所加入的外加剂由于砂石处于饱和状态不会再吸水，外加剂全部都参与到和胶凝材料的水化反应中，从而使外加剂的掺量降低，起到节约外加剂的作用，从而达到降低生产成本的目的。

#### 5.1.1 标准法

即水泥 165g，粉煤灰 75g，矿粉 60g，水 87g，外加剂以推荐掺量已达到掺外加剂的复合胶凝材料在推荐掺量下净浆流动扩展度要求。

#### 5.1.2 快速法

以普通 C30 为例（外加剂推荐掺量为 2.0%），水泥用量为 236kg，粉煤灰用量为 79kg，矿粉用量为 60kg，用水量为 $W_1 = (C + F\beta_F + K\beta_K) \times (W_0/100)$ kg。

直接用水泥 236g，粉煤灰 79g，矿粉 60g，水 $W_1$g 进行外加剂与胶凝材料适应的检测，已达到掺外加剂的复合胶凝材料在推荐掺量下净浆流动扩展度要求。

### 5.2 外加剂与砂石适应性问题解决的技术方案

砂石作为混凝土的主要集料，占混凝土体积的比例很大，因此为了解决这一问题，就必须从实际出发。在条件许可的情况下，可以采用建立砂石冲洗生产线的方案，确保冲洗后砂石的含泥或石粉量达到国家标准规定的范围，另一方面，冲洗的过程可以让砂石达到饱和面干或者润湿状态，实现混凝土拌合物初始坍落度大、混凝土 1h 坍落度损失小、节约减水剂、保证混凝土质量的目的，但这种方案成本较高。

对于现有的混凝土搅拌站，由于场地的限制，大多数单位都无法建设砂石冲洗场。在多次现场调研和实践的基础上，我们提出了在混凝土搅拌站上料皮带头中间仓位置增加一排小喷头喷水的办法，对砂石进行喷淋，使砂石料所含泥和石粉充分润湿，内部空隙充分吸水饱和，达到砂石料进入搅拌机时内部充分饱水和表面全部湿润的状态。

生产混凝土的过程中，由于已经达到了内部饱水和表面湿润，砂石料首先进入搅拌机，当胶凝材料进入搅拌机时，胶凝材料很快被粘结到润湿的砂石表面，外加剂和水分按设计比例进入了胶凝材料，在搅拌过程中，胶凝材料形成的浆体在搅拌机内做切线运动，很快变得均匀，实现了拌合物工作性良好，初始坍落度较大；当搅拌机停止运转时，混凝土拌合物处于静止状态，由于流动性胶凝材料浆体内部的水分密度与砂石料内部的水分的密度接近，因此渗透压接近平衡，砂石料及其所含的粉末料内的水分无法渗透到胶凝材料浆体中，胶凝材料浆体内的水分和外加剂无法渗透进入砂石以及及其所含的粉末料内部。由于胶凝材料浆体中的拌合水量等于配合比设计时确定的水量，外加剂的实际掺加量等于按胶凝材料设计的掺量，实现了拌合物出机后状态稳定，坍落度损失较小，从而实现了在混凝土生产过程中拌合物搅拌顺畅、出机坍落度适中、坍落度损失最小、外加剂用量最少、混凝土强度最高、技术经济效果最佳的目的。

# 6 试验室试配及数据分析

## 6.1 试验室试配

### 6.1.1 原材数据

**表 2 原材数据**

| 原材技术<br>品种指标 | 水泥 | 粉煤灰 | 矿粉 | 砂 | 石 | 外加剂 | 水 |
|---|---|---|---|---|---|---|---|
| 规格型号 | P.O42.5 | Ⅱ级 | S95级 | Ⅱ区中砂 | 5~25mm | 高性能减水剂 | 自来水 |
| 产地厂家 | 北京金隅 | 唐山鹏利达 | 三河天龙 | 北京滦平 | 北京滦平 | 北京成城交大 | — |
| 密度（kg/m³） | 3000 | 2200 | 2500 | | | | 1000 |

原材技术指标：

水泥标准稠度 0.27，3d 抗压强度 27MPa，28d 抗压强度 49MPa；矿渣粉 7d 活性指数 81%，28d 活性指数 98%，流动度比 100%；粉煤灰筛余量 16.3%，烧失量 3.8%，需水量比 105%；砂细度模数 $\mu_f = 2.7$，含泥量 1.2%；石含泥量 0.1%，泥块含量 0.0%，压碎值 3.8%，针片状含量 3.9%；外加剂减水率 2.7%。

### 6.1.2 试验计算

1. 2015 年 8 月 25 号试验数据

以下数据均已去皮（配制强度为 C30、C50、C60）：

砂子 2L 含水 5.3% $m_1 = 3.995kg$ $m_2 = 0.875kg$

石子 10L $m_1 = 16.830kg$ $m_3 = 20.815kg$ $m_2 = 17.245kg$

通过计算可得全部数据入下：

砂中含石率：21.9%，$\rho_{s堆积} = 1998kg/m^3$；$\rho_{g堆积} = 1683kg/m^3$，$p = 0.3985$，$\rho_{g表观} = 2798kg/m^3$，石的吸水率 2.47%，砂含水 5.3%。

01 外加剂掺量 2.0%，02 外加剂掺量 2.0%，03 外加剂掺量 1.8%，04 外加剂掺量 1.6%。

**表 3 单方原材料用量**

| 标号 | 试配编号 | 单方原材料用量（kg） | | | | | | | 搅拌量（L） | 成型组数 |
|---|---|---|---|---|---|---|---|---|---|---|
| | | 水泥 | 砂 | 石 | 粉煤灰 | 矿粉 | 水 | 外加剂 | | |
| C30 | 01 | 236 | 1076 | 771 | 79 | 60 | 57+150 | 7.5 | 35 | 9 |
| C50 | 02 | 306 | 1076 | 563 | 89 | 99 | 57+129 | 9.88 | 35 | 9 |
| C60 | 03 | 371 | 1076 | 471 | 39 | 144 | 57+139 | 9.97 | 35 | 9 |
| C50 | 04 | 306 | 1076 | 563 | 89 | 99 | 57+148 | 7.9 | 35 | 9 |

该批试验砂预湿用水量在区间 [8, 29] 范围内，01 石预湿用水量 19kg，胶凝材料用水量 102kg，02 石预湿用水量为 14kg，胶凝材料用水量 134kg；03 石预湿用水量为 12kg，胶凝材料用水量 150kg；04 石预湿用水量为 19kg，胶凝材料用水量 134kg。

2. 2015 年 9 月 11 号试验数据

以下数据均已去皮（配制强度为 C20、C40、C60）：

砂子 2L 含水 9.2% $m_1 = 3.950kg$ $m_2 = 0.810kg$

石子 10L $m_1 = 16.670kg$ $m_3 = 20.500kg$ $m_2 = 17.010kg$

通过计算得全部数据入下：

砂中含石率 20.5%，$\rho_{s堆积} = 1975kg/m^3$，$\rho_{g堆积} = 1667kg/m^3$，$p = 0.383$，$\rho_{g表观} = 2702kg/m^3$，

石的吸水率 2.04%，砂含水 9.2%。

05 外加剂掺量 2.5%，06 外加剂掺量 2.0%，07 外加剂掺量 1.7%，08 外加剂掺量 1.7%。

**表 4　单方原材料用量**

| 标号 | 试配编号 | 单方原材料用量（kg） | | | | | | | 搅拌量（L） | 成型组数 |
|---|---|---|---|---|---|---|---|---|---|---|
| | | 水泥 | 砂 | 石 | 粉煤灰 | 矿粉 | 水 | 外加剂 | | |
| C20 | 05 | 181 | 1048 | 894 | 86 | 51 | 96＋94 | 7.95 | 35 | 9 |
| C40 | 06 | 271 | 1048 | 724 | 72 | 79 | 96＋118 | 8.44 | 35 | 9 |
| C60 | 07 | 363 | 1048 | 544 | 53 | 117 | 96＋107 | 9.06 | 40 | 6 |
| C60 | 08 | 403 | 1048 | 479 | 53 | 117 | 96＋115 | 9.74 | 40 | 6 |

该批试验砂预湿用水量在区间 [−29，−8] 范围内，05 石预湿用水量为 18kg，胶凝材料用水量 87kg，06 石预湿用水量为 15kg，胶凝材料用水量 115kg，07 石预湿用水量为 11kg，胶凝材料用水量 144kg，08 石预湿用水量为 10kg，胶凝材料用水量 155kg。

**6.2　试验结果**

**表 5　试验结果**

| 编号 | 强龄期度<br>配制强度 | 各龄期强度（MPa） | | | | | | | | |
|---|---|---|---|---|---|---|---|---|---|---|
| | | 3d | 7d | 14d | 21d | 28d | 31d | 35d | 56d | 90d |
| 05 | C20 | 17.8 | 31.2 | 38.8 | 43.3 | 44.9 | 45.7 | 46.0 | 49.3 | 49.5 |
| 01 | C30 | 16.3 | 29.3 | 33.3 | 37.9 | 38.6 | 42.2 | 44.8 | 44.6 | 49.4 |
| 06 | C40 | 23.9 | 37.6 | 47.9 | 49.9 | 50.1 | 56.4 | 54.9 | 58.0 | 59.5 |
| 02 | C50 | 39.0 | 44.7 | 56.0 | 66.4 | 65.1 | 62.3 | 64.2 | 72.8 | 77.1 |
| 04 | C50 | 33.2 | 46.9 | 51.8 | 60.2 | 65.7 | 62.5 | 65.6 | 69.1 | 71.1 |
| 03 | C60 | 37.2 | 56.1 | 63.5 | 68.4 | 75.6 | 75.3 | 77.5 | 79.4 | 81.6 |
| 07 | C60 | 36.6 | 48.4 | — | — | 60.5 | 72.7 | 67.3 | — | 68.9 |
| 08 | C60 | 40.2 | 53.6 | — | — | 68.8 | 72.2 | 71.6 | — | 69.7 |

# 7　结语

预湿集料技术解决了混凝土包裹性差、流动性差、损失较大、生产成本高等混凝企业常见的问题，实现了混凝土出机坍落度和施工现场泵送坍落度较为稳定，有利于混凝土的施工和现场质量控制；有效提高了国家资源和能源的利用率；混凝土预湿集料技术可操作性强，便于在同行业大面积推广应用；推广和应用混凝土预湿集料技术是改善环境，保持现代城市可持续发展的一条重要途径，具有明显的社会效益和环境效益。

# 荣盛商品混凝土回弹测强曲线的建立与研究

郭建良

（荣盛商品混凝土有限公司，河北保定，071805）

## 1 引言

随着我国建筑工程中混凝土的使用量大面积推广，检测混凝土的强度对控制工程质量的意义相当重大。混凝土抗压强度是工程施工中控制和评定混凝土质量的主要指标，国内对混凝土抗压强度进行检测评定的主要方法有：回弹法、超声法、超声-回弹综合法、取芯法等，其中回弹法以其操作简便灵活、测试结果较为准确可靠的优点而被广泛采用，我国建设部已制定出《回弹法检测混凝土强度技术规程》，但其仅适用于现场拌制的混凝土结构测试，且混凝土强度不超过C50。随着混凝土质量的进一步提高，商品混凝土在工程中的大量应用，此《规程》已暴露出适应性不强的弱点。为此，以荣盛商品混凝土浇筑而成的实体模拟构件为主要研究对象，采用回弹法确定混凝土抗压强度与混凝土表面回弹值之间的统计相关关系，在大量试验结果的基础上，分别建立适用于荣盛商品混凝土地区回弹测强曲线及相关强度曲线，并与相应混凝土构件的回弹试验做对比来验证所建立的回弹测强曲线精度。结果表明，该曲线更接近试验数据，为更好地推算荣盛混凝土检测确定提供了有力依据。

## 2 本课题研究内容

（1）荣盛混凝土随龄期增长的强度发展曲线。
（2）建立荣盛商品混凝土回弹测强曲线。

## 3 课题研究

建立实体模拟试件，同时预留标养及同条件试块，在回弹后的对应测区钻取混凝土芯样，得到回弹相关数据和芯样强度换算值。

（1）2007年10月—2008年10月，为数据采集阶段。
（2）2008年10—12月，对数据进行分析总结，集成曲线。
（3）回弹测强曲线的建立。

## 4 具体方案

### 4.1 回弹法测强原理

回弹法检测混凝土抗压强度的基本原理是通过回弹仪测定混凝土表面硬度与混凝土抗压强度的相关性而建立的函数关系，当混凝土测试龄期范围较宽时，应考虑混凝土碳化深度对表面回弹值的影响。

根据上述三个参数通过大量数据回归拟合得到的函数表达式称之为回归方程或校准曲线（率定曲线）、测强曲线。一般地，回弹法测强曲线函数表达式为：

$$f_{cu}^c = f(R_m, d) \tag{1}$$

式中　$f_{cu}^c$——第 $i$ 个测区混凝土强度换算值，精确至 0.1MPa；

　　　$R_m$——第 $i$ 个测区平均回弹值，精确至 0.1；

　　　$d$——第 $i$ 个测区平均碳化深度值，精确至 0.5。

用于测定混凝土强度的中型回弹仪，是一种直射垂击式仪器，它借助于已获得一定能量（2.207J）的弹击拉簧所连接的弹击锤冲击弹击杆后，弹击锤向后弹回，并在回弹仪机壳上的刻度尺指示出回弹值。

根据试验所建立的混凝土抗压强度——回弹值、碳化深度的相关曲线，通过回弹仪对混凝土表面弹击后的回弹值，对应测区的碳化深度即可推算混凝土抗压强度。

### 4.2 曲线集成及试验研究

#### 4.2.1 试验方案

（1）回弹测试：用 CM9 电磁感应仪确定钢筋位置，测试碳化深度、回弹、记录。本项操作严格按《回弹规程》[1]进行。

（2）钻芯测试：回弹测试完毕，在对应回弹测区进行混凝土芯样的钻取。芯样制取、允许偏差、干燥等项目按《钻芯规程》[2]严格执行，混凝土芯样试件力学性能试验按 GB/T 50081—2002《普通混凝土力学性能试验方法标准》执行，同时记录试验数据。

（3）数据处理：采用 Excel 软件进行试验数据的管理。

（4）测强曲线的制定：根据获得的三个参数——芯样混凝土强度 $f_{cor}$、测区平均回弹值 $R_m$、测区碳化深度 $d$ 采用最小二乘法进行回归拟合得到混凝土测强曲线。

（5）地区测强曲线的精度要求：当回归的混凝土回弹法测强曲线方程指标：平均相对误差（$\delta$）不大于±14.0%且相对标准差（$e_r$）不大于17.0%时，该测强曲线可作为地区强度曲线。

#### 4.2.2 试验过程

本试验试验过程具体如下：

（1）先在构件上进行钢筋定位，然后回弹，并在该处划定取芯位置，并将所划定的测区进行编号。

（2）在划定取芯位置的测区内打眼进行碳化深度值测量，测量时间掌握在孔壁表面酒精挥发掉，表面干透，不潮湿，并至少干燥 2min 后，于混凝土孔壁自然脱落面进行碳化深度值测量。

（3）在回弹测区内进行回弹法检测，每个测区回弹 16 个有效点，每构件回弹不少于 10 个测区，将测得的回弹值按《回弹规程》有关要求进行取舍并计算，取得该构件的回弹数据。

（4）在划定的取芯位置处钻取芯样，取芯记录表除记录构件位置、强度等级、芯样编号、对应取芯测区的回弹平均值以及碳化深度外，还要在取出的芯样样体上记录芯样编号。

（5）芯样按《钻芯法检测混凝土抗压强度技术规程》相关规定进行加工并养护。

（6）芯样试压，记录破型力值并换算成混凝土抗压强度值，录入取芯记录表。

（7）将混凝土芯样强度值、该芯样钻取时所对应的回弹测区的回弹值及该测区的碳化深度值这三个参数整理并用 Excel 表格进行数据分析，以取得其函数曲线。

#### 4.2.3 试验用仪器设备

本试验所用仪器为舟山博远数字式回弹仪、钻芯机、切芯机、磨芯机、山东济南试金产 2000t 万能试验机。以上仪器均附有产品合格证和相关计量检定合格证书。

#### 4.2.4 试验结果

本试验共获得 475 组完整数据，试验结果详见表 1（数据汇总表格）。

表 1　数据汇总表（MPa）

| 强度等级 \ 龄期 | 14d | 28d | 60d | 90d | 120d | 150d | 180d | 360d |
|---|---|---|---|---|---|---|---|---|
| C20 | 22.0 | 26.5 | 30.2 | 28.2 | 30.1 | 29.4 | 34.9 | 41.0 |
| C25 | 29.9 | 31.0 | 36.2 | 33.7 | 34.7 | 36.9 | 40.1 | 42.4 |
| C30 | 34.0 | 36.2 | 39.5 | 38.7 | 39.4 | 39.7 | 45.3 | 48.0 |
| C40 | 44.2 | 48.6 | 52.0 | 47.2 | 48.2 | 54.2 | 54.9 | 58.3 |

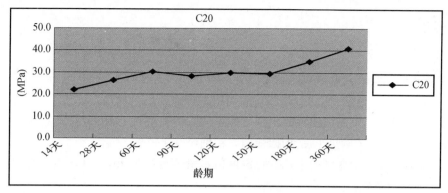

图 1 C20 养护龄期与强度关系

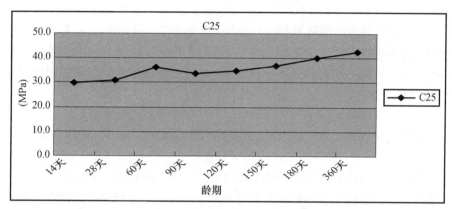

图 2 C25 养护龄期与强度关系

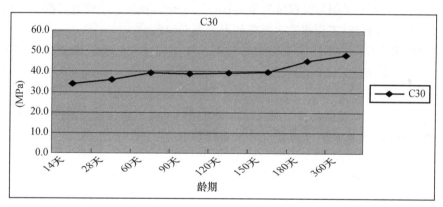

图 3 C30 养护龄期与强度关系

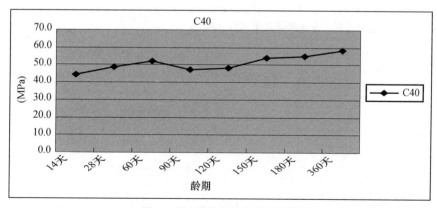

图 4 C40 养护龄期与强度关系

# 5 结论与展望

## 5.1 结论

（1）本课题通过试验研究得到荣盛商品混凝土回弹测强曲线为：

$$f_{cu,i}^c = A R_m^B 10^{Cdm} \tag{2}$$

式中　$f_{cu,i}^c$——对应于第 $i$ 个测区的混凝土强度换算值，精确至 0.1MPa；

　　　$R_m$——对应于第 $i$ 个测区的平均回弹值，精确至 0.1；

　　　$dm$——对应于第 $i$ 个测区的平均碳化深度值，精确至 0.5mm；

　$A$，$B$，$C$——为回归系数。

经计算求得荣盛混凝土的回弹测强曲线为：

$$f_{cu,i}^c = 0.077196 R_m^{1.794889} \times 10^{(-0.068098)dm} \tag{3}$$

（2）廊坊市区回弹法测强曲线适用范围：混凝土强度为 20～40MPa；龄期为 14～360d。

（3）用回弹法检测预拌（泵送）混凝土结构构件时，检测方法按《回弹法检测混凝土抗压强度技术规程》（JGJ/T 23—2001）相关要求进行，计算公式按本课题所建立的测强曲线进行，评定仍按 JGJ/T 23—2001 规范进行。

## 6.2 本课题创新点

在廊坊市首家建立了混凝土供应站回弹法检测专用测强曲线。

## 6.3 展望

荣盛混凝土回弹测强曲线的建立，填补了我市建设系统中没有地方专用曲线成果的空白，为我市建设系统在监督、检验结构工程和混凝土质量方面发挥其重要的作用，同时也为我站在今后的混凝土质量控制方面提供有力依据。

本曲线成功地建立得到了国家级权威专家的认可，为今后相关标准的修订提供了重要依据。

本曲线的建立与应用，对工程施工主要在如下方面产生影响：

1. 建筑主体结构质量：钻芯法属于破损型检测，使结构在今后的长期使用过程中存在质量隐患，利用本曲线进行实体强度质量推测，不但可以准确推定主体结构强度，而且可以避免钻芯法对结构质量产生的不利影响。

2. 建筑施工工期方面：主体验收为建筑施工关键路线上的主要质量控制点，验收时间直接影响施工工期，根据本曲线进行推定，免除了钻芯法进行检测的时间（根据廊坊市检测机构条件，钻芯法检测一般从申请至出具报告，周期为十天），缩短了工期。

3. 经济效益方面：免除了钻芯法检测费用，也可免除建筑施工为期十天的建筑成本。

**参考文献**

[1]　JGJ/T 23—2001 回弹法检测混凝土抗压强度技术规程［S］．

[2]　CECS03：88 钻芯法检测混凝土抗压强度技术规程［S］．

# 自密实混凝土的生产与市场应用

鲁炳平

（山东诸城大源混凝土有限公司，山东诸城，250000）

## 0 概述

　　自密实混凝土作为绿色混凝土，在减少人工费用、降低噪声污染、提高工时效率等方面有着普通混凝土无可比拟的优势，但是在各地的建筑市场中，应用得不是很广泛，究其原因，搅拌站在其中扮演了不光彩的角色，与订货方漫天要价，只在不利于浇筑的部位以及特殊部位和钢筋密集部位，为保证质量和表面观感，才建议施工单位采用自密实混凝土，而便于浇筑的则大量应用普通泵送混凝土，导致自密实混凝土的市场过度窄小，反观日本等发达国家，其自密实混凝土技术和生产结合的非常娴熟，而我国，技术达到一流，应用不入流。通过与同行技术交流得知：某单位所生产的混凝土，只是用了特种外加剂，单掺粉煤灰，就把单方混凝土的价格卖到 8000 元/$m^3$，卖概念赚钱，直接把市场给误导了。

　　我们的混凝土技术，从来不缺乏技术创新，只是在应用上，缺乏有利的引导，没有把有利的技术，引导至正确的方向上，反而借机把价格抬高，破坏了良好的市场秩序，在这当中，某些不负责任的技术人员和主管领导要负相当大的责任，我们的主管领导，没有正确的管理理念，没有把握好市场向前发展的方向，从而偏离了正确的导向。不是我们技术达不到，而是错误的思想破坏了成熟的市场，后果就是自密实混凝土应用太少，这不能不说是一种遗憾。

## 1 C35 自密实混凝土配比及原材料数据一览表

**表 1　C35 自密实混凝土配比及原材料数据一览表**

| 水泥 | 粉煤灰 | 中砂 | 碎石 | 外加剂 | 水 | 3 天强度 | 7 天强度 | 28 天强度 |
|---|---|---|---|---|---|---|---|---|
| 320kg | 120kg | 855kg | 310~580kg | 20.7kg | 175kg | 28.2MPa | 35.5MPa | 40.9MPa |

| 初始坍落度：260mm，扩展度：600mm，T50—5.58s，排空：5.36s |
|---|
| 一小时坍落度：240mm，扩展度：560mm，T50—8.58s，排空：8.3s |

| 水泥 P·O 42.5 | 比表面积 | 3 天强度 | 28 天强度 | 3 天抗折 | 28 天抗折 | 标准稠度 | 初凝时间 | 终凝时间 | 安定性 |
|---|---|---|---|---|---|---|---|---|---|
| | 387$m^2$/kg | 25.5MPa | 50.4MPa | 5.6MPa | 6.8MPa | 29.4% | 132min | 183min | 合格 |
| 粉煤灰 | 细度 | 三氧化硫 | 烧失量 | 含水量 | 28 天强度活性指数 | | 粉煤灰一级，掺加 27% | | |
| | 9.8 | 0.3% | 3.4% | 0.4% | 76 | | | | |
| 中砂 | 细度模数 | 含泥量 | 泥块含量 | 中砂为河砂，进厂时根据产地等分类堆放 | | | | | |
| | 2.7 | 2.6% | 1.5% | | | | | | |
| 碎石 | 针片状含量 | | 含泥量 | 泥块含量 | 压碎指标值 | 石子为石灰石岩，连续级配，0.5~1 和 1~2 分别占 30%~70%。 | | | |
| | 10% | | 0.9% | 0.3% | Ⅰ类 | | | | |
| 萘系防冻剂 | 减水率 | 泌水率比 | 含气量 | 抗压强度比 | 凝结时间差 | 28 天收缩率比 | 50 次冻融强度损失 | 厂家推荐 4% 掺量，试验掺加 5%。 | |
| | 18% | 62 | 2.0% | 合格 | 合格 | 合格 | 合格 | | |

## 2 人员对比与能耗节余

　　我们单位承建的某工大型框架工程，设计要求强度等级墙柱 C55 需 170$m^3$，梁板 C30 需

130m³，钢筋密集，纵横交错，一层梁、板、柱、墙、楼梯的浇筑时间从下午 5 点开始，到次日早上 3 点左右结束，时间 10 个小时左右，在浇筑过程中，C55 用量因钢筋密集，混凝土一般多用 50m³ 左右，相应的，C30 少用至 80m³ 左右就浇筑完成，加上洗泵刷管，需要一晚上的时间才能完成。

**表 2 两种混凝土所需人员对比**

| | 普通混凝土 | 自密实混凝土 | 职 责 |
|---|---|---|---|
| 人员 | 实际生产人数 | 设定生产人数 | |
| 带工班长 | 1 人 | 1 人 | 指挥吊车，要混凝土 |
| 放料人员 | 1 人 | 1 人 | 放料，用对讲机沟通，确定混凝土强度等级 |
| 振捣人员 | 6 人 | 2 人 | 振捣、摊铺混凝土 |
| 收面人员 | 2 人 | 1 人 | 做好混凝土的收面及保温保湿 |
| 木工 | 1 人 | 1 人 | 在浇筑期间，查看有无鼓模现象 |
| 电工 | 1 人 | 1 人 | 照明及线路的连接，保证浇筑过程不间断 |
| 人员合计 | 12 人 | 7 人 | 节余：5 人 |

注：低坍落扩展度混凝土（梁、楼梯等）用高频插入式振动棒，自密实混凝土用低频插入式振动棒，现浇板面用平板振动器。（低坍落度 S4：160～210mm，扩展度 F1≤340mm）

## 2.1 工地的节约

从上表可以看出，应用自密实混凝土的好处是显而易见的，并且工人是最乐意的，不用出大力气，就可以完成以前的工程量，而且轻松，质量有保证，搅拌站技术人员不用担心工人任意加水，在不利于浇筑的结构部位应用自密实混凝土，可以减少人工费的开支，工地电费也相应减少，工时缩短，工程对于质量的控制率也大大提高。

## 2.2 搅拌站生产自密实混凝土能耗节约

**表 3 搅拌站生产自密实混凝土能耗节约**

| 罐 车 | 泵 车 | 搅拌机 | 维 修 |
|---|---|---|---|
| 降低混凝土对罐车衬叶、滚筒等的摩擦，并且清理残留的混凝土少，提高工时效率 | 降低混凝土对泵管的阻力、摩擦力，提高泵送效率，延长使用寿命，对于机械性能的提高，以及保养、维护和使用寿命上，也是大大延长 | 生产自密实混凝土，减少混凝土对搅拌叶片、主轴等的摩擦，延长使用寿命，提高生产效率 | 做好日常保养维护，保持生产连续运转，从另一方面讲，也是对搅拌站的节约 |

从四个方面的提高，对于搅拌站来说，节约节余是很大的，提高搅拌站生产效率，延长机械使用寿命就是创造利润

# 3 浇筑与振捣

不同结构部位应用不同稠度的混凝土，以及采用不同的振捣方式，是本文的探讨目的。

（1）柱混凝土：如果是臂架泵泵送，在不用挪泵的情况下，一次就可以直接浇筑完成的工程量，那么墙、柱部位用自密实混凝土直接泵送，之后用小型低频率的振动棒进行一次轻微振动，快插快拔，避免振动而导致泌水，以提高混凝土的整体均匀性、密实性，即使有轻微泌水泌浆，在泵送板面时，用低坍落度的拌合物来吸收多出的浆体，使混凝土内部充满浆体从而达到自我养护不失水的目的。在生产自密实混凝土时，可以根据工程所绑扎密集钢筋的程度来控制所生产的自密实混凝土的流动度，实际上，钢筋密集主要是集中在柱与梁、板所交集的部位以及钢筋搭接部位，对混凝土的扩展度可以大些，而相对于墙来说，可以稍小些，浇筑顺序先柱后墙，依据以往的经验，同一根柱的混凝土，四个面有可能因为振捣不均匀带来强度差异，所以，在振捣时，对柱进行梅花状的振捣方式，以最大限度保证混凝土的均匀性，保证柱整体的强度。

如果是用车载泵，那么在浇筑过程中会有 2～3 次拆管，值得注意的问题是，等待时间不宜过长，且不宜压车，严格控制发车速度，避免造成坍落度损失，在浇筑过程中，有很多意料不到的情

况发生，对于试验人员来说，事先做好技术的储备是从事混凝土工作的必备能力。

（2）梁、楼梯混凝土：采用低坍落度混凝土，高频插入式振动棒振捣，快插慢拔，振捣均匀，避免过振。

（3）板混凝土：板一般厚度为100mm左右，浇筑期间注意因表面失水过多等因素产生塑性收缩开裂，采用低坍落度混凝土，使用平板振动器，快速均匀拖动，使之获得最高的混凝土密度，在振动完成后应及时覆盖塑料薄膜，做好保温保湿养护工作，终凝后喷水养护，不要超过7d，时间过长，会因消除熟料颗粒而增大浆体的收缩，还会提高弹性模量，减小在一定应力下的徐变，其结果是延长养护期使浆体在严重的约束条件下更容易开裂。

用于柱、梁、板等结构部位的混凝土，之所以用不同的振捣方式，就是因为不一样稠度的混凝土，选用不同的振捣工具，来获得最有效的密实效果，施工时采用三种不同的振捣方式，在浇筑过程中可能会带来不方便，对工程结构的安全性能、整体稳定性和强度来说，利大于弊。

## 4 对设计人员的建言

某些工程的结构设计，钢筋密集并不合理，要放置钢管才能插进去振动棒，结构设计师在在设计过程中过于保守，并且与工程实际脱节，对于工程建设方而言，造价增高，对于钢筋人员而言，绑扎不易，对混凝土人员而言，振捣不易，对技术人员而言，质量保证不易，就是因为结构设计师思维僵化，不了解混凝土后期强度可以增长，结构设计师在设计时有富余，而试验室技术工程师在配制强度时按设计规程要求，也有富余。以强度等级C30为例，其强度为38MPa，达到设计强度的127%，配制强度接近C40，如何更好地为工程建设服务，是相关行业整合资源共同发展的一个趋向。

看看业界前辈内维尔（Neville）对设计人员的建议：保证现场混凝土工程的质量显然是十分重要的。而且，混凝土行业的技术水平仍不如其他行业那样成熟，现场工程师的管理工作就显得更重要。诸如此类原因，设计人员都必须加以考虑。如果实际混凝土的性能与设计计算中的假设不同，则再周密的设计也容易出现问题。使用的材料和结构设计同样重要。并且在1988年美国杂志《混凝土国际》发表过一篇名为"混凝土技术是进行结构设计的基本知识"的文章，指出"结构设计者不了解混凝土，就不是一个真正完全的设计师。因此结构工程师需要更广泛的教育和训练。也许这会被看作是多余，但能够设计出更好、更耐久的结构就是最大的补偿"。

个人以为，结构设计师应充分了解混凝土的发展方向，知道设计所在地的原材料性能，而不是固化思维，停留在设计固有的强度等级上，应积极参加各省市协会组织的培训活动，提高对混凝土的认知。混凝土发展到现在，耐久性能将会在工程中变得越来越重要，补充混凝土方面的知识，也有助于结构设计师与材料工作师产生更多的共识，在结构设计中，更会得心应手。

## 5 结语

对于客户来讲，自密实混凝土价格高，而梁、板、楼梯等部位采用低坍落度混凝土，价格偏低，但是从工地电费、人工费的节约，以及浇筑速度的提高、工程质量的保障等方面来讲，可以达到一个平衡点，而不是只看混凝土的总价格，从各个方面来综合考虑，核算一下总成本，实际价格是偏低的。我们混凝土公司从这一个良好的思路出发，从关心、支持、服务、忠于客户的角度来生产，给客户一个低成本的价格，反过来，客户回馈给我们的将是更多的利润。当双方彼此在认可度、满意度达到一个完美的状态，也就是双方签订长期合同的时候。从营销学上来说，一个好的客户后面，站着250个潜在的客户，良好的宣传就会从客户方面直接传出来，对混凝土公司来说，市场占有率以及对自密实混凝土的应用大大地推广开来了，客户总成本有节余，混凝土公司利润提高，双方何乐而不为的事情，关键只是顺势而为，恰恰就因为这一个关键点没有打开，导致这一个自密实混凝土的应用市场过小。

　　混凝土技术的发展要和市场营销来结合，在市场营销之中涵盖技术的创新应用，那么，混凝土公司必定会有一个新的发展方向。我们中国人从来都不缺，所缺的，是为客户真诚打算的一颗心而已。只有为客户的利益考虑，客户才能为你的利益考虑，这是一个诚信合作、双赢共享的时代。

**参考文献**

［1］　内维尔（Neville）. 混凝土的性能［M］.

［2］　查德. W. 伯罗斯. 混凝土的可见与不可见裂缝理［M］.

［3］　JGJ/T 283—2012 自密实混凝土应用技术规程［S］.

［4］　GB/T 14902—2012 预拌混凝土［S］.

［5］　JGJ 55—2011 普通混凝土配合比设计规程［S］.

# 经营管理技术

# 建筑信息化的理论初探

曹艳春

（江苏省邳州市官湖村镇建设办公室，221300）

**摘 要** 随着时代的发展，互联网＋、云计算、物联网、3D 打印、模块化建筑、参数化设计、可视化、住宅产业化、智慧城市，日益走进我们的建筑生活，虚拟建筑技术（BIM）在建筑信息化的作用也日益突出和显现。从前几年的 BIM 理念的提出，到最近 BIM 接地气地在工程中的成功应用和推广，行业内早已达成了共识，BIM 的时代来了。她的到来同样也会对现有的建筑的服务模式，项目各参与方的工作流程产生巨大的变革。毫无疑问，大量的劳动力会得到解放，对我们传统的建筑密集型企业而言，人工成本大量降低，只有提高劳动力的 BIM 意识，才不会被时代淘汰。建筑信息化的概念随着国家产业政策的调整，将实现建筑业从传统的粗放型产业到精细化产业的转变。

**关键词** BIM；建筑信息化

# Building Informationization Theory

**Abstract** with the development of The Times，Internet＋，cloud computing，Internet of things，3 D printing，modular buildings，parametric design，visualization，housing industrialization，the city of wisdom，increasingly steps into our building life，BIM informatization is also increasingly prominent and important role in building its effect in construction in the future. Once upon a time a few years the BIM concept is put forward，to the most recent BIM，ground floor and successful application in engineering，industry had reached a consensus，BIM is here. His coming，and is accompanied by the networked arrived，he will also to the existing construction service mode，the working process of the project participants have a huge change. There is no doubt that a lot of Labour will be free，for our traditional architectural intensive enterprises，labor costs a lot of lower，only improve labor BIM consciousness，ability won't eliminated by The Times. The concept of building informatization as the national industrial policy adjustment，the construction industry from traditional extensive industry to fine industry.

**Keywords** BIM；building informatization

## 1 概念和流程

BIM（building information moulding）建筑信息化系统又称为虚拟建造技术。BIM 目前都是理想化的概念，大家对新生事物的认识理解和接受还有相当长的一段时间，但毫无疑问，BIM 对建筑业将产生革命性的变化和影响。从工程咨询的角度来看，在项目前期对业主的服务不再是工程量清单和控制价，而是具有进度信息和成本信息的 5D 模型。目前为了计算工程量而建立的 3D 模型，将发挥其更大的价值，将为业主提供更加直观和形象的成果展示。建筑、结构和安装的 3D 模型的集成可以进行碰撞检查，将大幅度减少工程中的变更，在工程前期把风险因素降到最低，能更好地进行事前控制。将模型的构件和时间参数进行关联，可以在前期就能对整个工程的进度进行模拟；对于材料的采购、机械的进场、劳务的进场、包单位的进场和招标活动的进行，能更加科学和合理。对于全过程和全寿命周期的造价管理和服务，BIM 模型可以兼容过程中的动态数据，能及时反馈施工现场的实际情况。对于现场资料的管理和过程中的变更、洽商、索赔，大量的信息和构件或构件的子集进行了关联，不同权限的管理者就能查看、审核、编辑，能极大地简化管理流程和过程中问题的出现。

## 2 现状和分析

目前无论是在学术界还是在工程实践中 BIM 都取得了巨大的价值。港珠澳大桥主体建造工程于 2009 年 12 月 15 日开工建设，一期计划于 2017 年完成，大桥投资超一千多亿元，约需 8 年建成。业主在合同中明确要求应用 BIM 技术。模型精度为 LOD500，竣工交付模型必须包含所有构件信息，以便后期运维。应用 BIM 技术使得施工前搭建完场地模型并进行深化设计，最终搭建全专业模型，在出材料清单、钢筋下料、砌体排布、复杂节点 3D 技术交底等方面，为施工提供服务；天津高银金融 117 大厦是天津市 20 项重大服务业工程项目之一。工程地上 117 层（包含设备层共 130 层），597m 高，结构高度 596.2m，总建筑面积为 84.7 万 m²，创民用建筑单体面积之最，天津 117 项目部与广联达公司合作，积极引入 BIM 技术构建协同应用平台，通过 MagiCAD、GBIMS 施工管理系统等 BIM 产品应用取得良好成效，实现技术创新和管理提升。

从普通的住宅项目到城市的地标性建筑，从单层的工业厂房到城市综合体，我们可以看到 BIM 的时代已经来了。如何用好 BIM 是我们应该优先要思考的问题。

国外的大多数项目都有成功的 BIM 应用案例，笔者认为标准的建立，是 BIM 大规模推广的关键。从设计、规划的模型和后期施工图的 3D 模型，国内各家都用各家的标准，没用统一互导的模型，导致了大量的人力成本的浪费，模型的价值太过于单一，从根本上阻止了 BIM 的大规模的推广，目前 BIM 从业人员要学二十多门软件，才能应用 BIM，但是其 BIM 成果却得不到大规模的应用，团队协作上，以某常用 BIM 软件为例，一个普通项目，各专业至少配备 12 人的团队，软件购买近 15 万元，加之类似软件常常对电脑硬件要求极高，团队配置增加成本至少 12 万元，此外储存空间、网络等都需进行调整，加上前期团队高额的培训投入，总体成本较大。

## 3 展望

行业内虽然有不同声音的存在，认为 BIM 在建筑行业推广的价值不太高，远远没有机械制造的价值和实用性大一些，但是随着互联网技术的推广，BIM 的大规模推广只是时间的问题。BIM 技术是建筑产业革命性技术，在项目精细化管理、建筑全生命周期管理中能够发挥巨大作用，也是绿色建造技术，但由于目前国内相关法律法规尚不完善，建筑企业使用 BIM 成果时，缺乏相应的标准和规范配套，影响了新技术的推广应用。此外，BIM 应用前期投入大，目前工程定额尚没有这方面内容，给项目管理造成一定压力。随着 BIM 技术的进一步推广和相关规范的完善，其在工程管理中的价值将会越来越显著，必然促进 BIM 技术健康有序发展，进而实现建筑行业的巨大变革。

# 针对工程变更引起的合同价格调整的简单分析

袁 芳

（新疆能实建设工程项目管理咨询有限责任公司哈密分公司，新疆哈密，839000）

**摘 要** 合同价格调整是工程履行过程中最容易引起争议的问题，其影响因素也非常广泛。本文对变更定义、变更的分类、变更引起的业主成本变化以及工程变更价格直接成本计算的基本方法等方面进行了简单的分析。

**关键词** 工程变更；工程变更分类；成本计算方法

## 1 工程变更的定义

工程变更主要表现在两个方面，即合同方面的变更和狭义的工程变更；前者指对原合同文件的修改与补充协议，包括：增加工作范围外任务，改变合同工期，改变合同规定的程序和方法，改变合同某一方面原承诺提供的条件或改变合同双方责任、权利和义务的规定；后者指合同范围内的修改与补充，以及对全部工程项目或部分工程项目其中的任何一种进行变更，包括：工程任务的增减，工程量的增减，改变质量标准或类型，改变某部分工程的位置、高程、基线和尺寸，改变施工工序或工作时间。综合以上各种工程变更的含义，本文认为工程变更可定义为：在合同实施过程中，当合同状态改变时，为保证工程顺利实施所采取的对原合同文件的修改与补充，相应调整合同价格和工期的一种措施。

## 2 工程变更的分类

工程实践中变更的情况很复杂，可以按照不同的分类方法进行分类。

（1）按变更产生的原因分类

① 设计原因。设计原因造成的设计变更也是多种多样，主要有：设计方案不合理，设计不符合有关标准规定，设计遗漏、计算及绘图错误，各专业配合失误。其中，前两项属严重或较严重的设计质量问题。近年来，随着各设计院 ISO9000 标准质量体系认证工作的推广，设计方案不合理、设计不符合有关标准规定的问题明显减少。问题多为设计遗漏、计算及绘图错误、各专业配合失误等设计错误。

② 业主方原因。一般的项目建设周期都比较长，在施工过程中，业主的主意难免会发生一些变化，也会出现各种各样的新想法。例如：某住宅办公综合楼业主要求一道隔墙去除，但后来又要求按原设计砌筑，反复几次。业主的要求有些是符合实际的，有些则属于改不改都可以，但一般情况下多服从于业主，而做出变更。主方指示加速施工。业主出于自身利益的考虑可能会指示承包商加速施工以提前竣工，对于提前竣工一般签订另外的协议，对进行承包商奖励业主要求改变工作范围。业主出于对功能及美观的新要求，指示变更。这在我国的工程中很普遍的，例如改变门窗的位置，更换装修材料等。业主要求的变更绝大多数属于这种情况。业主方要求工程质量的等级提高。业主方的失误也包括了工程师的失误。业主方的失误有很多种，比如对已检验部位的重新开孔，却又发现不是承包商责任。业主供应材料影响施工进度或导致材料代换等。

③ 承包商原因。承包商的失误主要有以下几种情况：承包商对图纸理解不够；施工顺序不合理；由于施工能力等原因而造成施工方式的改变。对于第一种情况，在尚未施工前做出的变更是对

原设计进行解释。对于第二及第三种情况，如已经施工既成事实，且返工比较困难，常需要对原设计进行改动。承包商提出的合理化建议并经业主认可的工程变更。

④ 外界条件相异的现场条件。由于实际的现场条件不同于招标书描述的条件或合同谈判、签订时的现场条件，因此为了使工程顺利进行，可能要求承包商增加一些必要的工作来实现合同规定的条件，增加的工作必须通过变更令的形式实施。对这种相异的现场条件以指令的形式进行调整时，调整的活动被认为是工程变更，施工技术规范标准的变化。由于技术标准的改变和施工、设计法规的改变所引起的设计和施工修改。本文认为这种改变是在合同有效的条件下进行的合同状态的修改，是为了实现合同预期目的。这种需要可通过变更令来实施。

（2）按变更方式分类

① 设计变更。因为我国要求严格按图施工，因此如果工程变更影响了原来的设计，则首先应当变更设计。

② 现场施工签证变更。如果工程变更比较小，例如增加场地平整的工作内容、改变了施工顺序和施工方法、工程量的计算误差。这样的工程变更并不涉及对工程实体内容的改变，所以无需变更设计，对于这样的工程变更，我国普遍的做法是由工程师签现场施工签证并经业主认可，施工签证的效用实质上等同于 FIDIC 合同条款中的变更令。

③ 合同变更。合同变更是在合同执行的过程中对原合同提供的内容与条款的修改与补充。最大的合同变更是发生合同终止。当工作范围的改变过大时，例如增加一层，有工期提前太多导致承包商要对原有施工计划进行实质性改变等。对于这类变更笔者认为，最好不要仅通过设计变更解决，而应该签订补充的协议。另外业主删减工程，或者由于不可抗力以及法律法规的变化导致合同局部终止或者全部终止也属于合同变更。

## 3 工程变更引起业主成本变化

工程变更对工程的影响主要表现在两个方面，一是成本，二是工期。成本变化是导致合同价格调整的原因。工程变更对工程成本影响又可以分为直接成本和间接成本。工程变更引起工程直接成本的变化，可以定义为工程变更引起的直接消耗于工程的资源减少或增加，其中包括了工程实体消耗与措施性消耗。工程变更的直接成本是构成工程变更价格调整的主要部分，也是本文关注的重点。工程变更造成合同价格的调整不仅表现在直接发生额外费用，并且还间接地影响其他未变更工程的顺利实施，引起工程延误、效率损失等。

工程变更间接引起的成本增加，我们把它称为间接成本。为了完成变更工程，承包商正常的施工节奏会被打断，正在进行的工序可能停下来，在同一工作层面上可能有多个工种施工，现场各工种搭接交叉施工增多、协调监督量增加，发生拥挤和中断怠工现象；这些问题的存在促使承包商改变原有的施工方法，以便在有限的资源条件下顺利实施变更工程，施工方法的改变必然导致完成单位工程量的工时变化。工程变更大多是不利的，因此很多情况下都会影响原有施工效率。工程变更间接成本的具体成因很复杂，有时候是连锁反应，各种情况交织在一起，有承包商责任，也有业主责任。再加上对效率损失的证明和定量化计算比较困难，因此造成业主和承包商对间接成本的合理补偿很难取得一致意见，从而使得变更的间接影响成为变更索赔的主要原因。

## 4 工程变更价格直接成本计算的基本方法

在进行变更价格调整时，变更各方可根据不同的合同条件采用下列方法中的一种或几种方法计算变更价格。

（1）总价形式。双方对变更工程协商后以一个合理的总价形式确定。此类计算方法只适合于变更活动规模小、数量少、容易估计、变更价格较小的变更工程。业主要把变更价格的组成划分为各个具体的费用子项，要求承包商提供足够多的说明费用发生原因的相关数据或记录及图纸作为依据。变更价格通常依靠经验和历史数据进行估计计算，或者套用同类变更工程的价格。

（2）单价形式。如果合同文件规定了相应变更项目单价或在合同签订后的会议纪要和备忘录中有补充的单价则变更工程的价格计算应按照已有的单价进行调整。当实际实施变更发生的工程量同初始变更申请单中估计的变更工程量相差很大时，或变更工程的性质、施工方法、施工环境发生很大的变化时，变更工程的单价则需要重新进行调整。

（3）成本＋报酬形式。业主、工程师和承包商一起协定变更的可补偿成本内容与不可补偿成本内容，并且协定变更工程的管理费、利润的取费费率。当工程变更发生时，工程师、承包商根据可补偿的成本内容计算变更的人工费、机械费、材料费，而后根据规定的取费方式与费率计算。由于事先规定了价格的计算内容，因此这种方法有利于各方取得一致意见。

（4）计日工。对变更规模小、施工分散、采用特殊施工措施和不宜规范计算的工程变更，可采用计日工的计算方法。具体的计算过程是在现场记录承包商实施变更工程投入的工数和工作时间，根据现场施工记录计算变更工程的人工费，然后增加以人工费为基础计算的管理费和利润，考虑机械设备使用费和材料费，计算出变更工程的价格。这种计算方法要求业主认真做好详尽的现场施工记录，因为现场记录是计日工计算的直接依据。

## 5　结语

在实际工程中，工程变更产生机理及表现形式呈现多样化，这就形成工程变更处理的复杂性，工程师首先应识别不同种类的变更，通过采取不同控制方法，设定不同的变更处理程序及不同的审批权限，有效地控制工程变更。

**参考文献**

[1]　董春山.在项目管理过程中监理工程师如何对工程变更进行管理 [J].建筑经济，1998（4）.
[2]　余立中.对施工合同中工程变更管理的探讨 [J].广州大学学报，2001（2）.
[3]　中华人民共和国建设部建设工程工程量清单计价规范

**作者简介**

袁芳，1983 年生，女，汉，助理工程师，主要从事工程造价咨询工作，现任职于新疆能实建设工程项目管理咨询有限责任公司哈密分公司。通讯地址：哈密市地区水利局徐峰收；邮编：839000；联系电话：13319705515。

# 依法应对商品混凝土需求合同中的隐性霸王条款

张华强

（陕西中色混凝土公司，陕西西安，710068）

## 1 概述

随着房地产开发的趋缓和商品混凝土产能的过剩，商品混凝土供应卖方市场的特征更加突出。一方面，各商品混凝土供应商都在"抢活"；另一方面，施工单位的资金周转同样趋紧。但是施工单位可以利用商品混凝土供应卖方市场的优势，力图将资金周转的困难转嫁给商品混凝土供应商。尽管随着市场建设的规范，施工单位难以使用明显的霸王条款；但是他们可以使用一些限制条件，在合同执行中要挟商品混凝土供应商就范，形成隐性霸王条款，值得商品混凝土供应商在业务开拓中警惕。

## 2 实例

某商品混凝土供应商在"中都"一期项目的商品混凝土委托采购合同的执行中，因为不能按时收回商品混凝土款而与施工单位对簿公堂。从合同文本可以看出，该项目还有二期、三期工程。正是业务人员为了争取在后续工程中继续合作，使得合同的有关条款对商品混凝土供应商而言非常苛刻。比如其中第二条第四款对付款方式的约定，全部是对提供商品混凝土供应的一方要求付款的约束：待全部工程竣工验收合格、结算完毕，签署正式结算书后，并且按照结算总价款的一定比例扣减对方保修金之后，对方才支付商品混凝土款。按照行规，保修期一般为两年。但是施工单位又加了一句："从全部工程竣工验收合格之日起后两年"，将计算保修期的起计时间后推。从开始浇筑商品混凝土，到全部工程竣工验收合格，正常情况下约为两年，这等于将保修期又延长了很长时间。

建筑行业随时都面临着市场"洗牌"，在这么长的时间内，难保施工单位能够正常经营。况且有些施工队伍属于挂靠性质，本身就具有临时性，3、4 年后很难说会产生什么样的人事变化。所以即使基本的商品混凝土款能够按期支付，上百万元保修金的收回则面临着很大风险。

另外，合同中约定，双方发生争议时，协商不成要向施工单位注册所在地人民法院进行诉讼，显然对施工单位更为有利。即使不考虑对方保护主义的影响，如果施工单位的注册地在北京、上海等一线城市，对发生在西安的施工行为，地处西安的商品混凝土供应商来说，意味着在提起诉讼时要承担更多的人员、差旅费用。这无疑会加大损失。

其实，开发商已经给项目拨付了相应的材料款，但是施工单位的项目经理想挪作他用，就找各种理由拖欠。项目经理一方面承诺在该项目的二期、三期工程将继续与该商品混凝土供应商合作；一方面又说其还想在他们承建的其他工地与该商品混凝土供应商合作。潜在的逻辑就是要挟该商品混凝土供应商不要把商品混凝土款催得太紧，否则他就会翻脸。

## 3 隐性霸王条款是陷阱

在上述案例中，施工方虽然没有垄断地位，但明显是在具有谈判优势的情况下争取对自己更为有利的地位。所以虽然与合同法中有关认定"霸王条款"的构成要件不是十分吻合，但是从其单方面造势，以逃避法定义务、减免自身责任的实质来看，仍然具有霸王条款的基本特征，可以称之为隐性霸王条款。比如排除、剥夺对方合理合法的权利；权利义务不对等，任意加重对方责任；利用模糊条款掌控最终解释权等。

随着执法机关对霸王条款打击力度的加大，处于强势地位的经营者也不敢公然设置霸王条款。在上述案例中，施工方设置的条件看上去并不存在明显的强制供应、不公平交易等问题，但是商品混凝土供应商一旦接受，就会加重自己的责任及排除相应的权利。这种情况在其他领域也有，比如个别供电部门可以不预先声明，就在没有任何"征兆"的情况下任意拉闸断电；如果你"违反"了他们的某些"规章"，则会立刻受到毫不客气的惩罚。尽管像"禁止自带酒水""本店拥有最终解释权"隐形霸王条款已经引起了人们的诟病，商家不得不有所收敛

值得警惕的是，隐性霸王条款有意无意地设置在商品混凝土市场中越来越严重。比如要求垫资的额度越来越多，支付商品混凝土款的限制条件越来越严苛，在泵送过程中越来越不愿意配合等。这实际上与商品混凝土供应商自身难以转型，又不甘心消解过剩的产能，对商品混凝土的需求方一味迁就分不开的。商品混凝土供应商如果为了揽到活而忍气吞声，此后将越来越难以为继。

## 4 在过程控制中维系公平交易

应当承认，商品混凝土供应合同中的隐性霸王条款的消除有待于整个商品混凝土市场的净化；但是对于每一次商品混凝土供应合同的成功执行而言，并非无法应对。商品混凝土供应商只要加强过程控制，依法维护自己的合法利益，依然可以稳健前行。

首先，过程控制应当从商品混凝土供应合同的协商开始。现在商品混凝土供应的活难接是事实，但肯定不能饥不择食。有些业务员连工地在什么地方都没有搞清楚，这样的活都敢接。好像你这个公司不接，他转给别的工地也可以拿提成。但是公司如果按照他的想法仓促去接，就很会容易被隐性霸王条款所误。在合同的协商过程中，对方的要求更精细一些也是可以理解的，但责任与义务应当对等。比如要求对方在支付商品混凝土款时有明确的节点，否则承担一定的违约金等。

其次，过程控制应当将工程进度与商品混凝土回款相挂钩。一方面，商品混凝土供应应当保证质量，及时有效。另一方面，如果发现在合同规定的节点对方不配合结算，不按时支付商品混凝土款，明显违约时，不能姑息迁就。由于他们违约在先，商品混凝土供应商可以依法维护，可以依法主张自己的权力。这不一定马上起诉，但可以在经过函告的情况下，中止商品混凝土供应。如果发现其中合同中确有此前没有认识到的霸王条款的不利影响存在，可以依法申请变更或者撤销。

再次，过程控制应当体现出阶段性。合同规定的一个阶段的权力义务应当在一个阶段内完成，否则就谈不上过程控制。实践中，对方总会拿后续工程作诱饵或者幌子，拖延自己应尽义务的履行。如果商品混凝土供应商有让步的表示，即使对方严重违约，也拿不到违约金，尾款会被一拖再拖，那就等于成就了对方的隐性霸王条款。回款不到位，员工的工资发不出来，积极性就会受到影响，工作消极，客户不满意，反过来增加了回款难度，造成恶性循环。对方即使真有后续工程，也未必愿意兑现合作承诺。

**作者简介**

张华强，地址：西安市红缨路红缨花园 7 号楼 402 宅；邮编：710068；E-mail：jimingyy@163.com。

# 商品混凝土常见工作性能问题及其调整对策

马 安[1]，赵志强[2]

(1. 南通市建设混凝土有限公司，226008；

2. 混凝土第一视频网，北京，100044)

**摘 要** 本文对商品混凝土生产过程中常见的工作性能（主要包括流动性、黏聚性、保水性等）易出现的问题进行分析，并提出调整方法。

**关键词** 工作性能；流动性；黏聚性；保水性；对策及调整方法

## 1 前言

商品混凝土是一种特殊的商品，一家单位提供、两家单位完成的产品，混凝土在交付使用时其强度是否满足设计要求无法得知，判定其强度好差相对比较滞后，因此施工现场混凝土的工作性能好差尤为重要，优良的混凝土工作性能是最终合格产品的基础，也是提升客户满意率和设备利用率的重要保障。混凝土无法泵送或即使勉强能泵送但无法施工势必会引起施工单位的不满或投诉，如何保证混凝土具有良好的工作性能极为重要。

混凝土工作性能主要指混凝土拌合物通过一定施工工序的操作（搅拌、运输、浇筑、捣实），最终能获得质量均匀、成型密实的混凝土的性能，工作性能是一项综合性的技术指标，主要包括流动性、黏聚性、保水性。现将混凝土工作性能各指标容易出现的问题及解决的方法归总如下。

## 2 流动性

流动性是指混凝土拌合物在自重或机械振捣作用下，能产生流动并均匀密实地填满模板的性能，流动性的大小，反映混凝土拌合物的稀稠，直接影响着浇捣施工的难易和浇筑后混凝土的质量，流动性通常用坍落度和扩展度来测试，两者相辅相成。对混凝土坍落度来说容易出现主要问题是坍落度异常（突然增大或突然变小）、坍落度损失过快、坍落度滞后增大等现象，这些问题的出现容易引起混凝土缺陷或质量事故。

### 2.1 坍落度异常

主要表现为坍落度突然增大或突然变小。具体原因及对策见表1。

表 1 坍落度异常的具体原因及对策

| 现象 | 产生原因 | 对策及处理方法 |
|---|---|---|
| 坍落度突然增大 | 1. 配合比外加剂掺量过高 | 1. 分析原因，通知技术主管进行调整，符合要求后出厂供料； 2. 无法调整时报废处理 |
| | 2. 搅拌楼计量超量 | |
| | 3. 生产配比数据输入出错超量 | |
| | 4. 砂石含水量过大 | |
| | 5. 搅拌车内有积水未倒净或司机擅自加水 | |
| 坍落度突然减小 | 1. 配合比外加剂掺量过小，坍落度损失过大 | 1. 分析原因，通知技术主管进行调整，符合要求后出厂供料； 2. 降级使用； 3. 报废 |
| | 2. 搅拌楼计量不准，外加剂数量不足 | |
| | 3. 生产配比数据输入错误 | |
| | 4. 因工地原因和调度原因造成压车等待时间过长，不能及时卸料 | |
| | 5. 因车辆故障或其他异常情况不能及时卸料 | |

## 2.2 坍落度经时损失

混凝土坍落度损失是商品混凝土经常遇到的一个问题，特别是夏季泵送混凝土问题更加突出，已严重影响施工质量。造成混凝土坍落度损失的原因是多方面的，且这些因素相互关联，主要为以下五个方面：一是水泥方面，水泥中的矿物组分种类、不同矿物成分的含量、碱含量、细度、颗粒级配等；二是掺合料方面，如烧失量等；三是骨料方面，如级配、含泥量、吸水率等；四是化学外加剂方面，如高效减水剂的化学成分、分子量、硫化程度、平衡离子浓度以及掺量等；五是环境条件，如温度、湿度、运输时间等。出现混凝土坍落度经时损失不满足规范要求时，要认真进行分析其原因，重点检测外加剂与水泥的适应性试验，调整外加剂成分，才能达到应有的效果。

## 2.3 坍落度"滞后反增长"

聚羧酸外加剂因其具有减水率高、与水泥适应性强等优势，现在很多公司均已经使用聚羧酸外加剂，应用聚羧酸外加剂时，在季节交换时期经常出现，混凝土出厂时混合物工作性没问题，即初始坍落度、坍落度损失的控制、泌水率比和抗离析性等都符合要求，经过1～2h后混凝土出现坍落度反增长，导致混凝土离析，浇筑到构件时产生大面积泌水。这是目前资料中没有过多的论述问题，暂称这种现象为"滞后反增长"，笔者认为出现这种现象的原因是：（1）初始1～2h内，混凝土中某种材料（绝大多数可能性是粉煤灰烧失量偏高）大量吸附混凝土中的自由水分，一段时间后，吸水达到平衡，此时释放出自由水，导致混凝土出现坍落度反增长，严重混响混凝土工作性能，其解决方法主要是适当提高砂率和减小粉煤灰掺量；（2）由于外加剂的缓凝作用过强，使拌合物长时间保持大流动状态，这是造成坍落度"滞后反增长"的主要原因，其解决方法是适当提高混凝土中胶材用量，降低外加剂掺量或降低矿物掺合料比例，尤其是降低矿粉用量，在混凝土中增加一些特细砂用量也是一种有效的方法。产生坍落度"滞后反增长"不是普遍现象，只是几个不利因素凑在一起时才有可能出现。出现这种现象后要认真找出其原因，针对具体情况加以解决。

# 3 黏聚性

黏聚性是指混凝土拌合物内部组分之间具有一定的凝聚力，在运输和浇筑过程中不致发生分层离析现象，使混凝土保持整体均匀的性能，黏聚性差的混凝土拌合物，在施工过程中易出现泌水、分层离析现象。混凝土泌水、分层离析是指混凝土浇筑后由于重力沉降产生的不均匀分布现象。泌水离析现象对混凝土表面和内部均有很大的危害，其表面危害主要是，有流砂水纹缺陷的混凝土，表面强度、抗风化和抗侵蚀的能力较差。同时，水分的上浮在混凝土内留下泌水通道，即产生大量自底部向顶层发展的毛细管通道网，这些通道增加了混凝土的渗透性，盐溶液和水分以及有害物质容易进入混凝土中，使混凝土表面损坏。泌水使混凝土表面的水灰比增大，并出现浮浆，即上浮的水中带有大量的水泥颗粒，在混凝土表面形成返浆层，硬化后强度很低，同时混凝土的耐磨性下降，这对路面等有耐磨要求的混凝土是十分有害的。泌水离析现象对混凝土内部结构及性能的危害主要是：在混凝土粗集料、钢筋周围形成水囊，随着水分的逐渐挥发形成空隙，从而影响混凝土的致密性、集料的界面强度以及混凝土与钢筋间的握裹力，降低构件的强度，同时由于泌水混凝土也容易产生整体沉降，浇筑深度大时靠近顶部的拌合物运动距离更长，沉降受到阻碍，如遇到钢筋等障碍时，则产生塑性沉降裂纹，从表面向下直至钢筋的上方，造成混凝土层间结合强度降低并易形成裂缝。混凝土出现泌水离析的原因及解决方法见表2。

表 2 混凝土泌水、离析原因及解决方法

| | 混凝土泌水、离析原因 | 解决方法 |
|---|---|---|
| 1 | 单位用水量偏大的混凝土易泌水、离析 | 根本途径是减少单位用水量 |
| 2 | 胶材用量小易泌水 | 适当增加胶材用量 |
| 3 | 砂率小的混凝土易出现泌水、离析现象 | 增大砂率，选择合理的砂率 |

续表

| | 混凝土泌水、离析原因 | 解决方法 |
|---|---|---|
| 4 | 水泥细度大时易泌水，水泥中 $C_3A$ 含量低易泌水，水泥标准稠度用水量小易泌水 | 更换水泥品种或让水泥调整成分比例，尤其是控制 $C_3A$ 含量和标准稠度用水量 |
| 5 | 混凝土外加剂与水泥不适应，容易出现泌水、抓底等现象 | 调整外加剂，做适应性试验 |
| 6 | 超量掺混凝土外加剂的混凝土易出现泌水、离析 | 适当降低外加剂掺量，重新做外加剂最佳掺量试验 |
| 7 | 连续粒径碎石比单粒径碎石的混凝土泌水小 | 调整好碎石级配 |

## 4 保水性

混凝土保水性是指混凝土拌合物具有一定的保持内部水分的能力，混凝土稳定后不产生泌水现象。保水性差的混凝土拌合物，在施工过程中，一部分水易从内部析出至表面，在混凝土内部形成泌水通道，使混凝土的密实性变差，而且容易产生表面裂缝，降低混凝土的强度和耐久性。混凝土保水性差通常也会出现混凝土泌水、离析等现象，提高混凝土保水性的主要方法是：（1）改善的砂石级配；（2）适当提高混凝土砂率，亦可以改善保水性；（3）适量的胶凝材料（包括水泥和粉煤灰、硅灰等掺合料的总用量）；（4）适当的水灰比（水灰比过大，拌合物极易泌水）；（5）充分的搅拌，只有把所有的原材料拌合均匀了，才能充分发挥其特性；（6）通过添加外加剂来改善其保水性，常用的外加剂有引气剂、增稠剂、泵送剂、塑化剂等方法。

当然，调整混凝土工作性能不能通过唯一的途径或方法，是一个集原材料选择、配合比调整、生产、运输、施工养护等环节进行系统处理的综合措施，混凝土拌合物的流动性、黏聚性、保水性，三者之间互相关联又互相矛盾，如黏聚性好则保水性往往也好，但当流动性增大时，黏聚性和保水性往往变差，反之亦然。所谓拌合物的工作性良好，就是要使这三方面的性能在某种具体条件下，达到均为良好的状态。调整混凝土工作性能时要认真分析其产生的原因，针对具体原因对症下药，才能达到理想的效果。总之，选择合适的用水量、砂率、胶材料用量、级配好的集料，以及质量较好的外加剂是保证商品混凝土具有良好工作性能的最关键的因素。

**参考文献**

[1] 孙继成. 从业提醒—预拌混凝土质量事故 100 例 [M].
[2] 舒怀珠. 商品混凝土实用技术 [M].
[3] 佗延广. 浅谈混凝土离析的危害与防范措施 [J]. 建材发展导向, 2013 (02).
[4] 韩春堂. 影响混凝土工作性的因素和改善措施 [J]. 科技信息, 2012.

# 使用指导性资料在预拌混凝土生产服务中的应用

戴会生[1]，赵志强[2]

（1. 天津港保税区航保商品砼供应有限公司，天津塘沽，300451；

2. 混凝土第一视频网，北京，100044）

**摘　要**　我公司编印混凝土使用指导手册，随同混凝土送交客户的做法已实行多年，因客户使用不当而给工程造成的损失有所减少。该指导手册针对预拌混凝土的特点，明确提出生产和使用方的责任，内容包括必要的技术指标、检测方法、常见质量问题的处理、环保和安全注意事项等。笔者对此进行介绍，并建议在更大的范围推行，供同行借鉴。

**关键词**　预拌混凝土；使用指导；注意事项；推行

# The introduction of Ready-mixed Concrete Handbook

Dai Huisheng[1]，Zhao Zhiqiang[2]

（1. Tianjin Port Free Trade Zone Hangbao Ready-mixed

Concrete Co.，Ltd，Tianjin tanggu，300451；

2. Conerete First Video Network，Beijing，100044）

**Abstract**　The handbook was printed by hangbao ready-mixed concrete Co.，Ltd and sent to clients five years enough，economic losses and trouble was diminished. The duty of user and manufacturer was made clear，including necessary qualification and test methods and quality dispute and environmental protection measure and safety measure. The writer proposed to implement and used as a source of reference.

**Keywords**　ready-mixedconcrete；using direction；attention

## 0　前言

　　预拌混凝土的诞生，给建筑工程现场的文明施工和环境保护都带来了好处，在提高建设工程质量方面也发挥了重要作用。但是，由于预拌混凝土本身有别于现场搅拌的混凝土，再加之预拌混凝土生产厂家众多，性能指标千差万别，而给使用者带来不便。近年来，由于对预拌混凝土的使用不当，而造成质量缺陷甚至质量事故的情况时有发生。对事件的处理延误了施工进度，造成经济损失，还影响了企业形象和声誉。对管理部门来说，也与逐步提高建设工程质量的管理要求相违背。为消除预拌混凝土供需双方之间的间隙，让使用方充分了解当批预拌混凝土的性能和特点，有针对性地采取适当的施工工艺和养护措施，更好地让预拌混凝土为建设工程服务，我公司自 2006 年开始编印《预拌混凝土使用指导手册》，在签订合同时，以附件的形式，作为使用指导性资料提供给客户。当预拌混凝土开始供应时，再将该手册供施工操作的人员使用。该做法实施几年来，收到了一定的成效。笔者就该手册的编写做一介绍，希望能够推动预拌混凝土行业的健康、和谐发展，也供同行参考。

## 1 预拌混凝土使用指导手册推行的必要性

国家质量监督检验检疫总局于 1994 年首次发布,并经第一次修订后于 2003 年 7 月 1 日发布,第二次修订后于 2013 年 9 月 1 日实施的《预拌混凝土》[1]作为一种产品的国家标准当前正在执行,该标准对产品的性能做出了具体规定。在该标准的"范围"条款中指明适用于集中搅拌站生产的预拌混凝土。而"预拌混凝土"被定义为"在搅拌站(楼)生产的、通过运输设备送至使用地点的、交货时为拌合物的混凝土。""混凝土"被定义为"以水泥、集料和水为主要原材料,也可加入外加剂和矿物掺合料等材料,经拌合、成型、养护等工艺制作的、硬化后具有强度的工程材料"。

《中华人民共和国产品质量法》第二条规定:在中华人民共和国境内从事产品生产、销售活动,必须遵守本法。本法所称产品是指经过加工、制作,用于销售的产品。建设工程不适用本法规定;但是,建设工程使用的建筑材料、建筑构配件和设备,属于前款规定的产品范围的,适用本法规定。

《中华人民共和国产品质量法》第二十七条规定:产品或者其包装上的标识必须真实,并符合下列要求:(1)有产品质量检验合格证明;(2)有中文标明的产品名称、生产厂厂名和厂址;(3)根据产品的特点和使用要求,需要标明产品规格、等级、所含主要成分的名称和含量的,用中文相应予以标明;需要事先让消费者知晓的,应当在外包装上标明,或者预先向消费者提供有关资料;(4)限期使用的产品,应当在显著位置清晰地标明生产日期和安全使用期或者失效日期;(5)使用不当,容易造成产品本身损坏或者可能危及人身、财产安全的产品,应当有警示标志或者中文警示说明。

可见,国家的法律、法规对混凝土的使用做出了规定,尽管预拌混凝土行业已经发展了三十多年,但是,在混凝土的生产和使用单位之间仍然存在着缝隙,而没有实现完全对接,即无缝对接。由于沟通不当而引起混凝土的生产和使用不正确,均会给建设工程结构带来质量隐患。首先是明确权责的划分,其次是作为延伸服务的一种方式,鉴于这两方面的目的,有必要在产品销售时向用户提供服务性文件——使用指导手册的做法,作为一种温馨提示供客户参考,因此我公司编制了这样一种册子使用。

## 2 使用指导手册编写的原则

(1)使用指导手册的编写由预拌混凝土的生产单位完成,购买者也就是使用者是建筑施工单位,目的是告知施工单位所使用厂家的预拌混凝土的特点,如何正确使用才不会影响产品质量,达到购买者的使用目的。

(2)使用指导手册的编写应满足法律、法规的要求。符合相关条款的规定,结合所生产供应的预拌混凝土特点,提供尽可能全面和详细的信息,并且数据真实。

(3)使用指导手册应明确界定产品质量保证的范围:即按照《预拌混凝土》(GB/T 14902—2012)的规定:"本标准不包括交货后的混凝土的浇筑、振捣和养护。"也就是说,混凝土供应商仅对交货之前的产品质量负责,之后发生的事情与其无关。

(4)为方便客户对所使用的混凝土有必要的了解,有针对性地进行浇筑、振捣及养护等操作,混凝土供应商做进一步的延伸服务,这里履行的是一种社会责任,为客户、为行业所做的一份贡献,但并不代表搅拌站对这些提示负责。

## 3 使用指导手册内容的编写项目及说明

### 3.1 关于标记

混凝土标记表明了混凝土产品的基本特征,有别于其他产品,必须在显著位置标明。这是尤为重要的一项。这项内容在《混凝土出厂质量证明书》和《发货单》上都应明确标识。可是,当前普遍存在的问题是:《预拌混凝土》标准颁布实施已超过二十年,对于混凝土的标记有详细的书写要求,通过完整的标记,可对混凝土的类别、强度等级、坍落度、集料粒径以及使用的水泥品种和强度等级一目了然。但混凝土标记没有得到体现，而是一直被"强度等级"占据位置。当混凝土标记在有关技术和质量保证资料上出现后，也会产生客户的不理解，不知道那一串字符代表什么意思，因此，有必要在手册中予以说明。因为一直沿用强度等级的标识，使得诸多的信息不能在标识中反映，其实也是一种违反产品标准的行为。在此，笔者再次呼吁同行们能够按照标准来执行，没有什么难度让我们做不到，错误的习惯就应该被摒弃。何况，我们作为技术工作者，应该深知标准和规范的重要性和严肃性。

说明的内容包括常规品和特制品的区分，标记中符号和数值代表的含义以及标准的书写样式，标准中也给出了举例说明。

### 3.2 生产厂家的基本情况

生产厂名和厂址以及基本的企业信息（企业概况、经营理念、企业文化等）有必要在指导手册中介绍，同时也是宣传本企业的一种比较好的媒介。作为消费者来说，首先应该了解的就是产品的生产厂家，同一种规格的产品会有很多个厂家生产，而对任何一种产品来说，不同的厂家，生产的产品质量很可能有差别。而本企业区别于其他厂家的特点或优势在哪里，可以在这项中展示给客户。

### 3.3 混凝土的主要技术指标及性能

这项内容是对于生产方来说，最为重要的内容。目前，预拌混凝土公司生产的混凝土坍落度大多集中在 $160\sim220mm$ 之间。在该项目中应包括拌合物性能，如坍落度、扩展度、凝结时间等。因为混凝土和其他产品相比，不同之处在于，混凝土的质量不能当时或在较短的时间内完成品质检测，只能通过 28d 标准养护试件的检验结果来判定，而在此之前的所有工作，都只是预控措施，其中掺杂着经验方面的管理举措。而在预控的众多指标中，最为重要，甚至可以说是唯一的控制指标就是坍落（扩展）度，包括出厂（机）坍落度、到达交货地点的坍落度。一般来说，出厂的坍落度都要比到达交货地点的坍落度大，在当前广泛使用萘系、氨基磺酸盐类减水剂与糖蜜或木质素磺酸盐类缓凝剂复合的泵送剂的情况下，安全掺量范围内，必然会随着时间的延续，坍落度逐渐减小。就是逐渐在应用的聚羧酸系外加剂也存在同样的问题，这也是正常现象。《预拌混凝土》中也对坍落度的偏差做出了明确的界定，对于不小于 100mm 坍落度的混凝土，允许偏差为 $\pm30mm$。也就是说，以客户要求的到达交货地点的坍落度为基准，考虑允许偏差和运输过程中的坍落度损失，才是出厂的坍落度值。扩展度往往不被客户所关注，但是，这个指标对于泵送混凝土却显得很重要，因为这个数值的大小，能够表明混凝土的流动性能，仅以坍落度为验收依据，往往不能达到使用方的要求，比如高层结构、钢筋紧密的梁和墙等部位，若扩展度小于 350mm，即使坍落度大于 180mm，浇筑起来也会比较困难。虽然按照《普通混凝土拌合物性能试验方法标准》（GB/T 50080—2002）的要求，坍落度小于 220mm 时，不需检测扩展度，但是在实际操作中，该指标却显得格外重要，因此该情况有必要在指导手册中说明。并且将该标准中的标准检测方法全过程，一字不漏地写入指导手册，让客户参照操作。往往施工现场检测的人员素质和水平很差，不知道坍落度该怎么检测，从润湿、取样、检测、读数等诸多环节都不规范操作，而造成对混凝土质量的误判。《建设工程质量管理条例》第二十九条规定：施工单位必须按照工程设计要求、施工技术标准和合同约定，对建筑材料、建筑构配件、设备和商品混凝土进行检验，检验应当有书面记录和专人签字；未经检验或者检验不合格的，不得使用。混凝土卸货时，使用方接货人应对该车发货单、质量状况、数量进行核对，并在混凝土发货单上签字认可，如有疑义，应及时暂停卸货，通知供方处理。避免质量事故和亏方纠纷的发生。对于亏方问题，从可操作性和公平交易的角度考虑，建议以混凝土公司的发货单进行结算，在供应过程中，抽查一定数量车次的装载量（毛重－皮重），现场检测容重，换算方量。在偏差之外的部分再协商解决。

凝结时间也是使用方重要的参考指标，也就是《中华人民共和国产品质量法》第二十七条规定提到的安全使用期或者失效日期的内容。由于各混凝土生产单位所使用的原材料不相同，配合比不相同，因此成品混凝土的凝结时间也有较大的差异。对于使用方来说，由于结构部位不同，工期要求不同，浇筑持续时间不同，而对混凝土的凝结时间也会提出不同的要求。由于较多的不确定因素，在供需双方签订合同的时候，不可能将所有的指标都明确，这就要求双方在交易之前进行必要的沟通，确定具体指标。而一般的情况，生产单位都会按照标准的要求，以筛分出砂浆，在标准的养护条件下，通过混凝土贯入阻力仪来测定混凝土的初、终凝时间。该时间往往被使用单位错误认为是该批混凝土在施工现场的凝结时间。这点在指导手册中非常有必要澄清。凝结时间试验都是按照标准规定的方法，在标准的温度和湿度条件下做的，而施工现场的条件则千差万别，不同的季节、不同的天气、不同的模板、不同的保温材料、不同的养护方式都会影响实际的凝结时间。因此，混凝土的供应商可以将本企业所生产的混凝土的凝结时间，包括初凝时间和终凝时间的区间范围标示在指导手册上，供使用方参考。依据该数据，使用方可以根据具体的施工条件以及经验的积累来确定浇筑的持续时间和拆模时间，也便于发现和监督凝时异常的情况，并在手册中注明异常情况发生时的紧急联系人及联系方式，便于提供及时的技术服务，避免造成更大的经济损失。

和易性、黏聚性和保水性则可以通过坍落（扩展）度检测过程中的侧敲和目测来判断，该项指标在交货检验时应该是处于良好状态，才可以满足施工需要。

## 3.4 关于混凝土配合比

生产配合比可以反映出各种原材料的配合比例，包括水泥用量、水灰（胶）比、矿物掺合料用量以及外加剂的用量，可供使用方参考。因为使用方在交货检验时有必要对混凝土的质量保证资料与施工图纸上的技术要求的符合性进行验证。目前，有些施工单位和监理单位的人员不能理解配合比的内在含义，而给混凝土的生产单位带来些麻烦[2]，在天津地区，要求供应每批混凝土时都提供配合比，是以配合比通知单的形式发放的，这些质量保证资料到达用户的手上，就会发生意想不到的事情，比如：水灰比问题，水泥用量问题，碱含量问题等。水灰比严格来说，应该是水胶比，即水和胶凝材料的质量比，而不是水和狭义的水泥的质量比。水泥用量问题与之类似，该问题已经在天津地区和其他地区都发生过比较激烈的讨论，多位行业专家及业内人士都曾撰文讨论和说明[3~4]，在此，不再赘述。本着对工程质量负责的态度和促进混凝土技术创新的思路，个人的观点是：水泥用量中的水泥一词应理解为广义的水泥，即有效的胶凝材料。另外，各相关标准亟待修订并建议统一一说法，避免模糊用语。混凝土的碱含量评估报告从桩基到楼顶都提供，实在是不应该的。将这些关于配合比方面的争议进行澄清，写入指导手册，提前告知用户，便于在事前沟通，避免不必要的纠纷。

## 3.5 关于混凝土施工过程

预拌混凝土有别于现场搅拌的混凝土，主要表现在普遍的砂率比较大，胶结材多，掺合料多，凝结时间长。针对这些特点，使用方在浇筑的过程中，施工的工艺就应具有针对性。因为砂率大，胶结材多，掺合料多，泵送顺利，流动性好，可是振捣时就要注意振捣棒的间距和振捣时间，重点控制避免过振，振捣后的混凝土表面不应出现明显的矿物粉的浮浆，若出现应进行处理。否则，上层浮浆过厚，极易导致开裂。轻质掺合料上浮并泌水而造成表面起砂，影响表面观感质量，对于地面来说，则直接影响使用功能。混凝土的抹面，尤其是地面面层的抹面，应至少进行两次搓压，最后一次搓压应在泌水结束且初凝前完成。所谓的凝结时间长，是与现场搅拌相比而言。因为预拌混凝土要经过一段时间的运输，为保证交货的技术性能满足合同要求，大多要掺加缓凝剂，因而导致凝结时间延长，但是到达现场之后，直至浇筑完毕的时间则没有很多。对此，《预拌混凝土》也做了规定，但个人认为，根据实际情况通过试验来确定更有实用价值。而及时浇筑是很必要的，由于等待时间过长而导致混凝土的性能不能满足施工要求，责任应由购买方承担。

格外强调禁止擅自向混凝土中加水。

大体积混凝土正式浇筑之前的策划，供需双方应做必要的沟通和协商。

对于润管砂浆的处理，一是浇筑于实体结构之外，二是分散浇筑于模板内，千万不可集中浇筑在同一处，否则会导致局部实体强度降低并开裂。

**3.6 关于新浇筑混凝土的养护**

混凝土对于生产单位来说是一种产品，而对于建设工程来说仅是半成品，因为其还存在一个从新鲜混凝土到硬化混凝土的水化反应过程，在此期间，养护则是重要的工作。再好的混凝土，没有必要的养护，也可成为废品。对已浇筑完毕的混凝土实体及时进行的养护主要包括：表面苦盖并保持湿润。对水灰（胶）比小于 0.4 的掺矿物掺合料的混凝土浇筑成型后应立即覆盖。混凝土潮湿养护时间不宜少于 7d，有缓凝和抗渗要求的混凝土潮湿养护时间不宜少于 14d。目的就是防止混凝土开裂。气温较低时的及时苦盖或加热措施是为了防止混凝土受冻，影响强度发展。阴雨天气，应苦盖塑料薄膜，是为了避免表面强度降低，影响观感质量和使用功能。

面层的覆盖，在夏季高温和秋、冬季风力较大的时候显得尤为关键。尤其是地面施工，在夏季，若不及时覆盖，则可能出现上层硬壳，下层松软，无法抹面、压光的情况。在秋、冬季风力较大，气温较低的时候，容易出现表面白霜且粗糙的情况。

在北方冬期施工期间，掺加防冻剂的混凝土应做必要的养护的提醒，不要让客户错误认为：掺加防冻剂的混凝土不需养护肯定不会受冻。

**3.7 关于混凝土试件的留置**

《建设工程质量管理条例》第三十一条规定：施工人员对涉及结构安全的试块、试件以及有关材料，应当在建设单位或者工程监理单位监督下现场取样，并送具有相应资质等级的质量检测单位进行检测。对于试件的取样、制作和养护按照《普通混凝土力学性能试验方法标准》（GB/T 50081—2002）执行，不存在任何异议。可是在实际工作中，客户不规范的操作是很多的。包括试模变形、不涂油，不按规范要求进行插捣，养护条件不具备或不符合标准养护条件，人为破坏等。而这些不规范的做法，任何一项都可能导致标准养护试件或同条件养护试件不合格，不能通过混凝土强度评定和验收，而被客户错误认为混凝土供应商提供了不合格的混凝土，而给供方招来麻烦。因此有必要将《普通混凝土力学性能试验方法标准》中关于试件的取样、制作和养护的内容写入指导手册中，供客户参考。

**3.8 关于龄期计算**

龄期的计算则遵照《混凝土强度检验评定标准》（GB 50107—2010）执行。需要明确的就是冬期施工 600℃·d 的累计，应为日平均气温为 0℃ 以上天数的累加，目的是等效于标准养护的 20℃×28d=560℃·d≈600℃·d。这项规定的内容对于北方混凝土的供应商来说，在冬期施工期间是尤为重要的。

**3.9 混凝土使用安全须知**

混凝土的使用安全包括混凝土自身的不安全性和混凝土施工作业过程中的不安全因素两方面。首先，混凝土呈碱性，水泥在水化过程中放热，对皮肤和眼睛都会产生腐蚀作用。若不慎入眼或直接黏附在裸露的皮肤上，应立即用大量清水冲洗。而由于施工作业，尤其是泵送作业，则应考虑三种时态（过去、现在、将来）和三种状态（正常、异常、紧急）辨识作业现场的危险源，提醒相关人员注意。譬如：泵车输送混凝土作业，泵车臂杆下严禁站人。软管头部应绑扎绳子，由作业人员拉着绳子作业，操作人员距离软管头部一米以外，避免软管移动或爆管伤人。放料人员注意力要集中，控制排量，始终保持混凝土的存储量在料斗容量的 2/3 以上，以免混凝土过少而迸出伤人等。

要求客户为搅拌运输车提供的现场行驶道路满足重车行驶要求，配置必要的指挥人员和警戒标志以及良好的照明条件。

双方人员在施工现场应遵守安全操作规程，若存在违章作业及事故隐患，请客户要求停工整改，若有违章指挥的情况发生，混凝土的供应商有权不予执行。

施工中若发生事故，请客户与供应商密切配合，做好救死扶伤，减少事故损失，并及时向有关部门汇报。

**3.10 环境保护方面的要求**

诸如：混凝土运输车卸完料后，放料人员要将料斗清洗干净。

雨雪天或施工现场道路泥泞，应安排人员将车轮上黏附的泥浆冲净等。

居民住宅附近禁止鸣笛等。

### 3.11 其他技术要求或注意事项

特殊用途的混凝土，如：钢纤维混凝土、轻集料混凝土等的使用要求。

特殊季节和天气条件下的注意事项。

特定结构部位混凝土的常见质量问题，如：大体积混凝土的绝热温升计算，剪力墙或薄壁结构的裂缝等。

### 3.12 关于混凝土的验收

这里的验收是指客户对送到现场的混凝土的确认，包括对工程名称、浇筑部位、标记、装车量、浇筑时间等项内容的确认。

对混凝土质量保证资料（质量证明书、配合比通知单、碱含量评估报告等）的确认，并在回执上签认。

28 天补报资料的领取手续等。

### 3.13 联系方式

指导手册上注明相关部门的联系方式。包括业务洽谈、生产服务、质量服务和顾客投诉等部门的电话，便于使用方及时沟通。对于车辆的调遣，方量的准确把握，质量问题的解决，质量保证资料的提供等均有便利。

## 4 结语

预拌混凝土使用指导手册的试行是混凝土生产企业在市场经济条件下延伸服务的一种表现形式，有利于明确供需双方的责任和义务，便于使用方了解混凝土产品的特点和使用过程中的注意事项，让预拌混凝土产品更好地为建设工程服务。该手册在天津滨海新区实行几年来，发挥了比较好的作用。很多施工单位对这本小册子比较感兴趣。认为这是一项很好的举措，是混凝土生产企业管理水平和技术水平的体现，为客户考虑得很周全。供需双方的矛盾减少，质量缺陷和事故损失在减少。但也有些施工单位并不把这本册子作为参考资料来看待，不规范的操作仍然盛行。而且指导手册没有在更多的企业内采用，影响面小，但个人觉得这些并不影响使用指导手册的必要性和重要性，它的重要作用将逐步体现，通过我们的共同努力，进一步完善，使其充分发挥指导作用，同时也希望在更大的范围内推广，全国各地均能制定适合本企业或地区的混凝土使用指导手册，提供更为详尽的内容给使用方，来共同提高我国预拌混凝土的生产和使用水平，确保建设工程质量，保证人民生命和财产的安全。

**参考文献**

[1] GB/T 14902—2012. 预拌混凝土. [S]. 中国标准出版社，2012.

[2] 戴会生. 商品混凝土搅拌站的技术及质量管理. [J] 混凝土 2007，(3)，84-87.

[3] 王振铎等. 关于混凝土最小水泥用量的讨论 [J]. 混凝土，2005，(2)，24-28.

[4] 阎培渝. 混凝土配合比设计中的"最低水泥用量"的思考 [J]. 混凝土，2001，(1)，18-20.

**作者简介**

戴会生，1976 年生，男，教授级高级工程师，天津港保税区航保商品砼供应有限公司主任工程师，从事混凝土的技术质量管理工作。地址：天津市滨海新区塘沽新北路 6595 号；邮编：300451；电话：022-25210664/13920157486；E-mail：sirdongli@126.com。

# 工业化建筑建造过程评价体系的研究

邱 琴

（上海建科检验有限公司，上海，201108）

**摘 要** 通过分析工业化建筑评价标准，研究工业化建筑评价过程、内容和方法，并对工业化建筑建造过程中的工厂化制作、装配化施工、装修工程相关的标准、评价指标和技术要点进行了梳理，提出建立统一的、通用的工业化建筑评价体系的必要性。

**关键词** 工业化建筑；建造过程；评价标准；评价体系

# Research on Assessment System of Construction Process of Industrialized Building

Qiu Qin

(Shanghai Jianke Technical Assessment of Construction

Co.，Ltd，Shanghai，201108)

**Abstract** Through analysis of Assessment standard for industrialized building，industrialized building assessment process，content and method were argued. Furthermore，relative standards，evaluation index and technical points were analyzed around industrialized manufacture step，assembly construction step and interior decoration step of construction step. The necessity to establish a universal evaluation system of industrialized building was put forward.

**Keywords** industrialized building；construction process；evaluation standard；evaluation system

## 1 引言

工业化建筑是采用以标准化设计、工厂化生产、装配化施工、一体化装修和信息化管理等为主要特征的工业化生产方式建造的建筑。工业化的生产方式，即建筑工业化本质上是用现代化的制造、运输、安装和科学管理的大工业的生产方式，来代替传统建筑业中分散的、低水平的、低效率的手工业生产方式[1]，是符合"五节一环保"（即：节能、节地、节水、节材、节时和绿色环保）要求的现

代建筑方式，主要特点是建筑设计标准化、构配件生产工厂化、施工机械化和组织管理科学化[2]。

工业化建筑一般通过对项目中采用工厂化制作的部品、构件进行标准化设计，然后将部品附加在构件上，不同的构件再进行组合，这需要不同产业链高效整合，从设计、生产、原材料、施工到管理等各环节之间保持良好的对接和集成，需要标准化设计企业、部品生产企业、建材企业、安装施工企业等共同配合才能完成。因此，工业化建筑应采用满足一定具体特征的、科学的、先进的工业化生产方式，也应避免片面地以预制率或部分采用工业化技术来对工业化建筑进行评价，评价应具有科学性、系统性和导向性。

建立建筑工业化评价标准可以在操作层面认定"什么是工业化建筑"，统一并规范新型建筑工业

化的评价指标和方法，可以为推进新型建筑工业化发展提供基础依据，促进建筑技术进步，推动行业发展[3]。为此，根据住房城乡建设部《关于印发 2013 年工程建设标准规范制订修订计划的通知》(建标 [2013] 6 号) 的要求，住房城乡建设部住宅产业化促进中心、中国建筑科学研究院会同有关单位研究编制了《工业化建筑评价标准》。该标准编制工作历时两年多，已于 2016 年 1 月 1 日正式实施。

本文将结合《工业化建筑评价标准》，对工业化建筑评价体系，包括评价过程、方法和评价内容进行研究，并重点对建造过程评价指标进行分析。

## 2 《工业化建筑评价标准》分析[4]

### 2.1 标准的适用范围

本标准适用于采用工业化生产方式建造的各类民用建筑的评价，包括居住建筑和各类公共建筑。虽然当前我国建筑工业化发展是以住宅建筑为重点，但考虑到公共建筑建设总量大而且适宜工业化建造方式的特点，因此本标准的评价范围覆盖民用建筑各主要类型，以适应建筑工业化发展要求。另外，我国工业类建筑的工业化程度较高、类型较多、要求复杂，同时现阶段民用建筑的工业化程度和发展水平较低，需要重点引导。因此，标准从现实角度出发，针对新建的民用建筑的评价，未包含工业建筑。

### 2.2 预制率和装配率

在工业化建筑评价中，预制率和装配率是两个至关重要的指标，被纳入设计阶段基础项评价："参评项目的预制率不应低于 20%，装配率不应低于 50%"。

预制率：工业化建筑室外地坪以上的主体结构和围护结构中，预制构件部分的混凝土用量占对应部分混凝土总用量的体积比。预制构件类型包括：预制外承重墙、内承重墙、柱、梁、楼板、外挂墙板、楼梯、空调板、阳台、女儿墙等结构构件。由于钢结构主体结构可以达到全预制，因此不强调预制率的概念。所谓的预制率仅针对装配式混凝土结构。预制率是衡量主体结构和外围护结构采用预制构件的比率，在保证工程质量的前提下，只有最大限度地采用预制构件才能充分体现工业化建筑的特点和优势，而过低的预制率基本上与传统现浇结构的生产方式没有区别，因此不能称为工业化建筑。

装配率：工业化建筑中预制构件、建筑部品的数量（或面积）占同类构件或部品总数量（或面积）的比率。建筑部品类型包括：非承重内隔墙、集成式厨房、集成式卫生间、预制管道井、预制排烟道、护栏等。区别于预制率的概念，装配率用于表征建筑构件与部品的工厂化成品用量与现场加工制作产品用量的比率，是衡量工业化建筑所采用工厂化生产和装配化施工的程度。最大限度地采用工厂生产的建筑构件或部品进行装配施工，能够充分体现工业化建筑的特点和优势，而过低的装配率则难以体现。基于当前我国各类预制构件和建筑部品的发展相对比较成熟，工业化建筑采用的各类建筑部品的装配率不应低于 50%。

由于建筑工业化的目的是提高建筑质量、提高建设速度、减少材料浪费和环境污染，无论采用何种技术方案，达到以上目的就是实现了正确的追求，因此应避免单纯从预制率的角度进行评价，例如欧洲成熟的双面预制叠合式剪力墙＋叠合楼板的技术体系，装配率可达 90%，几乎不需要现场支模，构件生产和施工安装的速度都非常快，是一种非常好的工业化体系，但由于全部是叠合构件，预制率一般不超过 40%，如果片面以预制率作为衡量指标，显然不能突出该技术的先进性。因此，对比标准的征求意见稿中仅对"预制率"进行了要求（不低于 30%），正式发布稿中增加了装配率的概念。

由于各地政府出台的文件对这两个指标有着不同的要求，甚至不同的计算方法，例如上海出台的沪府办（2013）52 号《2013 关于上海进一步推进装配式建筑发展的若干意见》中规定："本市装配式住宅鼓励采用装配整体式混凝土结构体系，其住宅单体预制装配率应不低于 15%（其中外环线以内区域的项目应不低于 25%），住宅外墙采用预制墙体或叠合墙体的面积应不低于 50%"。再如

2015 年 7 月底,《深圳市住宅产业化项目单体建筑预制率和装配率计算细则（试行）》正式出台发布,对预制率、装配率进行了定义,并有详细的计算公式。因此,在评价过程中应结合当地实际情况对这两个指标进行分析。另外,虽然这两个指标值在设计阶段进行评价,但为了保证预制构件、建筑部品的生产质量和现场装配过程符合设计要求,在建造过程评价时,也应对构件、部品的工厂制作情况、进场验收情况、现场装配情况、一体化装修情况进行评价。

## 2.3 评价过程、方法和建造过程评价内容

### 2.3.1 评价过程

工业化建筑评价以单体建筑为评价对象,通过设计阶段评价和工程项目评价两个阶段,最终评价结果之和作为项目的总体评价结果。

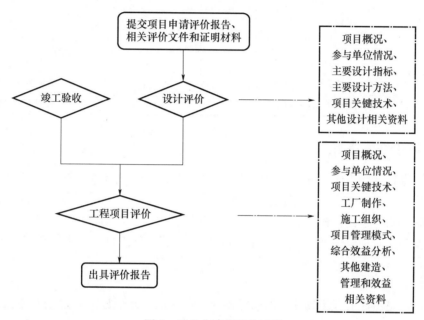

图 1 工业化建筑评价流程

### 2.3.2 评价方法

工业化建筑 3 个评价部分均包含了基础项和评分项,满足基础项的所有要求是评价的前提。每个部分总分均为 100 分,各阶段评价方法和权重见表 1。

表 1 工业化建筑评价阶段

| 阶段 | 评价方法 | 权重 |
|---|---|---|
| 设计阶段 | 查阅资料 | 0.50 |
| 建造过程 | 查阅资料、现场观察 | 0.35 |
| 管理与效益 | 查阅资料 | 0.15 |

3 个阶段的实际得分值均不应低于 50 分,根据总得分值划分为以下几个等级:

表 2 工业化建筑等级

| 分值 | 等级 |
|---|---|
| （60～74）分 | A 级 |
| （75～89）分 | AA 级 |
| ≥90 分 | AAA 级 |

### 2.3.3 建造过程主要评价内容

建造过程评价权重由征求意见稿中的 0.30 上调为最终的 0.35,由此可以看出,建造过程越来

越受到重视，工业化建筑也必将从原先过多依赖设计逐步向具体实施落地倾斜。根据《工业化建筑评价标准》，建造过程主要评价内容见表3。

表3　工业化建筑建造过程评价内容

| 评价内容 | | 评价分值 | 评价方法 |
| --- | --- | --- | --- |
| 基础项 | 施工组织设计 | — | 查阅资料 |
| | 一体化室内装修工程 | — | 查阅资料、现场观察 |
| | 专业化施工队伍和制度 | — | 查阅资料 |
| 工厂化制作 | 预制构件生产制作及质量控制 | 18 | 查阅资料 |
| | 预制构件堆放与运输管理 | 7 | 查阅资料 |
| 装配化施工 | 装配化施工组织与管理 | 15 | 查阅资料 |
| | 装配化施工技术与工艺 | 20 | 查阅资料、现场观察 |
| | 装配化施工质量 | 15 | 查阅资料、现场观察 |
| 装修工程 | 一体化装修技术与施工工艺 | 15 | 查阅资料、现场观察 |
| | 室内装修工程采用有关技术措施 | 10 | 查阅资料、现场观察 |

## 3　建造过程评价技术指标

工业化建造方式主要指建筑设计、构件制作、施工装配、室内装修等主要环节采用一体化的施工技术与组织管理，充分体现设计、生产、运输、吊装、施工、装修等主要环节的协同配合。工程计划、技术措施、质量控制、材料供应、岗位责任等清晰、明确；构件运输、堆放、吊装等现场规划有序；构件安装前对预留预埋、临时支撑、接合面清理、安装顺序、构件连接等有必要的组织措施[5]。

### 3.1　工厂化制作

工厂化制作就是将原有在现场完成的构配件加工制作活动和部分部品现场安装活动相对集中地转移到工厂中进行，改善工作条件，可实现快速、优质、低耗的规模生产，为工业化内装创造条件。可以说工厂化制作是开展工业化建筑建造的首要任务。关于构配件的标准规范很多，既有针对传统建筑的，也有针对新型工业化建筑的，例如《装配式混凝土结构技术规程》(JGJ 1—2014)《钢筋混凝土用钢 第2部分：热轧带肋钢筋》(GB 1499—2007)、《混凝土强度检验评定标准》(GB/T 50107—2010)、《钢筋套筒灌浆连接应用技术规程》(JGJ 355—2015)、《钢筋连接用灌浆套筒》(JG/T 398—2012)、《钢筋连接用套筒灌浆料》(JG/T 408—2013) 等。结合评价内容和标准的相关要求，梳理出工厂化制作评价指标，见表4。

表4　工厂化制作评价指标

| 评价内容 | 评价指标 | 技术要点 |
| --- | --- | --- |
| 预制构件生产制作 | 混凝土强度 | 混凝土原材料及配合比 |
| | | 混凝土原材料计量允许偏差 |
| | | 混凝土养护时间 |
| | | 试块留置 |
| | 钢筋套筒灌浆连接接头抗拉强度 | 接头强度和变形性能 |
| | | 钢筋套筒尺寸、承载力 |
| | | 灌浆料抗压强度、竖向膨胀率、拌合物工作性能 |
| | 预制构件用钢筋 | 允许偏差 |
| | | 抗拉强度、屈服强度 |
| | | 最大力下总伸长率 |

| 评价内容 | 评价指标 | 技术要点 |
|---|---|---|
| 预制构件质量控制 | 预制构件混凝土强度 | |
| | 预制构件的标识 | |
| | 预制构件的外观质量、尺寸偏差 | |
| | 预埋件、插筋、预留孔洞的规格、位置及数量 | |
| | 结构性能检验 | |
| 预制构件堆放与运输 | 预制构件的堆放 | 场地、垫块、堆垛层数、支撑位置等 |
| | 预制构件的运输 | 路线、尺寸、载重、固定和安全措施 |

## 3.2 装配化施工

装配式混凝土结构应按混凝土结构子分部工程进行验收；当建筑结构中部分采用现浇混凝土结构时，装配式结构部分可作为混凝土结构子分部工程的分项工程进行验收。装配式结构施工除应符合《装配式混凝土结构技术规程》(JGJ 1—2014) 规定外，还应符合现行国家标准《混凝土结构工程施工质量验收规范》(GB 50204—2015) 的有关规定。尤其是后浇混凝土、灌浆料等的密实度和强度对预制构件的整体强度有很大影响，因此需要采用可靠的现场检测方法开展材料进场检验、现场构件连接性能等的检验，涉及的标准包括《混凝土强度检验评定标准》(GB/T 50107—2010)、《钢筋焊接及验收规程》(JGJ 18—2012)、《钢筋机械连接技术规程》(JGJ 107—2010)、《钢筋套筒灌浆连接应用技术规程》(JGJ 355—2015) 等等标准。经过梳理，装配化施工过程评价指标见表5。

**表5 装配化施工评价指标**

| 评价内容 | 评价指标 | 技术要点 |
|---|---|---|
| 构件连接 | 结构实体检验 | 混凝土强度 |
| | | 钢筋保护层厚度 |
| | | 结构位置与尺寸偏差 |
| | 钢筋连接检验 | 钢筋套筒灌浆连接接头性能 |
| | | 焊接、螺栓连接性能 |
| | | 机械连接性能 |
| | | 后浇混凝土连接性能 |
| 构件、主要材料等的进场验收 | 构件进场证明文件 | 产品合格证明书、构件制作过程检查文件如混凝土强度检验报告、钢筋隐蔽工程验收记录、预应力筋张拉记录等 |
| | 构件进场验收 | 结构性能检验、外观质量缺陷、预埋件和预留孔洞、表面标识、预制构件尺寸偏差，预留洞、预留孔、预埋件、预制插筋、键槽位置偏差，粗糙面质量及键槽数量 |
| | 钢筋和钢材 | 尺寸偏差、强度等 |
| | 灌浆料 | 灌浆施工性能、灌浆料28d强度 |
| | 后浇混凝土 | 28d抗压强度、耐久性能 |
| | 剪力墙底部接缝坐浆 | 28d抗压强度 |
| | 连接用材料 | 灌浆连接套筒性能<br>钢筋锚固板<br>连接用焊接材料，螺栓、锚栓和铆钉等紧固件 |

## 3.3 装修工程

目前，我国建筑装饰装修工程相关的质量验收标准主要有：《建筑装饰装修工程质量验收规范》(GB 50210—2001)、上海市《住宅装饰装修验收标准》(DB 31/30—2003)，以及专门针对装配式建筑辽宁发布的《装配式建筑全装修技术规程》(DB21/T 1893—2011)。随着工业化内装的推出，整个装饰装修行业必然向工业化、集成化、产业化的方向发展，但专门针对工业化内装的质量监控、评价体系方面的现行标准、验收办法相对较少，工业化建筑装修工程的评价还需要结合传统建筑的相关规范。经过梳理，工业化建筑的评价指标见表6。

**表6 装修工程评价指标**

| 评价内容 | 评价指标 | 技术要点 |
|---|---|---|
| 内装部品体系 | 架空地板系统施工安装 | 面层质量；整体感观；表面平整度、接缝 |
| | 轻质内隔墙系统施工安装 | 骨架隔墙板龙骨间距及构造连接、填充材料设置等 |
| | | 复合空腔墙板预埋件、连接件等 |
| | 吊顶系统 | 标高、尺寸、起拱、造型；吊杆、龙骨、饰面材料安装；石膏板接缝；材料表面质量；灯具等设备；表面平整度、接缝高低差等 |
| | 储藏收纳系统 | 外形尺寸；面层质量；抽屉、柜门开关；翘曲度；板件平整度；临边垂直度 |
| | 内门窗系统 | 开启、外表面、门窗配件安装、密封条、门窗对角线长度差、门窗框的正、侧面垂直度 |
| 厨卫部品体系施工安装 | 整体卫浴 | 外表面、防水底盘、壁板接缝、配件 |
| | 整体橱房 | 橱柜和台面等外表面 |
| | | 洗涤池、灶具、操作台、排油烟机等设备接口 |
| | | 橱柜与顶棚、墙体等处的交接、嵌合，台面与柜体结合 |
| | | 柜体外型尺寸、两端高低差、立面垂直度、上、下口平直度、柜门并缝或与上部及两边间隙、柜门与下部间隙 |
| 设备部品体系施工安装 | 给水、排水、采暖、通风与空调、电气、智能化 | |
| 细部工程施工安装 | 楼梯踏步、护栏、扶手 | 造型、尺寸、护栏高度、位置与安装、护栏垂直度、栏杆间距、扶手直线度、扶手高度等 |
| | 窗帘盒、石材窗台板、顶角线、踢脚板 | 造型尺寸、安装、固定、配件、水平度、上口、下口直线度、两端距窗洞口长度差、两端出墙厚度差 |

## 4 结语

近几年，在政府政策的支撑下，工业化建筑重新崛起，迎来新一轮热潮。北京、上海、江苏、安徽、沈阳等省市都纷纷出台了促进建筑工业化发展的指导意见和相关政策，并在实践中取得了较好的效果。在各地工业化建筑、装配式住宅工程建设项目不断开展的背景下，建立并实施一套完整的、适合的、先进的工业化建筑评价体系尤为重要。特别是建造过程周期长、多环节、多对象，评价时除了查阅施工组织方案、技术人员持证上岗情况、材料检测报告等一系列资料文件，还需要通过现场观察的方式对各项分项工程施工质量、材料实际情况和协作情况进行评估，因此评价过程较为复杂。基于《工业化建筑评价标准》，政府、行业监管部门、第三方评价机构应充分理解评价的意义，深入研究评价标准体系，为开展工业化建筑评价积累数据，从而推动评价标准的实施，促进工业化建筑技术水平的提升。

**参考文献**

[1] 王德富．关于建筑工业化发展的几点思考［J］．建筑工程技术与设计，2014（20）：1003.
[2] 中施企协课题组．建筑工业化的现状与问题［J］．施工企业管理，2015（08）．
[3] 纪颖波，付景轩．新型工业化建筑评价标准问题研究［J］．建筑经济，2013（10）：8.
[4] 住房城乡建设部住宅产业化促进中心、中国建筑科学研究院．GB/T 501129—2015工业化建筑评价标准［S］．北京：中国建筑工业出版社．
[5] 叶明．《工业化建筑评价标准》深度解读［N］．中国建设报，2016-01-21（市场六版）．

# 基于建筑节能施工技术应用及其竣工验收的论述

杜兆金，史文娟

（南京市政公用工程质量检测中心站，江苏南京，210014）

**摘　要**　简述了国内外建筑节能主要施工技术，针对建筑施工必须掌握的节能建筑施工技术与竣工质量验收开展论述，为实际施工提供了一定的理论参考。

**关键词**　建筑节能；施工技术；验收

# Based on the Energy-saving Building Construction Technology and Application of the Completion of Acceptant

Du Zhaojin，Shi Wenjuan

（Nanjing Municipal Engineering Quality Inspection Center，Jiangsu Nanjing，210014）

**Abstract**　This paper summarized the domestic and foreign construction energy conservation of main construction technology in building construction，must master the energy-saving construction technology and quality inspection for completion of carry on，actual construction provides certain theory reference.

**Keywords**　building energy saving；construction technology；check before acceptance

## 1　引言

建筑能耗向来是能源消耗的重要组成部分。为了节约能源，建筑节能的热潮正在全国蓬勃兴起，建筑节能施工工程也在各地迅速开展，建筑节能工程的任务十分繁重。在此背景下，加强对建筑节能的监管，提升施工质量，这是时下中国经济社会面临的重要任务之一。

## 2　国内外建筑节能采用的施工技术

（1）采用低能耗、高效能的保温材料，目前各国普遍采用的保温材料有玻璃棉、岩棉聚苯酯、聚苯乙烯、膨胀珍珠岩等。

（2）利用自然资源和重复利用各种工艺废渣（如粉煤灰、煤矸石、各种冶金渣、尾矿渣），这些材料也是建筑节能的重要途径之一。

（3）发展各种墙体保温体系。主要包括：复合外墙体、空腔体系、保温砌块、保温涂料、喷涂保温材料和外保温装饰体系等一些保温技术措施。

根据我国的国情和国外的情况，墙体保温材料应以矿物棉为主，这已成为事实。通过近几年努力，我国已经开发了几个体系，但这些是远远不够的，还需加以充实、改进和完善[1]。

## 3　建筑节能工程施工技术的应用

### 3.1　墙体节能工程施工技术

预制复合墙板保温材料，在施工时应注意：①保温材料在施工过程中应采取防潮、防水等保护措施；②在铺设墙板保温材料之前，需保持墙面上的整洁干净等；③墙体节能工程在施工前要对基层进行处理，前提应按照施工方案及设计要求来办事，且处理后的基层要达到符合建筑施工方案自然系数要求。

墙体节能工程施工，应符合下列规定：①保温板材与基层及各构造层之间的粘结或连接必须牢固，粘结强度和连接方式符合设计要求；②保温浆料应分层施工，当采用保温浆料做外保温时，保温层与基层之间及各层之间的粘结必须牢固。

### 3.2 门窗节能工程施工技术

（1）门窗节能施工。为了满足施工方案和设计要求，在门窗节能工程施工前，应对其进行必要的处理，保证工程质量。

（2）外门窗框安装。要用密封胶材料密封窗框的漏气处，提高它们之间的严密性。

### 3.3 屋面节能工程施工技术

（1）屋面施工。屋面保温隔热层施工完成后，应及时进行找平层和防水层的施工，避免保温隔热层受潮、浸泡或受损。

（2）屋面施工方案：①松散材料应分层敷设、按要求压实、表面平整、坡向正确；②现场采用喷、浇、抹等工艺施工的保温层，其配比计量准确，搅拌均匀、分层连续施工，表面平整、坡向正确；③板材粘结牢固、缝隙严密、平整。

### 3.4 地面节能工程施工技术

（1）地面节能保温施工。为了使基底满足施工方案和设计要求，在房屋地面节能工程施工前，应对其进行必要的处理，保证工程质量。

（2）地面保温施工。保温板与基层之间、各构造层之间的粘结牢固，缝隙严密；保温浆料分层施工；穿越地面直接接触室外空气的各种金属管道按设计要求，采取隔断热桥的保温措施。

## 4 建筑节能工程验收要求[2]

### 4.1 墙体节能工程施工技术

主控项目：墙体节能工程使用的保温隔热材料，其导热系数、密度、抗压强度或压缩系数、燃烧性能应符合设计要求；粘结材料的粘结强度和增强网的力学性能、抗腐蚀性能应符合要求；严寒和寒冷地区外保温使用的粘结材料，其冻融试验符合该地区最低气温环境的使用要求。

一般项目：进场节能保温材料与构件的外观和包装完整无破损，符合相关规定；保温板接缝应平整严密。

### 4.2 门窗节能工程施工技术

主控项目：①严寒、寒冷地区：气密性、传热系数和中空玻璃露点；②夏热冬冷地区：气密性、传热系数、玻璃遮阳系数、可见光透射比、中空玻璃露点；③夏热冬暖地区：气密性、玻璃遮阳系数、可见光透射比、中空玻璃露点。

一般项目：门窗密封条和玻璃镶嵌的密封条，其物理性能符合标准规定；门窗膜玻璃的安装方向正确，中空玻璃的均压管密封。

### 4.3 屋面节能工程施工技术

主控项目：屋面节能工程使用的保温隔热材料，其导热系数、密度、抗压强度或压缩强度、燃烧性能符合设计要求；屋面保温隔热层的敷设方式、厚度、缝隙填充质量及屋面热桥部位的保温隔热做法，符合设计和有关标准的规定。

一般项目：金属板保温夹芯屋面铺装牢固、接口严密、表面洁净、坡向正确。

### 4.4 地面节能工程施工技术

主控项目：地面节能工程使用的保温材料，其导热系数、密度、抗压强度或压缩强度、燃烧性能符合设计要求；地面保温层、隔离层、保护层等各层的设置和构造做法以及保温层的厚度符合设计要求。

　　一般项目：采用地面辐射采暖的工程，其地面节能做法应符合设计要求，并符合《地面辐射供暖技术规程》(JGJ 142) 的规定。

## 5　结语

　　建筑行业是现代化建设中的几大产业之一，其造成的能源消耗问题同样不可小视。引进建筑节能的心技术，能显著改善工程施工质量，降低成本，达到经济、环保的双赢效果。

### 参考文献

[1]　米丽巴·阿木提. 国内外建筑节能发展及其采用的施工技术 [J]. 中国科技论文，2004.
[2]　宋波，张元勃，等. 建筑节能工程施工质量验收规范 [S]. 中国建筑工业出版社，2007.

### 作者简介

　　杜兆金，男，工程师，硕士，从事市政工程质量检测管理工作。地址：南京市中山门外柳营 111 号；电话：15851893995。

# 工程信息化方法检测混凝土热膨胀系数的相关性研究

谭　康

（福建农林大学交通与土木工程学院，福建福州，350000）

**摘　要**　实时、精确、全面地测定混凝土的热膨胀系数，对监控混凝土工程质量，确保安全至关重要，但如何实现这一目标始终是工程建设中的一个难题。目前测定混凝土的热膨胀系数的方法很多，但都存在这样或那样的缺陷和不足。本文通过文献梳理，对各检测方法进行分析比较，笔者提出采用工程信息化方法实时、动态、连续、精确、全面地监控混凝土热膨胀系数，为更好监控工程质量，及时采取防范措施，杜绝安全事故的发生等方面具有重要意义。

**关键词**　混凝土热膨胀系数；工程信息化；相关性研究

## 0　引言

随着科学技术的发展，信息化的运用将会成为未来工程技术发展的新方向。许多以前的工程技术难题，通过工程信息化的引入，得到了很好的解决，也为攻克新的技术难题提供了新的研究思路。工程信息化把工程建设由原来的平面拓展到空间，由静止延伸到动态，由单一研究问题转变为多元综合分析。混凝土热膨胀系数检测方法，适合应用信息化的方法进行研究。

混凝土热膨胀系数是大体积混凝土施工中一个重要的参数，同时也是预防大坝开裂的重要监测指标。胶凝材料水化热过程中，由于各个部分的温度不尽相同，释放热量大的地方，体积膨胀变大，混凝土容易开裂，往往造成严重后果。如新疆联丰水库垮坝和黑龙江省星火水库坝体溃决，混凝土热膨胀系数不均是导致事故的重要原因之一。

## 1　混凝土热膨胀系数测定方法及其优劣

目前关于混凝土热膨胀系数的检测方法有如下五种，但各有其优劣，下文就这个问题进行分析和评价：

（1）电阻应变片法

该方法使用最普遍，它是通过在混凝土表面粘贴普通电阻的方法，测定电阻的变量，从而来推算热混凝土的膨胀系数。电阻应变片法具有操作简单，方便，可随时检测的优点，但也存在如下不足之处：

① 由于电阻应变片粘贴在混凝土表面，所测得的混凝土的膨胀系数具有局部性，且受外界条件干扰较大，如温度、雨雪等。因此精准性、真实性难以保证。

② 由于电阻应变片粘贴在外部，对混凝土内部的热膨胀系数无法测得，所测得的数据，不能代表混凝土内部的膨胀和受力情况。

③ 由于测定受时间所限，不能长时间、连续动态检测，所测得数据价值有限。

④ 由于检测范围有限，所测得数据不能表示整个混凝土建筑的膨胀情况。

（2）力学模型分析法

该方法是在理想模型下，通过分析混凝土内部各个介质的几何协调变形等关系，来建立各部分间的热力学关系，从而构造出热膨胀的理论模型。该方法也是理论研究热膨胀系数的常用方法。其优势在于数据不足的情况下，对混凝土的热膨胀情况提供定性的分析，对工程建设和检验提供理论支持。但这种方法的缺点也十分明显：

① 由于该方法的检测条件是在理想条件下建立起来的，运用热学、力学等理论物理学上的公式和方法，所测得数据与实际数据会有较大的出入，不够精确。

② 这种方法仅是从微观角度来考虑热膨胀问题，没有从实际环境来考虑，如温度、材料、施工过程等方法综合考虑，所测得的数据参考价值有限。

（3）取样仪器测定法

该方法通过对施工现场的混凝土进行取样调查，在实验室对样本进行热膨胀系数测定，是实验室常用于研究热膨胀系数的方法之一。可见这种方法只是从单一的条件下来分析混凝土的热膨胀系数，而且仅是对一部分试样进行分析，没有考虑到建筑物的整体性，以及周围的环境。所得到的数据仅能为工程建设作参考，对工程质量全面精确、实时动态监控意义不大。

（4）反演分析法

这种方法是根据在现场收集到的实验数据，结合混凝土中受热和受力的情况，分析混凝土的性质特点，从而推出热膨胀系数。相比上述几种方法，这种方法所测得的数据具有一定的准确性和现实性，但存在如下不足：

① 由于混凝土的热膨胀是一个动态、受多因素影响的复杂的过程，仅仅凭一次瞬间现场采集的实验数据，通过推理换算，得出还原热膨胀的动态变化过程，可见，所得出的热膨胀系数与实际情况存在较大误差，推理换算并不能代替实际的过程。

② 周围环境等其他因素会随时影响到混凝土的热膨胀系数，仅仅凭一次性现场数据来确定，缺乏实时、持续和全方位监测热膨胀过程，所以对实际的参考意义不够。

（5）激光位移传感器法

此方法是最近一些学者提出的，其原理是利用电传感器对混凝土热膨胀前后位移变化的测定，从而推算出与混凝土热膨胀系数之间的关系。此方法虽然具有精确、快捷等特点，也克服了常规测定方法的一些缺陷，但也存在一些不足：

① 该方法缺乏实时监测，不能按时间先后，将有关数据持续地进行传递；

② 该方法考虑影响热膨胀系数因素的单一性，对综合性因素缺乏考虑，不能反映其他因素对热膨胀系数的影响。

## 2 工程信息化综合监测混凝土热膨胀系数的可行性分析

把信息化技术引入土木工程，以现场测定实验数据为依据，通过对混凝土内部热膨胀时的分析，找到热膨胀和其他因素的关系，从而得到热膨胀系数的方法。其主要特征是使用热膨胀传感器，建立工程数据总库，利用计算机仿真分析，进行多元综合研究。具体的过程如下：

（1）选择材料

对所选择材料的型号、特性和力学特征等指标，输入电脑建立材料数据库，同时用仪器法来测定单一材料的热膨胀系数，为工程建设选择材料过程提供基本依据。

（2）制作试样模型

将所需的几种材料按照一定的比例混合，同时把它制成一个完整的模型。然后用仪器来测试混凝土的热膨胀系数。这样可以测定几种材料混合后与原先不同的特征，将所得的数据记录到试样模型数据库中。

（3）构建理想混凝土模型

通过前两次的数据分析，根据所得的混凝土试样的热膨胀情况，建立混凝土建筑的热膨胀模型，从微观角度，分析热膨胀系数的特点，同时为设置热膨胀传感器做铺垫。把理论分析得到的结果记录到理想模型数据库中。

（4）实际施工

在实际施工过程中，要对施工方式，施工中会对热膨胀产生影响的因素，如配合比、现场温度、施工设备、粗细集料等因数加以记录，将其保存在施工数据库中，为以后监测热膨胀系数提供原始的数据资料。

（5）竣工检验

在竣工检验时不仅要对常规数据进行检验并加以记录，同时还要在混凝土表面安装热膨胀传感器并且在周边设置参考点，并且要开启热膨胀系数监控系统，用来综合分析处理数据。

（6）长期持续动态监控

按照不定期抽查和常规检测相结合，得到现场数据，加上热膨胀监测系统在上述过程中得到的资料和数据，以及构建的模型，得到热膨胀系数和其他因数的关系，进而可以对热膨胀有一个准确的理解。

（7）多元综合研究

在得到这些数据后，利用计算机仿真分析，找到混凝土热膨胀系数自身的规律，以及同其他影响因素的相关性关系，尽量分析多种不同情形下，混凝土热膨胀系数的变化情况。在分析时，着重考虑的自身因素有：①不同集料；②不同配合比；③建筑物自身的体积；④建造时间。同时考虑的外部因素：①气温；②施工方式；③周边地质及水文。

## 3　结语

信息化是工程建设新的发展方向，为以前的工程难题提供了新思路、新研究方向、新解决方法。如混凝土热膨胀系数的测定就是众多难题之一，学术界对其研究方法尚无明确的统一规定。笔者总结了常用的研究测定方法并加以评价。本文旨在运用工程信息化的方法来研究混凝土热膨胀系数，主要是从四大方面来进行：使用热膨胀传感器，建立工程数据总库，利用计算机仿真分析，进行多元综合研究。此方法力求连续，准确地研究混凝土热膨胀系数，为工程建设提供更具实际意义的数据，从而进一步推进工程信息化建设。

**参考文献**

[1]　张子明，张研，宋智通，等．基于细观力学方法的混凝土热膨胀系数预测［J］．计算力学学报，2007，24（6）：806-810.

[2]　钱春香，朱晨峰．集料粒径对混凝土热膨胀性能的影响［J］．硅酸盐学报，2009，37（1）：18-22.

[3]　梁立凯．电阻应变片测量中温度误差的补偿方法［J］．呼伦贝尔学院，2001，9（1）：68-79.

# 浅谈出厂商品混凝土折返率的有效控制

张华强

（陕西中色混凝土有限公司，陕西西安，710068）

## 0 概述

随着房地产开发的趋缓，商品混凝土产能过剩的现象日益突出。在商品混凝土厂商之间激烈的地场竞争中，原本容易被忽视的细节在成本控制中的作用也凸显了出来，出厂商品混凝土折返问题就是如此。在劳动力成本、原材料价格不断上涨的情况下，能否有效控制出厂商品混凝土折返率，已经成为体现商品混凝土厂商管理水平，是否具备更强竞争力的一个关键指标。

## 1 出厂商品混凝土折返归类

出厂商品混凝土折返通常被称为"退料"。其实，其中绝大多数属于商品混凝土供应厂商的召回或者调剂使用，不能简单混同于商品混凝土不合格或者报废。因此可以将出厂商品混凝土折返定义为商品混凝土出厂后，在运往指定工地时，由于工地进不去、不能连续浇筑、浇筑剩余，或者施工单位提出异议等原因时，商品混凝土供应厂商在采取相应技术措施后的整车召回或者调剂使用。出厂商品混凝土折返率则是指一定时段内，商品混凝土供应厂商的生产量与出厂商品混凝土整车折返量的比例。

从西安某混凝土公司今年5月至9月出厂商品混凝土的折返记载来看，造成出厂商品混凝土折返的原因是多方面的。在原因明确的143次折返中，直接原因的分布状况如下：

由商品混凝土供应厂商自身问题造成的折返71次，约占原因明确折返的49.7%。

其中，由生产辅助部门导致的折返有48次：泵设备堵管25次；泵设备出故障19次；泵设备爆管3次；泵臂长度不够1次。

因商品混凝土质量有争议引起的折返23次：石头太大（多）7次；料稀3次；料干13次。

由客户工地问题造成的折返53次，约占原因明确折返的37%。

其中，工地道路不通、进不去15次；工地门被相关主体堵住9次；监理不让施工2次；工地无人理会1次；风大塔吊无法施工3次；塔吊司机不在2次；工地另外要料2次；工地报错强度等级1次；工地加水多2次；工地施工条件不具备（跑模）5次；工地多报料、估错料、料够11次。

由不可抗力造成的折返19次，约占原因明确折返的13.3%。

其中，泵送中或到达工地后下雨无法施工9次；泵送中或到达工地后工地停电（水）10次。

## 2 折返根源及危害

从上述出厂商品混凝土折返的细目划分可以看出，"商品混凝土供应厂商自身问题"与"客户工地问题"造成的折返分类是相对的。"工地问题"造成的折返还是与"自身问题"有关，并非完全无法避免。比如工地施工现场的路况不适合运输的情况，商品混凝土供应厂商完全可以事先发现，不必盲目发车。也就是说，80%出厂商品混凝土折返的根源在于商品混凝土供应厂商的管理短板。一是沟通不畅。一方面是与工地的沟通不到位。工地是否具备浇筑条件，准备是否就位，外调人员没有提前到工地勘查，更没有得到施工负责人的确认。另一方面是供应厂商内部的沟通不及时。比如在泵臂长度不够导致的折返，泵送的只管泵送，运输的只管运输，显然属于内部协调没有到位，缺乏周密的计划。二是服务设施的配套不给力。在自身问题造成的折返中，绝大多数属于泵送设备的"梗阻"。说明泵送设备有带病作业的情况，或者在进入工地前准备不足。有的属于外租泵送设备，外租泵送设备遇到堵管、爆管情况时，排除故障不积极。三是部分员工缺乏敬业精神。比如有些司机洗完车后没有将罐内的水排净，也有的是下完雨后不排雨水就装车，导致出厂混凝土太稀。

商品混凝土折返虽然不等于报废，但是在调整使用的过程中会增加运距，影响车辆运转周期；同时导致商品混凝土的有效成分挥发，需要补充添加，有的需要降级使用，超过时效的必须报废。这无疑会造成运力、人力、原材料的浪费和设备、资源的空耗，导致成本增加。在商品混凝土生产同质化竞争中的价格战打压下，折返率代表着成本的额外损失率。商品混凝土折返的增多导致厂商不堪成本重负时，将直接影响到自己能否在商品混凝土市场立足。除了有形的损失，商品混凝土折返过多还有损企业形象，造成的无形损失难以估算。同时，商品混凝土折返率的增多意味着管理失控，管理失控反过来又导致商品混凝土折返率增多，形成恶性循环。

值得注意的是，从行业来看，商品混凝土折返率有增长的趋势。这是因为在商品混凝土供应中，需方市场的特征越来越突出。在供大于求的情况下，需方越来越挑剔；而供方相对处于弱势，彼此有争议时，供方往往以"退料"妥协。另外，非整车的商品混凝土折返，也与一定的结算方式有关。当商品混凝土买卖按图纸结算时，工地在每次施工用料时，往往都会把计划做大一些，即使有多余也可以签收。但由于最终要按图纸结算，所以实际折返中的损失还是要商品混凝土供应厂商承担。

## 3 控制方案与执行

应当看到，因为有不可抗力情况的存在，商品混凝土折返难以完全杜绝。在商品混凝土浇筑延误等情况下，供应厂商将出厂商品混凝土主动召回，也是对客户、对社会负责的表现。从实践来看，将商品混凝土折返率控制在方量的 6‰，趟数的 1% 之内比较合适。根据上述对折返原因的统计，需要将现有的商品混凝土折返降低 8 成左右。要做到这一点虽然不容易，但不是做不到。比如上述某公司的领导发现 7 月份的商品混凝土折返达到 95 趟时，立即采取责任倒查等措施加强管理，8 月份的商品混凝土折返达就降到 34 趟，下降近 3 成。当然，要想将商品混凝土折返率控制在理想的范围内，需要将其作为一个系统工程来抓，重在执行：

首先，从商品混凝土供应的合同签约开始，明确商品混凝土折返的责任。比如需要在合同中约定：甲方负责提供现场所需的交通、供水、供电、照明等必要的条件，由此造成的退料由甲方负责。如因甲方没有合理安排混凝土浇筑时间、未按规范操作以及测算尾车补料数量不准造成退料，由甲方承担相应损失。对运送到工地的混凝土必须在半小时内实施浇筑，因甲方准备工作不到位或施工工艺不合理等延误超过 2h 所引起的混凝土报废，由甲方承担损失；因不可抗力因素，如交通阻塞、地震塌方等造成的损失，双方各承担一半。

其次，坚持以现场动态为主的管理原则，严格交付流程。一方面要加强对客户施工动态的核实。发料前，外调要到现场确认能否正常浇筑。入场、泵送条件不具备，客户又要求现场待命时，则由客户确认，对后继事态负责；发现陷堵、停电或者泵送障碍等情况时，要及时采取相应措施。另一方面要抓好站内的动态管理，实行实况联动。内调发料前要确认工地做好了浇筑准备，技术人员应坚持对出厂罐车逐车检验，不合规的不放行。如遇堵管、爆管，估计预定时间难以排除的，就应当及时将商品混凝土调往其他工地，而不是坐等客户提出异议。同时，要加强对动态管理的监管，依照相关制度，对超过合理商品混凝土折返率的有关人员及时警示、处罚。

另外，严格退料程序，避免对商品混凝土整车折返的控制影响到商品混凝土质量。在确保商品混凝土质量方面，供应方与施工方、监理方的目标是一致的，需要相互支持、相互谅解。杜绝整车退料并不是简单的单方面坚持不予退料，而是要以确保商品混凝土质量为前提。在合理时间内，客户对商品混凝土提出异议要求退料时，公司技术人员应到现场勘验或采取补救措施。确实不适合泵送，或者不容继续等待的，填写《商品混凝土整车折返单》，注明折返原因和处理意见，由调度人员落实执行并如实汇总。

**作者简介**

张华强，地址：西安市红缨路红缨花园 7 号楼 402 宅；邮编：710068；E-mail：jimingyy@163.com。

# 预拌混凝土企业知识产权管理

戴会生[1]，赵志强[2]

（1. 天津港保税区航保商品砼供应有限公司，天津滨海新区，300451；
2. 混凝土第一视频网，北京，100044）

**摘　要**　预拌混凝土企业的知识产权管理内容主要包括获取管理、使用管理和保护管理，简单介绍商标和推荐性国家标准企业知识产权管理规范，重点介绍专利挖掘的办法。

**关键词**　预拌混凝土；知识产权管理；专利挖掘；注册商标

## 1　知识产权定义及战略

知识产权被定义为：在科学技术、文学艺术等领域中，发明者、创造者等对自己的创造性劳动成果依法享有的专有权，其范围包括专利、商标、著作权及相关权、集成电路布图设计、地理标志、植物新品种、商业秘密、传统知识、遗传资源以及民间文艺等[1]。对于预拌混凝土企业而言，知识产权主要涉及发明和实用新型专利、商标权。

当今世界，随着知识经济和经济全球化深入发展，知识产权日益成为国家发展的战略性资源和国际竞争力的核心要素，成为建设创新型国家的重要支撑和掌握发展主动权的关键。对企业而言，知识产权已经成为其一种十分重要的竞争资源和无形财富，成为其获得市场竞争优势的法宝，知识产权竞争将成为企业竞争的最高形式。我国国家知识产权战略纲要确立的战略目标是：到 2020 年，把我国建设成为知识产权创造、运用、保护和管理水平较高的国家，知识产权法治环境进一步完善，市场主体创造、运用、保护和管理知识产权的能力显著增强，知识产权深入人心，自主知识产权的水平和拥有量能有效支撑创新型国家建设知识产权制度对经济发展、文化繁荣和社会建设的促进作用充分显现。国家知识产权战略这一目标的实现，当然离不开预拌混凝土行业的努力，但目前，有知识产权保护意识和建立体系的混凝土生产企业还不多。

## 2　知识产权管理内容

企业的知识产权管理的重要基础是建立企业知识产权管理制度，主要包括四方面[2]：①专利创造方面：包括企业专利申请管理制度、科研开发中的专利管理制度、对外技术合作中的管理制度、专利奖励及工作经费管理制度。②专利运用方面：包括专利许可转让（受让）管理制度、专利质押融资管理制度。③专利维护方面：包括专利侵权应对管理制度、专利权维护管理制度。④日常管理方面：包括专利权维持（含放弃）管理制度、专利信息利用及管理制度、技术档案管理制度、保密制度及保密协议、知识产权教育培训制度。以知识产权管理的时间逻辑顺序，把知识产权管理的内容划分为三部分[3]：

### 2.1　知识产权的获取管理

知识产权的获取管理包括开展技术调研，安排产品与技术开发，确定保护知识产权成果的方式，确定知识产权归属、奖励发明人等管理工作，这些内容都可以写入到企业的《知识产权管理办法》当中。一项新技术或者一种新型混凝土产品的研制，企业需要从商业化前景、技术价值和相关法规，包括专利法的规定来整体考虑，以确定将形成的发明提交申请专利还是通过商业秘密进行保护。两者的区别在于，申请专利是以法律形式保护发明创造的独占权，优点是得到法律上明确的保护，权利稳定，缺点在于成本较高，主要是指申请费用以及维持专利有效性而产生的专利保护费用，见表1。风险大，获得专利授权，并不一定获得全部的权利要求保护。周期长，实用新型专利10年，发明则要20年，而且会导致信息公开。而商业秘密保护的优点在于保护的内容和范围比较广泛，成本相对较小，有利于对技术的控制，特别适用于开发难度大的技术发明，而缺点在于其保护难度加大，更为复杂，缺乏稳定性，而且不排除竞争对手开发出同样的技术或者产品并申请专利的可能性。可口可乐公司是商业秘密的典型代表。相比较而言，对于混凝土行业，个人更倾向于前者，即采取申报专利的方式对知识产权进行保护。而对于商标来说，及早在商标局进行登记注册，取得注册证是最为稳妥的。而且商标注册成功后，每10年续展一次，大概费用为2000～2500元。我国针对不同的知识产权类型及其保护要求，从国家到地方，均设置了相应的管理部门，专利权为国家和地方的知识产权局，商标权为工商局，著作权为版权局，与进出口货物有关的知识产权为海关。

**表1 专利年费表**

| | 年限（年） | 年费（元） | | 年限（年） | 年费（元） |
|---|---|---|---|---|---|
| 发明专利 | 1～3 | 900 | 实用新型专利 | 1～3 | 600 |
| | 4～6 | 1200 | | 4～5 | 900 |
| | 7～9 | 2000 | | 6～8 | 1200 |
| | 10～12 | 4000 | | 9～10 | 2000 |
| | 13～15 | 6000 | | | |
| | 16～20 | 8000 | | | |

**2.2 知识产权的使用管理**

知识产权的使用管理包括知识成果的维护与保持，知识产权的实施、许可、转让，关注市场的相关知识产权发展动态等管理工作。企业在取得商标权、专利权后，还应注重对这些知识财富的维持管理，包括熟悉各项权利的有效期限，权利的维持方法，设立专门的档案对有关的文件、资料进行收集和保管，以保证所有权的持续有效。以专利为例，获得授权之后，应每年向国家知识产权局缴纳专利年费，缴费期限是在授权日之前，逾期6个月以内将要缴纳滞纳金，超过6个月，专利权将失效。

知识产权的实施是知识产权价值获得实现的基本方式，包括自己使用，许可他人使用或被他人许可使用，专利转让等。加强在实施方面的管理，可以避免大量的权属纠纷，也可实现知识产权的价值。

**2.3 知识产权的保护管理**

知识产权的保护管理包括监控知识产权的权利冲突，监视和调查市场的侵权活动，采取包括法律手段在内的各种方式解决侵权纠纷等管理工作。我国解决知识产权纠纷的法律模式包括：协商、行政途径和司法途径。

# 专利挖掘

专利申请量是体现企业技术研发能力的一项重要指标。从企业内部深入挖掘专利，并结合企业的发展需求，提高专利申请量显得尤为重要。

**3.1 建立激励机制**

建立专利奖励制度，对发明人的每一项发明，在申请时、授权时以及实施或许可获益时分别进行不同额度的奖励政策，企业应形成管理办法。按照申请件数以及重要程度确定不同的奖励标准，按季度评比出专利申请优秀部门和个人，分别予以奖励。将专利申请与个人的整体工作绩效考核挂钩并进行综合评估，以激励和敦促申请专利的热情。

### 3.2 专利挖掘与项目进展同步

知识产权的管理部门经常参加公司的技术会议和立项会议，把握项目的研发进度和专利介入时机，保证专利申请产生的稳定性、系统性和及时性，避免专利申请的随机性和滞后性，使专利挖掘与项目进展保持同步，数量和质量都达到最大化。现在混凝土企业的技术人员可能或多或少都会做些技术研发工作，包括主动研发和被动解决实际工作中遇到的难题，作为研发项目，只要在企业内部立项，知识产权的管理部门就应该开始关注，考虑其申报专利的可能性，不论项目的大小和技术难易程度。例如，粉煤灰的供应出现阶段性的供不应求或者供货商利益驱动，在装车时以次充好，中间掺假导致混凝土公司生产时拌合物性能波动幅度大甚至成品不合格，而关键在于取样不具有代表性。为了解决这个难题，技术人员研制一种新型取样器，可以在整车粉煤灰物料的任意位置取样进行检验，其创新性不言而喻。图 1 即作为实用新型专利申报的示意图。立项后，技术人员撰写技术交底书，知识产权管理部门负责申请事宜，该取样器申报的实用新型专利在 8 个月内即获得授权。专利挖掘从工艺方面至少涵盖原材料进厂检验、生产过程质量控制、配合比设计以及成品检验环节，从专业领域而言可包括混凝土新产品、混凝土生产技术、检验和试验技术与装置、设备改造、环保与安全控制装置等，基本包括了围绕混凝土产品实现的全过程，从企业的部门角度而言，不存在某个部门多与少的区别。

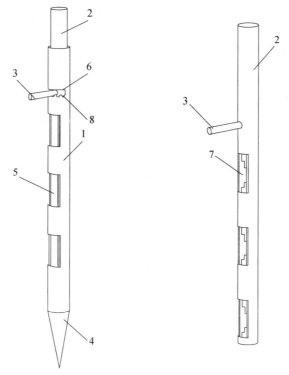

图 1　一种多档取样器示意图（专利号：ZL201220742941.9）

### 3.3 按照总体规划，确立考核指标

在发挥技术人员的主动性的同时，还要有被动性的措施，就是在公司层面上自上而下的布置专利指标，将专利申请纳入其部门和人员的工作范围，这样可以使公司在总体上规划专利的规模，延伸技术领域，但需要注意的是低价值甚至是垃圾专利的产生。

## 4　企业知识产权管理规范

由国家知识产权局和中国标准化研究院共同起草，国家质检总局和标准化管理委员会于 2013 年 2 月 7 日发布，2013 年 3 月 1 日实施的《企业知识产权管理规范》（GB/T 29490—2013）提供了基于过程方法的企业知识产权管理模型，指导企业策划、实施、检查、改进知识产权管理体系。这个标准提出企业知识产权管理的指导原则：战略导向、领导重视和全员参与。它包括知识产权管理体系、管理职责、资源管理、基础管理、实施和运行、审核和改进等六大部分内容。

根据该标准的要求，企业应该编制相应的体系文件和管理办法，并接受认证机构的外部审核，获得体系认证证书。与现在众多企业做的质量、环境、职业健康安全、计量体系一样，成为企业又一个管理体系，以提高企业的知识产权管理绩效。

## 5 结语

随着知识经济的快速发展，知识产权越来越为人们所重视。对于企业来说，知识产权不仅是一种重要的无形资产，更是一种重要的经济资源和强有力的竞争武器，是企业生存和发展的重要保障，开展知识产权工作，提高自主知识产权数量，有效运用、保护知识产权，增强企业核心竞争力，促进预拌混凝土行业的技术和管理水平上一个台阶，是我们所期待的。

**参考文献**

[1]　GB/T 21374—2008. 知识产权文献与信息　基本词汇［S］.
[2]　天津市知识产权局. 科技型中小企业知识产权管理 118 问.
[3]　北大法律网. 企业应当如何进行知识产权管理.

**作者简介**

戴会生，1976 年生，男，教授级高级工程师，天津港保税区航保商品砼供应有限公司主任工程师，从事混凝土的技术质量管理工作。

地址：天津市滨海新区塘沽新北路 6595 号；邮编：300451；电话：13920157486；E-mail：sirdongli@126.com。

# 某住宅楼工程混凝土质量问题检验分析

刘春健，董桂利

（青岛市城投宏福混凝土工程有限公司，山东青岛，250000）

**摘　要**　某新建住宅小区 16 号楼混凝土拆模时，发现了混凝土基本没有强度的质量问题，于是相关方要求分析问题，查找原因。本文从技术角度对取自该楼一层剪力墙混凝土胶凝材料的组成进行检验，并分析了可能导致混凝土没有强度的原因。

**关键词**　胶结材混合物；校正；相关性

## 1　前言

某新建住宅小区 16 号楼混凝土拆模时，发现混凝土基本没有强度，于是相关方要求分析问题，查找原因。该住宅楼混凝土是由当地某商品混凝土公司提供并浇筑的商品混凝土，混凝土设计强度等级为 C35。经养护一段时间后拆模，发现硬化的混凝土基本没有产生强度，人用手就可以掰开、捏碎。

根据混凝土公司提供的资料显示，该批混凝土中使用的胶凝材料主要包括工源 42.5 级普通硅酸盐水泥、Ⅰ级粉煤灰和 S95 级矿粉。为了分析问题，由混凝土公司提供与该批混凝土中所使用的胶凝材料相同的水泥、粉煤灰和矿粉，同时提供了由取自一层剪力墙混凝土中所得的胶结材混合物。混凝土胶结材混合物是由所取的混凝土经破碎后通过 0.080mm 方孔筛而得到的粉状物。

## 2　试验方案及分析

混凝土经过处理后，基本剔除了砂子和石子。为了方便分析，我们设想所得的混凝土胶结材混合物样品中只含水泥、粉煤灰和矿粉这三种原材料组分。在实验前将水泥、粉煤灰、矿粉经 105～110℃烘干至恒重，驱除游离水分，依据 GB/T 176—2008 采用化学分析方法检测选定的元素；对未在 GB/T 176—2008 标准适用范围中明确是否适用的水泥及掺合料混合物水化后的产物，也依据 GB/T 176—2008 采用化学分析方法检测选定的元素。根据水泥、粉煤灰、矿粉三种原料及混凝土胶结材混合物样品的化学元素组成，将 $CaO$、$SO_3$ 作为检测选定的元素，通过建立数学方程，计算出各个组分的掺入比例。$CaO$、$SO_3$ 分析结果见表 1，数学方程及计算结果如下：

表 1　材料分析结果（%）

| 材料名称 | CaO | SO₃ |
|---|---|---|
| 水泥 | 56.46 | 2.07 |
| 矿粉 | 35.29 | 0.24 |
| 粉煤灰 | 1.96 | 0.28 |
| 混凝土胶结材混合物样品 | 12.39 | 0.09 |

设水泥、矿粉、粉煤灰的掺量比例分别为 $X$、$Y$、$Z$，建立方程组如下：

$$\begin{cases} X+Y+Z=100\% \\ 56.46X+35.29Y+1.96Z=12.39 \\ 2.07X+0.24Y+0.28Z=0.09 \end{cases}$$

通过上述方程组，可以计算出该混凝土胶结材混合物样品中三种原材料组分的含量见表 2。

表 2　混凝土胶结材混合物样品中三种原材料组分的含量

| 原料名称 | 水泥 | 矿粉 | 粉煤灰 | 合计 |
|---|---|---|---|---|
| 配比（%） | −6.78 | 42.39 | 64.39 | 100.00 |

从表 1 的化学元素分析结果看，混凝土胶结材混合物中 $SO_3$ 含量远远低于水泥、矿粉和粉煤灰中 $SO_3$ 的含量，混凝土胶结材混合物样品与水泥、粉煤灰和矿粉三种原材料不具有相关性，既水泥、粉煤灰和矿粉三种原材料任何比例的混合其水化产物也不可能与混凝土胶结材混合物样品相同。从表 2 混凝土胶结材混合物样品中三种原材料组分的含量结果看，水泥含量为−6.78%，在现实混凝土配合比中是不可能出现的，也说明混凝土胶结材混合物样品与水泥、粉煤灰和矿粉三种原材料不具有相关性。

出现上述结论，我们认为有两种可能：一是组成混凝土胶结材混合物样品的原材料水化过程中引入了一定量的化合水，致使材料基数变大，$SO_3$ 含量被稀释变小，导致方程的计算结果严重偏离实际情况；二是混凝土胶结材混合物样品不是由水泥、粉煤灰和矿粉三种原材料组成，而是由未知的几种原材料组成。

## 3　实验数据的校正与分析

对于第一种可能，为了确定原材料水化对结果的影响程度，我们用混凝土公司提供的三种原材料按一定的配比制作 4 个混合胶结材试样，测定其水化硬化后的 $SO_3$ 含量：

配比 1：100%水泥；

配比 2：66.6%水泥＋33.4%粉煤灰；

配比 3：66.6%水泥＋33.4%矿粉；

配比 4：66.6%水泥＋14.4%粉煤灰＋19.0%矿粉。

以上配比中模拟胶结材水化试验拌合加水量均按胶结材总质量的 28%加入。按 GB/T 1346—2011 规定的方法搅拌，所得浆体制成试饼试件放入水泥标准养护箱中养护，24h 后均已正常凝结硬化；为使试件在短期内水化，将试件放入沸煮箱中沸煮 3h，之后继续在热水中养护至自然冷却。取出试件观察，四个试饼均已硬化并具有一定强度，且表面均无异常变化。将试件破碎、粉磨并烘干，测定其 $SO_3$ 含量并与各配比胶结材加水前 $SO_3$ 含量理论计算值相比较，见表 3。

表 3　各配比胶结材水化硬化后 $SO_3$ 含量与加水前理论值的比较（%）

| 配比 | 配比 1 | 配比 2 | 配比 3 | 配比 4 |
|---|---|---|---|---|
| 水化硬化后 | 1.75 | 1.36 | 1.10 | 1.28 |
| 理论计算值 | 2.07 | 1.47 | 1.46 | 1.46 |

备注：表中理论计算值是以表 1 中水泥、粉煤灰、矿粉未水化前的 $SO_3$ 含量及其在各配比中所占的比例计算得到的。

由表 3 结果可知，水化可使各配比胶结材 $SO_3$ 含量有不同程度的降低，且配比 3 的降低程度最大，影响系数为 $1.46/1.10=1.33$，而对于该混凝土胶结材混合物样品，即使考虑水化的影响，采用配比 3 的影响系数对其 $SO_3$ 含量加以修正：$0.09\%×1.33=0.12\%$，其结果仍然远低于水泥、矿粉和粉煤灰中 $SO_3$ 的含量。因此，可以断定水化对 $SO_3$ 检测数据的影响，不是导致方程计算结果严重偏离实际情况的原因。

对于第二种可能，我们对该混凝土胶结材混合物样品和按配比 4 制作混合胶结材水化后的试样均进行了 X 射线衍射分析，结果如图 1、图 2 所示。

由 X 射线衍射分析结果可知，与按配比 4 水化后试样的衍射结果相比较，该混凝土胶结材混合物样品中不含水泥应有的硅酸钙等矿物，可见，混凝土胶结材混合物样品是由不含水泥的原材料组成的。这样混凝土胶结材混合物样品由水泥、粉煤灰、矿粉这三种原材料组成的设想则不复存在，而混凝土公司又未提供其他有效信息，因此，不能测定出混凝土胶结材混合物样品中粉煤灰、矿粉所占比例。

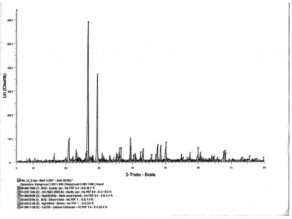

图1 混凝土胶结材混合物样品 X 射线衍射图

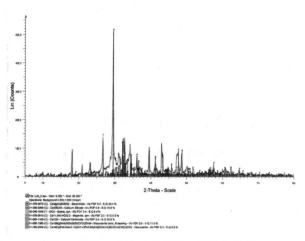

图2 配比4水化后试样的 X 射线衍射图

## 4 结语

通过上述检验和分析，可以得出如下结论：

（1）混凝土胶结材混合物样品与水泥、粉煤灰和矿粉三种原材料不具有相关性。

（2）混凝土胶结材混合物样品是由不含水泥的原材料组成的。

（3）混凝土公司未提供其他有效信息，不能测定出混凝土胶结材混合物样品中粉煤灰、矿粉所占比例。

可见，此次混凝土质量问题的原因可能是混凝土公司生产管理不善，在混凝土原材料下料时将水泥与其他粉体材料弄混，导致混凝土中不含水泥，从而致使硬化混凝土不能产生应有的强度。

## 5 结语

在分析的过程中，假设了所得的混凝土胶结材混合物样品中只含水泥、粉煤灰和矿粉这三种原材料组分，但在实际处理混凝土的过程中难免会有部分砂子细粉混入混凝土胶结材混合物中，这也可能对表2中的计算结果产生影响，但混凝土公司未提供拌制该混凝土用的砂子，这也对我们的分析造成了一定的困难。尽管如此，通过校正实验与分析，我们依然可以得出相关结论，可见部分砂子细粉的混入不会影响我们的分析。

### 参考文献

［1］ GB/T 176—2008 水泥化学分析方法 ［S］. 北京：中国标准出版社，2008.

# 信息智能化在商品混凝土中的应用研究

宋庭鉴[1]，辛运来[2]

（1. 北京市人大附中，北京，110000；

2. 沈阳建筑大学，辽宁沈阳，110168）

**摘 要** 开发了混凝土泵送剂配方设计计算软件以及混凝土配合比设计计算软件，并系统研究两种软件在商品混凝土中的应用。以一元复配为例，得到了减水剂减水率与掺量的线性关系式，以及泵送剂其余组分的计算公式；混凝土配合比计算软件以"体积法"为基础，对软件设计过程进行详细阐述，软件涵盖了混凝土配合比设计相关的国家标准和大量的生产实践经验，具有较高的科学性与实用性。

**关键词** 计算机软件；混凝土；泵送剂；配合比设计；应用

# Research on the Application of Intelligent Information in Commercial Concrete

Song Tingjian[1]，Xin Yunlai[2]

（1. The High School Affiliated to Renmin University of China，Beijing，110000；

2. Shenyang Jianzhu University，Shenyang，110168）

**Abstract** Design calculation software for concrete pumping formulation and design calculation software for concrete mix is developed in this paper. The two software applied in commercial concrete is studied. As one dollar complex for example，the linear relation between water reducing agent and its dosage and the formula of pumping agent is obtained. Based on " volumetric method"，software design elaborate process is in detail. The software is very scientific and practical which include national standards relevant to concrete mix ratio design and production experience.

**Keywords** computer software；concrete；pumping agent；mix design；application

## 0 引言

混凝土是全世界应用最广泛的建筑材料，一般由水泥、掺合料（矿渣粉、粉煤灰、硅粉等）、砂、石、水、外加剂组成。混凝土质量取决于配合比、泵送剂、砂率等。以上因素按照传统方法是根据相关国家及地方标准，结合技术人员的经验，经人工调整计算得出具体结果，复杂且易出错。将传统混凝土材料生产工艺与计算机信息化技术结合，通过大数据库数据挖掘和数据信息优化，实现混凝土材料生产环节中原材料数据的科学利用、科学管理，提高企业的生产效率[1~4]。文章采用了 Delphi，在混凝土配合比设计方面进行了计算软件的开发，运用到混凝土泵送剂掺量和混凝土配合比项点的计算方面上，操作比较简易、精确。

# 1 泵送剂一元复配方法及计算公式推导

## 1.1 原材料技术参数

水泥的标准稠度用水量 $W_0$、$C_3A$ 和 $SO_3$，水泥浆作为外加剂检测的基础。复配混凝土泵送剂的减水剂主要考虑减水率和掺量，其中临界掺量和饱和掺量及其对应的减水率是必检项目。采用一元复配时，通过临界掺量及饱和掺量来控制减水率。由此看出，这3个部分是其减水剂最主要的考虑因素。缓凝剂主要考虑等效缓凝和凝结时间差，当环境温度变化时，为保证混凝土拌合物初凝时间为6~8h，终凝时间为7~9h，以掺0.001%的葡萄糖酸钠正比例与温度（℃）进行掺量控制，温度与掺量之间实现等效上的缓凝，最常见的缓凝成分有，葡萄糖酸钠、柠檬酸钠、蔗糖等，重点检测有效成分含量。

## 1.2 一元复配方法与公式

一元复配是利用一种减水剂与缓凝剂，加上泵送剂，适当增减适量引气剂，在临界掺量 $c_{10}$ 与饱和掺量 $c_{11}$ 以及推荐掺量 $c$，减水剂的临界掺量减水率 $n_{10}$ 与饱和掺量减水率 $n_{11}$ 以及推荐掺量情况下的减水率 $n$ 上分析，来检测外加剂的标准稠度用水量 $W_0$、$C_3A$ 和 $SO_3$。$p$ 为泵送剂在混凝土配合比在胶凝材料中的含量百分比，则单位（t）泵送剂中每种原材料所需量为：（1）减水剂的用量 $M_1 = 1000 \times [c_{10} + (n - n_{10}) \times (c_{11} - c_{10}) / (n_{11} - n_{10})] / p$（kg）；（2）缓凝剂的用量 $M_2 = 1000 \times (t \times 0.01) / p$（kg）；（3）引气剂的用量 $M_3 = (1 \sim 3) / p$（kg）；（4）溶剂水的用量 $M_4 = 1000 - M_1 - M_2 - M_3$（kg）。

## 1.3 公式推导

以泵送剂中的减水剂为例，减水剂掺量及其对应减水率存在线性对应关系（图1），利用减水剂的临界掺量匹配数值（$c_{10}$，$n_{10}$）、饱和掺量匹配数值（$c_{11}$，$n_{11}$）以及推荐掺量与对应减水率（$c$，$n$）三者对应之间的关系，实现线性回归方程推导。

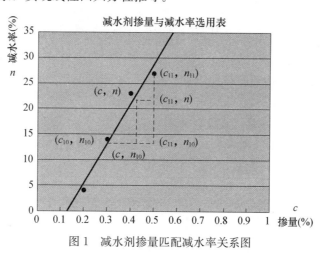

图 1 减水剂掺量匹配减水率关系图

根据相似三角形性质可知，减水剂减水率与掺量所构成三角形的对应边比例相同，即：$(c - c_{10}) / (c_{11} - c_{10}) = (n - n_{10}) / (n_{11} - n_{10})$。通过推算，得出两者之间的关系为：$c = c_{10} + (n - n_{10})(c_{11} - c_{10}) / (n_{11} - n_{10})$。确定泵送剂在混凝土配合比占胶凝材料的含量百分比 $p$，得到1吨泵送剂中减水剂用量 $M_1$，$M_1 = 1000 \times [c_{10} + (n - n_{10}) * (c_{11} - c_{10}) / (n_{11} - n_{10})] / p$（kg）。

## 1.4 软件界面

（1）参数输入

各种材料指标数据，可以通过泵送剂复配计算软件录入，界面如图2所示。

（2）计算结果

从图示3中，可以清晰地看出泵送剂的不同组分。

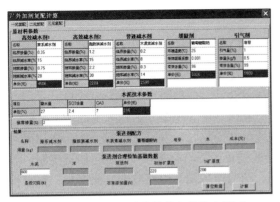 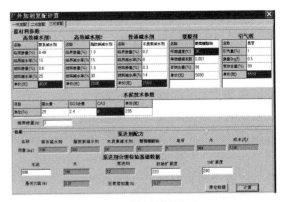

图 2　泵送剂复配计算软件参数录入界面　　　　　图 3　计算结果界面

## 2　混凝土配合比计算软件

软件参照《普通混凝土配合比设计规程》的要求，采用体积法，从而对配合比上进行了开发。

### 2.1　配合比推导确定

#### 2.1.1　依据公式

（1）混凝土配制强度应按式（1）确定：

$$f_{\mathrm{cu},0} \geqslant f_{\mathrm{cu},k} + 1.645\sigma \tag{1}$$

式中　$f_{\mathrm{cu},0}$——混凝土配制强度（MPa）；

$\quad\quad f_{\mathrm{cu},k}$——立方体抗压强度值（MPa）；

$\quad\quad \sigma$——混凝土强度标准差（MPa）。

（2）混凝土水胶比采用公式（2）：

$$W/B = \frac{\alpha_{\mathrm{a}} \cdot f_{\mathrm{b}}}{f_{\mathrm{cu},0} + \alpha_{\mathrm{a}} \cdot a_{\mathrm{b}} \cdot f_{\mathrm{b}}} \tag{2}$$

式中　$W/B$——混凝土水胶比

$\quad\quad \alpha_{\mathrm{a}}$ 和 $\alpha_{\mathrm{b}}$——回归系数，取值应符合规定；

$\quad\quad f_{\mathrm{b}}$——胶砂强度（MPa）；

（3）确定每 $\mathrm{m}^3$ 混凝土的用水量（$m_{\mathrm{c}0}$）。

参照施工要求坍落度和碎石头粒径（$R_{\max}$），通过查询表格 $m_{\mathrm{w}0}$。

（4）单位 $\mathrm{m}^3$ 内的胶材料确定用量（$m_{\mathrm{b}0}$）应按式（3）计算：

$$m_{\mathrm{b}0} = \frac{m_{\mathrm{w}0}}{W/B} \tag{3}$$

式中　$m_{\mathrm{b}0}$——计算配合比单位 $\mathrm{m}^3$ 内的胶材料所用量（$\mathrm{kg/m}^3$）；

$\quad\quad m_{\mathrm{w}0}$——计算配合比单位 $\mathrm{m}^3$ 混凝土的所用水量（$\mathrm{kg/m}^3$）；

$\quad\quad W/B$——混凝土水胶比。

（5）砂率（$\beta_{\mathrm{s}}$）通常参照现有资料，结合集料技术指标、拌合物的性能以及施工方面的要求。

（6）粗、细集料用量

当采用体积法来演算混凝土配比时，通常应按公式（4）计算粗、细集料用量，按公式（5）计算砂率。

$$\frac{m_{\mathrm{c}0}}{\rho_{\mathrm{c}}} + \frac{m_{\mathrm{f}0}}{\rho_{\mathrm{f}}} + \frac{m_{\mathrm{g}0}}{\rho_{\mathrm{g}}} + \frac{m_{\mathrm{s}0}}{\rho_{\mathrm{s}}} + \frac{m_{\mathrm{w}0}}{\rho_{\mathrm{w}}} + 0.01\alpha = 1 \tag{4}$$

$$\beta_{\mathrm{s}} = \frac{m_{\mathrm{s}0}}{m_{\mathrm{g}0} + m_{\mathrm{s}0}} \times 100\% \tag{5}$$

式中　$\rho_{\mathrm{c}}$——水泥密度（$\mathrm{kg/m}^3$），可取 2900～3100$\mathrm{kg/m}^3$；

$\rho_f$——矿物掺合料密度（kg/m³）；

$\rho_g$——粗集料的表观密度（kg/m³）；

$\rho_s$——细集料的表观密度（kg/m³）；

$\rho_w$——水的密度（kg/m³），可取 1000kg/m³；

$\alpha$——含气量（%），若无引气剂的时候，$\alpha$ 选取 1 计算；

$m_{g0}$——每 m³ 混凝土的粗集料用量（kg/m³）；

$m_{s0}$——每 m³ 混凝土的细集料用量（kg/m³）；

$m_{w0}$——每 m³ 混凝土的用水量（kg/m³）；

$\beta_s$——砂率（%）。

**2.1.2 设计思路**

配合比计算设计很繁冗，通常可以把它分成许多单独简单的部分，最后再合在一起。把我们的语言转化为计算机的语言，通常称之为编程，选择 Delphi 开发设计计算的软件，都比较准确、清晰，容易接受，可以使研究方面的工作做到最优。基于配合比的特征，通过编程，细化为各个简单计算，对每个计算编制程序，达到将复杂计算过程简单化计算，从而分批次编程。

**2.1.3 设计框架**

参照混凝土配合比计算式，为了简化计算的过程，对熟知的数据和查询的数值进行分类，未知数值则分开归入类别，由此大大缩短了计算的时间，并且降低了手动输入的错误几率，这样软件也更加人性化。采用 Delphi，通过菜单—新建—窗体，建立新的窗体（Form），可以增加文本框、复合框以及计算的按钮（可以命名为所需按钮）。

**2.1.4 编写计算程序**

（1）由公式（1）结合混凝土配制强度通过"按钮 1"（Button1）计算获得，所以需要增加双击按钮，从而在 Delphi 中输入主要的程序段落：

Label20. caption：＝formatfloat（′0.0′，StrToFloat（Edit2. Text）＋StrToFloat（ComboBox2. Text）＊1.645）；

其中函数所用的函数介绍如下：

FormatFloat-表示浮点数，字符串可以通过 StrToFloat 转成前者。

选择公式编译成程序，采用函数 StrToFloat 把现有的字符串转换为浮点数，便于计算，接着编写好计算公式，选择函数 FormatFloat，把精确度定制在 0.0。

（2）参照公式（2）和水灰比，按下"按钮 2"（Button2），可以在 Delphi 中增加主要程序段落：

Label21. caption：＝formatfloat（′0.00′，StrToFloat（ComboBox1. Text）＊StrToFloat（Edit3. Text）/（StrToFloat（Label20. caption）＋StrToFloat（ComboBox1. text）＊StrToFloat（ComboBox3. Tex t）＊StrToFloat（Edit3. Tex t）））；所用函数同上，精确度为 0.00。

（3）结合公式（3）和水泥用量，按下"按钮 3"（Button3），可以在 Delphi 中加入主要程序段落：

Label22. caption：＝formatfloat（′0′，StrToFloat（Edit4. Text）/StrToFloat（Label21. caption））；所用函数同上，精确度为 0。

（4）结合公式（4），（5）和砂、石用量，选择 Button-体积法来计算，所以需添加双击按钮在 Delphi 中增加以下的程序：

体积法计算所加入关键程序为：

Label23. caption：＝formatfloat（′0′，（1-StrToFloat（Edit1. Text）＊0.01-StrToFloat（Label22. captio n）/StrToFloat（Edit6. Text）-StrToFloat（Edit4. Text）/StrToFloat（Edit7. Text））/（1/StrToFloat（Edit9. Text）＋StrToFloat（Edit5. Text）/（1-StrToFloat（Edit5. Text））/StrToFloat（Edit10. Text）））

Label24. caption：＝formatfloat（′0′，StrToFloat（Edit5. Text）/（1-StrToFloat（Edit5.

Text)) ＊StrToFloat（Label23. caption））；所用函数同上，精确度为 0。

（5）按下"按钮 6"（Button6），可以把理论配合比列出，所以需添加双击按钮在 Delphi 中加入主要程序段落：

Label26. caption：＝Label22. caption＋'；'＋Edit4. text＋'；'＋Label23. caption＋'；'＋Label24. caption。

## 2.2　原材料技术参数录入

### 2.2.1　水泥

点击软件界面上的"水泥参数"，即可进入水泥参数填写，填写相关数据，如图 4 所示。

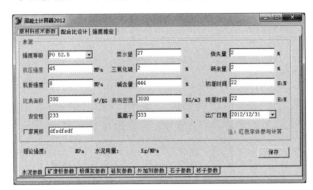

图 4　水泥参数录入界面

### 2.2.2　矿渣粉、硅灰

录入的指标参数包括：活性级别、系数、对比强度、比表面积、水泥替代量、水量、表观密度、碱含量、流动度比、氯离子、矿粉无、筛余量、厂家、出厂日期、规格（矿粉、硅灰无）等，数据第二项到第七项是参与计算项，填写数据后保存。

### 2.2.3　外加剂

录入的指标参数包括：减水率、碱含量、浓度、密度、流动扩展度等，填写数据后保存。

### 2.2.4　石子

录入的指标参数包括：堆积密度、表观密度、空隙率、吸水率、厂家、规格、品种、压碎指标、碱含量、含水率、级配等，数据的前四项是参与计算项，填写数据后保存。

### 2.2.5　砂子

录入的指标参数包括：堆积密度、含石率、吸水率、含水率、厂家、细度模数、表观密度、碱含量、空隙率、品种等，其中，第一项至第四项为参与计算项。录入完成后点击保存按钮即可

## 2.3　配合比计算

点击左上角"配合比设计"按钮，出现配合比设计参数录入界面，需录入用户提出的 8 项技术参数，填写数据后，点击计算按钮，可以看到如下的最终的结果，如图 5 所示。

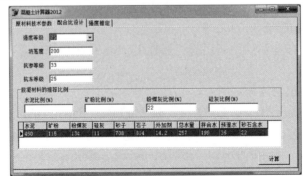

图 5　配合比结果输出

对于目前工程中混凝土配合比计算，选择此款软件，能够方便计算，尤其在需要改变配合比数据的情况下，软件显得相对很实用。通常来说，泵送混凝土在混凝土和易性方面要求比较严格，要满足次要求，可以选择制定混凝土的浆体占有量和干砂浆占有量来达到所需的目的。

当浆体占有量在 $310\sim350L/m^3$ 范围内，干砂浆体积在 $400\sim440L/m^3$ 范围内时，混凝土的和易性比较适中，这样从而更好地泵送[1]。所以可以通过泵送混凝土配合比计算，采用软件，对计算结果进行多次核算，如浆体等相关数据，并且对结果中的需水用量、胶凝材料、外加剂等方面的用量等数据进行合理化调整，确保满足实用性。

**2.4 混凝土强度的推定计算**

点击左上角"强度推定"按钮，出现强度推定参数录入界面，需录入用户提出的 12 项技术参数，填写数据后，即可计算，最后得出结果，如图 6 所示。

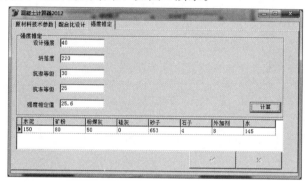

图 6　强度推算结果

## 4　结语

（1）通过计算机对泵送剂以及混凝土配合比方面的计算，达到准确、合理化的目的。并且，只有依据大量实践经验开发的软件才具有实用性。

（2）开发了一套泵送剂复配计算软件。以一元复配为例，得到了减水剂减水率与掺量的线性关系式，以及泵送剂其余组分的计算公式。通过实际验证，泵送剂各种配比的用量，都能在软件的辅助计算下得出，有实用价值。

（3）开发了混凝土配合比计算软件。确定原材料种类，输入强度等级、坍落度等限制因素，便可准确计算相应强度等级下混凝土中各原材料的配比。该软件可以实现配合比优化，降低材料消耗，最终达到工程应用的最优化。

**参考文献**

[1]　王骁敏，陈国军，陆继光．实用混凝土配合比程序设计［J］．混凝土，2006，03：62-65.

[2]　龙宇．基于规程的混凝土配合比全计算及智能化设计［J］．混凝土，2008，10：115-119.

[3]　王国友，石亮，刘建忠．基于浆骨比的现代混凝土配合比设计［J］．江苏建筑，2014，01：93-95.

[4]　王继宗，梁宾桥，梁晓颖．混凝土配合比设计智能系统的软件实现［J］．建筑技术，2005，01：34-36.

[5]　周桂明，丁吉臣，吴小会．混凝土泵送剂复配技术摘要［J］．商品混凝土，2007，06：57-59.

[6]　李晓，于红梅．BFJ 聚羧酸系混凝土泵送剂在辽沈地区的应用研究［J］．混凝土，2009，12：61-64.

[7]　何廷树，胡延燕．泵送剂中葡萄糖酸钠掺量对混凝土性能的影响［J］．混凝土，2006，04：32-33.

[8]　马永胜，侯庆亮．混凝土泵送剂中的缓凝组分对商品混凝土的性能影响浅析［J］．商品混凝土，2011，10：49-50＋54.

[9]　何世钦，赵娟，赵恒树．聚羧酸泵送剂在使用中的常见问题和应对措施［J］．商品混凝土，2014，07：47＋61.

**作者简介**

宋庭鉴，1998 年生，男，在读高中生；地址：北京市中国人民大学静园 5-24 室；电话：13716420077.

# 问题分析

# 混凝土工作性能之粉煤灰最佳掺量

肖　灿[1]，赵志强[2]，杨　娜[3]

（1. 湖南省硅酸盐学会混凝土和外加剂专家会委员，湖南南方新材料科技
有限公司旗下实验室主任，湖南省长沙市雨花区，410000；

2. 混凝土第一视频网，北京，100044；

3. 中国建材工业出版社，北京，100044）

**摘　要**　日趋激烈的市场竞争形势，日渐萧条的混凝土市场行情，导致混凝土搅拌站的生存压力骤增，追求良性的利益最大化，成了搅拌站实验室的首要任务。我们从大量的试验中得出数据，总结经验，指导生产。正所谓枪杆子里出政权，实践中出经验。

**关键词**　市场；竞争；混凝土

## 1　前言

普通混凝土一般指以水泥为主要胶凝材料，与水、砂、石子，必要时掺入化学外加剂和矿物掺合料，按适当比例配合，经过均匀搅拌、密实成型及养护硬化而成的人造石材。混凝土质量的优劣，工作性能的优劣，与其中所用各项原材料质量密不可分。另外，混凝土中各组分原材料所占的比例，也有不小奥妙。下面是以其中一项材料——粉煤灰为例，通过试配，探讨其最佳掺量且经济的一个过程。

## 2　试验原材料要求

（1）粉煤灰技术要求：II 级粉煤灰，细度小于 25％，需水量比小于 100％，烧失量小于 8％。

（2）水泥：P·O42.5，标准稠度、安定性、凝结时间、强度合格，28d 强度≥46MPa。

（3）矿粉：S95，烧失量、比表面积合格。

（4）河砂：细度模数 2.4～2.8。

（5）卵石：5～31.5 连续级配。

（6）外加剂：净浆流动度大于 180mm，胶砂减水率大于 20％。

## 3　粉煤灰曲线试验技术要求

（1）普通混凝土强度等级 C30。

（2）普通混凝土配合比：II 级粉煤灰用量 40～100kg/m³，每 10kg 为一个点，总胶材 350kg/m³，体积密度 2380kg/m³，砂率根据空隙率调整，强度龄期 3d、7d、28d。

表 1　II 级粉煤灰曲线试验配合比（kg）

| 水 | 水泥 | 矿粉 | 粉煤灰 | 外加剂 | 砂 | 石 |
| --- | --- | --- | --- | --- | --- | --- |
| 150 | 230 | 80 | 40 | 6.5 | 748 | 1124 |
| 150 | 230 | 70 | 50 | 6.5 | 748 | 1124 |
| 150 | 230 | 60 | 60 | 6.5 | 748 | 1124 |
| 150 | 230 | 50 | 70 | 6.7 | 748 | 1124 |
| 150 | 230 | 40 | 80 | 7 | 748 | 1124 |
| 150 | 230 | 30 | 90 | 7 | 748 | 1124 |
| 150 | 230 | 20 | 100 | 7 | 748 | 1124 |

外加剂掺量在试验时可稍作调整，由于条件所限试验采用的是 100mm×100mm×100mm 的非标准试模，坍落度采用的是木制胶模板，与铁板会有一点出入，试配所用外加剂有较好的保坍作用。

### 3.3 试验数据分析

通过搅拌试验得出以下一系列数据：

表 2　II 级粉煤灰曲线试验配合比坍落度及扩展度

| 初始坍落度（mm） | 扩展度（mm） | 1h 后坍落度（mm） | 1h 后扩展度（mm） |
| --- | --- | --- | --- |
| 200 | 450×450 | 195 | 440×440 |
| 200 | 490×500 | 200 | 450×450 |
| 210 | 500×500 | 205 | 480×490 |
| 210 | 530×540 | 205 | 520×530 |
| 220 | 550×560 | 210 | 540×550 |
| 220 | 560×570 | 210 | 550×550 |
| 220 | 570×580 | 210 | 560×560 |

表 3　II 级粉煤灰曲线试验配合比 3d 强度

| 3d 抗压强度单个值（MPa） | | | 3d 强度代表值（MPa） | 达到设计值比（%） |
| --- | --- | --- | --- | --- |
| 208.9 | 195.6 | 188.6 | 18.8 | 63 |
| 193.4 | 191.5 | 183.6 | 18.0 | 60 |
| 196.7 | 184.3 | 204.7 | 18.5 | 62 |
| 208.1 | 200.9 | 207.0 | 19.5 | 65 |
| 189.1 | 179.9 | 177.0 | 17.3 | 58 |
| 177.3 | 184.6 | 158.0 | 16.5 | 55 |
| 204.1 | 185.4 | 187.9 | 18.3 | 61 |

表 4　II 级粉煤灰曲线试验配合比 7d 强度

| 7d 抗压强度单个值（MPa） | | | 7d 强度代表值（MPa） | 达到设计值比（%） |
| --- | --- | --- | --- | --- |
| 305.4 | 290.4 | 291.8 | 28.1 | 94 |
| 308.4 | 293.0 | 271.8 | 27.7 | 92 |
| 301.3 | 276.6 | 301.2 | 27.8 | 93 |
| 287.9 | 301.3 | 301.0 | 28.2 | 94 |
| 232.2 | 247.5 | 264.6 | 23.6 | 79 |
| 236.6 | 248.3 | 258.4 | 23.5 | 78 |
| 257.6 | 236.6 | 252.6 | 23.6 | 79 |

表 5　II 级粉煤灰曲线试验配合比 28d 强度

| 28d 抗压强度单个值（MPa） | | | 28d 强度代表值（MPa） | 达到设计值比（%） |
| --- | --- | --- | --- | --- |
| 438.7 | 426.5 | 435.6 | 41.2 | 137 |
| 433.1 | 422.8 | 436.0 | 40.9 | 136 |
| 425.8 | 410.7 | 428.8 | 40.1 | 134 |
| 401.3 | 426.8 | 430.5 | 39.9 | 133 |
| 376.2 | 359.1 | 375.6 | 35.2 | 117 |
| 367.7 | 378.2 | 350.1 | 34.7 | 116 |
| 370.2 | 355.8 | 366.6 | 34.6 | 115 |

由上表中所反应的数据不难看出，试配混凝土的各项工作性能随着粉煤灰用量的增加是越来越好，但是最终的28d强度有个转折点，而这个转折点，就是我们所要找的那个最佳掺量点，绘制成图更清晰，如下：

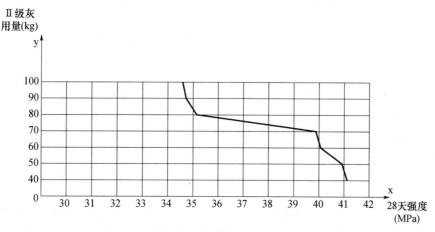

图1　Ⅱ级粉煤灰曲线试验配合比28d强度

## 4　结语

我们都知道：原材料价格方面水泥高于矿粉，矿粉高于粉煤灰，而矿粉和粉煤灰又在普通混凝土中起着举足轻重的作用，所以，合理地用好这两种材料对混凝土搅拌站受益匪浅。上图可以看出，随着粉煤灰用量的增加，28d强度出现明显的转折点，因此我们可以围绕这个点，根据现有的材料价格，计算出一个最优配合比，从而达到我们工作的目的。本文仅对长沙地区的普通河卵石C30混凝土做了试配分析，以此类推，我们所用的每个配合比都可以找出各种材料的最佳用量。

# 混凝土表观质量问题分析

郝占龙，李文鹏，郝佳欣，姜其波，唐沛然

**摘　要**　对常见混凝土表观质量缺陷的形态进行分析，找出混凝土表观质量缺陷的成因以及预防措施。

**关键词**　振捣；表观质量缺陷；成因分析；预防措施

## 1　前言

随着中国城市化进程的迈进，建筑行业伴随着城市的发展而突飞猛进，建筑体的革新及建筑质量的提升是现代建筑行业发展的命脉，而混凝土质量又是决定建筑体质量的核心要素之一。

搅拌站的技术能力、原材料质量及企业规范度是决定混凝土质量的关键。在施工过程中，搅拌站对混凝土的技术把控主要体现在以下几个方面：第一，混凝土要满足施工工作性需要；第二，28d强度达到设计要求；第三，混凝土成型后的表观质量，其中的常见问题包括避免蜂窝麻面和孔洞出现；混凝土表观光滑度，控制气孔的数量及气孔直径大小；混凝土颜色是否正常，并整体保持一致。

本文主要结合混凝土表观质量缺陷的常见形态，如蜂窝、麻面、孔洞、色斑、色差、气孔、细小裂纹和斑点等现象，分析造成缺陷的成因，并提出预防措施，以达到改善混凝土表观质量的目的，为今后的生产管理提出可参考性科学依据。

## 2　混凝土外观质量缺陷的形态、成因及预防措施

### 2.1　蜂窝、麻面和孔洞

#### 2.1.1　成因分析

（1）混凝土本身的问题

混凝土本身应该具有良好的和易性石子应该在砂浆的包裹下，黏稠并均匀地滚动，并且有满足施工要求的坍落度。若混凝土的和易性较差，砂浆不能很好地包裹住石子，在施工振捣的过程中由于钢筋的阻隔，就会出现砂浆与石子的流速不一致，造成砂浆流速过快，石子聚堆，混凝土硬化拆模也就会出现我们常说的蜂窝现象。而混凝土施工坍落度较小，砂浆对石子包裹性较好，在模板内部钢筋的阻隔下，即使充分振捣也可能出现下料受阻，形成比较严重的孔洞缺陷。

（2）模板的问题

施工中使用的模板表面不光滑，或循环使用次数过多，模板表面吸水，脱模剂性能不佳，就会容易造成混凝土与模板的粘结，一旦拆模过早，就会将混凝土表层剥离，产生比较严重的麻面。

（3）施工工艺中的问题

混凝土浇筑过程中，振捣位置不合理，或者漏振，也容易出现蜂窝和孔洞的现象，而过分振捣，会使混凝土产生离析，在模板支设结合部不严密的情况下，造成跑浆漏浆，也会出现表观质量缺陷。

#### 2.1.2　预防措施

在混凝土生产时，选用粒型和级配良好的砂石等原材料，优化配合比，保证混凝土中有足够的胶凝材料，改善混凝土的工作性，控制好混凝土的施工坍落度；选用不吸水、表面光滑的模板，减少模板的循环使用次数，使用质量有保证的脱模剂；施工过程中合理布置振捣位置，不漏振、过振，尤其是对梁柱结合点等钢筋密集区部位，要充分地振捣，保证混凝土能振捣密实。

**2.2 混凝土表面的色斑、色差和气孔**

**2.2.1 成因分析**

从某种程度上说，水泥的颜色基本上决定了混凝土的颜色。由于水泥厂家生产工艺的变化，或者生产水泥熟料的原材料发生改变，致使水泥质量不稳定，经常发生波动，水泥成分的剧烈变化，极易导致混凝土表面色斑和色差的产生；同一个批次生产的混凝土，坍落度波动较大，也会出现色差，一般坍落度较小的混凝土硬化后颜色深一些，而坍落度较大的混凝土硬化后颜色会小一些；混凝土浇筑过程中，由于运输或泵送机械造成的油污污染，也会在混凝土表面出现色斑，当然这种油污污染对混凝土的强度质量的危害是相当巨大的。而在混凝土浇筑前，模板本身带有油污、油漆等污渍的话，在混凝土成型拆模后，也会出现色斑，此种色斑的成因比较容易判断。

至于气孔的成因主要有两个方面：（1）混凝土本身的原因，为了改善混凝土的和易性及耐久性，混凝土减水剂中有引气成分，若引气成分含量过大，就会在混凝土内部产生很多微小的气泡；（2）施工振捣的原因，随着振捣的进行，混凝土内部的气泡会慢慢向混凝土表层移动释放，如果振捣的不合理、不充分，气泡就会在停留在混凝土与模板之间，拆掉模板后，在混凝土表面就会有气孔的留存。

**2.2.2 预防措施**

控制水泥来源，避免不同种类不同厂家的水泥混用，加强水泥颜色的检查；混凝土生产过程中，控制好混凝土的出厂坍落度，尽量减少出现坍落度过大或过小的现象；避免混凝土在生产、运输和泵送过程的遭受油污等污染；对遭受污染的模板及时清除污渍；通过试验，确定混凝土的最佳含气量，既要满足施工要求和耐久性的要求，又不能使混凝土含气量过高；振捣工艺合理，充分振捣以保证混凝土中的气泡顺利排出。

**2.3 混凝土表面出现的细小裂纹和斑点**

**2.3.1 成因分析**

混凝土表面的非受力性裂纹大都因为收缩而产生的，新浇筑完成的混凝土，因为外界气温较高，空气中相对湿度较小，表面失水过快，而其内部仍是塑性体，因塑性收缩产生裂纹。这类裂纹通常不连续、不深入，且很少发展到边缘，一般呈局部密集状。

至于斑点，其形态往往较小，斑点中心有砂无浆，轻轻刮动既能刮掉，一般深度1～2mm，斑点四周出现颜色较深的一圈，并随着整体混凝土的水化进行，颜色逐渐加深，范围逐渐扩大。通过试验验证发现，此种斑点的成因是由于模板上存在缺陷，而模板上的小缺陷往往太小，肉眼不容易观察，拆模后就会发现，在混凝土表面有斑点的地方，对应模板上也有一个带突起的灰浆斑圈，混凝土表面斑点越大，那么对应模板部位的突起灰浆斑圈越明显，将模板上的突起刮掉，由于模板颜色一般较深，肉眼不容易观察，但用手摸上去会感觉到模板表面存在一个小缺陷。这个缺陷部位将吸附与之接触的混凝土表面的水泥浆，导致"斑点"部位的水泥浆减少，有砂无浆，无强度。而其周围的水泥由于缺少水分，相当于减小了水灰比，影响了水化的继续进行，颜色变深，形成肉眼可见的"斑点"。如果模板上的缺陷较大，或者有划痕、表面破损，那么对应混凝土的部位的缺陷就比较明显了；但不是每一块模板覆盖的地方都有，有的多，有的少，多的甚至能连成片，而有的模板下面甚至没有。此种斑点与模板上的突起斑圈一一对应，对混凝土表观观感影响较大。

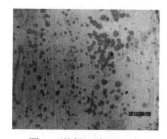

图1 混凝土表面斑点

图2 模板表面斑圈、划痕

### 2.3.2 预防措施

对于微小裂纹，最有效的预防措施是在混凝土浇筑时保护好混凝土浇筑面，避免风吹日晒，混凝土浇筑完毕后要立即将表面加以覆盖，并及时洒水养护，避免混凝土表面失水过快。另外，在混凝土中掺加适量的引气剂也有助于减少收缩裂纹。

而对于斑点的预防，应该选用质量保证较好的模板，并在使用过程中，减少对模板表面的磕碰划伤，即可达到消除或者减少斑点的目的。

图 3　斑点试验

图 4　同一面墙不同模板出现斑点的情况

## 3　结语

混凝土行业在向前发展，行业竞争也愈发激烈，而搅拌站要想在激烈的市场竞争中占得一席之地，就要求混凝土企业做到"业务"与"技术"两条腿走路，全面均衡发展，这包含了企业生产能力提高、技术革新、管理的严格规范、市场开拓能力等。

本文仅对混凝土的表观质量问题提出技术方面的一点经验，而产品质量除了技术支持外还需要混凝土生产单位、施工单位、模板生产企业等多方之间共同配合，重点在于混凝土原材料把控、技术支持和施工现场人员操作的规范与管理、模板的生产质量等方面的通力配合，缺失任何一个环节都有可能造成严重的质量问题。

**参考文献**

［1］ 吴中伟，廉慧珍．高性能混凝土．

［2］ 过镇海，时旭东．钢筋混凝土原理和分析．

［3］ 陈建奎．混凝土外加剂原理与应用

［4］ 迟培云，吕平，周宗辉现代混凝土技术．

［5］ 朱效荣，李迁，孙辉．现代多组分混凝土理论．

# 混凝土裂缝成因及处理方法

朱永刚[1]，刘均平[2]，何百静[2]

(1. 齐齐哈尔市海洋商品混凝土有限公司，黑龙江齐齐哈尔，161000；

2. 山东华舜混凝土有限公司，山东济南，250000)

**摘　要**　本文对混凝土裂缝的成因和类别进行了分析，并提出了混凝土裂缝的防治措施。

**关键词**　混凝土；裂缝；防治；措施

## 0　前言

混凝土裂缝是混凝土结构中普遍存在的一种现象，它的出现不仅会降低建筑物的抗渗能力，影响建筑物的使用功能，而且会引起钢筋的锈蚀、混凝土的碳化，降低材料的耐久性，影响建筑物的承载能力，因此要对混凝土裂缝进行认真研究，区别对待。目前民用市场客户投诉的混凝土早期裂缝大多是由于初凝前后干燥失水引起收缩应变和水化热产生的热应变，通常混凝土应力 2/3 来自温度变化，1/3 来自干缩和湿胀。为此要有针对性地进行分析处理，并在施工中采取各种有效的预防措施来预防裂缝的出现和发展，保证建筑物和构件的安全。

## 1　塑性收缩裂缝

塑性收缩是指混凝土在凝结之前，表面因失水较快而产生的收缩。塑性收缩裂缝多在新浇筑并暴露于空气中在结构件表面出现，形状很不规则，多呈中间宽、两端细且长短不一、互不连贯状态，一般长 20～30cm，较长的裂缝可达 2～3m，宽 1～5mm，类似干燥的泥浆面。大多在干热或大风天气，混凝土本身与外界气温相差悬殊，本身温度长时间过高，而气候很干燥的情况下出现。

### 1.1　主要原因分析

(1) 混凝土浇筑后，受高温或较大风力的影响，表面没有及时覆盖，混凝土表面失水过快，造成毛细管中产生较大的负压而使混凝土体积急剧收缩，而此时混凝土早期强度低，不能抵抗这种变形应力而导致开裂。

(2) 水泥用量过多，或粗细集料中粉末含量较多。

(3) 混凝土水灰比过大，模板、垫层过于干燥，吸收水分太大等。

(4) 拌合水中杂质如盐分、腐蚀酸可加强早期开裂趋势。

### 1.2　主要预防措施：

(1) 配制混凝土时，应严格控制水灰比和水泥用量，选择级配良好的砂，减小空隙率和砂率，同时要捣固密实，以减少收缩量，提高混凝土抗裂度。

(2) 配制混凝土前，将基层和模板浇水湿透，避免吸收混凝土中的水分，混凝土浇筑后，对裸露表面应及时用潮湿材料覆盖，认真养护，防止强风吹袭和烈日曝晒。

(3) 在气温高、温度低或风速大的天气施工，混凝土浇筑后，应及早进行喷水养护，使进行二次抹压，再覆盖养护。

(4) 使用符合要求的拌合水，尽可能使用洁净的河砂。

(5) 出现裂缝后，如混凝土仍保持塑性，可采取及时压抹一遍或重新振捣的办法来消除，再加强覆盖养护。如混凝土硬化，可向裂缝内装入干水泥粉，或在表面抹薄层水泥砂浆进行处理。对于预制构件，也可在裂缝表面涂环氧胶泥或粘贴环氧玻璃布进行封闭处理，以防钢筋锈蚀。

## 2 干缩裂缝

干缩裂缝多出现在混凝土养护结束后的一段时间或是混凝土浇筑完毕后的一周左右，主要是由于混凝土内外水分蒸发程度不同而导致变形不同的结果。裂缝为表面性的平行线状或网状浅细裂缝，宽度多在 0.05～0.2mm 之间，其走向纵横交错，没有规律。较薄的梁、板类构件，多沿短向分布，整体性结构多发生在结构变截面处。平面裂缝多延伸到变截面部位或块体边缘，大体积混凝土在平面部位较为多见，较薄的梁板中多沿其短向分布。

### 2.1 主要原因分析

(1) 混凝土成型后，养护不当，受到风吹日晒，表面水分散失快，体积收缩大，而内部湿度变化很小，收缩也小，因而表面收缩变形受到内部混凝土的约束，出现拉应力，引起混凝土表面开裂，相对湿度越低，水泥浆体干缩越大，干缩裂缝越易产生。

(2) 混凝土水灰比过大，早期养护尤其是冬季养护不符合规范。

(3) 混凝土经过度振捣，表面形成水泥含量较多的砂浆层。

(4) 混凝土构件长期露天堆放，表面湿度经常发生剧烈变化，平卧长型构件水分蒸发，产生的体积收缩受到地基或垫层的约束，而出现干缩裂缝。

### 2.2 主要预防措施：

(1) 混凝土水泥用量、水灰比和砂率不能过大，有条件的掺加合适的减水剂。严格控制砂石含泥量，避免使用过量粉砂。

(2) 混凝土应振捣密实，并注意对板面进行抹压，可在混凝土初凝后，终凝前进行二次抹压，以提高混凝土抗拉强度，减少收缩量，并在混凝土结构中设置合适的收缩缝。

(3) 加强混凝土早期养护，并适当延长养护时间。长期露天堆放的预制构件，可覆盖草帘、草袋，避免曝晒，并定期适当洒水，保持湿润，冬季施工时要适当延长混凝土保温覆盖时间。

## 3 温度裂缝

温度裂缝多发生在大体积混凝土表面或温差变化较大地区的混凝土结构中。温度裂缝的走向通常无一定规律，大面积结构裂缝常纵横交错，梁板类长度尺寸较大的结构，裂缝多平行于短边，深入和贯穿性的温度裂缝一般与短边方向平行或接近平行，裂缝沿着长边分段出现，中间较密。温度裂缝通常宽度大小不一，受温度变化影响较为明显，冬季较宽，夏季较窄，高温膨胀引起的一般中间粗两端细，而冷缩裂缝的粗细变化不太明显。

### 3.1 主要原因分析

(1) 表面温度裂缝，多由于温差较大引起的。混凝土结构构件，特别是大体积混凝土基础浇筑后，在硬化期间水泥放出大量水化热，内部温度不断上升，使混凝土表面和内部温差较大。较大的温差造成内部与外部热胀冷缩的程度不同，使混凝土表面产生一定的拉应力（当混凝土本身温差达到 25～26℃时，混凝土内便会产生大致在 10MPa 左右的拉应力），从而产生较大的降温收缩，而此时混凝土早期抗拉强度较低，当拉应力超过混凝土的抗拉强度极限时，混凝土表面就会产生裂缝。由于这种温差仅在表面处较大，离开表面就很快减弱，故通常在混凝土表面较浅的范围内产生。

(2) 深进的和贯穿的温度裂缝多由于结构降温差较大，受到外界的约束而引起的，当大体积混凝土基础，墙体浇筑在坚硬地基或厚大的老混凝土垫层上时，没有采取隔离层等放松约束的措施，如果混凝土浇筑时温度很高，加上水泥水化热的温升很大，使混凝土的温度很高，当混凝土降温收缩，全部或部分地受到地基、混凝土垫层或其他外部结构的约束，将会在混凝土内部出现很大的拉应力，产生降温收缩裂缝。这类裂缝较深，有时是贯穿性的，将破坏结构的整体性。

### 3.2 主要预防措施

(1) 合理选取原材料和配合比，采用级配良好的石子，砂石含泥量控制在较低范围内，配合比设计优化，减少水泥用量，降低水灰比。

(2) 分层浇筑振捣密实或掺加抗裂防渗剂，以提高混凝土抗拉强度，加强混凝土的养护和保温，预留温度收缩缝。

（3）混凝土浇筑后裸露的表面及时喷水养护，夏季应适当延长养护时间，以提高抗裂能为，冬期应适当延长保温和脱模时间，使缓慢降温，以防温度骤变温差过大引起裂缝，同时避开炎热天气浇筑大体积混凝土。

（4）水泥应降低早期水化速率及水化热，具体为降低 $C_3A$，碱含量，控制水泥细度及颗粒级配，合理掺加混合材，降低出厂水泥温度，控制水泥稳定性，以减少水泥用量，降低水化热。

（5）温度裂缝对钢筋锈蚀、碳化、抗冻融、抗疲劳等方面有影响，故应采取措施治理。对表面裂缝，可采用涂两遍环氧胶或贴环氧玻璃布，以及抹、喷水泥砂浆等方法进行表面封闭处理，对有整体性防水、防渗要求的结构，应根据裂缝可灌程度，采用灌水泥浆或化学浆液方法进行裂缝修补，或者灌浆与表面封闭同时采用。

## 4　沉降裂缝

此类裂缝多为深进或贯穿性裂缝，其走向与沉陷情况有关，一般沿与地面垂直或呈 $30°\sim45°$ 角方向发展，较大的沉陷裂缝，往往有一定的错位，裂缝宽度往往与沉降量成正比关系。裂缝宽度受温度变化的影响较小，地基变形稳定之后，沉陷裂缝也基本趋于稳定。

### 4.1　主要原因分析

（1）结构地基土质不匀、松软，回填土不实或浸水而造成不均匀沉降所致。

（2）模板刚度不足，模板支撑间距过大或支撑底部松动等，特别是在冬季，模板支撑在冻土上，冻土化冻后产生不均匀沉降，致使混凝土结构产生裂缝。

（3）浇筑在斜坡上的混凝土，由于重力作用向下流动产生裂纹。

### 4.2　主要预防措施

（1）对松软土，填土地基在上部结构施工前应进行必要的夯实和加固。

（2）保证模板有足够的强度和刚度，且支撑牢固，并使地基受力均匀。

（3）防止混凝土浇灌过程中地基被水浸泡，模板拆除的时间不能太早，且要注意拆模的先后次序，在冻土上搭设模板时要注意采取一定的预防措施。

## 5　化学反应引起的裂缝

碱-集料反应裂缝和钢筋锈蚀引起的裂缝是钢筋混凝土结构中最常见的由于化学反应而引起的裂缝。碱-集料反应裂缝一般出现在混凝土结构使用期间，一旦出现很难弥补，而钢筋锈蚀引起的裂缝多为纵向裂缝，沿钢筋的位置出现。

### 5.1　主要原因分析

（1）混凝土拌合后会产生一些碱性离子，这些离子与某些活性集料产生化学反应并吸收周围环境中的水而体积增大，造成混凝土酥松，膨胀开裂，产生碱-集料反应裂缝。

（2）由于混凝土浇筑、振捣不良或者是钢筋保护层较薄，有害物质进入混凝土使钢筋产生锈蚀，锈蚀的钢筋体积膨胀，导致混凝土胀裂、钢筋锈蚀引起裂缝。

### 5.2　主要的预防措施

（1）把好原料关，选用碱活性小的砂石集料，低碱水泥和低碱或无碱的外加剂及合适的掺和料抑制碱-集料反应。

（2）规范进行混凝土施工浇筑、振捣，在钢筋表面进行防护，控制水泥及其他原料，拌合水中的氯离子等有害成分含量，防止钢筋锈蚀。

**参考文献**

［1］　王铁梦．钢筋混凝土结构的裂缝控制［J］．混凝土，2000．
［2］　王赫，顾建生．关于大体积混凝土温度控制的若干问题［J］．施工技术，2000．
［3］　朱效荣．现代多组分混凝土理论［M］．辽宁大学出版社，2007．
［4］　朱效荣．绿色高性能混凝土研究［M］．辽宁大学出版社，2005．

# 钢筋混凝土结构的腐蚀机理与防腐措施

李　迁，王　莹

（辽宁大学商学院，辽宁沈阳，110036）

**摘　要**　我国是发展中的大国，有很多举世瞩目的大规模建设正在及将要进行。出于经济和能源方面的考虑，我们应尽可能地设计出安全、耐久的新建工程，并充分延续利用已有建筑资源。钢筋混凝土结构正是目前在我国使用最为广泛的一种结构。因此，加强对钢筋混凝土结构防腐问题的研究，找出合理的防腐措施具有重大的经济和社会意义。

**关键词**　钢筋混凝土；腐蚀机理；防腐措施

# Research on the Corrosion of Reinforced Concrete Structure

**Abstract**　China is a developing country，there are large number of world-renowned large-scale constructions are or will be carried out. Considering the economic and energy situation，we need to do our best to not only design safe and durable newly construction，but also take full advantage of current construction resources. Actually，reinforced concrete structure is the most widely used structure in our country at present. Therefore，it is of great importance for our economic and society to enhance the study of corrosion of reinforced concrete structures and find out the reasonable measures.

**Keyword**　reinforced concrete；corrosion mechanism；anti-corrosion measurement

## 0　引言

在正常的使用条件下，钢筋混凝土结构具有较好的耐久性。但由于建筑物在使用期间，很容易接触到腐蚀性的介质，因此会渐渐受到腐蚀。钢筋混凝土结构的腐蚀，主要表现为水泥石的腐蚀和钢筋的腐蚀，本文在分析钢筋混凝土结构腐蚀机理的基础上，对其防腐的措施进行了介绍。

## 1　钢筋混凝土结构的腐蚀机理

### 1.1　水泥石的腐蚀

水泥石的腐蚀过程十分复杂，往往是几种腐蚀作用共同作用的结果，腐蚀机理一般为腐蚀介质与水泥水化产物发生化学反应，生成的产物或松软、不具胶凝能力或产生体积膨胀造成混凝土的开裂和破坏。

### 1.1.1　软水腐蚀

不含或仅含少量重碳酸盐的水称为软水，如雨水、蒸馏水、冷凝水及部分江水、湖水等。日常中的钢筋混凝土结构几乎无法避免接触到软水。当水泥石长期与软水相接触时，水化产物将按其稳定存在所必需的平衡氢氧化钙（钙离子）浓度的大小，依次逐渐溶解或分解，从而造成水泥石的破坏，这就是溶出性侵蚀。在各种水化产物中，$Ca(OH)_2$的溶解最大，因此首先溶出，这样不仅增加了水泥石的孔隙率，使水更容易渗入，而且由于$Ca(OH)_2$浓度降低，还会使水化产物依次发生分解，如高碱性的水化硅酸钙、水化铝酸钙等分解成为低碱性的水化产物，并最终变成硅酸凝胶、氢氧化铝等无胶凝能力的物质。在静水及无压力水的情况下，由于周围的软水易为溶出的氢氧化钙所饱和，使溶出作用停止，所以对水泥石的影响不大；但在流水及压力水的作用下，水化产物的溶出将会不断地进行下去，水泥石结构的破坏将由表及里地不断进行下去。当水泥石与环境中的硬水接触时，水泥石中的氢氧化钙与重碳酸盐发生反应，生成的几乎不溶于水的碳酸钙积聚在水泥石的孔隙内，形成致密的保护层，可阻止外界水的继续侵入，从而可阻止水化产物的溶出。

### 1.1.2 酸性介质腐蚀

#### 1.1.2.1 一般酸的腐蚀

应用于工业工厂等处的钢筋混凝土结构，会长期接触工业废水、锅炉废气等。工业废水、地下水或沼泽水中常常会含有无机酸和有机酸，而工业锅炉废气中含有的氧化硫，遇水会生成亚硫酸。水泥的水化产物呈碱性，因而这些酸性介质，将会对水泥石起到不同程度的化学溶解和溶失作用。其中侵蚀作用最强的是无机酸中的盐酸、氢氟酸、硝酸、硫酸及有机酸中的醋酸、蚁酸和乳酸等，它们与水泥石中的 $Ca(OH)_2$ 反应后的生成物，或者易溶于水，或者体积膨胀，都对水泥石结构产生破坏作用。例如盐酸和硫酸分别与水泥石中的 $Ca(OH)_2$ 作用，反应生成的氯化钙易溶于水，生成的石膏继而又产生硫酸盐侵蚀作用。

酸性水对水泥石侵蚀作用的强弱取决于水离子中氢离子的浓度。当 pH 值小于 6 时，水泥石就可能遭受腐蚀，pH 值越小，腐蚀程度越强烈。当氯离子的浓度高达一定程度时，还能直接与固相水化硅酸钙、水化铝酸钙及无水硅酸钙、铝酸钙等反应，造成水泥石的严重破坏。

#### 1.1.2.2 碳酸的腐蚀

在某些工业污水和地下水中常溶解有较多的二氧化碳，这种水分对水泥石的侵蚀作用称为碳酸侵蚀。首先，水泥石中的 $Ca(OH)_2$ 与溶有 $CO_2$ 的水反应，生成不溶于水的碳酸钙；接着碳酸钙又再与碳酸水反应生成易于水的碳酸氢钙。当水中含有较多的碳酸，上述反应向右进行，从而导致水泥石中的 $Ca(OH)_2$ 不断地转变为易溶的 $Ca(HCO_3)_2$ 而流失，进一步导致其他水化产物的分解，使水泥石结构遭到破坏。

#### 1.1.2.3 碱性介质腐蚀

应用于制碱厂、铝厂等处的钢筋混凝土结构，可能会接触到较高浓度的碱液。水泥石本身具有相当高的碱度，因此弱碱溶液一般不会侵蚀水泥石，但是，当铝酸盐含量较高的水泥石遇到强碱（如氢氧化钠）作用后出会被腐蚀破坏。氢氧化钠与水泥熟料中未水化的铝酸三钙作用，生成易溶的铝酸钠。当水泥石被氢氧化钠浸润后又在空气中干燥，与空气中的二氧化碳作用生成碳酸钠，它在水泥石毛细孔中结晶沉积，会使水泥石胀裂。

#### 1.1.2.4 盐类介质腐蚀

海水、湖水、盐沼水、地下水以及一些工业污水、流经高炉矿渣或煤渣的水中，通常溶有大量的盐类，某些溶解于水中的盐类会与水泥石相互作用产生置换反应，生成一些易溶或无胶结能力或产生膨胀的物质，从而使水泥石结构破坏。最常见的盐类侵蚀是硫酸盐腐蚀与镁盐腐蚀。

（1）硫酸盐腐蚀

当钢筋混凝土结构接触溶有易溶硫酸盐（钠、钾、铵等硫酸盐）的水时，水泥石中的氢氧化钙将与其产生置换作用，生成硫酸钙。硫酸钙与水泥石中的固态水化铝作用生成高硫型水化硫铝酸钙。由于生成物的体积比反应物增加 1.5 倍以上，使水泥石内产生很大的结晶压力，造成膨胀开裂以致破坏。

当硫酸盐浓度较高时，在孔隙中直接产生石膏晶体，体积膨胀，导致水泥石破坏。

（2）镁盐腐蚀

这种情况主要发生在用于海域的钢筋混凝土建筑上，海水中含有大量的镁盐，主要是硫酸镁和氯化镁。水泥石中的氢氧化钙会与这些镁盐发生反应，生成物中有易溶的镁盐、无胶结能力的氢氧化镁、二水石膏及二水石膏与水化铝酸钙进一步反应生成的水泥杆菌。

### 1.2 钢筋的腐蚀

钢筋混凝土结构中的钢筋，由于水泥水化后产生大量的氢氧化钙，即混凝土的碱度较高（一般

pH 值为 12 以上）。处于这种强碱性环境的钢筋，其表面产生一层钝化膜，对钢筋具有保护作用，因而实际上是不易生锈的。但仍有两种情况会破坏钢筋表面的钝化膜，分别为混凝土的碳化反应和氯离子侵蚀。

### 1.2.1 混凝土的碳化反应

混凝土中的碱性环境会因酸性气体或液体的侵入而发生中性化。在普通环境中，大气中的二氧化碳会溶于水中，并与 CH 晶体和 C-S-H 凝胶发生碳化反应，从而使得混凝土中的 pH 值降低；其他的酸性气体或液体侵入混凝土也会导致混凝土的中性化，例如工业厂房中产生的酸性气体和酸雨等。当混凝土中的 pH<11.5 时，钢筋表面的钝化膜发生破坏，当其他条件具备时便会发生钢筋腐蚀。

### 1.2.2 氯离子侵蚀

氯离子的侵蚀是造成钢筋混凝土结构中钢筋锈蚀的重要因素。通常而言，混凝土中氯离子的来源主要有两种，一种在拌合混凝土的过程中掺入的氯离子，如使用含有氯离子的外加剂，以及浇筑海洋结构时溅入的海水等；另一种是外界环境中的氯离子通过混凝土的孔隙渗透到混凝土中。虽然氯化物是中性盐，但是在混凝土中氯离子与其他离子相比更容易被吸附，所以，钢筋钝化膜附近氯离子浓度相对较高，根据电中性原理，氢氧离子的浓度会相对较低，发生局部酸化，当氯离子聚集到一定程度时钝化膜就会破坏，从而使钢筋发生腐蚀。氯离子还具有催化搬运作用。当铁离子在阳极被氧化后，氯离子与氢氧离子争夺铁离子，生成物向含氧量较高的混凝土孔溶液迁移，生成氢氧化铁，沉积在阳极周围，并释放出氯离子继续参加去钝化作用。

## 2 钢筋混凝土的防腐措施

根据以上钢筋混凝土结构的腐蚀原理分析，一般可采用如下的防腐措施。

### 2.1 针对混凝土的防腐措施

### 2.1.1 根据所处环境（腐蚀介质）选择合理的水泥

（1）为防止软水的侵蚀，可选用水化产物中氢氧化钙含量较少的水泥。如矿渣硅酸盐水泥、火山灰质硅酸盐水泥。

（2）处于制碱厂、铝厂等处的钢筋混凝土结构，为防止碱液作用，应选用硅酸三钙含量不大于 9% 的普通硅酸盐水泥或硅酸盐水泥，不得采用高铝水泥或以铝酸盐成分为主的膨胀水泥，并不得采用铝酸盐类膨胀剂。

（3）处于海域等处的钢筋混凝土结构，为防止受硫酸根离子作用，可选用铝酸三钙含量不大于 5% 的普通硅酸盐水泥、矿渣硅酸盐水泥或抗硫酸盐硅酸盐水泥。

### 2.1.2 提高混凝土的密实程度

在施工过程中，可能出现的振捣不密实以及含水量过大等问题，都会导致连通表面和内部的孔隙的产生，这为腐蚀性介质的进入打开了通道，致使混凝土腐蚀的加速。在实际操作过程中，可以用以下的措施来提高混凝土的密实度：

（1）合理设计混凝土的配合比。

（2）降低水灰比，一般不大于 0.55。

（3）控制最小水泥用量，一般不小于 $300kg/m^3$。

（4）仔细选择集料，集料应具有良好的级配。

（5）掺外加剂，如减水剂和加气剂。

（6）改善施工操作方法，严格混凝土的振捣要求。

以上两种方法都是对混凝土本身进行改善。优点是成本相对较低，在工程中切实可行，且因实际情况而制定，效率高。但水灰比减少有限度，甚至在非常低的水灰比下混凝土仍然是多孔材料。另外，低水灰比与掺加矿物掺合料不会改变或只略微改变腐蚀的临界氯离子含量，有些矿物掺合料甚至会减小临界氯离子的含量。

**2.1.3 在混凝土表面进行碳化或氟硅酸处理，提高混凝土表面耐腐蚀性**

腐蚀性介质与混凝土之间的反应产物在腐蚀性介质中的可溶性，决定了在混凝土表面上生成层的结构和渗透性，因此在腐蚀的过程中起重要的作用。生成物的可溶性越低，其结构越密实，混凝土的腐蚀速度越低。

根据这个原理，可采用重碳酸钙、氟硅酸、氟化镁、氟化锌等溶液对混凝土表面进行处理，生成难溶的碳酸钙外壳，或氟化钙及硅胶薄膜，提高混凝土表面密实度，减少腐蚀性介质渗入混凝土内部，从而增强混凝土的抗腐蚀性。

**2.1.4 在混凝土表面做保护层**

当腐蚀作用较强时，可在混凝土表面加上耐腐蚀性高而且不透水的保护层，一般可采用耐腐蚀块材、木材、金属、塑料、沥青类材料、水玻璃类材料、树脂类材料、防腐蚀涂料等，下面介绍几种常用混凝土保护层材料。

**2.1.4.1 花岗岩保护层**

所采用的花岗岩要符合质地均匀、结构密实、无风化、不得有裂纹和不耐蚀夹层等条件。氧化硅含量不低于 70%，耐酸率不小于 95%，表面豆光，背面斧光。

利用环氧石英砂浆打底，环氧石英砂浆结合层厚 20mm，环氧胶泥填缝，填缝深度 50mm，缝宽为 10mm。

采用这种方法能耐除氢氟酸和氟硅酸以外的绝大部分酸、碱、盐介质的腐蚀，有很强的耐酸耐碱性能，适用于一些工业工厂、发电厂、锅炉酸洗池及泵房等。

**2.1.4.2 增强特种塑料防腐衬板**

增强特种塑料防腐衬板是采用高分子聚合材料加工而成的一种新型防腐衬层材料。其特点是直接以混凝土建（构）筑物为依托，在浇筑混凝土的同时，完成塑料防腐衬板与混凝土面层的结合工序。或在原有的混凝土建（构）筑物上采用一定的措施加贴防腐衬板。

采用这种方法有四种好处：

（1）能耐常见的各种酸、碱、盐介质的腐蚀，因此适用于石油化工、电力、环保等行业混凝土槽、池、地沟等的防腐蚀。

（2）具有良好的抗紫外线能力，适于在室外大气中暴露，所以特别适用于混凝土槽、池常用的防腐层环氧玻璃钢和聚氨酯类涂层。

（3）使用过程中不释放任何有毒和污染物质。

（4）其具有的分子特殊结构，可以阻止藻类和各种微生物的黏附。

**2.1.4.3 玻璃鳞片衬里**

鳞片衬里材料及施工技术是国内某化工研究院开发成功的一种防腐技术。这种鳞片衬里防腐技术解决了以往的衬里防腐材料（如玻璃钢）在使用中常常发生底蚀、鼓泡、分层、剥离、开裂等物理破坏现象。所谓鳞片防腐层，就是将有一定片径和厚度的玻璃鳞片与各类耐腐蚀树脂等混合，经专用机械配制成胶泥或涂料，再经泥抹子、高压无气喷枪等工具涂敷于经处理的混凝土表面或其他被保护材料表面，经过室温固化后所得到的衬层或涂层。它与玻璃钢的不同点在于变连续的纤维填料为不连续的鳞片填料。

使用这种方法能耐常见的各种酸、碱、盐介质的腐蚀，适用于石油化工、电力、环保等行业混凝土槽、池、地沟及金属贮存罐等的防腐蚀。另外，玻璃鳞片衬里有很强的阻碍腐蚀介质渗入的性能，对固化残余应力和热应力的作用具有抑制作用，因而有很强的抵抗物理破坏的能力。

**2.1.4.4 环氧玻璃钢防腐**

环氧玻璃钢是一种常用的防腐材料，常被用作防腐隔离层，也有用作防腐面层。所选用的环氧玻璃钢在不同情况下，有不同的选择标准。

（1）在酸（含氟酸除外）、碱、盐类介质作用下，玻璃钢的增强材料，宜选用玻璃布和玻璃纤维毡；当玻璃布和玻璃纤维毡混合使用时，面层宜选用表面毡，底层与中间层宜交替使用玻璃布与短切毡。

（2）在含氟酸介质作用下，玻璃钢的增强材料，宜选用涤纶、丙纶等有机纤维布和毡，并可选用麻布或脱脂纱布，但不得选用玻璃布和玻璃纤维毡。

（3）环氧玻璃钢作面层时，表面应设置面料。

这种方法能耐常见的各种酸、碱、盐介质的腐蚀，适用于石油化工、电力、环保等行业混凝土槽、池、地沟及金属贮存罐等的防腐蚀。

### 2.1.4.5 防腐蚀涂料防腐

目前国内生产的防腐涂料种类较多，其性能各有差异，相当多的防腐涂料至今尚无国家统一的标准，同时新产品又不断出现。但需要注意的是，在实际工程中，对防腐涂料的选择，要严格针对其防腐性能，结合工程的具体情况，因地制宜综合考虑确定。

## 2.2 针对钢筋的防护措施

### 2.2.1 填充混凝土中的裂缝与孔洞

填充混凝土中的裂缝和孔洞，可以有效防止腐蚀介质接触钢筋，对钢筋形成有效防护。可作为裂缝填充材料的有环氧树脂、聚氨酯、水泥砂浆和水泥灰浆悬浮液。

#### 2.2.1.1 环氧树脂填缝

环氧树脂只能用于干燥的裂缝。

环氧树脂灌浆到裂缝中可产生刚性连接。它是双组分，树脂和硬化剂，均是无溶剂、非饱和的。环氧树脂因为其 $150\sim400\text{mPa}\cdot\text{s}$ 的低黏度，适合于宽度低于 0.1mm 的细小裂缝。环氧树脂应有足够长的工作时间从而使之能够渗入到最小的裂缝中。由于它们的抗拉强度和在混凝土上的粘结强度比混凝土的抗拉强度大，如果过载时，构件会从灌浆裂缝的外部破坏。

#### 2.2.1.2 聚氨酯填缝

聚氨酯可用于密封活动裂缝。

聚氨酯也是双组分，也是无溶剂、非饱和的。相比于环氧树脂，聚氨酯也可以用于潮湿和湿润的裂缝，甚至是承受一定水压力的裂缝中。为了取得有限弹性的密封效果，裂缝的宽度至少为 0.3mm。如果裂缝只需要密封，其宽度也可以更小些。如果裂缝宽度为 0.3～0.5mm，裂缝宽度最大变化不超过 0.05mm 时，或宽度大于 0.5mm，最大变化值不超过 0.1mm 时，便可获得可靠的密封。

#### 2.2.1.3 水泥灰浆和悬浮液

水泥灰浆和悬浮液可用于含有任何水分的裂缝中，与聚合物裂缝填充物相比，优点在于与所修补的构件具有相同的防火性能。

用于水泥灰浆和悬浮液的水泥，相应的水泥强度等级至少达到 EN-197 规定的 C42.5，或特种灌浆水泥。水泥悬浮液是利用比表面积达到 $16000\text{cm}^2/\text{g}$ 超细的水泥制备的。为了防止在裂缝中出现离析和沉降，各个组分必须通过适合的搅拌合处理设备进行充分混合。宽度小于 0.8mm 的裂缝可以采用水泥灰浆修补。而宽度小于 0.25mm 的裂缝则可以采用水泥悬浮液来修补。水泥灰浆与水泥悬浮液在凝结之后都不能吸收裂缝活动性。

不同的裂缝填充材料还有特殊要求。这些包括，对于环氧树脂必须具有足够快的强度发展；对于聚氨酯，则弹性是特别重要的。裂缝填充材料的选择取决于裂缝内部的水分含量（干燥、潮湿、无水压和有水压）和修补的。裂缝在填充时候必须达到最大的宽度。对于一个混合的填充材料，当环境较高时，通过冷却可延长其可工作时间。

### 2.2.2 钢筋表面涂层

利用在钢筋表面涂敷保护层，可以将钢材和周围的介质隔离开，从而起到保护作用。可用于钢筋表面涂层的材料有：

（1）含低溶剂或无溶剂的环氧树脂基的冷固化树脂系统，并在其中加入防腐蚀颜料（如磷酸锌或者锌粉）、填料（如细熟料粉）或水泥。

（2）采用聚合物改性水泥灰浆，相比于用环氧树脂，聚合物改性水泥灰浆具有一个优势，就是钢铁表面不需要达到高的清洗要求，高压水冲洗就足够了，而用环氧树脂通常需要喷砂冲洗方法。

### 2.2.3 掺入阻锈剂

采用阻锈剂防止混凝土内部钢筋腐蚀的效果，是各种技术措施中极好的一种。阻锈剂常被用于工业领域，例如合成制造、加热和冷却系统、储藏设备以及涂料工业等。与通过提高混凝土的抗渗透性来阻止腐蚀介质渗透进入混凝土的措施不同，使用阻锈剂可以在腐蚀物质已经渗透进入混凝土，甚至是在钢筋腐蚀过程已经开始的情况下，起到阻止腐蚀的作用。因此，采用阻锈剂不仅能预防混凝土内部钢筋的腐蚀，而且也可用它对已经发生腐蚀的钢筋混凝土结构进行经济而有效的补救。

混凝土阻锈剂的定义为一种通过降低钢筋腐蚀速率来实现对钢筋腐蚀过程进行干预的物质。而那些通过减低腐蚀介质向钢筋表面的渗透速率来延缓腐蚀速率的物质则不属于阻锈剂范畴。

阻锈剂在性能和使用效果方面存在局限性，很大程度上受到阻锈剂本身的化学成分及阻锈剂与混凝土组分之间化学反应的影响。在制备混凝土拌合料时，将阻锈剂溶于水并同拌合水一起加入，可以使阻锈剂均匀地分布于混凝土中。但采用这种方法必须以阻锈剂的掺加不致影响混凝土的性能为前提。另一方面，在既有钢筋混凝土结构的表面施涂阻锈剂时，要求阻锈剂的成分在很短的时间内就能渗透迁移到钢筋表面，并且阻锈剂在钢筋表面位置的浓度必须达到很高的水平式才能获得良好的阻锈效果。另外，由氯离子侵入混凝土内部引起的钢筋腐蚀问题和由于混凝土保护层被碳化所引起的钢筋腐蚀问题是不同的，因此要收到阻锈效果，需要针对具体情况选用不同的阻锈剂。

### 2.2.4 阴极保护

钢筋的阴极保护，适合用于由氯离子污染引起的钢筋腐蚀的结构中，例如海洋结构、隧道、桥面及地下建筑等。很多新的阴极材料，尤其是活性肽和导电涂层都已被证明具有良好的性能。

阴极保护基于改变钢筋的电位到更小负值，降低阴阳极之间的电位差，从而把腐蚀电流降低到可以忽略值。在实际过程中，这是通过在混凝土表面安装一个外加电极阳极，并与低压直流电源的正极相连，另一端接到钢筋笼上来实现的。通过钢筋笼，电子流过钢筋混凝土的界面，增大阴极反应消耗氧气和电子，电子流入电源形成回路。由于电流循环的作用，钢筋的阴极反应发生很快而阳极反应则受到抑制。相对中等的电流密度能够恢复钝化并具有各种有益的化学作用。这种要求的极化作用，使得阴极保护方法成为一种永久的方法，即在结构的剩余服役寿命中必须持续通入电流。为保证防止电流的均匀分布，钢筋必须具有电连通性，混凝土必须具有合理的均匀传导性。同时，应避免阳极与钢筋之间的短回路。

**参考文献**

[1]　金伟良. 腐蚀混凝土结构学 [M]. 北京：科学出版社，2011.

[2]　李迁. 土木工程材料 [M]. 北京：清华大学出版社，2015.

[3]　同刚. 混凝土腐蚀及防护方法 [M]. 西北电力技术，2005.

[4]　李忠平，何炳臻. 论混凝土结构中的钢筋腐蚀 [J]. 科技促进发展，2010（6）：76-81.

其他

# 耐水型石膏复合胶凝材料研究进展

耿　飞，张凯峰，赵世冉，姚　源，刘　磊

（中建西部建设北方有限公司，陕西西安，710116）

**摘　要**　石膏制品具有节能、轻质、保温隔热等诸多优点，由于其属于气硬性胶凝材料，水化产物耐水性能较差，极大地限制了其制品的发展和使用。本文综述了石膏复合胶凝材料改性方法，结合作者工作经历提出了建议，并分析了有机物防水作用机理、无机物化学反应机理、水泥水化作用机理，以期对石膏复合胶凝材料制品的制备提供参考。

**关键词**　建筑石膏；复合胶凝材料；改性；耐水性

# Research Progress of Water-resistant of Cementitious Composite Based on Gypsum

Geng Fei，Zhang Kaifeng，Zhao Shiran，Yao Yuan，Liu Lei

（China West Construction North Group Co.，Ltd，Shaanxi Xi'an，710116）

**Abstract**　Gypsum products have many good properties，such as energy-saving，lightweight，heat insulation，etc. As a kind of air-hardening gelling material，its water-resistance is relatively poor，which greatly prevents the development and application of gypsum products. In this paper，the modification methods of cementitious composite based on gypsum are summarized，and the suggestions are put forward. The paper analyzed the mechanisms of water-resistance of organic matter coating，inorganic chemical reaction，as well as cement hydration mineral closed pores and hoped to provide a reference for the preparation of gypsum-based composites production.

**Keywords**　building gypsum；cementitious materials；modification；water resistance

## 0　前言

作为石膏资源第一大国，我国天然石膏储量达 600 亿 t 以上，而且，工业生产脱硫石膏和磷石膏作为副产物其排放量越来越多。但我国石膏的资源利用率并不高，与西方发达国家相比，我国石膏在建筑材料方面的应用尚处于较低水平。西方发达国家 20 世纪 80 年代以来已经形成较完整的石膏建筑材料体系，如美国可以年产 25 亿 $m^2$ 的纸面石膏板，英国、德国、法国普遍采用粉刷石膏作为内部墙体材料，其市场份额超过了 50%，日本虽没有天然石膏资源，其石膏产品的消费量远远超于我国，仅石膏板就有 7 亿～8 亿 $m^2$。石膏作为胶凝材料制作建筑材料，其年产量相当低，仅约为水泥的 1%，而西方发达国家约为 10%～25%。我国人均石膏制品消费量仅为发达国家的 5%～10%，印度等发展中国家的人均石膏消费量也高于我国。因此，这些与我国天然石膏资源第一大国的地位严重不符。

石膏制品耐水性差是最大的缺点，且吸水率高，软化系数低，一般在 0.2～0.4，且饱水时强度损失将达到 70% 以上甚至全部丧失强度，致使石膏的应用受到了很大的限制[1~2]。提高石膏制品的耐水性被越来越多的研究人员和生产单位所关注。

# 1 提高石膏复合胶凝材料耐水性方法

近年来，针对石膏制品耐水性差这一缺点，国内外的相关科研人员和生产单位的技术人员对其做了大量的深入的研究和机理探讨。总结各个机构的研究成果，主要通过以下三个方面提高石膏的耐水性：

（1）采用在石膏及其石膏复合胶凝材料制品表面涂覆或者浸渍憎水性物质，以达到表面防水的目的。

（2）掺加水泥、粉煤灰、钢渣、磨细矿渣等火山灰质材料，生成 C-S-H 凝胶和钙矾石（AFt）等水化产物，降低石膏材料孔隙率，提高硬化体的密度，调节硬化体结晶类型来降低其制品吸水率，并提高强度。

（3）掺加有机类物质改变石膏晶体的表面能，在结晶表面形成憎水膜，从而降低其制品的吸水率。

# 2 表面涂覆或者浸渍改性

在石膏及其石膏复合胶凝材料制品表面涂刷一层石蜡、沥青、有机硅、丙烯酸等具有憎水性的物质，随着石膏硬化体的干燥、内部水分蒸发其可以形成一层类似于塑料的憎水膜，将外界水分有效地隔开，从而使防水性能大大加强。同理，将石膏浸渍在这种防水物质中，将其拿出时其表面也会形成类似的憎水薄膜[3~4]。

王惠华等[5]用萜烯树脂、市售不溶性纤维素和填料等高分子有机材料合成石膏制品防水防潮剂，采用手工涂刷和喷枪喷涂两种方式涂刷于石膏制品表面，经过防水防潮处理的石膏板材浸入水中，2h 取出后不吸水，且施工成本没有改变，只是材料的成本每平方米增加了 1~2 元；同样，马启元等[6]采用在石膏制品表面涂膜聚氨酯防水材料的方法也取得了较好的效果。

涂覆或者浸渍的方法施工简单，只是增加了施工原材料成本，可以达到很好的防水效果，但是其也有很多缺点。如：表面涂覆或者浸渍材料主要为有机高分子材料，其和石膏基材有很大差别，当温度变化时其和石膏基材收缩率不一致，可能导致脱落；这些高分子材料受到外界环境的影响很容易老化、氧化，从而丧失防水能力；更重要的是其使石膏基材与外界环境隔离开，破坏了石膏基材本身所具有的呼吸、耐火等性能。

# 3 掺加无机矿物掺合料改性

有研究者表示，在石膏中掺加无机矿物掺合料可以改善其制品的耐水性能。这方面的主要方法是将建筑石膏粉与水泥、粉煤灰、钢渣、磨细矿渣等火山灰质材料结合，通过激发剂来提高石膏材料的强度，改善耐水性。

姜洪义等[7]选择以建筑石膏 75%（wt）、磨细高炉矿渣 25%（wt）、碱性激发剂 0.4%（wt）为原料制作石膏制品，其硬化体 7d，28d 的抗压强度分别为空白石膏硬化体的 2.3 倍和 2.8 倍；抗压软化系数分别提高了 2.3 倍和 2.6 倍，分别达到了 0.71 和 0.79；抗折强度分别增加了 62% 和 90%，达到了 7.75MPa 和 8.14MPa；吸水率分别降低了 41% 和 57%；其中 28d 的力学性能指标已接近 32.5 级复合硅酸盐水泥的标准；从硬化体 X 射线衍射图谱和扫描电镜照片可以看出，石膏基新型胶凝材料硬化体的内部结构发生很大改变，孔隙率明显低于空白石膏。张志国等[8]将四种原材料按 68.2：15：15：1.8 的比例混磨制成耐水改剂，用普通硅酸盐水泥和改性材料进行耐水改性试验。通过正交试验可知：掺改性材料 35% 时，试件密实度增加，吸水率降低了 42.86%；SEM 和 XRD 微观分析表明，试件中有钙矾石和水化硅酸钙生成，对石膏起到了改善作用。应俊等[9]按 $m$（脱硫石膏）：$m$（氟石膏）：$m$（矿渣）：$m$（普通硅酸盐水泥）＝5：3：4：1 的配比计量并混合，并加入激发剂和保水剂。通过改性试验表明：吸水率为 4.2%，软化系数为 0.92，饱水强度高达 36.2MPa，另外 30d 净水浸泡溶蚀率仅为 0.28%，抗冻性良好；微观分析表明，水化产物以 $CaSO_4 \cdot 2H_2O$ 和 C-S-H 凝胶为主，含有少量的 $CaSO_4$、AFt 和石 $Ca_6Si_6O_{17}(OH)_2$。王云浩[10]通过在脱硫建筑石膏中复掺矿物掺合料和水泥、生石灰等，制得脱硫石膏基复合材料。由试验结果可知：试验体系中加入生石灰或水泥时，可以降低吸水率、提高绝干抗压强度，软化系数先线性增加后增加趋势趋于平缓，有较多的 C-S-H 凝胶以及少量的 AFt 生成。

石膏中掺加无机矿物掺合料并在适当的配制方法下，对减少孔隙率、增加强度、提高软化系数、降低吸水率有一定作用，但同时也存在很多问题[11]。当石膏中掺加水泥时，虽然有 C-S-H 凝胶和 AFt 等物质生成，对石膏的性能起到改善作用，但水泥掺入量、品种、养护条件不合适时，会带来体积安定性问题[12]。其势必会对其强度和软化系数产生影响。特别是 AFt，其晶体生长较慢，前期制品几乎没问题，到了 3d 以后制品开始弯曲，并有裂纹出现，最终完全破坏。有些制品泡水前无裂纹，但泡水后开裂，甚至完全破坏。掺入矿物掺合料时需要考虑如何充分激发矿物掺合料的活性，如粉煤灰活性的激发对石膏基复合胶凝材料耐水性的改善和强度的提高起着关键作用。石膏掺加无机矿物掺合料当掺入量、种类和掺入方法恰当时可以改进其石膏基复合胶凝材料的性能，但这种方法改进效果有限，不能从根本上提高石膏的耐水性能。另外由于石膏中掺加了火山灰质材料致使石膏制品的白度低于装饰性要求，不宜使用[12~13]。

## 4　掺加有机物改性

为了改善石膏基复合胶凝材料的耐水性差问题，研究者在石膏中加入具有憎水性的高分子物质。常用的防水有机物有：有机合成乳液、石蜡及其衍生物、有机硅、硬脂酸盐等。石膏中掺加有机物既能保持其制品的装饰效果，又能达到防水的目的，且其掺加量小，但价格昂贵[15]。

潘红等[16]通过将自合成的 FSE 防水剂添加到石膏中，当其掺量为 9% 时，抗折、抗压强度分别较空白组提高了 120.4% 和 39.4%，24h 吸水率降低了 91.7%，抗折、抗压软化系数分别提高了 104.7% 和 162.9%。陈莹等[17]以脱硫建筑石膏为主要原料，用自制乳化石蜡防水剂，制成防水石膏砌块。试验结果表明：当石蜡乳液为 5%、增强纤维为 1% 时，制备的石膏制品抗压软化系数和抗折软化系数分别为 0.64 和 0.65。Greve 等[18]研究表明，加入 10% 蜡-沥青乳液的石膏制品吸水率为 12.3%，表明蜡-沥青乳液能大幅度降低其吸水率。Veeramauneni 等[19]同样指出蜡-沥青乳液可以大幅度提高石膏制品的防水性。

有机硅防水剂能够改变石膏基复合胶凝材料的表面能，目前研究最多的品种有甲基硅醇钠、乳化硅油、硅酮树脂等[7]。曹青等[20]在建筑石膏中添加有机硅 BS94，发现其对石膏的抗折、抗压强度影响不大，但软化系数可提高到 70% 以上。王东等[21]将有机硅憎水剂 BS94 掺入 $\alpha$-高强石膏、$\beta$-建筑石膏和脱硫石膏中，当掺量仅为 0.15% 时，其吸水率分别为 6.35%、2.31% 和 2.77%。随后王东[21]又将有机硅 BS94 掺入磷石膏中，当掺量为 0.6% 时，吸水率为 5.86%。Wang 等[22]在石膏中掺加硅氧烷乳液、氧化镁、C 类粉煤灰等，得到了吸水率小 5% 石膏基复合墙体防水材料。

水溶性有机硅石膏防水剂的主要成分为甲基或者乙基硅醇钠溶液，其能在石膏硬化体内部孔隙壁表面形成表面张力很低的网状疏水薄膜，使水分子无法浸入到石膏毛细孔中，从而达到很好的防水效果。且有机硅防水剂涂覆到石膏上形成的薄膜不会封闭通道，不会破坏石膏本身所具有的透气性，并赋予其憎水性[23]。

石膏中掺入硬脂酸（$C_{18}H_{36}O_2$）也可以提高其防水性能。张国辉[24]、隋肃[25]等将 $C_{18}H_{36}O_2$-PVA 乳液、萘系减水剂、明矾石膨胀剂加入石膏中。试验结果表明：其制品 2h 吸水率降低为 0.83%，24h 为 3.10%，其干强度降低了，但湿强度损失很少。关瑞芳[26]等将 $C_{18}H_{36}O_2$ 乳液复合型防水剂掺入石膏中，试件 2h 吸水率为 4.2%，干强度比空白石膏有所降低，但湿强度损失不是很多，其软化系数达 0.7 以上。当石膏中掺入 $C_{18}H_{36}O_2$ 系列防水剂时，可以在很大程度上降低其吸水率，同时干强度也会降低，但是湿强度较高。

石膏掺加有机物防水剂，不仅使材料成本提高，还带来强度损失，更重要的是，随着时间推移，有机材料老化，使其防水性能衰减。因此，对于百年大计的建筑工程来说，石膏有机防水方法可靠性并不高。

## 5 其他改性方法

除了以上三方面外，有研究者将几种改性方法结合使用，如同时内掺改性效果较好的有机物改性剂和无机物改性剂，从而提高石膏的耐水性能[27-28]。李艳超[29]研究了无机材料与 PVA 乳液复合对脱硫建筑石膏性能的影响。结果表明：掺加 10％的粉煤灰和 6％聚乙醇乳液时，28d 强度最高；当 PVA 乳液为 6％，粉煤灰、矿粉和水泥三掺时，制品 2h 和 28d 软化系数均最高。田江涛等[30]研究表明：当自制石蜡乳液为 5％、无机改性材料为 8％、玻璃纤维为 1％时，改性建筑石膏产品的软化系数达到 0.65。有机和无机复掺的方法既可以改善石膏制品的耐蚀性，又可以增加其强度，是一种值得考虑的改性方法。另外，有研究者在石膏掺加外加剂可以使溶解度比较大的 $CaSO_4 \cdot 2H_2O$ 成为溶解度较小的物质，如有 $NH_4HB_4O_7 \cdot 3H_2O$、$H_2C_2O_4$、$H_3PO_4$、$C_{18}H_{36}O_2$、$Ba(OH)_2$ 以及合成 $C_{(n)}H_{(2n+1)}COOH$ 等可以与石膏发生化学反应生成溶解度较小的 $xCaO.yB_2O_3.nH_2O$、$CaC_2O_4$、$Ca_3(PO_4)$、$C_{36}H_{70}CaO_4$、$BaSO_4$、$(C_{(n)}H_{(2n+1)}COO)_2Ca$ 等物质，从而提高石膏制品的耐水性能[31]。

## 6 结语

作者通过长期试验研究发现：如果能找到几种改性效果较好的改性剂对石膏复合胶凝材料进行复合改性效果更好，特别是无机改性剂和有机改性剂同时掺加，再进行外涂效果会更好。石膏是一种绿色环保、来源丰富的建筑材料，通过合理的方式改善石膏制品的耐水性，提高其资源利用率，必然可以扩大其在建筑材料方面的应用。

**参考文献**

[1] 卞敬玲. 耐水复合石膏的研制 [J]. 青海大学学报（自然科学版），2001，19（2）：14-1.
[2] 刘晓莉，丁宏，张莉. 防水石膏空心砌块的研制 [J]. 建筑石膏与胶凝材料，1999（5）：46-47.
[3] 刘勇. 疏水型磷石膏的制备及性能研究 [D]. 重庆：重庆大学，2010.
[4] 宋志刚，崔琦，颜世涛. 石膏建材制品的防水措施探析 [J]. 科技信息（科学教研），2008（14）35-41.
[5] 王惠华，周仁公，杨秀英，等. 石膏制品防水防潮剂的研制与开发 [J]. 化学与粘结，1996（4）：241-242.
[6] 马启元. 建筑用聚氨酯涂膜防水材料技术要求和标准的探讨 [J]. 标准与检测，2003（5）：26-29.
[7] 姜洪义，袁润章，向新. 石膏基新型胶凝材料高强耐水机理的探讨 [J]. 武汉工业大学学报，2003（2）：22-24.
[8] 张志国，高玲艳，杨伶凤等. 脱硫石膏制耐水石膏砌块的研究 [J]. 粉煤灰综合利用，2009（2）：27-30.
[9] 应俊，石宗利，高章韵. 新型石膏基复合胶凝材料的性能和结构 [J]. 新型建筑材料，2010（7）：7-10.
[10] 王云浩. 脱硫石膏基复合材料的耐水性能研究 [D]. 郑州：郑州大学，2013.
[11] 李桦军，刘东辉，王平艳，等. 石膏防水剂的研究进展 [J]. 硅酸盐通报，2014（4）：831-835.
[12] 徐亮. 建筑石膏的改性研究进展 [J]. 粉煤灰，2009（1）：37-40.
[13] 刘方，孙小耀. 高强防水石膏研究进展 [J]. 福建建材，2011（4）：11-13.
[14] 刘成楼. 耐水高强粉刷石膏的研制 [J]. 上海涂料，2009（9）：4-7.
[15] 路国忠，李凯. 新型石膏防水剂的研制 [J]. 建材技术与应用，2008（9）：6-9.
[16] 潘红，李国忠. 含氟硅乳液防水剂制备及其对石膏性能的影响 [J]. 建筑材料学报，2013（4）：225-231.
[17] 陈莹，张志国，刘洪杰，等. 石蜡乳液用于石膏砌块防水剂的研究 [J]. 新型墙材，2011（1）：30-32.
[18] Greve D R，O'Neill E D. Water-resistant gypsum products [P]. 美国专利：US 3935021（A），1976-01-27.

[19]　Veeramauneni S，Capacasa K. Method of making water-resistant gypsum-based article［P］. 美国专利：US7892472（B2），2011-02-22.

[20]　曹青，张铬，徐迅，等. 有机硅 BS94 对建筑石膏防水性能的影响［J］. 新型建筑材料，2010（4）：78-80.

[21]　王东，刘凯. 有机硅憎水剂对不用石膏性能的影响［J］. 四川建材，2013，39（1）：14-16.

[22]　Wang X M，Liu Q X，Reed P，et al，Siloxane polymerization in wallboard［P］. US 781573（B2），2010-10-19.

[23]　游孟松. 水溶性有机硅防水剂及应用［A］. 全国第六次防水材料技术交流大会论文集［C］. 2004：100-106.

[24]　张国辉，关瑞芳，李建权，等. 复合型石膏防水剂的研制［J］. 济南大学学报（自然科学版），2006，20（2）：116-120.

[25]　隋肃，李建权，关瑞芳，等. 石膏制品的耐水性性能研究进展［J］. 建筑材料学报，2005，8（3）：328-331.

[26]　关瑞芳，隋肃，李建权，等. 复合型石膏防水剂的研究［J］. 化学建材，2004（3）：47-49.

[27]　徐永飞，吉静，李建权，等. 我国有机-无机复合建筑乳液的研究进展［J］. 新型建筑材料，2009（5）：36-39.

[28]　阮长城，黄绪泉，刘立明，等. 石膏防水性能研究现状和进展［J］. 化学与生物工程，2014（2）：14-18.

[29]　李艳超. 聚乙烯醇与无机材料对脱硫建筑石膏改性研究［D］. 保定：河北农业大学，2013.

[30]　田江涛，赵志国，穆琰等. 耐水型石膏砌块的开发［J］. 粉煤灰综合利用，2011（3）：27-29.

[31]　俎全高. 化学外加剂对建筑石膏耐水性能的影响［D］. 济南：济南大学，2012.

**作者简介**

耿飞，1987 年生，男，中建西部建设北方有限公司研发中心研发员，硕士研究生；地址：陕西省西安市高新区丈八一路 1 号汇鑫 IBC B 座 22 楼；邮编：710065；电话：15109287616；E-mail：419845814@qq.com.

# 混凝土企业技术管理若干问题的探讨

刘洪江，修晓明，孙振磊，耿鹏涛

（中建商品混凝土沈阳有限公司，沈阳，110000）

**摘　要**　随着建筑市场的持续低迷，混凝土行业所面临的生存压力日益凸显，作者结合搅拌站实际工作经验，对混凝土企业技术管理的一些问题进行了剖析，以求对混凝土企业技术管理工作提供些许助力。

**关键词**　混凝土企业；质量管控

## 0　前言

混凝土行业作为一个高风险的服务行业，提供的预拌混凝土为半成品材料，在混凝土产品实现的全过程中，影响产品质量的因素方方面面，受市场环境影响，部分企业为求生存、求利益，往往忽视了最本质的技术管理，而技术管理作为企业管理中最重要的一环，是产品质量保障的基石，是实现降本增效的根本，那么如何做好技术管理，作者将从以下几个方面进行剖析。

## 1　人员管理

搅拌站行业技术人员受教育水平相对较高，具有更好的可塑性，现阶段看来，技术人员流动性大、人员年轻化，专业化培训不够等而导致的诸多不规范操作时有发生，有必要通过制度宣贯、讲授、实操、座谈、辩论、以考代培、以讲代培等方式开展培训工作，并带入奖罚激励措施，务必坐实，以此提高全员的技术工作水平。

## 2　原材料质量控制

大部分搅拌站试验室原材料检测趋于形式化，这里面的形式化并没有说不做检测，而是技术人员对试验员做出的原材料的检测数据关注较少，作为直接接触一线的员工，没有将实时检测数据延伸用于指导实际生产，没有将原材料指标、混凝土性能、混凝土质量有机结合在一起，那么原材料检测数据时效性将大打折扣。对于原材料数据、混凝土强度、工作性能三方面进行长期分析归纳，便可得出混凝土质量的发展规律，为混凝土质量管控提供有效的数据支持。

## 3　配合比设计使用管理

混凝土的核心技术就是混凝土的配合比设计，它不仅是产品实现的必备条件之一，也关系到企业最核心的问题——盈利。但现在部分混凝土企业在配合比设计及使用上仍存在很多问题。例如在配合比设计方面，一套配合比在使用过程中几乎无变化，但在实际生产过程中，原材料季节性变化、材料种类变化等势必导致配合比频繁调整，只有在不断的试配调整过程中，才能找到性价比最优的配合比。同时现实是即使配合比细化工作做得充分细致，但在使用过程中缺乏有效的监督指导，也将直接导致混凝土质量风险增加、材料浪费、成本失控，而最简单的解决方式就是配合比管理常态化，即指定专人根据每日生产计划核对配合比使用情况，同时制定奖励处罚措施，以此来保证配合比合理使用。

## 4　质量风险管理

混凝土从搅拌站到项目交付使用时仅为半成品，过程质量控制与全员息息相关，但由于责任覆盖有盲区，经常会遇到混凝土产品实现过程中配合比调整不及时、操作员随意调整配合比、调度发车导致现场车辆积压、泵工允许离析混凝土入泵等问题导致质量为题而出现互相推诿，而不是在第一时间去想怎么解决，为了有效降低产品质量风险，从产品实现过程中的各个环节出发，选出质检员、操作员、调度员、客服员、泵工五个岗位进行责任划分，制定相应的绩效考核措施，哪个环节出现问题直接处罚相关责任人，将质量风险降到最低。

## 5　成本管理

混凝土企业历经几十年的发展，受大环境影响如今已经到了瓶颈，企业要生存所以大打价格战，但那无异于饮鸩止渴，企业要生存、要发展还可以向管理要效益，但是，这不但需要各部门深化自身管理工作，还需要各个部门通力合作：

（1）质检部门做好配合比的精细化使用管理工作，同时根据原材料品质、施工方式、施工部位等要求进行配合比二次策划。

（2）积极推进科技创效，降低主材成本，通过推广应用新技术、新工艺、新材料，在保证混凝土质量的前提下，实现质量与效益的双丰收。

（3）对于搅拌站而言，混凝土退货现象时常发生，质量原因、设备原因、现场原因等，从而给搅拌站带来一系列麻烦，那么怎么预防或减少退货现象发生呢，作者认为导致退货发生的更多的是人为因素，那么把产品从实现过程到退货过程中的相关人员进行责任权重划分，制定相应的奖罚措施，认真落实责任制度。

## 6　技术服务

目前部分混凝土企业的技术服务人员到项目只是看看能不能施工、能打多少等，缺少前期对接及风险防控意识，其实技术服务应是项目混凝土供应前（或过程中遇季节性变化等情况）质检部门与项目进行对接，围绕混凝土施工过程中的难点，混凝土性能指标等要求做好技术交底工作，确保混凝土供应过程中质量连续稳定，同时由于混凝土是以半成品的方式进行交付，其后期的质量风险也应给予高度重视，过程中的技术服务可以对现场施工情况进行记录，这也是规避风险的一种有效手段。

## 7　结语

混凝土企业的技术管理工作作为众多管理中的一项，它关乎企业的生死存亡，因此建立健全技术管理体系，全面推进质量管理工作，以用户的需求作为自己的标准，在工作中不断思索，做好工作的前瞻性，以最小的代价为企业获取最大的利益，做好企业腾飞发展的垫脚石。

# 沥青路面破坏原因及修复工艺

刘西超，何百静，纪淑福

（山东华舜混凝土有限公司，山东济南，250000）

**摘　要**　沥青路面和传统的混凝土路面相比具有很多发展优势，但是沥青路面在使用过程中会因各种原因出现网裂现象，如果得不到及时的维护会发展成坑槽破坏，严重影响了沥青路面的使用和行车安全，本文针对沥青里面出现坑槽的原因进行深入分析，进而找到针对不同情况下的沥青路面坑槽破坏修补方法，延长沥青路面的使用寿命。

**关键词**　高速公路；沥青路面；网裂

## 0　概述

国内大部分高速公路路面都采用沥青作结合料铺筑面层的路面，即沥青路面，它是柔性路面。和其他材料的路面相比，虽然铺就沥青路面的成本要相对高些，但是从环保的角度看，以及后期维护保养上，沥青路面比混凝土路面要具有优势。混凝土是不可回收的，大面积的使用混凝土路面在废弃后会加重环境负担，而沥青路面不发生化学反应，是可以反复进行利用的，有效地提高了资源利用率。在后期维护上沥青路面如果有部分损害，可以进行重建和补填，不需要像混凝土路面那样大规模修建。

但是沥青路面不耐水，在我国南方和夏秋季多雨季节，沥青路面在出现坑槽之前会出现轻微的裂痕，这种现象多在雨后出现。沥青在铺就过程中，由于操作原因等造成的空隙率达不到设计要求，致使沥青路面在投入使用后会出现透水现象，进而发展到出现坑槽，严重影响路面的平整度和行车的安全，若不进行及时修补，破坏会进一步发展，造成养护面积的不断扩大并严重危及行车人员的生命安全，缩短了沥青路面的使用年限。

## 1　沥青路面出现坑槽的原因分析

（1）沥青路面混凝土层透水。部分施工单位没有按照设计施工要求，为节省成本在沥青路面混凝土层填充粗料，导致粗料多细料少，空隙率远远大于国家要求。在投入使用后，尤其是在多雨季节，会出现透水现象，这是路面形成坑槽的诱因之一。

（2）基层强度不足。在沥青路面施工过程中，由于机械故障或工人操作方法不当，致使基层混合料出现离析，局部基层强度达不到设计和施工的要求。如果在一般路段上，碎石基层就会出现离析现象，就造成局部粗集料过于集中，密水性太差。

（3）沥青混凝土层与基层之间局部出现干扰层。由于基层局部的浮土、浮浆清扫不干净，施工过程中，局部产生隔离层，如果相对应位置的沥青混凝土层漏水，就会形成泥浆包，导致路面的抗剪能力和抗压强度都达不到设计要求，在车辆压力的反复作用下就会导致泥浆喷涌出来。

## 2　沥青路面坑槽修补方法

沥青路面坑槽修补工艺大体可分为三种，即冷料冷补工艺、热料热补工艺和热料冷补工艺，每种方法都有各自的特点，适应的情况也不同，施工人员要根据实际情况选择相应适当的方法。

（1）路面的冷料冷补工艺主要适用于应急性维修，首先要将坑槽内的污物、泥浆等清除干净，将调配好的冷补料倒入坑槽，铺涂均匀，要保证坑槽内的冷补料材料充足，但不要漫出坑槽。再使用路碾机压实路面，比较深的坑槽要进行封层填补冷补料和分层压实。如果修补的压实度达不到要求，投入使用后会出现路面下沉现象，此时须进一步填充冷补料再压实，所以在实际操作过程中为避免出现下沉的现象，通常用冷补料填充的坑槽要比周边路面高出 5～10mm。冷补工艺操作时间短，修补 10min 后即可投入使用。它还有施工方便的优点，但是修补后的材料与原路面的粘结性不好，在雨水冲刷和行车载荷作用下，修补后的路面寿命通常 2 个月后要再次进行修补。这只是一种临时性的修补措施，可以及时解决影响安全的路面破坏。

（2）随着养护设备机械程度的发展，该地区逐步开始采用热修补技术，热修补技术比冷修补技术更能满足质量要求，热修补技术的原理是应用辐射加热的方式加热沥青路面坑槽处，使沥青材料回复熔融状态，使沥青再生，再填充新料，使用压路机将路面压实，能够达到比冷修补更好的修护效果。但是施工的时间要比冷修补周期长，而且成本也相对高些。热修补技术通常需要配备昂贵的修护设备，原始性投资较大，但是每次修补的原料较低廉，通常修补后的坑槽路面可再次使用一年以上时间，有些地方还可以达到永久修复的水平。这种修护技术适用于具有独立养护职能的高速公路养护单位，可以发挥长久优势。

（3）热料冷补工艺适合雨季对相应的受损路面进行抢修，沥青路面在投入使用后如果碰上雨季就会出现大量坑槽现象，如果不及时进行修补，这种坑槽就会恶化，严重影响路面的使用。热料冷补工艺的原理是暂时使用冷补料沿公路沿线填充坑槽，用压路机压实，使路面暂时满足通车要求，等雨停后再用热修补的技术设备，采用辐射加热的方式在坑槽处应用热修补技术原理修补沥青路面的坑槽。这种工艺结合了两种修补技术的优点，使路面的修补不受时间和温度的限制。

# 3　结语

沥青路面的坑槽修补与选择的修补工艺有很大的关系外，还与选择的修补材料相关，相关施工单位要根据公路的实际情况适当地选择相应的修护方法，延长高速公路沥青路面的使用年限，高速公路是发展国民经济很重要的一部分，高速公路路面的破坏理应受到有关部门的重视。本文提出的三种修补方法在实践中经过检验，是切实可行的修护技术。

# 浅析环保型建筑材料的重要性及发展

许　璐[1]，杨福新[2]

（1. 沈阳城市学院，辽宁沈阳，110015；

2. 沈阳城建园林工程有限公司，辽宁沈阳，110015）

**摘　要**　从可持续发展的角度，对环保材料及建筑节能的重要性及特点进行分析和论述，分析了节能环保材料在建筑领域中的应用已成为当今世界建筑行业的发展趋势，提出建筑材料的发展将趋于环保。

**关键词**　可持续发展；环保材料；建筑节能

**Abstract**　From the perspective of sustainable development，analysis and discuss the importance and characteristics of the environmental protection material and building energy efficiency，analysis application in the field of building energy conservation and environmental protection material has became the development trend of construction industry，put forword the building materials will be the development of environmental protection.

**Keywords**　The sustainable development；environmental protection material；building energy efficiency

## 0　引言

随着环保型消费逐步占据主流，建筑的生产商和消费者越来越重视建材的安全性、健康性及环保性。环保型建材，考虑了地球资源与环境的因素，在材料的生产与使用过程中，尽量节省资源和能源，对环境保护和生态平衡具有一定的积极作用，并且能为人类构造一个舒适的活动空间。

## 1　发展环保建材的重要性

传统的建筑材料由于本身不注重环境保护，因而在实际制造过程中不少采用的是化工材料，有的本身含有有毒物质，它们不断地向室内空气中挥发有毒成分而对环境造成破坏，影响人们的身体健康。此外，排放的工业废渣大量堆积，使得这些有害物质对环境也造成了严重污染，为了满足高速增长的经济对资源的需求，摒弃大量浪费有限资源的做法，做到节约能源，改善环境，实施可持续发展，同时做到废物利用、变废为宝，大量使用环保型建筑材料是建筑发展的必然趋势。

## 2　环保型建筑材料的发展与应用

在 2003 年，我国的环保型建筑材料还非常少，人们对环保型建筑材料也没有多少认识，随着可持续发展理念的不断深入和生态文明建设的不断推进，如今环保型建筑材料已经广泛应用于建筑的各个领域。应用环保型建筑材料的价值体现在两个方面：一方面，住在环保型建筑里，感觉会更为舒适，冬天不会感到寒冷，夏天不会感到炎热，因为屋顶涂抹了节能涂料，外墙使用的是厚板，门窗采用的是中空玻璃，所以其具有良好的保温性能及隔热性能，在极为寒冷的时候或是极端闷热时效果尤其明显；另一方面，可以大幅度地节省电费，根据有关部门的计算，同等住宅面积及相同住户的用电习惯上，节能环保型建筑的电费开支至少可以节省 30%，而对于选择使用节能环保材料的房地产开发商而言，每平方米只需增加 80~100 元左右的费用。从我国节能环保型建筑的发展形势来看，各地区政府也都酝酿已久，陆续出台了发展节能环保型建筑的新规定及新政策，很多房地产企业也纷纷投入到环保型建筑的积极实践中。

环保型建筑材料具体应用在三个方面：轻质墙体材料，UPVC 排水管以及粉煤灰。轻质墙体材料如混凝土空心砌块、加气混凝土砌块等，具有体积密度轻、保温性能好、隔声等优点。由于体积密度轻，可以大幅度降低建筑物的自重，减少材料和能源消耗，提高运输效率，也正是因为具有这些优点，因而被广泛应用在建筑墙体中。UPVC 排水管从其本身的物理性能考虑，其抗腐蚀性、抗老化性、耐磨性都比传统铸铁管、水泥管优越。不仅有利于建筑物的长期使用，也增加了建筑物使用的安全性和可靠性。此外 UPVC 排水管的排水性能好，同等排水量下，其排水管管径可以较传统管管径小，或同样管径在规范许可范围内可尽量采用较小坡度，因此可以增加空间净高，增强建筑的使用功能。粉煤灰是从煤粉炉中收集到的细颗粒粉末，用粉煤灰配制的混凝土，可以改善混凝土性能，保证工程质量和降低成本，同时可以大大减少环境污染，实现对工业废料的利用，有效地节省了自然资源，获得良好的经济效益和社会效益。

综上所述，环保型建筑材料已经成为未来建筑发展的必然选择。在今后为了促进环保型建筑材料的长远发展必须采取以下措施：（1）提倡绿色建筑。所谓绿色建筑，也就是将资源有效利用起来的建筑，即健康、节能以及环保型建筑，在建筑材料的选择上尽可能选用可再生使用、可循环使用的 3R 建筑材料，其次尽可能选用无污染、无毒、无害的"三无"建筑材料，最好是具备国家环保标志的产品及材料，并且有益于人体健康的产品和材料。（2）加强科研投入，汲取国内外先进经验。加强建设项目对环境影响的评估，把项目建设与环境保护放在同等地位加以重视，实现建筑废渣的再利用。瞄准有市场前景的新产品、新技术，在引进、消化、吸收国外先进技术经验的基础上，优化能源结构，研发适合我国国情的生产加工技术，尽量做到产品有利人体健康，功能强，社会效益好。

## 3　结语

环保建筑的发展有赖于环保材料，材料的革新势必引起技术上的革命。绿色环保型建筑是一个符合可持续发展的现代化建筑，是自然与人类和谐共处的重要产物，是人类文明进步的重要标志，是人类保护居住环境的明智之举，大力推广环保型建材，使建筑尽可能少地消耗不可再生资源，降低对外界环境的污染，为人类提供健康、舒适的生活及工作环境。

**参考文献**

[1]　张光磊. 新型建筑材料［M］. 北京：中国电力出版社，2008.
[2]　陈福广. 对墙材革新的战略思考［J］. 新型建筑材料，2010（1）.

# 水泥及熟料强度的几种简便计算方法

朱效荣[1]，赵志强[2]

(1. 北京灵感科技有限公司，北京，100036；

2. 混凝土第一视频网，北京，100044)

**摘 要** 本文介绍了水泥及熟料强度计算的几种经验方法，对快速推定水泥强度，合理利用水泥起到了一定的指导作用。

**关键词** 水泥；熟料；强度；计算方法

# Several Kinds of Cement and Clinker Strength Calculation Method

Zhu Xiaorong[1]，Zhao Zhiqing[2]

(1. Beijing Inspired Technology Co. Ltd，Beijing，100036；

2. Concrete First Video Network，Beijing，100044)

**Abstract** This paper introduces some experience calculation method of cement and clinker strength，the rapid estimation of cement strength，reasonable use of cement played a certain role in guiding.

**Keywords** cement；clinker；strength；calculation method

## 1 前言

由于检测数据的滞后性，对水泥强度的检测数据的应用一直制约了混凝土配合比的设计，为了解决这一困难，本研究认为，水泥中熟料的化学成分、用量、表观密度和标准稠度用水量都是影响水泥强度的关键因素。对于回转窑水泥，水泥的强度与熟料的强度成正比例关系，与熟料的用量成一次函数关系，即在水泥配比一定时，熟料强度越高水泥强度越高，熟料掺量越多水泥强度越高。水泥的强度与堆积密度之间成一次函数关系，堆积密度越大水泥的强度越高。以下介绍熟料强度推定的几种简易方法。

## 2 化学成分

水泥的四大主要化学成分是 $CaO$、$SiO_2$、$Al_2O_3$、$Fe_3O_4$，他们在水泥熟料的水化过程中发挥了最主要的作用，因此水泥熟料的确定与这些化学成分之间有着必然的联系，经过近十年的总结，我们得到水泥熟料的强度等于 $CaO$、$Al_2O_3$ 和 $Fe_3O_4$ 的百分比数减去 $SiO_2$ 的百分比数的经验公式。即：

$$R_{28} = CaO + Al_2O_3 + Fe_3O_4 - SiO_2 \tag{1}$$

例如，水泥熟料化学成分和质量百分比如下：

表 1 水泥熟料化学成分和质量百分比

| 化学成分 | CaO | $Al_2O_3$ | $Fe_3O_4$ | $SiO_2$ |
|---|---|---|---|---|
| 百分比（%） | 63 | 8 | 7 | 19 |

则熟料强度

$$R_{28} = CaO + Al_2O_3 + Fe_3O_4 - SiO_2$$
$$= 63 + 8 + 7 - 19$$
$$= 59(MPa)$$

计算误差为±3MPa。

## 3 煤的热值

烧制水泥的主要燃料为煤，煤的热值直接决定了水泥熟料熔融状态，热值越高水泥熟料储存的势能越高，水泥熟料水化形成的强度越高。在水泥生料配比合理的前提下，煤的热值与水泥熟料强度之间有着必然的联系，经过近十年的总结，我们得到煤的热值正比于水泥熟料的强度的经验公式。即：

$$R_{28} = 煤的热值/100(MPa) \tag{2}$$

例如，煤的热值与水泥熟料强度对比表：

表2　煤的热值与水泥熟料强度对比表

| 煤的热值（大卡） | 4000 | 4500 | 5000 | 5500 | 6000 |
|---|---|---|---|---|---|
| 水泥熟料强度（MPa） | 40 | 45 | 50 | 55 | 60 |

计算误差为±3MPa。

## 4 燃烧状态

水泥烧制的过程中，燃烧是否充分对熟料的强度而言显得非常重要，由于烧制水泥的主要燃料为煤，当燃烧充分时，烟囱几乎看不到浓烟，这时生料得到了充分的烧结达到熔融形成了理想的熟料，熟料水化形成的强度较高；当燃烧不充分时，烟囱会冒出黄烟，这时生料没有达到充分的烧结，生成的熟料具有黄芯，水泥熟料水化形成的强度较低。在水泥生料配比合理、燃煤热值较高的前提下，燃烧状态与水泥熟料强度之间有着必然的联系，经过近十年的总结，我们得到通过烟囱冒出的烟推断水泥熟料强度的经验规律。即：烟雾状态、长短与水泥熟料强度对应关系表。

表3　烟雾状态、长短与水泥熟料强度对应关系表

| 烟雾状态 | 黄烟长度 | 较轻黄烟长度 | 白烟长度 | 白烟长度 | 白烟长度 |
|---|---|---|---|---|---|
| 烟雾长短 | 超过5倍烟囱 | 超过3倍烟囱 | 超过2倍烟囱 | 超过1倍烟囱 | 小于1倍烟囱 |
| 熟料强度（MPa） | 40 | 45 | 50 | 55 | 60 |

## 5 水泥强度与熟料强度的关系

对水泥厂而言，在熟料强度 $R_0$ 一定的条件下，水泥强度主要取决于熟料的用量百分比 $x\%$，水泥中熟料掺加量越大，水泥强度 $R$ 越高。当使用同种混合材时，水泥强度正比于水泥熟料的掺加量。

$$R = R_0 \times x\% \tag{3}$$

例如：熟料强度为60MPa，掺量75%，则水泥强度为：

$$R = R_0 \times x\% = 60 \times 75\% = 45MPa \tag{4}$$

## 6 水泥强度与水泥浆强度之间的关系

在标准试验条件下，影响水泥强度的主要因素是比表面积和水胶比。水泥粉磨得越细，比表面积就越大，与水接触的面积也越大，水化反应就会越充分，强度越高。此外，细磨时还会使水泥内晶体产生扭曲、错位等缺陷而加速水化。但是增大细度，迅速水化生成的产物层又会阻碍水化作用

的进一步深入，所以增加水泥细度，只能提高早期水化速度，对后期强度和水化作用不明显，而对较粗的颗粒，各阶段的反应都较慢。

水泥加水搅拌后达到充分反应水化形成浆体的合理水胶比为标准稠度用水量对应的水胶比，这一水胶比对应的水有两个作用，其一是保证水泥充分水化的水，其二是保证水泥颗粒达到充分水化所需的匀质性。水胶比在此范围内变化时，适当增大水胶比，可以增大水化反应的接触面积，使水化速度加快，早期强度提高，但水胶比过大，会使水泥石结构中孔隙太多，而降低其强度，故水胶比不宜太大。若水泥水化时水胶比过小，水化反应所需水量不足，会延缓反应进行。同时，水胶比过小，则没有足够孔隙来容纳水化产物而使未水化部分进一步水化，也会降低水化速度，强度降低，因此水胶比也不宜太小，最好控制在标准稠度用水量对应的水胶比。

水泥浆对强度的贡献与水泥的标准养护强度、表观密度和标准稠度用水量有密切的关系。水泥强度的检验采用标准胶砂试验的方法，当标准养护的水泥胶砂试件破型检验时，标准砂并没有破坏，水泥浆体被压力破坏，因此我们认为水泥水化形成的浆体强度值等于水泥标准养护试件强度值除以水泥在标准胶砂中的体积比求得。

$$\sigma_0 = \frac{R_{28}}{V_{c0}} \tag{4}$$

例如：水泥强度为 38MPa，标准胶砂中水泥体积比为 0.19，则水泥浆的强度为 200MPa。